Halbleiterphysik

Lehrbuch für Physiker und Ingenieure

von
Prof. Dr. Rolf Sauer

Oldenbourg Verlag München

Prof. Dr. Rolf Sauer ist ehemaliger Direktor des Instituts für Halbleiterphysik der Universität Ulm. Nach dem Studium der Physik an der Universität Hannover arbeitete er zunächst als wissenschaftlicher Mitarbeiter am Physikalischen Institut der Universität Frankfurt/Main sowie am 4. Physikalischen Institut der Universität Stuttgart. 1973 folgte die Promotion zum Dr. rer. nat., 1978 die Habilitation, jeweils an der Universität Stuttgart. Anschließend war Prof. Dr. Rolf Sauer wissenschaftlicher Mitarbeiter am Max-Planck-Institut für Festkörperforschung in Stuttgart und lehrte als apl. Professor am FB Physik der Universität Stuttgart. 1986 bis 1987 hatte er einen Forschungsaufenthalt bei AT & T Bell Laboratories, Murray Hill, N.J., USA. Anschließend war er als Gastwissenschaftler im Forschungsinstitut Zürich/Rüschlikon der IBM tätig, bevor er 1989 dem Ruf an die Universität Ulm folgte.

Zum Titelbild:
Zinkoxid-Nanosäulen („pillar 1, pillar 2") als optische Resonatoren:
Rasterelektronenmikroskopische Aufnahmen und Kathodolumineszenz-Oszillationen durch räumliche Schwebungen von gekoppelten, stehenden Resonatormoden. Säulenlängen ca. 5µm, „Radien" der hexagonalen Säulen ca. 60nm, Wellenlänge 369nm.
(M. Schirra, M. Feneberg, G.M. Prinz, A. Reiser, T. Röder, K. Thonke, R. Sauer, Phys. Rev. Lett. **102**, 073903 (2009))

Bibliografische Information der Deutschen Nationalbibliothek

Die Deutsche Nationalbibliothek verzeichnet diese Publikation in der Deutschen Nationalbibliografie; detaillierte bibliografische Daten sind im Internet über <http://dnb.d-nb.de> abrufbar.

Rosenheimer Straße 145, D-81671 München
Telefon: (089) 45051-0
oldenbourg.de

Lektorat: Kathrin Mönch
Herstellung: Anna Grosser
Coverentwurf: Kochan & Partner, München
Gedruckt auf säure- und chlorfreiem Papier
Gesamtherstellung: Grafik + Druck, München

ISBN 978-3-486-58863-7

Vorwort

Das Buch entstand aus meiner Vorlesung Halbleiterphysik, die ich an der Universität Ulm regelmäßig seit 1992 halte. Die Vorlesung umfaßt Grundlagen der Halbleiterphysik bis zu modernen Teilgebieten wie z.B. den Quanten-Halleffekten und Experimenten mit ballistischen Elektronen in mesoskopischen Strukturen; sie schließt aber auch ausgewählte Bauelemente ein, neben konventionellen wie pn-Übergängen, bipolaren und Feldeffekt-Transistoren auch aktuelle Strukturen mit zweidimensionalen (verspannten) Heteroschichten und Quanten-Bauelementen. Physik-Studenten hören sie als Wahlpflichtfach mit obligatem Praktikum, für Ingenieurstudenten der Elektrotechnik im Studienmodell Mikroelektronik ist sie – ohne Praktikum – eine Pflichtvorlesung. Ihr zeitlicher Umfang beläuft sich auf ein Semester (Wintersemester) mit vier Semesterwochenstunden plus Übungen, die für Physiker dreistündig und für Ingenieure einstündig sind.

Nicht alle Kapitel sind für Physiker und Ingenieure gleich gut geeignet. Ich habe auf eine Kennzeichnung jedoch verzichtet, da die Grenzziehung je nach Interessenlage jedes einzelnen Lesers/Hörers unterschiedlich ist und sich wohl auch von selbst anbietet. Die Ingenieure haben keine Vorkenntnisse in Festkörperphysik, daher werden Grundlagen dazu in mehreren Kapiteln in gebotener Kürze behandelt; den Physikstudenten erscheint dies als Wiederholung offenbar ganz hilfreich. Umgekehrt haben die Physiker aus ihrer Grundausbildung i.d.R. keine Vorkenntnisse zu Bauelementen, die die Ingenieurstudenten wiederum schaltungstechnisch gut kennen, oft ohne die relevanten Funktionsprinzipien physikalisch genauer zu durchschauen.

Bei sonst durchgehender Betonung physikalischer Grundlagenaspekte geht Kapitel 14 auf einige Daten zur Silizium-Technologie ein; Technologie von III-V-Halbleitern bleibt explizit ausgespart, doch sind viele der in dem Kapitel gestreiften Methoden materialunabhängig.

Zusammenfassungen zu einer Reihe wichtiger Themen sind komprimiert in „Kästen" dargestellt. Bei der Beschreibung der konventionellen Transport-Bauelemente habe ich mich in groben Zügen auf das mehrfach zitierte Buch von S.M. Sze: „Physics of Semiconductor Devices" gestützt.

Die über die Jahre stetig erweiterten und aktualisierten Versionen des Vorlesungsskripts sind von meinen Mitarbeiterinnen Ilona Koppenhöfer, Nicole Böhringer, Petra Silber und Martina Schweizer höchst engagiert, mit technischem Können, ästhetischem Einfühlungsvermögen, und endloser Geduld ausgeführt worden. Frau Silber hat insbesondere zahlreiche Handzeichnungen in Computer-Graphiken umgesetzt. Ich bedanke mich bei ihnen allen sehr herzlich für die hervorragende Zusammenarbeit.

Dank geht auch an AOR Dr. Wolfgang Limmer und apl. Prof. Dr. Klaus Thonke für viele kritische Diskussionen. Mitarbeiter und Studenten haben mich hilfreich auf Fehler in den verschiedenen Skriptversionen aufmerksam gemacht.

Frau Kathrin Mönch und dem Verlag Oldenbourg bin ich für eine außerordentlich angenehme Zusammenarbeit und ihr Eingehen auf viele Gestaltungswünsche dankbar.

Den Studenten als Nutzern wünsche ich, daß das Buch für das Studium und die Vorbereitung zur Prüfung in Halbleiterphysik hilfreich sein möge.

Prof. Dr. R. Sauer
eh. Direktor des Instituts für Halbleiterphysik
Universität Ulm
89069 Ulm

Inhaltsverzeichnis

1 Einleitung

Begriffsbildungen, Halbleitermaterialien, historische Bemerkungen

1.1 Definition des Halbleiters

Festkörper lassen sich nach ihrer Leitfähigkeit σ im Ohmschen Gesetz $j = \sigma E$ (j: Stromdichte, E: elektrisches Feld) einteilen, siehe Abb. 1.1.

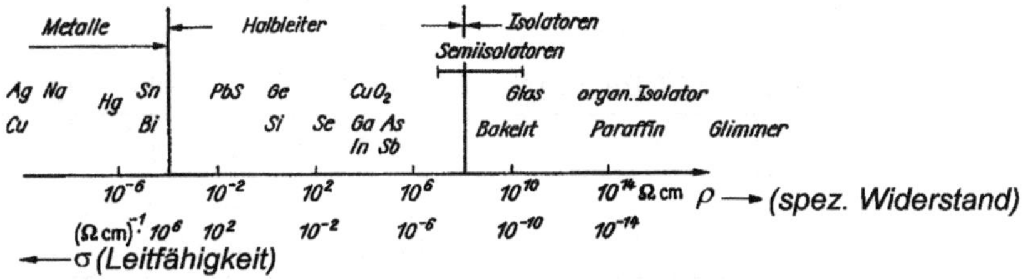

Abb. 1.1 Einteilung ausgewählter fester Körper nach spezifischem Widerstand ρ bzw. spezifischer Leitfähigkeit σ. Nach R. Paul, Halbleiterphysik, Hüthig 1975.

Charakterisierung von Halbleitern hinsichtlich der Leitfähigkeit:

- Es handelt sich um *elektronische* Leitfähigkeit (im Unterschied zu ionischer Leitung).
- Halbleiter sind im reinen Zustand bei genügend tiefen Temperaturen isolierend.
- Sie werden bei höherer Temperatur zunehmend leitfähiger.
- Die Leitfähigkeit läßt sich durch äußere Eingriffe ändern (z.B. Dotierung oder Druck).

Definition (nach O. Madelung, Grundlagen der Halbleiterphysik, Springer 1970):

„Halbleiter sind physikalisch definierte Festkörper, die in reinem Zustand in der Nähe des absoluten Nullpunkts der Temperatur isolieren, bei höherer Temperatur jedoch entweder eine eindeutig nachweisbare elektronische Leitfähigkeit besitzen, durch Störung des idealen Gitteraufbaus eine Leitfähigkeit erhalten, oder bei welchen zumindest durch äußere Einwirkung eine Leitfähigkeit erzwungen werden kann.

Diese Definition aufgrund phänomenologischer Merkmale charakterisiert eine Stoffgruppe, die durch ein einheitliches physikalisches Modell beschrieben werden kann."

Wir verschaffen uns eine erste Übersicht über Halbleiter mit typischen Anwendungsfeldern:

Dioden Transistoren	Elektronik, integrierte Schaltungen, Computer	Si; für spezielle Anforderungen SiGe, SiC, GaAs, InP ...
Thyristoren Triacs, Diacs	elektronische Schalter für Netz- und Hochspannung	Si
NTC-Widerstände	Regelungen, Widerstands-Messung	Si, Ge
Hallsensoren, Magnetowiderstände	Magnetfeldmessung, kontaktlose Positionstechnik, Steuerungen	Si, GaAs, InSb
Drucksensoren	Druckmeßtechnik	Si
Thermistoren	Temperaturmeßtechnik	Si
Gunn-Oszillatoren	Mikrowellen-Elektronik	GaAs
Photo-Detektoren	(insbesondere IR-Bereich)	„alle" Halbleiter, λ-abhängig
Solarzellen		Si in Massenfertigung
Leuchtdioden (LEDs)		GaAs (IR), GaP, AlGaAs, SiC, (InGaAl)N, (InGaAl)P
Injektionslaser		GaAs, AlGaAs, ternäre und quaternäre III-V-Verbindungen wie (InGaAl)N, (InGaAl)P, PbSnTe

Mit der Übersicht und unter Einbeziehung später zu diskutierender Entwicklungen lassen sich einige tendenzielle Aussagen formulieren:

- Dominant in Anwendungen sind der Gruppe-IV-Elementhalbleiter Silizium und verschiedene Gruppe-III/V-Verbindungen.
- Ternäre und quaternäre Mischungs-Halbleiter, meistens aus III-V-Legierungen, gestatten eine Anpassung an Anwendungserfordernisse, z.B. durch sogenanntes „band-gap engineering" oder „band-gap tayloring".
- Strukturen mit kompositionellen Heteroübergängen nutzen Ladungsträgereinfang und -lokalisation sowie Quanteneffekte bei Nano-Dimensionierung.
- Beispiele sind die SiGe-Basis in einem npn-Si-Transistor sowie SiGe/Si-Feldeffekt-Transistoren für den Gigahertz-Höchstfrequenzbereich, hocheffiziente LEDs und Laser-Quantentopf-Strukturen, Quantendraht- und Quantenpunkt-Laser und Quantenkaskaden-Laser. Solche Bauelemente werden in späteren Kapiteln im Detail behandelt.

1.2 Stellung der Halbleiter im Periodensystem

Es existieren 12 *Elementhalbleiter* (in Tabelle 1.1 fett eingerahmt). Typische Vertreter sind die Gruppe-IV-Elemente, von ihnen wurden vor allem *Germanium* und, dominant seit den 1960er Jahren, *Silizium* für Anwendungen wichtig. Seit den 1990er Jahren spielt für spezielle Anwendungen im Halbleiterbereich auch Kohlenstoff in der *Diamant*-Modifikation eine Rolle.

Tab. 1.1 *Ausschnitt aus dem Periodensystem der Elemente. Eingerahmt sind die 12 Elementhalbleiter.*

Gruppen Perioden	II	III	IV	V	VI	VII	Edel- gase
II	Be	B	C	N	O	F	Ne
III	Mg	Al	Si	P	S	Cl	Ar
IV	Ca/Zn	Ga	Ge	As	Se	Br	Kr
V	Sr/Cd	In	Sn	Sb	Te	J	Xe
VI			Pb	Bi	Po	At	

Die Bändertheorie der Festkörper von A. Wilson (1931) und nachfolgende Arbeiten anderer Theoretiker hatten bis ca. 1935 nahe gelegt, daß es neben den etablierten Materialklassen von Metallen und Isolatoren auch (eigen-)halbleitende Materialien geben könne. Gleichwohl bestand eine große Diskrepanz zu der experimentellen Situation, wonach weder die Existenz von Halbleitern empirisch überzeugend nachgewiesen noch die Frage beantwortet war, welche Substanzen denn gegebenenfalls zu den Halbleitern gerechnet werden könnten. Bis ca. 1940 waren eine Reihe von Materialien wie Kupferoxydul (Cu_2O), Selen, Bleiglanz (PbS) und Pyrit (FeS_2) als elektronische Halbleiter eingestuft. Andere Verbindungen, z.B. Antimonide und Oxide, wurden ebenfalls – trotz widersprüchlicher Messungen – der Klasse der elektronischen Halbleiter zugeordnet. Ge und Si wurden dagegen vielfach noch zu den Metallen gezählt. Beide konnten nur in ungenügender chemischer Reinheit dargestellt werden, und Messungen wie die mit der Temperatur anwachsende Leitfähigkeit wurden auf Verunreinigungen zurückgeführt oder waren überhaupt in sich widersprüchlich. Erst durch verbesserte Züchtungsverfahren, insbesondere das „Zonenziehen“ (Kapitel 14), gelang es in den 1940er Jahren bis ca. 1955, die Konzentration störender Fremdelemente drastisch zu verringern, gleichzeitig aber die Kristalle gezielt zu dotieren. Dadurch wurde es möglich, p-n-Übergänge aus Ge und Si als Grundstrukturen vieler elektronischer Bauelemente kontrolliert herzustellen, und diese Halbleiter in einer wachsenden Fülle von Anwendungen einzusetzen.

Trotz dieser schwierigen Anfänge waren Ge und Si schon in den frühen Jahren des letzten Jahrhunderts als Spitzendioden dienlich. Metalldrähte, die haarnadelförmig gebogen und mit feinen Spitzen federnd auf ein (unreines) Ge-Kriställchen aufgesetzt wurden („cat's whiskers“), machten die Gleichrichtung von Wechselspannungen bis in den Mikrowellenbereich hinein möglich. Dieser Effekt konnte, ähnlich dem von F. Braun schon vor der Jahrhundertwende an PbS-Kristallen entdeckten nicht-linearen Widerstandsverhalten, damals nicht erklärt werden.

W. Schottky hat als theoretischer Industriephysiker bei den Siemenswerken in den späten 1930er Jahren die Wirkungsweise durch seine Randschicht-Theorie (Bandverbiegung und Trägerverarmung am Halbleiter-Metall-Übergang, Kapitel 7) erklärt, daher auch der moderne alternative Name Schottky-Diode. Ge-Spitzendioden wurden für die im Zweiten Weltkrieg forcierte Radartechnik („Funkmeßverfahren") als Detektoren enorm wichtig und lösten so einen entsprechenden Entwicklungsschub aus.

Nach dem Krieg fand in vielen Laboren – z.B. Bell Laboratories, Murray Hill (New Jersey), Purdue University, Lafayette (Indiana) oder Firma Westinghouse (Paris) – intensive Forschung an Ge mit Zielrichtung „kontrollierter Stromfluß" oder „Stromverstärkung" statt. Bei Bell Labs gelang 1947/48 der Durchbruch mit der Erfindung des Transistors: Ge-Spitzentransistor durch J. Bardeen und W.H. Brattain (1947), Ge-bipolarer Flächentransistor durch W. Shockley (1948) in derselben, von Shockley geleiteten Arbeitsgruppe. Alle drei erhielten gemeinsam den Physik-Nobelpreis des Jahres 1956.

Nach Veröffentlichung der Ergebnisse aus Shockleys Arbeitsgruppe in mehreren Artikeln der Zeitschrift „Physical Review" (1947–1948) zeigte es sich, daß andere Gruppen zu diesem Zeitpunkt ähnlich weit gekommen waren, möglicherweise aber die harte Konkurrenzlage unterschätzt hatten. So hatten die Forscher an der Purdue University ebenfalls schon Stromverstärkung in Germanium-Kristallen gemessen. Auch H. Welker und H.F. Mataré, die gemeinsam in Paris für die Firma Westinghouse arbeiteten, konnten Anfang 1948 relativ verläßliche Stromverstärkung an entsprechend dotierten Ge-Strukturen beobachten; ihre Verstärker wurden 1948 in Frankreich und in den USA patentiert und in Frankreich mit dem Namen „transistron" belegt. In Deutschland wurden die ersten Ge-Spitzentransistoren 1951 beim Fernmeldetechnischen Zentralamt Darmstadt der Deutschen Bundespost in einer Gruppe unter Leitung von H. Salow hergestellt. Auch die Firma Intermetall, von Mataré 1951 nach Rückkehr von Frankreich gegründet, stellte in beeindruckend kurzer Zeit Ge-Spitzentransistoren und wenig später auch Dioden und Transistoren aus Si her.

Ein legierter Ge-pnp-Bipolartransistor wurde 1952 erstmals durch J.S. Saby hergestellt, der erste Hochfrequenz-Ge-Transistor (500 MHz) mit diffundierter Basis von C.A. Lee 1956 vorgestellt.

J. Kilby (Firma Texas Industries) machte 1958 den Vorschlag zu einer integrierten Schaltung in einem Ge-Kristall; es handelte sich um einen Oszillator mit Schwingungsfrequenz von 1,3 MHz. Er erhielt für seine Arbeiten – sozusagen als Vater des „hand-held calculators" – den Physik-Nobelpreis 2000 zusammen mit Zh.I. Alferov (Ioffe Physico-Technical Institute, St. Petersburg) und H. Krömer (University of Santa Barbara, California). Die beiden letztgenannten Wissenschaftler wurden für ihre Arbeiten zu Halbleiter-Heterostruktur-Bauelementen ausgezeichnet. R. Noyce (Firma Fairchild Semiconductors) hat schon 1959 die integrierte Schaltung von Kilby, die noch externe Metalldrähte als Verbindungen zwischen integrierten Widerständen, Kondensatoren und Transistoren hatte, dadurch wesentlich verbessert, daß er zusätzlich alle Verbindungsdrähte als metallische Leiterbahnen aus Gold oder Aluminium auf dem Ge-Kristall integrierte.

Elektronische Anwendungen von Si gehen bis 1906 zurück, als Patente (G.W. Pickard, L.W. Austin) Punktkontaktdioden aus Metall-Si-Übergängen für Hochfrequenzgleichrichtung beschrieben. Bis in die Mitte der 1930er Jahre waren solche Elemente weitläufig als Mikrowellendetektoren in Gebrauch. Wie schon bei Ge, gab es auch bei Si während des Zweiten Weltkriegs große Fortschritte in Wachstum und Reinheit des Materials sowie Technologie und Diodenfabrikation. Es dauerte bis zur Mitte der 1950er Jahre, bis erste Si-Transistoren hergestellt werden konnten. Allerdings nutzten alle diese Dioden oder Transistoren polykristalline Anordnungen oder kleine Stücke von Einkristallen, die aus polykristallinem Material herausgeschnitten waren. Grundlegende Schwierigkeiten gegenüber Ge lagen in der hohen Schmelztemperatur des Si (1415°C gegen 936°C) und in seiner chemischen Reaktionsfreudigkeit, die eine „saubere“ Kristallzucht in den für Ge üblichen Quarztiegeln unmöglich machte. Ab 1952 wurden Si-Einkristalle aus der Schmelze („Czochralski-Verfahren“) in einer Apparatur gezogen, wie sie prinzipiell schon früher für das Wachstum von Ge-Einkristallen entwickelt worden war (G.K. Teal, J.B. Little). Etwa 1962 kam als weitere Züchtungsmethode das „Zonenziehen“ („floating zone“) dazu (P.H. Keck et al.). Schon vorher war um 1957 die Gasphasenepitaxie entwickelt worden (R.C. Sangster et al.), die um 1960 von der Laborentwicklung Eingang in die Bauelementefabrikation fand. Ende der 1950er bis in die 1960er Jahre wurde auch die Planartechnologie mit durch Maskenöffnungen diffundierten Emitter- und Basiszonen des Bipolartransistors entwickelt, die weiten Gebrauch von den Eigenschaften des natürlichen Oxids SiO_2 als hervorragender elektrischer Isolator und Diffusionssperre machte.

Die größere Energielücke des Si im Vergleich zum Ge, die damit verbundenen besseren Sperreigenschaften und die bessere thermische Stabilität bei Dioden und Transistoren sowie die Existenz des stabilen (insbesondere nicht hygroskopischen) und immer besser beherrschten Oxids ließen dann in den 1960er Jahren Si rasch zum dominanten Halbleiter werden. Das Oxid machte die Technologie des MOS-FETs („metal oxide semiconductor-field effect transistor“), aber auch die Planartechnologie mit einer später folgenden Großintegration möglich. Einige historische Bemerkungen zu Feldeffekt-Transistoren finden sich im Kapitel 12.

Heute stellt Si 96 % allen Halbleitermaterials in elektronischen Anwendungen von Dioden über bipolare und Feldeffekt-Transistoren in Einzelbauelementen oder höchstintegrierten „chips“ bis zu Solarzellen.

Kohlenstoff C ist in der kubischen Diamantstruktur in reinem Zustand wegen seiner sehr großen Energielücke ein nahezu perfekter Isolator. *Diamant* kann durch B-Dotierung leicht p-halbleitend gemacht werden. In den 1990er Jahren gelang durch verbesserte Niedrigdruck-Synthese (Wachstum mit Gasphasenabscheidung CVD: „chemical vapor deposition“) auf Homo- oder Heterostrukturen ein großer Schritt in Richtung auf Anwendungen. Beim epitaktischen CVD-Wachstum auf <111>-Diamantsubstrat kann P als Donator eingebaut und dadurch n-Leitung erzeugt werden. Ein flacherer Donator (kleinere Elektronenbindungsenergie als P) mit dem Potential zu Standardanwendungen wird allerdings immer noch gesucht. Kandidaten werden z.B. in Na und S gesehen. Mit dem harten, stabilen und chemisch inerten Diamant verbinden sich Hoffnungen auf eine Höchsttemperatur-Elektronik in „rauer“ Umgebung.

Literatur zur Geschichte:

K. Handel, „Anfänge der Halbleiterforschung und -entwicklung“, Diss., Aachen (1999)

H. Hillmer, „Der Transistor – die Entwicklung von den Anfängen bis zu den frühen integrierten Schaltungen“, Der Fernmelde-Ingenieur, 54. Jg., Heft 1–3 (2000)

H. Queisser, „Kristallene Krisen“, Piper, München (1985) *Das Buch beschreibt die Entwicklung in Romanform und leicht lesbarer Darstellung auch für den Nicht-Physiker.*

Verbindungshalbleiter und wichtige Beispiele:

(x bezeichnet hier die Gruppe im Periodensystem)

a) Typ A^xB^{8-x}

x = 4: IV-IV-HL: **SiGe, SiC**
x = 3: III-V-HL: **GaAs, GaP, InP, GaSb, AlSb, InSb**
x = 2: II-VI-HL: **CdS, CdSe, CdTe, ZnS, ZnO, HgTe**
x = 1: I-VII-Verbindungen: **AgBr, Alkalihalogenide; Übergang Halbleiter → Isolaoren**

SiGe mit geringem Ge-Anteil erlaubt es, die „perfekte“ Si-Technologie beizubehalten. Man kann die kleinere Energielücke der Legierung im Vergleich zu Si ausnutzen, um Höchstfrequenztransistoren (bipolare Transistoren, Feldeffekt-Transistoren) bis weit in den GHz-Bereich herzustellen (siehe spätere Beispiele in Kapitel 12).

SiC in hexagonalen Kristallmodifikationen ist zunehmend wichtig als Substrat und aktives Material für Transportbauelemente (z.B. Leistungselektronik) und Opto-Bauelemente (z.B. blaue Leuchtdioden). Trotz seiner aktuellen Bedeutung wird SiC in diesem Buch nicht weiter behandelt, stattdessen hier einige Literaturzitate: W.C. Choyke, G. Pensl, Phys. Bl. **47**, 212 (1991); J.B. Casady, R.W. Johnson, Solid-State Electron. **39**, 1409 (1996, Review Paper); History and Current Status of Silicon Carbide Research, www.ecn.purdue.edu/WGB/Introduction/exmatec html.

Die III-V-Verbindungen wurden als neuartige halbleitende Legierungen erstmals Anfang der 1950er Jahre von H. Welker (Leiter der Forschungslaboratorien der Siemens AG und Professor an der Universität München) vorgeschlagen, ihre Eigenschaften prognostiziert und experimentell studiert. Sie bilden heute als binäre, ternäre oder quaternäre Legierungen die Materialbasis für optoelektronische Bauelemente, insbesondere Leuchtdioden, im rot-gelb-grünen Spektralbereich (Kapitel 13).

GaAs als prototypischer Vertreter der III-V-Halbleiter dient als IR-Emitter und IR-Laser beispielsweise in Lichtschranken und Ableseeinheiten von Strichcodierungen (Kapitel 13).

GaP ist Standardmaterial für konventionelle, äußerst preiswerte grüne, gelbe und rote Leuchtdioden (Kapitel 13).

InP hat Bedeutung als Substratmaterial in phosphidischen optoelektronischen Anwendungen.

Unter den antimonidischen Halbleitern sind GaSb und AlSb von besonderem Interesse. Sie haben in Heterostrukturen eine sogenannte Typ-II-Bandanordnung (Kapitel 4 und Anhang A7) mit extremen Sprüngen im Leitungs- und Valenzband. Zusammen mit InAs eröffnet das die Möglichkeit, Heterostruktur-Bauelemente wie resonante Tunneldioden, Übergitter für Infrarot-Optoelektronik oder mesoskopische Quantenstrukturen mit hochbeweglichen Elektronen zu realisieren.

ZnO erlebt im Augenblick eine Renaissance: Es besteht die Hoffnung, daß es aufgrund seiner physikalischen Eigenschaften besser noch als GaN für optoelektronische Bauelemente (LEDs, Laser) im Blauen und im UV geeignet ist.

In den 1970er Jahren wurde die Beobachtung einer Bose-Einstein-Kondensation von Exzitonen in AgBr postuliert, die jedoch in späteren Arbeiten nicht verifiziert werden konnte.

b) Typ $A^{IV}B^{VI}$

PbS, PbSe, PbTe

Schon 1876 hat F. Braun an Metalldrähten, die als Spitzen auf „geeignete“ Stellen von PbS-Kristallen aufgedrückt waren, nicht-lineares Strom-Spannungsverhalten beobachtet und vor der Naturforschenden Gesellschaft in Leipzig demonstriert. Ähnliches Verhalten wie PbS („Bleiglanz“) zeigten Metallkontakte auf Schwefelkieskristallen (auch: Pyrit, Eisensulfid FeS_2). Dieser nicht-lineare Effekt als Abweichung vom Ohmschen Gesetz war damals unerhört und blieb unverstanden. Die Experimente wurden – obwohl öffentlich vorgeführt – auch angezweifelt. Wichtig für die Beobachtung des Effekts schien ein möglichst punktförmiger Kontakt. In moderner Terminologie handelt es sich bei diesen Spitzendioden um Halbleiter-Metall-Kontakte oder Schottky-Kontakte. F. Braun – der ja auch die Braunsche Röhre und damit einen wesentlichen Teil heutiger Fernsehapparate erfunden hat – erhielt 1909 zusammen mit G. Marconi den Physik-Nobelpreis „for their contribution to the development of wireless telegraphy“.

Ab ca. 1915 kamen PbS-Kristalle als Lichtdetektoren zum Einsatz. Als Belichtungsmesser in Kameras findet man PbS bis heute in dieser Funktion.

In den 1970er Jahren wurden Bleichalkogenid-Laser im Infrarotbereich mit Wellenlängen von ca. 3 bis über 20 µm industriell entwickelt, u.a. für den Einsatz in der Gasanalyse (Messung der Luftverschmutzung durch Absorption in Vibrations-Rotations-Banden entsprechender Moleküle). Es handelt sich um ternäre Mischungen von PbSe und PbTe mit Sn, wobei mit wachsendem Sn-Gehalt kleinere Bandlücken eingestellt werden können. Im Pulsbetrieb überstreicht der Laser dank seiner starken Temperaturabhängigkeit jedesmal ein für die Messung geeignetes Frequenzintervall, so daß während eines Pulses ein ganzes Gas-Absorptionsspektrum aufgenommen werden kann.

c) Typ $A^{1}B^{VI}$;

CuS, CuO, Cu_2O

Cu_2O (Kupfer(I)-Oxid oder „Kupferoxydul“) wurde schon in den 1920er Jahren in Verbindung mit Metallen als Trockengleichrichter für größere elektrische Leistungen verwendet. (In ähnlicher Weise kamen auch Selen-Trockengleichrichter zum Einsatz.) An Cu_2O wurde zuerst experimentell elektrische Leitung durch Löcher nachgewiesen, wie sie nach der Bändertheorie von A. Wilson als theoretisch möglich prognostiziert war. Cu_2O diente ab 1953 auch für grundlegende Arbeiten zur Exzitonenphysik (E.F. Groß et al., S. Nikitine et al.).

d) Ternäre Verbindungs-Halbleiter

Typ $A_1^xA_2^xB^{8-x}$, $A^xB_1^{8-x}B_2^{8-x}$

x = 2 **ZnCdTe, HgCdTe**
x = 3 **AlGaAs, GaAsP**

Durch Zumischung von Cd zu dem Semimetall HgTe erhält man die ternäre Legierung HgCdTe als Material für die weitläufig genutzten MCT („mercury cadmium telluride“)-Detektoren. Je nach Cd-Gehalt liegen ihre maximalen Empfindlichkeiten in dem ausgedehnten Spektralbereich von 0,8 bis 30 μm Wellenlänge.

AlGaAs wird u.a. als roter Abtastlaser in CD-Spielern eingesetzt.

GaAsP dient u.a. in der Komposition mit 60 % As und 40 % P als Material für rote LEDs (Kapitel 13).

Typ $A_1^{x-1}A_2^{x+1}B^{8-x}$

x = 2 I-III-VI-Halbleiter, z.B. **$CuInSe_2$**
x = 3 II-IV-V-Halbleiter, z.B. **$CdSnAs_2$**

$CuInSe_2$, zusammen mit seinen kompositionellen Abkömmlingen $Cu(InGa)(S,Se)_2$ als CIS, CIGS oder CIGSSe abgekürzt, wird aktuell als Material für großflächige, preisgünstige Dünnschicht-Solarzellen (ca. 3 μm Dicke) genutzt. Die begrenzte Verfügbarkeit von Indium könnte allerdings problematisch werden.

e) Quaternäre Verbindungs-Halbleiter

Typ $A_1^xA_2^xB_1^{8-x}B_2^{8-x}$

x = 3 **(GaIn)(AsP)**

Die Legierung ist mit zwei speziellen Kompositionen v.a. wichtig für Laser in der optischen Faserkommunikation bei Wellenlängen von $\lambda = 1{,}3$ μm und $\lambda = 1{,}55$ μm (Kapitel 13).

f) Typ $A_1^x A_2^x A_3^x B^{8-x}$

x = 3 **(AlInGa)N**

Das System bildet in Heterostrukturbauelementen von AlGaN/InGaN bei verschiedenen Kompositionen das Material für brillant helle grüne, blaue und ultraviolette LEDs sowie für blaue und UV-Laser (Kapitel 13).

Nomenklatur:

Für ternäre und quaternäre III-V-Halbleiter ist oft eine alternative Nomenklatur gebräuchlicher als die bisher benutzte.

Beispiel: $Ga_xIn_{1-x}As_yP_{1-y}$, wobei x,y hier die relativen Kompositionsanteile sind.

Literatur zu Materialdaten:

Landolt-Börnstein; Zahlenwerte und Funktionen aus Naturwissenschaften und Technik/Numerical Data and Functional Relationships in Science and Technology, New Series, Springer,

> Band **17**: Halbleiter (Hrsg. O. Madelung, M. Schulz, H. Weiss) 1982. Spezielle Teilbände **17a**: Group IV Elements and IV–IV Compounds, III–V Compounds; **17b**: II–VI Compounds, I–VII Compounds und andere.
>
> Band **22b**: Störstellen und Defekte in Elementen der IV. Gruppe und III–V-Verbindungen (Hrsg. O. Madelung, M. Schulz) 1989.
>
> Volume **41 A1** (Supplement to Vols. 17 and 22): Group IV Elements, IV–IV, and III–V Compounds (Ed. U. Rössler) 2002
>
> Volume **41 A2** (Supplement to Vols. 17 and 22): Impurities and Defects in Group IV Elements, IV–IV and III–V Compounds (Ed. M. Schulz) 2002

Kompakte Darstellungen:

Semiconductors (Data in Science and Technology), Group IV Elements and III–V Compounds (Hrsg. O. Madelung), Springer 1991

Semiconductors (Data in Science and Technology), Other than Group IV Elements and III–V Compounds (Hrsg. O. Madelung), Springer 1992

g) Andere Materialien

Organische Halbleiter wie Anthrazen, Methylenblau u.v.a. Speziell für die Nutzung als OLEDs („organic light emitting diodes") und für Display-Anwendungen kommen in Frage: PTCDA (Perylentetracarbonsäure-Dianhydrid), NTCDA (Naphtalintetracarbonsäure-Dianhydrid), PPV (Poly-para-PhenylenVinylen, Polythiophen oder Polyacetylen. Vgl. dazu die Übersichtsartikel: M. Schwoerer, Phys. Bl. **49**, 52 (1994); H. Sixl, H. Schenk, N. Yu, Phys. Bl. **54**, 225 (1998)

1.3 Chemische Bindung

1.3.1 Homöopolare (kovalente) Bindung

Die kovalente Bindung ist ideal bei den Elementhalbleitern vorhanden, z.B. Ge oder Si. Die Konfiguration der jeweils 4 Valenzelektronen ist über (teil-) abgeschlossenen inneren Schalen:

Si $[Ne]\ 3s^2 3p^2$

Ge $[Ar]\ 3d^{10} 4s^2 4p^2$

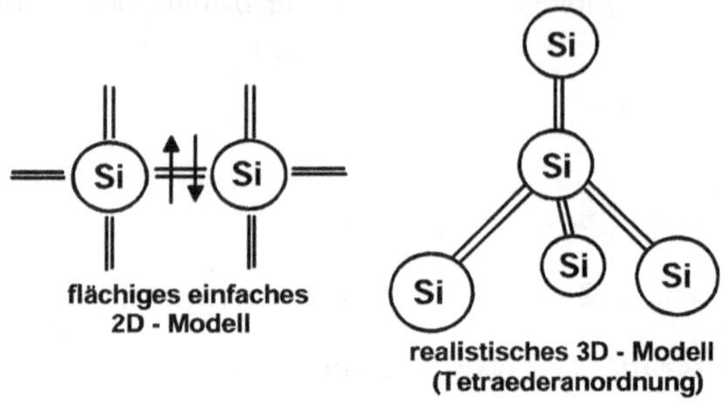

Abb. 1.2 *Kristallstrukturmodelle. Links flächiges einfaches 2-dimensionales Modell; rechts realistisches 3-dimensionales Modell mit Tetraederanordnung der Atome.*

Zustandekommen der Bindung („Gedankenexperiment")

- Promotion:
  Anregung $s^2p^2 \rightarrow sp^3$ mit Energieaufwand
- Hybrisierung:
  Die Linearkombinationen von s- und drei p-Funktionen ergeben vier gerichtete Keulen für die Elektronenaufenthaltswahrscheinlichkeit $|\Psi|^2$, die bindungsfähig sind.
- Bindung:
  Der Überlapp von zwei Keulen benachbarter Atome bedeutet Bindung mit Energiegewinn durch Austauschwechselwirkung.
- Ergebnis:
  Es ergibt sich eine stabile Anordnung mit jeweils vier nächsten Nachbarn pro Atom in einer Tetraeder-Koordination und elektronischer „Achterschale". Beispiele sind die Diamant-, Zinkblende, Wurtzit- und hcp-Struktur.
  Bei $T = 0$ sind alle Bindungen abgesättigt, der Kristall ein Isolator.
  Bei $T > 0$ werden Bindungen zunehmend aufgebrochen, der Kristall zeigt wachsende Leitfähigkeit.

Tendenz

Die Bindungsstärke nimmt ab, wenn man in der betreffenden Gruppe des Periodensystems abwärts wandert (vgl. Tab. 1.2, Tab. 1.3 und Abb. 1.6).

1.3.2 Heteropolare (ionische) Bindung

Die ionische Bindung beruht auf elektrostatischer Wechselwirkung. Durch Elektronentransfer ergibt sich z.B. bei NaCl oder AgBr für jeweils beide Atomspezies des Kristalls eine vollständige Achterschale (Edelgaskonfiguration) mit elektrostatischer Bindung. Die Atomanordnung ist meist kubisch.

Cl^-	Na^+	Cl^-
Na^+	Cl^-	Na^+
Cl^-	Na^+	Cl^-

1.3.3 Gemischte Bindung

Alle Verbindungshalbleiter sind teils kovalent, teils ionisch gebunden:

III-V-Halbleiter:	Die kovalente Bindung überwiegt; schwaches polares Verhalten
II-VI-Halbleiter:	Die ionische Bindung überwiegt; stark polares Verhalten
I-VII-Verbindungen:	„Reine" Ionenbindung.

1.4 Grundbegriffe der Halbleiterphysik

1.4.1 Energieband-Modell: Darstellung im Ortsraum

Die Energiezustände von Elektronen in kristallinen Festkörpern sind nicht diskret, sondern überdecken kontinuierlich ganze Energiebereiche, die sogenannten Energiebänder. Die Bänder entstehen aus den scharfen, diskreten Energiezuständen der einzelnen Atome durch Kopplung der Wellenfunktionen benachbarter Atome.

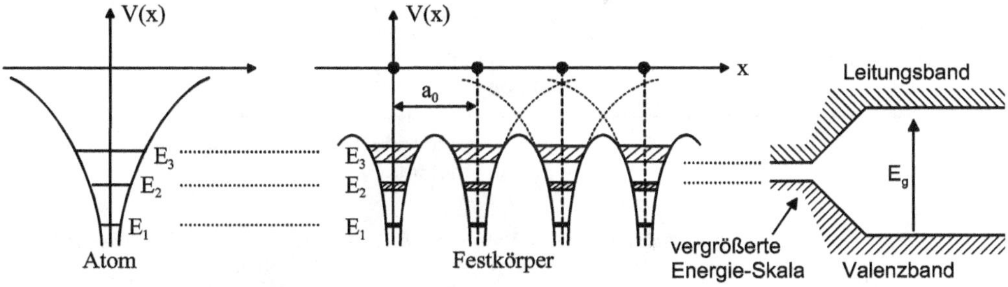

Abb. 1.3 Entstehung von Bändern. Links Atompotential mit drei Energiezuständen. Mitte Überlagerung von Atompotentialen zum Festkörperpotential mit Atomabstand a_0 und Aufspaltung der Energieniveaus. Rechts Vergrößerte Darstellung eines voll besetzten unteren Energiebandes (Valenzband) und eines leeren oberen Energiebandes (Leitungsband) mit Energielücke E_g.

Der physikalische Sachverhalt ist in verschiedenen Teilgebieten der Physik wie Mechanik, Elektrodynamik oder Quantenmechanik immer derselbe:

- Die Kopplung von zwei identischen „Oszillatoren" mit Energie (Frequenz) $E_0 = \hbar\omega_0$ bewirkt eine Aufspaltung der Eigenfrequenz ω_0 in ω_1 und ω_2. Beispiele sind gekoppelte mechanische Pendel (symmetrische und antisymmetrische Fundamentalschwingung), gekoppelte elektrische Schwingkreise (Bandfilter) oder die symmetrisch/bindenden und antisymmetrisch/antibindenden Zustände des H_2-Moleküls.
- Bei Kopplung von N identischen „Oszillatoren" ergibt sich eine N-fache Frequenz- bzw. Energieaufspaltung; bei endlicher Energiebreite (Dämpfung) überlappen sich die aufgespaltenen Energieterme und bilden ein Energieband.
- Die Stärke der Kopplung bestimmt die Energiebreite des Bandes.

Halbleiter sind dadurch charakterisiert, daß es bei T = 0 ein vollbesetztes „oberstes" Energieband gibt. Es heißt Valenzband. Das nächsthöhere Band ist bei T = 0 vollständig leer. Es heißt Leitungsband. Tiefliegende (besetzte) Valenzbänder werden auch Rumpfbänder genannt. Noch tiefer liegende Rumpfzustände sind diskret, da in ihnen die Kopplung verschwindend gering ist.

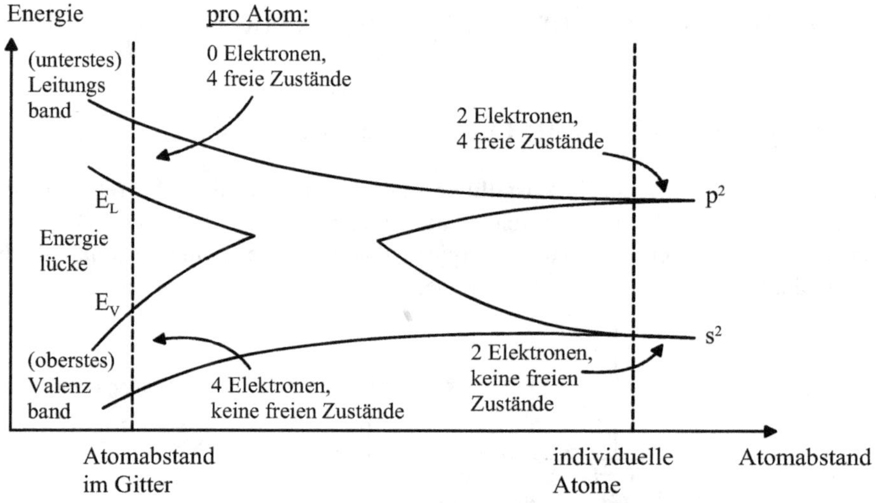

Abb. 1.4 *Aufspaltung von s- und p-Atomzuständen bei Überlapp der elektronischen Wellenfunktionen und Bildung von Valenz- und Leitungsband.*

Der Bereich zwischen den Bandkantenenergien E_L und E_V ist verboten, es gibt dort keine elektronischen Zustände. Die Differenz $E_L - E_V$ ist die Energielücke („energy gap") E_g. Tendenziell gilt: Die Energielücke E_g ist umso größer, je stärker die Festkörperbindung ist. Auch weitere Größen wie die Schmelztemperatur, die maximale Phononenfrequenz oder bei vorgegebener gleicher Kristallsymmetrie die Materialhärte spiegeln die Festkörperbindung wieder. Eine gegenläufige Tendenz weisen die Gitterkonstanten a_0 auf.

Beispieldaten: Element-Halbleiter

Tab. 1.2: *Vergleich von Materialparametern für ausgewählte Elementhalbleiter Schmelztemperatur $T_{schmelz}$, Bandlücke E_g, Gitterkonstante a_0, Paarbindungsenergie, Festkörperbindungsenergie und maximale Phononenenergie (O^{Γ}- oder Zentrums-Phononen). (* metastabil Phasenübergang zu Graphit.)*

	$T_{Schmelz}$ (°C)	E_g (eV) (300K)	a_o (Å)	$E_{Bindung}$ (eV) (Paare x-x)	$E_{Bindung}$ (eV) (Festkörper)	$\hbar\,\Omega_{phon,max}$ (meV)
C (Diam.)	(4000)*	5,47	3,56	3,6	7,37	165,2
Si	1415	1,14	5,43	1,8	4,63	64,5
Ge	936	0,67	5,66	1,6	3,85	36,1
α-Sn	232	0,08	6,46	-	3,14	~ 16,7

α-Sn: graues Zinn, Halbmetall, oberhalb 13 °C β-Sn: weißes Sn (metallisch)

Paarbindung z.B. Si-Si

Festkörperbindung eines Atoms

Diese Phononen spiegeln u.a. die elektronische Bindung wider

Beispieldaten: Verbindungshalbleiter

Tab. 1.3 *Vergleich von Materialparametern für ausgewählte Verbindungshalbleiter.*

	$T_{Schmelz}$ (°C)	E_g (eV) (300K)	a_o (Å)	$\hbar\,\Omega_{max,\,phon}$ (meV)
c-BN	~ 3000	~ 10	3,62	166
AlP	1050	3	5,42	62
GaAs	1280	1,43	5,66	36
InSb	523	0,17	6,48	24

c-BN bezeichnet kubisches Bornitrid im Unterschied zu hexagonalem h-BN.

Abgrenzung von Metallen, Halbleitern und Isolatoren im Bändermodell

Metalle: Überlappung von besetzten und unbesetzten Bändern, keine Bandlücke

Halbleiter: Bandlücke $E_g > 0$ zwischen besetzten und unbesetzten Bändern, E_g bis zu einigen wenigen Elektronenvolt

Isolatoren: besetztes Valenzband, große Bandlücke E_g

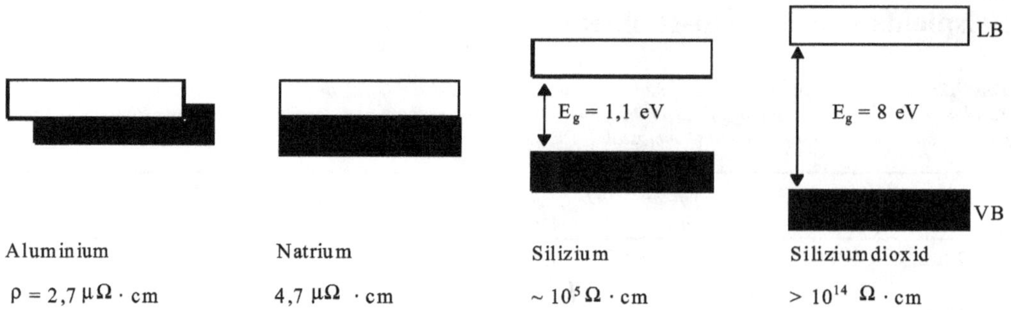

Abb. 1.5 *Relative Anordnung von Valenz- und Leitungsband in Metallen (Al, Na), Halbleitern (Si) und Isolatoren (SiO_2) mit zugeordneten Leitfähigkeiten.*

Bandlückenenergien E_g und Gitterkonstanten a_0

Tab. 1.4 *Auszug aus dem Periodensystem der Elemente.*

	Gruppe				
Periode	IIa / II b	IIIa	IVa	Va	VIa
II	Be	B	C	N	O
III	Mg	Al	Si	P	S
IV	Zn	Ga	Ge	As	Se
V	Cd	In	Sn	Sb	Te
VI	Hg	Tl	Pb	Bi	Po

Tab. 1.5 *Gerundete Energielücken E_g der binären Halbleiterverbindungen aus den oben eingerahmten Gruppe III- und V-Elementen*

Gleiche Gruppe-III-Komponente (Kation)	GaP	2,3	AlP	2,5
	GaAs	1,5	AlAs	2,2
	GaSb	0,8	AlSb	1,7
Gleiche Gruppe-III-Komponente (Anion)	AlP	2,5	AlAs	2,2
	GaP	2,3	GaAs	1,5
	InP	1,4	InAs	0,4

(Forts.)

(Forts.)

Tendenz

Je tiefer in der jeweiligen Gruppe des Periodensystems eine Komponente des binären Verbindungshalbleiters steht (je größer also Ordnungszahl = Kernladung, Massenzahl und damit Atomradius der Komponenten sind), desto größer ist die Gitterkonstante a_0 des Halbleiters und umso kleiner ist seine Bandlücke E_g. Diese Beziehung läßt sich auch sehr anschaulich in der folgenden Darstellung $E_g(a_0)$ ablesen:

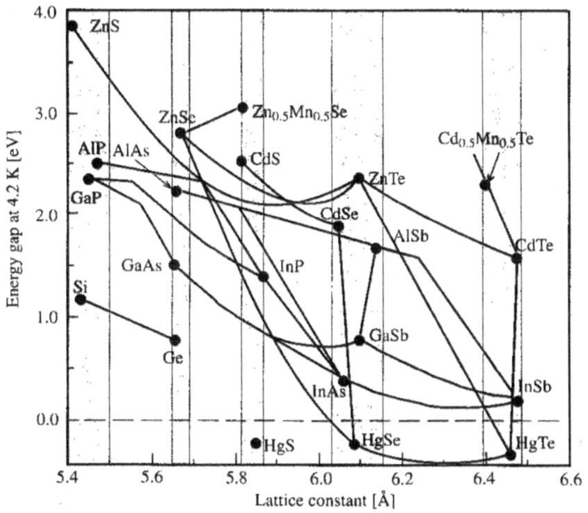

Abb. 1.6 *Energielücke E_g über Gitterkonstante a_0, in lockerem Jargon auch „Landkarte des Epitaktikers" genannt, da die Gitter(fehl-)anpassung zum Substrat für Epitaxieschichten wichtig ist. Die hier eher symbolisch gezeichnete Verbindungslinie zwischen Si und Ge ist für SiGe-Mischkristalle genauer in Abb. 1.7 dargestellt. Nach A.B. Chen, A. Sher, Semiconductor Alloys, Plenum 1995.*

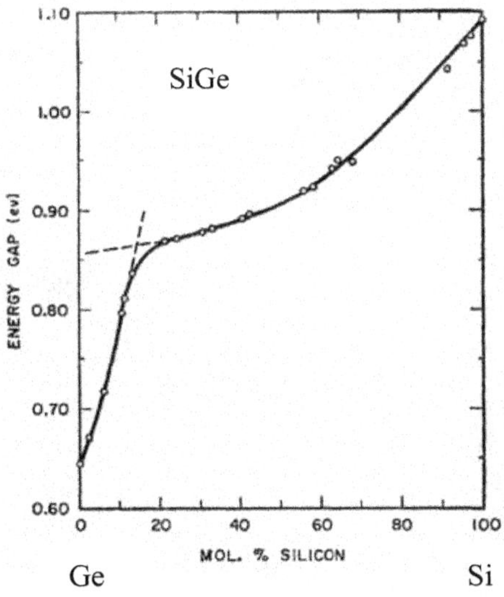

Abb. 1.7 *Detaildarstellung der Bandlückenenergie E_g von SiGe-Mischkristallen als Funktion der Komposition. Nach R. Braunstein, A. Moore, F. Herman, Phys. Rev.* ***109****, 695 (1958)*

Halbleiter-Legierungen oder -Mischkristalle („alloys“, „crystalline solid solutions“)
Bei gleicher Kristallgitterstruktur der Ausgangsmaterialien A (z.B. GaAs) und B (z.B. InAs) gilt die Regel von Vegard (L. Vegard, Zeitschrift für Physik **5**, 17 (1921)):

Die Gitterkonstante der Legierung ist proportional zum relativen Anteil der Ausgangsmaterialien A und B und deren Gitterkonstanten:

$$a_{0,Leg} = x \cdot a_{0,A} + (1-x) \cdot a_{0,B} \qquad \text{für } A_xB_{1-x}$$

$$a_0(Ga_xIn_{1-x}As) = x \cdot a_0(GaAs) + (1-x) \cdot a_0(InAs) \qquad \text{als explizites Beispiel}$$

Im Gegensatz zu diesem linearen Zusammenhang kommt bei der Bandlücke des Mischkristalls oft noch ein quadratischer Term in x dazu. Sein Koeffizient heißt Durchbiegungsparameter („bowing parameter“). Der physikalische Grund für sein Auftreten liegt in der sogenannten Legierungsunordnung („alloy disorder“) durch die räumlich stochastische Ersetzung einer Atomspezies durch die andere.

Tab. 1.4 *Kompositionsabhängigkeit der Bandlücke E_g ausgewählter ternärer Halbleiterverbindungen. Nach H.C. Casey, M.B. Panish, Heterostructure Lasers, Part A, Materials and Operating Characteristics, Academic Press 1978.*

Legierung	**Direkte Bandlücke** E_g **(eV) bei T = 300K**	**Bemerkung**
$Al_xIn_{1-x}P$	1,351 + 2,23x	
$Al_xGa_{1-x}As$	1,424 + 1,245x	x ≲ 0,33, dann Bandkreuzung
$Al_xIn_{1-x}As$	$0{,}360 + 2{,}012x + 0{,}698x^2$	
$Al_xGa_{1-x}Sb$	$0{,}726 + 1{,}129x + 0{,}368x^2$	
$Al_xIn_{1-x}Sb$	$0{,}172 + 1{,}621x + 0{,}43x^2$	
$Ga_xIn_{1-x}P$	$1{,}351 + 0{,}643x + 0{,}786x^2$	x ≲ 0,7, dann Bandkreuzung
$Ga_xIn_{1-x}As$	0,36 + 1,064x	
$Ga_xIn_{1-x}Sb$	$0{,}172 + 0{,}139x + 0{,}415x^2$	
GaP_xAs_{1-x}	$1{,}424 + 1{,}150x + 0{,}176x^2$	x ≲ 0,45, dann Bandkreuzung
$GaAs_xSb_{1-x}$	$0{,}726 - 0{,}502x + 1{,}2x^2$	
InP_xAs_{1-x}	$0{,}360 + 0{,}891x + 0{,}101x^2$	
$InAs_xSb_{1-x}$	$0{,}18 - 0{,}41x + 0{,}58x^2$	

In einigen Fällen (so z.B. $Al_xGa_{1-x}As$) kommt es bei bestimmten Werten von x zu einer Bandüberkreuzung (siehe dazu Kapitel 3 zu Bandstrukturen und Kapitel 13 zu GaAsP-

Mischkristall-Leuchtdioden), so daß die effektive (tiefste) Bandlücke E_g ab da nicht mehr direkt ist und nicht mehr durch die angegebene Formel beschrieben wird.

Auch auf der in Abb. 1.6 eher symbolisch gezeichneten Verbindungslinie zwischen Si und Ge findet eine Bandüberkreuzung statt. Tatsächlich ändert sich E_g von Si aus moderat, fällt aber nahe Ge wegen einer Bandüberkreuzung (X–L) stark ab (Abb. 1.7). In diesem Fall ist allerdings für den ganzen Bereich der SiGe-Verbindung die Bandlücke indirekt wie für die konstitutiven Halbleiter Si und Ge selbst.

1.4.2 Elektrische Leitung

Eine Erklärung der elektrischen Leitung in undotierten Halbleitern gibt das naive Bändermodell: Bei $T = 0$ ist keine Bewegung von Elektronen möglich, da Bewegung äquivalent mit Energieaufnahme ist, freie Zustände bei höherer Energie im Valenzband aber nicht vorhanden sind. Man kann alternativ (vgl. die Bandstruktur E(k), Abschnitt 1.4.3) argumentieren, daß Elektronen mit Gruppengeschwindigkeit $v_g \neq 0$ immer paarweise mit $+v_g$ und $-v_g$ auftreten, so daß sich ihre Ströme kompensieren.

Fazit:

$T = 0$ In einem voll besetzten Band (Valenzband) tritt im Mittel kein Ladungsträgertransport auf.

$T > 0$ Thermisch angeregte Ladungsträger können Ladungstransport bewirken. Ein thermisch angeregtes Elektron hinterläßt eine Lücke (Defektelektron).

Im elektrischen Feld wandern Elektronen in die eine Richtung. Man kann so tun, als bewegten sich im Valenzband die Defektelektronen oder „Löcher“ in die umgekehrte Richtung.

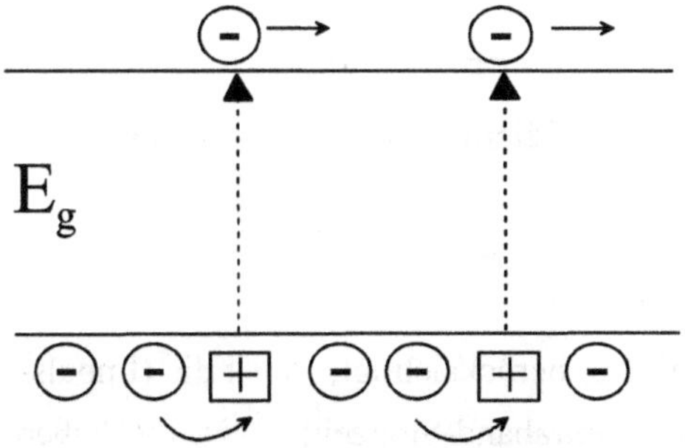

Abb. 1.8 *Erzeugung von Löchern (Defektelektronen) im Valenzband durch thermische Elektronenanregung über die Bandlücke E_g hinweg.*

> Die Bewegung der Valenzelektronen unter Wirkung eines elektrischen Feldes läßt sich ersatzweise beschreiben durch die Bewegung der Löcher in den lokalisierten Zuständen. Diesen Löchern muß man dann bei positiver Masse eine positive Ladung $+q$ zuordnen, um den Richtungssinn ihrer Bewegung zu beschreiben.

Der Begriff „Loch“ ist ein überaus nützliches Konzept. Anstatt $\approx (10^{23} - 1)/\text{cm}^3$ Elektronen im Valenzband zu beschreiben, kann man die Einteilchen-Beschreibung des Lochs heranziehen.

Bewegung unter dem Einfluß äußerer elektrischer Felder: Drude-Modell

Im Drude-Modell behandelt man die Ladungsträger klassisch als Teilchen mit Ladung q und Masse m_0.

Die klassische Bewegungsgleichung hat dann die Form

$$m_0 \cdot \frac{d\vec{v}}{dt} = \text{Gitterkräfte} + \text{äußere Kräfte}$$

Die Gitterkräfte sind kompliziert, aber es gilt als Folgerung aus dem Bändermodell:

Die Wirkung der Gitterkräfte auf ein Elektron (Loch) in einem periodischen Potential läßt sich pauschal berücksichtigen durch Ersetzen der reziproken Elektronenmasse (Lochmasse) durch einen Tensor T_m. In Halbleitern wird T_m häufig ein Skalar $T_m = (m^*)^{-1} \cdot m^*$ wird dann als effektive Masse bezeichnet. m* berücksichtigt nur den Einfluß des *streng periodischen* Potentials. (Die Entstehung der effektiven Masse $m^* \neq m_0$ wird in den numerischen Rechnungen zum Kronig-Penney-Modell in Kapitel 3 ganz anschaulich verständlich.)

Damit kann man weiter formulieren:

Ein perfekt periodisches Gitter setzt den Elektronen (Löchern) keinen Widerstand entgegen, es modifiziert nur ihre Masse. Erst Abweichungen von der Periodizität, z.B. durch Phononen oder Störstellen, geben Anlaß zur Streuung und bewirken dadurch einen elektrischen Widerstand.

Unter Berücksichtigung der Streuung erhält man die modifizierte Bewegungsgleichung:

$$m^*\left(\frac{d\vec{v}}{dt} + \frac{\vec{v}}{\tau_R}\right) = \vec{F}$$

Hier ist die Streuung durch den Dämpfungsterm mit τ_R berücksichtigt; τ_R ist die (Impuls-) Relaxationszeit, auch Intraband-Relaxationszeit oder Intraband-Stoßzeit; $\vec{F}$ ist die äußere Kraft.

Im stationären Zustand gilt $\frac{d\vec{v}}{dt} = 0$; mit $\vec{F} = -q\vec{E}$ für Elektronen im elektrischen Feld $\vec{E}$ erhält man: $m_n^* \vec{v}_n = -q\tau_{R,n}\vec{E}$ und daraus

$$\vec{v}_n = -\frac{q\tau_{R,n}}{m_n^*}\vec{E} = -\mu_n\vec{E} \quad , \text{ also } \quad \boxed{\mu_n = \frac{q\,\tau_{R,n}}{m_n^*}}. \qquad \text{Analog für Löcher:} \quad \boxed{\mu_p = \frac{q\,\tau_{R,p}}{m_p^*}}$$

v_n ist die mittlere Driftgeschwindigkeit der Elektronen, μ_n die Beweglichkeit der Elektronen (übliche Einheit cm²/Vs).

Die Größenordnung von $\tau_R = \frac{\mu \cdot m^*}{q}$ ergibt sich z.B. für Elektronen in Silizium mit den experimentellen Meßwerten $\mu_n \approx 1350\ \text{cm}^2/\text{Vs}$ und $m^*_n \approx m_0$ zu $\tau_R \approx 10^{-12}\text{s} = 1\ \text{ps}$.

Mit diesen Begriffsbildungen kann man *Stromdichten* formulieren:

$j_n = -qv_n \cdot n$ (Elektronen) n, p: Teilchendichten (cm^{-3})

$j_p = qv_p \cdot p$ (Löcher)

Elektronen- und Lochstromdichten addieren sich zur gesamten Stromdichte

$$\boxed{\vec{j}_{gesamt} = \vec{j}_n + \vec{j}_p = \underbrace{(q\mu_n n + q\mu_p p)}_{\text{spez. Leitfähigkeit}}\vec{E} = \sigma\vec{E}}$$

Dies ist das Ohmsche Gesetz des Halbleiters.

Die in den Materialparametern μ_n, μ_p enthaltenen Streuprozesse sind temperaturabhängig. Sie führen zu Potenzgesetzen $\mu \sim T^r$; dabei ist r prozeßspezifisch. Als Funktion des elektrischen Feldes E sind die Beweglichkeiten nur für kleine Felder konstant und streben dann zu kleinen Werten. Bei Fremdionenstreuung (Coulombstreuung) folgt eine Dotierungsabhängigkeit. Diese Abhängigkeiten werden im Kapitel 8 genauer untersucht.

Richtungssinn relevanter physikalischer Größen für Elektronen und Löcher

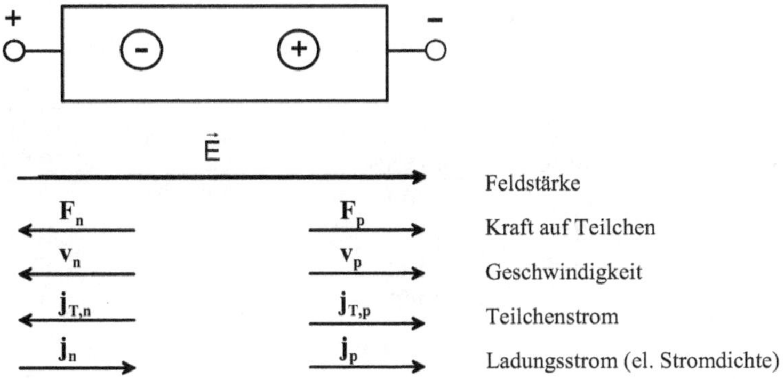

1.4.2.1 Eigenhalbleiter

Elektronen und Löcher in einem Eigenhalbleiter sind definitionsgemäß immer paarweise vorhanden:

$$n = p = n_i = p_i$$

n_i, p_i sind die Eigenleitungs(teilchen)dichten; i steht für intrinsic (innerlich, dem Wesen nach dazugehörend) und bedeutet hier die grundsätzliche Eigenschaft des reinen Halbleiters.

Die im Leitungsband vorhandenen Elektronen sind aus dem Valenzband thermisch über die Barriere E_g aktiviert, folgen also einem Arrhenius-Gesetz. Nach Kapitel 6 (Besetzungsstatistik) ergibt sich bei Lage des Ferminiveaus in Bandlückenmitte die Temperaturabhängigkeit

$$\boxed{n_i \sim e^{-\frac{E_g}{2kT}}}.$$

Die intrinsische Leitfähigkeit σ_i enthält neben n_i noch die Beweglichkeiten μ_n, μ_p, die nach Kap. 8 eine vergleichsweise schwache Temperaturabhängigkeit (Potenzgesetze) aufweisen:

$$\boxed{\sigma_i = q(\mu_n + \mu_p)n_i}$$

Daher entnimmt man die Bandlücke E_g einer Auftragung von entweder log n_i oder log σ_i gegen 1/kT (Arrhenius-Auftragung).

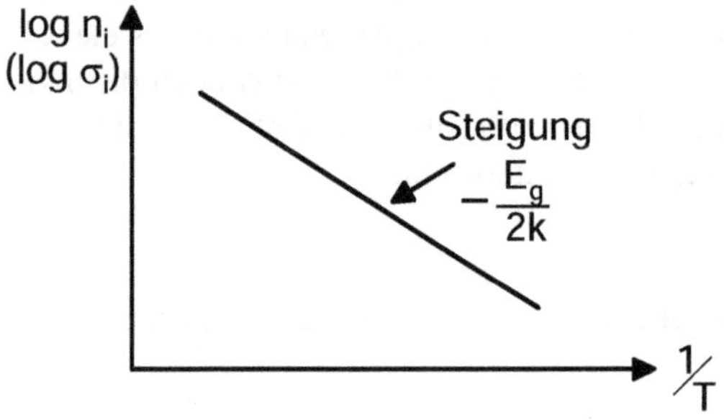

Abb. 1.9 *Arrhenius-Auftragung der Ladungsträgerdichte n_i (bzw. der Leitfähigkeit σ_i) gegen die reziproke Temperatur.*

Tab. 1.5 *Parameterwerte, die für die intrinsische Leitfähigkeit relevant sind. (Die Angaben schwanken leicht von Quelle zu Quelle.)*

	n_i (cm^{-3}) bei 300 K	ρ_i (Ωcm) bei 300 K	μ_n (cm²/Vsec)	μ_p (cm²/Vsec)	E_g (eV) bei 300 K
Ge	$2{,}4 \times 10^{13}$	47	3800	1900	0,67
Si	$1{,}5 \times 10^{10}$	230 000	1350	480	1,14
GaAs	$1{,}3 \times 10^{6}$	$5{,}4 \times 10^{8}$	8500	400	1,43
Diamant			2200	1600	5,5

1.4.2.2 Dotierung und Störstellenleitung

Störstellen-Dotierung

Dotierung bezeichnet den (gewollten) Einbau von Fremdatomen auf Gitter- oder Zwischengitterplatz, *Verunreinigung* oder *Kontaminierung* im Gegensatz dazu den ungewollten Einbau („Dreck") bei meist kleinen Konzentrationen.

Beispiel für Dotierung:

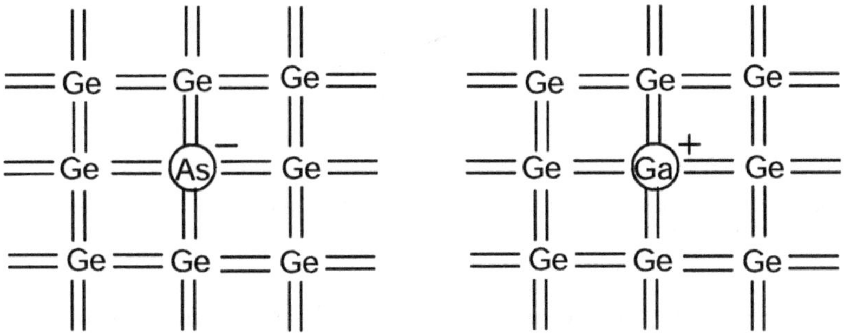

Abb. 1.10 *Donator- und Akzeptordotierung von Germanium durch Arsen bzw. Gallium im vereinfachten flächigen Kristallstrukturmodell.*

Ein fünfwertiges As-Atom ersetzt ein vierwertiges Ge-Atom: Das für die tetraedrische Bindung des Fremdatoms nicht benötigte Elektron ist nur schwach elektrostatisch gebunden. Es kann mit geringem Energieaufwand thermisch in das Leitungsband aktiviert werden. Man sagt, As ist ein *Donator*. Ein dreiwertiges Ga-Atom ersetzt ein vierwertiges Ge-Atom: Ein Valenzelektron fehlt zur tetraedrischen Bindung der Gitteratome. Das fehlende Elektron kann mit geringem Energieaufwand aus einer anderen Elektronenbrücke ergänzt werden. Der Sachverhalt wird in der Halbleiterphysik komplementär ausgedrückt: An die Störstelle ist ein Loch angelagert, das unter geringem Energieaufwand an das Valenzband abgegeben werden kann. Man sagt, Ga ist ein *Akzeptor*.

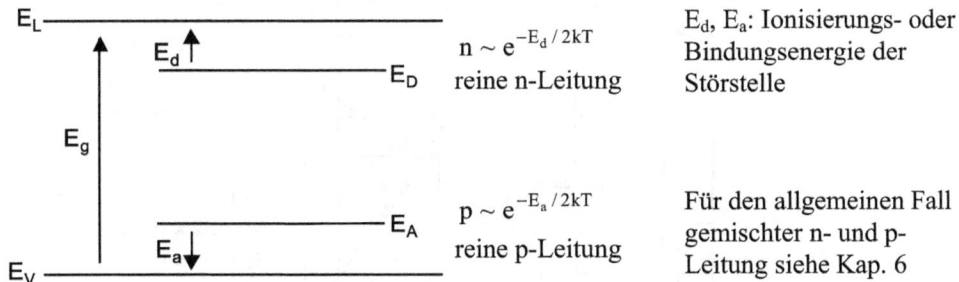

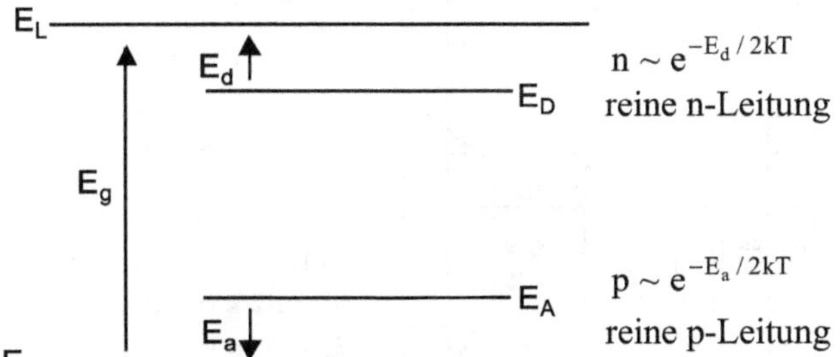

E_d, E_a: Ionisierungs- oder Bindungsenergie der Störstelle

Für den allgemeinen Fall gemischter n- und p-Leitung siehe Kap. 6

Abb. 1.11 *Lage von (flachen) Donator- und Akzeptorzuständen in der Bandlücke E_g und Ladungsträgerdichte als Funktion der Temperatur bei Vernachlässigung von Kompensation.*

Störstellenleitung: Durch thermische Aktivierung von Ladungsträgern aus den Störstellentermen kommt es zur Störstellenleitung.

Daraus resultiert die (gesamte) Temperaturabhängigkeit der Ladungsträgerkonzentration.

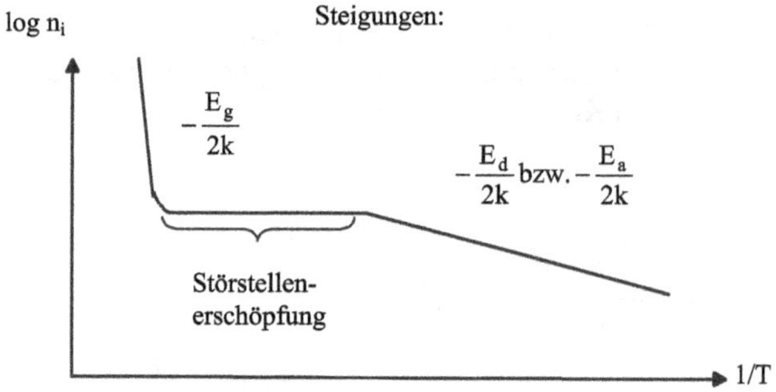

Abb. 1.12 *Arrheniusauftragung der Ladungsträgerdichte über der Temperatur bei Dotierung ohne Kompensation. Vergleiche die quantitativen Darstellungen in Kap. 6 auf S. 168/169.*

Dies ist nur das einfachste Bild. Bei genauerer Betrachtung spielt bei einem n-Typ-Halbleiter eine praktisch immer vorhandene Hintergrundkonzentration von Akzeptoren (sogenannte Kompensation) eine Rolle und vice versa für einen p-Typ-Halbleiter. Ein Beispiel ist die gemessene Ladungsträgerdichte von n-dotiertem Silizium, siehe Abb. 1.13.

Silizium

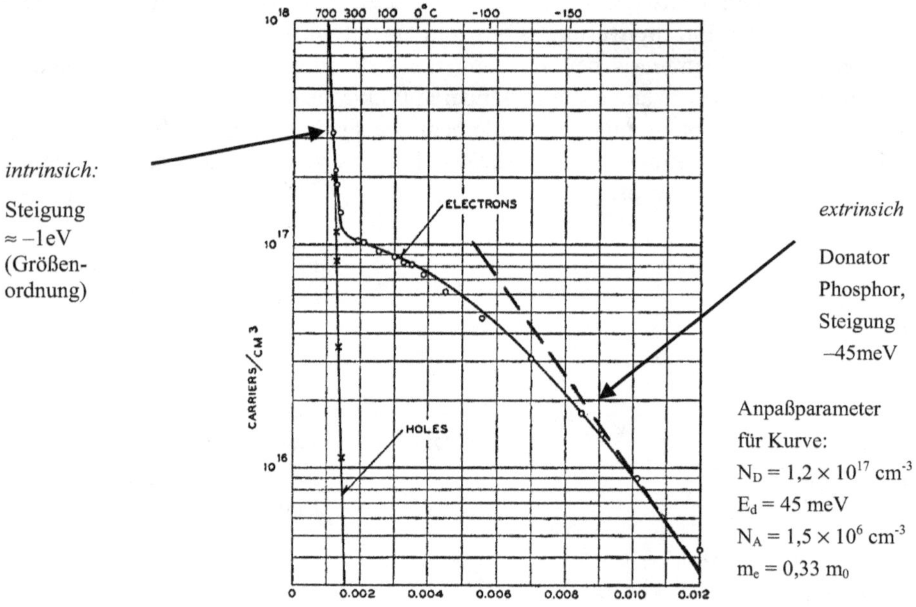

Abb. 1.13 *Experimentelle Abhängigkeit der Elektronendichte n von der Temperatur. Nach G.L. Pearson, J. Bardeen, Phys. Rev. 75, 865 (1949).*

Im Bereich tiefer Temperaturen liest man aus dem Diagramm eine asymptotische Kurvensteigung von –45meV ab. Dieser Wert entspricht der Donatorbindungsenergie E_d = 45meV von Phosphor, nicht aber $E_d/2$, wie oben formuliert.

Die Frage, ob nun eine Steigung von $-E_d$ oder $-E_d/2$ in der Arrheniusauftragung richtig ist, wird durch die genaue Betrachtung der Ladungsträger-Besetzungsstatistik in Kapitel 6 unter Berücksichtigung von Kompensation beantwortet.

1.4.2.3 Hall-Effekt

Der Hall-Effekt gestattet es, Ladungsträgerkonzentration und Beweglichkeit zu messen.

Experimentelle Anordnung:

- Homogenes Magnetfeld B_z senkrecht zu länglich geschnittener, flacher Halbleiter-Probe („Hall bar"-Struktur) mit Kontaktflächen („pads").
- Eingeprägter Strom j_x in Längsrichtung x.

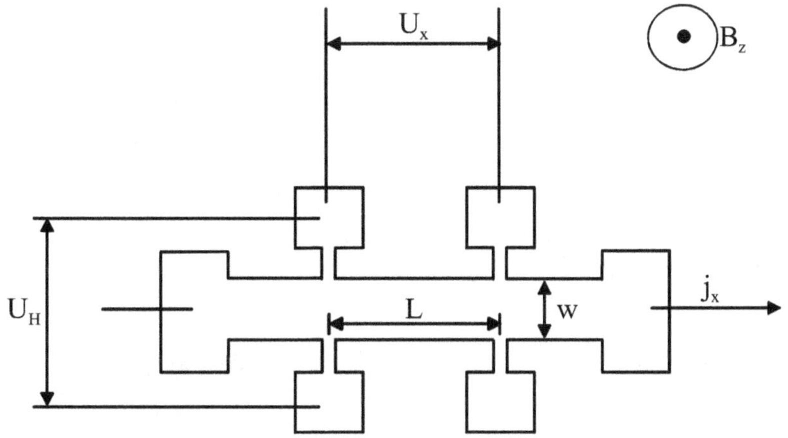

Abb. 1.14 *Probengeometrie einer „Hall bar"-Struktur.*

Gemessen wird die Querspannung in y-Richtung über Probenbreite W (Hallspannung U_H).

n-Typ

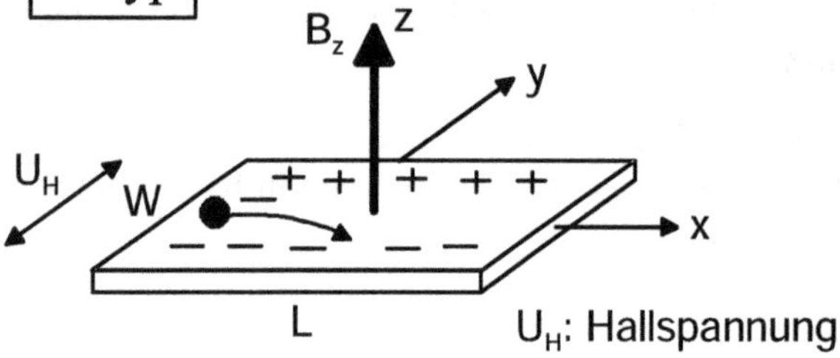

p-Typ

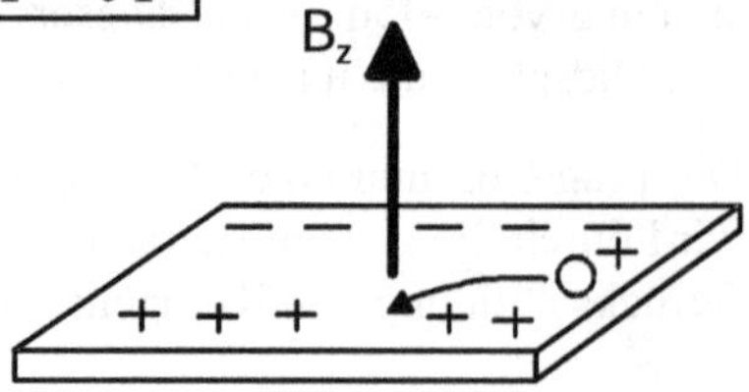

Elektronen	*Löcher*
Stromdichte $j_x = -e\, v_x\, n$	Stromdichte $j_x = e\, v_x\, p$
$v_x = -\mu\, E_x$	$v_x = \mu\, E_x$

Kräftegleichgewicht: Hallkraft = Lorentzkraft

$$-e \cdot E_y = -e\frac{U_{H,y}}{W} = e\, v_x\, B_z \qquad e \cdot E_y = e\frac{U_{H,y}}{W} = -e\, v_x\, B_z$$

$$U_{H,y} = W \cdot \frac{1}{en} \cdot j_x B_z \qquad U_{H,y} = -W \cdot \frac{1}{ep} \cdot j_x B_z$$

Mit $\rho_{xy} = \frac{U_{H,y}}{W \cdot j_x} = \frac{B_z}{en}$ $\qquad \rho_{xy} = \frac{U_{H,y}}{W \cdot j_x} = -\frac{B_z}{ep}$

folgt der *Hallkoeffizient:*

$$R_H := -\frac{\rho_{xy}}{B_z} = -\frac{1}{en} \qquad R_H := -\frac{\rho_{xy}}{B_z} = \frac{1}{ep}$$

Allgemeine Beziehung für gemischte Leitung (n- und p-Leitung)

$$R_H = \frac{1}{e}\frac{p\mu_p^2 - n\mu_n^2}{(p\mu_p + n\mu_n)^2} \quad \begin{cases} \text{für} \quad n >> p: & R_H = -\dfrac{1}{en} \\ \text{für} \quad p >> n: & R_H = +\dfrac{1}{ep} \end{cases}$$

- Gültig bei kleinen Magnetfeldern.
- Unterscheidung der dominanten Ladungsträgerart durch das Vorzeichen von R_H
- Bei $\mu_n = \mu_p$ im intrinsischen Fall ($n_i = p_i$) ist $R_H = 0$.

- Bei $\mu_n \neq \mu_p$ im intrinsischen Fall ($n_i = p_i$) ist $R_H = \frac{1}{en_i}\frac{(1-\mu_n/\mu_p)}{(1+\mu_n/\mu_p)}$.
- R_H muß bei genauerer theoretischer Betrachtung korrigiert werden um den sogenannten Hall-Faktor r_H und (für Elektronen in einem indirekten Halbleiter) um einen masseabhängigen Faktor (siehe z.B. K. Seeger, Halbleiterphysik – Eine Einführung, Band I, Vieweg 1992).

Hallfaktor:

$$r_H = \langle\tau^2\rangle/\langle\tau\rangle^2 = \left\{\begin{matrix} 1{,}18 & \text{für Streuung an akustischen Phononen} \\ 1{,}93 & \text{für Streuung an ionisierten Störstellen} \end{matrix}\right\} \quad \text{in Si (vgl. Kap. 8)}$$

Die Impulsrelaxationszeit τ taucht in der theoretischen Betrachtung einmal als Mittelwert $\langle\tau\rangle$ über eine Maxwell-Boltzmann-Geschwindigkeitsverteilung auf und ist mit der Leitfähigkeit ohne Magnetfeld verknüpft. Sie taucht ein weiteres Mal in quadratischer Mittelung $\langle\tau^2\rangle$ im Magnetfeld-linearen-Beitrag zur Leitfähigkeit auf. Beide Anteile gehen in r_H wie angegeben ein.

Massenfaktor:

$$3K \cdot \frac{(2+K)}{(1+2K)^2} \quad \text{mit } K = m_l/m_t\,.$$

Für Silizium (m_l = 0,9163 m_0, m_t = 0,1905 m_0 (siehe Kapitel 4)) ist der Faktor 0,8713.

Für direkte Halbleiter mit $m_t = m_l$ ist er gleich 1.

Damit gilt für n-Silizium

$$R_H = -\frac{1}{ne}\left\{\begin{matrix} 1{,}03 & \text{Streuung an akustischen Phononen} \\ \\ 1{,}68 & \text{Streuung an ionisierten Störstellen} \end{matrix}\right\}$$

Vektorielle Darstellung für weiterführende Zwecke: n-Typ-Halbleiter

Stromdichte:

$$\vec{j} = -e \cdot n \cdot \vec{v} = \overline{\overline{\sigma}} \cdot \vec{E} \qquad \text{mit} \qquad \boxed{\overline{\overline{\sigma}} = \begin{pmatrix} \sigma_{xx}\sigma_{xy} \\ \\ \sigma_{yx}\sigma_{yy} \end{pmatrix}}$$

Bewegungsgleichung eines Elektrons im $\vec{E}$ - und $\vec{B}$ -Feld:

$$\underbrace{m^*\frac{d\vec{v}}{dt}}_{\text{Trägheitskraft}} + \underbrace{\frac{m^*}{\tau}\vec{v}}_{\text{Reibungskraft}} + \underbrace{e(\vec{E}+\vec{v}\times\vec{B})}_{\text{äußere Kräfte}} = 0$$

Stationäre Lösungen $\left(\frac{d\vec{v}}{dt}=0\right)$ der Restgleichungen:

$$\begin{cases} \frac{v_x}{\tau}+\frac{e}{m^*}E_x+\omega_c v_y=0 \\ \frac{v_y}{\tau}+\frac{e}{m^*}E_y-\omega_c v_x=0 \end{cases} \quad \text{mit} \quad \boxed{\omega_c=\frac{eB}{m^*}} \quad \text{Zyklotronfrequenz}$$

ergeben sich zu:

$$\begin{cases} v_x=\frac{1}{1+(\omega\tau)^2}\left(-\frac{e\tau}{m^*}E_x+\frac{(\omega\tau)^2}{B}E_y\right) \\ v_y=\frac{1}{1+(\omega\tau)^2}\left(-\frac{(\omega\tau)^2}{B}E_x-\frac{e\tau}{m^*}E_y\right) \end{cases}$$

Einsetzen in Stromdichteformel und Vergleich liefert:

$$\begin{cases} \sigma_{xx}=\sigma_{yy}=\frac{ne^2\tau}{m^*}\cdot\frac{1}{1+(\omega_c\tau)^2} \\ \sigma_{xy}=-\sigma_{yx}=-\frac{ne}{B}\cdot\frac{1}{1+(\omega_c\tau)^2}\cdot(\omega_c\tau)^2 \end{cases}$$

$\sigma_{xy}=-\sigma_{yx}$ folgt aus den Symmetrierelationen für verschiedene, irreversible überlagerte Prozesse (Onsager-Casimir-Reziprozitätsbeziehungen).

Aus dem *Leitfähigkeitstensor* folgt durch Inversion der *Widerstandstensor* mit den Komponenten:

$$\begin{cases} \rho_{xx}=\frac{\sigma_{xx}}{\sigma_{xx}^2+\sigma_{xy}^2}, \\ \rho_{xy}=\frac{\sigma_{xy}}{\sigma_{xx}^2+\sigma_{xy}^2} \end{cases}$$

Mit der Beweglichkeit $\mu = \frac{e\tau}{m^*}$ folgt

$$\begin{cases} \rho_{xx} = \dfrac{1}{en\mu} = -\dfrac{R_H}{\mu} & \text{mit } R_H = -\dfrac{1}{en} \\ \rho_{xy} = \dfrac{B}{en} = -R_H \cdot B \end{cases}$$

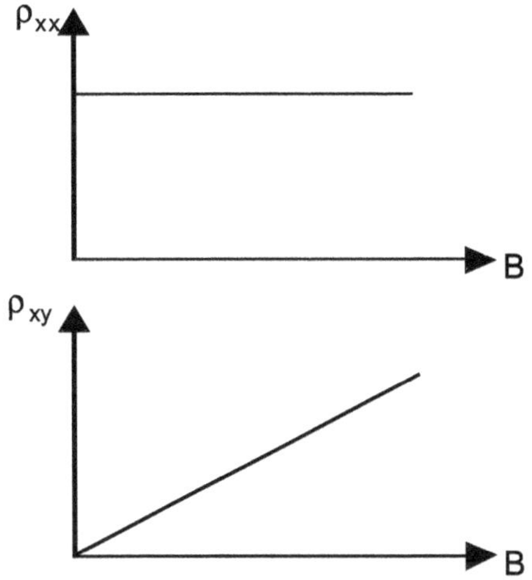

Abb. 1.15 *Abhängigkeit des longitudinalen (ρ_{xx}) und transversalen (ρ_{xy}) spezifischen Widerstands vom Magnetfeld B. Diese Graphen sind suggestiv für die später zu diskutierenden quantenmechanischen Hall-Effekte (IQHE und FQHE).*

Die Graphen von ρ_{xx} und ρ_{xy} im klassischen Hall-Effekt sind Geraden. In zweidimensionalen Elektronensystemen tritt bei höheren Feldern und tiefen Temperaturen der quantenmechanische Shubnikov-de-Haas-Effekt auf, in dem beiden Kurven Oszillationen überlagert sind. Bei weiterer Erhöhung des Magnetfeldes B und Tieftemperatur entarten diese Oszillationen bei ρ_{xx} zu Spitzen mit dazwischen liegenden Nullbereichen und bei ρ_{xy} zu Treppenstufen; dies ist die Signatur des Quanten-Hall-Effekts (vgl. Kapitel 10).

Widerstandsbestimmung und Hall-Koeffizient: Methode nach van der Pauw

Literatur

L.J. van der Pauw, A method of measuring specific resistivity and Hall effect of discs of arbitrary shape, Philips Res. Repts. **13**, 1 (1958).

Deutsch: Messung des spez. Widerstandes und des Hall-Koeffizienten an Scheibchen beliebiger Form, Philips' Techn. Rundschau, 20. Jahrgang, Seite 230

(Forts.)

(Forts.)

Experimentelle Anordnung

Probenscheibe beliebiger Form

Voraussetzungen:

- Kontakte M,N,O,P längs des Umfangs
- Kontaktflächen hinreichend klein
- Scheibe homogen ohne Löcher, Dicke d

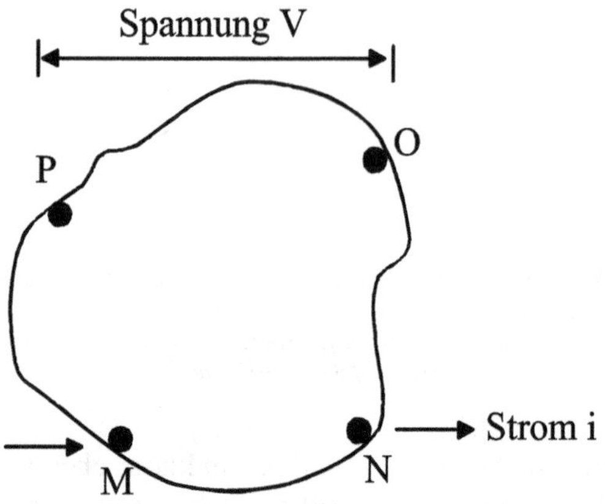

Bestimmung des spezifischen Widerstands ρ

Definitionen:

$$R_{MN,OP} = \frac{V_P - V_O}{i_{MN}} \quad \text{und} \quad R_{NO,PM} = \frac{V_M - V_P}{i_{NO}} \qquad \text{(zyklische Vertauschung)}$$

Es gilt die Beziehung:

$$\exp(-\frac{\pi d}{\rho} \cdot R_{MN,OP}) + \exp(-\frac{\pi d}{\rho} \cdot R_{NO,PM}) = 1$$

Diese Beziehung wird in der Arbeit in zwei Schritten bewiesen. Im ersten Schritt wird gezeigt, daß sie aufgrund elementarer Elektrizitätstheorie für eine Probe gilt, deren Form die einer unendlich ausgedehnten Halbebene ist mit Kontakten P, O, M und N auf der geraden Begrenzungslinie. Im zweiten Schritt wird gezeigt, daß diese Beziehung erhalten bleibt, wenn man die Halbebene mithilfe konformer Abbildung durch analytische Funktionen in der komplexen z-Ebene auf eine allgemeine Probenform mit den oben genannten Eigenschaften abbildet.

Aus dieser Beziehung kann ρ mit Hilfe der Meßgrößen $R_{MN,OP}$ und $R_{NO,PM}$ bestimmt werden.

(Forts.)

(Forts.)

Hall-Koeffizient R_H

- Strom- bzw. Spannungsmessung geschehen „über Kreuz“ (Kontakte MO bzw. NP).
- Es wird zusätzlich ein Magnetfeld B ⊥ Scheibe angelegt.

Es gilt dann die Beziehung:

$$R_H = \frac{d}{B} \Delta R_{MO,NP}$$

ΔR: Änderung des Meßwerts zwischen $B = 0$ und $B \neq 0$. (Auch diese Beziehung wird in der Arbeit abgeleitet.)

Bei der Van-der-Pauw-Methode entfällt die oft mühsame Herstellung einer konventionellen „Hall bar“-Struktur.

1.4.3 Energieband-Darstellung im k-Raum

Die Energieband-Darstellung im k-Raum, $E(\vec{k})$ bzw. $\omega(\vec{k})$, heißt *Bandstruktur* oder *Dispersionsrelation.* $\vec{k}$ ist der Wellenvektor des Elektrons mit $|\vec{k}| = 2\pi/\lambda$ und λ Elektronenwellenlänge.

Wir betrachten als einfachstes Beispiel die Dispersionsrelation eines freien Elektrons in einer Dimension (Richtung x). Der Ortsanteil der Wellenfunktion lautet

$$\Psi_k(x) = \Psi_0 e^{ikx} \quad (k = k_x).$$

Einsetzen in die zeitunabhängige Schrödingergleichung (Potential V = 0) ergibt:

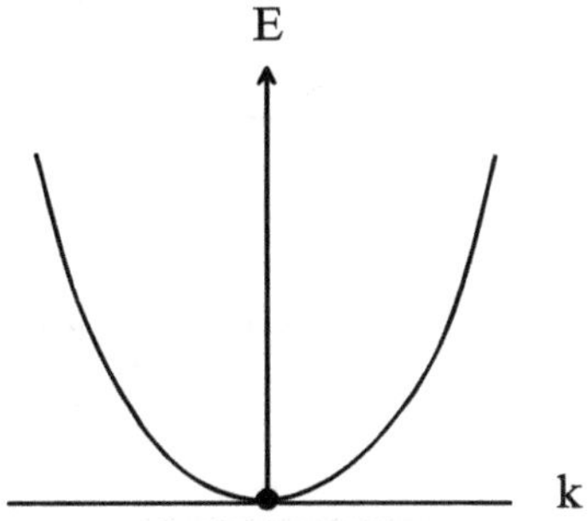

$$E(k) = \frac{\hbar^2 k^2}{2m_0}$$

$$-\frac{\hbar^2}{2m_0}\Delta\Psi_k(x) = -\frac{\hbar^2}{2m_0}\frac{\partial^2\psi_k(x)}{\partial x^2} = E_k\Psi_k(x)\text{, also}$$

$$\boxed{E(k) = \left(\hbar^2 / 2m_0\right)\cdot k^2}.$$

Mit der quantenmechanischen Relation $\vec{p} \equiv \hbar\vec{k}$ ist dieser Ausdruck äquivalent zur klassischen kinetischen Energie $E_{kin} = p^2/2m_0 = m_0 v^2/2$.

Was ändert sich im kristallinen Festkörper bzw. Halbleiter?

- Das endliche Kristallvolumen setzt Randbedingungen; für die Länge L des Kristalls in eine Raumrichtung existieren z.B. nur bestimmte, diskrete k-Werte $0, \pm 2\pi / L, \ \pm 4\pi / L$, ... mit $\Delta k = 2\pi/L$. Dadurch ergeben sich auch diskrete Energiewerge E(k). Allerdings liegen die k-Werte wegen der makroskopischen Kristallabmessungen so dicht, daß man k wieder als (quasi)-kontinuierliche Größe auffassen kann, desgleichen E.
- Es existieren verschiedene Bänder, vergleiche die intuitive Entstehung der Bänder in Abschnitt 1.4.1. Daraus folgen entsprechend viele E(k)-Relationen.
- Bei größeren Energien der Ladungsträger ergeben sich Abweichungen von der einfachen parabolischen Form von E(k); anders: Die effektive Masse m* wird energieabhängig, m*(E).

Die Details des Gitterpotentials führen zu zwei hauptsächlichen Typen von *Dispersionsrelationen* oder *Bandstrukturen*, die hier schematisch dargestellt sind:

Direkte Bandstruktur

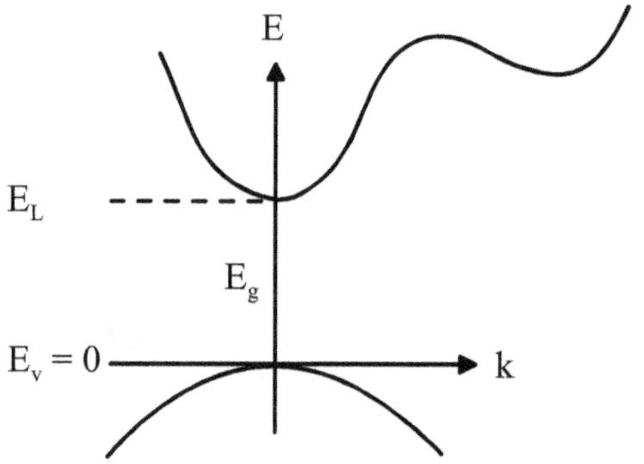

Beispiele: GaAs, InP, InSb, CdTe, GaN, ZnO, ...

Indirekte Bandstruktur

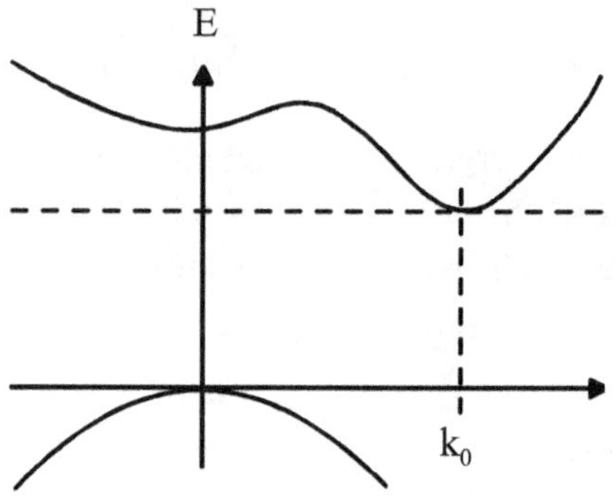

Beispiele: Si, Ge, Diamant, GaP, β-SiC, AlSb (das sind praktisch schon alle Halbleiter mit indirekter Bandstruktur).

Daneben gibt es einige Halbleiter mit direkter Bandstruktur, deren Leitungsbandminimum und Valenzbandmaximum zwar beim gleichen Wert von k, aber nicht bei k = 0 liegen. Beispiele sind PbTe und SnTe mit k_0 beim L-Punkt (Rand der Brillouinzone in [111]-Richtung, siehe Kapitel 2).

Informationen aus E(k)-Diagramm:

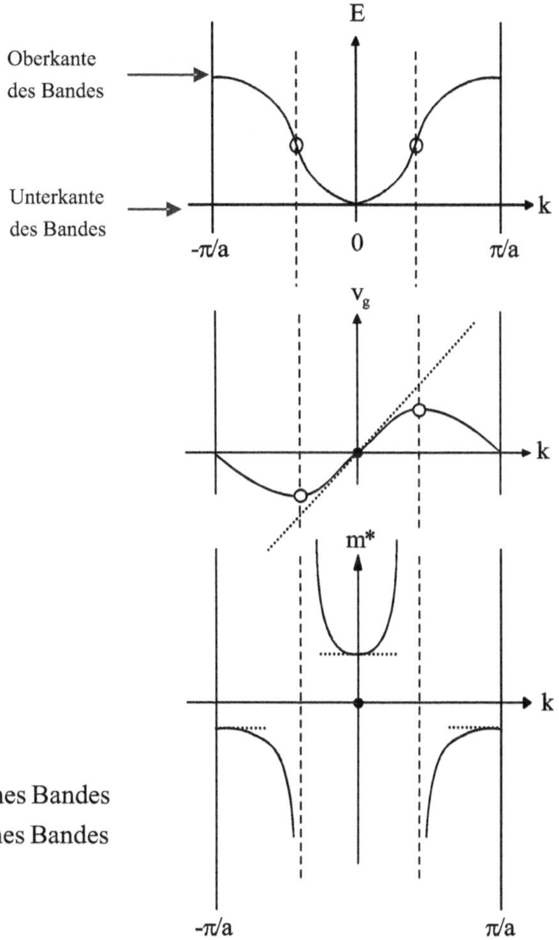

Das skizzierte Band E(k) könnte etwa das tiefstliegende Leitungsband eines Festkörpers sein.

1) Gruppengeschwindigkeit

$$\vec{v}_g = \frac{1}{\hbar}\nabla_k E(\vec{k})$$

$$\left(v_g = \frac{d\omega}{dk} \text{ im Eindimensionalen 1D} \right)$$

2) Effektive Masse

$$m^* = \hbar^2 \left(\frac{\partial^2 E}{\partial k_l \partial k_m} \right)^{-1} \qquad l, m = x, y, z$$

isotropes Band:

$$m^* = \hbar^2 \left(\frac{\partial^2 E}{\partial k^2} \right)^{-1} \begin{array}{l} \text{positiv an Unterkante eines Bandes} \\ \text{negativ an Oberkante eines Bandes} \end{array}$$

3) Quasi-Impuls

$$\vec{p} = \frac{m^*}{\hbar}\nabla_k E(\vec{k})$$

für kleine k ist $E(\vec{k})$ quadratisch in $\vec{k}$:

$\vec{p} = \hbar\vec{k}$ wie für freie Elektronen

Beachte:

Die effektive Masse wird über $E(\bar{k})$ formal so definiert, daß für kleine Energien im parabolisch-genäherten Teil der Bandstruktur die bekannten Beziehungen zum Quasi- oder Kristall-Impuls und zur Gruppengeschwindigkeit herauskommen. Die Singularität der Masse am Wendepunkt von $E(\bar{k})$ bedeutet nicht, daß ein Elektron über diesen Punkt hinaus nicht durch ein elektrisches Feld beschleunigt werden könnte. Hier ist das Konzept (Definition der Masse) nicht mehr sinnvoll. Tatsächlich ist die einzige relevante physikalische Realität die Bandstruktur $E(\bar{k})$.

2 Kristallstrukturen

2.1 Das reale Kristallgitter

Ein ideales Kristallgitter (Kristallstruktur) setzt sich aus Atomen oder Atomgruppen zusammen, die in einem durch drei fundamentale Translationsvektoren $\vec{a}, \vec{b}, \vec{c}$ definierten Punktgitter angeordnet sind.

Demnach braucht man zur Beschreibung eines Kristalls zwei Begriffe:

- Das *Punktgitter*: Es ist eine mathematische Hilfskonstruktion (sozusagen ein „Leergerüst") zur Festlegung von Ortspunkten (Gitterpunkten). Es wird durch die Menge der Translationsvektoren $\vec{T} = m\vec{a} + n\vec{b} + p\vec{c}$ (m, n, p ganze Zahlen) beschrieben.
- Die *Basis*: Sie bezeichnet physikalische Objekte, nämlich einzelne Atome oder Atomgruppen, die jeden mathematischen Gitterpunkt in gleicher Anordnung und Orientierung real besetzen.

Eine Kristallstruktur entsteht also durch das Zusammenfügen von Punktgitter und Basis.

Primitives Gitter, primitive Basisvektoren

Man spricht vom primitiven Gitter, wenn alle Gitterpunkte – und damit auch alle äquivalenten Punkte der Kristallstruktur – durch ganzzahlige Vielfache von $\vec{a}, \vec{b}, \vec{c}$ erreichbar sind. Die primitiven Translationsvektoren $\vec{a}, \vec{b}, \vec{c}$ spannen ein Parallelepiped, die primitive Elementarzelle (EZ), mit Volumen $V = (\vec{a} \times \vec{b})\,\vec{c}$ auf. Es gibt keine EZ mit kleinerem Volumen, mit der man die Struktur aufbauen kann.

Punktgitter und Basis einer Struktur

- Die Definition der primitiven Basisvektoren kann in mehrfacher Weise möglich sein, wie das Beispiel in folgender Skizze links zeigt.
- Die Zuordnung von Punktgitter und Basis scheint ebenso in mehrfacher Weise möglich zu sein (Beispiel rechts in der Skizze). Der Schein trügt allerdings: Die Natur ist ökonomisch, die kleinstmögliche Basis ist die physikalisch richtige. Das ergibt sich beispielsweise aus der Anzahl möglicher Gitterschwingungsmoden; die Phononendispersionskurven (Kap. 3.9) haben 3N Äste, dabei ist N die Zahl der Atome pro Einheitszelle.

- Es kann einfacher (anschaulicher) sein, zur Definition von Kristallstrukturen nicht die primitiven Translationsvektoren zu verwenden, sondern nicht-primitive Translationsvektoren: Ein Beispiel ist die kubische Diamantstruktur (siehe weiter unten in Kapitel 2).

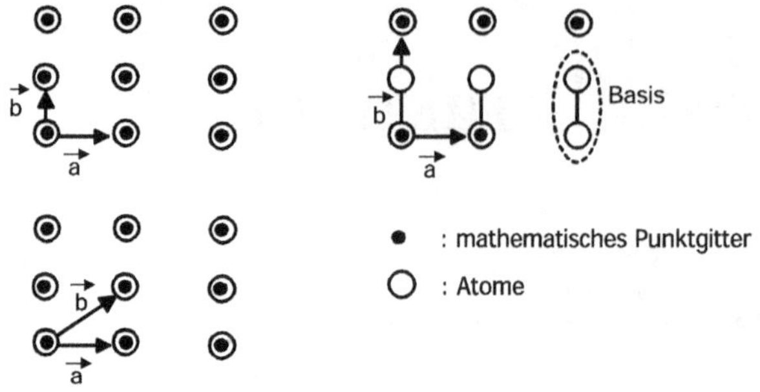

Abb. 2.1 *Flächiges Kristallgitter mit mathematischen Gitterpunkten (•) und Besetzung durch Atome (○). Es sind verschiedene Möglichkeiten gezeigt, Translationsvektoren* $\vec{a}, \vec{b}$ *sowie die physikalische Basis zu definieren.*

Eine spezielle Elementarzelle ist die *Wigner-Seitz-Zelle* (WSZ). Sie enthält einen Gitterpunkt in ihrer Mitte. Man kann sie am einfachsten durch eine Konstruktionsvorschrift („Mittelsenkrechte auf Gitterpunkt-Verbindungslinien" wie in der Skizze) definieren.

Im dargestellten Beispiel liegen die Mittelsenkrechten zu den gestrichelten Gitterpunktverbindungen außerhalb der gezeichneten WSZ, spielen also für deren Konstruktion keine Rolle. Die Wigner-Seitz-Zellen ordnen in demokratischer Weise jedem mathematischen Gitterpunkt ein gleich großes, gleich strukturiertes Raumgebiet zu.

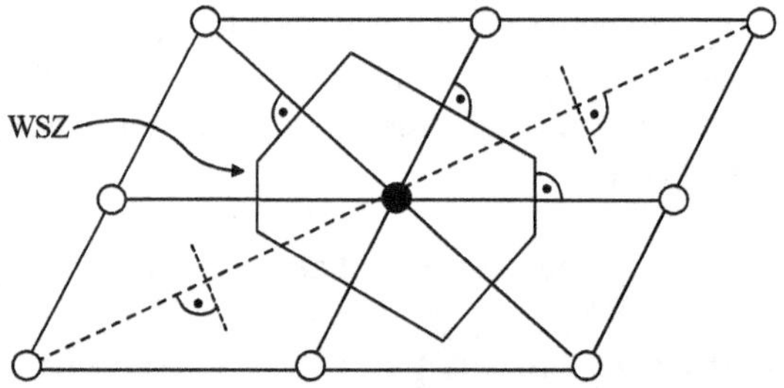

2.1.1 Die Grundgitter

Die bisherige Definition des Gitters enthält nur die *Translationsinvarianz* als *Symmetrieeigenschaft.*

Zur detaillierten Einteilung braucht man als weitere Symmetrieeigenschaft die *Punktgruppensymmetrie.* Es handelt sich um die Punktgruppenoperationen Identität, Drehung, Spiegelung und Drehspiegelung, die das Gitter in sich selbst überführen („invariant lassen").

- *Identität* E: Die Identität vermittelt keine Operation, sie ist das „Einselement" der Punktgruppe.
- *Drehung* um eine Drehachse (durch Ursprung) um Winkel von 360°, 180°, 120°, 90°, 60°: Bei Drehung um $2\pi/n$ heißt n Zähligkeit der Drehung oder Achse; fünfzählige Achsen existieren aus Raumerfüllungsgründen nicht. (Man vergleiche jedoch die Situation

bei Quasikristallen auf S. 41!) Nomenklatur: $\mathbf{C_n}$ für n-zählige Drehachse. Die gegenläufigen Drehungen werden mit $\mathbf{C_n^-}$ bezeichnet.

- *Spiegelung an einer Ebene* (durch Ursprung): Nomenklatur: σ_v, σ_d, σ_h für Spiegelungen an vertikaler, diagonaler oder horizontaler Ebene im Dreidimensionalen.
- *Drehspiegelung*: Zusammengesetzte Operation, englisch „improper rotation" („uneigentliche" Drehung), bestehend aus einer Drehung C_n mit nachfolgender Spiegelung σ_h an einer Ebene senkrecht zur Drehachse; Nomenklatur **S**, z.B. $\mathbf{S_4 = \sigma_h * C_4}$.
- *Spiegelung an einem Punkt* (Ursprung): Inversion i, äquivalent zu 180°-Rotation (C_2) und nachfolgender Spiegelung an einer Ebene σ_h, also $\mathbf{i = \sigma_h * C_2 = C_2 * \sigma_h}$.

Symmetrieelemente: Die oben genannten Operationen sind die Elemente einer Gruppe.

Punktgruppe: Gesamtheit aller Punktsymmetrie-Operationen eines Gitters. Punktgruppensymmetrien und ihre Beschreibung durch Charaktere und Darstellungen werden anhand der Tetraedergruppe T_d im Anhang A1 beispielhaft diskutiert.

Unter Mitnahme der Translationssymmetrie folgt die *Raumgruppe*: Gesamtheit aller möglichen Symmetrieoperationen, die ein Kristallgitter invariant lassen. Die Raumgruppe umfaßt also die Translationsgruppe und die Punktgruppe eines Kristalls.

Wichtig: Es gibt nur eine bestimmte Anzahl von Gittertypen, die eine oder mehrere Symmetrie-Operationen zulassen. Diese Gitter heißen *Grundgitter* oder *Bravais-Gitter*. Es gibt 5 Bravais-Gitter im Zweidimensionalen. Im Dreidimensionalen gibt es 14 Bravais-Gitter (siehe folgender Kasten). Anmerkung: Die Symmetrien beziehen sich auf das Punktgitter. Der tatsächliche Kristall kann – abhängig von der Symmetrie der Basis – niedrigere Symmetrie haben.

Die 14 Bravais-Gitter im Dreidimensionalen

Koordinatensystem

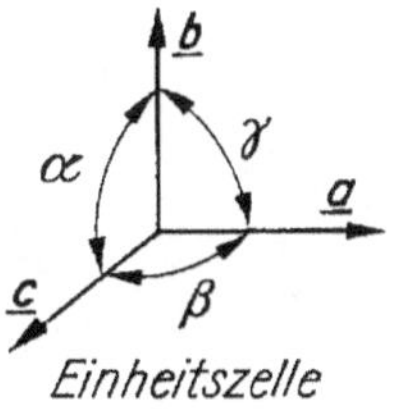

(Forts.)

Die dargestellten Elementarzellen sind gebräuchlich, aber nicht immer primitiv.

sc	simple cubic
bcc	body centered cubic
fcc	face centered cubic
P	primitiv
I	innenzentriert
F	flächenzentriert
C	basiszentriert

(Forts.)

	Gitter	*Punktgruppen(32)*
a = b = c α = β = γ = 90	sc bcc fcc 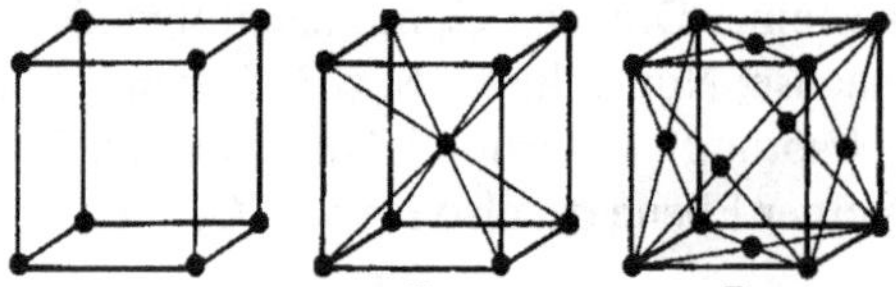 *P* *I* *F*	*kubisch* T T_d T_h 0 0_h
a = b ≠ c α = β = γ = 90	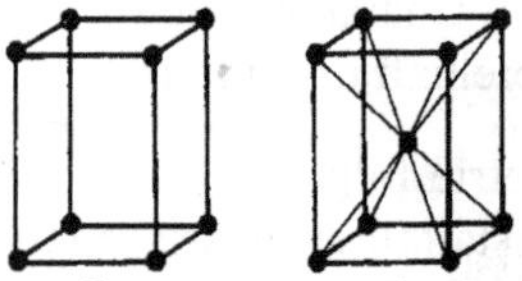 *P* *I*	*tetragonal* C_4 C_{4v} S_4 D_4 C_{4h} D_{4h} D_{2d}
a ≠ b ≠ c α = β = γ = 90	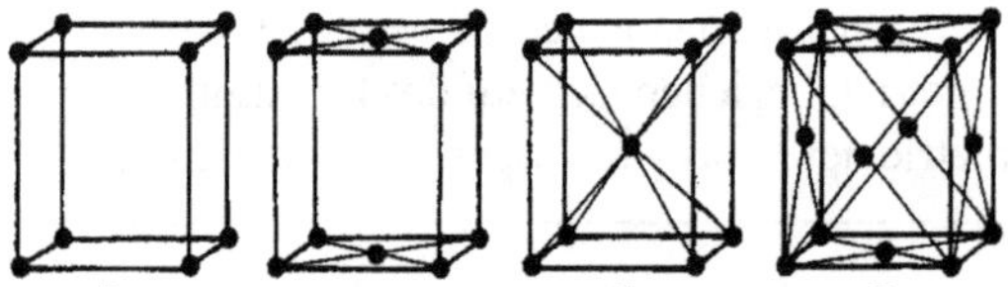 *P* *C* *I* *F*	*orthorhombisch* C_{2v} D_2 D_{2h}
a ≠ b ≠ c α = γ = 90 ≠ β	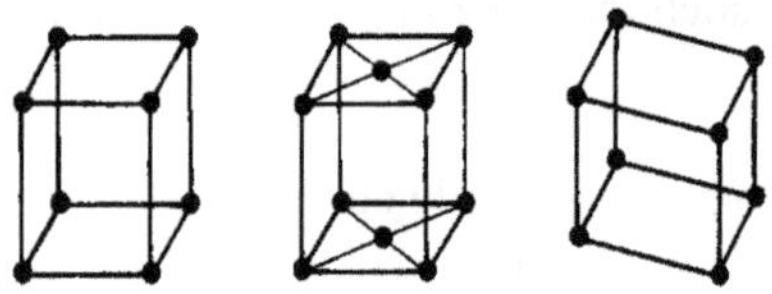 *monoklin P* *monoklin C* *triklin* α ≠ β ≠ γ ≠ 90	*monoklin*: C_{1h}, C_2, C_{2h} *triklin*: C_1, $S_2(C_i)$
R: a = b = c α = β = γ <120 , ≠90 P: a = b ≠ c α = β = 90 γ = 120	 *rhomboedrisch R* trigonal 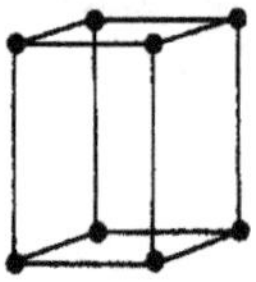 *rhomboedrisch u. hexagonal P*	*rhomb.*: C_3, $S_6(C_{3i})$, C_{3v}, D_3, D_{3d} *hexag.*: C_{3h}, C_6, C_{6h}, D_{3h}, C_{6v}, D_6, D_{6h}

2.1.2 Beispiele für Kristallgitter

Kubische Gitter

	Atompositionen im Würfel der Kantenlänge a_0	Strukturname, Beispiele
primitiv (P, sc)		
– einatomige Basis:		Polonium
– zweiatomige Basis:	$\begin{pmatrix}0\\0\\0\end{pmatrix}$ und $\frac{1}{2}\begin{pmatrix}1\\1\\1\end{pmatrix}a_0$	**Cäsiumchloridstruktur** CsCl, TlBr, NH_4Cl, CuZn (Messing), AlNi, BeCu ...
innenzentriert (I, bcc)		
– einatomige Basis:		Li, Na, K, Rb, Cs; viele Übergangsmetalle wie Fe, Cr, V
flächenzentriert (F, fcc)		
– einatomige Basis:		Al, Au, Cu; feste Edelgase (außer He)
– zweiatomige Basis:	$\begin{pmatrix}0\\0\\0\end{pmatrix}$ und $\frac{1}{2}\begin{pmatrix}1\\1\\1\end{pmatrix}a_0$	**Natriumchloridstruktur** NaCl, KCl, AgBr, MgO, MnO, PbS
	$\begin{pmatrix}0\\0\\0\end{pmatrix}$ und $\frac{1}{4}\begin{pmatrix}1\\1\\1\end{pmatrix}a_0$	**Diamantstruktur** Diamant (C), Si, Ge, α-Sn
	$\begin{pmatrix}0\\0\\0\end{pmatrix}$ und $\frac{1}{4}\begin{pmatrix}1\\1\\1\end{pmatrix}a_0$	**Zinkblendestruktur** ZnS, GaAs, GaP, InP, InSb, InAs, CdS, SiC, CuCl

Hexagonales Wurtzit-Gitter

– Im einfachen hexagonalen (rhomboedrischen) Bravais-Gitter ist das Verhältnis a = b zu c unbestimmt. Für das Wurtzit-Gitter dagegen muß gesetzt werden $c : a = \sqrt{8/3} = 1{,}633$.

– vieratomige Basis aus jeweils zwei gleichen Atompaaren	Atomposition siehe S. 39	**Wurzitstruktur** CdS, CdSe, SiC, GaN, ZnO

Eine Reihe von III-V-Verbindungen kristallisiert sowohl in der Wurtzit- als auch in der Zinkblendestruktur. Der Grund liegt darin, daß in beiden Kristallsystemen Nächste-Nachbar-Atome in identischer Weise tetraedrisch koordiniert sind. Physikalische Größen, in die nur die Nächste-Nachbar-Wechselwirkung eingeht, sind identisch. Unterschiede werden nur durch die übernächsten Nachbarn und weitere Nachbar-„Schalen“ hervorgerufen, sie sind oft nur gering. Daher kann die Grundzustandsenergie des Kristalls in der Zinkblende- bzw. der Wurtzit-Modifikation sehr ähnlich sein, und Umwandlungen sind bei Temperaturänderung möglich. Selbst während des Wachstums können spontan sukzessive Änderungen des Kristallsystems auftreten, man spricht dann von **Polytypismus**. Insbesondere SiC ist ein Beispiel für ausgeprägten (und technologisch problematischen) Polytypismus zwischen dem kubischen System und verschiedenen hexagonalen Modifikationen.

2.1.3 Einzelheiten zu den für Halbleiter wichtigsten Kristallstrukturen

Diamantstruktur

Die Diamantstruktur enthält im kubischen fcc-Gitter eine Basis aus zwei identischen Atomen, z.B. in (0,0,0) und $(1/4)\,a_0 \cdot (1{,}1{,}1)$. Sie läßt sich veranschaulichen durch zwei ineinander geschobene fcc-Gitter mit parallelen Kanten, die um ein Viertel der Raumdiagonale des Würfels gegeneinander versetzt sind. Die primitive Elementarzelle des fcc-Gitters wird aufgespannt durch die primitiven Translationsvektoren.

$$\vec{a} = \frac{a_0}{2}(\hat{x} + \hat{y})$$

$$\vec{b} = \frac{a_0}{2}(\hat{y} + \hat{z})$$

$$\vec{c} = \frac{a_0}{2}(\hat{z} + \hat{x})$$

Gebräuchliche (aber nicht-primitive) Einheitszelle des kubischen fcc-Gitters ist der Würfel mit Kantenlänge a_0.

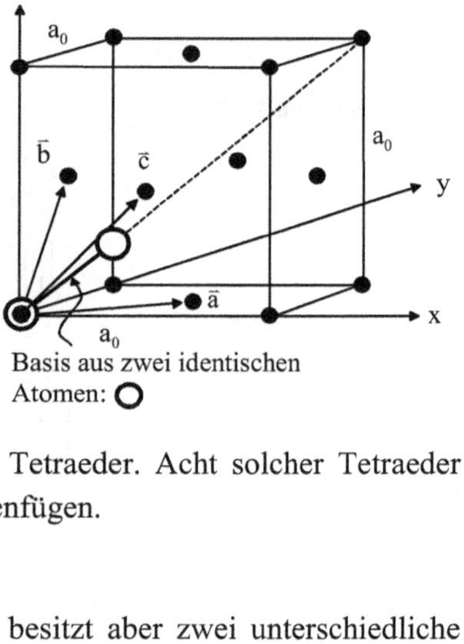

Basis aus zwei identischen Atomen: O

Der Nullpunkt und die Vektoren $\vec{a}, \vec{b}, \vec{c}$ definieren ein Tetraeder. Acht solcher Tetraeder lassen sich zu einem Würfel mit Kantenlänge a_0 zusammenfügen.

Zinkblendestruktur

Die Zinkblendestruktur ist analog der Diamantstruktur, besitzt aber zwei unterschiedliche Basisatome. Ein wichtiger Unterschied (z.B. für die Bandstruktur) der beiden Kristallstrukturen besteht in der Symmetrie:

- Die Diamantstruktur hat ein *Inversionszentrum* (O_h-Symmetrie), siehe Anhang A1.
- Die Zinkblendestruktur hat *kein Inversionszentrum* (T_d-Symmetrie).

Hexagonale Wurtzitstruktur

Die primitive Elementarzelle wird als Prisma über einer rautenförmigen Grundfläche mit den Winkeln 120° und 60° aufgespannt durch die primitiven Translationsvektoren

$$\vec{a} = \frac{a}{2}\left(\hat{x} - \sqrt{3}\hat{y}\right)$$

$$\vec{b} = \frac{a}{2}\left(\hat{x} + \sqrt{3}\hat{y}\right)$$

$$\vec{c} = c\hat{z}$$

$\vec{a}$ und $\vec{b}$ haben die Länge a. Sie bilden miteinander einen Winkel von 120°. Man kann drei jeweils um 120° gedrehte Elementarzellen zu einem Prisma über sechseckförmiger Grundfläche zusammenfügen.

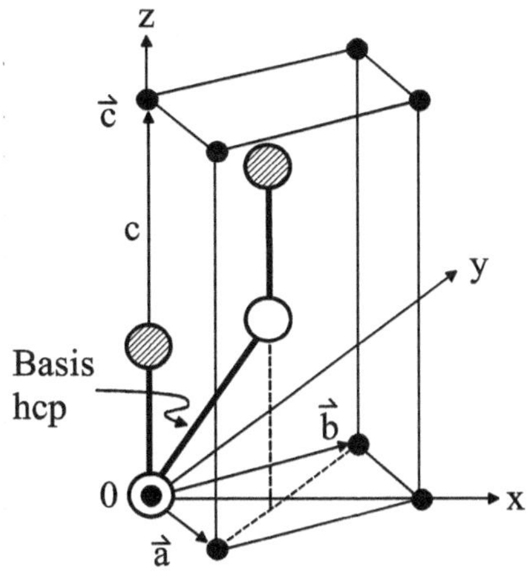

In dem so definierten hexagonalen Bravais-Gitter kommt man zur Wurtzit-Struktur, indem man die zunächst beliebig lange c-Achse zu $c = 2\cdot\sqrt{2/3}a$ wählt und dann eine vierfache Atombasis auf jeden mathematischen Gitterpunkt setzt: Eine Atomspezies (z.B. Ga) auf (0,0,0) und $(a/2, -a/2\sqrt{3}, \sqrt{2/3}\cdot a) = (\frac{2}{3}\vec{a} + \frac{1}{3}\vec{b} + \frac{1}{2}\vec{c})$ und die andere Atomspezies (z.B. N) auf $(0,0,\sqrt{6}/4\cdot a)$ und $(a/2, -a/2\sqrt{3}, (\sqrt{2/3} + \sqrt{6}/4)a)$. Damit bekommt jedes Ga-Atom parallel zur c-Achse ein zugeordnetes N-Atom im Abstand $(\sqrt{6}/4)a$. Läßt man die zweite Atomspezies (hier N) weg, erhält man die hexagonal dichteste Kugelpackung (hcp: „hexagonal closest package"). In dieser Struktur bilden die Ortspunkte der Atome kein Bravaisgitter.

Tab. 2.1 *Gitterkonstanten ausgewählter kubischer und hexagonaler Halbleiter.*

HL	**Gitterstruktur**	**Gitterkonstanten**
C	Diamant	a_0 = 3,56 Å
Si		5,43 Å
Ge		5,66 Å
GaP	Zinkblende	a_0 = 5,45 Å
GaAs		5,66 Å
CdS	Wurtzit	a = b = 4,13 Å, c = 6,71 Å
GaN		a = b = 3,189 Å, c = 5,185 Å
ZnO		a = b = 3,25 Å, c = 5,21 Å

Beachte für einen Vergleich von kubischen und hexagonalen Halbleiterstrukturen:

- *Kubisches Gitter:* Bezug für die Gitterkonstante a_0 ist die Würfelkante, der Würfel ist aber eine nicht-primitive Elementarzelle. Der Abstand nächster Nachbarn ist $\left(\sqrt{3}/4\right)a_0$, bei Si also 2,35 Å.
- *Hexagonales Gitter:* Hier wird die Gitterkonstante a als Abstand nächster Nachbarn in der basalen Rautenfläche angegeben. Bei Bezug auf einen Würfel wäre $a_0 = \sqrt{2}\,a$.

Vierernotation von Vektoren im hexagonalen Kristallsystem

Jeder Punkt (Vektor) im realen Gitterraum kann mithilfe der primitiven Translationsvektoren $\vec{a}, \vec{b}$, und $\vec{c}$ beschrieben werden. Es ist jedoch sehr praktisch, die basale Raute, die durch $\vec{a}$ und $\vec{b}$ aufgespannt wird, durch zwei weitere Rauten zu einer hexagonalen Grundfläche erweitern und in ihr einen redundanten Vektor $-(\vec{a}+\vec{b})$ einzuführen:

$$\begin{pmatrix} \vec{a} \\ \vec{b} \\ \vec{c} \end{pmatrix} \rightarrow \begin{pmatrix} \vec{a} \\ \vec{b} \\ -(\vec{a}+\vec{b}) \\ \vec{c} \end{pmatrix}$$

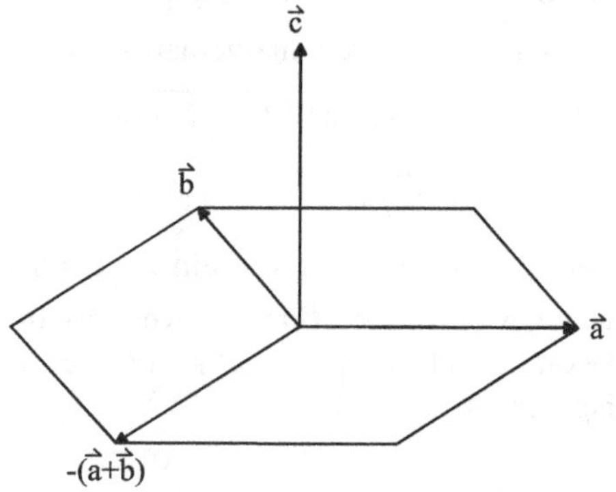

Dieser auf die nicht-primitive hexagonale Einheitszelle bezogene Satz von Translationsvektoren berücksichtigt die Äquivalenz von $\vec{a}, \vec{b}$, und $-(\vec{a}+\vec{b})$ und führt in der Komponentenschreibweise von Vektoren zu einer gleichwertigen Darstellung äquivalenter Punkte.

Die Translationsvektoren lassen sich dann schreiben als

$$\vec{a} = \begin{pmatrix} 1 \\ 0 \\ 0 \\ 0 \end{pmatrix}, \quad \vec{b} = \begin{pmatrix} 0 \\ 1 \\ 0 \\ 0 \end{pmatrix}, \quad -(\vec{a}+\vec{b}) = \begin{pmatrix} 0 \\ 0 \\ 1 \\ 0 \end{pmatrix}, \quad c = \begin{pmatrix} 0 \\ 0 \\ 0 \\ 1 \end{pmatrix}$$

Die äquivalenten Vektoren $(\vec{a}+\vec{b})$ und $(-\vec{b})$ heißen dann beispielsweise

$$(\vec{a}+\vec{b}) = \begin{pmatrix} 1 \\ 1 \\ 0 \\ 0 \end{pmatrix}, \quad (-\vec{b}) = \vec{a} - (\vec{a}+\vec{b}) = \begin{pmatrix} 1 \\ 0 \\ 1 \\ 0 \end{pmatrix}.$$

Quasikristalle

D. Shechtman, I. Blech, D. Gratias und J.W. Cahn (Phys. Rev. Lett. **53**, 1951 (1984)) berichten über *Ikosaeder-Symmetrie* (fünfzählige Drehachsen!) in schnell abgekühlten Aluminium-Mangan-Legierungen. Bald darauf finden T. Ishimasa, H.-U. Nissen und Y. Fukano (Phys. Rev. Lett. **55**, 511 (1985)) eine *zwölfzählige Phase* in einer Nickel-Chrom-Legierung.

Diese Symmetriezuordnungen werden aus scharfen Röntgenbeugungsspektren entnommen. Die Arbeiten werden in der Fachwelt lange angezweifelt, weil sie im Widerspruch zum Lehrsatz der Festkörperphysik/Kristallographie stehen, daß mit Elementarzellen fünfzähliger oder zwölfzähliger Symmetrie ein Kristall nicht raumerfüllend aufgebaut werden kann.

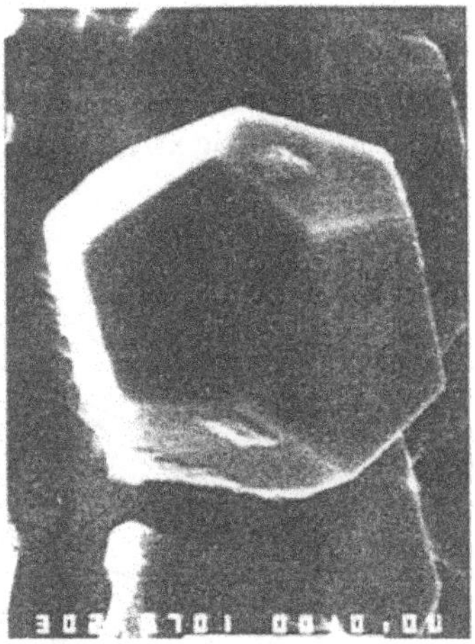

Flächenzentrierter ikosaedrischer Einkristall aus $Al_{63}Cu_{23.5}Fe_{13.5}$, gewachsen in Form eines Pentagon-Dodekaeders (S. Ebalard, F. Spaepen, Harvard University).

Lösung des Dilemmas:

- Es war eine falsche Ansicht, daß nur streng periodische Strukturen (wie Kristalle) scharfe Röntgenbeugungsreflexe ergeben können.
- Es handelt sich bei den zitierten Legierungssystemen um aperiodische oder quasiperiodische Strukturen: *Quasikristalle*. Im Zweidimensionalen spricht man auch – aus augenscheinlichen Gründen – von aperiodischen Parkettierungen.
- Seitdem werden Quasikristalle experimentell intensiv studiert und die algebraischen Grundlagen weiterentwickelt.

Typische Eigenschaften von quasiperiodischen Strukturen:

- Aufbau aus endlich vielen Bausteinen.
- Beliebige Ausschnitte wiederholen sich mit gleichbleibender Dichte, aber nicht periodisch.
- Beispiel in der Ebene: *Penrose-Muster*. Diese quasiperiodische Struktur ist aufgebaut aus schmalen und breiteren Rauten mit spitzen Winkeln von 36° und 72°.

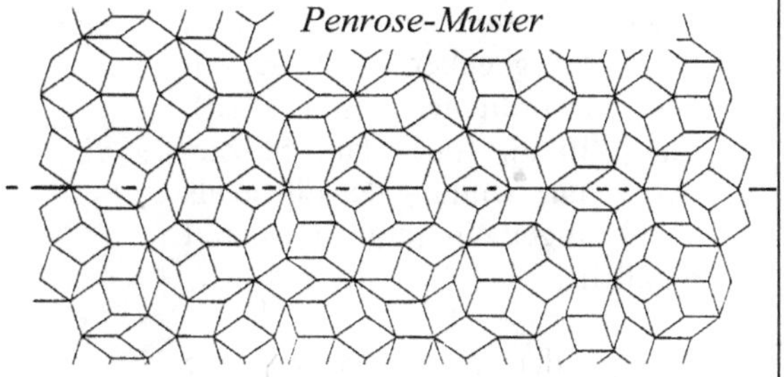

(Forts.)

(Forts.)

- Veranschaulichung der Konstruktion einer eindimensionalen quasiperiodischen Struktur: Projektion der Gitterpunkte eines zweidimensionalen Gitters innerhalb eines Streifens mit Winkel φ gegen die x-Achse auf die Streifengrundlinie:

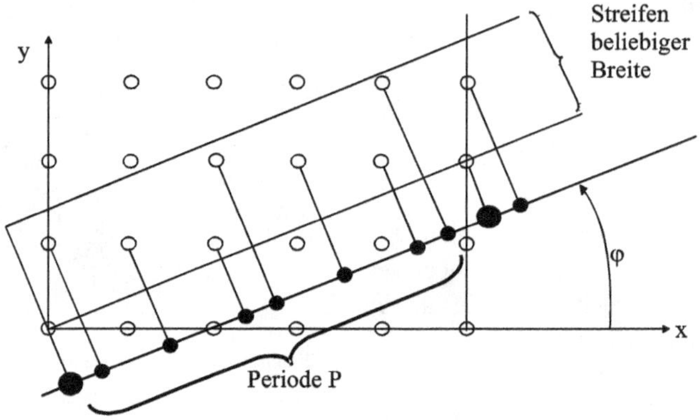

tanφ = p/q rational: periodisches Gitter; Periode klein, wenn p, q klein;
tanφ irrational (beliebig gute Annäherung durch rationale Zahl möglich): quasiperiodisches Gitter (Periode geht gegen unendlich).

D. Shechtman (Technion, Haifa) wurde 1999 der „Wolf Prize" für die Entdeckung der Quasikristalle verliehen.

Literatur: P. Kramer, H.-R. Trebin, Phys. Bl. **46**, 18 (1990); K. Urban, P. Kramer, M. Wilkens, Phys. Bl. **42**, 373 (1986).

2.1.4 Ort und Lage von Kristallebenen, Miller-Indizes

Zwei Notationen für Kristallebenen bieten sich an:

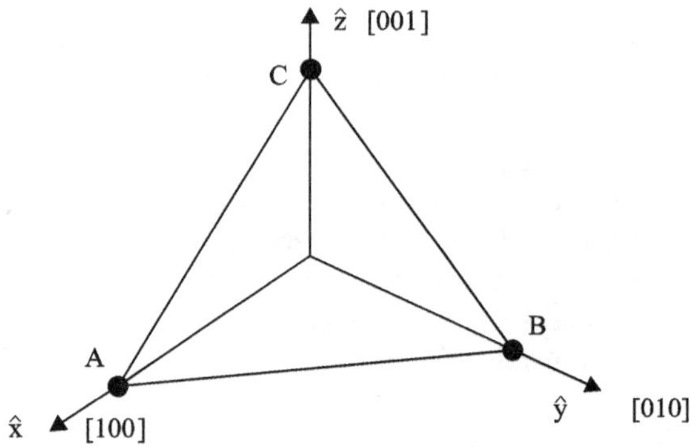

(1) Angabe der drei *Schnittpunkte* A, B, C der gegebenen Ebene mit den Koordinatenachsen, z.B. [200], [030], [001] laut Skizze; eine Kennzeichnung der Ebene als [231], allgemein [pqr], ist damit möglich.

(2) Angabe der *Miller-Indizes*. Sie werden am einfachsten durch eine Verfahrensvorschrift definiert:

- Man bildet die Kehrwerte der Schnittpunktwerte nach (1)
- Man erweitert die Kehrwertverhältnisse, bis das Zahlentripel ganzzahlig ist, also $\frac{1}{p} : \frac{1}{q} : \frac{1}{r} \equiv h : k : l$. Im obigen Beispiel ist $\frac{1}{2} : \frac{1}{3} : \frac{1}{1} = 3 : 2 : 6$. Die Ebene wird damit entweder durch (h,k,l) = (3,2,6) oder alternativ durch den Normalenvektor der Ebene [3,2,6] beschrieben. Die Notation mit Miller-Indizes ist vorteilhaft für die Strukturanalyse.

2.2 Das reziproke Gitter

Hintergrund für die Einführung des reziproken Gitters ist die mathematische Behandlung der Beugung von Wellen an periodischen Strukturen.

Allgemein

Realraum	Abbildung durch Welle	Reziproker Raum (Fourier-Raum, dualer Raum)
$(\vec{r})$	$\rightarrow$	$(\vec{k})$

Die Dimensionen der beschreibenden Parameter im Realraum und reziproken Raum, z.B. $\vec{r}$ und $\vec{k}$, sind reziprok zueinander, d h. ihr Produkt ist dimensionslos.

Beispiele:

- Licht (monochromatische Welle) und optisches Gitter: Das Fraunhofer-Beugungsspektrum ist die Abbildung der Gitterstruktur durch die Welle in ihren reziproken Raum.
- Röntgenlicht und Kristallgitter: Die Röntgenwelle bildet die reale Kristallstruktur in den reziproken Gitterraum ab; durch Messung des Beugungsbildes (Röntgenbeugungsdiagramm, Laue-Diagramm) kann man auf die Originalstruktur zurückschließen. Für diesen Fall ist die Beugungstheorie von Bragg und Laue entwickelt worden.
- Ein anderes Beispiel für eine experimentelle Fourierabbildung (Fouriertransformation) ist die Zerlegung einer periodischen Zeitfunktion U(t) durch „harmonische Analyse" (Oberwellenanalysator) in ihr Frequenzspektrum $I(\omega)$.

Bezug zum augenblicklichen Zusammenhang:

Quasifreie Elektronen in Halbleiterkristallen sind quantenmechanisch auch Wellen. Daher können wichtige elektronische Halbleitereigenschaften, die mit elastischer Streuung/Beugung zusammenhängen, am besten im reziproken Gitter beschrieben werden. Die Dispersionsrelation oder Bandstruktur $E(\vec{k})$ ist eine Darstellung der Elektronenenergie im reziproken Gitterraum ($\vec{k}$-Raum).

Bragg-Beugung oder -Reflexion

Dieses Bild der Wellenbeugung ist einfach, weil anschaulich, aber auch problematisch und insbesondere bzgl. der Streuintensitäten nicht quantitativ.

Bei der Bragg-Reflexion werden nicht die individuellen, tatsächlich beugenden Atome mit ihren Elektronen betrachtet, sondern ersatzweise *Netzebenen*, auf denen die Atome liegen; diese werden als teildurchlässige Spiegel behandelt, an denen die einfallende Welle reflektiert wird. Eine Netzebene ist eine Ebene im Realraum, die durch (mindestens) einen Gitterpunkt geht. Ist ihr Normalenvektor [h,k,l], so wird dadurch gleichzeitig eine Schar äquivalenter Netzebenen mit jeweiligem Abstand d_{hkl} festgelegt. Für die Netzebenenabstände gilt $d_{hkl} = \frac{2\pi}{|\vec{G}|}$ mit $\vec{G} = h\vec{A} + k\vec{B} + l\vec{C}$. Die Vektoren $\vec{A}, \vec{B}$ und $\vec{C}$ sind die fundamentalen Translationsvektoren des reziproken Gitters. Sie werden im nächsten Abschnitt definiert.

Damit kommt man zu folgenden Ausdrücken:

- Einfach kubisches Gitter (sc) $d_{hkl} = a_0 / \sqrt{h^2 + k^2 + l^2}$
- Flächenzentriertes kubisches Gitter (fcc) $d_{hkl} = a_0 / \sqrt{2(h^2 + k^2 + l^2 + hk + hl + kl)}$
- Hexagonales Wurtzitgitter $d_{hkl} = a / \sqrt{4/3 \cdot (h^2 + k^2 + hk) + 3/8 \cdot l^2}$

Im letzten Fall ist a die Gitterkonstante der basalen Raute, die gleich dem Atomabstand ist.

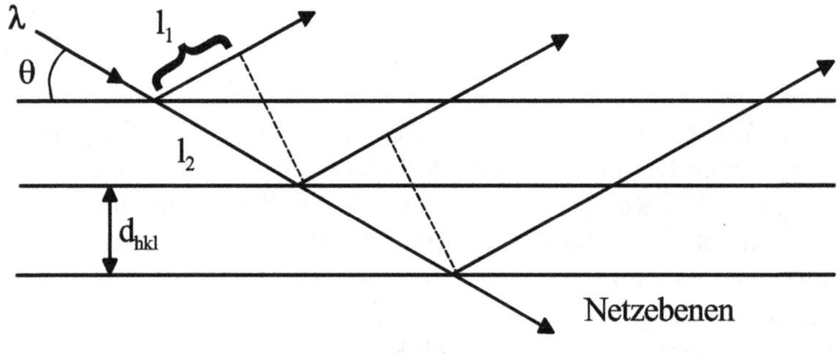

Für konstruktive Interferenz der kohärenten Teilwellen, die von den einzelnen Netzebenen reflektiert werden, muß der Gangunterschied $l_2 - l_1 = 2d \sin\theta$ gleich einem ganzen Vielfachen der Wellenlänge λ sein (θ: Glanzwinkel; d_{hkl}: Netzebenenabstand):

$$\boxed{2d_{hkl} \sin\theta = n\lambda}$$ Bragg-Bedingung für Interferenzmaxima

Beugung nach Laue

In diesem Bild wird die Beugung quantitativ formuliert, indem die Streustärke der einzelnen Atome (genauer: ihrer Elektronen) durch einen berechenbaren Atomformfaktor und die einer nicht-trivialen Basis durch einen Strukturfaktor des Gitters ausgedrückt wird. Dazu kommt die Bedingung konstruktiver Interferenz der gestreuten Teilwellen für ein beobachtbares Beugungsmuster (Beugungsbild). Das gedankliche Vorgehen ist folgendermaßen:

- Jedes Atom des Gitters ist Ausgangspunkt einer kugelförmigen Elementarwelle.
- Die Amplituden aller Elementarwellen werden für die jeweils gewählte Beobachtungsrichtung phasengerecht aufsummiert.
- Das beobachtete Beugungsbild entsteht als Interferenzmuster (Intensitätsverteilung) aller überlagerten Elementarwellen.

Wir schreiben hier nur die *Bedingungsgleichungen nach Laue* für konstruktive Interferenz an:

$$\boxed{\begin{aligned} \vec{a}\cdot\Delta\vec{k} &= 2\pi h \\ \vec{b}\cdot\Delta\vec{k} &= 2\pi k \\ \vec{c}\cdot\Delta\vec{k} &= 2\pi l \end{aligned}} \qquad \text{mit } \Delta\vec{k} = \vec{k} - \vec{k}'$$

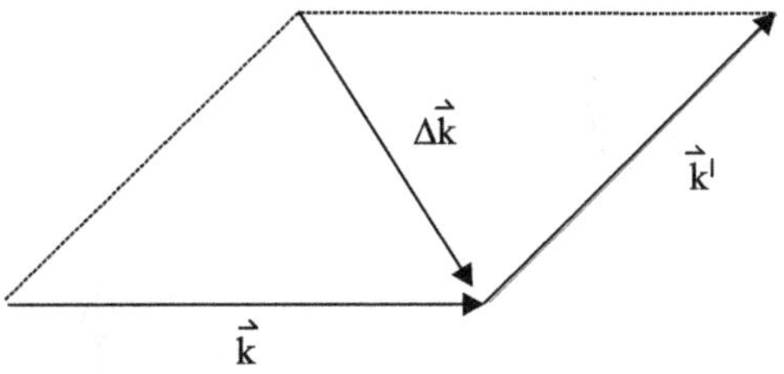

Diese Gleichungen werden gelöst durch $\Delta\vec{k} = h\vec{A} + k\vec{B} + l\vec{C}$, wenn $\vec{A}, \vec{B}, \vec{C}$ in der folgenden Weise definiert werden:

$$\boxed{\begin{aligned} \vec{A} &= 2\pi\frac{\vec{b}\times\vec{c}}{\vec{a}\cdot\vec{b}\times\vec{c}} \\ \vec{B} &= 2\pi\frac{\vec{c}\times\vec{a}}{\vec{a}\cdot\vec{b}\times\vec{c}} \\ \vec{C} &= 2\pi\frac{\vec{a}\times\vec{b}}{\vec{a}\cdot\vec{b}\times\vec{c}} \end{aligned}}$$

$\vec{A}, \vec{B}, \vec{C}$ sind die fundamentalen Translationsvektoren (Grundgittervektoren) des reziproken Gitters, das zu dem von $\vec{a}, \vec{b}, \vec{c}$ aufgespannten realen Gitter gehört. Wenn $\vec{a}, \vec{b}, \vec{c}$ primitiv sind, dann sind auch $\vec{A}, \vec{B}, \vec{C}$ primitiv.

Eigenschaften der reziproken Grundgittervektoren $\vec{A}$, $\vec{B}$, $\vec{C}$ aus diesen Gleichungen:

$$\left.\begin{aligned} &\vec{A}\vec{a} = 2\pi \\ &\vec{A}\vec{b} = 0, \text{ also } \vec{A} \perp \vec{b} \\ &\vec{A}\vec{c} = 0, \text{ also } \vec{A} \perp \vec{c} \end{aligned}\right\} \text{ und entsprechend für } \vec{B} \text{ und } \vec{C}$$

> Zu jeder Kristallstruktur gehören zwei wichtige Gitter:
>
> - Das Punktgitter im Ortsraum
>   Punkte des realen Gitters: $\vec{T} = m\vec{a} + n\vec{b} + p\vec{c}$.
> - Das reziproke Gitter im Fourier- oder $\vec{k}$-Raum
>   Punkte des reziproken Gitters: $\vec{G} = h\vec{A} + k\vec{B} + l\vec{C}$.

Dadurch lassen sich die Laue-Gleichungen sehr einfach formulieren:

$$\boxed{\Delta\vec{k} = \vec{G}}$$

In anschaulich-physikalischer Deutung bedeutet diese Gleichung: Das vollständige Beugungsmuster einer Welle an der Realstruktur stellt das reziproke Gitter dar.

Beispiele für Realgitter und reziprokes Gitter im Zweidimensionalen:

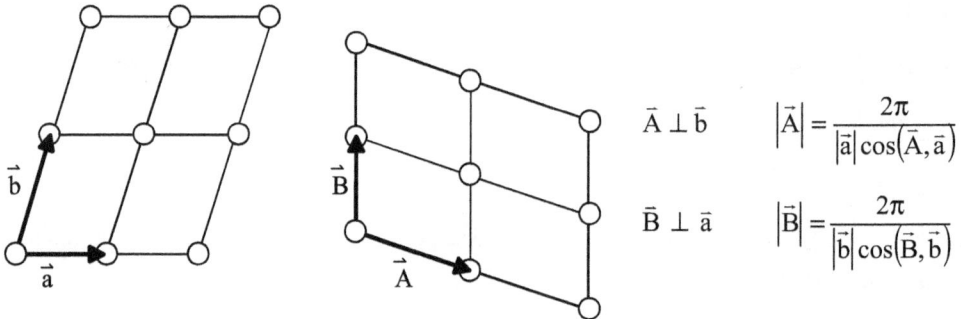

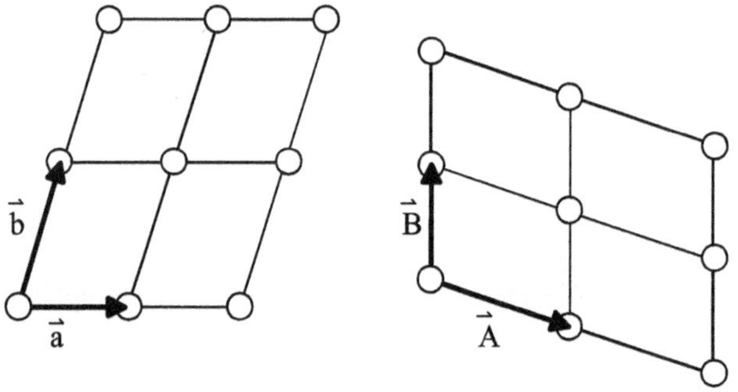

$$\vec{A} \perp \vec{b} \qquad |\vec{A}| = \frac{2\pi}{|\vec{a}|\cos(\vec{A},\vec{a})}$$

$$\vec{B} \perp \vec{a} \qquad |\vec{B}| = \frac{2\pi}{|\vec{b}|\cos(\vec{B},\vec{b})}$$

Tab. 2.2 *Dreidimensionale kubische Gitter*

Realgitter	Gitterkonstante	$\leftrightarrow$	reziprokes Gitter	Gitterkonstante
kubisch primitiv (sc)	a_0		kubisch primitiv (sc)	$2\pi/a_0$
kubisch innenzentriert (bcc)	a_0		kubisch flächenzentriert (fcc)	$4\pi/a_0$
kubisch flächenzentriert (fcc)	a_0		kubisch innenzentriert (bcc)	$4\pi/a_0$

2.3 Brillouinzonen

Die Wigner-Seitz-Zellen des reziproken Gitters heißen Brillouinzonen (BZ). Die erste Brillouinzone ist die primitive Elementarzelle des reziproken Gitters, das durch die primitiven reziproken Gittervektoren $\vec{A}, \vec{B}, \vec{C}$ aufgespannt wird.

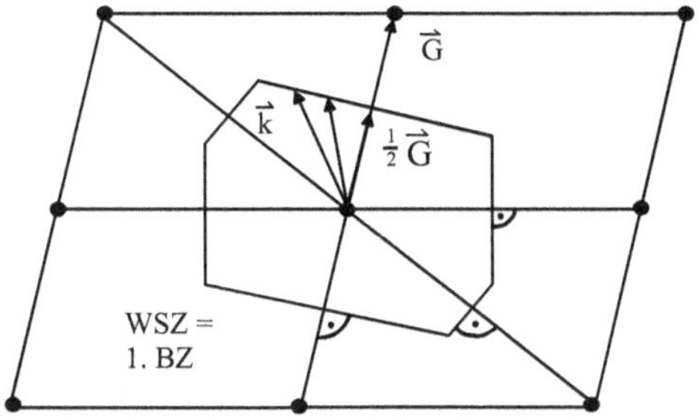

Abb. 2.2 *Mittelsenkrechten-Konstruktion der Brillouinzone (BZ) als Wigner-Seitz-Zelle (WSZ) in einem gegebenen reziproken Gitter aus Parallelogrammen.*

Betrachtung von $\vec{k}$-Vektoren auf der Berandung der 1. Brillouinzone

(a) nach Konstruktion der 1. Brillouinzone (Mittelsenkrechte der Verbindungslinien von Gitterpunkten im $\vec{k}$-Raum) gilt:

Alle $\vec{k}$ haben die Eigenschaft $\vec{k} \cdot \frac{\vec{G}}{G} = \frac{1}{2} G$ mit $G = |\vec{G}|$ oder $\boxed{2\vec{k}\vec{G} = G^2}$

(b) Es gilt auch die Laue-Bedingung $\Delta\vec{k} = \vec{k} - \vec{k}' = \vec{G}$, also $\vec{k}' = \vec{k} - \vec{G}$.

Quadrieren ergibt: $k'^2 = k^2 + G^2 - 2\vec{k}\vec{G}$.

Wegen $k'^2 = k^2$ bei elastischer Streuung ist dann: $\boxed{2\vec{k}\vec{G} = G^2}$

Das ist identisch zum Ergebnis in (a), daher folgt die Aussage:

> Jeder Vektor $\vec{k}$, der vom Ursprung des $\vec{k}$-Raums an den Rand der Brillouinzone führt, erfüllt die Bragg-(Laue-)Bedingung.

Aus Symmetriebetrachtungen (vgl. Kapitel 3) ergeben sich weitere Aussagen:

Die Dispersionsrelation $E(\vec{k})$ ist im $\vec{k}$-Raum periodisch mit $\vec{G}$:

$$E(\vec{k}) = E(\vec{k} + \vec{G})$$

Verschieben der Bandstruktur um $\vec{G}$ oder um Vielfache davon führt zum gleichen Ergebnis.

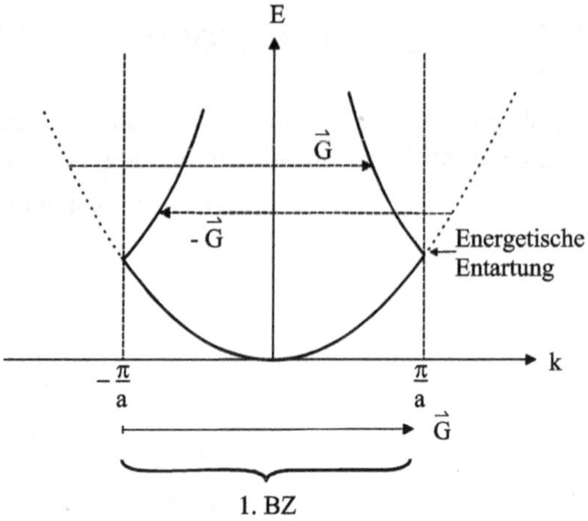

Der physikalisch relevante Sachverhalt läßt sich also auf die 1. Brillouinzone reduzieren: Sie enthält dann die gesamte Physik.

Dadurch ergeben sich in der 1. Brillouinzone (beliebig) viele Bänder mit Energieentartung bei $k = 0$ und an den Rändern der Brillouinzone.

2.4 Brillouinzonen der drei kubischen Gitter und des hexagonalen Wurtzit-Gitters

Kubisch-primitives (sc) Gitter

Die primitive Einheitszelle im Realraum wird aufgespannt durch die Grundgittervektoren

$$\vec{a} = a_0 \begin{pmatrix} 1 \\ 0 \\ 0 \end{pmatrix} \qquad \vec{b} = a_0 \begin{pmatrix} 0 \\ 1 \\ 0 \end{pmatrix} \qquad \vec{c} = a_0 \begin{pmatrix} 0 \\ 0 \\ 1 \end{pmatrix}.$$

Aus ihnen ergeben sich nach etwas Rechnen die primitiven Translationsvektoren im reziproken Gitterraum, die die Brillouinzone aufspannen, zu:

$$\vec{A} = \frac{2\pi}{a_0} \begin{pmatrix} 1 \\ 0 \\ 0 \end{pmatrix} \qquad \vec{B} = \frac{2\pi}{a_0} \begin{pmatrix} 0 \\ 1 \\ 0 \end{pmatrix} \qquad \vec{C} = \frac{2\pi}{a_0} \begin{pmatrix} 0 \\ 0 \\ 1 \end{pmatrix}$$

$$\vec{A} \parallel \vec{a} \qquad \vec{B} \parallel \vec{b} \qquad \vec{C} \parallel \vec{c}$$

Einheitszelle und Brillouinzone sind also morphologisch gleich und bis auf die Faktoren a_0 bzw. $2\pi/a_0$ sogar identisch.

Kubisch-flächenzentriertes (fcc) Gitter

Die primitive Einheitszelle im Realraum wird aufgespannt durch die Grundgittervektoren

$$\vec{a} = \frac{a_0}{2}(\hat{x} + \hat{y}) = \frac{a_0}{2}\begin{pmatrix}1\\1\\0\end{pmatrix} \quad \vec{b} = \frac{a_0}{2}(\hat{y} + \hat{z}) = \frac{a_0}{2}\begin{pmatrix}0\\1\\1\end{pmatrix} \quad \vec{c} = \frac{a_0}{2}(\hat{z} + \hat{x}) = \frac{a_0}{2}\begin{pmatrix}1\\0\\1\end{pmatrix}.$$

Aus ihnen ergeben sich die primitiven Translationsvektoren im reziproken Gitterraum, die die Brillouinzone aufspannen, zu:

$$\vec{A} = \frac{2\pi}{a_0}\begin{pmatrix}1\\1\\-1\end{pmatrix} \qquad \vec{B} = \frac{2\pi}{a_0}\begin{pmatrix}-1\\1\\1\end{pmatrix} \qquad \vec{C} = \frac{2\pi}{a_0}\begin{pmatrix}1\\-1\\1\end{pmatrix}$$

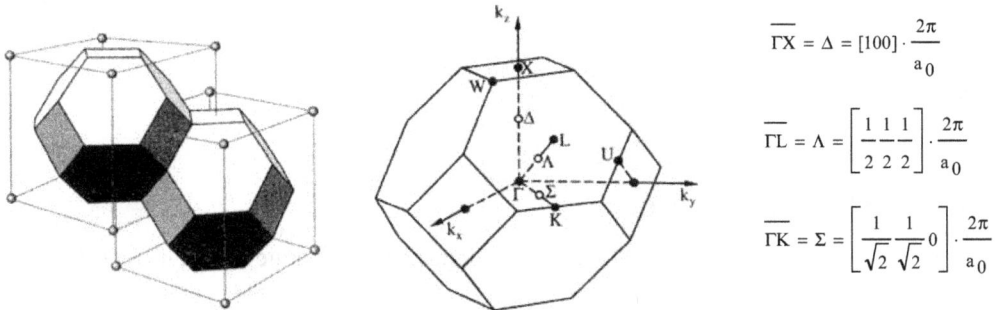

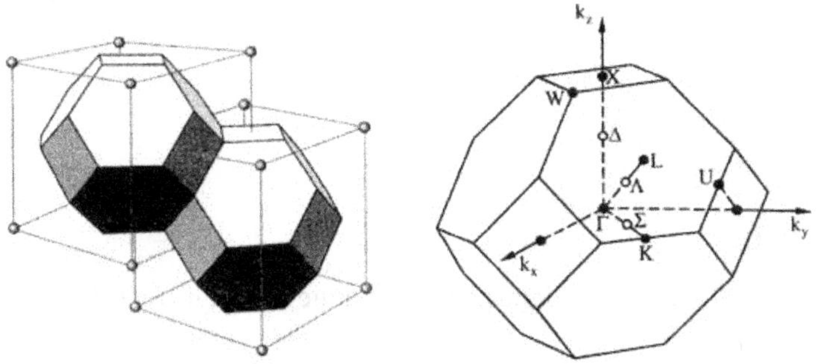

$$\overline{\Gamma X} = \Delta = [100] \cdot \frac{2\pi}{a_0}$$

$$\overline{\Gamma L} = \Lambda = \left[\frac{1}{2}\,\frac{1}{2}\,\frac{1}{2}\right] \cdot \frac{2\pi}{a_0}$$

$$\overline{\Gamma K} = \Sigma = \left[\frac{1}{\sqrt{2}}\,\frac{1}{\sqrt{2}}\,0\right] \cdot \frac{2\pi}{a_0}$$

Abb. 2.3 *Zwei aneinander anschließende Brillouinzonen des kubisch-flächenzentrierten Gitters. Brillouinzone mit Standardnotation wichtiger Punkte und Richtungen im* $\vec{k}$ *-Raum (aus H. Schaumburg, Halbleiter, Teubner 1991).*

Kubisch-raumzentriertes (bcc) Gitter

Die primitive Einheitszelle im Realraum wird aufgespannt durch die Grundgittervektoren

$$\vec{a} = \frac{a_0}{2}\begin{pmatrix}1\\1\\-1\end{pmatrix} \qquad \vec{b} = \frac{a_0}{2}\begin{pmatrix}-1\\1\\1\end{pmatrix} \qquad \vec{c} = \frac{a_0}{2}\begin{pmatrix}1\\-1\\1\end{pmatrix}.$$

Aus ihnen ergeben sich die primitiven Translationsvektoren im reziproken Gitterraum, die die Brillouinzone aufspannen, zu:

$$\vec{A} = \frac{2\pi}{a_0}\begin{pmatrix}1\\1\\0\end{pmatrix} \qquad \vec{B} = \frac{2\pi}{a_0}\begin{pmatrix}0\\1\\1\end{pmatrix} \qquad \vec{C} = \frac{2\pi}{a_0}\begin{pmatrix}1\\0\\1\end{pmatrix}$$

Das fcc-Gitter und das bcc-Gitter sind also reziprok zueinander.

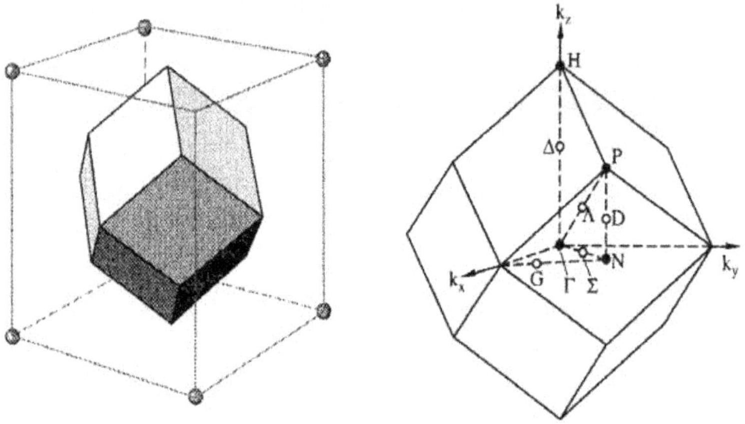

Abb. 2.4 Brillouinzone des kubisch-raumzentrierten Gitters mit gekennzeichneten Richtungen im $\vec{k}$-Raum (Zeichnungen aus H. Schaumburg, Halbleiter, Teubner 1991).

Hexagonales Wurtzit-Gitter

Die primitive Einheitszelle im Realraum wird aufgespannt durch die Grundgittervektoren

$$\vec{a} = \frac{a}{2}\begin{pmatrix} 1 \\ -\sqrt{3} \\ 0 \end{pmatrix} \qquad \vec{b} = \frac{a}{2}\begin{pmatrix} 1 \\ \sqrt{3} \\ 0 \end{pmatrix} \qquad \vec{c} = \underbrace{2\cdot\sqrt{\frac{2}{3}}}_{1{,}633}\cdot a \begin{pmatrix} 0 \\ 0 \\ 1 \end{pmatrix}.$$

Die primitive Einheitszelle ist ein Prisma mit Höhe $|\vec{c}| = 1{,}633a$ über einer gleichseitigen Raute mit den Winkeln von 60° und 120° und den Seitenlängen $|\vec{a}| = |\vec{b}| = a$.

Aus ihnen ergeben sich die primitiven Translationsvektoren im reziproken Gitterraum, die die Brillouinzone aufspannen, zu:

$$\vec{A} = \frac{2\pi}{a}\cdot\frac{1}{\sqrt{3}}\begin{pmatrix} \sqrt{3} \\ -1 \\ 0 \end{pmatrix} \qquad \vec{B} = \frac{2\pi}{a}\cdot\frac{1}{\sqrt{3}}\begin{pmatrix} \sqrt{3} \\ 1 \\ 0 \end{pmatrix} \qquad \vec{C} = \frac{2\pi}{a}\cdot\frac{\sqrt{3}}{2\sqrt{2}}\begin{pmatrix} 0 \\ 0 \\ 1 \end{pmatrix}$$

Die Brillouinzone ist ein Prisma mit Höhe $|\vec{C}| = \frac{2\pi}{a}\cdot\frac{1}{1{,}633}$ über einer gleichseitigen Raute mit den Winkeln von 60° und 120° und den Seitenlängen $|\vec{A}| = |\vec{B}| = \frac{2\pi}{a}\frac{2}{\sqrt{3}}$.

Die Einheitszelle im Realraum und die Brillouinzone im reziproken Raum sind also morphologisch gleich, dabei erscheint die Brillouinzone um 30° um die $\vec{c}$ -Achse gedreht.

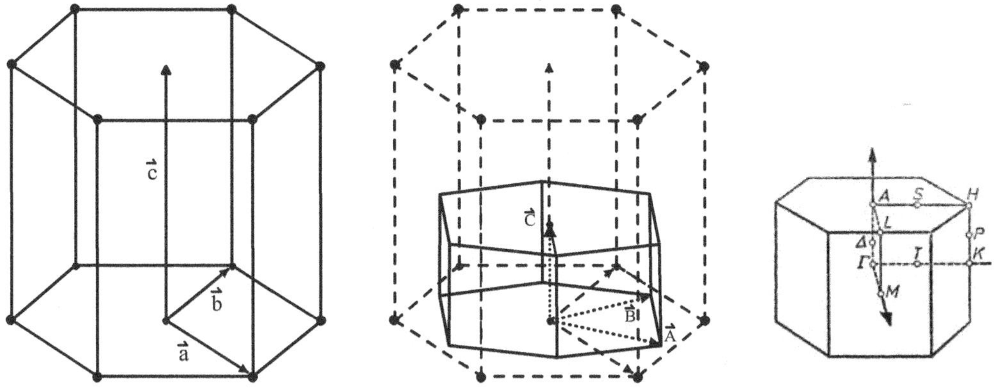

Abb. 2.5 *Hexagonales Punktgitter mit Basisvektoren* $\vec{a}, \vec{b}, \vec{c}$ *(links), Brillouinzone im reziproken Gitter mit Basisvektoren* $\vec{A}, \vec{B}, \vec{C}$ *im Vergleich (Mitte) und Standardbezeichnungen von Punkten und Richtungen im* $\vec{k}$ *-Raum (rechts).*

3 Bandstrukturberechnungen

Literatur

O. Madelung, Grundlagen der Halbleiterphysik, Springer 1970

J. Callaway, Quantum Theory of the Solid State, Part A, Academic Press 1974

J. Callaway, Energy Band Theory, Academic Press 1964

J.C. Philips, Covalent Bonding in Crystals, Molecules, and Polymers, Univ. Chicago Press 1969

F. Herman, Rev. Mod. Physics **30**, 102 (1958)

3.1 Übersicht

Ein Kristall stellt ein Vielteilchensystem dar, die Berechnung seiner elektronischen Bandstruktur ist daher extrem schwierig. (Für M Atome in einem betrachteten Volumen mit jeweils m Elektronen hat man ein M · n-dimensionales System von „Bewegungsgleichungen".) Daher muß man vereinfachende Annahmen machen.

Zunächst beschränkt man sich auf einen idealisierten Kristall:

- Der Kristall hat eine perfekte periodische Struktur, er enthält keine strukturellen oder chemischen Defekte.
- Die Atome befinden sich fest auf ihren Gleichgewichtsplätzen.

In den weiter unten skizzierten Näherungsmethoden zur Bandstrukturberechnung tauchen in der Schrödingergleichung gitterperiodische Kristallpotentiale $V(\bar{r})$ auf, die meistens nicht weiter spezifiziert sind: Dort geht es nämlich vor allem um geeignete Ansätze für die Wellenfunktionen, qualitative Vorgehensweisen und allgemeine Eigenschaften der Bandstruktur. Wir stellen deshalb hier einige Bemerkungen zum Zusammenhang zwischen Wellenfunktionen und Potential, letztlich also zur Bestimmung des Potentials $V(\bar{r})$, voraus.

Eine elektronische Bandstruktur beschreibt die Energieterme eines Kristalls im Ein-Elektronenbild mit der Schrödingergleichung

$$(-\frac{\hbar^2}{2m}\nabla^2 + V(\bar{r}))\,\psi(\bar{r}) = E\psi(\bar{r})$$

(Symmetriebetrachtungen – siehe unten – zeigen, daß die Energien E und die Wellenfunktionen ψ eigentlich noch mit einem Parameter k, der Wellenzahl der Elektronen, klassifiziert werden müssen.)

Diese Ein-Teilchen-Schrödingergleichung entspricht dem:

Modell unabhängiger Teilchen („independent-particle model")

Jedes Elektron bewegt sich unabhängig von allen anderen Elektronen in einem gemittelten statischen „effektiven" Potential $V(\bar{r})$, das seine Wechselwirkung mit dem Kristall einschließlich aller anderen Elektronen enthält. Es wird also die elektronische Wellenfunktion des Gesamtsystems $\Psi(\bar{r}_1, \bar{r}_2, ...\bar{r}_N)$, die von den Koordinaten aller N Elektronen abhängt, angenähert durch Ein-Elektronen-Wellenfunktionen $\psi_i(\bar{r}_i)$, die jeweils nur noch von den Koordinaten eines einzelnen Elektrons abhängen. Wenn der Vielteilchen-Hamiltonoperator keine Spin-abhängigen Terme enthält (wie z.B. bei der Spin-Bahn-Wechselwirkung), kann man jede Ein-Elektronen-Wellenfunktion als Produkt einer Raum-Funktion und einer Spin-Funktion schreiben. Die Gesamtwellenfunktion des Systems ist das Produkt aus den Ein-Elektronen-Wellenfunktionen $\Psi(\bar{r}_1, \bar{r}_2, ...\bar{r}_N) = \psi_1(\bar{r}_1)\cdot\psi_2(\bar{r}_2)...\psi_N(\bar{r}_N)$. Das exakte Potential $V(\bar{r})$ ist die Summe aus einem Anteil der (räumlich fixierten) Ionen $V^{ion}(\bar{r})$ und einem elektronischen Anteil $V^{el}(\bar{r}) = \frac{1}{2}\sum_{i\neq j}\frac{e^2}{|\bar{r}_i - \bar{r}_j|}$, der die Coulomb-Wechselwirkungen der Elektronen untereinander beschreibt.

Für ein betrachtetes Elektron kann das Potential aller anderen Elektronen aus deren gemittelter Ladungsdichte $\rho(\bar{r})$ mit $V^{el}(\bar{r}) = -e\int\frac{\rho(\bar{r}')}{|\bar{r} - \bar{r}'|}d\bar{r}'$ angenähert berechnet werden; ein einzelnes Elektron im Zustand ψ_i trägt zur Ladungsdichte mit $\rho_i(\bar{r}) = -e\,|\psi_i(\bar{r})|^2$ bei, so daß insgesamt $\rho(\bar{r}) = -e\sum_i|\psi_i(\bar{r})|^2$ ist. Das ganze Verfahren im Modell unabhängiger Teilchen wird *Hartree-Näherung* genannt.

Die daraus folgenden Hartree-Gleichungen können iterativ numerisch gelöst werden. Man beginnt mit einem physikalisch plausiblen oder geratenem Potential $V_0 = V^{ion} + V^{el}$, löst damit die Gleichungen, bestimmt ein neues V_1 und setzt das Verfahren so lange fort, bis sich das Potential im wesentlichen nicht mehr ändert. Dieses selbstkonsistente Potential betrachtet man als das „richtige" Kristallpotential.

Da die Hartree-Näherung auf einer gemittelten Elektronenladungsdichte beruht, unterschlägt sie Effekte aufgrund spezieller momentaner Paarkorrelationen. Beispielsweise gehen sich Elektronen wegen ihrer abstoßenden Coulombkräfte gegenseitig „aus dem Wege“; auch haben Elektronenpaare mit gleicher oder ungleicher Spineinstellung verschiedene räumliche Korrelationen, so daß sie mit verschiedenen Potentialen $V(\vec{r})$ verknüpft sind.

Verbessertes Modell: Hartree-Fock-Verfahren

Das Hartree-Verfahren ist nicht kompatibel mit dem Pauli-Prinzip, also der Anti-Symmetrisierungs-Forderung an die Wellenfunktion $\Psi(\vec{r}): \Psi$ muß das Vorzeichen ändern, wenn je zwei der N Argumente vertauscht werden. Diese Forderung kann in einfacher Weise durch die Formulierung der Wellenfunktion als Slater-Determinante erfüllt werden.

$$\Psi(\vec{r}_1, \vec{r}_2, \ldots \vec{r}_N) = \begin{vmatrix} \psi_1(\vec{r}_1) \cdot \psi_1(\vec{r}_2) \ldots \psi_1(\vec{r}_N) \\ \psi_2(\vec{r}_1) \cdot \psi_2(\vec{r}_2) \ldots \psi_2(\vec{r}_N) \\ \ldots\ldots\ldots\ldots\ldots\ldots \\ \ldots\ldots\ldots\ldots\ldots\ldots \\ \psi_N(\vec{r}_1) \cdot \psi_N(\vec{r}_2) \ldots \psi_N(\vec{r}_N) \end{vmatrix}$$

$\Psi(\vec{r}_1, \vec{r}_2, \ldots \vec{r}_N)$ ist also eine antisymmetrisierte Linearkombination von Ein-Teilchen-Produktfunktionen. Mit dieser Formulierung der Wellenfunktion werden die Hartree-Gleichungen zu den *Hartree-Fock-Gleichungen* verallgemeinert. Dabei taucht in dem zugehörigen Satz von Ein-Teilchen-Schrödingergleichungen aufgrund der Elektron-Elektron-Wechselwirkung ein neuer Potentialterm auf, der sogenannte Austausch-Term („exchange term“). Sein (negativer) Erwartungswert kann nur für das freie Elektronengas analytisch exakt berechnet werden. Sein Beitrag zur Gesamtenergie eines Systems wird groß für große Elektronendichten, für kleine Dichten ist er vernachlässigbar. In Kapitel 5 erscheint die Austauschenergie als diejenige Größe, die bei hoher Dotierung („entartetes Elektronengas“) die Bindungsenergie von Störstellen bis auf Null verringern kann. Die mathematische Form des Terms wird in Anhang A6 abgeleitet.

Ein weiterer Effekt hoher Elektronendichte ist die Abschirmung von Ladungen. Zu Einzelheiten wird auf die Literatur verwiesen (z.B. N.W. Ashcroft, D.N. Mermin, Festkörperphysik, Oldenbourg 2007). Die Abschirmung des Coulombpotentials von Störstellen durch ein entartetes freies Elektronengas spielt für die Dotierungsabhängigkeit der Störstellenbindungsenergie ebenso eine Rolle (Kapitel 5) wie für die einfache Erklärung von Bandausläufern in entartet dotierten Halbleitern (Kapitel 6).

Bei aller Komplexität werden Bandstrukturrechnungen durch die angenommene perfekte Periodizität der Kristalle wesentlich erleichtert.

- **Bloch-Theorem**: Die Wellenfunktionen in einem periodischen Potential haben die Form von Bloch-Funktionen: Sie lassen sich als Produkt einer ebenen Welle und einer gitterperiodischen Funktion schreiben (Genaueres weiter unten).
- **Symmetrieanpassung**: Die Wellenfunktionen werden darüber hinaus geschickterweise symmetrieangepaßt gewählt. Damit ist folgendes gemeint: Zu jedem Vektor $\vec{k}$ im reziproken Gitterraum existiert eine Menge von Symmetrieoperationen, die das Gitter invariant lassen und $\vec{k}$ in einen äquivalenten Vektor $\vec{k}^*$ überführen. Diese Operationen bilden eine Gruppe („die Gruppe von k"). Die Wellenfunktionen lassen sich nach $\vec{k}$ klassifizieren (siehe unten). Sie werden durch diese Operationen ebenfalls in sich selbst überführt. Ihre Transformationseigenschaften unter den Symmetrieoperationen der Gruppe werden repräsentiert durch „irreduzible Basisfunktionen" der Gruppe. Zu jeder Symmetriegruppe sind solche Basisfunktionen in Tabellenwerken aufgelistet. Die Wellenfunktionen werden von vornherein so angesetzt, daß ihre Symmetrie die der entsprechenden Basisfunktionen widerspiegelt. (Genaueres dazu siehe Bücher zur Gruppentheorie, z.B. M. Tinkham, Group Theory and Quantum Mechanics, McGraw-Hill 1964 und Anhang A1).
- **Ritz-Variationsverfahren**: Bei der mathematischen Durchführung von Bandstrukturrechnungen wird häufig Gebrauch vom Ritzschen Variationsverfahren gemacht (vgl. dazu Anhang A2). Man entwickelt dabei die gesuchte Wellenfunktion nach einem Satz von (bekannten) Eigenfunktionen, z.B. nach Atomfunktionen in Falle stark gebundener Elektronen (Bloch-Näherung oder „tight binding approximation"). Ebenso gut ist es möglich, Funktionen zu „raten", die den gesuchten Wellenfunktionen vermutlich nahe kommen (also problemangepaßt sind, insbesondere bzgl. Symmetrie und Randbedingungen). Aus rechentechnischen Gründen wird die Entwicklung nur bis zu endlich vielen Gliedern durchgeführt, die Entwicklungskoeffizienten werden so gewählt (variiert), daß einerseits die dargestellte Wellenfunktion dem Bloch-Theorem genügt und andererseits die Energie des Kristallzustandes, der zu der Funktion gehört, möglichst klein wird. Wegen der Minimaleigenschaft der exakten Energieeigenwerte hat man dann die bestmögliche Approximation erreicht. Durch den Ansatz mit solchen Entwicklungs- oder Versuchsfunktionen wird die Schrödingergleichung als Differentialgleichung in ein algebraisches Gleichungssystem überführt: Es kommt letztlich auf die Diagonalisierung von Matrizen an.

Im folgenden wird zunächst das Bloch-Theorem erörtert und eine Zusammenfassung von allgemeinen Aussagen zu Bandstruktureigenschaften aufgrund von Symmetrieprinzipien gegeben. Dann werden ausgewählte Näherungsmethoden kurz erörtert. Zur Einführung besprechen wir dabei erst das Kronig-Penney-Modell. Es ist exakt rechenbar und von großem didaktischem Wert, obwohl für praktische Rechnungen bei dreidimensionalen Kristallen nicht geeignet; dagegen leistet es auch quantitativ gute Dienste für „Minibänder" in zweidimensionalen Übergitterstrukturen, die später in diesem Kapitel bei 3.2 (E) diskutiert werden.

Bloch-Theorem

Aufgrund der Symmetrieeigenschaften der Kristallgitter sind allgemeine Aussagen möglich:

(1) $V(\vec{r})$ hat die Periodizität des Gitters, daher hat auch der Hamiltonoperator H die Periodizität des Gitters. Die Eigenfunktionen zu H sind auch Eigenfunktionen zum Translationsoperator T, definiert durch $T(\vec{R}_i)\Psi(\vec{r}) = \Psi(\vec{r} + \vec{R}_i)$, wobei $\vec{R}_i$ ein Gittervektor ist: $[T(\vec{R}_i), H] = 0$ (T und H kommutieren).

(2) $|\Psi(\vec{r} + \vec{R}_l)|^2 = |\Psi(\vec{r})|^2$

Die „Elektronendichte" hat die Periodizität des Gitters. Daher folgt $|\Psi(\vec{r} + \vec{R}_l)| = |\Psi(\vec{r})|$, und man kann schreiben $T(\vec{R}_l)\Psi(\vec{r}) = \Psi(\vec{r} + \vec{R}_l) = e^{i\beta_l}\Psi(\vec{r})$.

Für einen gitterinvarianten Verschiebungsvektor $\vec{R}_p = \vec{R}_l + \vec{R}_k$ gilt:

$$T(\vec{R}_p) = T(\vec{R}_l + \vec{R}_k) \qquad \text{(Definition von T)}$$

Daher ist $e^{i(\beta_l + \beta_k)} = e^{i\beta_p}$ und $\beta_l + \beta_k = \beta_p$. Die letzte Beziehung entspricht der zwischen $\vec{R}_l, \vec{R}_k, \vec{R}_p$, nämlich $\vec{R}_p = \vec{R}_l + \vec{R}_k$.

Folgerung: Man kann β_i schreiben als Produkt eines Vektors $\vec{k}$, der allen β_i gemeinsam ist, und der zugehörigen $\vec{R}_i$: $\boxed{\beta_i = \vec{k}\vec{R}_i}$

Zu jedem ψ, das Eigenfunktion eines Elektrons ist, gehört genau ein $\vec{k}$, so daß ψ Eigenfunktion des Translationsoperators $T(R_i)$ zum Eigenwert $e^{i\vec{k}R_i}$ ist.

ψ ist also durch $\vec{k}$ klassifiziert: $\boxed{\psi = \psi(\vec{k}, \vec{r})}$

Das ist in Worten schon das *Blochsche Theorem* (1928):

Die Lösungen der Schrödingergleichung für ein periodisches Potential sind gleichzeitig Eigenfunktionen des Translationsoperators $T(\vec{R}_i)$:

$$T(\vec{R}_i)\Psi(\vec{k}, \vec{r}) = \Psi(\vec{k}, \vec{r} + \vec{R}_i) = e^{i\vec{k}\vec{R}_i}\Psi(\vec{k}, \vec{r})$$

Da $\Psi(\vec{k}, \vec{r})$ auch Eigenfunktion zu H ist, folgt $H\Psi(\vec{k}, \vec{r}) = E(\vec{k})\Psi(\vec{k}, \vec{r})$. $E(\vec{k})$ bedeutet, daß die Energie-Eigenwerte k-abhängig sind.

Es gilt $e^{i(\vec{k}+\vec{G}_j)\vec{R}_l} = e^{i(\vec{k}\vec{R}_l)}$. Mit $\vec{G}_j = h\vec{A} + k\vec{B} + l\vec{C}$ und $\vec{R}_l = m\vec{a} + n\vec{b} + p\vec{c}$ folgt:

$$\vec{G}_j \cdot \vec{R}_l = \underbrace{hm\vec{a}\vec{A}}_{2\pi} + \underbrace{kn\vec{b}\vec{B}}_{2\pi} + \underbrace{lp\vec{c}\vec{C}}_{2\pi} + \underbrace{\text{gem. Produkte}}_{=0}$$

Daher erhält man $e^{i\vec{k}\vec{R}_1} \cdot e^{i\vec{G}_j\vec{R}_1} = e^{i\vec{k}\vec{R}_1} \cdot \underbrace{e^{6\pi i}}_{=1} = e^{i\vec{k}\vec{R}_1}$.

Allgemein ordnet der Translationsoperator einer Wellenfunktion $\Psi(\vec{r})$ nicht nur einen $\vec{k}$-Vektor, sondern alle Vektoren $\vec{k} + \vec{G}_m$ zu. Alle diese Punkte im $\vec{k}$-Raum sind äquivalent:

$$\Psi(\vec{k},\vec{r}) = \Psi(\vec{k}+\vec{G},\vec{r}).$$

Die Lösungen $\Psi(\vec{k},\vec{r})$ der Schrödingergleichung haben im $\vec{k}$-Raum die Periodizität des reziproken Gitters. Daher ist $E(\vec{k})$ eine periodische Funktion von $\vec{k}$ (Rechtfertigung für das Konzept der 1. Brillouinzone!).

Eine spezielle Wahl von ψ sind *Bloch-Funktionen*: $\boxed{\Psi(\vec{k},\vec{r}) = e^{i\vec{k}\vec{r}} u(\vec{k},\vec{r})}$

wobei $u(\vec{k},\vec{r})$ gitterperiodisch ist und Ψ und u noch durch einen Bandindex n als $\Psi_n(\vec{k},\vec{r})$ und $u_n(\vec{k},\vec{r})$ klassifiziert werden können.

Bloch-Funktionen erfüllen das Blochtheorem und sind daher mit der Forderung der Gitterperiodizität von $u(\vec{k},\vec{r})$ allgemein als Ansatz gültig. (Der Beweis kann durch einfaches Hinschreiben von $\Psi(\vec{k},\vec{r}+\vec{R}_1)$ als Bloch-Funktion geführt werden.)

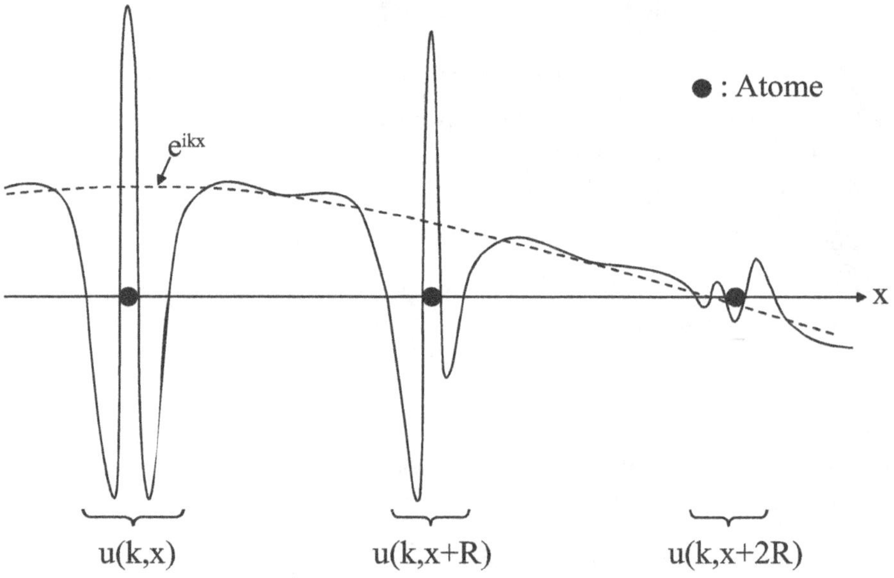

Abb. 3.1 *Veranschaulichung einer Blochfunktion mit gitterperiodischem Anteil u(k,x) und überlagerter ebener Welle e^{ikx} (vgl. auch folgenden Kasten).*

Beispiele für Blochfunktionen

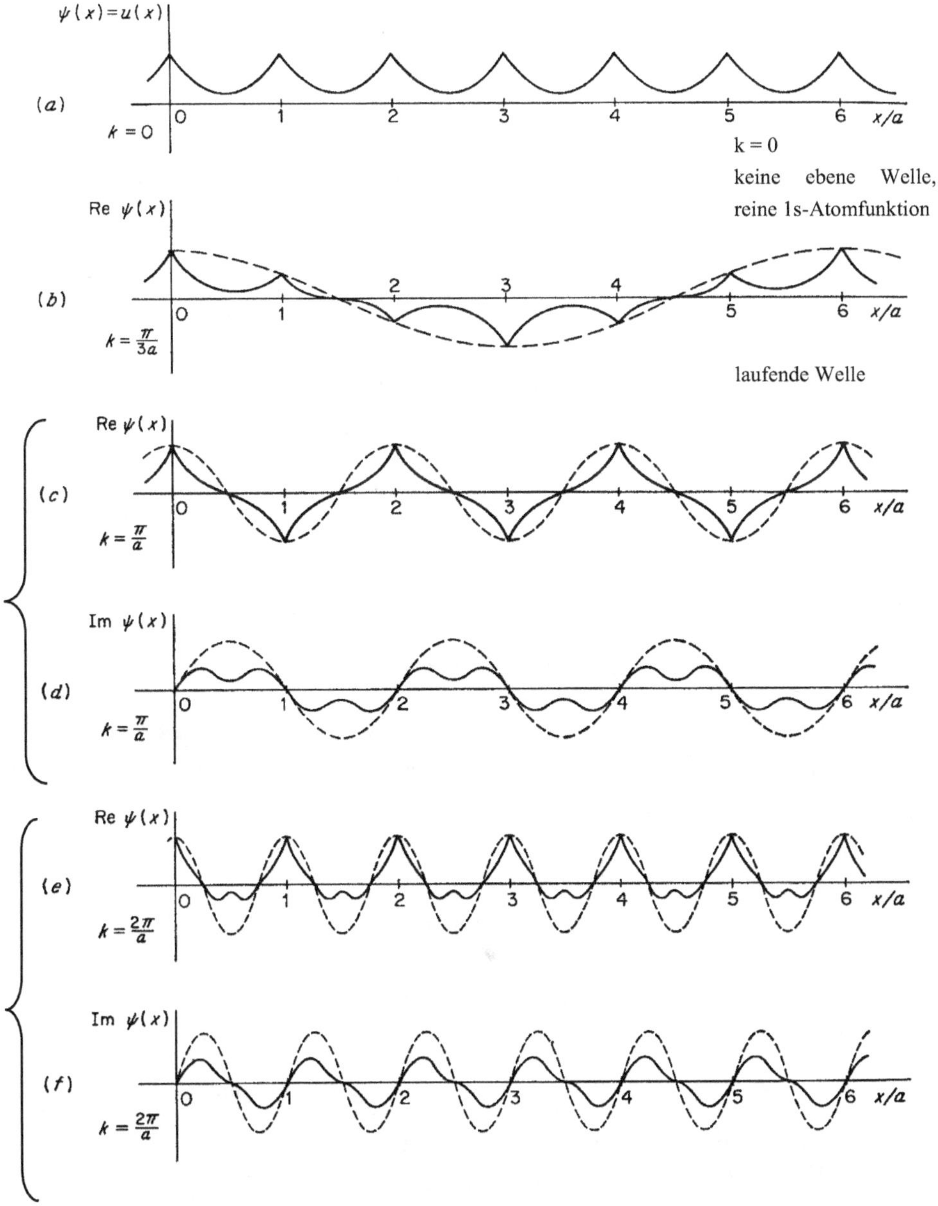

(a)

$\psi(x) = u(x)$

$k = 0$

k = 0
keine ebene Welle,
reine 1s-Atomfunktion

(b)

Re $\psi(x)$

$k = \frac{\pi}{3a}$

laufende Welle

(c)

Re $\psi(x)$

$k = \frac{\pi}{a}$

(d)

Im $\psi(x)$

$k = \frac{\pi}{a}$

(e)

Re $\psi(x)$

$k = \frac{2\pi}{a}$

(f)

Im $\psi(x)$

$k = \frac{2\pi}{a}$

Beispiele für Blochfunktionen mit einer atomaren 1s-Funktion als gitterperiodischem Anteil. Nach M. Tinkham, Group Theory and Quantum Mechanics, McGraw-Hill 1964.

Zusammenfassung von Aussagen aufgrund von Symmetrieeigenschaften

(1) Translationsinvarianz

$[H,T] = 0$ haben zur Folge $E = E(\vec{k})$

$\Psi(\vec{k},\vec{r}) = \Psi(\vec{k}+\vec{G},\vec{r})$ $E(\vec{k}) = E(\vec{k}+\vec{G})$

$\Psi(\vec{k},\vec{r}) = e^{i\vec{k}\vec{r}} u(\vec{k},\vec{r})$ in einem Band

(2) Zeitumkehr-Symmetrie

ergibt die Eigenschaften $\underbrace{E(\vec{k}) = E(-\vec{k})}_{\text{ohneSpin}}$

oder $\underbrace{E(\vec{k})\uparrow = E(-\vec{k})\downarrow}_{\text{Kramers-Theorem}}$ ($\uparrow,\downarrow$: Spin)

Bei zusätzlicher Inversionssymmetrie gilt: $E(\vec{k})\uparrow = E(-\vec{k})\uparrow$

Daher sind in allen Kristallen mit Inversionssymmetrie (Si, Ge z.B.) die Energiebänder zweifach spinentartet.

(3) Aus der Struktur der Schrödingergleichung folgt:

E(k) ist *stetig* und *differenzierbar.*

(Eine Veranschaulichung dieser Aussagen ergibt sich über die Verknüpfung des Potentials $V(\vec{r})$ mit $\frac{\hbar^2}{2m}\nabla^2$ in der Schrödingergleichung.)

Mit $E(\vec{k}) = E(-\vec{k})$ folgt dann: $E(k = 0)$ ist Extremum, $\text{grad}_k E/_{k=0} = 0$

(4) Alternative Formulierung der Schrödingergleichung mit dem Bloch-Theorem:

$$\left(-\frac{\hbar^2}{2m}\nabla^2 + V(\vec{r})\right)\underbrace{\Psi(\vec{k},\vec{r})}_{e^{i\vec{k}\vec{r}}u(\vec{k},\vec{r})} = E(\vec{k})\Psi(\vec{k},\vec{r})$$

Ausrechnen der exponentiellen Anteile ergibt:

$$\frac{\hbar^2}{2m}\left(k^2 - 2i\vec{k}\nabla - \nabla^2 + V(\vec{r})\right)u_n(\vec{k},\vec{r}) = E_n(\vec{k})u_n(\vec{k},\vec{r})$$ in einem Band mit Index n.

Mit $H_0 = -\frac{\hbar^2}{2m}\nabla^2 + V(\vec{r})$ und $\vec{p} = -i\hbar\nabla$ kann man auch schreiben:

$$\boxed{\left(H_0 + \frac{\hbar^2}{2m}k^2 + \frac{\hbar}{m}\vec{k}\cdot\vec{p}\right)u_n(\vec{k},\vec{r}) = E_n(\vec{k})u_n(\vec{k},\vec{r})}$$

Der 2. und 3. Term auf der linken Seite lassen sich bei kleinem k als Störoperator zu H_0 auffassen. Diese Formulierung ist Ausgangspunkt der $\vec{k}\vec{p}$-Störungstheorie.

Bandstrukturrechnungen: Übersicht zu ausgewählten Methoden

- *Periodisches Kastenpotential (Kronig-Penney-Modell)*

Dieses Modell ist vollständig rechenbar und zeigt bereits alle charakteristischen Züge von Bandstrukturrechnungen und Ergebnissen. Quantitativ ist es aber – bis auf später zu diskutierende Ausnahmen – nicht realistisch.

Für alle *realistischen* Fälle hat man das Problem komplexer, nicht bekannter Gitterpotentiale und Wellenfunktionen. Daher zielt man darauf ab, zunächst die *Grenzfälle* von fast freien und von stark gebundenen Elektronen mit bekannt angenommenen Wellenfunktionen zu betrachten. Von dieser Basis kann man dann versuchen, dazwischen liegende Fälle realistisch zu untersuchen.

Grenzfälle:

- *Brillouin-Näherung*
  Es werden freie Elektronen mit Störung durch ein schwaches periodisches Potential betrachtet. Die Wellenfunktionen sind offensichtlich gut als Überlagerung ebener Wellen darstellbar.
- *Blochsche Näherung und LCAO*
  Es werden stark lokalisierte Elektronen in Atomen betrachtet, die miteinander im Kristallverband wechselwirken. Die Wellenfunktionen werden als Entwicklung nach Atomfunktionen angesetzt.

Fälle dazwischen:

Man verbindet die beiden Grenzfälle, wählt also einen Ansatz der Wellenfunktionen mit ebenen Wellen und Atomfunktionen jeweils in geeigneten Bereichen. Eine gute Annäherung an die wirklichen Wellenfunktionen und Energien erreicht man durch die technischen Methoden der *Orthogonalisierung* und *Parametervariation* nach dem Ritzschen Verfahren:

- *APW (Augmented Plane Waves)*
  Anstückelung der Funktionen nach Ortsbereichen.
- *OPW (Orthogonalized Plane Waves)*
  Anstückelung der Funktionen nach Energiebereichen.
- *Speziell: Pseudopotentialmethode*
  Ausglättung des effektiven Potentials für Nicht-Rumpf-Elektronen mit Hilfe empirischer Wertvorgaben.
- $\vec{k}\vec{p}$ *-Störungstheorie*
  Berechnung von $E(k)$ aus bekanntem $E(k_0)$ für kleine Werte von $(k - k_0)$ mithilfe quantenmechanischer Störungstheorie.

3.2 Periodisches Kastenpotential

Als Modellpotential für einen kristallinen Körper wird ein eindimensionales periodisches Kastenpotential V(x) genommen. Die „Atome" hat man sich als Bindungszentren in der Mitte der Bereiche II, IV usw. zu denken. Die Elektronen können durch die endlich hohen und breiten Barrieren tunneln und bei bestimmten Energien Zustände des Gesamtkristalls, nämlich Leitungsbänder, konstituieren.

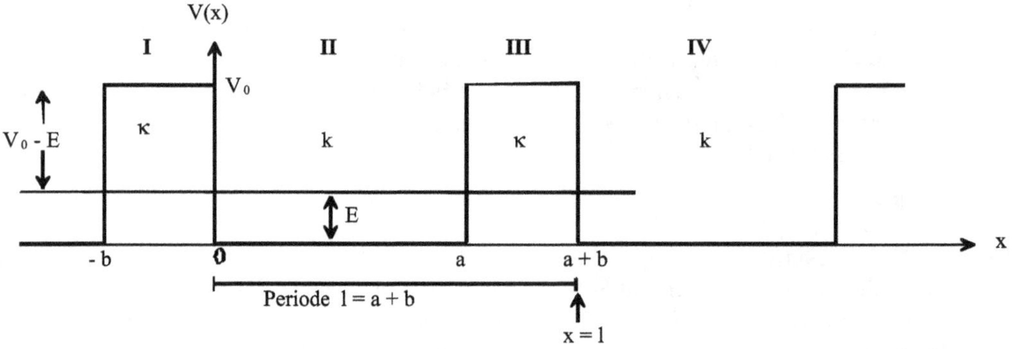

Abb. 3.2 Lineares periodisches Kastenpotential V(x) Kronig-Penney-Modell.

Die *Schrödingergleichung* lautet:

$$H\Psi(k,x) = E(k)\,\Psi(k,x) \quad \text{mit} \quad H = -\frac{\hbar^2}{2m_0}\frac{d^2}{dx^2} + V(x)$$

In den Bereichen I, III usw. und II, IV usw. kennt man die Lösungsfunktionen, nämlich exponentiell gedämpfte Zustände bzw. ebene Wellen.

$$\left.\begin{array}{ll} \text{I} \quad \Psi_I = A_1 e^{\kappa x} + B_1 e^{-\kappa x} & \text{mit } \kappa^2 = \frac{2m_0}{\hbar^2}(V_0 - E) \text{ im Barrierenbereich} \\ \text{II} \quad \Psi_{II} = A_2 e^{ikx} + B_2 e^{-ikx} & \text{mit } k^2 = \frac{2m_0}{\hbar^2} E \quad \text{im Topfbereich} \end{array}\right\} k^2 + \kappa^2 = \frac{2m_0}{\hbar^2} V_0$$

Diese Funktionen müssen an den „Grenzflächen" (x = 0, a, a + b, ...) stetig und stetig differenzierbar verbunden werden. Für ein Halbleitersystem kann man sich bei den Topf- und Barrierebereichen verschiedene Halbleitermaterialien mit unterschiedlichen effektiven Massen m* vorstellen. Dann wird die Bedingung stetig-differenzierbaren Anschlusses ersetzt durch $\Psi_I'(0)/m_I^* = \Psi_{II}'(0)/m_{II}^*$ und analog bei x = a. Die Bedingung bedeutet, daß der Stromfluß (proportional zu Ψ'/m^*) stetig ist; sie wird „Bastardsche Randbedingung" genannt. Wir setzen im folgenden $m_I^* = m_{II}^*$.

Durch die oben genannten Wellenfunktionen wird die Schrödingergleichung von einem Differentialgleichungssystem in ein algebraisches Gleichungssystem überführt. Als Lösungsbedingung für dieses Differentialgleichungssystems muß die Säkulardeterminante gleich Null sein. Diese Lösungsbedingung enthält implizit die gesuchte Bandstruktur.

Die oben formulierte Wellenfunktion Ψ_{II} enthält die Größe k als eine „lokale" Wellenzahl im Quantentopf; k ist *nicht* die Wellenzahl (Quasiimpuls) des Elektrons im periodischen Gitter! Ψ_I und Ψ_{II} sind als lokale Funktionen nämlich nur die gitterperiodischen Anteile der vollständigen Kristallwellenfunktion (Blochfunktion): $\Psi_I = u_I(k,x)$, $\Psi_{II} = u_{II}(k,x)$.

Beachtung des Bloch-Theorems:

Wir berücksichtigen das Bloch-Theorem in der Form, daß die Funktionen Ψ_I und Ψ_{II} gitterperiodisch sein müssen bis auf einen Phasenfaktor e^{iKl}:

$$\Psi(x + l) = e^{iKl} \cdot \Psi(x)$$

K ist die Wellenzahl (Quasiimpuls) der im Kristall laufenden Elektronenwelle.

In der nächsten Gitterperiode (Bereiche III und IV) gilt dann:

$$\text{III} \qquad \Psi_{III} = e^{iKl}\left(A_1 e^{\kappa(x-l)} + B_1 e^{-\kappa(x-l)}\right)$$

$$\text{IV} \qquad \Psi_{IV} = e^{iKl}\left(A_2 e^{ik(x-l)} + B_2 e^{-ik(x-l)}\right)$$

Stetigkeit von Ψ und Ψ' an den „Grenzflächen" (Potentialsprüngen) ergibt nach Einsetzen der Funktionen Ψ und Ψ' in die Schrödingergleichung:

$$\left.\begin{aligned} A_1 + B_1 &= A_2 + B_2 \\ \kappa(A_1 - B_1) &= ik(A_2 - B_2) \end{aligned}\right\} \quad \text{Grenze } x = 0$$

$$\left.\begin{aligned} A_2 e^{ika} + B_2 e^{-ika} &= e^{iKl}\left(A_1 e^{-\kappa b} + B_1 e^{\kappa b}\right) \\ ik\left(A_2 e^{ika} - B_2 e^{-ika}\right) &= e^{iKl}\kappa\left(A_1 e^{-\kappa b} - B_1 e^{\kappa b}\right) \end{aligned}\right\} \quad \text{Grenze } x = a$$

Dies ist ein homogen-lineares Gleichungssystem zur Bestimmung von A_1, B_1, A_2, B_2.

Lösungsbedingung: Determinante = 0

Es folgt

$$\begin{vmatrix} 1 & 1 & -1 & -1 \\ \kappa & -\kappa & -ik & ik \\ -e^{iKl-\kappa b} & -e^{iKl+\kappa b} & e^{ika} & e^{-ika} \\ -\kappa e^{iKl-\kappa b} & \kappa e^{iKl+\kappa b} & ike^{ika} & -ike^{-ika} \end{vmatrix} = 0$$

Ausrechnen führt zur *Säkulargleichung*:

$$\boxed{\operatorname{ch}\kappa b \cdot \cos ka + \frac{\kappa^2 - k^2}{2\kappa k} \cdot \operatorname{sh}\kappa b \cdot \sin ka = \cos Kl}$$

K ist der Wellenvektor des Elektrons im Gitter.

Die linke Seite ist allein eine Funktion von κ und k, die wiederum gekoppelt sind und die Energie bestimmen (s. oben). Daher:

$$\underbrace{\phantom{\operatorname{ch}\kappa b \cdot \cos ka + \frac{\kappa^2 - k^2}{2\kappa k} \cdot \operatorname{sh}\kappa b \cdot \sin ka}}_{f(E)} \quad \underbrace{}_{= f(K)}$$

Dies ist implizit die gesuchte *Dispersionsbeziehung* oder *Bandstruktur* E(K).

Eigenschaften der Säkulardeterminante generell

Nicht alle E lösen die Gleichung; es gibt „verbotene" Bereiche ohne Lösung, es entstehen also Bänder, die getrennt sind.

Beispiel:

Lösungsbedingung laut Säkulardeterminante ist $\boxed{|f(E)| = |\cos Kl| \leq 1}$.

Für $ka = n \cdot \pi$ folgt aber $|\operatorname{ch}\kappa b \cdot (\pm 1)| = \operatorname{ch}\kappa b > 1$ bis auf $\kappa b = 0$.

Also sind alle Energien $E_n = \frac{\hbar^2}{2m} \cdot \left(\frac{n\pi}{a}\right)^2$ verboten einschließlich einer „Umgebung". Dadurch werden Energielücken („gaps") definiert.

Diskussion der (impliziten) Dispersionsrelation für kleine Energien

Für $\kappa b >> 1$ folgt $\operatorname{ch}\kappa b \approx \operatorname{sh}\kappa b \approx \frac{1}{2} e^{\kappa b}$, daher lautet die Säkulargleichung:

$$\underbrace{\frac{1}{2} e^{\kappa b}}_{e^{+b\cdot\sqrt{\frac{2m_0}{\hbar^2}(V_0 - E)}}} \cdot (\cos ka + \underbrace{\frac{\kappa^2 - k^2}{2\kappa k}}_{\frac{\left(\frac{2m_0 V_0}{\hbar^2} - 2k^2\right)}{2\sqrt{\frac{2m_0 V_0}{\hbar^2} - k^2}}} \cdot \underbrace{\sin ka}_{\frac{\sin ka}{ka}\cdot a}) = \cos Kl$$

Der große Bruch hat bei $k = 0$ den Wert $\frac{1}{2}\sqrt{\frac{2m_0 V_0}{\hbar^2}}$ mit quadratischem Abfall für $k > 0$.

Man hat also eine sich für kleine k nur *schwach ändernde* Amplitude von $\frac{\sin ka}{ka}$, welche bei k = 0 absolut aber groß ist: $a \cdot \frac{\kappa^2 - k^2}{2\kappa k} >> 1$.

Die obige Funktion sieht damit i.w. folgendermaßen aus:

$$(1.\ \text{großer Wert}) \cdot [\mathbf{\cos ka} + (2.\ \text{großer Wert}) \cdot \frac{\mathbf{\sin ka}}{\mathbf{ka}}]$$

Numerisches Beispiel:

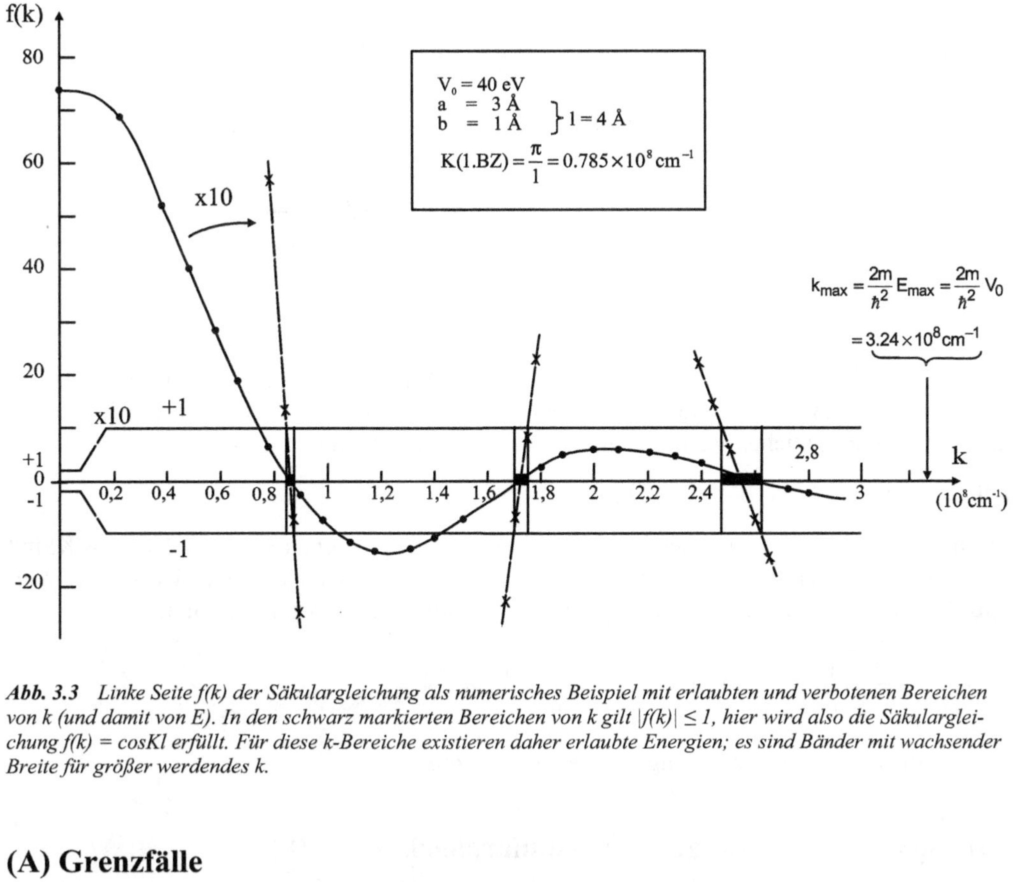

Abb. 3.3 *Linke Seite f(k) der Säkulargleichung als numerisches Beispiel mit erlaubten und verbotenen Bereichen von k (und damit von E). In den schwarz markierten Bereichen von k gilt* $|f(k)| \leq 1$*, hier wird also die Säkulargleichung f(k) = cosKl erfüllt. Für diese k-Bereiche existieren daher erlaubte Energien; es sind Bänder mit wachsender Breite für größer werdendes k.*

(A) Grenzfälle

Die Säkulargleichung lautet: $\underbrace{\operatorname{ch}\kappa b \cdot \cos ka + \frac{\kappa^2 - k^2}{2\kappa k} \cdot \operatorname{sh}\kappa b \cdot \sin ka}_{f(k)\ \text{bzw.}\ f(E)} = \cos Kl$

Dicke Barrieren und/oder tiefes Potential (entkoppelte Töpfe):

b >> a, $\kappa b >> 1$, damit $\mathrm{ch}\kappa b = \mathrm{sh}\kappa b = \frac{1}{2} e^{+\kappa b}$, also:

$$\frac{1}{2} e^{\kappa b} \left(\cos ka + a \frac{\kappa^2 - k^2}{2\kappa} \cdot \frac{\sin ka}{ka} \right) = \cos Kl \quad \text{oder} \quad \cos ka = -\frac{\kappa^2 - k^2}{2\kappa k} \cdot \sin ka \rightarrow 0$$

Der Vorfaktor links ist sehr groß, daher ist die Oszillation der Funktion auf der linken Seite im Bereich (–1 ... +1), in dem Lösungen liegen, sehr schnell: Der Lösungsbereich entartet zu diskreten Punkten k_1, k_2, ... mit zugeordneten diskreten Energien E_1, E_2, ...

Mathematisch läßt sich die Säkulargleichung hier umformen in zwei Gleichungen für Lösungen mit abwechselnd positiver und negativer Parität (die Umformung ist äquivalent zu einer Verschiebung des Quantentopfes in symmetrische Lage bzgl. des Nullpunkts der x-Achse):

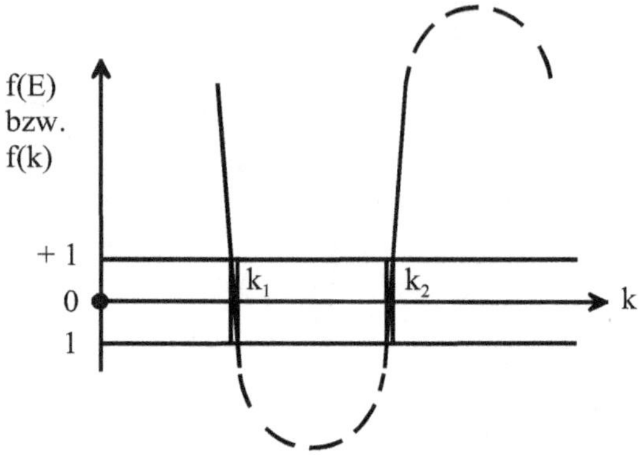

$\tan ka/2 = \kappa/k$ positive Parität

$\cot ka/2 = -\kappa/k$ negative Parität

Für $V_o \rightarrow \infty$ lauten die Lösungen $E_i = \hbar^2/2m_0 \cdot (\pi/a)^2 \cdot i^2$, i = 1,2,3,... Der Term $(\pi/a) \cdot i = k$ beschreibt die erlaubten Werte der (lokalen) Wellenzahl. Eine Kristallwellenzahl K existiert nicht mehr. Für endliches V_o muß man die obigen Gleichungen numerisch lösen.

Dünne Barrieren (freie Elektronen)

Für $b \rightarrow 0$ wird $\mathrm{ch}\kappa b = 1$ und $\mathrm{sh}\kappa b = 0$. Die Säkulargleichung entartet zu cos ka = cos Kl mit l = a, daher ka = Ka (bis auf Vielfache von 2 π) oder k = K. Hier wird aus der lokalen Wellenzahl k im Potentialtopf die Wellenzahl K des Elektrons im Kristall. Es folgt:

$$k = \sqrt{\frac{2m}{\hbar^2} E}\,, \qquad \text{also} \qquad E = \frac{\hbar^2}{2m} K^2 .$$

Dies ist die Dispersionsbeziehung des freien Elektrons.

(B) Numerische Lösungen der Säkulargleichung: E(k)

Einige numerische Lösungen sind im folgenden Kasten dargestellt. Bei der Rechnung gibt man sich am einfachsten eine Energie E vor, berechnet mit den zugehörigen Werten von k und κ die linke Seite der Säkulargleichung f(k) und bestimmt daraus – falls es eine Lösung gibt – den Wert von K.

Bandstrukturen im Kastenpotential

Numerische Lösungen der Säkulargleichung für verschiedene Barrierenpotentiale V_0 und Kasten- bzw. Barrierenbreiten a und b. Die Durchlässigkeit der Barrieren bei kleineren Werten von b führt dazu, daß die Energien der separaten individuellen Quantentöpfe mit einer Energiebreite moduliert werden, die mit der Durchlässigkeit anwächst. Dadurch wird die Entstehung unterschiedlicher effektiver Massen m^* ganz intuitiv verständlich.

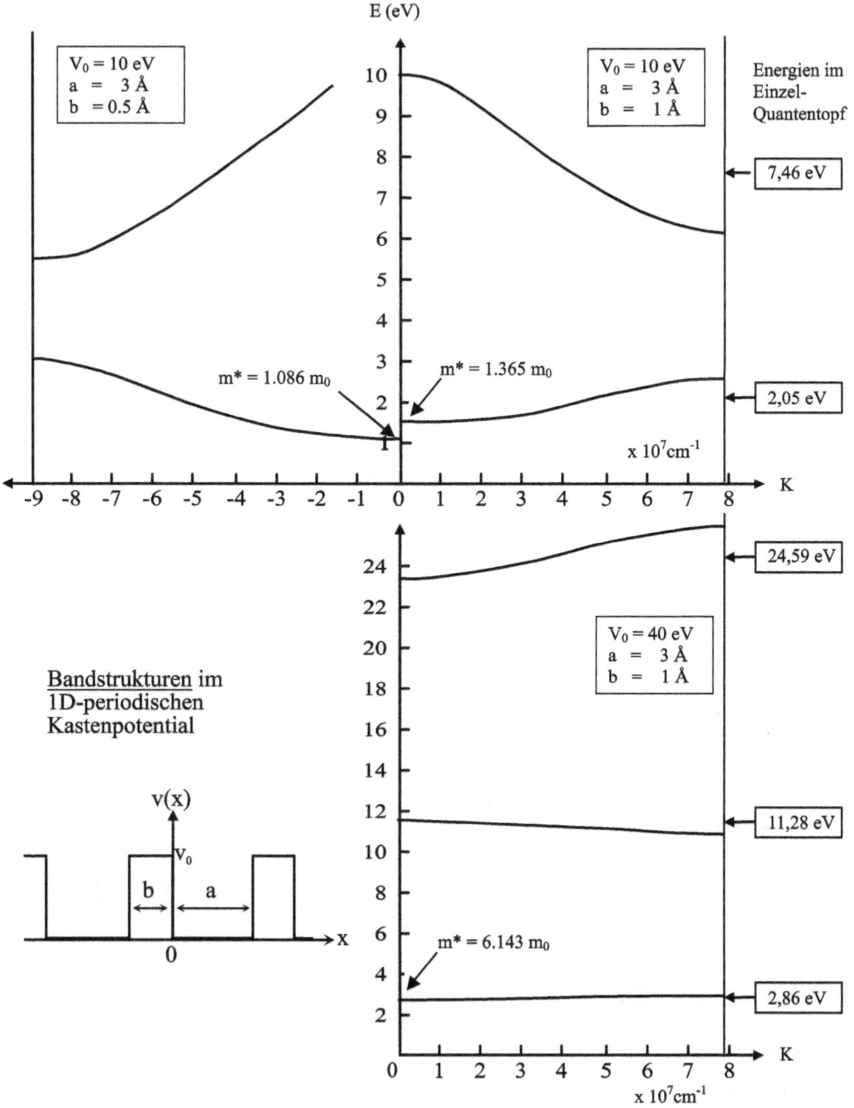

(C) Beziehungen zwischen Bandlücke E_g und effektiver Masse m*

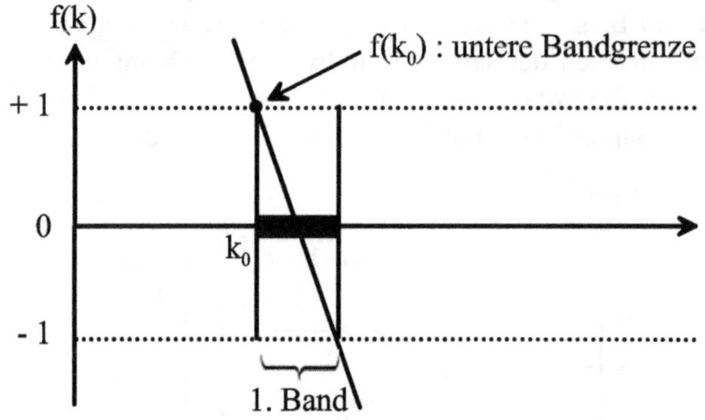

Die Taylor-Entwicklung von f(k) um k_0 und von cosKl in der Säkulargleichung liefert:

$$f(k)=\underbrace{f(k_0)}_{=1}+(k-k_0)\cdot a\cdot\underbrace{\frac{df}{d(ka)}/k_0}_{f'(k_0)}=\underbrace{1-\frac{1}{2}(Kl)^2}_{\approx\cos Kl}, \quad \text{also} \quad (k-k_0)=\frac{-\frac{1}{2}(Kl)^2}{a\cdot f'}$$

Mit den von weiter oben bekannten Beziehungen $E=\frac{\hbar^2}{2m_0}k^2$ und $E_0=\frac{\hbar^2}{2m_0}k_0^2$ folgt durch Differenzbildung der Ausdruck:

$$E=E_0+\frac{\hbar^2}{2m_0}\left(k^2-k_0^2\right)=E_0+\frac{\hbar^2}{2m_0}\underbrace{(k+k_0)}_{\approx 2k_0}\underbrace{(k-k_0)}_{\text{Wert von oben einsetzen}}$$

$$E=E_0+\frac{\hbar^2}{2m_0}\cdot 2k_0\cdot\frac{-\frac{1}{2}(Kl)^2}{a\cdot f'}=E_0-\frac{\hbar^2}{2m_0}\frac{k_0l^2}{a\cdot f'}\cdot K^2=E_0+\frac{\hbar^2}{2m^*}K^2$$

Der Vergleich mit der letzten, die effektive Masse m* definierenden Dispersionsformel liefert:

$$\boxed{m^*=-m_0\cdot\frac{f'(k_0)\cdot a}{k_0l^2}}$$

Aus der folgenden Skizze erkennt man, daß etwa $f'\sim E_g$ gilt, so daß folgt:

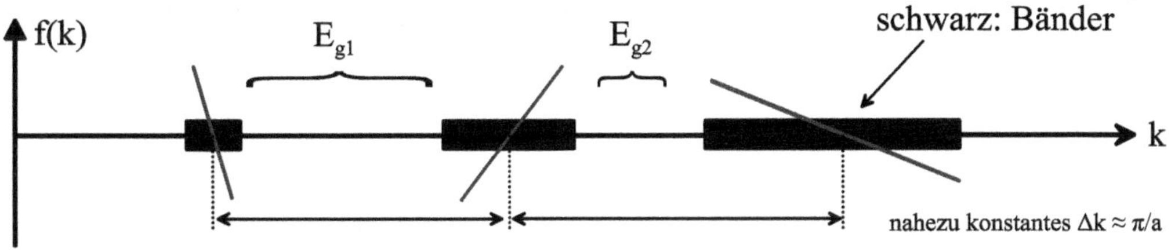

$$\boxed{\frac{m^*}{m_0} \sim E_g}$$

Der Ausdruck gilt für die untere Bandgrenze (z.B. LB).

Entsprechend ergibt sich für die obere Bandgrenze (z.B. VB):

$$\boxed{m^* = +m_0 \cdot \frac{f'(k_0)}{k_0 a}} \qquad \text{und daher} \qquad \boxed{-\frac{m^*}{m_0} \sim E_g}$$

Für $K = \frac{\pi}{l}$ ergibt sich in einer ähnlichen Betrachtung

$$\boxed{\frac{m^*}{m_0} = \frac{E_g}{2\left(\frac{\hbar^2}{m_0}\right)\cdot\left(\frac{\pi}{a}\right)^2 \pm E_g}} \qquad \begin{aligned} &+: \text{LB} - \text{Kante} \\ &-: \text{VB} - \text{Kante} \end{aligned}$$

Wir wollen diese Verknüpfung von E_g und m^* anhand realistischer Halbleiter prüfen. Gewählt wird die effektive Elektronenmasse m^* bei $k = 0$ für direkte Halbleiter:

	E_g(eV)/300 K experimentell	m^*/m_0 Modell
InSb	0,180	0,0145
InAs	0,358	0,027
InP	1,54	0,077
GaSb	0,70	0,047
GaAs	1,43	0,063

Man sieht, daß die Verknüpfung zwischen m^* und E_g ziemlich gut erfüllt ist. Eine Bestätigung dieser Beziehung aus dem einfachen und eindimensionalen Kronig-Penney-Modell gibt auch die $\vec{k}\cdot\vec{p}$-Störungstheorie (siehe Abschnitt 3.8).

(D) Zusammenhang des Kastenpotential-Modells mit realistischen Halbleitern

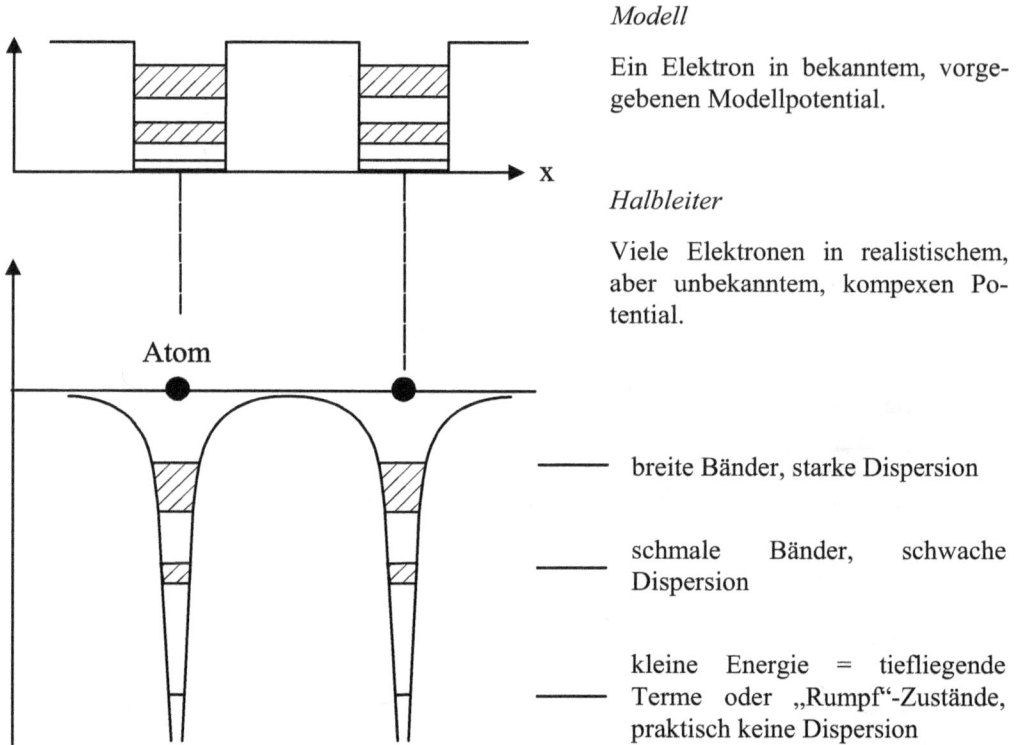

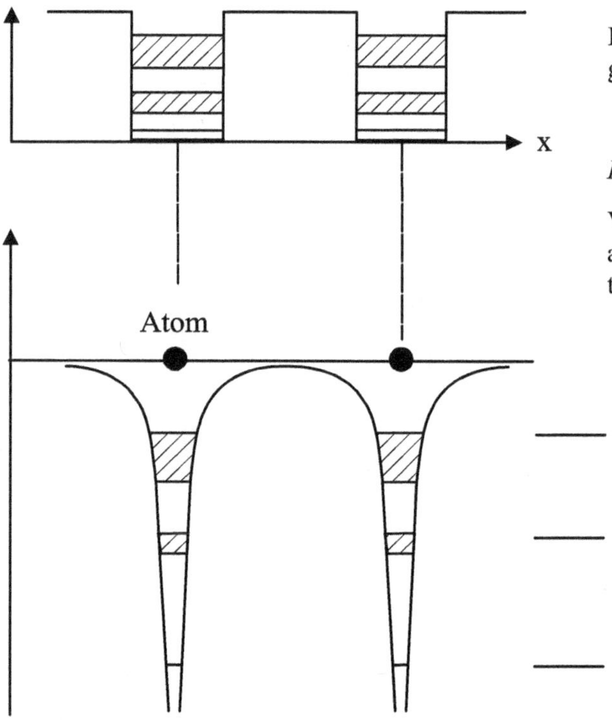

Modell

Ein Elektron in bekanntem, vorgegebenen Modellpotential.

Halbleiter

Viele Elektronen in realistischem, aber unbekanntem, kompexen Potential.

— breite Bänder, starke Dispersion

— schmale Bänder, schwache Dispersion

— kleine Energie = tiefliegende Terme oder „Rumpf"-Zustände, praktisch keine Dispersion

Abb. 3.4 *Modellpotential und reales Potential mit Energiebändern.*

(E) Übergitter („Superlattices") und „Minibänder"

Während die Bandstruktur nach dem Kronig-Penney-Modell zwar lehrreich, aber für reale 3D-Kristalle nur qualitativ verwertbar ist, beschreibt sie die Verhältnisse in Kompositions-Übergittern quantitativ: Hier besteht die periodische Struktur aus einer regelmäßigen Abfolge von dünnen Schichten zweier verschiedener Halbleiter mit ungleichen Energielücken. Für Elektronen und Löcher entstehen eindimensionale Kastenpotentiale; können die Teilchen durch die jeweiligen Barrieren tunneln, ergeben sich sogenannte Minibänder. Mit Molekularstrahlepitaxie (MBE) lassen sich solche abrupten Kompositionsänderungen gut verwirklichen.

3.3 Brillouin-Näherung: Das fast-freie Elektron

(Methode ebener Wellen („plane waves"); L. Brillouin, J. phys. radium **1**, 377 (1930))

Konzept

Das periodische Gitterpotential $V(\vec{r})$ ist so schwach, daß die Wellenfunktionen $\Psi(\vec{k},\vec{r})$ noch angenähert ebene Wellen bleiben, mit denen man in Störungstheorie die Energieänderungen ΔE der parabolischen Bandstruktur für $V \neq 0$ berechnen kann. Grundsätzlich gilt also $\Delta E(\vec{k}) = \int \Psi^*(\vec{k},\vec{r}) V(\vec{r}) \Psi(\vec{k},\vec{r}) d^3r$. Nach den allgemeinen Spielregeln im $\vec{k}$-Raum müssen die Bandanteile, die außerhalb der 1. Brillouinzone liegen, um reziproke Gittervektoren $\vec{G}$ in die 1. Brillouinzone hinein verschoben werden. Dadurch werden die parabolischen Bänder, von denen man ausgeht, am Rand der Brillouinzone (siehe eindimensionale Skizze) miteinander entartet, man muß daher in entarteter Störungstheorie Linearkombinationen von Wellenfunktionen des ersten und zweiten Bandes ansetzen. Das Potential selbst kann, da es periodisch ist, nach ebenen Wellen (Fourier-) entwickelt werden:

$$V(x) = \sum_n V_n \cdot e^{in\frac{2\pi}{a}x}$$

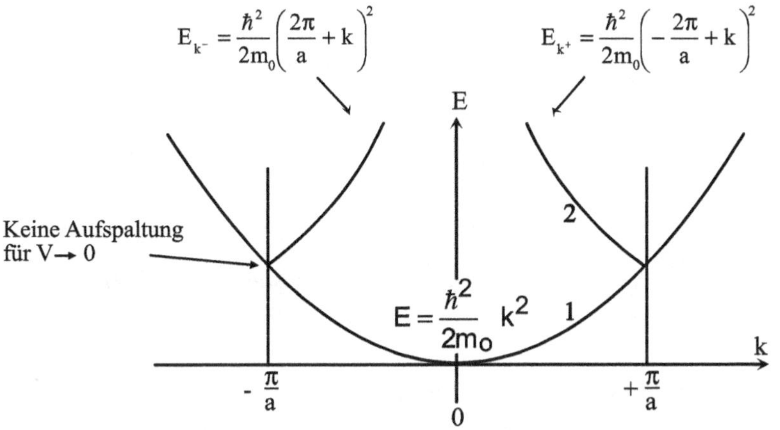

Eindimensionales Beispiel

Die Wellenfunktionen müssen Blochfunktionen der Form sein

$$\Psi_k(x) = u_k(x) e^{ikx}$$

1. Band $\quad u_k(x) \equiv 1 \quad \rightarrow \quad \Psi_{1,k}(x) = e^{ikx}$

2. Band
$$u_k(x) = \begin{cases} e^{i\frac{2\pi}{a}x} \text{ für } -\frac{\pi}{a} \leq k \leq 0 \rightarrow & \Psi_{2,k^-}(x) = e^{i\left(\frac{2\pi}{a}+k\right)x} \\ e^{-i\frac{2\pi}{a}x} \text{ für } 0 \leq k \leq \frac{\pi}{a} \rightarrow & \Psi_{2,k^+}(x) = e^{i\left(-\frac{2\pi}{a}+k\right)x} \end{cases}$$

Die Wahl verschiedener $u_k(x)$ in Band 1 und 2 ist nötig, damit bei $V(x) \rightarrow 0$ die *verschiedenen* Energien der quasi-freien Elektronen herauskommen. Man kann die getroffene Wahl der $u_k(x)$ durch Nachrechnen bestätigen, z.B.

$$H\Psi_{2,k^+} = E_{2,k^+}\Psi_{2,k^+} \quad \text{ergibt} \quad E_{2,k^+} = \frac{\hbar^2}{2m_0}\left(-\frac{2\pi}{a}+k\right)^2 \quad \text{im 2. Band}$$

Dadurch sind bei $k = \pm n\frac{\pi}{a}$ die Wellenfunktionen entartet (verschiedene Funktionen Ψ, aber gleiche Energien!). Also muß die weitere Behandlung durch *entartete Störungstheorie* stattfinden. Als Beispiel wählen wir $k = \frac{\pi}{a}$.

Hier kann man die Überlagerung der Funktionen für die Bänder 1 und 2 schreiben als

$\Psi = \Psi_{1,k} \pm \Psi_{2,k^+} \sim e^{ikx} \pm e^{i\left(-\frac{2\pi}{a}+k\right)x}$, also gilt für die überlagerten Funktionen:

$$\left\{\begin{array}{l} \Psi^+ \sim \frac{1}{2}\left(e^{i\frac{\pi}{a}x} + e^{-i\frac{\pi}{a}x}\right) = \cos\frac{\pi}{a}x \\ \Psi^- \sim \frac{1}{2}\left(e^{i\frac{\pi}{a}x} - e^{-i\frac{\pi}{a}x}\right) = i\sin\frac{\pi}{a}x \end{array}\right\}$$

Für $k = \frac{\pi}{a}$ entstehen aus den laufenden Elektronenwellen *stehende* Wellen.

Mit diesen Wellenfunktionen ergibt sich aus der Berechnung des oben angeschriebenen Integrals $\Delta E\left(k = \frac{\pi}{a}\right) = 2V_1$, allgemein $\Delta E\left(\pm n\frac{\pi}{a}\right) = 2V_n$. V_n sind die oben definierten Entwicklungskoeffzienten von $V(x)$.

Resümee

Es ergibt sich am Rande der Brillouinzone eine besonders einfach zu beschreibende Bandaufspaltung (Bandlücke) ΔE. Bei diesen Werten von k tritt Reflexion der Elektronenwellen auf. Anschaulich: Der Gangunterschied der von zwei benachbarten Netzebenen reflektierten Wellen ist gerade ein Vielfaches von 2π. Dies entspricht genau dem Konzept der Bragg-Reflexion.

Die entsprechenden *Ladungsdichten* sind:

$$\left\{\begin{array}{l} \rho^+ \sim \left|\Psi^+\right|^2 \sim \cos^2 \frac{\pi}{a} x \\ \rho^- \sim \left|\Psi^-\right|^2 \sim \sin^2 \frac{\pi}{a} x \end{array}\right\}$$

ρ^+ und ρ^- haben verschiedene Wechselwirkungen mit den Atomrümpfen wegen verschiedener Lage der „Bäuche" und „Knoten" relativ zu den Atompositionen.

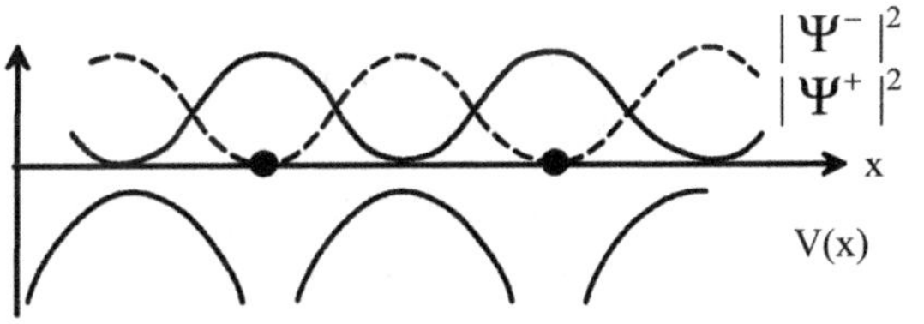

Aufenthaltswahrscheinlichkeiten von Elektronen für $k = \pm\pi/a$ relativ zu den Atomrümpfen und Bandstruktur in der Brillouin-Näherung.

Ψ^- führt zu kleiner potentieller Energie (<0):
Der Zustand liegt energetisch hoch.

Ψ^+ führt zu großer potentieller Energie (<0):
Der Zustand liegt energetisch tief.

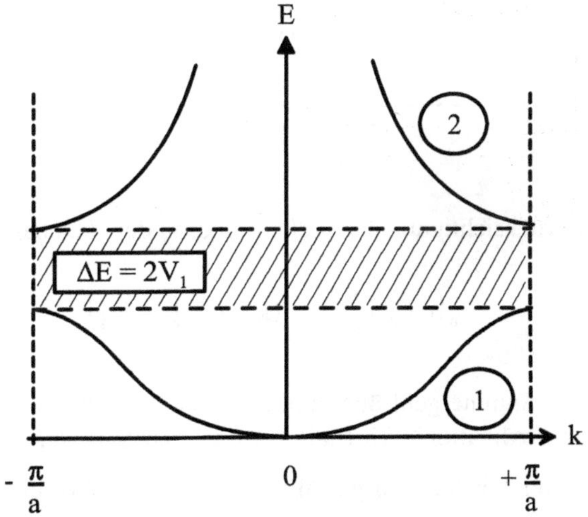

Die Brillouin-Näherung ist gut für Metalle entsprechend dem Ansatz und Elektronen in energetisch hoch liegenden Bändern.

3.4 Blochsche Näherung: Das stark gebundene Elektron

(„Tight binding approximation"); F. Bloch, Z. Physik **52**, 555 (1928)

Konzept

Das Kristallpotential wird als Überlagerung atomarer Potentiale an den als fest angenommenen Atompositionen angenähert. Die Versuchsfunktionen sind also lineare Kombinationen atomarer Orbitale (LCAO: „linear combinations of atomic orbitals"). Um die Rechnungen möglichst einfach zu halten, beschränkt man sich auf einen begrenzten Satz von Atomfunktionen und nimmt an, daß sie mit ihren Energiezuständen auch für den entsprechenden Energiebereich der Bandstruktur verantwortlich sind.

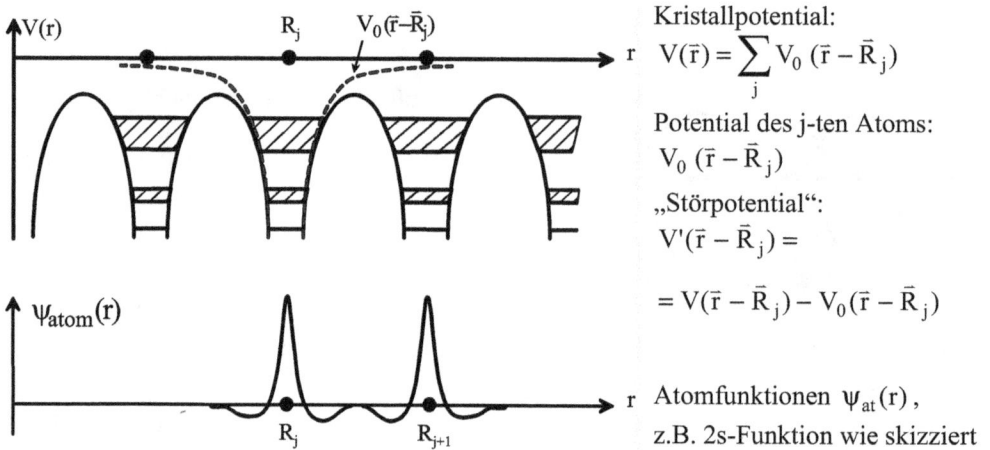

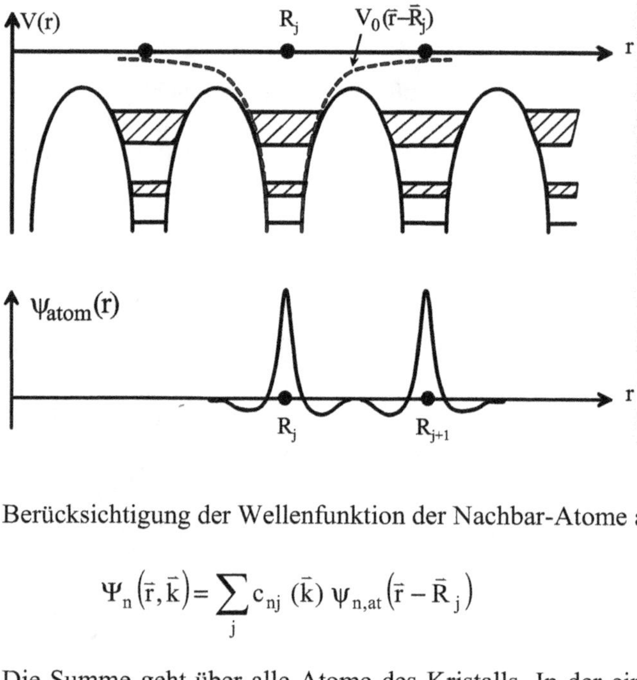

Kristallpotential:
$V(\vec{r}) = \sum_j V_0\,(\vec{r}-\vec{R}_j)$

Potential des j-ten Atoms:
$V_0\,(\vec{r}-\vec{R}_j)$

„Störpotential":
$V'(\vec{r}-\vec{R}_j) =$

$= V(\vec{r}-\vec{R}_j) - V_0(\vec{r}-\vec{R}_j)$

Atomfunktionen $\psi_{at}(r)$,
z.B. 2s-Funktion wie skizziert

Berücksichtigung der Wellenfunktion der Nachbar-Atome an *einem* betrachteten Ort $\vec{r}$:

$$\Psi_n(\vec{r},\vec{k}) = \sum_j c_{nj}\,(\vec{k})\;\psi_{n,at}(\vec{r}-\vec{R}_j)$$

Die Summe geht über alle Atome des Kristalls. In der einfachsten Form der „tight binding approximation" wird aus dem ganzen Satz der Atomfunktionen $\psi_{n,at}$ ein Orbital mit bestimmtem Index n gewählt (z.B. 1s oder 2p), um eine Kristallfunktion $\Psi_n(\vec{r},\vec{k})$ (also das n-te Band) näherungsweise darzustellen. Diese Beschränkung wird in der LCAO-Methode fallen gelassen. Die Funktionen $\Psi_n(\vec{r},\vec{k})$ müssen die Blochsche Form haben; das wird erreicht, wenn für die Koeffizienten gilt:

$$c_j(\vec{k}) = e^{i\vec{k}\vec{R}_j}$$

Damit folgt

$$\boxed{\Psi_n(\vec{r},\vec{k}) = \sum_j \underbrace{e^{i\vec{k}\cdot\vec{r}}}_{\text{ebene Welle}} \cdot \underbrace{e^{-i\vec{k}(\vec{r}-\vec{R}_j)}\,\psi_{n,at}(\vec{r}-\vec{R}_j)}_{\text{gitterperiodische Funktion } u_n(\vec{r},\vec{k})}}$$

(Zur Veranschaulichung solcher Bloch-Funktionen siehe die Graphen auf Seite 58.)

Mit diesem Ansatz ist die Schrödingergleichung zu lösen:

$$H\Psi_n(\vec{r},\vec{k}) = E_n(\vec{k})\Psi_n(\vec{r},\vec{k}) \qquad \text{mit} \qquad H = \left(-\frac{\hbar^2}{2m_0}\nabla^2 + V(\vec{r})\right)$$

Nach Einsetzen von $\Psi_n(\vec{r},\vec{k})$, Multiplikation der Gleichung mit $\Psi_n^*(\vec{r},\vec{k})$ von links und Integration über den gesamten Raum ergibt sich:

$$E_n(\vec{k}) = \int \Psi_n^*(\vec{k},\vec{r})\,H\Psi_n(\vec{k},\vec{r})\,d^3r \;/\; \int \Psi_n^*(\vec{k},\vec{r})\,\Psi_n(\vec{k},\vec{r})\,d^3r$$

Der Zähler lautet nach Substitution der Funktionen $\Psi_n(\vec{k},\vec{r})$:

$$\left\{ \int \sum_{i,j} e^{i\vec{k}(\vec{R}_j-\vec{R}_i)}\,\psi_{n,at}^*(\vec{r}-\vec{R}_i)\left[-\frac{\hbar^2}{2m_0}\nabla^2 + V(\vec{r})\right]\psi_{n,at}(\vec{r}-\vec{R}_j)\,d^3r \right\}$$

Nach Ausführen der Rechnung erhält man:

$$\boxed{E_n(\vec{k}) = E_{n,0} + \frac{K_n + \sum_j J_n(\vec{R}_j)\cdot e^{i\vec{k}\cdot\vec{R}_j}}{1 + \sum_j S_n(\vec{R}_j)\cdot e^{-i\vec{k}\vec{R}_j}}}$$

Dabei ist $E_{n,0}$ der atomare Eigenwert des ausgewählten n-ten Atomzustands:

$$E_{n,0} = \int \psi_{n,at}^*(\vec{r}-\vec{R}_j)\left(-\frac{\hbar^2}{2m_0}\nabla^2 + V_0(\vec{r}-\vec{R}_j)\right)\psi_{n,at}(\vec{r}-\vec{R}_j)\,d^3r \Big/ \int \Psi_n^*(\vec{r}-\vec{R}_j)\,\Psi_n(\vec{r}-\vec{R}_j)\,d^3r$$

Die weiteren Abkürzungen sind:

Überlapp-Integral:

$$S_n(\vec{R}_j) = \int \psi^*_{n,at}(\vec{r} - \vec{R}_j)\psi_{n,at}(\vec{r} - \vec{R}_i)d^3r$$

Wechselwirkungs-Integral (= Austausch-Integral)

$$J_n(\vec{R}_j) = \int \psi^*_{n,at}(\vec{r} - \vec{R}_i)V'(\vec{r} - \vec{R}_j)\psi_{n,at}(\vec{r} - \vec{R}_j)d^3r$$

Kristallfeld-Integral (= Coulomb-Integral)

$$K_n = \sum \int \left|\psi_{n,at}(\vec{r} - \vec{R}_i)\right|^2 \cdot V'(\vec{r} - \vec{R}_j)d^3r$$

Bei der Berechnung von $E_n(\vec{k})$ wurden sogenannte Dreizentren-Integrale vernachlässigt. Diese Integrale enthalten im Integranden die Wellenfunktionen und das Potential an drei unterschiedlichen Ortsvektoren R_i, R_j, R_k.

Nomenklatur

„Überlapp": Überschiebung oder Faltung zweier Wellenfunktionen.

„Austausch": Potentielle Energie der Wechselwirkung *zweier* Atome mit Störpotential V'.

„Coulomb": Potentielle Energie *eines* Atoms im Störpotential V'.

Beispiel

Eindimensionale lineare Kette, Atome bei $x = R_j = j \cdot a$. Wechselwirkung nur zwischen Nachbaratomen, d.h. $j = \pm 1$, Überlapp $S_n = 0$ für einen betrachteten Atomzustand n:

$$E_n(k) = E_{n0} + K_n + \sum_{j=-1}^{+1} J_n e^{ik \underbrace{a \cdot j}_{R_j}}$$

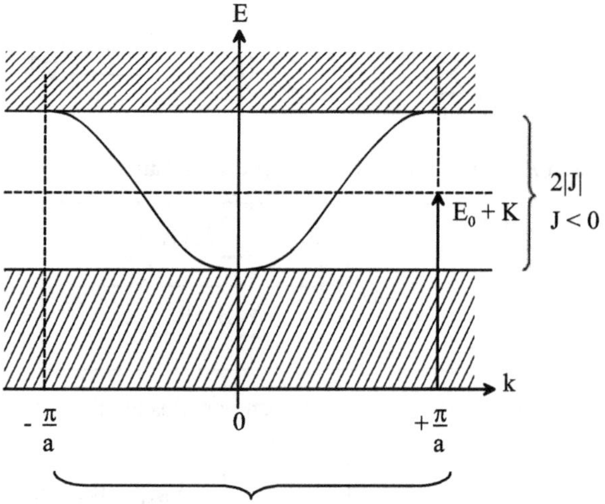

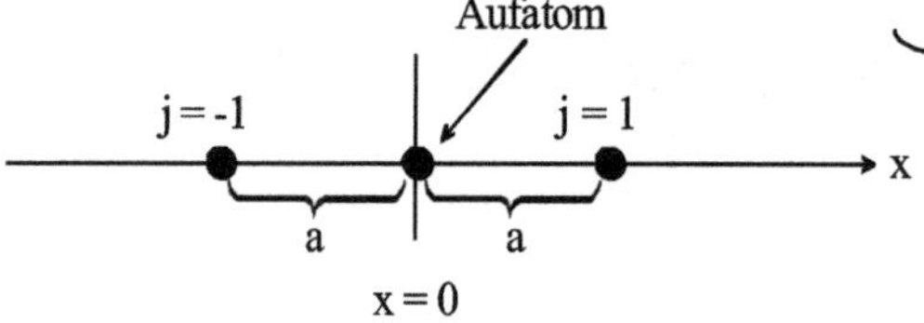

1. BZ: $k_{min} = -\frac{\pi}{a}$, $k_{max} = +\frac{\pi}{a}$

Die einfache Rechnung ergibt $E_n(k)$ wie skizziert.

$$E_n(k) = E_{n,0} + K_n + 2\,J_n \cos ka$$

In gleicher Weise erhält man für einen dreidimensionalen einfach-kubischen Kristall:

$$E_n(\vec{k}) = E_{n,0} + K_n + 2\,J_n\,(\cos k_x a + \cos k_y a + \cos k_z a)$$

Somit kann man konstatieren: Das phänomenologisch eingeführte Bändermodell wird quantitativ bestätigt:

- Die potentielle Energie eines Elektrons im periodischen Feld bewirkt eine Verschiebung der Energiewerte.
- Die Wechselwirkungs- oder Austauschs-Energie zwischen (benachbarten) Atomen bewirkt eine Aufspaltung, die die Bandbreite definiert.

Zusammenfassung:

- Das Gitterpotential (Kristallpotential) entsteht durch Überlagerung der periodischen Atompotentiale.
- Aufbau der Eigenfunktionen aus atomaren (lokalisierten) Funktionen.
- Die Methode ist entsprechend dem Ansatz gut für energetisch tiefliegende Zustände (Rumpfzustände, tiefe Valenzbandzustände).

Erweiterung der Bloch-Methode:

LCAO ("Linear Combination of Atomic Orbitals"): P.O. Löwdin, Adv. Phys. **5**, 1 (1956).

Die Bloch-Methode kann bei schwach gebundenen Elektronen zu Fehlern führen, da dann der benutzte Funktionensatz nicht mehr orthogonal ist.

Abhilfe:

Man entwickelt die Kristallfunktion nach einem ganzen Satz wechselseitig zueinander orthogonalisierter Atomfunktionen. Die Entwicklungskoeffizienten werden derart gewählt, daß das Bloch-Theorem erfüllt ist.

$$\Psi_{ges}(\vec{r},\vec{k}) = \sum_{\nu}\sum_{j} \underbrace{e^{i\vec{k}\vec{R}_\nu}}_{\text{Erfüllung des Bloch-Theorems}} \beta_j \psi_{j,at}\left(\vec{r}-\vec{R}_\nu\right)$$

Durch Einsetzen in die Schrödingergleichung folgt ein lineares Gleichungssystem zur Bestimmung der Koeffizienten β_j und damit der Kristall-Bandstruktur.

Solange die Entwicklung von Ψ_{ges} über den ganzen Kristall (Index ν) und den vollständigen Satz von atomaren Eigenfunktionen (Index j) geht, ist die Lösung exakt.

Aus rechentechnischen Gründen können nur endlich viele Entwicklungsfunktionen des vollen Satzes mitgenommen werden. Die Koeffizienten β_j dienen jetzt dazu, über das Ritzsche

Variationsprinzip (siehe Anhang A2) die Energieeigenwerte des Kristalls zu minimalisieren und dadurch den Fehler der Näherung möglichst klein zu halten.

Das LCAO-Verfahren ist mühsam, da alle Atomorbitale des Satzes von Entwicklungsfunktionen orthogonalisiert werden müssen. Eine Vereinfachung bietet das Verfahren von Slater und Koster (J.C. Slater, G.F. Koster, Phys. Rev. **94**, 1498 (1954)): Für hochsymmetrische Punkte im k-Raum werden Matrixelemente bzw. Energien aus anderen, effizienter arbeitenden Näherungen als "Stützstellen" genommen, zwischen denen das LCAO-Verfahren dann interpoliert.

Bei Nutzung eines einzigen Satzes von Entwicklungsfunktionen wie bisher besteht die prinzipielle Schwierigkeit, daß nur bestimmte Orts- bzw. Energiebereiche der Kristalle in angepaßter Weise beschrieben werden können: Mit ebenen Wellen (wie in der Brillouin-Näherung) lassen sich tiefliegende Rumpf- und Valenzbandzustände nicht gut darstellen, mit Atomorbitalen (wie bei LCAO und der Blochschen Näherung) lassen sich schwach gebundene Kristallzustände nicht gut beschreiben. Abhilfe bietet eine Aufteilung des Kristalls in Bereiche, in denen man Atomorbitale und ebene Wellen jeweils in angepaßter Weise ansetzen kann, und Anstückelung dieser Funktionen an den Bereichsgrenzen:

- Eine „räumliche" Aufteilung in atomnahe und atomferne Bereiche ergibt die Zellen-Methode („cellular method") oder APW („augmented plane waves").
- Eine „energetische" Aufteilung in Rumpfzustände und hochliegende Zustände ergibt die OPW-Methode („orthogonalized plane waves").

3.5 APW-Methode („Augmented Plane Waves"): Zellenmethode

Literatur

E. Wigner, F. Seitz, Phys. Rev. **43**, 804 (1933)
J.C. Slater, Phys. Rev. **51**, 846 (1937)

Der Kristall wird in Sphären, am einfachsten Kugeln mit den Atompositionen als Mittelpunkten, aufgeteilt:

Potential:

- In den Kugeln mit Radius r_s werden kugelsymmetrische Atompotentiale gewählt.
- Außerhalb der Kugeln wird ein konstantes Potential angenommen.

In der Skizze sind die Einflußbereiche der einzelnen Atome durch gestrichelte Linien dargestellt (Wigner-Seitz-Zellen); das Potential wird in anschaulicher Weise Waffeleisen-Potential („muffin tin potential") genannt.

Wellenfunktionen

In den Kugeln werden atomartige Funktionen angesetzt (nämlich Produkte aus winkelabhängigen Kugelflächenfunktionen und Radialfunktionen), in den Außenbereichen mit konstantem Potential nimmt man eine Entwicklung nach ebenen Wellen. In der Slater-Version der APW-Methode werden diese Funktionen auf dem Kugelrand stetig (aber nicht differenzierbar) verbunden. In der Wigner-Seitz-Version werden die Wigner-Seitz-Zellen vollständig durch Kugeln gleichen Volumens angenähert und Randbedingungen an den Kugeloberflächen definiert.

Da das Kristallpotential und die Wellenfunktionen problemangepaßt gewählt sind, kommt man mit wenigen Entwicklungsfunktionen in den jeweiligen Gebieten aus. Das macht die Methode effizient mit genauen Bandstruktur-Ergebnissen.

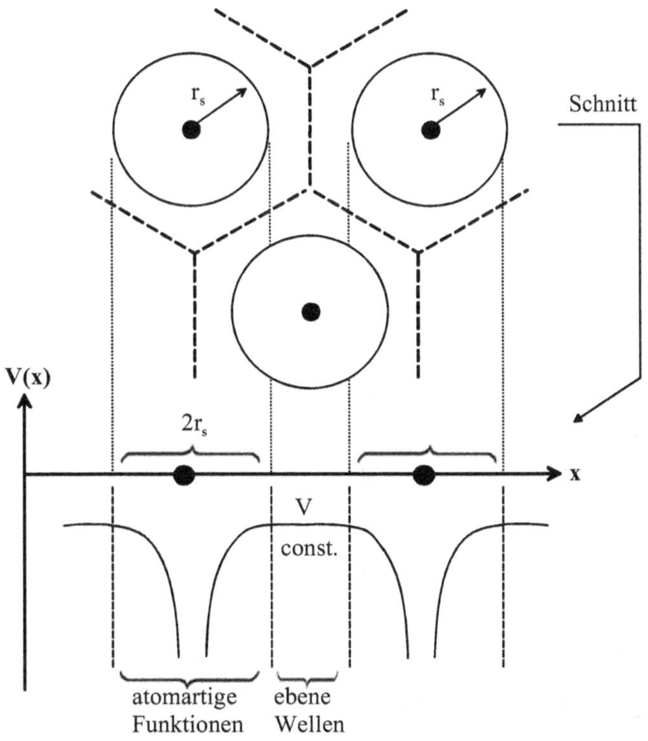

Abb. 3.5 *Waffeleisen („Muffin tin"-) Potential mit Bereichen konstanten und ortsabhängigen Potentials.*

3.6 OPW-Methode („Orthogonalized Plane Waves")

Literatur

C. Herring, Phys. Rev. **57**, 1169 (1940)

Hier werden die tiefliegenden Rumpfzustände des Kristalls nach Linearkombination von Atomorbitalen entwickelt, die hochliegenden, wenig gebundenen Zustände dagegen nach ebenen Wellen. Durch ein spezielles Verfahren („Schmidtsches Orthogonalisierungsverfahren") werden alle ebenen Wellen orthogonal zu den Rumpffunktionen gemacht. Sie bekommen dadurch eine Knotenstruktur, wie sie die exakte Lösung aufweisen würde.

Erinnerung dazu: Knotenstrukturen sind typisch für die Wellenlösungen physikalischer Eigenwertaufgaben. Die Zahl der Knoten n charakterisiert die n-te Lösung und bestimmt ihre zugeordnete Energie E_n bzw. Frequenz ν_n.

- Schwingungen eingespannter Saiten (Grundschwingung und harmonische Oberschwingungen)

  $\nu_n = (1/2L) \cdot \sqrt{E/\rho} \cdot n$ mit E = Elastizitätsmodul; ρ = Massendichte; L = Saitenlänge
- Quantenmechanischer linearer harmonischer Oszillator

  $E_n = \hbar\omega(n + 1/2)$ $\omega = \sqrt{D/m}$; D = Federrichtgröße; m = Oszillatormasse
- Wasserstoffatom

  $E_n = -R_y / n^2$ R_y = 13,6 eV Rydberg- oder Ionisierungsenergie
- Rechteckiger Quantentopf mit unendlich hohen Wänden

  $$E_n = \frac{\hbar^2}{2m_0} \cdot \left(\frac{\pi}{L}\right)^2 \cdot n^2$$ L = Breite des Quantentopfs

Nach Konstruktion sind die Kristall-Näherungsfunktionen atomare, schnell fluktuierende Funktionen in der Nähe der Gitteratome und quasi-ebene Wellen weit entfernt davon. Die Methode zeigt gute Konvergenz durch ihren Problemzuschnitt, nur relativ wenige Entwicklungsfunktionen sind nötig für gute Bandstrukturergebnisse.

3.7 Pseudopotentialmethode

Literatur

J. Treusch, Neuere Methoden und Ergebnisse der Bandstrukturberechnung in Halbleitern, Festkörperprobleme **7**, 18 (1967)

R. Sandrock, Pseudopotentiale in der Theorie der Halbleiter, Festkörperprobleme **10**, 283 (1970)

V. Heine, Pseudopotential Concept, Solid State Physics, Advances in Research and Applications, Academic Press **24** (1970)

Die Pseudopotentialmethode ist grundsätzlich ein OPW-Verfahren. Die Wellenfunktionen der Rumpfzustände werden nach Atomorbitalen entwickelt, die der Nicht-Rumpfzustände nach ebenen Wellen. Für die hochenergetischen wenig gebundenen Elektronen sind die stark oszillierenden Rumpffunktionen mit einem gemittelten abstoßenden Potential verknüpft, dem sogenannten „Repulsionspotential" oder „repulsiven Pseudopotential" $V^*(\vec{r})$. Dieses Repulsionspotential kompensiert zu einem wesentlichen Teil das wahre Kristallpotential $V(\vec{r})$ im Rumpfbereich, so daß hier ein nur noch wenig oszillierendes effektives Potential für die Nicht-Rumpf-Elektronen entsteht. Im Nicht-Rumpf-Bereich ist schon das wahre Kristallpotential relativ glatt („smooth"). Insgesamt bewegen sich damit die hochenergetischen Nicht-Rumpf-Elektronen in einem *Pseudopotential* $V(\vec{r}) + V^*(\vec{r})$, das wenig oszilliert und eine schnell konvergierende Entwicklung nach ebenen Wellen zuläßt. Energetisch wird mit diesem Verfahren der für die meisten Zwecke interessanteste Teil der Bandstruktur erfaßt, insbesondere die Bereiche um Valenz- und Leitungsbandkante.

Veranschaulichung

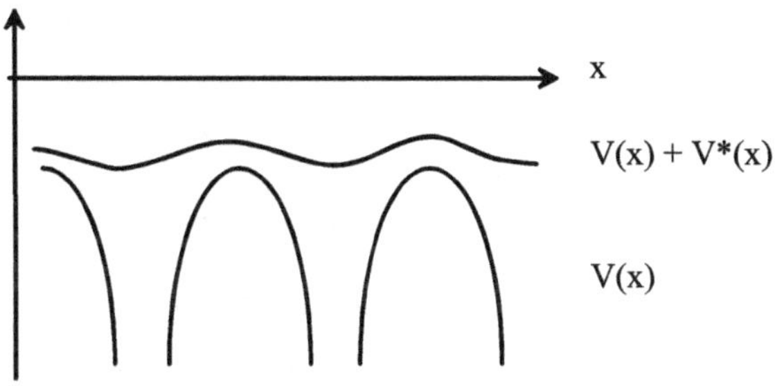

Abb. 3.6 *Das Pseudopotential $V(x) + V^*(x)$ ist „glatt" gegenüber dem Kristallpotential $V(x)$, die Wellenfunktionen lassen sich gut durch ebene Wellen beschreiben.*

Solange man das Repulsionspotential oder das Pseudopotential nicht kennt, hat man noch nichts gewonnen. Man kann aber das Pseudopotential (genauer: Fourierkomponenten des Potentials in einer Entwicklung nach reziproken Gittervektoren bei bestimmten k-Werten) bestimmen durch Vorgabe experimenteller Größen, z.B. den Übergangsenergien an kritischen Punkten der kombinierten Zustandsdichte aus Messungen der dielektrischen Funktionen $\varepsilon_1(\omega)$ und $\varepsilon_2(\omega)$ (vgl. Kapitel 4).

Die Pseudopotentialmethode ist in dieser Version also ein halbempirisches Verfahren.

Mit Hochleistungscomputern kann man das Pseudopotential auch selbstkonsistent aufgrund atomarer Pseudopotentiale berechnen.

Pseudopotential-Bandstrukturrechnungen

Pseudopotential-Bandstrukturrechnungen nach M.L. Cohen und T.K. Bergstresser, Physical Review **141**, 789 (1966).

Man erkennt, daß in allen dargestellten Fällen die Bänder ähnlichen Verlauf aufweisen, allerdings durch Details der jeweiligen Gitterpotentiale im quantitativen Vergleich stark „verzogen" sein können; insbesondere kommt es dadurch zu direkten und indirekten Bandstrukturen. Bandüberkreuzungen links sind möglich durch die Inversionssymmetrie (Diamantstruktur), während es bei zwei verschiedenen Basisatomen (Zinkblendestruktur) zur Bandabstoßung kommt („avoided crossing").

(Forts.)

(Forts.)

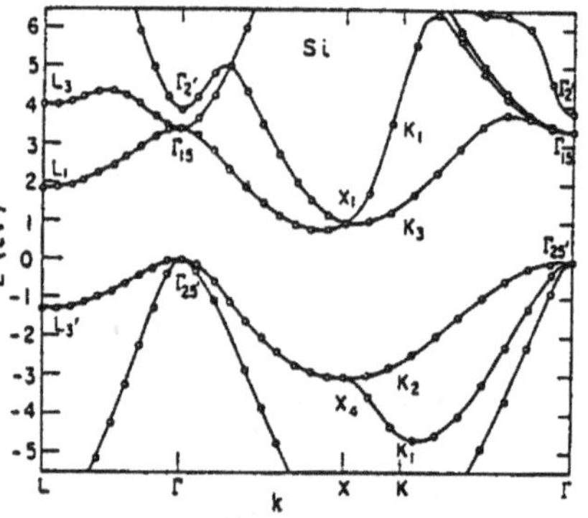

FIG. 1. Band structure of Si.

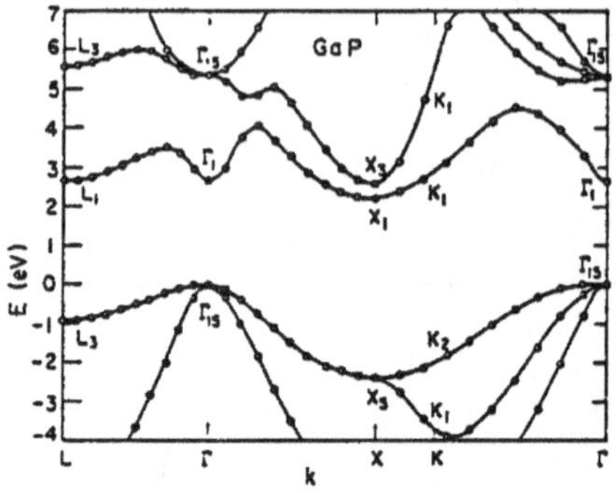

FIG. 4. Band structure of GaP.

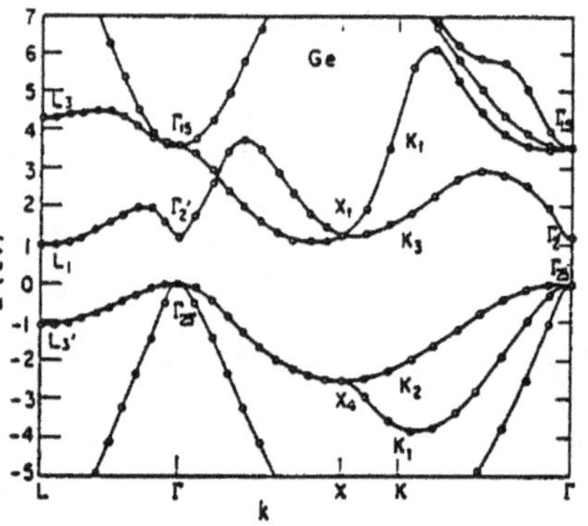

FIG. 2. Band structure of Ge.

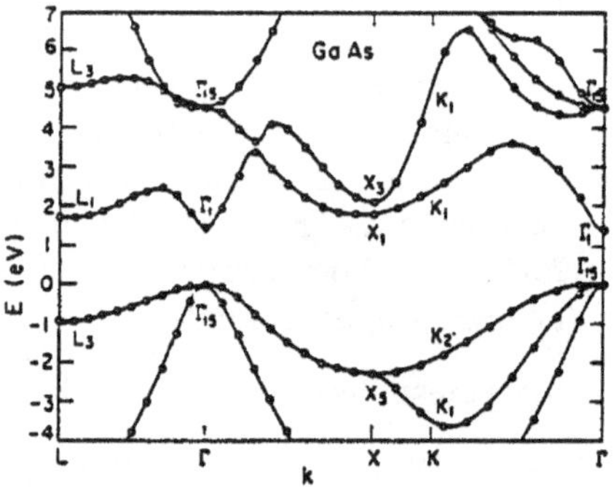

FIG. 5. Band structure of GaAs.

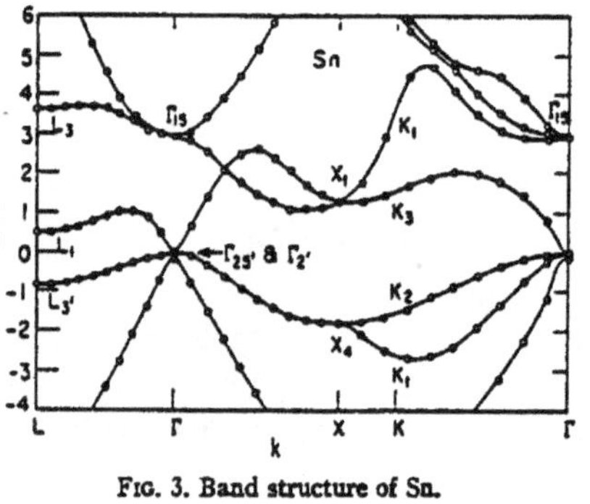

FIG. 3. Band structure of Sn.

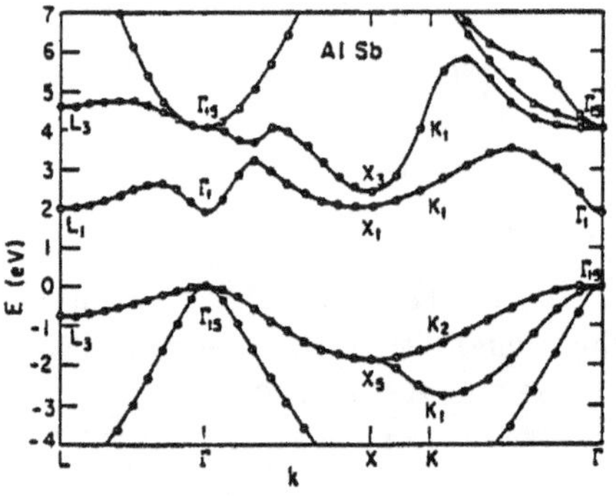

FIG. 6. Band structure of AlSb.

Quantitativ genauere Pseudopotentialrechnungen mit empirischer Vorgabe von Band-Differenzenergien (Stützstellen) sind veröffentlicht in M.L. Cohen, J.R. Chelikovsky, Elektronic Structure and Optical Properties of Semiconductors, Springer 1989.

3.8 kp-Methode

Literatur

Übersichtsartikel von E.O. Kane in: Semiconductor and Semimetals, Academic Press **1**, 75 (1966)

Prinzip

Es werden mit Hilfe von Störungstheorie Bandenergien $E_n(k)$ in der Nähe von k_0-Werten berechnet, bei denen schon ein Satz von Eigenfunktion u_{n,k_0} und Energiewerten E_{n,k_0} bekannt ist. Aus den Bandkrümmungen erhält man die effektiven Massen.

Mit der Blochschen Form der Wellenfunktion $\Psi_n(\vec{k},\vec{r}) = e^{i\vec{k}\vec{r}} u_n(\vec{k},\vec{r})$ folgt (vergleiche Abschnitt 3.1):

$$\left(\frac{\hbar^2}{2m_0} k^2 - 2i\vec{k}\vec{\nabla} - \nabla^2 + V(r)\right) u_n(\vec{k},\vec{r}) = E_n(\vec{k}) u_n(\vec{k},\vec{r})$$

Für ein freies Elektron würde gelten $u_n(k, r) \equiv 1$ (daher $\nabla u_n = 0$) und $V(r) = 0$, also:

$$\frac{\hbar^2}{2m_0} k^2 = E(k).$$

Der Index n ist dann (ohne reduziertes Zonenschema) irrelevant.

Durch Einsetzen von $\vec{p} = -i\hbar\nabla$ erhält man:

$$\left\{\frac{\hbar^2 k^2}{2m_0} + \frac{\hbar}{m_0}\vec{k}\vec{p} + \frac{\vec{p}^2}{2m_0} + V(\vec{r})\right\} u_n(\vec{k},\vec{r}) = E_n(\vec{k}) u_n(\vec{k},\vec{r})$$

Annahme

Bei $k = k_0$ sei der vollständige Satz von Eigenfunktionen $u_n(\vec{k}_0,\vec{r})$ bekannt, sie genügen der Schrödinger-Gleichung. (Erinnerung: n ist ein Index, der verschiedene Bänder bezeichnet.)

Vorgehensweise

Formulierung der Schrödinger-Gleichung (s. oben) einmal für die als bekannt vorausgesetzten Funktionen $u_n(\vec{k}_0,\vec{r})$ und $E_n(k_0)$ und dann für den gesuchten Fall mit $u_n(\vec{k},\vec{r}), E_n(k)$:

$$H_{k_0} u_n(\vec{k}_0,\vec{r}) = \left\{ \frac{\hbar^2}{2m_0} k_0^2 + \frac{\hbar}{m_0} \vec{k}_o \vec{p} + \frac{\vec{p}^2}{2m_0} + V(\vec{r}) \right\} \; u_n(\vec{k}_0,\vec{r}) = E_n(\vec{k}_0) u_n(\vec{k}_0,\vec{r})$$

$$H_k u_n(\vec{k},\vec{r}) \;= \left\{ \frac{\hbar^2}{2m_0} k^2 + \frac{\hbar}{m_0} \vec{k}\vec{p} + \frac{\vec{p}^2}{2m_0} + V(\vec{r}) \right\} \; u_n(\vec{k},\vec{r}) \;= E_n(\vec{k}) u_n(\vec{k},\vec{r})$$

Der Vergleich ergibt den Störoperator H':

$$\boxed{H' = \frac{\hbar}{m_0} \vec{p}(\vec{k} - \vec{k}_0) + \frac{\hbar^2}{2m_0}(k^2 - k_0^2)}$$

Der Term proportional zu $\vec{k}\vec{p}$ ist der Namensgeber der Methode.

Bandenergien

Jede Funktion $u_n(\vec{k},\vec{r})$ kann nach dem Satz der bekannten $u_n(\vec{k}_0,\vec{r})$ entwickelt werden. Nimmt man nur endlich viele Entwicklungsglieder mit, wird $u_n(\vec{k},\vec{r})$ nur angenähert, und zwar umso besser, je näher k_0 und k liegen.

Für die Energien ergibt sich in Störungstheorie bis zur 2. Ordnung bei *nicht-entarteten* („einfachen“) Bändern der folgende Ausdruck. Wie schon in Abschnitt 3.3 bemerkt, berechnen sich die Energiekorrekturen für $k \neq k_0$ als Matrixelemente des Störoperators zwischen den alten, ungestörten Wellenfunktionen bei k_0:

$$E_n(\vec{k}) = E_n(\vec{k}_0) + \underbrace{\Delta E_n^{(1)}(k_0)}_{=\Delta E_{n0}^{(1)}} + \underbrace{\Delta E_n^{(2)}(k_0)}_{=\Delta E_{n0}^{(2)}}$$

Energiekorrektur 1. Ordnung 2. Ordnung

mit
$$\begin{cases} \Delta E_{n0}^{(1)} = \int u_{n0}^* H' \underbrace{u_{n0}}_{u_n(\vec{k}_0,\vec{r})} d^3r = < u_{n0}|H'|u_{n0} > = < H'_{n0,n0} > \\ \Delta E_{n0}^{(2)} = \sum\limits_{\substack{m \\ \neq n}} \frac{|< H'_{m0,n0} >|^2}{E_{n0} - E_{m0}} \qquad \text{wobei} \quad \begin{cases} E_{m0} = E_m(k_0) \\ E_{n0} = E_n(k_0) \end{cases} \end{cases}$$

In der obigen Notation für $\Delta E_{n0}^{(1)}$ sind verschiedene gebräuchliche Schreibweisen dieses Energieerwartungswertes als Integral oder Matrixelement angegeben.

Damit erhält man die folgenden Ausdrücke für die Energiekorrekturen:

$$\Delta E_{n0}^{(1)} = < u_{n0} \mid \frac{\hbar}{m_0}\vec{p}(\vec{k}-\vec{k}_0) + \frac{\hbar^2}{2m_0}(k^2-k_0^2) \mid u_{n0} >$$

$$= \frac{\hbar}{m_0} < u_{n0} \mid \vec{p}(\vec{k}-\vec{k}_0) \mid u_{n0} > + \frac{\hbar^2}{2m_0} \underbrace{< u_{n0} \mid u_{n0} >}_{=1 \text{ wegen Orthonormalität der } u_{n0}} (k^2-k_0^2)$$

$$= \frac{\hbar}{m_0}\vec{p}_{nn}(\vec{k}-\vec{k}_0) + \frac{\hbar^2}{2m_0}(k^2-k_0^2)$$

mit den Impulsmatrixelementen $\vec{p}_{nn} = \begin{pmatrix} p_{x,nn} \\ p_{y,nn} \\ p_{z,nn} \end{pmatrix} = \begin{pmatrix} < u_{n0} \mid p_x \mid u_{n0} > \\ < u_{n0} \mid p_y \mid u_{n0} > \\ < u_{n0} \mid p_z \mid u_{n0} > \end{pmatrix}$

$$\Delta E_{no}^{(2)} = \sum_{m \neq n} \frac{\left| < u_{m0} \mid \frac{\hbar}{m_0}\vec{p}(\vec{k}-\vec{k}_0) + \frac{\hbar^2}{2m_0}(k^2-k_0^2) \mid u_{n0} > \right|^2}{E_{n0}-E_{m0}}$$

$$= \sum_{m \neq n} \frac{\left| \frac{\hbar}{m_0} < u_{m0} \mid \vec{p}(\vec{k}-\vec{k}_0) \mid u_{n0} > + \frac{\hbar^2}{2m_0}(k^2-k_0^2) \underbrace{< u_{m0} \mid u_{n0} >}_{=0 \text{ (orthogonale Funktionen)}} \right|^2}{E_{n0}-E_{m0}}$$

Ergebnis

$$E_n(\vec{k}) = E_n(\vec{k}_0) + \frac{\hbar^2}{2m_0}(k^2-k_0^2) + \frac{\hbar}{m_0}\vec{p}_{nn}(\vec{k}-\vec{k}_0) + \frac{\hbar^2}{m_0^2}\sum_{\substack{m \\ \neq n}} \frac{\left|\vec{p}_{mn}(\vec{k}-\vec{k}_0)\right|^2}{E_{n0}-E_{m0}}$$

Physikalischer Inhalt

Die k-Abhängigkeit der Dispersionsrelation wird explizit durch die linearen und quadratischen Terme in k ausgedrückt. Abgesehen vom 1. quadratischen Term der freien Elektronen hängt die Stärke dieser Terme von den Matrixelementen p_{nn} und p_{mn} ab. Durch p_{mn} wird für ein betrachtetes Band mit Index n der Einfluß („Beimischung“, „Ankopplung“) anderer Bänder (Index m) beschrieben.

Anwendungen

Wichtiger Fall: Extremum bei $k_0 = 0$. Dann fällt wegen $\mathrm{grad}_k E(\vec{k}_0) = 0$ der lineare Term in k in der Nachbarschaft von k_0 weg.

Der Dispersionsausdruck lautet dann:

$$E_n(k) = E_n(k_0) + \frac{\hbar^2}{2m_0} k^2 + \frac{\hbar^2}{m_0{}^2} \sum_{m \neq n} \frac{\left|\vec{p}_{mn}\vec{k}\right|^2}{E_{n0} - E_{m0}}$$

Wir diskutieren sukzessive verschiedene Näherungen.

1. Fall

Betrachtet werden Elektronen (n = 1) im LB (LB1, in Rechnungen oft zur Abkürzung Index c von „conduction band"). Wegen des Energienenners sind in der Summe die energetisch nächsten Bänder bei $k_0 = 0$ am wichtigsten. Das sind das zweite Leitungsband (LB2) energetisch über LB1 und das Valenzband. Wir interessieren uns für den Einfluß des Valenzbandes in einer *Zweiband-Näherung*. Dafür muß im Vergleich zu E_g die Energiedifferenz von LB1 zu LB2 groß sein. Das ist nach Pseudopotentialrechnungen (siehe die Bandstrukturen von Cohen und Bergstresser von Abschnitt 3.7) z.B. der Fall bei Ge, GaAs, InP, InAs, InSb und GaSb.

Mit der Schreibweise $p_{mn} = p(\text{LB1, VB}) = p_{cv}$ und $E_v = 0$ lautet die Dispersionsrelation der LB-Elektronen:

$$E_n(k) = \underbrace{E_n(k_0)}_{E_g} + \frac{\hbar^2}{2m_0} \cdot k^2 + \frac{\hbar^2}{m_0{}^2} \cdot \frac{\left|\vec{p}_{cv}\vec{k}\right|^2}{E_g}$$

Zur Berechnung des Matrixelements braucht man die Funktionen $u(k_0 = 0)$ von Leitungs- und Valenzband. Man kann sie schreiben als

LB:	$u_s \rightarrow \lvert s\rangle$	s-Funktion, vollsymmetrisch, l = 0
VB:	$u_p \rightarrow \lvert p\rangle$	p-Funktion, Keulencharakter, l = 1 (Bindungsfunktion)

(Zur Erinnerung: l ist die Bahndrehimpulsquantenzahl.)

Die Elektronen haben die gruppentheoretische Darstellung Γ_1. Sie ist eindimensional (es handelt sich um einen einfachen Zustand mit kugelsymmetrischer Aufenthaltswahrscheinlichkeit) mit der möglichen „Basisfunktion" (die die Symmetrie wiederspiegelt) 1.

Die Löcher haben in kubischer Symmetrie die gruppentheoretische Darstellung Γ_5. Sie ist dreidimensional; darin verbergen sich die drei p-Unterfunktionen p_x, p_y, p_z, die zu den drei $\vec{l}$-Einstellungen in Vorzugsrichtung mit Projektion +1, –1, 0 gehören. Die zugehörigen Aufenthaltswahrscheinlichkeiten haben Keulencharakter und spiegeln damit die Bindungsfähigkeit der Valenzbandfunktionen wider. Als „Basisfunktionen“ zu Γ_5 können x, y, z gewählt werden (vergleiche Anhang A1).

Damit ergeben sich die Matrixelemente $\vec{p}_{cv}$:

$$\underbrace{\langle s|p_x|x\rangle}_{\langle u_s|p_x|u_x\rangle} = \langle s|p_y|y\rangle = \langle s|p_z|z\rangle = iP$$

Alle anderen Kombinationen, z.B. $\langle s|p_x|y\rangle$ sind ersichtlich Null. (Achtung: Man verwechsle hier nicht die drei p-Funktionen x, y, z, die oft auch als p_x, p_y, p_z notiert werden, mit dem Impulsoperator $\vec{p} = (p_x, p_y, p_z) = (-i\hbar\partial/\partial x, -i\hbar\partial/\partial y, -i\hbar\partial/\partial z))$!

Für die Zweiband-Näherung ist das Valenzband als einfach-entartet anzusehen. Es genügt, eine der drei p-Funktionen zu betrachten.

$$|\vec{p}_{vc}\vec{k}|^2 = P^2k^2$$

Damit ergibt sich die Dispersionsrelation

$$\boxed{E(k) = E_g + \left(\frac{\hbar^2}{2m_0} + \frac{\hbar^2}{{m_0}^2}\cdot\frac{P^2}{E_g}\right)k^2}$$

Die effektive Elektronenmasse folgt aus der Schreibweise $E(k) = E_g + \frac{\hbar^2}{2m_e^*}\cdot k^2$ zu

$$\boxed{\frac{1}{m_e^*} = \frac{1}{m_0} + \frac{2P^2}{{m_0}^2\cdot E_g}}$$

$\frac{2P^2}{m_0} \approx 20$ eV für die meisten IV-, III-V- und II-IV-Halbleiter (siehe Anhang A3 oder P. Yu, M. Cardona, Fundamentals of Semiconductors, Springer 1996). Daher ist $1/m_0$ vernachlässigbar und

$$\boxed{m_e^*/m_0 \approx \frac{m_0E_g}{2P^2} \approx \frac{E_g}{20eV}}.$$

Mit dieser einfachen Formel lassen sich die effektiven Elektronen-Massen vieler Halbleiter gut verstehen:

	E_g (eV) (300 K)	m^*/m_0 (exp.)	m^*/m_0 (kp)
Ge	0,67	0,041	0,034
GaAs	1,43	0,065	0,071
InP	1,40	0,071	0,070
InAs	0,43	0,026	0,021
InSb	0,24	0,015	0,012
GaSb	0,80	0,047	0,040

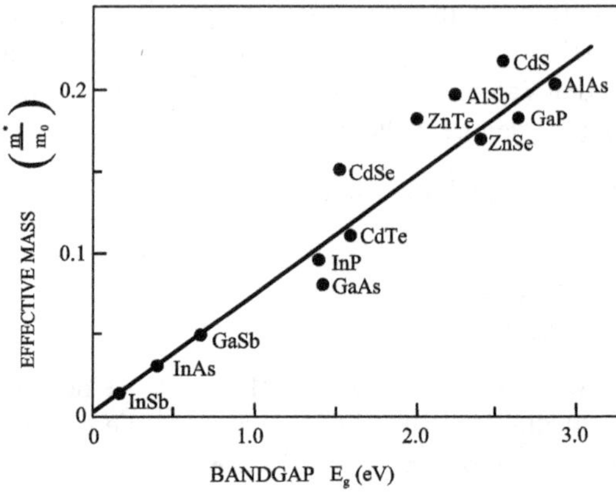

Abb. 3.7 *Die effektive Elektronenmasse m^* der direkten Halbleiter ist in recht guter Näherung etwa proportional zu $E_g/20eV$. Skizze nach J. Singh, Physics Of Semiconductors And Their Heterostructures, McGraw-Hill (1993).*

2. Fall

Im folgenden wird die dreifache Struktur des Valenzbandes in entarteter *Störungstheorie 1. Ordnung* bis zu quadratischen Termen in k berücksichtigt.

Jede Funktion $u_{nk}(\vec{r})$ für ein Band n bei $k \neq 0$ kann nach dem vollständigen Satz von Funktionen $u_{n0}(\vec{r})$ bei k = 0 entwickelt werden. Läuft n über alle Bänder, ist die Entwicklung exakt. Bei Mitnahme nur endlich vieler Bänder hat man eine näherungsweise Darstellung von $u_{nk}(\vec{r})$. Wir nehmen hier die folgenden vier Funktionen bei k = 0 mit, betrachten also eine *Vierband-Näherung*:

LB: $u_s \rightarrow |s>$ In kubischer Symmetrie:
Γ_1-Darstellung, Basisfunktion z.B. 1 oder $x^2+y^2+z^2$

VB: $\left\{\begin{matrix} u_x \rightarrow |x> \\ u_y \rightarrow |y> \\ u_z \rightarrow |z> \end{matrix}\right\}$ Γ_5-Darstellung, Basisfunktionen $\left\{\begin{matrix} x \\ y \\ z \end{matrix}\right.$

Diese Funktionen sind Lösungen des „ungestörten" Problems bei k = 0; sie werden als orthonormiert in einer Einheitszelle aufgefaßt:

$$\left.\begin{matrix} H_0 u_s = E_L u_s \\ H_0 u_p = E_V u_p \qquad p = x, y, z \end{matrix}\right\} \quad H_0 = \frac{\vec{p}^2}{2m_0} + V(\vec{r})$$

Für $k \neq 0$ heißt die Schrödingergleichung

$$\left(H_0 + \frac{\hbar^2}{2m_0}k^2 + \frac{\hbar}{m_0}\vec{k}\cdot\vec{p}\right)u_{nk}(\vec{r}) = E_n(k)\cdot u_{nk}(\vec{r})$$

$$\text{mit } u_{nk}(\vec{r}) = \sum_{n'=1}^{4} c_{nn'}\cdot u_{n'0}(\vec{r}) \qquad n = 1,2,3,4 \qquad \text{für s,x,y,z}$$

Der Operator $H' = \frac{\hbar^2}{2m_0}k^2 + \frac{\hbar}{m_0}\vec{k}\vec{p}$ wird als Störung aufgefaßt. Einsetzen von $u_{nk}(\vec{r})$ in die Schrödingergleichung ergibt

$$(H_0 + H')\cdot\sum_{n'=1}^{4} c_{nn'}\cdot u_{n'0} = E_n(k)\cdot\sum_{n'=1}^{4} c_{nn'}\cdot u_{n'0}$$

Jede der vier Gleichungen (n = 1,2,3,4) kann sukzessiv (von links) mit u_s^*, u_x^*, u_y^*, u_z^* multipliziert und dann über eine Einheitszelle integriert werden. Für n=1 heißt das Ergebnis:

$$\begin{pmatrix} E_L + H'_{ss} & H'_{sx} & H'_{sy} & H'_{sz} \\ H'_{xs} & E_v + H'_{xx} & H'_{xy} & H'_{xz} \\ H'_{ys} & H'_{yx} & E_v + H'_{yy} & H'_{yz} \\ H'_{zs} & H'_{zx} & H'_{zy} & E_v + H'_{zz} \end{pmatrix}\begin{pmatrix} c_{11} \\ c_{12} \\ c_{13} \\ c_{14} \end{pmatrix} = E(k)\cdot\begin{pmatrix} c_{11} \\ c_{12} \\ c_{13} \\ c_{14} \end{pmatrix}$$

Dabei sind H'_{ij} die Matrixelemente des Störoperators H' zwischen den Zuständen |i> und |j>, also $\langle i|H'|j\rangle = \int_{EZ} u_i^* H' u_j \, dV$.

Dieselbe Matrix – mit den Koeffizientenvektoren (c_{n1}, c_{n2}, c_{n3}, c_{n4}) – ergibt sich bei Multiplikation der obigen Gleichungen zum Index n = 2, 3, oder 4 mit $u_s^*, u_x^*, u_y^*, u_z^*$ und nachfolgender Integration.

Form der Matrixelemente an zwei Beispielen

$$H'_{ss} = < u_s \,|\, \frac{\hbar}{m_0}\begin{pmatrix} p_x \\ p_y \\ p_z \end{pmatrix}\begin{pmatrix} k_x \\ k_y \\ k_z \end{pmatrix} + \frac{\hbar^2}{2m_0}k^2 \,|\, u_s >$$

$$= \frac{\hbar}{m_0} < u_s \,|\, p_x k_x + p_y k_y + p_z k_z \,|\, u_s > + \frac{\hbar^2}{2m_0}k^2 \underbrace{< u_s \,|\, u_s >}_{=1}$$

$$= -i\frac{\hbar^2}{m_0}\left\{ \underbrace{< u_s \,|\, \frac{\partial u_s}{\partial x} \,|\, u_s >}_{\substack{<+|-> \\ =0}} k_x + \underbrace{< u_s \,|\, \frac{\partial u_s}{\partial y} \,|\, u_s >}_{\substack{<+|-> \\ =0}} k_y + \underbrace{< u_s \,|\, \frac{\partial u_s}{\partial z} \,|\, u_s >}_{\substack{<+|-> \\ =0}} k_z \right\} + \frac{\hbar^2}{2m_0}k^2$$

+,- bezeichnet die Parität der Funktionen

$$H'_{sx} = < u_s \,|\, \frac{\hbar}{m_0}\begin{pmatrix} p_x \\ p_y \\ p_z \end{pmatrix}\begin{pmatrix} k_x \\ k_y \\ k_z \end{pmatrix} + \frac{\hbar^2}{2m_0}k^2 \,|\, u_x >$$

$$= \frac{\hbar}{m_0} < u_s \,|\, p_x k_x + p_y k_y + p_z k_z \,|\, u_x > + \frac{\hbar^2}{2m_0}k^2 \underbrace{< u_s \,|\, u_x >}_{<+|->=0}$$

$$= -i\frac{\hbar^2}{m_0}\left\{ \underbrace{< u_s \,|\, \frac{\partial u_x}{\partial x} \,|\, u_x >}_{\substack{\text{nicht Null} \\ \text{per Symmetrie,} \\ \text{da } <+|+> \neq 0}} k_x + \underbrace{< u_s \,|\, \frac{\partial u_x}{\partial y} \,|\, u_x >}_{=0} k_y + \underbrace{< u_s \,|\, \frac{\partial u_x}{\partial z} \,|\, u_x >}_{=0} k_z \right\} = \frac{\hbar}{m_0} P k_x$$

mit $iP = <u_s|p_x|u_x>$.

Als Lösungsbedingung des oben in Matrixschreibweise formulierten linearen, homogenen Gleichungssystems muß die Säkulardeterminante der Wechselwirkungsmatrix verschwinden. Sie heißt ausgeschrieben:

$$\begin{vmatrix} E_L + \frac{\hbar^2 k^2}{2m_0} - E & \frac{\hbar}{m_0} iPk_x & \frac{\hbar}{m_0} iPk_y & \frac{\hbar}{m_0} iPk_z \\ \frac{\hbar}{m_0} iPk_x & E_v + \frac{\hbar^2 k^2}{2m_0} - E & 0 & 0 \\ \frac{\hbar}{m_0} iPk_y & 0 & E_v + \frac{\hbar^2 k^2}{2m_0} - E & 0 \\ \frac{\hbar}{m_0} iPk_z & 0 & 0 & E_v + \frac{\hbar^2 k^2}{2m_0} - E \end{vmatrix} = 0$$

Dabei gilt $iP = \langle u_s | p_q | u_q \rangle$ für $q = x,y,z$.

Da die Wechselwirkungsmatrix hermitisch ist ($H_{ij}^{'*} = H_{ji}^{'}$) und alle Matrixelemente reell sind, ist sie symmetrisch zur Hauptdiagonale. Es genügt also, die oberhalb der Hauptdiagonale stehenden Nichtdiagonalelemente auszurechnen.

Diagonalisieren der Matrix

(Bestimmung der Nullstellen der Säkulardeterminante):

Säkulargleichung

$$\underbrace{\left(E_v + \frac{\hbar^2 k^2}{2m_0} - E\right)^2}_{=0} \underbrace{\left[\left(E_L + \frac{\hbar^2 k^2}{2m_0} - E\right)\left(E_v + \frac{\hbar^2 k^2}{2m_0} - E\right) - \left(\frac{\hbar}{m_0} P\right)^2 k^2\right]}_{=0} = 0 \quad \rightarrow \quad \text{Lösungen!}$$

$$\boxed{E_{1/2}(k) = \frac{\hbar^2 k^2}{2m_0}}$$ zweifache Wurzel: schwere Löcher („heavy holes“, hh)

$$E_{3/4}(k) = \frac{1}{2}\left(E_L + E_V + 2 \cdot \frac{\hbar^2 k^2}{2m_0}\right) \pm \frac{1}{2}\sqrt{(E_L - E_v)^2 + 4\left(\frac{\hbar}{m_0} P\right)^2 k^2}$$

Entwicklung der Wurzel für kleine k:

$$\sqrt{} \approx (E_L - E_V)\sqrt{1 + \frac{4(\hbar / m_0 \cdot P)^2}{(E_L - E_V)^2} k^2} \approx (E_L - E_v)\left[1 + \frac{2(\hbar / m_0 \cdot P)^2}{(E_L - E_V)^2} k^2\right]$$

Mit $E_L = E_g$, $E_V = 0$ folgt:

$$E_3(k) = E_g + \frac{\hbar^2 k^2}{2m_0} + \frac{(\hbar / m_0 \cdot P)^2}{E_g} k^2 \qquad \text{Elektronen}$$

$$E_4(k) = \frac{\hbar^2 k^2}{2m_0} - \frac{(\hbar / m_0 \cdot P)^2}{E_g} k^2 \qquad \text{Leichte Löcher („light holes", lh)}$$

Vergleich der beiden Terme mit k²:

$$\frac{\hbar^2}{2m_0} = 3{,}8 \times 10^{-20}\ \text{eVm}^2, \qquad \frac{(\hbar / m_0 \cdot P)^2}{E_g} = \frac{\hbar^2 / m_0^2\ \overbrace{(10\ \text{eV} \cdot m_0)}^{P^2}}{E_g} = \frac{\hbar^2}{2m_0} \cdot \frac{20\ \text{eV}}{E_g}$$

Für typische E_g (Größenordnung 1 eV) ist der rechte Term etwa 20mal größer.

Also ergibt sich die effektive Elektronen-Masse zu:

$$\frac{m_e^*}{m_0} \approx \frac{m_0 E_g}{2P^2}$$

Das ist derselbe Ausdruck wie aus Störungstheorie 2. Ordnung bei der Kopplung von Elektronen und einfach-entartet angenommenen Valenzband.

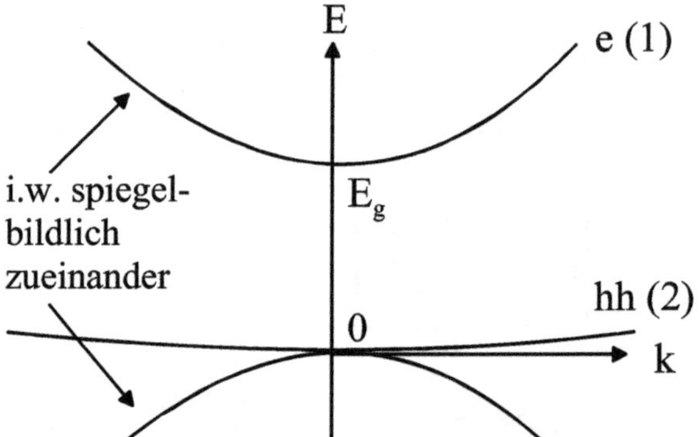

Abb. 3.8 *Skizze der Bandstruktur um k = 0. In der benutzten Näherung ist das hh-Band fast flach, aber positiv gekrümmt. Man braucht weitere Wechselwirkungen mit höheren Leitungs- oder Valenzbändern, um es realistisch zu beschreiben. In Klammern ist der Entartungsgrad der Bänder angegeben.*

Spin-Bahn-Kopplung bei k = 0

Die Betrachtung der Spin-Bahn-Kopplung steht folgerichtig in der schrittweisen Entwicklung einer realistischen Bandstruktur; es handelt sich hier aber nicht um Störungstheorie, sondern um eine *exakte* Beschreibung der Valenzbandzustände bei k = 0. Dabei berücksichtigen wir die Spins der Elektronen und Löcher, die bisher vernachlässigt wurden. Die Kopplung der Drehimpulse von Spin und Bahn spaltet die Valenzbandzustände durch Spin-Bahn („spin-orbit"-) Wechselwirkung auf. Sie wird beschrieben durch den Störoperator

$$H'_{so} = \frac{\hbar}{4m_0^2c^2}(\nabla V \times \vec{p}) \cdot \vec{\sigma} \qquad \vec{\sigma}\text{: Paulische Spinmatrizen}$$

Für ein Zentralpotential gilt: $\nabla V = \operatorname{grad} V = \frac{dV(r)}{dr} \cdot \frac{\vec{r}}{r}$.

Statt der dimensionslosen Spinmatrizen schreiben wir $\vec{\sigma} = 2/\hbar \cdot \vec{s}$, so daß mit $\vec{r} \times \vec{p} = \vec{l}$ (Bahndrehimpuls) folgt:

$$\boxed{H'_{so} = \lambda(\vec{l} \cdot \vec{s})} \qquad \text{mit} \qquad \lambda = \frac{1}{2m_0^2c^2} \cdot \frac{1}{r} \cdot \frac{dV(r)}{dr}.$$

Gesucht werden nun die Erwartungswerte (Matrixelemente) des Spin-Bahn-Kopplungsoperators H'_{so} zwischen den (neuen) Eigenzuständen des Gesamtdrehimpulsoperators $\vec{J} = \vec{l} + \vec{s}$.

Zur Formulierung der Gesamtdrehimpulseigenzustände

Die Eigenzustände des Gesamtdrehimpulsoperators $\vec{J}$ sind Überlagerungen von Produktzuständen aus den alten, ungekoppelten Eigenzuständen von Bahn und Spin.

Bahndrehimpulszustände für $l = 1$, $m = \pm 1{,}0$ (in Kugelkoordinaten):

$$|1, \pm 1> = \quad Y_{1,\pm1}(\vartheta, \varphi) = \mp\sqrt{3/8\pi}\,\sin\vartheta e^{\pm i\varphi}$$

$$|1, 0> \quad = \quad Y_{1,0}(\vartheta, \varphi) = \sqrt{3/4\pi}\,\cos\vartheta$$

Die Valenzbandzustände p_x, p_y, p_z werden mit den $Y_{l,m}$ als reelle Funktionen definiert:

$$\begin{aligned} p_x &= \frac{1}{\sqrt{2}}(-Y_{1,1} + Y_{1,-1}) \\ p_y &= \frac{i}{\sqrt{2}}(Y_{1,1} + Y_{1,-1}) \\ p_z &= Y_{1,0} \end{aligned} \qquad \rightarrow \qquad \begin{aligned} p_x &= \sqrt{3/4\pi} \cdot x \\ p_y &= \sqrt{3/4\pi} \cdot y \\ p_z &= \sqrt{3/4\pi} \cdot z \end{aligned}$$

Die letzte Schreibweise ist in kartesischen Koordinaten mit r = 1 (es kommt nur auf die Punktgruppeneigenschaften an). Umgekehrt gilt dann:

$$Y_{1,1} = -\frac{1}{\sqrt{2}}(p_x + ip_y)$$

$$Y_{1,-1} = \frac{1}{\sqrt{2}}(p_x - ip_y)$$

$$Y_{1,0} = p_z$$

Die $Y_{l,m}$ sind Eigenfunktionen zum Bahndrehimpuls, daher gilt z.B.

$$\vec{l}^{\,2} Y_{1,\pm 1} = \underbrace{l(l+1)}_{1\cdot(2)=2} \hbar^2 \cdot Y_{1,\pm 1}$$

Spinzustände: symbolische Schreibweise $|\uparrow>$ und $|\downarrow>$; z.B. gilt

$$\vec{s}^{\,2}\,|\uparrow> = \underbrace{s(s+1)}_{\frac{1}{2}\cdot\left(\frac{3}{2}\right)=\frac{3}{4}} \hbar^2 \cdot |\uparrow> \qquad \text{und} \qquad \vec{s}^{\,2}\,|\downarrow> = s(s+1)\,\hbar^2 \cdot |\downarrow>$$

Bahn- und Spinzustände koppeln zu Gesamtdrehimpulszuständen mit den Drehimpulsquantenzahlen J und den Komponenten $M_J = J, J-1, \ldots - J+1, -J$:

$$J = l + s = 1 + 1/2 = 3/2, \qquad M_J = 3/2, 1/2, -1/2, -3/2$$

$$J = l - s = 1 - 1/2 = 1/2, \qquad M_J = 1/2, -1/2.$$

Das sind insgesamt 6 Zustände, so wie sie auch die ungekoppelten Zustände aufweisen, nämlich ($Y_{1,\pm 1}\uparrow$, $Y_{1,\pm 1}\downarrow$, $Y_{1,0}\uparrow$, $Y_{1,0}\downarrow$). Die Entwicklung („Überlagerung") der neuen Eigenzustände des Gesamtdrehimpulsoperators $\vec{J}$ nach den ungekoppelten Zuständen kann allgemein geschrieben werden als

$$|J, M_J> = \sum_{m_1,m_2} a\, m_1 m_2\, |\underbrace{j_1 m_1, j_2 m_2>}_{\text{kurz:}|m_1,m_2>},$$

wobei hier speziell

$$|j_1, m_1> = Y_{l,m} \text{ mit } l = 1,\ m = \pm 1, 0 \qquad \text{und} \qquad |j_2, m_2> = |\uparrow> \text{ oder } |\downarrow>$$

bedeuten. Die Entwicklungskoeffizienten (Clebsch-Gordon-Koeffizienten oder Wigner-Koeffizienten) ergeben sich nach den Regeln der Drehimpulsaddition der Quantenmechanik; sie sind einschlägig tabelliert. Für $j_1 = l = 1$ und $j_2 = s = 1/2$ lauten die Überlagerungen:

Basis $\|J, M_J>$	Basis $\|m_1, m_2>$	
$\|3/2,3/2>$	$= Y_{1,1}\uparrow$	$=\|1,1/2>$
$\|3/2,1/2>$	$=\sqrt{1/3}\,Y_{1,1}\downarrow + \sqrt{2/3}\,Y_{1,0}\uparrow$	$=\sqrt{1/3}\,\|1,-1/2> + \sqrt{2/3}\,\|0,1/2>$
$\|3/2,-1/2>$	$=\sqrt{2/3}\,Y_{1,0}\downarrow + \sqrt{1/3}\,Y_{1,-1}\uparrow$	$=\sqrt{2/3}\,\|0,-1/2> + \sqrt{1/3}\,\|-1,1/2>$
$\|3/2,-3/2>$	$= Y_{1,-1}\downarrow$	$=\|-1,-1/2>$
$\|1/2,1/2>$	$=-\sqrt{1/3}\,Y_{1,0}\uparrow + \sqrt{2/3}\,Y_{1,1}\downarrow$	$=-\sqrt{1/3}\,\|0,1/2> + \sqrt{2/3}\,\|1,-1/2>$
$\|1/2,-1/2>$	$=-\sqrt{2/3}\,Y_{1,-1}\uparrow + \sqrt{1/3}\,Y_{1,0}\downarrow$	$=-\sqrt{2/3}\,\|-1,1/2> + \sqrt{1/3}\,\|0,-1/2>$

Spin-Bahn-Wechselwirkung

Aus der Operatorgleichung

$$\vec{J} = \vec{l} + \vec{s}\,, \text{ also } \vec{J}^2 = (\vec{l} + \vec{s})^2 = \vec{l}^2 + \vec{s}^2 + 2\vec{l}\vec{s} \quad \text{folgt} \quad \vec{l}\vec{s} = 1/2(\vec{J}^2 - \vec{l}^2 - \vec{s}^2)\,.$$

Die gesuchten Wechselwirkungs-Matrixelemente sind:

$$< H'_{so} > = < J', M'_J \mid \lambda\vec{l}\cdot\vec{s} \mid J, M_J >$$

$$= \lambda/2\Big\{ \underbrace{< J', M'_J \mid \vec{J}^2 \mid J, M_J >}_{I} - \underbrace{< J', M'_J \mid \vec{l}^2 + \vec{s}^2 \mid J, M_J >}_{II} \Big\}$$

(I)

Es gilt

$$\vec{J}^2 \mid J, M_J > \qquad = \hbar^2 J(J+1) \mid J, M_J >,$$

falls $|J, M_J>$ Eigenzustand zur Drehimpulsquantenzahl J, sonst gleich Null. Daher gilt für

$$J=3/2: \qquad = \hbar^2 \frac{3}{2}\left(\frac{5}{2}\right) \left|\frac{3}{2}, M_J\right> \qquad \text{unabhängig vom Wert von } M_J\,.$$

$$J=1/2: \qquad = \hbar^2 \frac{1}{2}\left(\frac{3}{2}\right) \left|\frac{1}{2}, M_J\right> \qquad \text{unabhängig vom Wert von } M_J\,.$$

Wegen der Orthogonalität der Gesamtdrehimpulszustände $< J', M_J' \,|J, M_J> \; = \; \delta_{J'J, M'_J, M_J}$ sind viele Matrixelemente Null. Die einzigen von Null verschiedenen Matrixelemente sind:

$$\text{für } J=3/2: \qquad < \frac{3}{2}, \pm\frac{3}{2} \,|\vec{J}^2\, \left|\frac{3}{2}, \pm\frac{3}{2}\right> \quad = \frac{15}{4}\hbar^2$$

$$< \frac{3}{2}, \pm\frac{1}{2} \,|\vec{J}^2\, \left|\frac{3}{2}, \pm\frac{1}{2}\right> \quad = \frac{15}{4}\hbar^2$$

$$\text{für } J=1/2 \qquad < \frac{1}{2}, \pm\frac{1}{2} \,|\vec{J}^2\, \left|\frac{1}{2}, \pm\frac{1}{2}\right> \quad = \frac{3}{4}\hbar^2$$

(II)

Da $|J, M_J>$ konstruiert ist aus Eigenzuständen von $\vec{l}$ und $\vec{s}$ mit den festen Werten $l = 1$ und $s = 1/2$, folgt: $\left(\vec{l}^2 + \vec{s}^2\right)|J, M_J> \; = \; [\; \hbar^2 l(l+1) + \hbar^2 s(s+1) \;]|J, M_J> \; = \hbar^2 \frac{11}{4}|J, M_J>$

Wegen der Orthogonalität der Gesamtdrehimpulszustände sind die einzigen nichtverschwindenden Matrixelemente die oben aufgeführten mit dem gemeinsamen Wert $\frac{11}{4}\hbar^2$ für J = 3/2 und J = 1/2.

Insgesamt ergibt die Spin-Bahn-Wechselwirkung also

$$\langle H'_{so}\rangle = \begin{cases} \frac{\lambda}{2}\left(\frac{15}{4}\hbar^2 - \frac{11}{4}\hbar^2\right) = \frac{\lambda}{2}\hbar^2 = +\frac{1}{3}\Delta_o & \text{für die J=3/2-Zustände} \\ \frac{\lambda}{2}\left(\frac{3}{4}\hbar^2 - \frac{11}{4}\hbar^2\right) = -\lambda\hbar^2 = -\frac{2}{3}\Delta_o & \text{für die J=1/2-Zustände} \end{cases}$$

mit der Schreibweise $\Delta_o = \frac{3}{2}\lambda\hbar^2$. Die J=1/2-Zustände sind also von den J=3/2-Zuständen am Γ-Punkt bei k = 0 um die Spin-Bahn-Wechselwirkungsenergie Δ_o abgespalten. Die Entartung des hh-Lochzustandes $\left|\frac{3}{2},\pm\frac{3}{2}\right>$ mit dem lh-Lochzustand $\left|\frac{3}{2},\pm\frac{1}{2}\right>$ bleibt bei k = 0 bestehen.

Energien und Wellenfunktionen bei k = 0

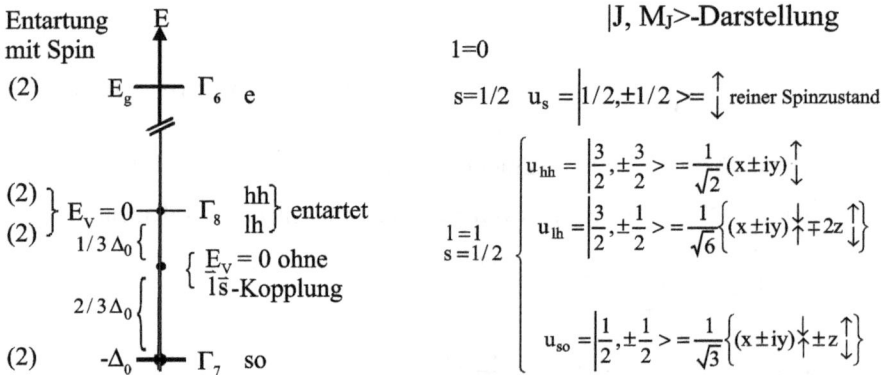

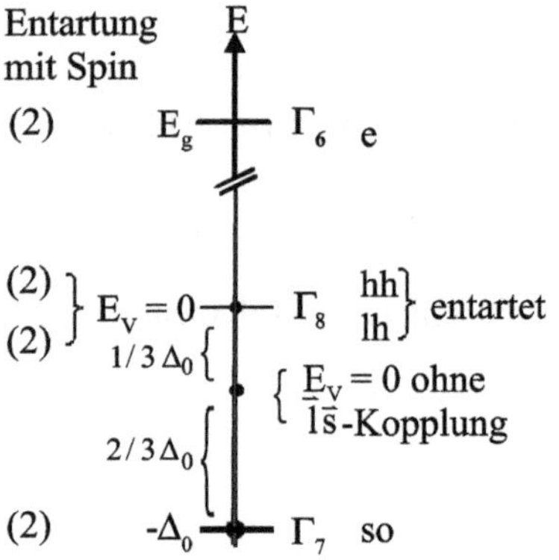

|J, M_J>-Darstellung

l=0

s=1/2 $\quad u_s = \left|1/2, \pm 1/2\right> = \updownarrow$ reiner Spinzustand

l = 1, s = 1/2

$$\begin{cases} u_{hh} = \left|\frac{3}{2},\pm\frac{3}{2}\right> = \frac{1}{\sqrt{2}}(x \pm iy)\begin{smallmatrix}\uparrow\\\downarrow\end{smallmatrix} \\ u_{lh} = \left|\frac{3}{2},\pm\frac{1}{2}\right> = \frac{1}{\sqrt{6}}\left\{(x \pm iy)\begin{smallmatrix}\downarrow\\\uparrow\end{smallmatrix} \mp 2z\begin{smallmatrix}\uparrow\\\downarrow\end{smallmatrix}\right\} \\ u_{so} = \left|\frac{1}{2},\pm\frac{1}{2}\right> = \frac{1}{\sqrt{3}}\left\{(x \pm iy)\begin{smallmatrix}\downarrow\\\uparrow\end{smallmatrix} \pm z\begin{smallmatrix}\uparrow\\\downarrow\end{smallmatrix}\right\} \end{cases}$$

Unter Berücksichtigung der Spin-Bahn-Wechselwirkung ist die Valenzbandkante $E_v = 0$ um 1/3 Δ_0 gegenüber dem Fall ohne Wechselwirkung („2. Fall") verschoben.

Die Wellenfunktionen am Γ-Punkt, die rechts neben der Skizze notiert sind, ergeben sich aus den oben angegebenen Entwicklungen von $|J, M_J>$ nach den ungekoppelten Zuständen $|m_1, m_2>$, wenn man dort die $Y_{1\pm1}$ und $Y_{1,0}$ durch die Funktion p_x, p_y und p_z ausdrückt und diese wiederum durch x,y,z ohne den unwesentlichen Amplitudenfaktor $\sqrt{3/4\pi}$ ersetzt.

Mit den angegebenen Wellenfunktionen lassen sich leicht die relativen Intensitäten der erlaubten Band-Band-Übergänge bei k = 0 von Γ_6 (e) nach Γ_8 (hh,lh) und Γ_7 (so) berechnen.

Man schreibt dazu die Matrixelemente $< u_s | \vec{p} | u_{hh} >$, $< u_s | \vec{p} | u_{lh} >$ und $< u_s | \vec{p} | u_{so} >$ mit dem Dipoloperator $\vec{p} = -i\hbar\nabla$ an und rechnet sie unter Berücksichtigung der Orthogonalitätseigenschaften der Wellenfunktion genau wie im früheren „2. Fall" aus. Die einzigen nicht-verschwindenden Matrixelemente sind:

$$< \pm 3/2 | p_x | s_{\downarrow}^{\uparrow} > = \frac{1}{\sqrt{2}} < x | p_x | s > = \frac{1}{\sqrt{2}} P$$

$$< \pm 1/2 | p_x | s_{\uparrow}^{\downarrow} > = \frac{1}{\sqrt{6}} < x | p_x | s > = \frac{1}{\sqrt{6}} P$$

$$< \pm 3/2 | p_z | s_{\downarrow}^{\uparrow} > = \frac{2}{\sqrt{6}} < x | p_z | s > = \frac{2}{\sqrt{6}} P$$

Die Intensitäten der Übergänge sind proportional zu den Quadraten der Matrixelemente. Es ergeben sich so z.B. die relativen Intensitäten $\Gamma_6 (e) \leftrightarrow \Gamma_8 (hh) : \Gamma_6 (e) \leftrightarrow \Gamma_7 (lh) \;\; = 3 : 1$.

Tab. 3.1 *Werte von Δ_0 (meV)*

Diamant	6 (exp.) / 13 (theor.)	GaP	94
Si	44	InP	140
Ge	290	InAs	410
GaAs	350	InSb	820

3. Fall

Die Spin-Bahn-Wechselwirkung wird nun in einer Achtband-Näherung berücksichtigt: Die Wellenfunktionen $u_{nk}(\vec{r})$ für die beiden Leitungsbänder und die sechs Valenzbänder bei $k \neq 0$ werden als Linearkombinationen der acht Wellenfunktionen

$$u_1 = u_s^+ = |1/2, +1/2>, \quad u_2 = u_s^- = |1/2, -1/2>, \quad u_3 = u_{hh}^+ = |3/2, +3/2>,$$

$$u_4 = u_{hh}^- = |3/2, -3/2>, \; u_5 = u_{lh}^+ = |3/2, +1/2>, \; u_6 = u_{lh}^- = |3/2, -1/2>,$$

$$u_7 = u_{so}^+ = |1/2, +1/2>, \quad u_8 = u_{so}^- = |1/2, -1/2>$$

bei k = 0 geschrieben:

$$u_{nk}(\vec{r}) = \sum_{n'=1}^{8} c_{nn'} \cdot u_{n'0}(\vec{r}) \ .$$

Das formale Verfahren läuft ganz genau so ab, wie im „2. Fall“ diskutiert. Wie schon dort, besteht die Näherung der kp-Theorie darin, daß nicht der ganze vollständige Satz von Bandfunktionen bei k = 0 in der Entwicklung mitgenommen wird, sondern nur die acht eben genannten Funktionen. In dieser Näherung sind die Lösungen $E(\vec{k})$ grundsätzlich für alle k gültig (wenngleich auch nur für kleine k-Werte gut). Sie werden aber später aus praktischen Gründen (z.B. Massenbestimmung) für k-Werte nahe bei k = 0 approximiert.

Die Schrödinger-Gleichung lautet jetzt

$$(H_0 + H')\, u_{nk}(\vec{r}) = E(k) \cdot u_{nk}(\vec{r}) \,,$$

wobei für k = 0 gilt:

$$H_0u_1 = H_0u_2 = E_L,\ H_0u_3 = H_0u_4 = E_V,\ \ H_0u_5 = H_0u_6 = E_V,\ \ H_0u_7 = H_0u_8 = E_V\text{-}\Delta_0$$

Der Störoperator ist $H' = (\hbar^2/2m_0)\,k^2 + (\hbar/m_0)\,\vec{k}\vec{p}$, während die (k-unabhängige) Spin-Bahn-Wechselwirkung bereits in den Funktionen u_{n0} enthalten ist. Man multipliziert die Schrödingergleichung für ein festes n wieder sukzessive (von links) mit u_i^*, i = 1...8 und integriert unter Beachtung der Orthonormalität der gewählten Basisfunktion u_{n0} über eine Einheitszelle. Die nach einiger Rechnung resultierende (8 x 8)-Wechselwirkungsmatrix kann für $\vec{k} = k_z$ (d h. $k_x = k_y = 0$) vereinfacht werden. Falls $\vec{k}$ nicht in k_z-Richtung liegt, kann durch eine Drehung der Basisfunktionen u_{n0} dieselbe vereinfachte Form erreicht werden.

Die Wechselwirkungsmatrix lautet:

$$\begin{pmatrix} H_1 & 0 \\ 0 & H_2 \end{pmatrix} \text{ mit } H_1 = \begin{pmatrix} E_L & -a & 0 & b \\ -a & E_V & 0 & 0 \\ 0 & 0 & E_V & 0 \\ b & 0 & 0 & E_V - \Delta_0 \end{pmatrix} \quad \text{und } H_2 = \begin{pmatrix} E_L & a & 0 & -b \\ a & E_V & 0 & 0 \\ 0 & 0 & E_V & 0 \\ -b & 0 & 0 & E_V - \Delta_0 \end{pmatrix}$$

Zu allen Hauptdiagonalelementen muß noch der Term $\hbar^2k^2/2m_0$ addiert werden, der aus schreibtechnischen Gründen weggelassen ist. Außerdem wurde gesetzt:

$$a = \frac{2}{\sqrt{6}} Pk \ \text{ und } b = \frac{1}{\sqrt{3}} Pk \,.$$

Die Säkulardeterminante lautet dann mit $E_L = E_g$, $E_V = 0$

$$E' \{E' (E' - E_g)(E' + \Delta_0) - (E' + 2/3\, \Delta_0)\, P^2k^2\} = 0,$$

wobei $E'(k) = E(k) - (\hbar^2/2m_0)\cdot k^2$ ist. (Wir haben schon im „2. Fall" gesehen, daß dieser Term der freien Elektronen für alle Bänder gleichermaßen auftritt.)

Für k = 0 erhält man die vier doppelten Wurzeln $E_c = E_g$ (e), $E_v = 0$ (hh) und $E_v = 0$ (lh) und $E_v = -\Delta_0$ (so) entsprechend dem Ansatz zurück. Für das hh-Valenzband gilt identisch $E'_{v,hh} \equiv 0$, also $E_{v,hh} = (\hbar^2/2m_0)k^2$, es koppelt also nicht mit den anderen Bändern wie schon im „2. Fall". Für $k \neq 0$ bleiben alle Bänder zweifach entartet.

Durch Auflösen der Säkulargleichung nach $P^2k^2(E)$ lassen sich leicht die Bandverläufe in inverser Darstellung gewinnen. Das Bild zeigt ein numerisches Beispiel, in dem k auch große Werte annimmt.

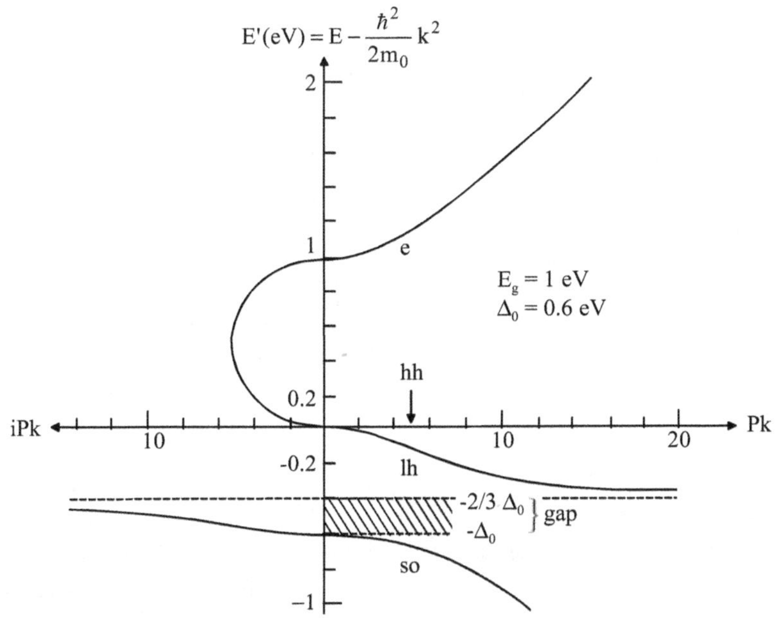

Abb. 3.9 *Bandstruktur in Achtband-Näherung mit Spin-Bahn-Wechselwirkung. Die Dispersion der hh-Lochzustände wird durch E' = 0 beschrieben, fällt also mit der Abszisse zusammen.*

Die Energielücke („gap") für $E' = -2/3\Delta_0 \ldots -\Delta_0$ deutet an, daß die gewählte Achtband-Näherung nur für kleine k-Werte genügend realistisch ist. Für imaginäre Werte von k wird das lh-Valenzband über die Bandlücke E_g hinweg durch eine kontinuierliche Bandstruktur mit dem Leitungsband verbunden. Das macht die Kopplung der Bänder sehr anschaulich.

Mit Ansätzen der Form $E_c = E_g + ak^2$, $E_{v,lh} = bk^2$ und $E_{v,so} = -\Delta_0 + ck^2$ und Vernachlässigung von Termen vierter und sechster Ordnung in k findet man leicht Näherungen für kleine k:

$$E_c = E_g + \frac{\hbar^2 k^2}{2m_0} + \frac{\hbar^2 P^2}{3{m_0}^2}\left(\frac{2}{E_g} + \frac{1}{E_g + \Delta_0}\right)k^2$$ (Elektronen)

$$E_{v,hh} = +\frac{\hbar^2 k^2}{2m_0}$$ (schwere Löcher)

$$E_{v,lh} = +\frac{\hbar^2 k^2}{2m_0} - \frac{2}{3}\frac{\hbar^2 P^2}{{m_0}^2 E_g}\cdot k^2$$ (leichte Löcher)

$$E_{v,so} = -\Delta_0 + \frac{\hbar^2 k^2}{2m_0} - \frac{\hbar^2 P^2 k^2}{3m_0^2(E_g + \Delta_0)}$$ (Spin-Bahn-abgespaltene Löcher, „split-off holes“)

P sind die Matrixelemente $p_{nn'} = p_{vc}$ (s. oben) mit $P^2 \approx 10\ \text{eV} \cdot m_0$.

Durch Zusammenfassen der Glieder mit k^2 und Vergleich mit der Dispersionsformel $E(k) = \hbar^2 k^2 / 2m^*$ ergeben sich die effektiven Massen m_c^* (Elektronen), m_{hh}^* (schwere Löcher), m_{lh}^* (leichte Löcher) und m_{so}^* (Split-off-Löcher).

Tab. 3.2 *Vergleich experimenteller und gerechneter Massenwerte für InSb mit $E_g = 0{,}23$ eV; $\Delta_0 = 0{,}98$ eV.*

Effektive Masse (in m_0)	experimentell	kp-Theorie
m^*_c	0,0135	0,0155
$m^*_{v,hh}$	(-) 0,4...0,5	1
$m^*_{v,lh}$	(-) 0,015	-0,016
$m_{v,so}$	-	-0,12

Weitere Näherungen und Dispersionsausdrücke bei Mitnahme „höherer“ Bänder ($\vec{k}\vec{p}$-Störungstheorie bis zu zweiter Ordnung) werden bei E.O. Kane, J. Phys. Chem. Solids **1**, 249 (1957) diskutiert.

Die hier gegebenen Ausdrücke sollten (mit Ausnahme des hh-Bandes) am ehesten dann gelten, wenn höhere Leitungs- und Valenzbänder energetisch weit genug entfernt sind, um die Achtband-Näherung zu rechtfertigen. Das ist z.B. bei InSb der Fall, auf das sich die zitierte Arbeit von Kane auch konzentriert.

4. Fall

Die bisher behandelten Bänder sind isotrop: Sie verlaufen in alle Richtungen des k-Raums identisch bzw. hängen nur von $k^2 = \left|\vec{k}\right|^2$ ab.

Für die meisten Halbleiter ist die bisherige störungstheoretische Ableitung der Bandverläufe, die zu dieser Isotropie führt, nicht ausreichend. An den behandelten Fallbeispielen ist schon klar geworden, daß die Mischung von Zuständen, z.B. von Valenzbandzuständen mit Leitungsbandzuständen durch den kp-Term, entscheidend wichtig ist.

Tatsächlich muß in sehr vielen Halbleitern auch noch der Einfluß des nächsthöheren Leitungsbandes berücksichtigt werden; alle anderen Bänder liegen bei k = 0 weit entfernt (vgl. z.B. die Pseudopotentialbandstrukturen nach Cohen und Bergstresser) und können vernachlässigt werden. Dieses 2. Leitungsband hat grundsätzlich dieselbe Symmetrie wie das Valenzband; es besteht nämlich in kubischer Symmetrie aus orbitalen p-Funktionen (gruppentheoretische Darstellung Γ_5), bzw. unter Mitnahme des Spins aus Gesamtdrehimpulszuständen mit der Symmetrie Γ_8 und Γ_7. Man muß also die 6 Valenzbandfunktionen (Notation im folgenden: Γ_{5v}), die 2 Funktionen des tiefsten Leitungsbandes (Notation i f.: Γ_{1c}) und die 6 Funktionen des nächsthöheren Leitungsbandes (Notation i f.: Γ_{5c}) betrachten; sie werden durch den kp-Term und den Spin-Bahn-Wechselwirkungsterm gemischt und führen zu einer (14x14)-Wechselwirkungsmatrix, die diagonalisiert werden muß.

In der praktikablen Näherungsmethode von Löwdin (J. Chem. Phys. **19**, 1396 (1951)) zur Diagonalisierung dieser Matrix wird angenommen, daß die 6 Valenzbandzustände viel schwächer mit den 8 Leitungsbandzuständen wechselwirken als untereinander. Mit dieser Annahme kann die (14x14)-Wechselwirkungsmatrix zu einer (6x6)-Matrix reduziert werden mit effektiven Matrixelementen der Form

$$H'_{ij} = H_{ij} + \sum_{\substack{\text{k über} \\ \text{Leitungsbänder}}} \frac{H_{ik} \cdot H_{kj}}{E_i - E_k} \quad \text{und} \quad H_{ik} = \langle u_i \,|\, (\hbar^2 / 2m_0 + \vec{k}\vec{p}) \,|\, u_k \rangle$$

i und j bezeichnen dabei jeweils eine der 6 Valenzbandfunktionen und k läuft über die insgesamt 8 Leitungsbandfunktionen. Da die Spin-Bahn-Aufspaltung im zweiten, höher liegenden Leitungsband klein ist gegen den Energieabstand zum Valenzband, vernachlässigt man sie. Man kann die Matrixelemente H'_{ij} wie in den Beispielen zum „2. Fall" ausrechnen (allerdings mit deutlich höherem Rechenaufwand) und die Matrix dann diagonalisieren. Durch die Zumischung der Γ_{5c}-Leitungsbandfunktionen werden jetzt die Valenzbänder anisotrop.

Für hinreichend großes Δ_0 kann die (6x6)-Matrix in eine (4x4)-Matrix für die hh- und lh-Bänder sowie eine (2x2)-Matrix für das so-Band faktorisiert werden, deren Diagonalisierung die folgenden analytischen Dispersionsrelationen für die Löcher ergeben:

$$\boxed{\begin{array}{l} E_v(\vec{k}) = Ak^2 \pm \sqrt{B^2k^4 + C^2\left(k_x^2k_y^2 + k_y^2k_z^2 + k_z^2k_x^2\right)} \\ E_v(k) = -\Delta_0 + Ak^2 \end{array}} \quad \begin{array}{l} \begin{cases} +: \text{lh} \\ -: \text{hh} \end{cases} \\ \text{so} \end{array}$$

In diesen Ausdrücken sind die hh- und lh-Bänder anisotrop, während das so-Band isotrop bleibt. Diese Ausdrücke sind zuerst von G. Dresselhaus, A.F. Kip, C. Kittel, Phys. Rev. **98**, 368 (1955) abgeleitet worden, allerdings in einer etwas anderen formalen Behandlung des Problems.

A, B, C sind von der Dimension $\hbar^2/2m_0$ (entsprechen also reziproken Massen) und heißen *Valenzbandparameter.* Sie sind Abkürzungen für kompliziertere Ausdrücke, in denen Impulsmatrixelemente, Massen und die Differenzenergien der wechselwirkenden Bänder stehen. A, B, C werden experimentell bestimmt (siehe Abschnitt 4.3).

In der Literatur findet man häufig die sogenannten *Luttinger-Parameter* γ_1, γ_2 und γ_3 zitiert. Sie beziehen sich auf eine – formal wiederum unterschiedliche – Ableitung der oben genannten Dispersionsrelation der Löcher durch J.M. Luttinger (Phys. Rev. **102**, 1030 (1956)). Es gelten die Beziehungen:

$$\gamma_1 = -A$$

$$\gamma_2 = -B/2$$

$$|\gamma_3| = (1/2) \cdot \sqrt{(C^2/3) + B^2}$$

3.9 Dispersionsrelationen von Phononen

Bei Messungen elektronischer Eigenschaften von Kristallen spielen oft auch Phononen eine Rolle. Daher fassen wir hier einige Grunddaten zu den phononischen Dispersionsrelationen der gewählten Standardhalbleiter Ge, Si und GaAs zusammen.

Zur Beschreibung elastischer Gitterwellen mit Ausbreitungsvektor $\vec{k}$ in den niedrig indizierten Richtungen [100], [110] und [111] kann man in kubischen Kristallen statt einzelner Atome ganze Netzebenen betrachten. Deren Auslenkung aus der Gleichgewichtslage parallel oder senkrecht wird dann durch *eine* Koordinate (Amplitude) $s(\vec{r}, \vec{k}, t)$ gegeben.

Beschränkt man sich auf Kräfte ausschließlich zwischen Nachbarebenen, so folgt aus den Bewegungsgleichungen der gekoppelten Netzebenen:

- für Kristalle mit einem Atom pro Elementarzelle:

$$\omega = \sqrt{\frac{4C}{M}} \cdot \sin\left(\frac{ka}{2}\right)$$

- für Kristalle mit zwei (verschiedenen) Atomen pro Elementarzelle:

$$\omega^2 = \frac{C}{M_1 M_2}\left[(M_1 + M_2) \pm \sqrt{M_1^2 + M_2^2 + 2M_1M_2 \cos ka}\right]$$

Es sind dabei M: Masse der Atome; a: Gitterkonstante; C: Kraftkonstante zwischen benachbarten Netzebenen, verschieden für longitudinale (L) oder transversale (T) Schwingung).

Im Falle großer Wellenlängen ($ka \ll 1$) findet man im letzteren Fall die Näherungslösungen

a) $\omega_+^2 = 2C\left(\frac{1}{M_1} + \frac{1}{M_2}\right) - \frac{C}{2(M_1 M_2)}(ka)^2$

Dies ist die Dispersionsrelation *optischer Phononen.* In dieser Näherung mit $ka \ll 1$ schwingen die Netzebenen (fast) gegenphasig. In einem polaren Kristall ist mit dieser Schwingung ein Dipolmoment verknüpft, das mit Photonen wechselwirken kann, daher der Name optischer Phononenzweig.

b) $\omega_-^2 = \frac{C}{2(M_1 M_2)}(ka)^2$

Dies ist die Dispersionsrelation *akustischer Phononen.* In dieser Näherung mit $ka \ll 1$ schwingen die Netzebenen (fast) in Phase.

Am Rande der Brillouinzone, $k = \pm \pi / a$, sind die Schwingungsfrequenzen:

$$\omega_+^2 = 2C / M_2 \text{ (optisch) und } \omega_-^2 = 2C / M_1 \text{ (akustisch).}$$

Neutronenstreuexperimente liefern die folgenden empirischen Dispersionsrelationen für Ge, Si und GaAs und $\vec{k} \parallel [100]$ (folgende Skizzen nach H. Schaumburg, Halbleiter, Teubner 1991). Originaldaten:

Ge:	B.N. Brockhouse, P.K. Iyengar, Phys. Rev. **111**, 747 (1958)
Si und Ge:	B.N. Brockhouse, Phys. Rev. Lett. **2**, 256 (1959); G. Nilson, G. Nelin, Phys. Rev. B **6**, 3777 (1972)
GaAs:	J.L.T. Waugh, G. Dolling, Phys. Rev. **132**, 2410 (1963)

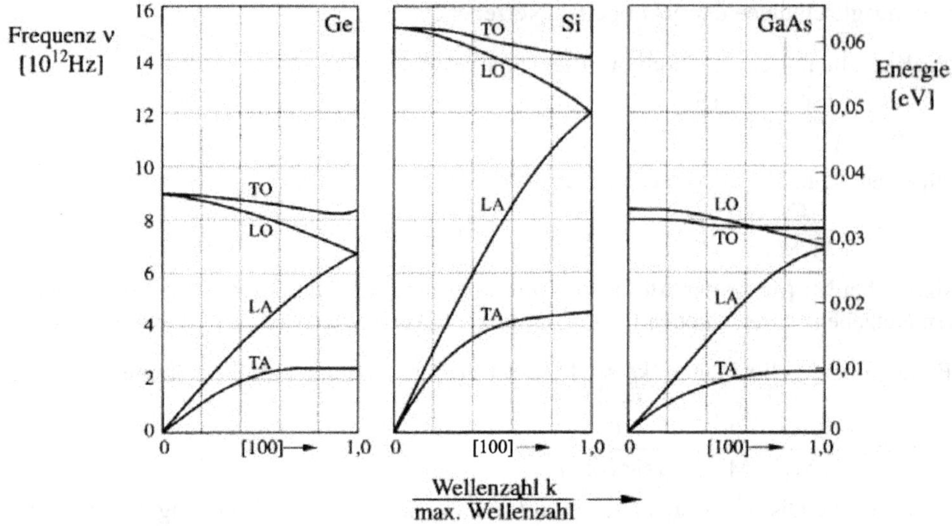

Abb. 3.10 *Gemessene Phononen-Dispersionen ν(k) bzw. Energien ħΩ(k) für Ge, Si und GaAs und $\vec{k}$ ||[100]. Nomenklatur TO – transversal-optisch; LO – longitudinal-optisch; LA – longitudinal-akustisch; TA – transversal-akustisch. Die transversalen Schwingungen sind jeweils noch zweifach entartet. Die Entartung wird für $\vec{k}$ entlang höher indizierter Kristallrichtungen aufgehoben.*

4 Bestimmung von Bandstrukturparametern

Literatur

B. Lax, Rev. Mod. Phys. **30**, 122 (1958)

In vielen Experimenten werden Übergänge zwischen verschiedenen Bandzuständen von Elektronen und/oder Löchern ausgemessen. Dabei spielen die Zustandsdichten der Bänder eine wichtige Rolle. Daher behandeln wir zunächst Zustandsdichten.

4.1 Zustandsdichte („density of states")

Die Zustandsdichte D gibt die Anzahl der Zustände im $\vec{k}$-Raum (oder im Energiebereich E) bei einem festen $\vec{k}$-Wert (oder E-Wert) innerhalb eines kleinen Intervalls $\Delta\vec{k} = d\vec{k}$ (oder dE) an.

Zustandsdichte im $\vec{k}$-Raum

Man erhält durch Abzählung von Zuständen (stehende Wellen) im Dreidimensionalen $D(\vec{k})d\vec{k} = \frac{1}{(2\pi)^3}d\vec{k}$ pro Volumen (allgemein pro k-Freiheitsgrad und pro Volumen $\frac{1}{2\pi}$).

Zustandsdichte im E-Raum

Man hat alle Zustände im k-Raum, die bei der gleichen fest gewählten Energien E_0 liegen, aufzusummieren. Die Energie E_0 kann später wieder frei variiert werden.

$$D(E_0) = \int D(\vec{k})\delta\{E(\vec{k}) - E_0(\vec{k})\}d\vec{k}$$

Der Ausdruck kann umgeschrieben werden in ein Integral über eine Fläche konstanter Energie E_0 im k-Raum:

$$\boxed{D(E_0) = \int_{E=E_0} D(\vec{k}) \frac{d^3k}{|\nabla_k E(\vec{k})|}}$$

Bei Berücksichtigung des Spins tritt der Faktor 2 hinzu.

Beispiel

Angenommen sei eine parabolische, eindimensionale Bandstruktur.

$$E = \frac{\hbar^2}{2m} k^2 \qquad \text{(k ist Skalar!)}$$

Dann ist

$$|\operatorname{grad}_k E(k)| = \left|\frac{\hbar^2}{2m} \cdot 2k\right| = \frac{\hbar^2}{2m} \cdot 2 \cdot |k|$$

$$D(E_0) = \underbrace{2}_{\text{Spin}} \cdot \frac{2m}{\hbar^2} \cdot \int_{E_0} \underbrace{\frac{1}{2\pi}}_{D(k)/Vol} \cdot \frac{dk}{2|k|} = 2 \cdot \frac{2m}{\hbar^2} \cdot \frac{1}{2\pi} \cdot \underbrace{\sum_{E_0} \frac{1}{2|k_0|}}_{1/k_0}$$

Bei der eindimensionalen Bandstruktur gibt es für festes E_0 nur die Punkte $-k_0$ und k_0, die zum Integral beitragen.

Mit

$$k_0 = \sqrt{\frac{2m}{\hbar^2} E_0}$$

erhält man:

$$D(E_0) = \frac{1}{\pi} \sqrt{\frac{2m}{\hbar^2}} \cdot \frac{1}{\sqrt{E_0}}$$

Nach entsprechenden Rechnungen für den 2D- und 3D-Fall, die in ähnlich einfacher Weise durchgeführt werden können, ergeben sich die Ausdrücke:

$$D^{(1)}(E)=\frac{1}{\pi}\sqrt{\frac{2m}{\hbar^2}}\frac{1}{\sqrt{E}}$$ für 1D

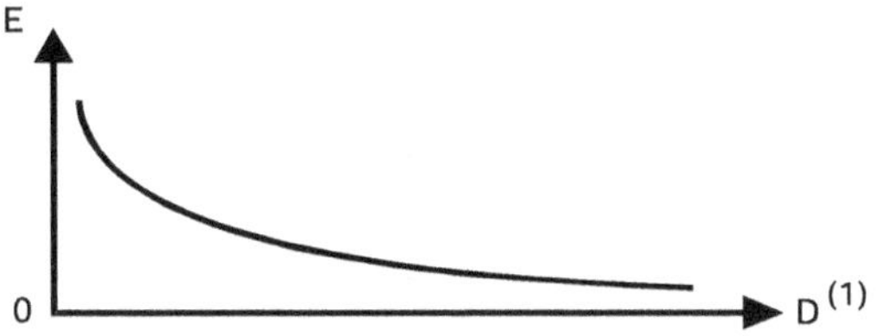

$$D^{(2)}(E)=\frac{1}{2\pi}\left(\frac{2m}{\hbar^2}\right)$$ für 2D

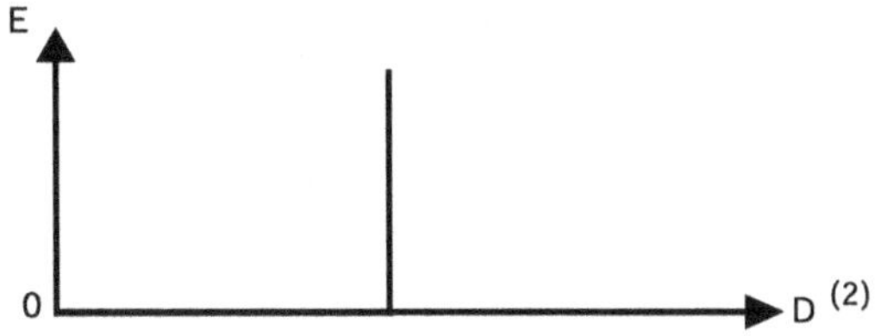

$$D^{(3)}(E)=\frac{1}{2\pi^2}\left(\frac{2m}{\hbar^2}\right)^{3/2}\cdot\sqrt{E}$$ für 3D

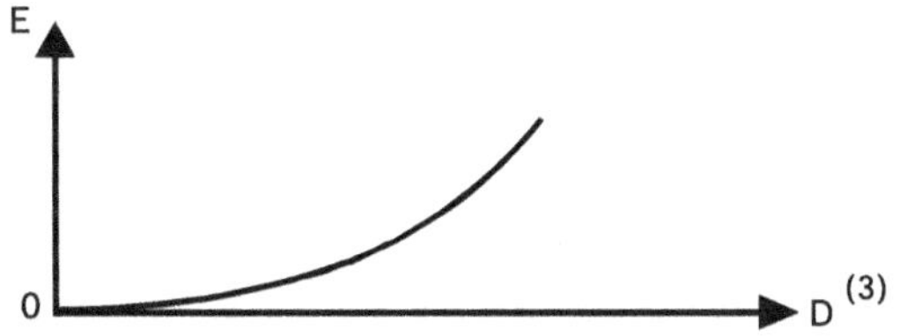

Ein nützlicher Wert ist hier: $\frac{\hbar^2}{2m_0}=3{,}81\times10^{-13}\ \text{meVcm}^2$

4.2 Optische Experimente

In diesem Abschnitt diskutieren wir Absorptionsexperimente in sehr unterschiedlichen Wellenlängenbereichen vom Ferninfrarot bis ins Ultraviolett und darüber hinaus. Absorption von Licht im Bereich der Bandkante $h\nu \geq E_g$ wird später in Kapitel 9 gemeinsam mit Lichtemission noch detaillierter untersucht.

Bei allen Übergängen gelten die Erhaltungssätze für Energie und Quasi-Impuls (Wellenzahl):

Energieerhaltung	$h\nu_{phot}=E_f-E_i\left(\pm\hbar\Omega_{phon}\right)$	i: „initial“ (Anfangszustand)
Wellenzahlerhaltung	$\vec{k}_{phot}=\vec{k}_f-\vec{k}_i\left(\pm\vec{k}_{phon}\right)\approx 0$	f: „final“ (Endzustand)

Wir betrachten den Absorptionskoeffizient α mit der Definition $\alpha=-\frac{dI}{dx}\cdot\frac{1}{I}$. Er beschreibt die Schwächung einer Lichtwelle mit der Intensität I beim Durchlaufen eines Mediums in Richtung x. Der Absorptionskoeffizient ist abhängig von der Photonenenergie $h\nu$ und proportional zur Übergangswahrscheinlichkeit W_{if} vom Anfangszustand i zum Endzustand f nach Fermis goldener Regel:

$$W_{if} = \frac{2\pi}{\hbar}|M_{if}|^2 \cdot \delta(E_i - E_f + h\nu) \cdot \rho(E_f).$$

Darin ist M_{if} das Matrixelement des Licht-Dipoloperators $e\vec{r}$:

$$M_{if} = < f|e\vec{r}|i > = \int \Psi_f^* \cdot e\vec{r} \cdot \Psi_i dV.$$

(Diese Dipolnäherung gilt, wenn die Lichtwellenlänge groß gegen die Ortsausdehnung der elektronischen Wellenfunktionen ist (vgl. in Kapitel 9 den Kasten „Optische Dipolübergänge".) $\rho(E_f)$ ist die Dichte der Zustände im Endzustand. Ferner gehen in $\alpha(h\nu)$ die Zustandsdichten des Anfangs- und des Endzustandes ein sowie die Wahrscheinlichkeiten, daß der Anfangszustand besetzt und der Endzustand nicht besetzt ist. Es spielen also die Größen $D(E_i)$ $f(E_i)$ und $D(E_i + h\nu)\cdot[1-f(E_i + h\nu)]$ eine Rolle. Dabei ist f(E) die Fermi-Dirac-Besetzungsfunktion der Elektronen.

4.2.1 Fundamentalabsorption

Wir behandeln hier übersichtsweise Bandkantenabsorption (Fundamentalabsorption) für einen Halbleiter mit direktem bzw. indirektem Leitungsbandminimum. Dabei nehmen wir an, daß die Anfangszustände i im Valenzband vollständig besetzt und die Endzustände f im Leitungsband vollständig unbesetzt sind, also $f_i = 1$, $f_f = 0$. Das ist gerechtfertigt, da mit $E_g >> kT$ thermische Anregung von Valenzbandelektronen vernachlässigbar ist. Das Übergangsmatrixelement wird im bandkantennahen Energiebereich als konstant angenommen. Der Pfeil für den Photonen-Übergang mit $h\nu = hc/\lambda$ und $k = 2\pi/\lambda$ ist auf der durch die Brillouinzone $k = 2\pi/a_0$ (oder vergleichbar) definierten k-Skala wegen $\lambda >> a_0$ praktisch senkrecht.

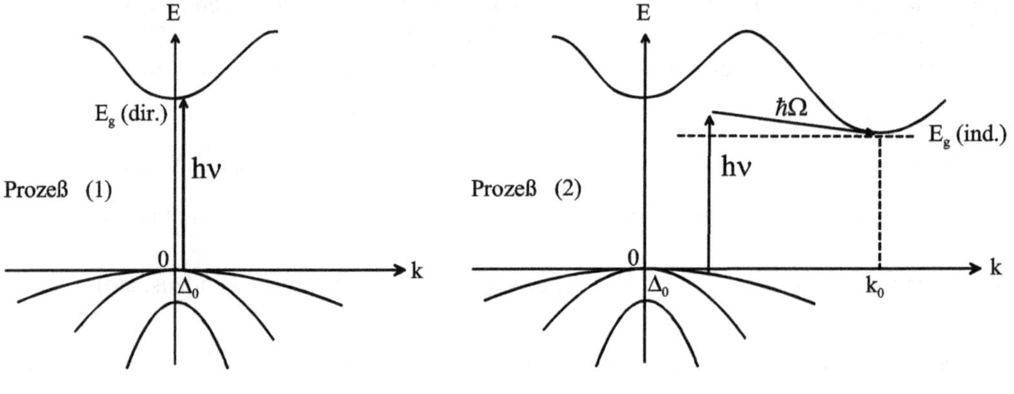

Abb. 4.1 *Direkte Übergänge (links) und indirekte Übergänge mit Phononbegleitung (rechts) bei der Fundamentalabsorption.*

(1) Direkte Interband-Übergänge

Es gilt:

$$\boxed{\alpha \sim \left(m^*_{Komb}\right)^{3/2} \cdot \frac{1}{h\nu} \cdot \left(h\nu - E_g\right)^{1/2}} \qquad \text{mit} \qquad \frac{1}{m^*_{komb}} = \frac{1}{m^*_e} + \frac{1}{m^*_h}$$

Die Wurzelabängigkeit von hν und die kombinierte Masse m^*_{Komb} ergeben sich aus der Überlegung, daß bei direkten Übergängen wegen $k_{phot} \approx 0$ auf der k-Skala der Bandstruktur Anfangs- und Endzustände bei praktisch gleichem k-Wert verknüpft werden:

$$\Delta E_{i,f} = h\nu = E_L(\vec{k}) - E_V(\vec{k}) = \left(\frac{\hbar^2}{2m^*_e} + \frac{\hbar^2}{2m^*_h}\right)\vec{k}^2 = \left(\frac{1}{m^*_e} + \frac{1}{m^*_h}\right)\frac{\hbar^2\vec{k}^2}{2}$$

Man kann $\Delta E_{i,f}$ $(\vec{k})$ als kombinierte Bandstruktur für den optischen Übergang betrachten mit der *kombinierten Zustandsdichte für 3D-Kristalle*:

$$D(\Delta E)_{komb} = \frac{1}{2\pi^2}\left(2m^*_{komb} / \hbar^2\right)^{3/2} \cdot (\Delta E - E_g)^{1/2}$$

Für α ergibt sich daraus der oben angegebene Ausdruck, der i.w. durch die kombinierte Zustandsdichte bestimmt ist.

Das Split-off-Band der Löcher liefert einen überlagerten Beitrag derselben Form, so daß ein experimentelles Spektrum α(hν) wie nebenstehend abgebildet aussieht.

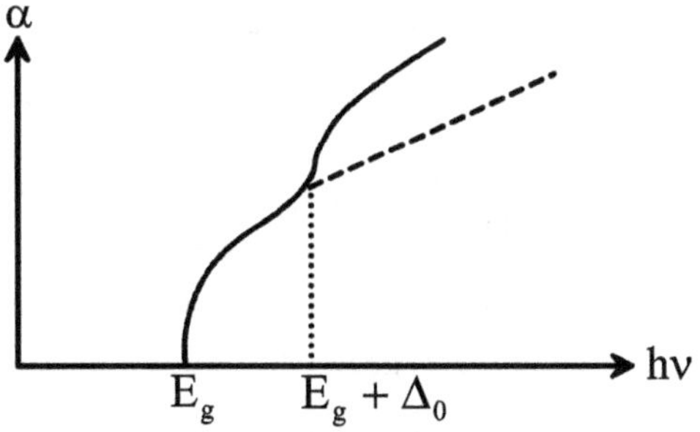

Der Ausdruck $\alpha \sim 1/h\nu\left(h\nu - E_g\right)^{1/2}$ gilt für sogenannte „erlaubte“ Übergänge: Das Matrixelement des Dipoloperators zwischen Valenzband- und Leitungsbandfunktionen ist unter Symmetrie-Gesichtspunkten ungleich Null. Für direkte Halbleiter mit kubischer Symmetrie hat man beispielsweise am Γ-Punkt die gruppentheoretischen Darstellungen / Symmetriezuordnungen

$$(VB): \underbrace{\Gamma_8 / p-artig}_{J=3/2} \xrightarrow[\text{Dipoloperator } e\vec{r}]{\Gamma_5 / \text{p-artig}} (LB): \underbrace{\Gamma_6 / s-artig}_{J=1/2}$$

so daß dieser Übergang bei k = 0 Dipol-erlaubt ist. Ebenso erlaubt sind benachbarte Übergänge bei $k \neq 0$. Dies ist die Basis jeglicher Halbleiter-Optoelektronik. Wenn keine „erlaubten“ Übergänge möglich sind, gilt

$$\boxed{\alpha \sim \frac{1}{h\nu} \cdot \left(h\nu - E_g\right)^{3/2}} \qquad \text{für „verbotene“ Übergänge.}$$

Der Ausdruck stammt aus dem Term des Matrixelements, der den sehr kleinen k-Wert des Lichts enthält (vgl. Kapitel 9).

Im folgenden Kasten sind am Beispiel von InSb erlaubte und verbotene Übergänge zur Anpassung an experimentelle Absorptionsdaten berücksichtigt worden.

(2) Indirekte Interband-Übergänge

Hier ist die Beteiligung von Phononen nötig, die die Wellenzahldifferenz Δk zwischen Valenzbandmaximum und Leitungsbandminimum übernehmen. Bei hohen Temperaturen können Phononen erzeugt oder (thermisch vorhandene) Phononen vernichtet werden, so daß α zwei Terme enthält:

$$\alpha \sim C_{abs} \cdot \frac{1}{h\nu} \cdot \underbrace{\left(h\nu + \hbar\Omega_{ph} - E_g\right)^2}_{\text{Phonon-Absorption}} + C_{em} \cdot \frac{1}{h\nu} \cdot \underbrace{\left(h\nu - \hbar\Omega_{ph} - E_g\right)^2}_{\text{Phonon-Emission}}$$

Die quadratische Energieabhängigkeit folgt aus der Summation über alle Zustände im VB und im LB, die bei Phononenbeteiligung miteinander durch $h\nu$ verbunden werden können: Sie ist ein Ergebnis der Überschiebung oder Faltung der Zustandsdichten (s. Kapitel 9).

Für tiefe Temperaturen hat man nur Übergänge mit Phononenemission:

$$\boxed{\alpha \sim \frac{1}{h\nu} \cdot \left(h\nu - \hbar\Omega_{ph} - E_g\right)^2}$$

Als Beispiel sind im folgenden Kasten Absorptionsspektren von Si im Bandkantenbereich in der Auftragung $\sqrt{\alpha}$ gegen $h\nu$ dargestellt.

Beobachtet wird insbesondere:

- $\sqrt{\alpha}$ ist proportional zu $h\nu$ wie erwartet.
- Der Einsatzpunkt von α ist gegenüber E_g um die Energie der beteiligten TO- und TA-Phononen verschoben; es kommt zu einer Überlagerung von TO- und TA-Phonon-assistierten Absorptionskurven. Die Dispersionskurven dieser Phononen sind in der Umgebung von k_0 sehr flach, unabhängig vom k-Übertrag wird also praktisch die gleiche Phononenenergie $\hbar\Omega_{ph}(TA) = 18{,}7$ meV und $\hbar\Omega_{ph}(TO) = 58{,}1$ meV „verbraucht".
- Es existiert eine Kniestruktur bei Einsatz von α durch Bildung von Exzitonen bei tiefer Temperatur (Kapitel 9):

$$\boxed{\alpha_{Exz}^{ind} \sim \frac{1}{h\nu} \cdot \left(h\nu - E_g + E_{Exz} - \hbar\Omega_{ph}\right)^{1/2}}$$

Experimentelle Absorptionsspektren an der Fundamentalkante E_g

Direkter Halbleiter: InSb

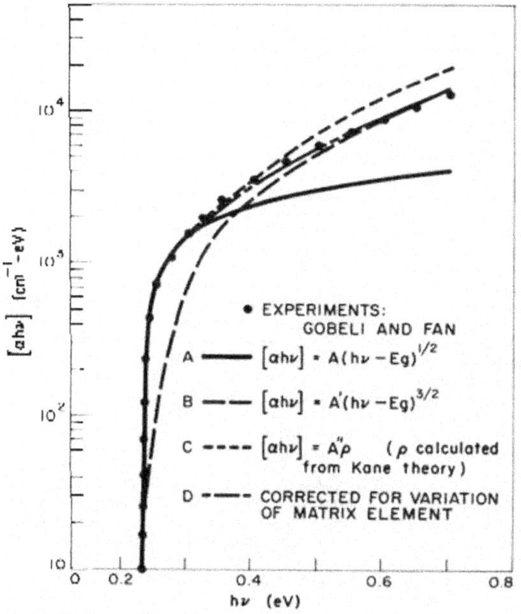

Abb. links: Direkte Fundamentalabsorption in InSb mit experimentellem Ergebnis und verschiedenen Termen zur Anpassung. Nach E.J. Johnson, in R.K. Willardson, A.C. Beer (Hg.), Optical Properties of III-V Compounds, Semiconductors and Semimetals, Academic Press Volume **3**, S. 153 (1967).

Abb. unten links: Absorptionsspektrum von hochreinem Silizium bei verschiedenen Temperaturen. Das Einsatzdiagramm zeigt, mit welch geringer Ungenauigkeit die einzelnen Meßpunkte behaftet sind. Nach G.G. MacFarlane, T.P. McLean, J.E. Quarrington, V. Roberts, Phys. Rev. **111**, 1245 (1958).

Abb. unten rechts: Zerlegung des Absorptionsspektrums bei 4,2K in seine zwei Komponenten. Nach G.G. MacFarlane, T.P. McLean, J.E. Quarrington, V. Roberts, Phys. Rev. **111**, 1245 (1958).

Indirekter Halbleiter: Si

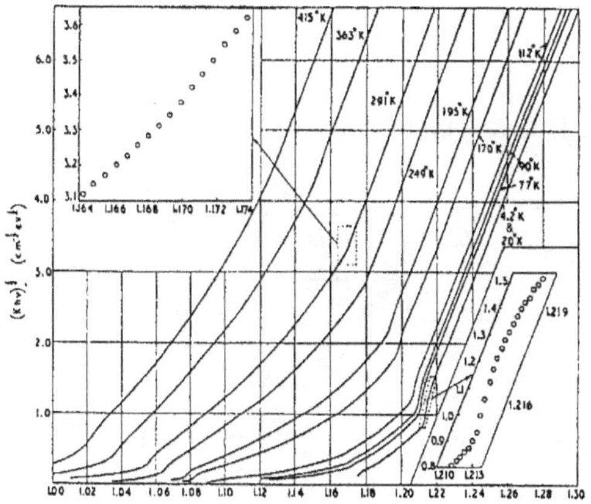

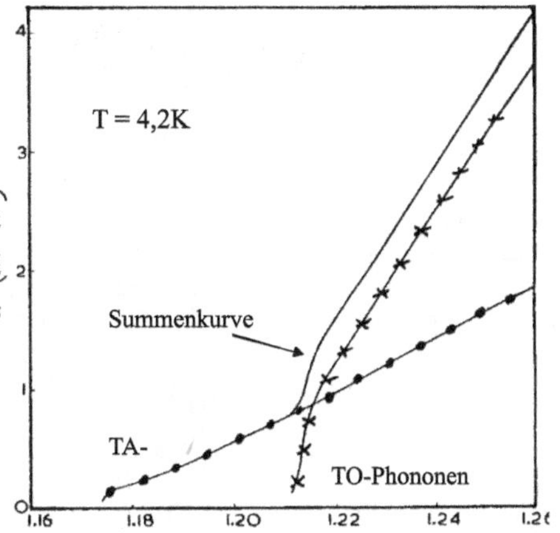

Temperaturabhängigkeit der Bandlücke

Experimentelle Daten:

Aus den umseitigen Daten zur Fundamentalabsorption in Silizium ergibt sich, daß die Bandlücke von ihrem maximalen Wert bei T = 0 für erhöhte Temperaturen zunächst etwa quadratisch, später etwa linear in T abnimmt. Ähnlich ist der Verlauf von $E_g(T)$ für die anderen Halbleiter. Beispiele für Si, Ge und GaAs werden im nebenstehenden Diagramm gegeben.

Die Ursachen für die Temperaturabhängigkeit der Bandlücke liegen in der thermischen Expansion des Gitters und der Erniedrigung des effektiven Potentials durch Elektron-Phonon-Streuung.

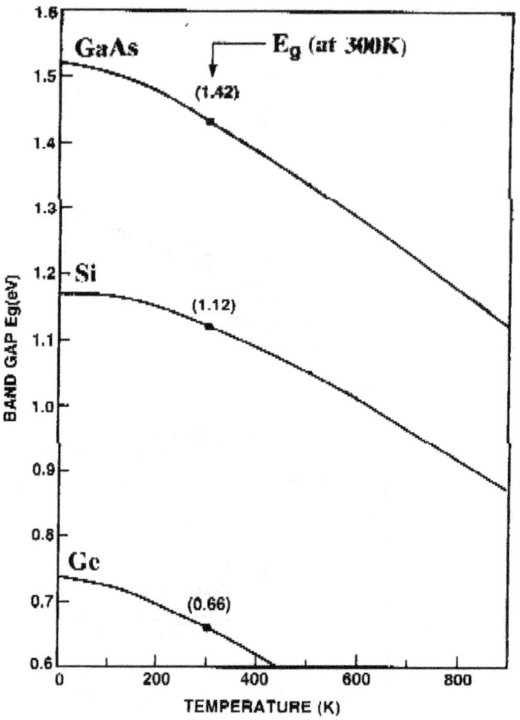

Abb. 4.2 Messungen der Bandlücke über der Temperatur von GaAs, Si und Ge. Aus C.D. Thurmond, J. Electrochem. Soc. ***122****, 1133 (1975).*

Phänomenologische Beschreibung:

Varshni-Formel (Y.P. Varshni, Physica **34**, 149 (1967))

$$E_g(T) = E_g(0) - \frac{aT^2}{T+b}$$

Der Parameter b ist ungefähr gleich der Debye-Temperatur Θ_{Debye}.

Tab. 4.1 Anpaßparameter $E_g(0)$, a und b für die Varshni-Formel. b spiegelt die Debye-Temperatur θ_{Debey} wieder, die ihrerseits mit der maximalen (O^Γ-)Phononenenergie $\hbar\Omega_{max}\approx k\theta_{Debey}$ bei k=0 verknüpft ist.

HL	$E_g(0)$ in eV	a in 10^{-4} (eV/K)	b in K	$\hbar\Omega_{max} \rightarrow \theta_{Debye}$
Si	1,170	4,73	636	64,5 meV → 750 K
Ge	0,744	4,774	235	36,1 meV → 420 K
GaAs	1,515	5,405	204	32 meV → 370 K

(Forts.)

(Forts.)
Viña-Formel (L. Viña, S. Logothetidis, M. Cardona, Phys. Rev. B **30**, 1979 (1984)):

$$E_g(T) = E_g(0) - A\left(1 + \frac{2}{e^{\hbar\Omega/kT} - 1}\right)$$

Der Bruch in der Klammer ist der Besetzungsfaktor der Bose-Einstein-Statistik, der die Zahl der thermisch angeregten Phononen mit Energie $\hbar\,\Omega$ beschreibt. $\hbar\,\Omega$ ist hier eine gemittelte Phononenenergie. Die größten Beiträge in der Wichtung (Phononen-Zustandsdichte!) ergeben sich für die optischen Phononen, so daß $\hbar\,\Omega \approx \hbar\,\Omega_{max} \approx k\theta_{Debye}$.

4.2.2 Übergänge in energetisch höhere Bänder

In höherenergetischen Bändern treten in der Bandstruktur neben Maxima oder Minima auch Sattelpunkte auf. In einem Sattelpunkt sind entweder die Krümmungen (Massen) in zwei Richtungen des $\vec{k}$-Raums positiv und in der dritten Richtung negativ oder umgekehrt. An diesen Punkten ist $\text{grad}_k\, E = 0$. Der Integrand im Ausdruck für die Zustandsdichte D(E) enthält $\text{grad}_k\, E$ im Nenner, er wird daher singulär. Die Zustandsdichte hat Knicke, man spricht von kritischen Punkten oder Van-Hove-Singularitäten.

Für die Zustandsdichte ergeben sich vier Typen; sie werden durch einen Index i charakterisiert, der die Anzahl negativer Massen angibt.

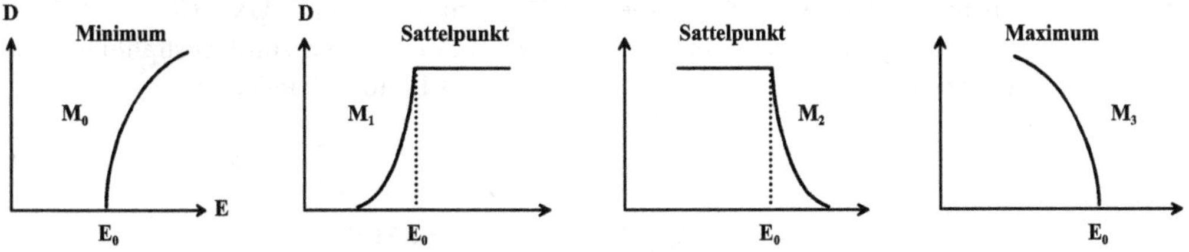

Zur Veranschaulichung dienen folgende Überlegungen:

Typ M_0: Das Band hat ein Minimum bei der Energie E_0, die Massen sind in allen drei k-Richtungen positiv (i = 0). Die Zustandsdichte ist proportional zu $\sqrt{E}$ wie in Abschnitt 4.1 schon festgestellt.

Typ M_1: Das Band hat in zwei k-Richtungen bei E_0 ein Minimum, in der dritten k-Richtung hat es bei E_0 ein Maximum mit negativer Masse (i=1: Sattelpunktverhalten). Die Zustandsdichte D(E) ist konstant D_0 oberhalb E_0 und schließt unterhalb E_0 stetig mit einer Abhängigkeit proportional zu $-\sqrt{E_0 - E}$ an.

Für die Typen M_2 und M_3 hat man die Vorzeichen der hier betrachteten Krümmungen (Massen) gerade umzukehren.

Betrachtet man optische Übergänge zwischen Bändern, so sind direkte Übergänge dominant, da sie ohne Phononenbeteiligung auskommen. Das oben Gesagte ist dann anzuwenden auf die kombinierte Zustandsdichte. Die Abroptionskonstante α (hν) ist proportional zu

$$D_{\text{komb}}(h\nu) \sim \int\limits_{\substack{h\nu= \\ \text{const}}} \frac{d\vec{k}}{\left|\text{grad}_k(E_1(\vec{k}) - E_2(\vec{k})\right|}$$

und weist Knicke und Spitzen auf, die sich in experimentellen Absorptionsspektren wiederfinden: Ein Beispiel ist für Ge im folgenden Kasten dargestellt. (Anstelle von $\alpha(h\nu)$ ist dort $\varepsilon_2(h\nu) = (nc/2\pi\nu) \cdot \alpha(h\nu)$ aufgetragen.)

4.2.3 Rumpfniveau-Spektroskopie („core level spectroscopy")

Hier handelt es sich um hochenergetische Übergänge aus tiefliegenden dispersionslosen Valenzband-Rumpfniveaus in Leitungsbänder. Als Beispiel gezeigt sind Übergänge in GaAs aus Ga 3d-Rumpfzuständen, die durch Spin-Bahn-Wechselwirkung zwischen l=2-Bahndrehimpulszuständen und s=1/2-Spinzuständen im starken Rumpfpotential um 0,44 eV aufgespalten sind. Im T_d-symmetrischen Kristallpotential spaltet der J=5/2-Zustand weiter auf, allerdings um einen hier vernachlässigbaren Betrag. Als Lichtquelle zur Anregung bei den großen Photonenenergien weit über die Grenze zum Vakuum-UV (hν $\approx$ 6 eV, λ $\approx$ 200 nm) hinaus eignet sich aus Intensitätsgründen besonders Synchrotronstrahlung. Das experimentelle Spektrum bildet i.w. die Zustandsdichte der Leitungsbänder ab.

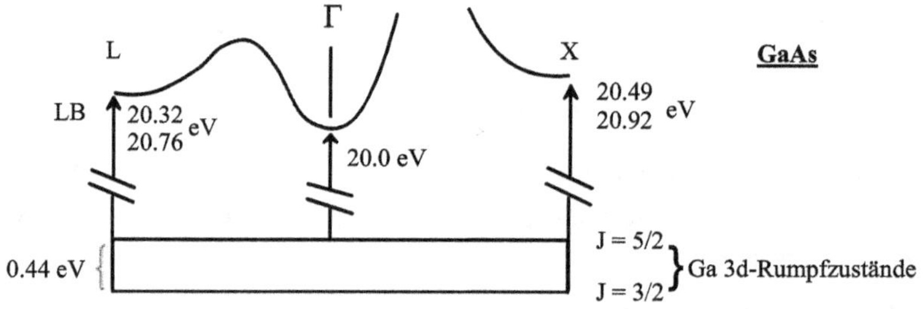

Abb. 4.3 *„Optische" Übergänge (mit Synchrotron-Strahlung) von GaAs aus dispersionslosen, tiefliegenden Rumpfzuständen in Leitungsbandzustände zwischen L, Γ und X.*

Absorption α (bzw. ε_2) von Ge weit über E_g

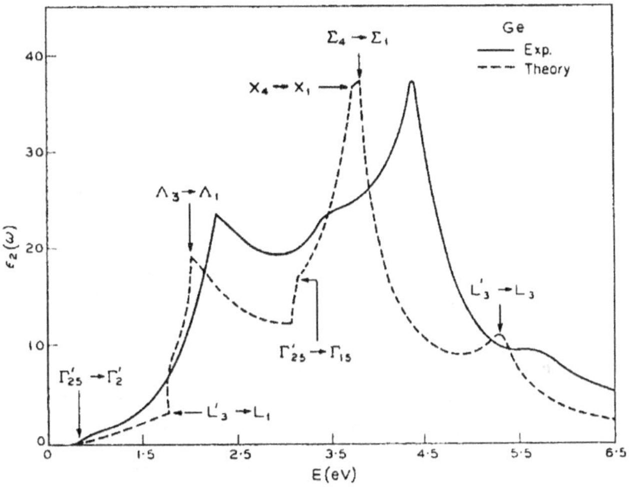

Abb. 4.4 *Imaginärteil der dielektrischen Funktion $\varepsilon_2(h\nu) = (nc/2\pi\nu) \cdot \alpha(h\nu)$ für Ge Vergleich von Reflexionsmessungen und Pseudopotentialrechnungen von Brust, Bassani und Phillips. Aus D.L. Greenaway and G. Harbeke, Optical Properties and Band Structure of Semiconductors, Pergamon, New York (1968).*

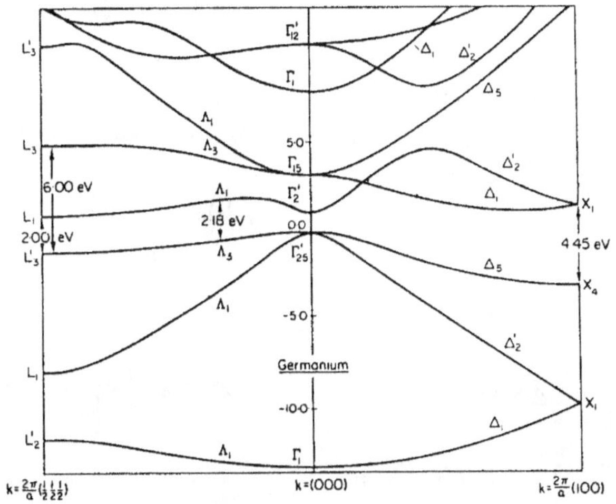

Abb. 4.5 *Bandstruktur von Ge für $\vec{k}$ || [100] und [111] nach kp-Störungsrechnungen von Cardona und Pollak, aus der das Absorptionsspektrum der Abb. oben verständlich wird. Aus D.L. Greenaway and G. Harbeke, Optical Properties and Band Structure of Semiconductors, Pergamon, New York (1968).*

4.2.4 Übergänge in Schichtstrukturen (2D-Systeme)

Der wichtigste Fall betrifft Doppelheterostrukturen, in denen das Schichtmaterial eine kleinere Bandlücke hat als das beidseitig einbettende Material. Ferner sollen die Bandkantensprünge („band-offsets", „band discontinuities", „band alignments") ΔE_c und $\Delta E_v = \Delta E_g - \Delta E_c$ im Leitungs- und Valenzband abrupt sein und zum Ladungsträgereinschluß („confinement" in den bindenden Rechteckpotentialen) führen. Das Standardmaterialsystem ist AlGaAs/GaAs/AlGaAs. Bei genügend kleinen Schichtdicken liegt ein Quantentopf mit Elektronen- und Lochzuständen vor, die senkrecht zur Schichtebene quantisiert sind, in der Schichtebene dagegen eine verbleibende zweidimensionale Bandstruktur besitzen.

Die niedrigsten Energiezustände sind durch den Quanteneinschlußeffekt gegen die Bandkante höherenergetisch verschoben, und es ergeben sich je nach Topfbreite (Schichtdicke), Potentialhöhe und effektive Massen weitere quantisierte Energieniveaus im Topf bei höheren Energien. Die Absorptionsspektren zeigen die charakteristische treppenstufenartige Abfolge von Übergängen mit konstanter kombinierter 2D-Zustandsdichten und exzitonischer Überhöhung an den Einsatzenergien. Experimentelle Spektren für AlGaAs/GaAs/AlGaAs-Quantentopfstrukturen mit Typ-I-Bandanordnung sind im folgenden Kasten gezeigt. In Typ-II-Heterostrukturen sind Übergänge wie unten eingezeichnet möglich, da die Wellenfunktionen der Elektronen und Löcher bei endlich hohen Potentialen in die Barrierenbereiche hineinreichen.

Abb. 4.6 zeigt verschiedene Bandanordnungen in Doppelheterostrukturen/Quantenfilmen.

Typ-I-Heterostruktur
unterschiedliche Vorzeichen von ΔE_C, ΔE_V
(evtl. Quantentopf)

Typ-II-Heterostruktur
gleiche Vorzeichen
(„staggered heterostructure")

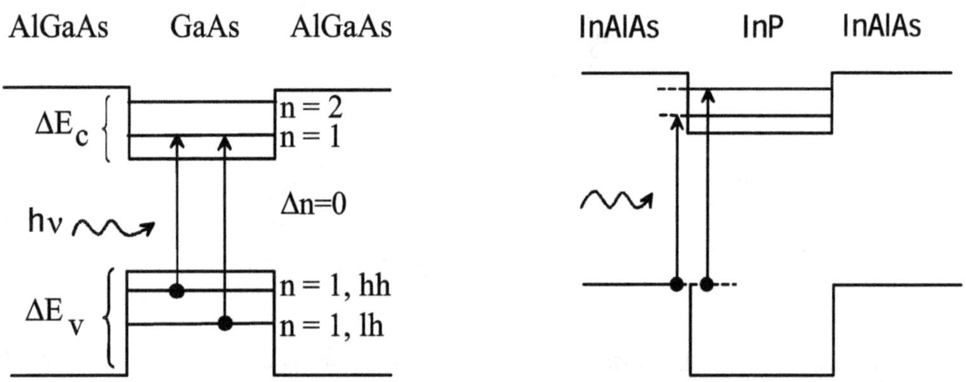

Abb. 4.6 *Verschiedene Bandanordnungen (Typ-I- und Typ-II-Heterostruktur) in Doppelheterostrukturen/Quantenfilmen mit optischen Übergängen. Typ-II-Übergänge wie eingezeichnet sind möglich durch das Eindringen der Elektronen- und Loch-Wellenfunktionen in die jeweiligen Barrieren. Zur Frage der Bandkantensprünge ("discontinuities") ΔE_c, ΔE_v sind im Anhang A7 einige Bemerkungen zu finden.*

Interbandabsorption von Quantenfilmen

Material-System: AlGaAs/GaAs/AlGaAs

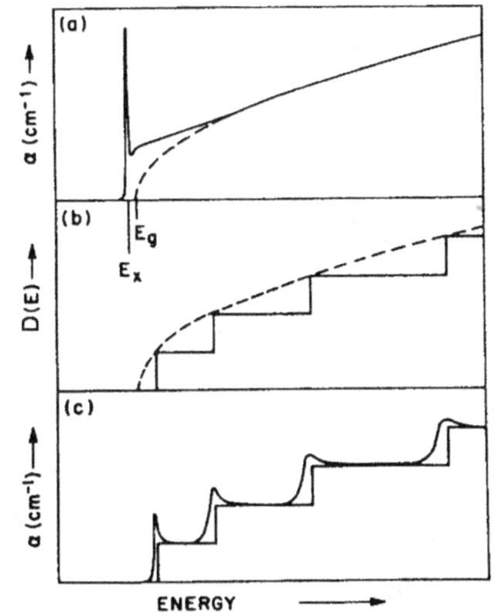

3D-GaAs:
Zustandsdichte D(E) bzw. α mit scharfer exzitonischer Absorption (vgl. Kap. 9)

2D-GaAs:
Zustandsdichte D(E) im Vergleich zum 3D-Fall

2D-GaAs:
Absorptionsspektren (schematisch) ohne und mit Exziton-Effekten

Abb. 4.7 *Theoretisch erwartete Spektren von α (Absorption) und D (kombinierte Zustandsdichte) für drei- bzw. zwei-dimensionales GaAs.*

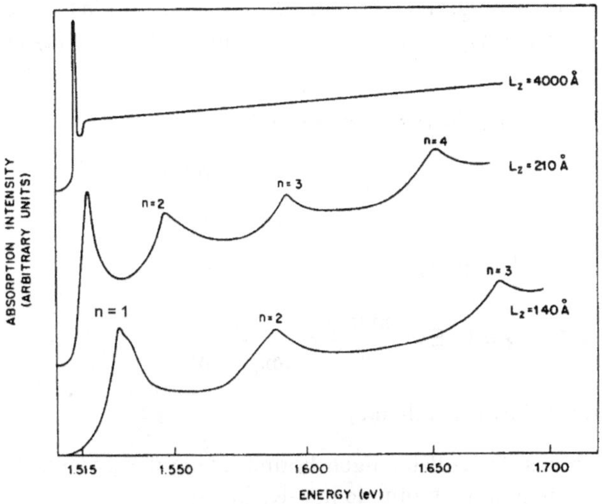

Experimentelle Daten:

Absorptionsspektrum von 3D-GaAs mit Exziton-Übergang

Absorptionsspektren bei 2K Probentemperatur von 2D-GaAs-Quantenfilmen mit Dicke L_z zwischen $Al_{0.2}Ga_{0.8}As$-Barrieren. Die Verschiebung der Maxima wird durch den Quanteneinschluß („quantum size")-Effekt bewirkt.

Abb. 4.8 *Gemessene Absorptionsspektren bei T = 2K für Volumen-GaAs (4000Å) und Schichten (2D) mit Dicken von 210Å und 140Å. Aus R. Dingle, Festkörperprobleme **XV**, 21 (1975).*

4.2.5 Experimenteller Grundaufbau im Spektralbereich NIR ... UV

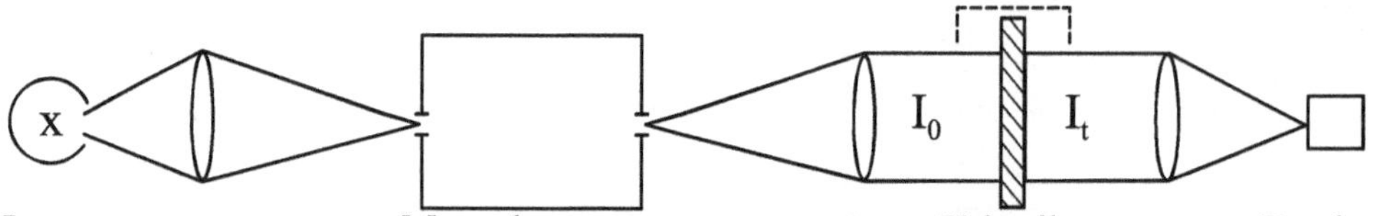

Gemessen wird die transmittierte Lichtintensität $I_t(h\nu) = I_0\,(h\nu)\exp[-\alpha(h\nu)\cdot d]$ gemäß dem Lambert-Beerschen Gesetz nach Durchgang durch den Kristall der Dicke d im Vergleich zur einfallenden Lichtintensität I_0, so dass

$$\alpha(h\nu) = \frac{1}{d}\ln I_0(h\nu)/I_t(h\nu).$$

4.2.6 Absorption durch freie Ladungsträger

Bei Einstrahlung von Licht mit der elektrischen Feldstärke E und der Frequenz ω werden Ladungsträger, die sich im thermischen Gleichgewicht in Leitungs- oder Valenzband befinden, zu Schwingungen angeregt; sind die Schwingungen durch Stoßprozesse mit Phononen gedämpft, wird die Lichtleistung in Wärme umgesetzt. Dieser Prozeß kann im klassischen Bild erzwungener Schwingungen (hier als Beispiel: von Elektronen im Leitungsband) behandelt werden.

Schwingungsgleichung	$m^* \ddot{x} + (m^*/\tau)\,\dot{x} = qEe^{i\omega t}$
Lösung	$x(t) = x_o \cdot e^{i\omega t}$ mit $x_0 = \frac{q/m^* \cdot E}{i\omega/\tau - \omega^2}$
Polarisation = Dipolmoment	$P = qn_o x_o$
Elektr. Polarisierbarkeit	$\chi = P/E = \frac{qn_0 x_0}{E} = \frac{q^2/m^* \cdot n_0}{i\omega/\tau - \omega^2}$

Parameter τ : Intrabandrelaxationszeit; n_o: Elektronendichte.

Die Absorptionskonstante α ergibt sich aus der vollständigen Formulierung der gedämpften ebenen Welle mit Ausbreitung in z-Richtung und Amplitude in x-Richtung:

$$E_x(z,t) = E_{0,x} \cdot e^{i(\omega t - kz)} \cdot e^{-\frac{\kappa\omega}{c}\cdot z} \quad \text{wobei } k = \frac{n\omega}{c}.$$

Die Leistungsdämpfung geht mit $|E|^2$, so daß für die Absorptionskonstante α der Ausdruck folgt

$$\boxed{\alpha = \frac{2\kappa\omega}{c} = \frac{4\pi\kappa}{\lambda}}\,.$$

Er verbindet die Absorptionskonstante mit der Extinktionskonstante κ (d.i. der Imaginärteil des komplexen Brechungsindex' n^*):

$$\begin{cases} n^* = n - i\kappa & \text{komplexer Brechungsindex, } \kappa\text{: Extinktionskonstante} \\ \varepsilon^* = \varepsilon_1 - i\varepsilon_2 = n^{*2} & \text{komplexe Dielektrizitätskonstante} \end{cases}$$

Aus der letzten Beziehung folgt:

$$\begin{cases} \varepsilon_1 = n^2 - \kappa^2 \\ \varepsilon_2 = 2n\kappa \end{cases}$$

ε_2 ergibt sich aus der elektrischen Polarisierbarkeit χ und der Verschiebungsdichte D:

$$D = \varepsilon_o\varepsilon_G\, E + \chi\, E = (\varepsilon_o\varepsilon_G + \chi)\, E = \varepsilon_o\varepsilon^*\, E$$

Dabei ist ε_G die Dielektrizitätskonstante des Kristallgitters ohne Elektronensystem.

Man hat also:

$$\varepsilon^* = \varepsilon_G + \chi/\varepsilon_o = \varepsilon_G + \frac{q^2 n_0}{m^*\varepsilon_0} \cdot \frac{1}{i\omega/\tau - \omega^2} = \varepsilon_G - \frac{q^2 n_0 \tau}{m^*\varepsilon_0\omega} \cdot \left(\frac{\omega\tau + i}{1+\omega^2\tau^2}\right)$$

Realteil von ε^*: $$\varepsilon_1 = n^2 - \kappa^2 = \varepsilon_G - \frac{q^2 n_0}{m^*\varepsilon_0} \cdot \frac{\tau^2}{(1+\omega^2\tau^2)}$$

Imaginärteil von ε^*: $$\varepsilon_2 = 2n\kappa = \frac{q^2 n_0}{m^*\varepsilon_0} \cdot \frac{\tau}{\omega} \cdot \frac{1}{(1+\omega^2\tau^2)}$$

Aus ε_2 folgt:

$$\boxed{\alpha = \frac{q^2 \tau\, n_0}{ncm^*\varepsilon_0} \cdot \frac{1}{1+\omega^2\tau^2}}\,.$$

Mit $\sigma_o = q\mu n_o$ und $\mu = \dfrac{q\tau}{m^*}$ läßt sich α auch schreiben als $\alpha = \dfrac{\sigma_0}{nc\,\varepsilon_0} \cdot \dfrac{1}{1+\omega^2\tau^2}$.

Grenzfälle

(1) Lange Wellen ($\omega\tau \ll 1$) und hohe Dotierung (quasi-metallischer Halbleiter): Im Ausdruck für ε_1 ist der 2. Term viel größer als ε_G, daher gilt:

$$\varepsilon_1 = -\frac{q^2 n_0 \tau^2}{m^* \varepsilon_0} \quad \text{und} \quad \varepsilon_2 = \frac{q^2 n_0 \tau}{m^* \varepsilon_0 \omega} = \frac{q^2 n_0 \tau^2}{m^* \varepsilon_0 \omega\tau} = -\frac{1}{\omega\tau}\varepsilon_1, \text{ also}$$

$$\frac{\varepsilon_1}{\varepsilon_2} = (n^2 - \kappa^2)/-2n\kappa = -\omega\tau \to 0, \qquad \text{damit wird } n \approx \kappa.$$

Aus $\varepsilon_2 = \dfrac{q^2 n_0 \tau}{m^* \varepsilon_0 \omega}$ folgt dann: $\boxed{\alpha = \sqrt{\dfrac{2q^2 n_0 \tau}{c^2 m^* \varepsilon_0} \cdot \omega} \sim \dfrac{1}{\sqrt{\lambda}}}$

(2) Kurze Wellen ($\omega\tau >> 1$) mit $\hbar\omega$ vom FIR bis unter Bandkante des Halbleiters:

$$\varepsilon_1 = \varepsilon_G - \frac{q^2 n_0}{m^* \varepsilon_0 \omega^2} \quad \text{und} \quad \varepsilon_2 = \frac{q^2 n_0}{m^* \varepsilon_0 \tau \omega^3}.$$

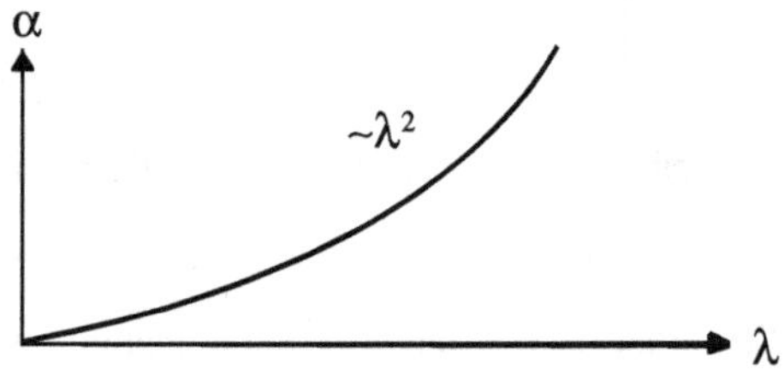

Nach Einsetzen von ε_2 in $\alpha = \dfrac{\omega}{nc} \cdot \varepsilon_2$

ergibt sich: $\boxed{\alpha = \dfrac{q^2 n_0}{ncm^* \varepsilon_0 \tau} \cdot \dfrac{1}{\omega^2} \sim \lambda^2}$

Die Absorption durch freie Ladungsträger kann in diesem Bereich höchst störend sein, da sie beispielsweise Störstellen-Absorptionsmessungen (s. Kapitel 5) überlagert und unmöglich machen kann.

(3) Plasmafrequenz ω_p:

Im Fall (2) ist $\varepsilon_1 = 0$ für $\dfrac{q^2 n_0}{m^* \varepsilon_0} \cdot \dfrac{1}{\omega_p^2} = \varepsilon_G$, daraus folgt: $\boxed{\omega_p = \sqrt{\dfrac{q^2 n_0}{\varepsilon_G \varepsilon_0 m^*}}}$

Die Plasmafrequenz ω_p entspricht einer kollektiven, longitudinalen Schwingung des Plasmas. Für $\varepsilon_1 \leq 0$ gibt es keine Wellenlösungen im Plasma, die Reflektion ist hoch. (Vergleiche den Spiegelglanz von Metallen im Sichtbaren, da deren Plasmafrequenz im UV liegt, $\hbar\omega_p$ einige eV.)

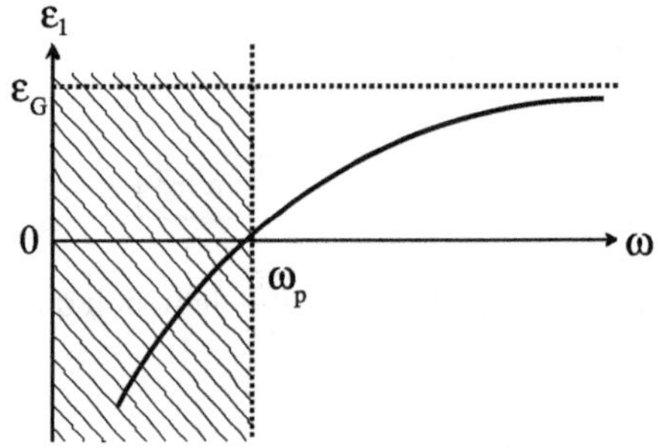

Derselbe Effekt, nämlich Bildung eines Elektronenplasmas durch Photo-Ionisation von Luftmolekülen bei kräftiger Sonneneinstrahlung, bewirkt die Überreichweiten von Ukw-Frequenzen (grob: 100 MHz) durch Reflektion an der Ionosphäre (die Luftschicht im Bereich 100^+ km über dem Erdboden); die Plasmadichten liegen hier bei $n_0 \approx 10^{11}\text{cm}^{-3}$, so daß sich eine Plasmafrequenz $\omega_p = 10^9 ... 10^{10}$Hz ergibt.

4.3 Mikrowellen-Resonanzabsorption (Zyklotronresonanz)

Bei der Zyklotronresonanz wird Absorption von Mikrowellenstrahlung durch elektrische Dipolübergänge zwischen Elektronen- oder Lochzuständen in einem Magnetfeld gemessen. Die Methode erlaubt eine sehr genaue Bestimmung der Ladungsträgermassen.

Elektronen in einem statischen, homogenen Magnetfeld $\vec{B}$ (o.B.d.A. in z-Richtung angenommen) werden in der x,y-Ebene auf Zyklotron-Bahnen lokalisiert mit der Umlauffrequenz $\omega_c = eB/m_{x,y}^*$. In z-Bewegungsrichtung hat das B-Feld keinen Einfluß, hier bleibt eine eindimensionale Rest-Dispersion für k_z übrig. Entsprechendes gilt für Löcher.

Die lokalisierten Zustände entsprechen harmonischen Oszillatoren, die Dispersionsbeziehung für diese Landau-Subbänder heißt also im einfachen Fall von Elektronen:

$$E_n = \hbar\omega_c(n + 1/2) + \hbar^2/2m_z^* \cdot k_z^2, \quad n = 0,1,2,\ldots$$

Klassisches Bild **Quantenmechanisches Bild**

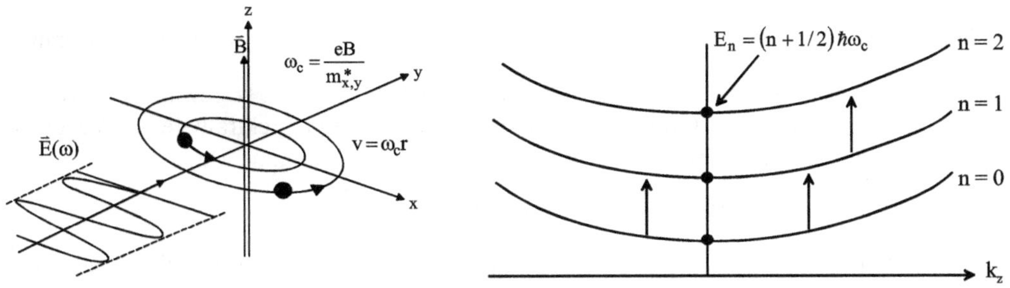

Abb. 4.9 *Mikrowellen-(Zyklotron-)Resonanzabsorption.*
Links: *Durch Absorption von Energie aus dem Mikrowellenfeld wird bei konstanter Zyklotronfrequenz ω_c der Bahnradius r bzw. die Umlaufgeschwindigkeit v erhöht. Beide Größen können kontinuierliche Werte annehmen.*
Rechts: *Durch Absorption von Photonen der Frequenz $\omega = \omega_c$ aus dem Mikrowellenfeld werden resonante Übergänge zwischen Landauniveaus mit $\Delta n = 1$ induziert. Das Absorptionsspektrum für Mikrowellenstrahlung besteht aus nur einer Linie.*

Ein Mikrowellenfeld mit Frequenz ω und $\vec{E}$-Vektor in x,y-Ebene (d.h. $\vec{E} \perp \vec{B}$) bewirkt bei $\omega = \omega_c$ Resonanzübergänge (elektrische Dipolübergänge) zwischen den elektronischen Landau-Niveaus mit der Auswahlregel $\Delta n = \pm 1$. (Diese elektrischen Dipolübergänge dürfen nicht mit der Resonanzabsorption durch magnetische Dipolübergänge in der ESR (Elektronenspinresonanz) verwechselt werden, bei denen Spins „umgeklappt" werden; vgl. den Kasten auf S. 130.)

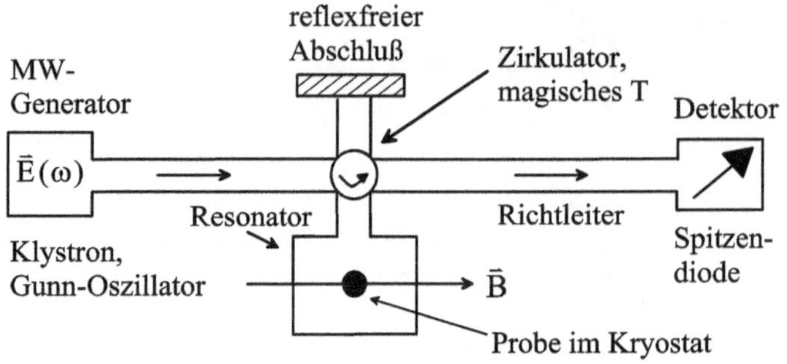

Abb. 4.10 Mikrowellen-Resonanzabsorption experimentelle Anordnung. Gemessen wird eigentlich die reflektierte Mikrowellenstrahlung

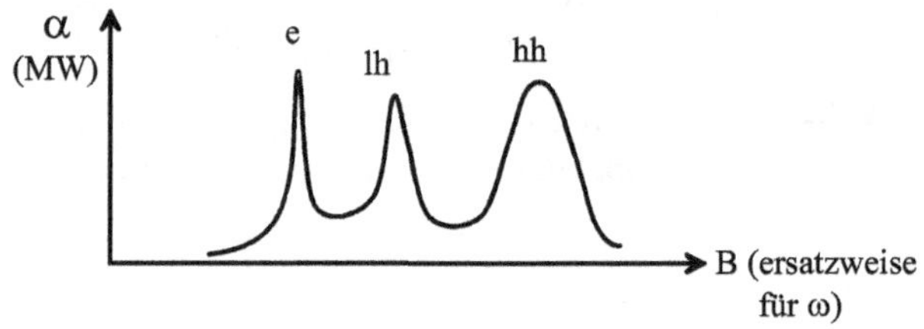

Abb. 4.11 Mikrowellen-Resonanzabsorption prinzipielle Meßkurve.

Bedingung für die Ausbildung der Resonanz („Schärfe der Absorptionslinien"): $\omega_c\tau >> 1$. Dabei ist τ die Intraband-Relaxationszeit (sie taucht auch bei Hall-Messungen in der Beweglichkeit μ auf). Typische Werte von τ erhält man z.B. aus $\mu = \frac{e\tau}{m^*}$ bei ungefährer Kenntnis von μ und m^* zu τ (300 K) $\approx 10^{-12} \ldots 10^{-13}$ s. Dann müßte $\omega \geq 10^{13}$ Hz gewählt werden, d.h. bei Nahinfrarot-Frequenzen (NIR) an der Grenze zum sichtbaren Spektralbereich. Wegen der Resonanzbedingung $\omega = \omega_c$ bräuchte man dazu aber unrealisierbar hohe Magnetfelder:

für $\omega = \omega_c$	**und $m^* = m_0$**	**folgt B**	
10^{13}Hz (NIR)		57Tesla ≙ 570kG	(unrealisierbar hoch)
10^{11}Hz (Mikrowellen)		0,57Tesla ≙ 5700Gauß	(leicht realisierbar)

Für Messungen im Mikrowellengebiet muß man zur Erfüllung der Bedingung $\omega_c\tau >>1$ τ groß machen. Das ist möglich durch

- Kühlung des Kristalls (z.B. 4,2 K): Phononen als Streuursache werden eingefroren.
- Nutzung möglichst reiner Kristalle: Störstellen- und Defekt-Streuung wird minimiert.

Bei reinen Kristallen und tiefer Temperatur sind keine beweglichen Ladungsträger mehr vorhanden (sie sind „ausgefroren"). Die Population der Bänder kann durch Lichteinstrahlung mit $h\nu > E_g$ erfolgen. Physikalisch werden in diesem Experiment Flächen konstanter Energie ausgemessen: Es treten nur Beschleunigungen senkrecht zur momentanen Bewegungsrichtung auf bzw. die Topologie der Flächen konstanter Energie bei verschiedenen Landau-Quantenzahlen n = 1, 2, 3, ... ist identisch. Der folgende Kasten faßt einige Daten zu den Flächen konstanter Energie zusammen.

Flächen konstanter Energie

Aus der Bandstruktur nahe den Leitungs- und Valenzbandkanten folgen die Flächen konstanter Energie im k-Raum.

Elektronen

Direkte Bandstruktur (z.B. GaAs):

$$E(\vec{k}) = \frac{\hbar^2}{2m_e^*} k^2$$

Die Energieflächen sind Kugeln mit Zentrum im Γ -Punkt (k = 0).

Indirekte Bandstruktur (z.B. Si):

$$E(\vec{k}) = \frac{\hbar^2}{2m_x^*} k_x^2 + \frac{\hbar^2}{2m_y^*} k_y^2 + \frac{\hbar^2}{2m_z^*} (k_z - k_0)^2$$

k_0 ist die Lage des indirekten LB-Minimums, bei Si

$$\vec{k}_0 = 0{,}82 \cdot \frac{2\pi}{a_0} \cdot [001].$$

Aus Symmetriegründen gilt:

$m_x^* = m_y^* = m_t^*$ transversale Masse

$m_z^* = m_l^*$ longitudinale Masse

Die Energieflächen sind damit Rotationsellipsoide. Wegen der Äquivalenz der LB-Minima in Richtungen vom Typ <001> existieren M = 6 äquivalente Ellipsoide. (Ge: M =8/2 = 4 bei Lage des indirekten LB-Minimums auf den <111>-Richtungen am L-Punkt.)

Si

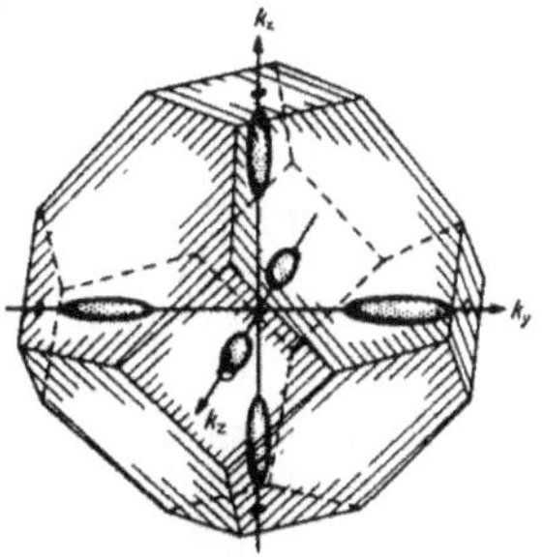

Ge

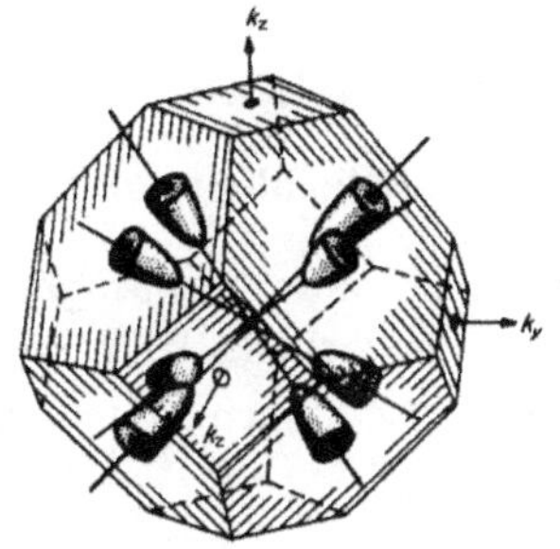

(Forts.)

(Forts.)

Löcher

Entsprechend den Valenzband-Dispersionsformeln sind die Energieflächen für leichte und schwere Löcher kompliziert („warped", „fluted"), für die Spin-Bahn-abgespalteten Löcher dagegen einfach Kugeln.

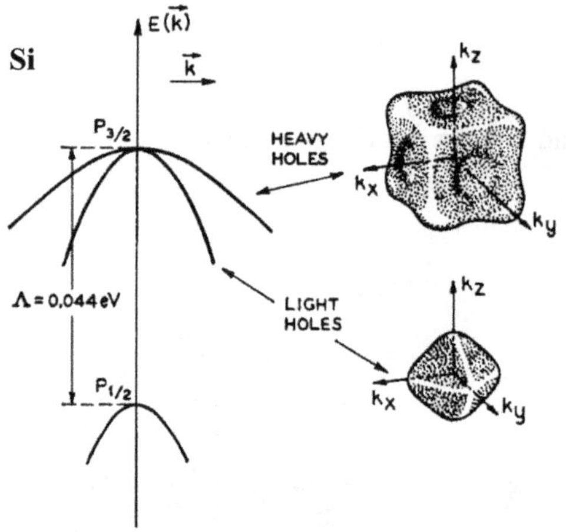

Abb. 4.12 *Flächen konstanter Energie für Löcher. Aus J.C. Hensel, G. Feher, Phys. Rev.* ***129****, 1041 (1963).*

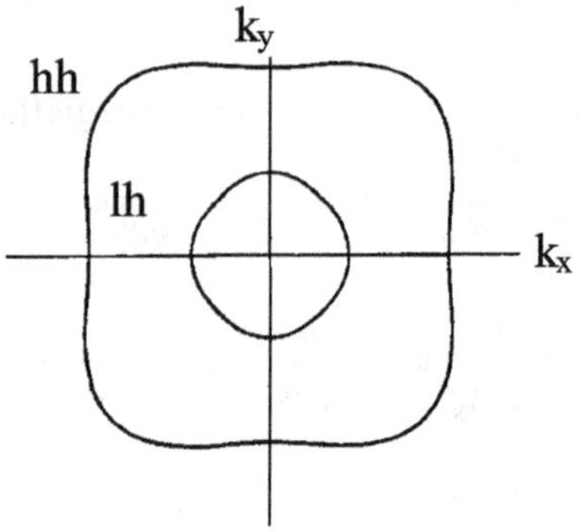

Abb.4.13 *Schnitt durch die Energieflächen parallel zu der (k_x-k_y)-Ebene durch k_z = 0.*

Detailbetrachtungen

(a) Vielfachheit von Elektronenresonanzen bei indirekten Halbleitern

Der Winkel zwischen Magnetfeldachse $\vec{B}$ und einem Zustand auf dem Rotationsellipsoid der Energiefläche $E_0(k_x, k_y, k_z)$ = const. der Elektronen ist mehrdeutig. Bei Festlegung von ϕ als Winkel zwischen $\vec{B}$ und der langen Ellipsenachse (mit Masse m_l) gilt:

$$\left(\frac{1}{m_e^*}\right)^2 = \frac{\cos^2\phi}{m_t^2} + \frac{\sin^2\phi}{m_t m_l}$$

m_e^* ist die (experimentell gemessene) Zyklotronmasse, definiert über die Umlaufzeiten.

Beispiel für die Entartung von m_e^*-Werten für Ge (lange Achse des Rotationsellipsoids konstanter Energie in <111>-Richtung des k-Raumes):

$\vec{B} \parallel <100>$: 1 Wert für die Masse

$\vec{B} \parallel <111>$: 2 Werte

$\vec{B} \parallel <110>$: 2 Werte

Im allgemeinen Fall ergeben sich 4 verschiedene Werte.

Die Vielfachheit der effektiven Massen zeigt sich im Auftauchen mehrfacher Resonanzstellen für Elektronen im Absorptionsspektrum (siehe Beispiele folgende Seiten).

(b) Löcherresonanzen

Laut der Dispersionsrelation für Löcher $E(\vec{k}; A, B, C)$ nach Kapitel 3 haben die Energieflächen der Löcher komplizierte Topologie. Die Massen der schweren und leichten Löcher ergeben sich aus E(k) zu

$$m^*_{hh/lh} = \frac{\hbar^2}{2} \cdot \frac{1}{A \pm \sqrt{B^2 + C^2/4}} \cdot \left\{ 1 \pm \frac{C^2 (1 - 3\cos^2\phi)^2}{64\sqrt{B^2 + C^2/4} \cdot \left\{ A \pm \sqrt{B^2 + C^2/4} \right\}} + \cdots \right\} \quad \begin{matrix} +: \text{hh} \\ -: \text{lh} \end{matrix}$$

für $\vec{B}$ in einer (110)-Ebene, wobei ϕ der Winkel zwischen $\vec{B}$ und [001] ist. Die angedeuteten Korrekturen $(+\cdots)$ sind vernachlässigbar.

Dieser Ausdruck ergibt sich aus einer quasi-klassischen Betrachtung der Fermi-Fläche der Löcher, in der das Magnetfeld $\vec{B} \parallel z$ angenommen und $k_z = k_\parallel = 0$ gesetzt wird. Dann wird die Lorentzkraft $\vec{F} = e(\vec{v} \times \vec{B})$ in der xy-Ebene $F_{xy} = dp/dt = evB$, also $dt = \frac{dp}{evB}$. Bei Integration über einen Umlauf um die so definierten „Shockley tubes" erhält man für die linke Seite der Gleichung die Beziehung

$$\int_0^T dt = T = \frac{2\pi}{\omega_c} = \frac{2\pi m^*}{eB}$$

Im letzten Schritt wurde der Ausdruck für die Zyklotronfrequenz $\omega_c = eB/m^*$, der für eine Kreisbahn gilt, für die hier betrachtete nicht-kreisförmige Bahnkontur der Löcher benutzt. Die Masse wird dadurch über eine Äquivalenz von Kreisbahn und tatsächlicher Bahnkontur bei gleicher Umlaufzeit T definiert. Damit wird

$$\boxed{m^*} = \frac{1}{2\pi} \oint \frac{dp}{v} = \frac{1}{2\pi} \oint \frac{dp = \hbar dk}{(1/\hbar) \cdot \nabla_k E(k)} = \boxed{= \frac{\hbar^2}{2\pi} \oint \frac{dk}{\nabla_k E(k)}}$$

Aus der eingerahmten Formel lassen sich die Massen für leichte und schwere Löcher durch Einsetzen der Dispersionsrelation E(k) und Ausführung des Integrals bestimmen. Die Rechnung führt zu der angegebenen Formel für $m^*_{hh/lh}$.

Zyklotronresonanz-Messungen an Germanium

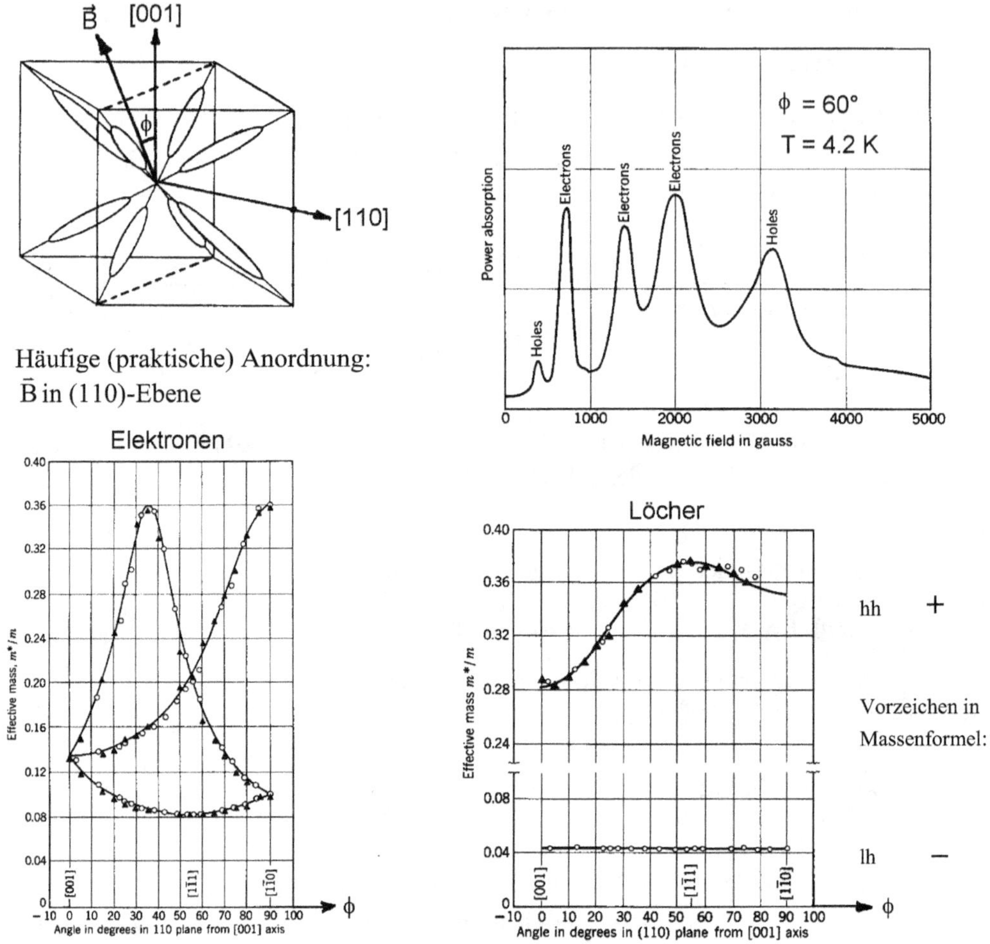

__Abb. 4.14__ Zyklotronresonanz-Messungen an Germanium bei $\omega/2\pi$ = 24 GHz.

***Oben links** Rotationsellipsoide (Flächen konstanter Energie für Elektronen) im k-Raum mit $\vec{B}$ -Feld in der (110)-Ebene.*
***Oben rechts:** Typisches Absorptionsspektrum mit 3 Elektronenübergängen durch die Vieltalstruktur des Leitungsbandes sowie Übergängen von leichten bzw. schweren Löchern.*
***Unten links:** Messung und Anpassung der effektiven Elektronenmassen als Funktion der Magnetfeldorientierung.*
***Unten rechts:** Messung und Anpassung der effektiven Lochmassen als Funktion der Magnetfeldorientierung.*
*Nach G. Dresselhaus, A.F. Kip, C. Kittel, Phys. Rev. **98**, 368 (1955).*

Die unteren beiden Bilder von Abb. 4.14 zeigen Anpassungen der Formel für m_e^* (Elektronen, links) und für $m_{lh/hh}^*$ (Löcher, rechts) an die Meßdaten, aus denen die Valenzbandparameter sehr genau bestimmt wurden.

Unter einachsigem Druck parallel [001] oder [111] spalten die Bänder der schweren und leichten Löcher auf (die vierfache Bandentartung bei k = 0 wird aufgehoben), und ihre Energieflächen werden einfach zwei Rotationsellipsoide mit ihren langen Achsen senkrecht zueinander. Aus entsprechenden Zyklotronresonanzmessungen lassen sich die Valenzband-Parameter besonders genau bestimmen.

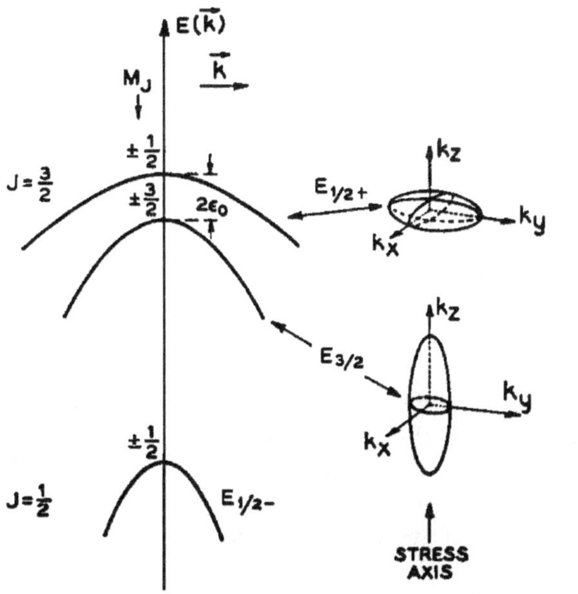

Abb. 4.15 *Aufspaltung der Valenzbänder unter einachsigem kompressivem Druck || [001]. Für einachsige Dehnung wäre die Energieanordnung der beiden oberen Bänder umgekehrt. Die Energieflächen nahe k = 0 sind Rotationsellipsoide mit achsialer Symmetrie bzgl. der Druckachse (abgeplattet, „Pfannkuchen" oben; gestreckt, „Zigarre" unten). Aus J.C. Hensel, G. Feher, Phys. Rev.* ***129****, 1041 (1963).*

Der oben angegebene Zusammenhang von m^* und A, B, C gilt nur für „klassische" Zyklotronresonanz, wenn nämlich Landauzustände mit großer Quantenzahl n besetzt sind. Man mache sich dabei folgenden Sachverhalt klar: ein typischer Frequenzbereich für Zyklotronresonanzexperimente (vgl. die Daten von Dresselhaus, Kip, Kittel) ist $\nu = \omega / 2\pi = 10...24$ GHz oder $\hbar\omega = 0{,}0413...0{,}0992$ meV. (Das entspricht für $m^* = m_0$ einem Magnetfeld von $B \approx 0{,}35...0{,}85$ Tesla.) Bei einer Meßtemperatur von T = 4,2 K ist kT = 0,361 meV, daher sind Landauzustände bis zu $n \approx 10...4$ besetzt.

Anders im sogenannten „quantum limit", experimentell realisiert durch große Magnetfelder oder T << 4,2 K, so daß nur die untersten Energiezustände besetzt sind: Hier erkennt man aus der quantenmechanischen Rechnung (Abb. 4.16), daß die Landauniveaus von schweren und leichten Löchern wegen der Kopplung von hh und lh nicht mehr äquidistant sind.

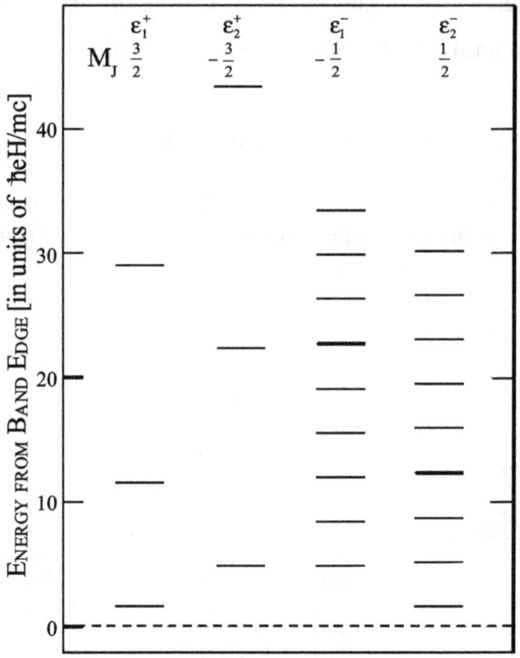

Abb.4.16 *Landau-Leitern von „schweren" ($M_J = \pm 3/2$) und „leichten" ($M_J = \pm 1/2$) Löchern im Valenzband von Ge bei k = 0 im „quantum limit". Die Energien ($\varepsilon^+_{1\,2}$, $\varepsilon^-_{1\,2}$) sind invertiert - nämlich nach oben wachsend - gezeichnet. Bei großen Quantenzahlen n gehen die unregelmäßigen Energien der Zustände in die bekannten Leitern des harmonischen Oszillators mit konstanten Energieabständen über. Energieeinheit*

$$\frac{\hbar eH}{mc}\ (H\ \text{in Gauß}) \mathrel{\hat{=}} 10^{-4}\,\frac{\hbar eB}{m}\ (B\ \text{in Tesla}).$$

Nach J.M. Luttinger, Phys. Rev. ***102****, 1030 (1956).*

Im „quantum limit" sieht man experimentell auch die sogenannten $k_{\|}$-Effekte. Sie erscheinen als eine komplizierte Unterstruktur in der breiten hh-Resonanzlinie, die bei höheren Mikrowellenfrequenzen auflösbar ist. Theoretisch kann man zunächst die Energien E_n der im Magnetfeld aufgespaltenen Zustände M_J = +3/2, -3/2, +1/2, -1/2 als Funktion von $k_{\|}$ (k-Komponente parallel zu $\vec{B}$) durch Lösen der entsprechenden Schrödingergleichung quantenmechanisch berechnen.

Bei Berücksichtigung der Auswahlregeln erhält man daraus für elektrische Dipolübergänge die Differenzenergien $\Delta E_{ij}(k_{\|}) = E_i(k_{\|}) - E_j(k_{\|}) = \hbar\omega(k_{\|})$, wie sie in der folgenden Abbildung (unteres Teilbild c) gezeigt sind. An den „kritischen Punkten" (das sind die Werte von $k_{\|}$, wo die Ableitung $\mathrm{grad}_k \Delta E_{ij}(k_{\|})$ Null ist) ergeben sich wegen

$$D_{komb}(\hbar\omega) \sim \int\limits_{\substack{\hbar\omega= \\ \text{const}}} \frac{dk_{\|}}{|\,\mathrm{grad}_k \Delta E_{ij}(k_{\|})\,|}$$

die größten Beiträge zur Zustandsdichte, die ihrerseits proportional zum Absorptionskoeffizienten $\alpha(\hbar\omega)$ der Mikrowellenstrahlung ist. Im mittleren Teilbild (b) der Abbildung 4.17 ist ein mit diesen Formeln für ν = 55 GHz konstruiertes Spektrum aufgetragen. Darüber ist im oberen Teilbild (a) ein für Ge mit ν = 55 GHz gemessenes Zyklotronresonanzspektrum verglichen. Die Übereinstimmung der hier interessierenden Resonanzen der schweren Löcher ist perfekt. Die Unterstruktur der hh-Resonanzlinie kommt also quantitativ durch den Effekt des Magnetfeld-parallelen Quasi-Impulses $k_{\|}$ zustande („cyclotron resonance at non-central critical points").

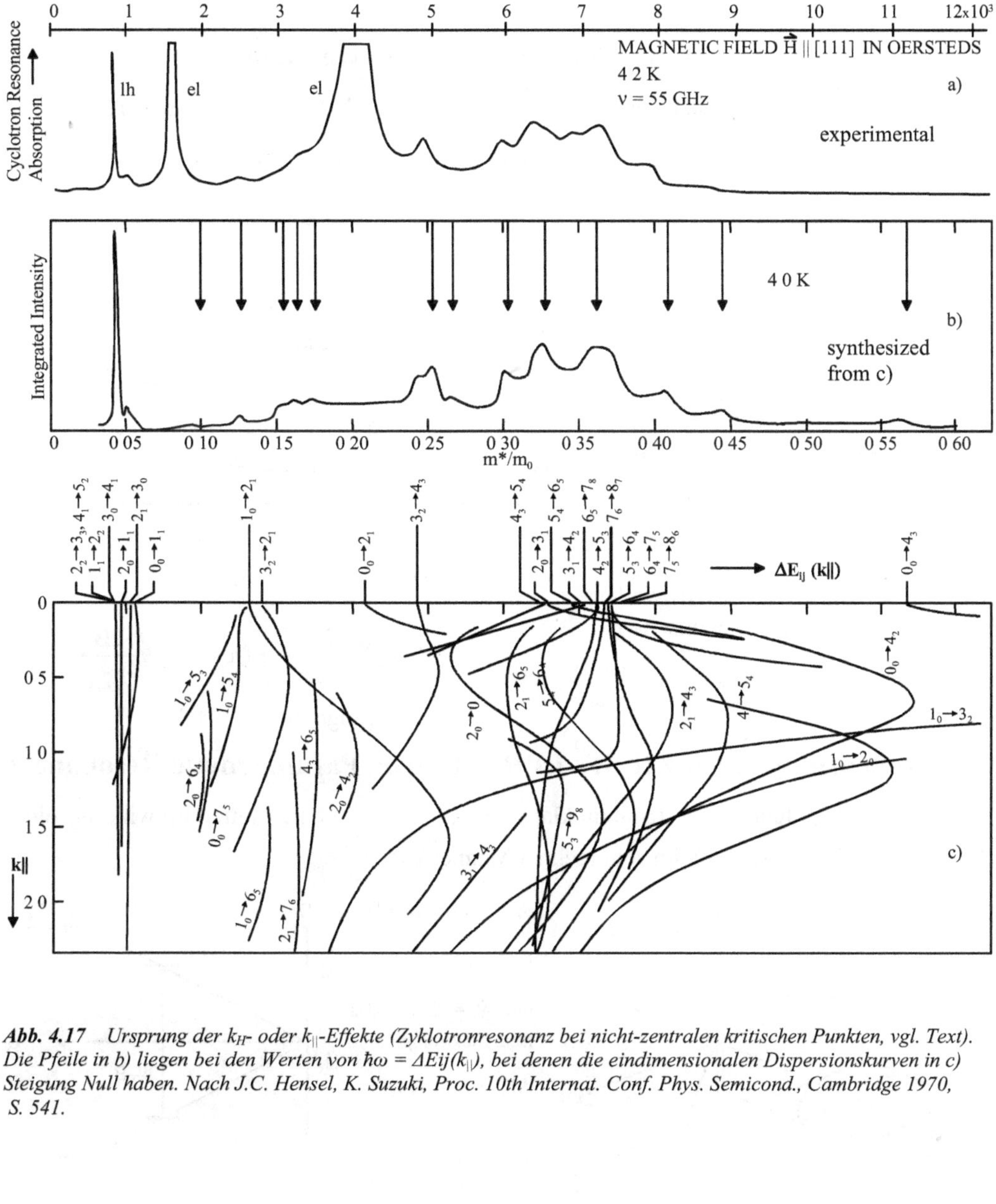

Abb. 4.17 *Ursprung der k_H- oder $k_{||}$-Effekte (Zyklotronresonanz bei nicht-zentralen kritischen Punkten, vgl. Text). Die Pfeile in b) liegen bei den Werten von $\hbar\omega = \Delta E_{ij}(k_{||})$, bei denen die eindimensionalen Dispersionskurven in c) Steigung Null haben. Nach J.C. Hensel, K. Suzuki, Proc. 10th Internat. Conf. Phys. Semicond., Cambridge 1970, S. 541.*

Vergleich zwischen ECR und ESR

Zyklotronresonanz (ECR: Electron Cyclotron Resonance)

(Wir wiederholen hier für den zusammenfassenden Vergleich die Skizzen von S. 121.)

Elektrische Dipolübergänge unter Einwirkung eines Mikrowellenfeldes $\vec{E}_{x,y}(\omega)$ im senkrechten Magnetfeld $\vec{B}$:

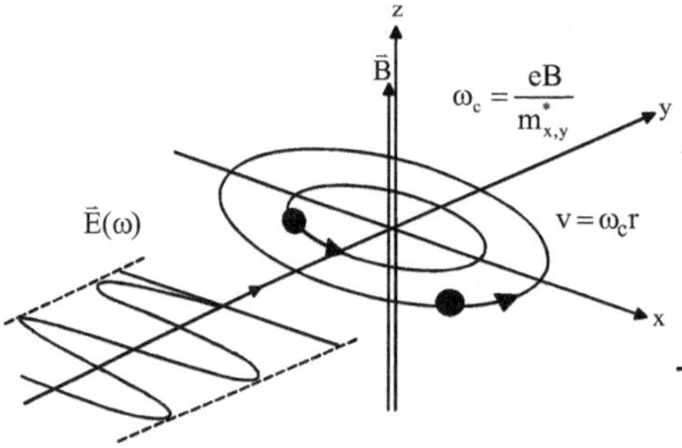

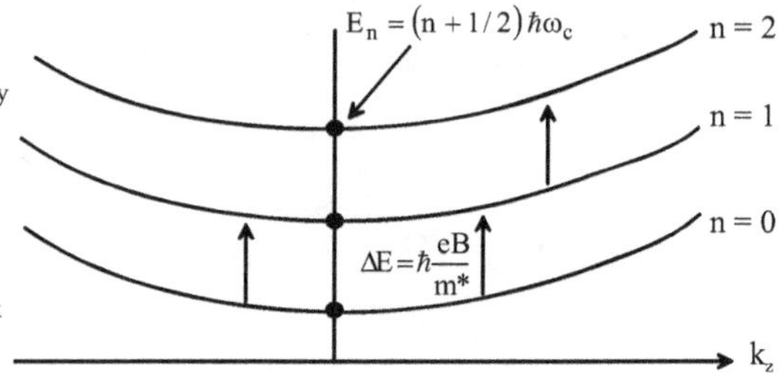

Resonanzabsorption der Mikrowellenstrahlung im quantenmechanischen Fall für $\omega = \omega_c$

Dispersionskurven:

$$E(k_z) = \frac{\hbar^2 k_z^2}{2m_z} + (n + 1/2)\hbar\frac{eB}{m_{x,y}}$$

Übergänge mit $\Delta n = \pm 1$

Elektronenspinresonanz (ESR, EPR: Electron Paramagnetic Resonance)

Magnetische Dipolübergänge (Spinumklapp $m_s = \ \ 1/2 \rightarrow \mp 1/2$) unter Einwirkung eines Mikrowellenfeldes $\vec{H}_{x,y}(\omega)$ im senkrechten Magnetfeld $\vec{B}$:

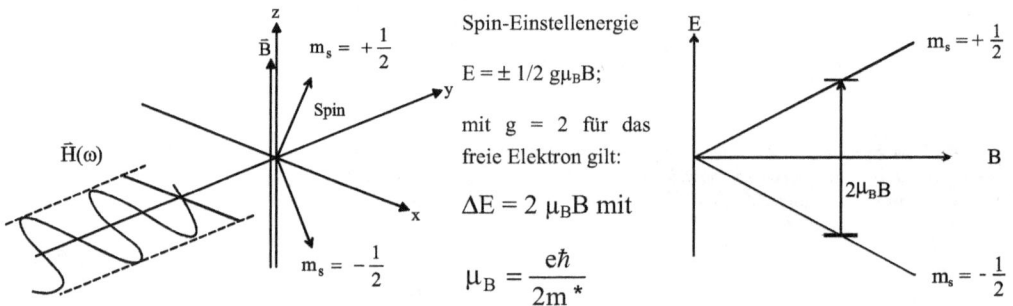

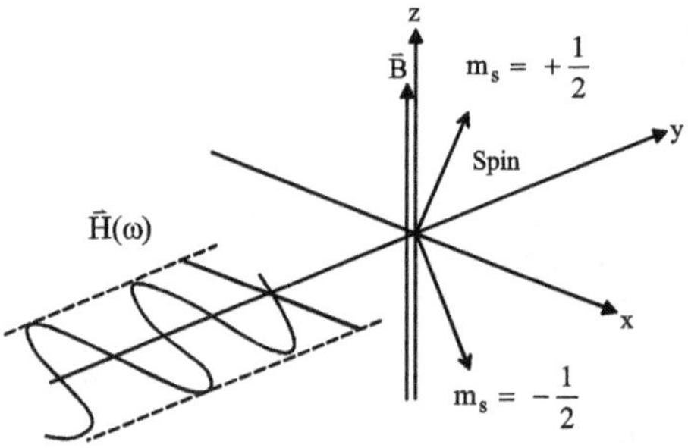

Spin-Einstellenergie

$E = \pm 1/2\, g\mu_B B$;

mit $g = 2$ für das freie Elektron gilt:

$\Delta E = 2\ \mu_B B$ mit

$$\mu_B = \frac{e\hbar}{2m^*}$$

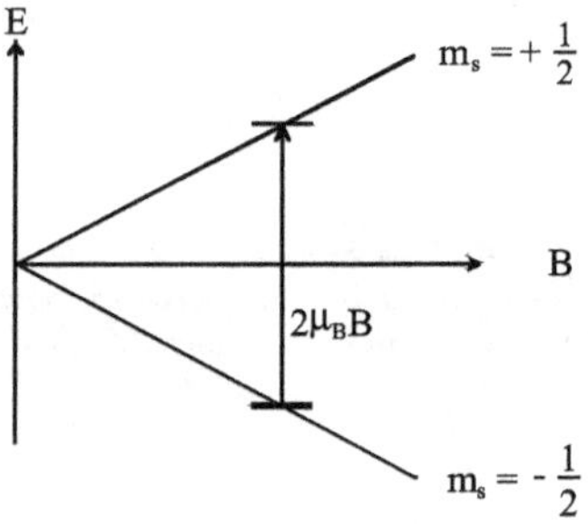

Resonanzabsorption für $\hbar\omega = \Delta E = 2\mu_B B$

Übergänge mit $\Delta m_s = \pm 1$

(Forts.)

(Forts.)

Vergleich der Aufspaltungen: $\Delta E\,(ECR) = \frac{e\hbar}{m^*} B \qquad \Delta E\,(ESR) = \frac{e\hbar}{m^*} B$ für g = 2.

Die Übergangsfrequenzen sind also für einen Landé-Faktor g = 2 des Elektrons in ECR und ESR gleich!

Experiment

Im Mikrowellenresonator (Erzielung hoher Feldstärken!) sind stehende Wellen mit geeigneten $\vec{E}$ - oder $\vec{H}$ - Amplituden für ECR *und* ESR vorhanden. Die Probenpositionierung erfolgt so, daß $\vec{E}$ -Amplitude für ECR oder $\vec{H}$ -Amplitude für ESR groß ist.

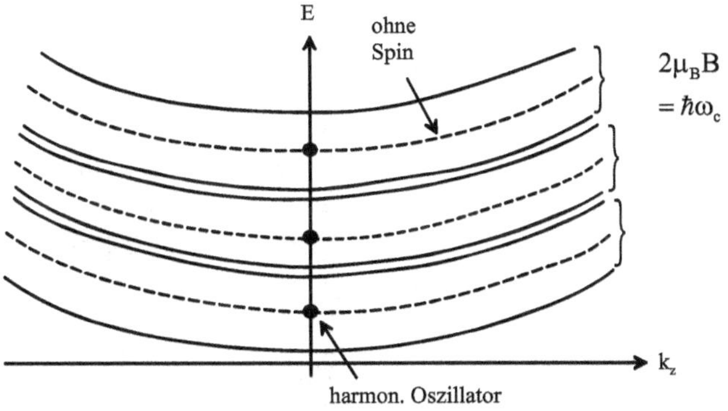

Tab. 4.2 *Energien und effektive Massen in Si, Ge und GaAs.*

Parameter	Si	Ge	GaAs	Bemerkungen
E_g (4,2 K)	1,1695 eV	0,746 eV	1,5192 eV	
Δ_0 (4,2 K)	44 meV	0,29 eV	0,35 eV	
m_t^*	0,1905	0,08152	0,0665	Einheit m_0; bei GaAs sind m_t^* und m_l^* natürlich identisch!
m_l^*	0,9163	1,588	0,0665	
A	- 4,28	- 13,38	- 7,2	Einheit $\hbar^2/2m_0$ $= 3{,}81 \times 10^{-13}$ meV·cm^2
B	|0,75|	- 8,48	5,0	
C	|5,25|; |4,87|	+ 13,14	5,1	
m_{lh}^*	0,143	0,0415	0,082	Einheit $m_0 =$ $9{,}108 \times 10^{-31}$ kg
m_{hh}^*	0,645	0,377	0,50	

Parameter	Si	Ge	GaAs	Bemerkungen
Kombinierte Größen				
Zustandsdichtemassen (in m_0)				
$m^*_{de} = (m_t^2 m_l)^{1/3}$	0,322	0,219	0,0665	Diese Massen gehen in die Besetzungsstatistik ein
$m^*_{dh} = (m_{lh}^{3/2} + m_{hh}^{3/2})^{2/3}$	0,689	0,377	0,5219	
Optische Massen (in m_0)				
$m^*_{eo} = 3\left(\frac{2}{m_t} + \frac{1}{m_l}\right)^{-1}$	0,259	0,119	0,0665	Diese Massen gehen in optische Experimente ein
$m^*_{ho} = \lvert A^{-1} \rvert = 2\left(\frac{1}{m_{lh}} + \frac{1}{m_{hh}}\right)^{-1}$	0,234	0,0747	0,139	
Reduzierte Masse (in m_0)				
$\mu_0 = \left(\frac{1}{m^*_{eo}} + \frac{1}{m^*_{ho}}\right)^{-1}$	0,123	0,046	0,045	μ_0 geht in die Bindungsenergie von Exzitonen und deren Anregungszuständen ein.

Quantitative Bandstrukturen von Ge, Si, GaAs und GaN

Angegeben sind die Energien bei Raumtemperatur

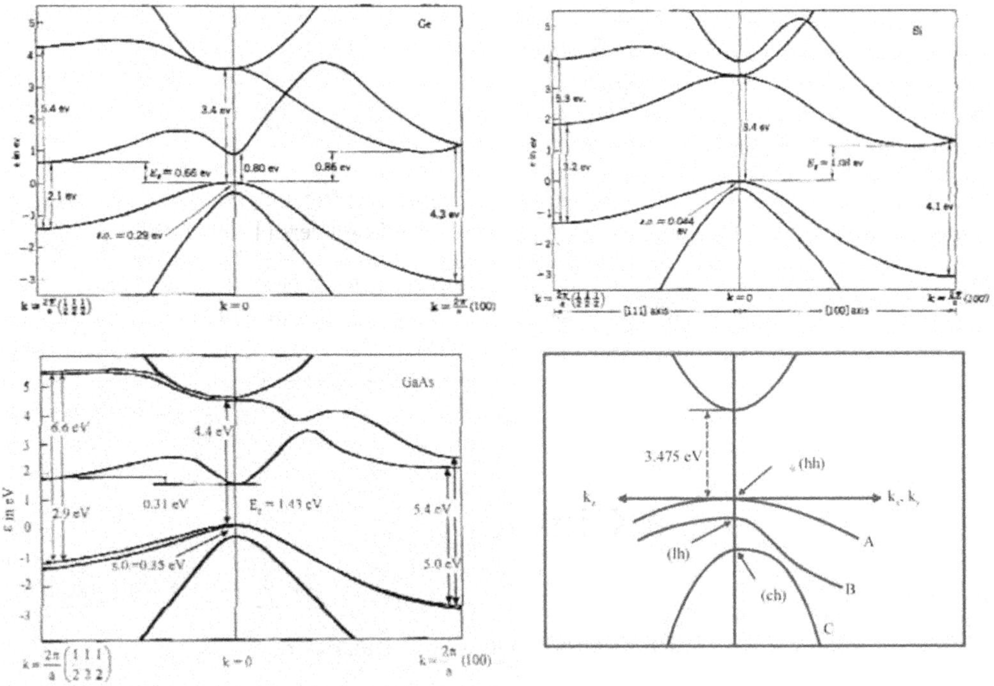

Entstehung der Valenzbandstruktur von GaN (Symmetriegruppe C_{6v}) bei k = 0:

Die bindungsfähigen p-Orbitale (Symmetrie Γ_{15} ohne Spin) werden zunächst entweder durch das hexagonale Kristallfeld mit Δ_{cr}=22 meV in $\Gamma_6(p_x,p_y)$ und Γ_1 (p_z) aufgespalten (linker Bildteil) oder bei Berücksichtigung des Spin mit Δ_{so}=11 meV in $\Gamma_8(J=3/2)$ und $\Gamma_7(J=1/2)$ (rechter Bildteil).

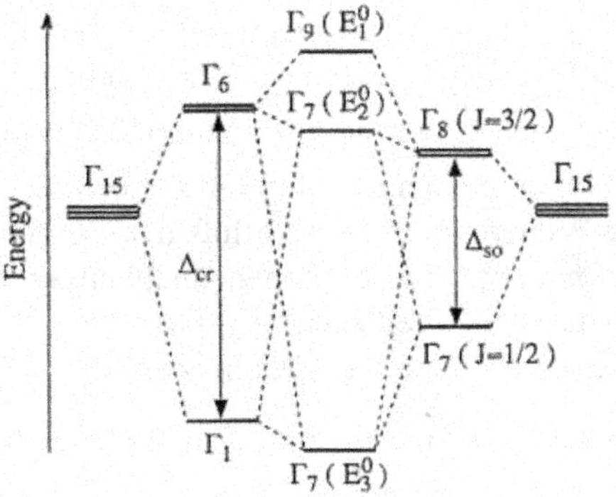

(Forts.)

(Forts.)

Beide Effekte zusammen führen zu den Bandenergien

A-Band (Γ_9, E_1^0) bei $E_V = 0$

B-Band (Γ_7, E_2^0) + 6 meV

C-Band (Γ_7, E_3^0) + 12 meV

(Werte in Lochenergien = negative Elektronenenergien)

(Zeichnung nach J.H. Edgar et al. (Hg.),Gallium Nitride and Related Semiconductors, emis Datareview Series, INSPEC, The Institution of Electrical Engineers (1999), S.163.

Eine aktuelle Zusammenstellung von Bandstrukturdaten der nitridischen Halbleiter InN, GaN und AlN findet sich bei R. Goldhahn, Optical spectroscopy of wide-gap semiconductors, Advances in Solid State Physics **48**, Springer (2008).

4.4 Photonische Kristalle

Literatur

A. Birner, K. Busch, Phys. Bl. **55**, 27 (1999) und weitere Zitate dort.

Die *elektronische* Bandstruktur eines Kristalls entsteht durch Wechselwirkung (nämlich Vielfachbeugung) von Elektronenwellen an der periodischen Potentialstruktur der Atome.

In völlig äquivalenter Weise werden Photonen in einem Kristall mit periodischen Änderungen der dielektrischen Konstante vielfach gebeugt: Es entsteht eine *photonische* Bandstruktur $\omega(\vec{k})$. Bei kleinen k-Werten gilt noch eine lineare Relation $\omega = (c/n) \cdot k$ entsprechend der Lichtausbreitung in einem Medium mit Brechungsindex n ohne weitere Wechselwirkung; bei größeren k-Werten führt der Einfluß der Beugung zu komplizierten Bändern. Es können komplette Energielücken entstehen unabhängig von der Polarisation des Lichts. Für Frequenzen in den Energielücken ist keine Lichtausbreitung im Kristall möglich, im Transmissionsspektrum stellen die Lücken Stoppbänder dar.

Im Anhang A4 wird dazu ein einfaches Beispiel durchgerechnet.

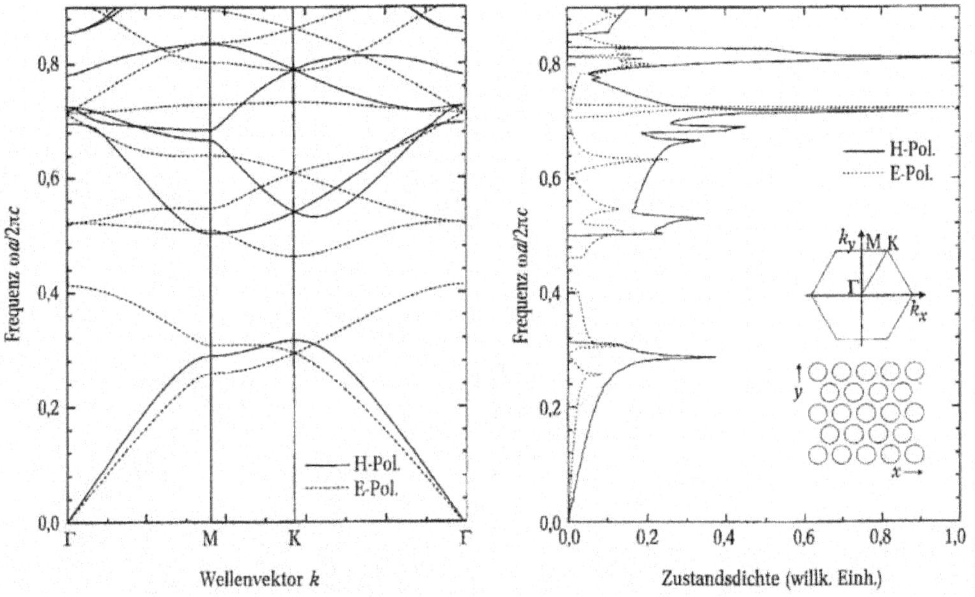

Abb. 4.18 *Photonische Bandstruktur für einen zweidimensionalen Photonischen Kristall mit einer hexagonalen Anordnung von zylindrischen Löchern (rechts). Darstellung der frequenzabhängigen Zustandsdichte (links). Die Einfügungen stellen schematisch ein hexagonales Gitter sowie das zugehörige reziproke Gitter dar. Der irreduzible Teil der 1. Brillouin-Zone ist samt den Hochsymmetriepunkten Γ, M und K hervorgehoben.*

Abgesehen von wenigen natürlich existierenden Beispielen (z.B. Opale oder Schmetterlingsflügel) können photonische Kristalle künstlich durch Strukturierungsprozesse erzeugt werden. Für gezielte Anwendungen im sichtbaren Bereich (z.B. als optische Filter) sind Strukturgrößen im Sub-Mikrometerbereich nötig.

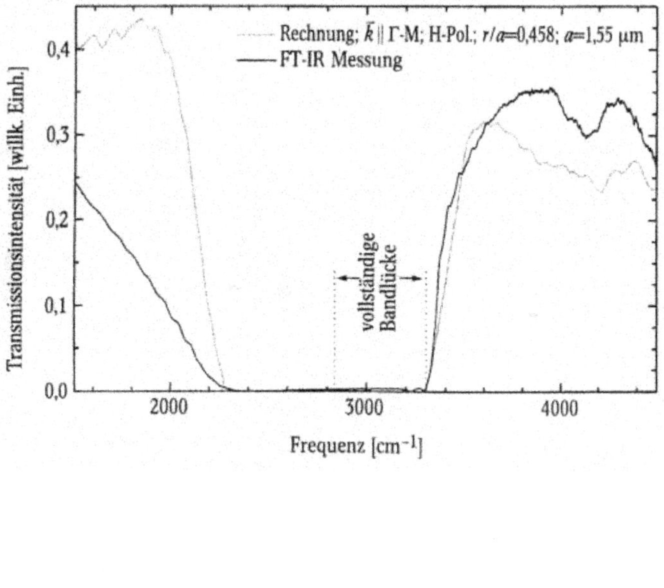

Abb. 4.19 *Gegenüberstellung von Transmissionsrechnung und Transmissionsmessung in Γ-M-Richtung für H-Polarisation. Die beiden gepunkteten Linien markieren das Frequenzintervall der vollständigen Bandlücke, in der es unabhängig von Polarisation und Richtung in der xy-Ebene keine Ausbreitung in diesem Kristall gibt.*

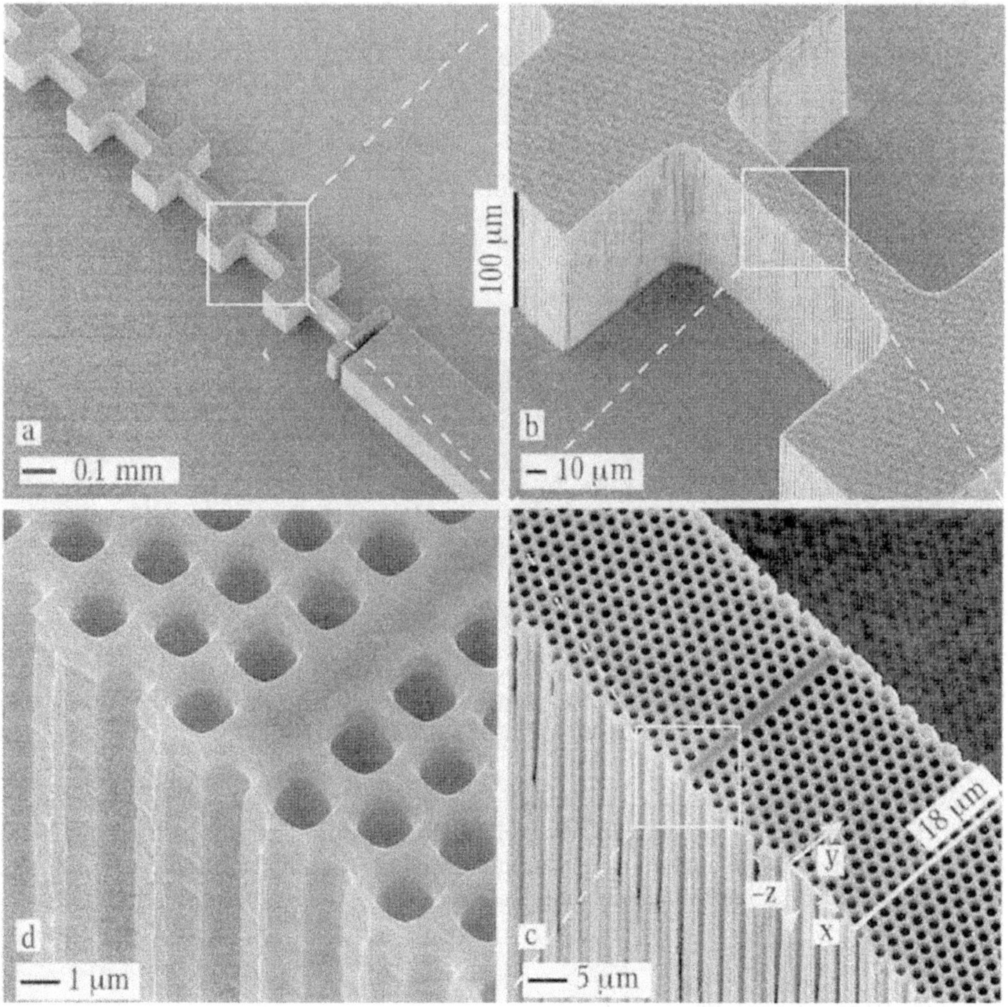

Abb. 4.20 *Rasterelektronenmikroskopische Aufnahme eines breitenmodulierten Streifens von makroporösem Si auf Si-Substrat (a). Die 100 µm hohen Porenwände sind in Transmissionsrichtung ca. 18 µm breit (b). Durch Auslassung von Poren wurde eine Wellenleiterstruktur eingebaut (c). Bedingt durch die hier gewählte Abschneidelinie im hexagonalen Raster bekommt die Seitenwand eine gitterartige Oberfläche (d). Aus A. Birner, K. Busch, F. Müller, Phys. Bl.* ***55****, 27 (1999)*

5 Störstellen

Es handelt sich hier um *flache, punktförmige* Störstellen, die eine Zusatzladung in das Gitter einbringen. Dies sind typischerweise die zur Herstellung von n- oder p-Leitung benutzten Donatoren und Akzeptoren (in Si z. B. die Elemente der dritten und fünften Gruppe im Periodensystem). Um spezifisch zu sein, behandeln wir zunächst den einfacheren Fall von Donatoren.

Nomenklatur:

„Energielage einer Störstelle" bedeutet die energetische Lage des Elektrons oder Lochs, das an der Störstelle lokalisiert ist.

5.1 Effektive-Massen-Theorie (EMT)

Literatur

Übersichtsartikel von W. Kohn in: Solid State Physics, Academic Press **5** (1957), S. 257.

Die Störstelle (Donator) wird in der Schrödingergleichung durch ein lokales Potential $\phi(\vec{r})$ beschrieben. Es wird weit genug vom Ionenrumpf entfernt als Coulombpotential angenommen mit Ursprung $r = 0$ am Donator-Ion:

$$\left(-\frac{\hbar^2}{2m_0}\nabla^2 + \underbrace{V(\vec{r})}_{\text{gitterperiodisch}} + q\phi(r)\right)\chi(\vec{r}) = E_I\chi(\vec{r}) \qquad \phi(r) = -\frac{q}{4\pi\varepsilon_0\varepsilon r}$$

E_I: Störstellenenergie

Die Bandstruktur des undotierten Kristalls (d h. $E_n(\vec{k})$ und $\psi_n(\vec{k},\vec{r})$) wird als bekannt vorausgesetzt, und die Störstellenwellenfunktion $\chi(\vec{r})$ wird nach den Wellenfunktionen $\Psi_n(\vec{k},\vec{r})$ des intrinsischen Kristalls entwickelt:

$$\chi(\vec{r}) = \sum_{n,k} A^*_{n,k}\Psi_n(\vec{k},\vec{r}) \qquad \text{n: Bandindex, } A^*_{n,k}\text{: Entwicklungskoeffizienten}$$

Näherungsannahmen

(1) Denkt man sich das attraktive Potential des Donator-Ions immer schwächer, so geht die Wellenfunktion χ in eine Blochwelle nahe dem Leitungsbandminimum über, das bei k = 0 liegen möge (direkter Halbleiter). Der Donator ist im k-Raum an das Minimum „angehängt". Dieses *eine* Leitungsband soll in der Entwicklung genügen, höhere Bänder seien vernachlässigbar: n = 1. (Der Index wird i.f. weggelassen).

(2) $\phi\ (\vec{r})$ soll langsam mit r variieren und im Ortsraum weit ausgedehnt sein. Abgesehen von einer Umgebung von r = 0 ist das bei einem Coulombpotential der Fall, zumal es durch $\varepsilon \approx 10$ stark abgeschirmt ist. ϕ ist dann stark lokalisiert im k-Raum, und ein kleiner k-Bereich in der Nähe des Bandminimums bei k = 0 ist in der Entwicklung ausreichend:

$$\Psi(\vec{k},\vec{r}) = u(\vec{k} \approx 0, \vec{r})e^{i\vec{k}\vec{r}} \qquad \text{und} \qquad \chi(\vec{k},\vec{r}) = \sum_k A_k^* u(k \approx 0, \vec{r})\, e^{i\vec{k}\vec{r}}$$

Man kann wegen der dicht liegenden k-Werte von der Summe zum Integral übergehen und erhält mit der „Dichtefunktion" oder Spektralfunktion $A(\vec{k}) = A^*(\vec{k}) / \Delta\vec{k}$ im k-Raum deren Fouriertransformierte $F(\vec{r})$, die sogenannten Enveloppe-Funktion (Einhüllende) des Donators:

$$F(\vec{r}) = \int A(\vec{k})\, e^{i\vec{k}\vec{r}} d^3k$$

$\chi(\vec{k},\vec{r})$ ist dann in dieser Näherung das Produkt der intrinsischen Bandfunktion $u(k \approx 0, \vec{r})$ und der Donator-Enveloppe-Funktion. In der Schrödingergleichung erzeugt die intrinsische Funktion das Leitungsband mit $E(k) = \hbar^2 k^2 / 2m^*$.

Für die Enveloppe-Funktion bleibt die Gleichung

$$\boxed{\left(-\frac{\hbar^2}{2m^*}\nabla^2 - \frac{q^2}{4\pi\varepsilon_0\varepsilon r}\right)F(r) = E_i F(r)}$$

Dies ist die sogenannte „Effektive-Masse-Gleichung" für F(r). Sie ist bis auf die Skalierung mit m* (statt m_0) und mit ε (statt $\varepsilon = 1$) identisch der Schrödingergleichung für das Wasserstoffatom. Die hier auftauchende Störstellenenergie E_i bezieht sich nun auf die Energie des Bandextremums.

Lösungen der Effektive-Masse-Gleichung:

Energien:

$$E_{i,n} = -\frac{1}{2}\left(\frac{q^2}{4\pi\varepsilon\varepsilon_0}\right)^2 \frac{m^*}{\hbar^2 \cdot n^2} = \underbrace{-\frac{1}{\varepsilon^2}\left(\frac{m^*}{m_0}\right)}_{\text{Skalierung}} \cdot \underbrace{\frac{R_y}{n^2}}_{\text{Wasserstoff}} = \frac{R_y^*}{n^2} \qquad n = 1,2,3, \ldots$$

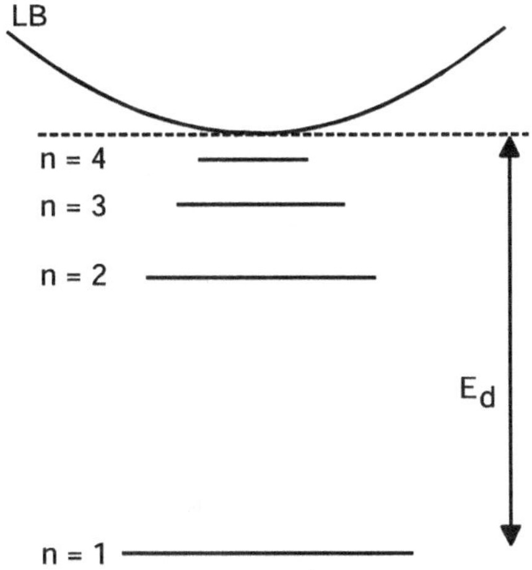

R_y = 13,6 eV ist die Rydbergenergie des Wasserstoffs. Für typische Werte $\varepsilon \approx 10$ und $m^*/m_0 \approx 0{,}1$ ergibt sich $E_{i,1}$ größenordnungsmäßig zu 13 meV.

$E_{i,1}$ (im folgenden oft nur E_i) ist die Ionisierungsenergie oder Bindungsenergie der Störstelle. Man schreibt alternativ auch

für Donatoren $E_i = E_d$

für Akzeptoren $E_i = E_a$

Abb. 5.1 Energieterme eines Donators nach EMT.

Wellenfunktion des Grundzustands mit Energie $E_{i,1} = E_i$

$$F(r) = \frac{1}{\sqrt{\pi}} \cdot \left(\frac{1}{a_0^*}\right)^{3/2} \cdot e^{-r/a_0^*}$$

mit a_0^* (skalierter) Bohrradius a_0 des Wasserstoffatoms:

$$a_0^* = \frac{4\pi\varepsilon_0\varepsilon\hbar^2}{q^2 m^*} = \underbrace{a_0}_{=0.5\,\mathring{A}} \cdot \underbrace{\varepsilon\left(\frac{m_0}{m^*}\right)}_{\substack{\text{Skalierung:}\\ \text{ca.}10\times10=100}} \qquad \approx 50\ \mathring{A} \gg \text{Gitterkonstante.}$$

Dieses Ergebnis des sich über viele Gitterkonstanten erstreckenden Bohrradius' rechtfertigt die oben gemachte Näherung (2).

Mit dem Ausdruck für a_0^* folgt für den Grundzustand der Zusammenhang:

$$E_i = -R_y^* = -(\hbar^2/2m^*) \cdot 1/a_0^{*\,2} \quad .$$

Ebenso gilt die Relation:

$$R_y^* = \frac{q^2}{8\pi\varepsilon\varepsilon_0} \cdot \frac{1}{a_0^*}$$

Da der EMT unabhängig von der chemischen Natur der Störstelle ein Coulombpotential zugrunde gelegt wird, ergibt sich ein Störstellen-unspezifischer Wert für die Bindungsenergie E_i. Tatsächlich sind die empirischen Werte von E_i speziesabhängig („chemical shift"): Die Theorie muß noch durch die sogenannte Zentralzellenkorrektur („central cell correction") verbessert werden. Dazu gibt es im Folgenden einige Bemerkungen.

Diskussion der EMT-Ergebnisse

(1) *Wellenfunktion im Störstellengrundzustand* (n = 1, l = 0: 1s-Zustand)

$$F(r) = \frac{1}{\sqrt{\pi}} \left(\frac{1}{a_0^*} \right)^{3/2} \cdot e^{-r/a_0^*}$$

Wegen der Exponentialfunktion ist im

Prinzip der Abfall mit r schnell; aber a_0^* ist groß, der Abfall durch q und m^* gestreckt:

Das gebundene Elektron (oder Loch) „sieht“ das Gitter als quasi-homogenen Untergrund. Dies rechtfertigt die statische dielektrische Abschirmung des Coulombpotentials mit ε.

(2) *Fouriertransformierte*

$$A(k) = \frac{4}{\sqrt{2}\,\pi} \cdot \left(\frac{1}{a_0^*} \right)^{5/2} \cdot \frac{1}{\left[\left(1/a_0^* \right)^2 + k^2 \right]^2}$$

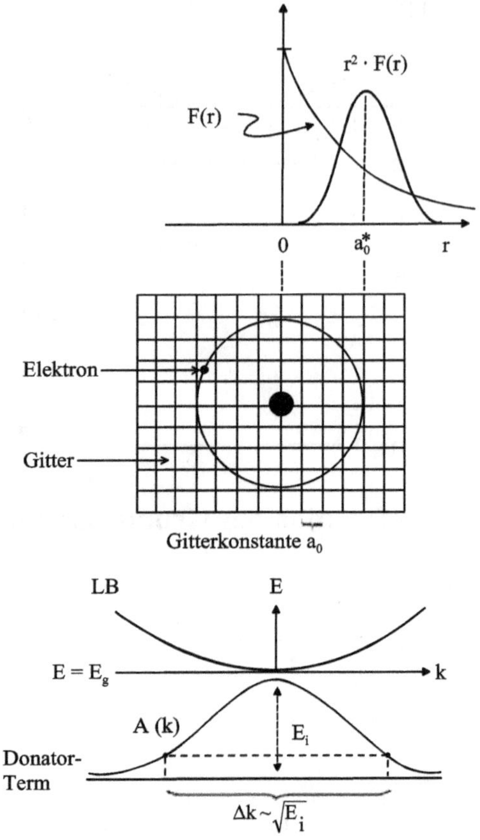

Abb. 5.2 *EMT-Grundzustand eines Donator-gebundenen Elektrons. Oben Radiale Aufenthaltswahrscheinlichkeit $r^2F(r)$. Mitte Elektronenbahn und Gitter. Unten Fouriertransformierte A(k) mit Leitungsband.*

Die Berechnung von A(k) aus F(r) findet sich im Anhang A5. Sie ist im Dreidimensionalen deutlich schwieriger als im Eindimensionalen. Die Glockenkurve des Typs einer Lorentzfunktion bedeutet eine starke Lokalisierung bei k = 0, dem angenommenen Bandextremum. Für ein indirektes Extremum bei $\vec{k}_0 \neq 0$ ist $\vec{k}$ zu ersetzen durch $(\vec{k} - \vec{k}_0)$. Die Breite dieser Kurve, zweckmäßigerweise definiert über die ¼-Werte des Maximums bei $\vec{k}_0$, beträgt $\Delta k = 2/a_0^*$. Mit dem Ausdruck $E_i = -(\hbar^2/2m^*) \cdot 1/a_0^{*2}$ für die Energie des Grundzustands folgt $\Delta k = 2\sqrt{|(2m^*/\hbar^2)\,E_i|}$.

Im Gegensatz zu der hier skizzierten EMT, die Störstellen-unspezifisch ist, sind die Ionisationsenergien E_i für *verschiedene* Donatoren und Akzeptoren tatsächlich unterschiedlich groß („chemical shift“). Der Grund wird unten diskutiert. Für einen indirekten Halbleiter bedeutet dies: Je größer die Donator-Ionisierungenergie ist, desto größer ist laut $|A(k)|^2$ die Wahrscheinlichkeit, das gebundene Elektron bei k = 0 zu finden: Viele Prozesse, an denen Störstellen beteiligt sind, gehen effizient ohne Beteiligung wellenzahlerhaltender Phononen „quasi-direkt“ vor sich.

(3) *Indirekte Halbleiter (z. B. Si, Ge)*

Der isotrope Δ-Operator muß für Donatoren wegen $m_t \neq m_l$ ersetzt werden:

$$\frac{\hbar^2}{2m^*}\Delta = \frac{\hbar^2}{2m^*}\left(\frac{\partial^2}{\partial x^2}+\frac{\partial^2}{\partial y^2}+\frac{\partial^2}{\partial z^2}\right) \longrightarrow \frac{\hbar^2}{2m_t}\left(\frac{\partial^2}{\partial x^2}+\frac{\partial^2}{\partial y^2}\right)+\frac{\hbar^2}{2m_l}\frac{\partial^2}{\partial z^2}$$

Dies ist eine Symmetrieerniedrigung gegenüber dem Fall des Wasserstoffs, durch die die dreifach entarteten p-Zustände in p_0 ($l = 1$, $m_l = 0$) und $p_\pm$ ($l = 1$, $m_l = \pm 1$) aufspalten.

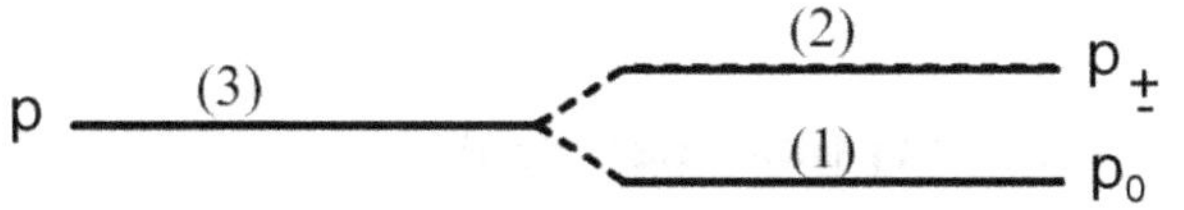

(4) *Struktur des Donator-Grundzustandes in indirekten Halbleitern* (Beispiel: Silizium)

Alle M = 6 äquivalenten Leitungsbandminima müssen zur Beschreibung des Donators berücksichtigt werden: Die Wellenfunktion ist eine Superposition der 6 Wellenfunktionen der Leitungsbandminima. Sie ist dadurch energetisch 6-fach entartet. Innerhalb der kubischen Kristallgruppe T_d des dotierten Kristalls ist diese Darstellung reduzibel; der Energieterm muß also bei entsprechender Wechselwirkung aufspalten in irreduzible Terme, deren Symmetrie durch die Gruppentheorie gegeben ist.

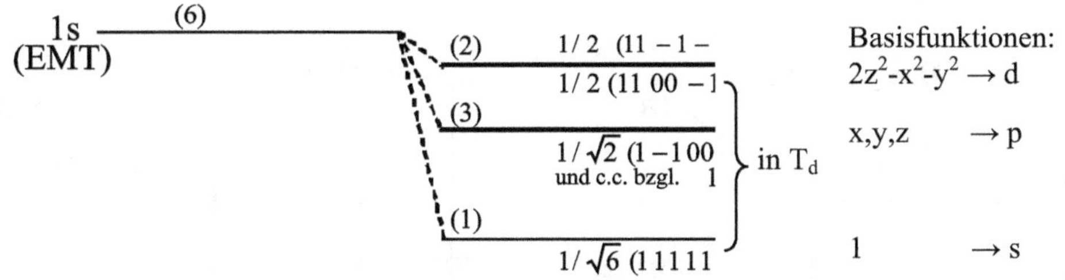

Die Aufspaltung erfolgt tatsächlich, weil A_1 „vollsymmetrisch" ist mit $\Psi_{A_1}(r = 0) \neq 0$ (die Funktion ist im weiteren Sinn s-artig), das Elektron spürt das wahre („central cell") Potential, das stärker als Coulombisch ist. Ψ_E und Ψ_{T_2} besitzen Knoten am Ursprung $r = 0$ (sie sind im weiteren Sinn p-artig) und behalten daher i.w. die EMT-Energielagen. Zur Aufspaltung des Zustands 1s (EMT) in kubischer Umgebung siehe auch Anhang A1.

(5) Für Löcher ist die einfache skizzierte Theorie nicht ausreichend. Berücksichtigung der zweifachen Bandentartung von hh- und lh-Löchern bei k = 0 und die eventuell nötige Berücksichtigung des Spin-Bahn-abgespaltenen Bandes machen die EMT kompliziert (siehe Übersichtsartikel).

5.2 Experimente

Bei tiefen Temperaturen sind nur die Grundzustände der Donatoren/Akzeptoren besetzt. Die Dipolauswahlregel erlaubt optische Übergänge (Absorption) 1s → np, in kubischer Symmetrie $A_1(=\Gamma_1) \rightarrow \Gamma_4, \Gamma_5$ (Donatoren) und $\Gamma_8 \rightarrow \Gamma_6, \Gamma_7, \Gamma_8$ (Akzeptoren). Der typische Wellenlängenbereich liegt im MIR (mittleres Infrarot).

Beispiele:

Donator-Anregungsspektren (Absorptionsspektren) von Si:P und Si:Li

Die Spektren sind bemerkenswerterweise bei geeigneter Verschiebung der absoluten Energieskalen praktisch gleich. Grund: Struktur und Energielage der angeregten p-Zustände sind identisch, wie von der EMT gefordert. Nur der 1s-Grundzustand ist stark elementspezifisch (chemische Verschiebung, „chemical shift"), er wird durch die EMT sehr schlecht beschrieben. Seine Energie E_d ergibt sich aber durch Kombination von EMT und Experiment in hoher Genauigkeit. Nach Faulkner (R.A. Faulkner, Phys. Rev. **184**, 713 (1969)) ist z.B. für Si mit $\gamma = m_t/m_{l'}$ die Bindungsenergie des Zustands 2p± gleich 6,4 meV, während die gemessene Übergangsenergie $1s(A_1) \rightarrow 2p\pm$ bei 39,2 meV liegt (vgl. Spektrum Si:P), so daß E_d (P) = (39,2+6,4) meV = 45,6 meV wird.

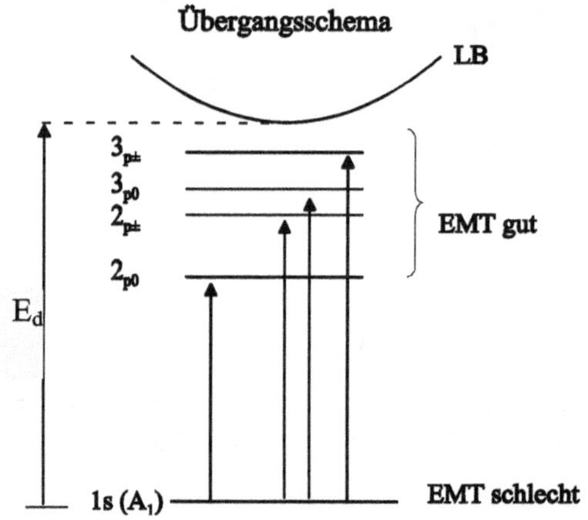

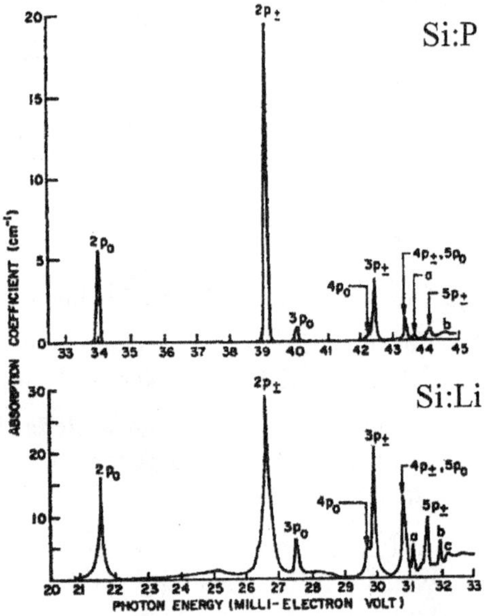

*Abb. 5.3 Donator-Anregungsspektren. Links Schema der Elektronenzustände mit möglichen optischen Übergängen. Rechts Gemessene Spektren („excitation spectra") von Si P und Si Li. Aus R.L. Aggarwal, P. Fisher, V. Mourzine, A.K. Ramdas, Phys. Rev. **138**, A 882 (1965)*

Akzeptor-Anregungsspektren in Si und Ge

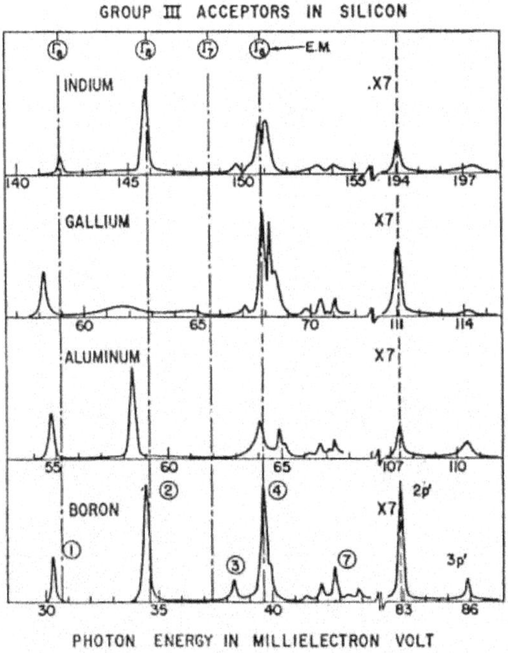

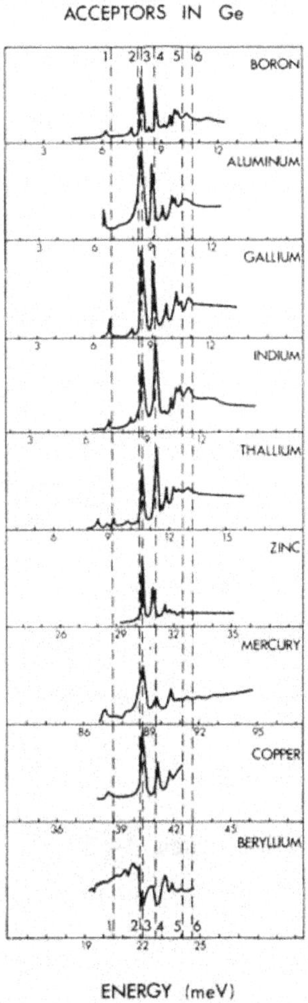

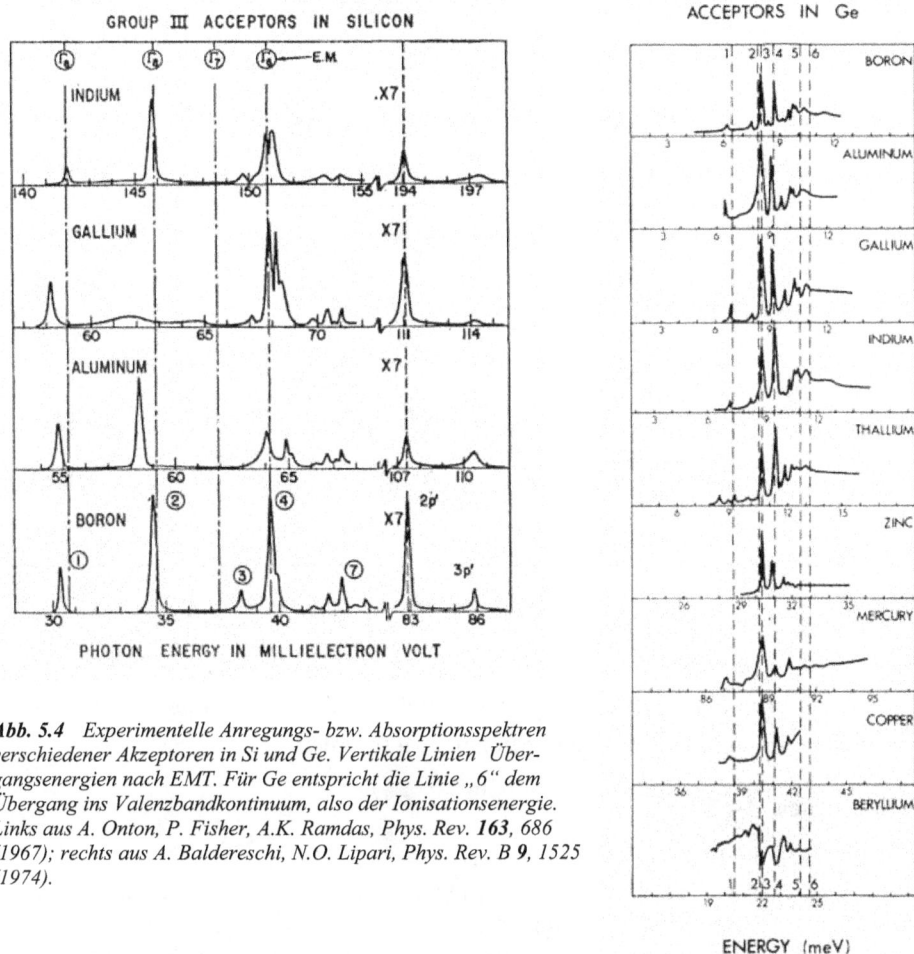

Abb. 5.4 *Experimentelle Anregungs- bzw. Absorptionsspektren verschiedener Akzeptoren in Si und Ge. Vertikale Linien Übergangsenergien nach EMT. Für Ge entspricht die Linie „6" dem Übergang ins Valenzbandkontinuum, also der Ionisationsenergie. Links aus A. Onton, P. Fisher, A.K. Ramdas, Phys. Rev.* ***163****, 686 (1967); rechts aus A. Baldereschi, N.O. Lipari, Phys. Rev. B* ***9****, 1525 (1974).*

Zusammenfassung

(1) Donatoren

- Die Beschreibung der angeregten Zustände durch die EMT ist hervorragend.
- Die Grundzustände werden völlig unzureichend beschrieben: Die Voraussetzungen der Theorie (langsam variierendes Potential, *eine* effektive Kernladung) sind nicht erfüllt.
- Es sind Zentralzellenkorrekturen („central cell corrections") nötig. Dadurch geht die chemische Natur der Donatoren in E_i ein („chemical shift").
- Je größer die Ionisierungsenergie E_i, desto stärker die Verschmierung des lokalisierten Elektrons im k-Raum. Für ein Coulombpotential gilt $\Delta k \sim \sqrt{E_i}$.

Tab. 5.1 Werte von Donator- und Akzeptor-Ionisationsenergien. Theorie und Daten R.A. Faulkner, Phys. Rev. ***184****, 713 (1969); A. Baldereschi, N.O. Lipari, Phys. Rev.* ***B8****, 2697 (1973); D. Schechter, J. Phys. Chem. Solids* ***23****, 237 (1962).*

	E_d(EMT)	**E_d(exp)**		**E_a(EMT)**	**E_a(exp)**	
Si	31,3 meV (Faulkner)	Li	33,0 meV	31 meV (Baldereschi, Lipari)	B	44,3 meV
		P	45,6 meV		Al	68,7 meV
		As	53,7 meV	53,0 meV (Schechter)	Ga	72,6 meV
		Bi	71,0 meV		In	155,4 meV
Ge	9,81 meV (Faulkner)	Li	9,9 meV	9,4 – 9,73 meV	B	10,6 meV
		Bi	12,7 meV		Al	11,0 meV
		P	12,8 meV		Ga	11,2 meV
		As	14,0 meV		In	11,8 meV
GaAs	5,43 meV	Si	5,8 meV	41 meV	C	26,5 meV
		S	5,9 meV		Be	28,0 meV
		Sn	6,0 meV		Si	35,0 meV

(2) Akzeptoren

- Allgemeine Aussagen wie bei Donatoren.
- Spezielles Problem: Komplexe Valenzband-Struktur, die Wellenfunktionen $\Psi(\vec{k},\vec{r})$ müssen aus den hh-, lh- und so-Funktionen aufgebaut werden.

(3) Tiefe Störstellen

- Sie werden durch die EMT nicht beschrieben.
- Schwierigkeit: starke Bindung von Ladungsträgern, enge Lokalisierung im Ortsraum, starke Impulsraumverschmierung, Mitnahme eines großen k-Bereichs nötig.
- Einfacher Ansatz: δ-Potential (G. Lucovsky, Solid State Commun. **3**, 299 (1965).

(4) Komplexe Störstellen (Defekte) werden ebenfalls nicht durch die EMT erfaßt, z.B.

- isoelektronische Störstellen.
- nicht-kubische Zentren (eingebaute "Moleküle").
- Leerstellen.
- Versetzungen.

Eine Standardmethode, tiefe nicht-strahlende (und evtl. auch komplexe) Defekte experimentell zu charakterisieren, ist die Kapazitätstransientenspektroskopie („deep level transientspectroscopy“, DLTS). Sie wird in Kapitel 11 beschrieben.

Beispiele „flacher“ und „tiefer“ Effektive-Masse-Störstellen in Silizium

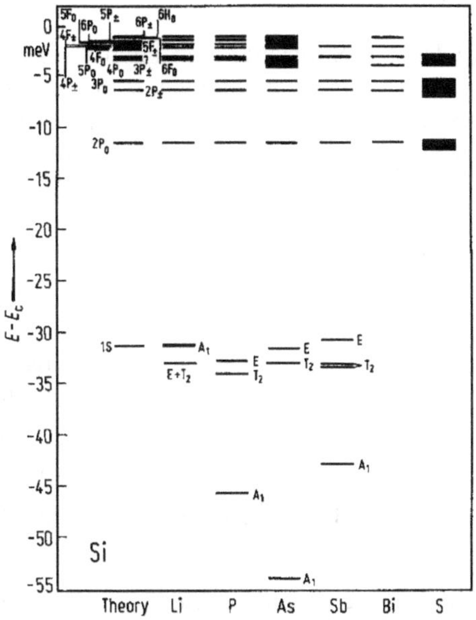

„Flache“ Störstellen:
Vergleich der Energieterme in Theorie (R.A. Faulkner, Phys. Rev. **184**, 713 (1969) und Experiment (A.J. Mayur, M.D. Sciacca, A.K. Ramdas, S. Rodriguez, Phys. Rev. **48**, 10893 (1993) und weitere Zitate dort).
Beachte die Diskrepanzen im Grundzustand $1s(A_1)$ zwischen EMT-Energien und wahren (gemessenen) Energien.

„Tiefe“ Störstellen:
Beispiele komplexer „tiefer“ Donatoren von Chalkogeniden in Si. Trotz des tief liegenden Grundzustandes haben alle Komplexe angeregte Zustände, die im Einklang mit der EMT sind.

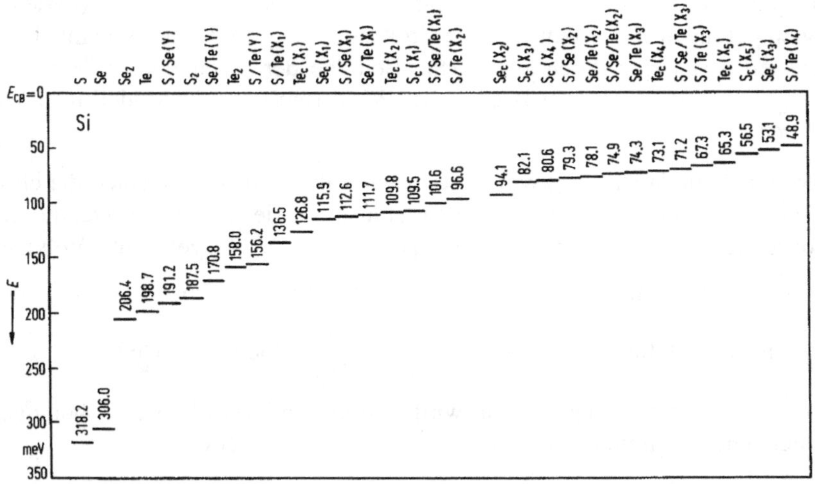

Aus: Landolt-Börnstein, Neue Serie, Band **226**, (Hg. O. Madelung, M. Schulz), Springer (1989), S. 333/334

Originaldaten hierzu und zu den **Sauerstoff**-korrelierten sogenannten **thermischen Donatoren** als weitere Beispiele in: P. Wagner, C. Holm, E. Sirtl, P. Oeder, W. Zulehner, Festkörperprobleme/Advances in Solid State Physics XXIV (Hrg. P. Grosse), Vieweg (1984), S.191

5.3 Dotierungsabhängigkeit der Störstellenbindungsenergie

Bisher haben wir uns im Kapitel 5 mit isolierten (flachen) Störstellen und ihren diskreten Energieniveaus in der Bandlücke befaßt, wie sie bei kleinen Dotierdichten vorliegen. In diesem Abschnitt geht es um so hohe Dotierdichten, daß Wechselwirkungseffekte zwischen den Störstellen bzw. den Ladungsträgern wichtig werden. Dabei kommen die Konzepte des entarteten Elektronengases, der Austauschwechselwirkung und der Abschirmung von Potentialen ins Spiel, die erst in den Kapiteln 6 bzw. 7 besprochen werden. Der Leser mag es deshalb vorziehen, diesen Abschnitt erst später an entsprechender Stelle durchzugehen.

Um spezifisch zu sein, reden wir im folgenden von Donatoren.

Betrachtet werde ein hoch n-leitender Kristall mit Dotierungsdichte N_D, eine mögliche partielle Kompensation durch Akzeptoren wird vernachlässigt. Alle Donatoren seien im wesentlichen erschöpft (ionisiert), es gelte also $N_D \approx N_D^+ \approx n_0$. Die Leitungsbandelektronen mit Dichte n_0 bilden einen Ladungssee („entartetes Elektronengas") vor dem Hintergrund der ortsfesten, positiven Donator-Ionenrümpfe. Für diesen Fall mit $E_F \geq E_L$ ist das System quasimetallisch.

G.L. Pearson und J. Bardeen (Phys. Rev. **75**, 865 (1949)) haben experimentell an p- und n-leitendem Si (Akzeptor: Bor, Donator: Phosphor) mit steigender Dotierung kleiner werdende Ionisierungsenergien gefunden. Sie diskutieren die Größenordnung des Effekts – nämlich die Abnahme der Ionisierungsenergie durch zusätzliche Beiträge der potentiellen Energie bei entarteter Dotierung – anhand klassischer Argumente. Wir formulieren ihr Modell für Elektronen und Donatoren.

Um jedes Donator-Ion (Punktladung +q) wird eine Kugel mit Radius r_s betrachtet, die elektrisch neutral ist. Die zugeordnete Elektronenladung ist also –q, sie wird als „verschmierte" Ladung mit konstanter Ladungsdichte $\rho_0 = -q/V_s$ in der Kugel mit Volumen $V_s = (4\pi/3)r_s^3$ angenommen (man denke bei der Verschmierung an ebene Wellen). Der Kugelradius hängt mit der Dotierung wie $\frac{4\pi}{3} r_s^3 = \frac{1}{n_0} = \frac{1}{N_D}$ (oder $r_s = 0{,}62 \cdot n_0^{-1/3}$) zusammen. Die gesamte Elektronenkonzentration wird also als im Kristallvolumen homogen verteilt angenommen, und der mittlere Abstand der Donator-Ionen ist etwa $2r_s$.

Es werden drei Energieterme betrachtet:

- Potientielle Energie der Donatorpunkladungen mit der konstanten Elektronenladungsdichte in der Kugel

$$\frac{1}{4\pi\varepsilon\varepsilon_0}\cdot(\underbrace{N_D V_s}_{\text{Zahl der Donatoren}})(+q)\cdot\int_0^{r_s}\frac{\rho_0}{r}r^2dr\cdot\int d\Omega=\frac{N_D q}{4\pi\varepsilon\varepsilon_0}\int_0^{r_s}\frac{-q}{r}r^2dr\cdot 4\pi$$

$$=-\frac{N_D q^2}{4\pi\varepsilon\varepsilon_0}\frac{1}{2}r_s^2\cdot 4\pi \qquad =-1{,}5\frac{q^2}{4\pi\varepsilon\varepsilon_0 r_s}$$

- „Selbstenergie" der homogenen Ladungsverteilung (Die Selbstenergie beschreibt die Rückwirkung des elektrischen Feldes auf die Elektronen, das sie selbst erzeugt haben);

$$\frac{1}{2}\iint\frac{\rho_0(\bar{r})\,\rho_0(\bar{r}')}{4\pi\varepsilon_0\varepsilon\,|\,\bar{r}-\bar{r}'|}\,d^3\bar{r}\;d^3\bar{r}' \quad \text{(nach ähnlicher Rechnung)} \qquad =+0{,}6\frac{q^2}{4\pi\varepsilon\varepsilon_0 r_s}$$

- Konfigurationsenergie: Die stabilste Anordnung der Elektronen mit der kleinsten Energie wird nicht für eine statistische Verteilung, sondern für eine bcc-Anordnung der Elektronen erwartet (sogenannter Wigner-Kristall). Allerdings erwartet man auch, daß ein solcher Wigner-Kristall nur für kleinere Elektronendichten unterhalb der Entartung existiert ($r_s/a_0^* \geq 5$, für $\varepsilon = 10$ und $m_e^* = m_0$ bei etwa $n \leq 10^{19}\,cm^{-3}$). $=-0{,}746\frac{q^2}{4\pi\varepsilon\varepsilon_0 r_s}$

Die Summe der drei Terme ergibt im gewählten Modell die gesamte Wechselwirkungsenergie zwischen Donatoren und Elektronen:

$$E_{pot}=-1{,}646\frac{q^2}{4\pi\varepsilon\varepsilon_0 r_s}=-3{,}82\cdot10^{-7}\,eVcm\cdot 1/\varepsilon\cdot N_d^{1/3}$$

Um diesen Betrag ist die Donatorbindungsenergie E_d zu vermindern. Läßt man den vermutlich nicht relevanten dritten Energiebeitrag weg, so erhält man:

$$E_{d,eff}=E_d-2{,}09\cdot10^{-7}\,eVcm\cdot 1/\varepsilon\cdot N_d^{1/3}\,.$$

Das letzte Ergebnis mit den Beiträgen der Donator-Elektron-Wechselwirkung und der Elektronenselbstenergie ist auch bekannt unter dem Stichwort „modifizierte Hartree-Näherung" (vgl. z.B. Ch. Kittel, Einführung in die Festkörperphysik, Oldenbourg 2005). (Die Hartree-Näherung selbst enthält nur die mittlere kinetische Energie des Elektronengases ohne irgendeine Wechselwirkung der Elektronen untereinander.)

Bei der quantenmechanischen Behandlung des Problems werden zwei wesentliche Energiebeiträge berücksichtigt (siehe z.B. G.D. Mahan, J. Appl. Phys. **51**, 2634 (1980)): Erstens die potentielle Energie der Elektronen untereinander und zweitens die potentielle Energie zwischen Elektronen und Donatoren.

Der erste Term („Erwartungswert der potentiellen Energie", auch „Austauschenergie") ist negativ, er stellt eine attraktive Wechselwirkung dar, die die kinetische Grundzustandsenergie vermindert und damit auch die effektive Bandlücke verringert. Die Austauschwechselwirkung enthält einen exakt berechenbaren Term E_{exc} (Austauschenergie im engeren Sinn) und einen Rest-Term E_{corr} (Korrelationsenergie), der nur numerisch berechenbar ist; die Austauschenergie ist gerade der Energiebetrag, um den sich Hartree-Näherung und Hartree-Fock-Näherung unterscheiden.

Die mathematische Form für die Austauschenergie E_{exc} wird in Anhang A6 abgeleitet. Sie lautet in Theoretiker-Schreibweise (siehe auch Ch. Kittel, Einführung in die Festkörperphysik, Oldenbourg 2005 oder N.W. Ashcroft, D.N. Mermin, Festkörperphysik, Oldenbourg 2007 bzw. englische Originalausgabe, 1976)

$$E_{exc} = -\frac{0{,}916}{(r_s / a_0^*)} \cdot Ry^* \quad \begin{cases} a_0^* = 0{,}53\text{Å} \cdot \varepsilon \cdot (m_0 / m^*) & \text{effektiver Bohrradius} \\ Ry^* = 13{,}6\text{eV} \cdot 1/\varepsilon^2 \cdot (m^* / m_0) & \text{effektive Rybergenergie} \end{cases}$$

Diesen Ausdruck kann man umformulieren zu

$$E_{exc} = -1{,}06 \cdot 10^{-7}\,\text{eVcm} \cdot 1/\varepsilon \cdot N_D^{1/3} \qquad \text{mit } n_0 = N_D \text{ (Anhang A6)}$$

Die Korrelationsenergie läßt sich angenähert schreiben als

$$E_{corr} \approx [\,0{,}0622 \cdot \ln(r_s / a_0^*) - 0{,}096\,]\,Ry^*$$

Die Werte sind klein gegenüber E_{exc} und werden vernachlässigt.

Die Donator-Elektron-Energie wird im Unterschied zum Pearson-Bardeen-Modell mit einem abgeschirmten Coulombpotential $V(r) = -\frac{q^2}{4\pi\varepsilon\varepsilon_0} \cdot \frac{e^{-\lambda r}}{r}$ berechnet, das aus dem Standard-Coulombpotential unter Berücksichtigung der Abschirmung durch die Ladungswolke des entarteten Elektronengases entsteht (siehe Lehrbücher der theoretischen Festkörperphysik/Vielteilchenphysik). Der Parameter λ ist der Kehrwert der Thomas-Fermi-Abschirmlänge L_{TF} des entarteten Elektronengases (siehe Kapitel 7),

$$L_{TF} = \frac{1}{\lambda} = \sqrt{6{,}3805 \cdot \frac{\varepsilon\varepsilon_0}{q^2} \cdot \frac{\hbar^2}{2m_e^*} \cdot \frac{1}{n_0^{1/3}}}$$

Analytische und numerische Ergebnisse zur Donator-Elektron-Wechselwirkung in Si und Ge finden sich beispielsweise in G.D. Mahan, J. Appl. Phys. **51**, 2634 (1980). Sie ist attraktiv und proportional zu $n_0^{1/6}$.Im Fall von Si und Ge ist sie vernachlässigbar gegenüber E_{exc}. Derselbe Sachverhalt ergibt sich nach Umskalierung auch für andere Standard-Halbleiter. Man kann also die effektive Donatorbindungsenergie im wesentlichen schreiben als:

$$\boxed{E_{d,eff} = E_d - 1{,}06 \cdot 10^{-7}\,\text{eVcm} \cdot 1/\varepsilon \cdot N_D^{1/3}}$$

Für einen indirekten Halbleiter mit M Elektronentälern ist E_{exc} mit dem Faktor $1/M^{1/3}$ zu multiplizieren.

Wenn N_D so hoch ist, daß die effektive Donatorbindung Null wird, spricht man auch vom Störstellen-Mott-Übergang. Die Bedingung dafür ist bei einer EMT-Störstelle mit $E_d = R_y^*$: $r_s = 0{,}916\ a_0^*$ oder $N_D \approx 0{,}31 \cdot 1/a_0^{*3}$.

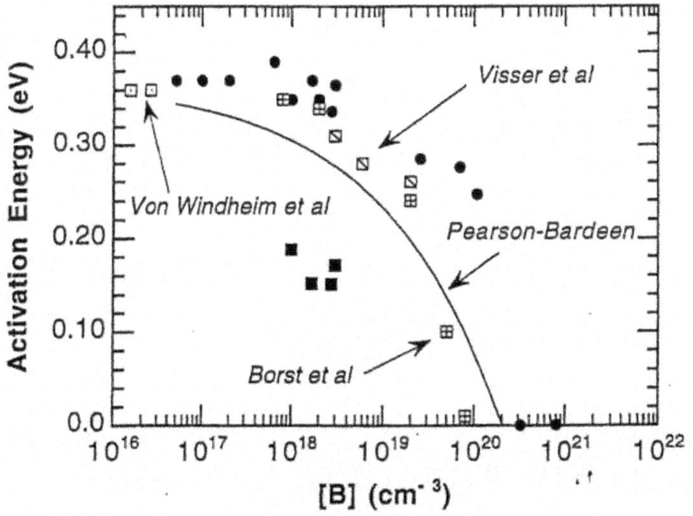

Abb. 5.5 *Ionisierungsenergie (Activation Energy) von Bor-Akzeptoren in Diamant als Funktion der Dotierung. Aus J.-P. Lagrange, A. Deneuville, E. Gheeraert, Diamond and Related Materials 7, 1390 (1998).*

Neuere experimentelle Daten zur dotierungsabhängigen Reduktion der Störstellenbindung zeigt die Abbildung am Beispiel des Akzeptors Bor in Diamant (E_a = 370 meV, ε = 5,7). Die Daten folgen einem Ausdruck $E_{a,eff} = 370\ \text{meV} - \alpha\ N_A^{1/3}$, wobei α in der oben diskutierten Größenordnung liegt.

6 Besetzungsstatistik

Literatur

J.S. Blakemore, *Semiconductor Statistics*, Pergamon Press 2002

6.1 Chemisches Potential

Das chemische Potential μ ist eine wichtige thermodynamische Größe, die definiert ist als $\mu = (dE_{ges}/dN)_V$. Sie beschreibt die *repräsentative Einteilchenenergie* in einem Ensemble von N Teilchen mit der Gesamtenergie E_{ges}.

Das chemische Potential μ geht in die freie Energie F ein, die im thermischen Gleichgewicht minimal ist:

$$dF = -SdT - pdV + \sum_i \mu_i dN_i$$

mit S: Entropie, p: Druck, N: Teilchenzahl; i: charakterisiert eine „Gruppe" von Teilchen im Energieintervall ΔE_i bei E_i.

Mit dF = 0 im thermischen Gleichgewicht folgt für T = const. und V = const.:

$$\sum_i \mu_i dN_i = 0$$

Wenn Teilchenaustausch zwischen zwei „Gruppen" (z.B. Elektronen mit N_1 und N_2 in verschieden dotierten Gebieten 1 und 2 eines Halbleiters) möglich ist, so daß $N_1 + N_2 = N = \text{const.}$, so folgt mit $dN_1 = -dN_2$:

$$\boxed{\mu_1 = \mu_2} \qquad \text{als Gleichgewichtsbedingung.}$$

Für ein Ensemble geladener Teilchen wie Elektronen und Löcher bezeichnet man oft auch das chemische Potential μ als Fermi-Energie E_F. Es gilt also in homogenen oder heterogenen Halbleitern im thermodynamischen Gleichgewicht:

$$\boxed{\mathbf{E_F = const.}}$$

6.2 Verteilungsfunktion (Fermi-Dirac-Verteilung)

Die Fermi-Dirac-Verteilungsfunktion lautet für Elektronen

$$f_e(E) = \left(e^{(E-E_F)/kT} + 1\right)^{-1}$$

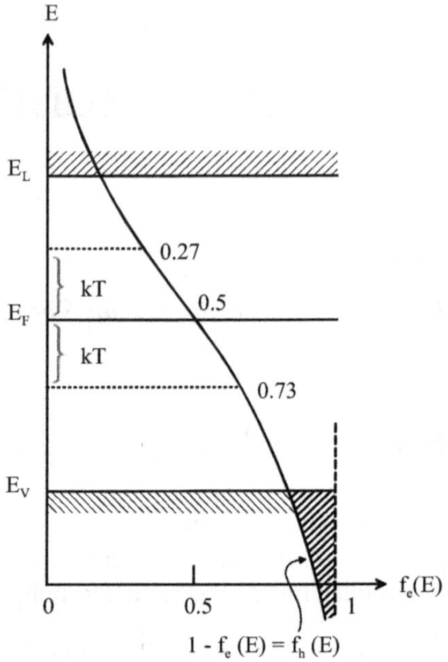

Boltzmann-Näherung mit $E - E_F >> kT$:

Unter dieser Bedingung folgt die Boltzmann-Verteilungsfunktion $f_e(E) = e^{-(E-E_F)/kT}$.

Die Bedingung ist erfüllt, wenn E_F „weit“ unterhalb E_L, d h. in der Bandlücke liegt. Für Löcher ist die Wahrscheinlichkeit, daß ein Zustand *nicht* besetzt ist:

$$f_h(E) = 1 - f_e(E) = \left(e^{(E_F-E)/kT} + 1\right)^{-1}$$

Boltzmann-Näherung mit $E_F - E >> kT$:

$$f_h(E) = e^{-(E_F-E)/kT}$$

Die Skizze zeigt, daß schon für Energien von etwa 2kT oberhalb oder unterhalb von E_F die Boltzmann-Näherung sehr gut gilt.

6.3 Zustandsdichte (spezifische Formulierung für Halbleiterbänder)

Zustandsdichten für parabolische isotrope Bänder im 3D-, 2D- und 1D-Fall wurden allgemein in Abschnitt 4.1 behandelt. Hier folgen explizite Ausdrücke für Elektronen und Löcher, insbesondere auch für anisotrope Bänder im 3D-Fall.

(A) Isotrope parabolische Bänder

Mit $E = \dfrac{\hbar^2 k^2}{2m^*}$ folgt:

$$D_e(E) = \frac{1}{2\pi^2}\left(\frac{2m_e^*}{\hbar^2}\right)^{3/2} \cdot \underbrace{(E - E_L)^{1/2}}_{= (E - Eg)^{1/2}\text{, wenn Nullpunkt bei } E_v = 0 \text{ definiert wird}}$$

$$D_h(E) = \frac{1}{2\pi^2}\left(\frac{2m_h^*}{\hbar^2}\right)^{3/2} \cdot \underbrace{(E_V - E)^{1/2}}_{= (-E)^{1/2}\text{, wenn Nullpunkt bei } E_v = 0 \text{ definiert wird}}$$

(B) Anisotrope parabolische Bänder

Leitungsbänder mit Minimum bei k_o auf k_z-Achse

$$E = \frac{\hbar^2}{2}\left\{\frac{k_x^2}{m_x^*} + \frac{k_y^2}{m_y^*} + \frac{(k_0 - k_z)^2}{m_z^*}\right\} \quad ,$$

falls die Energiefläche ein dreiachsiges Ellipsoid ist.

Die Transformation

$$k_x' = \sqrt{\frac{m}{m_x^*}}k_x, \quad k_y' = \sqrt{\frac{m}{m_y^*}}k_y, \quad k_z' = \sqrt{\frac{m}{m_z^*}}(k_0 - k_z)$$

führt auf eine sphärische Energieflächen mit der Zustandsdichte

$$D(E) = \frac{1}{2\pi^2}\left(\frac{2m_{de}^*}{\hbar^2}\right)^{3/2}(E - E_L)^{1/2}$$

(ohne Berücksichtigung der Anzahl M der äquivalenten Täler).

Nach Rücktransformation bzw. Einsetzen folgt die Zustandsdichtemasse $m_{de}^* = (m_x^* m_y^* m_z^*)^{1/3}$. Für Si und Ge mit rotationselliptischen Energieflächen gilt $m_x^* = m_y^* = m_t$, $m_z^* = m_l$, also:

$$\boxed{m_{de}^* = (m_l \cdot m_t^2)^{1/3}}$$

Bei Mitnahme von M äquivalenten Minima erhält man:

$$D(E) = \frac{1}{2\pi^2}\left(M^{2/3} \cdot \frac{2m_{de}^*}{\hbar^2}\right)^{3/2}(E - E_L)^{1/2} \qquad \begin{cases} M(Si) = 6 \rightarrow m_n = M^{2/3} \cdot m_{de}^* = 1{,}063 m_0 \\ M(Ge) = 4 \rightarrow m_p = M^{2/3} \cdot m_{de}^* = 0{,}552 m_0 \end{cases}$$

Valenzbänder (kubische Kristalle)

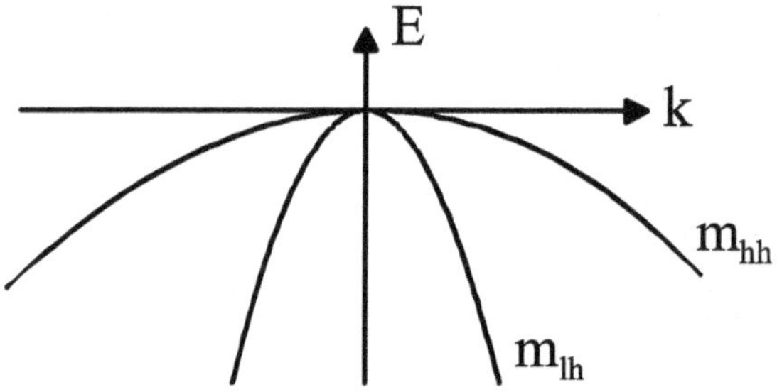

Annahmen:

- Es gibt keinen Beitrag des Spin-Bahn-abgespaltenen Bandes.
- Jedes der beiden $p_{3/2}$-Bänder für sich ist sphärisch (das wurde früher durch die Mittelung erreicht, die von den Valenzbandparametern A, B, C auf m_{hh}^* und m_{lh}^* führte).

Bei gleicher Energie addieren sich die Zustandsdichten der beiden $p_{3/2}$-Bänder zu einer Gesamt-Zustandsdichte. Daraus folgt:

$$\boxed{m_{dh}^{3/2} = m_{hh}^{3/2} + m_{lh}^{3/2}}$$

6.4 Elektronendichte (Lochdichte)

Die Elektronendichte ist bei jeder Energie das Produkt aus Zustandsdichte und Besetzungswahrscheinlichkeit

$$\boxed{n(E) = D(E) \cdot f(E)},$$

so daß folgt

$$n = \int_{E_L}^{\infty} D(E) f(E) dE$$

$$= \frac{1}{2\pi^2}\left(\frac{2m_e^*}{\hbar^2}\right)^{3/2} \int_{E_L}^{\infty} \frac{(E-E_L)^{1/2}}{\left(e^{\frac{E-E_F}{kT}}+1\right)} dE$$

Substitution:

$$x = \frac{E-E_L}{kT}\ ;\ dE = (kT)dx$$

$$\boxed{n = \frac{2}{\sqrt{\pi}} N_L \cdot F_{1/2}\left(\frac{E_F - E_L}{kT}\right)}$$

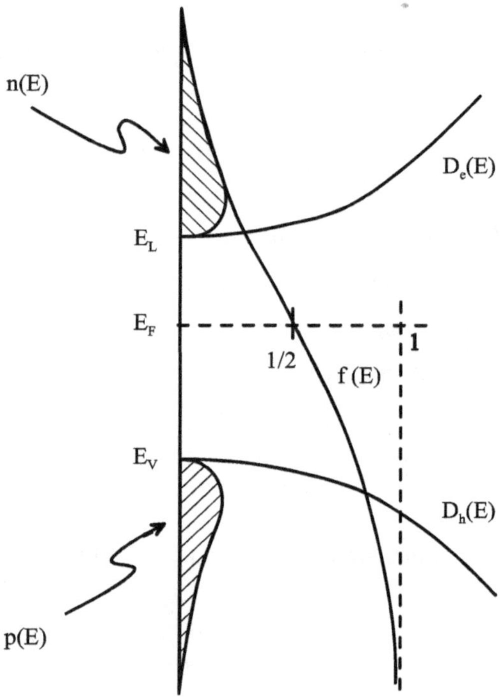

mit $F_n(\xi) = \int_0^\infty \frac{x^n dx}{e^{(x-\xi)}+1}$, $\xi = \frac{E_F - E_L}{kT}$. $F_n(\xi)$ heißen Fermi-Dirac-Integrale, sie sind tabelliert. Neu eingeführt wurde außerdem die Größe

$$N_L = \frac{1}{4\pi^{3/2}}\left(\frac{2m_{de}^*}{\hbar^2}\cdot kT\right)^{3/2}$$

N_L: Effektive Zustandsdichte des Leitungsbandes

Analog gilt für Löcher

$$N_V = \frac{1}{4\pi^{3/2}}\left(\frac{2m_{dh}^*}{\hbar^2}\cdot kT\right)^{3/2}$$

N_V: Effektive Zustandsdichte des Valenzbandes

6.4.1 Boltzmann-Näherung

Mit $E - E_F >> kT$ und der Boltzmann-Funktion $f(E) = e^{-\left(\frac{E-E_F}{kT}\right)}$ folgt:

$$n = \frac{1}{2\pi^2}\left(\frac{2m_e^*}{\hbar^2}\right)^{3/2} \cdot \int_{E_g}^{\infty} \sqrt{E - E_g} \cdot e^{-\left(\frac{E-E_F}{kT}\right)} dE$$

Beachte die Energieskala:

Die Bandkantenenergien können mit $E_L - E_V = E_g$ normiert geschrieben werden als $E_V = 0$, $E_L = E_g$.

Substitution:

$$\frac{E - E_g}{kT} = x, \qquad \text{also} \begin{cases} E = E_g + kT \cdot x \\ dE = kTdx \end{cases} \qquad \text{und} \quad \frac{E - E_F}{kT} = \underbrace{\frac{E - E_g}{kT}}_{x} + \frac{(E_g - E_F)}{kT}$$

Damit wird nach Einsetzen:

$$\int_{E_g}^{\infty} ...dE = \int_0^{\infty} \sqrt{kT} \cdot \sqrt{x} e^{-x} \cdot e^{\frac{E_F - E_g}{kT}} \cdot kTdx = (kT)^{3/2} e^{\frac{E_F - E_g}{kT}} \cdot \underbrace{\int_0^{\infty} \sqrt{x} e^{-x} dx}_{\frac{\Gamma(1/2+1)}{1^{(1/2+1)}} = \Gamma(3/2) = \sqrt{\pi}/2}$$

Insgesamt resultiert der Ausdruck:

$$n = \frac{1}{2\pi^2}\left(\frac{2m^*}{\hbar^2}\right)^{3/2} \cdot (kT)^{3/2} \cdot \frac{1}{2}\sqrt{\pi} \cdot e^{\frac{E_F - E_g}{kT}} \qquad \text{oder}$$

$$\boxed{n = N_L \cdot e^{\frac{E_F - E_L}{kT}}} \qquad \text{mit } N_L = \frac{1}{4\pi^{3/2}}\left(\frac{2m_n}{\hbar^2} \cdot kT\right)^{3/2} = \frac{2}{h^3}(2\pi \cdot m_n \cdot kT)^{3/2}$$

Entsprechend gilt für Löcher

$$\boxed{p = N_V \cdot e^{\frac{E_V - E_F}{kT}}} \qquad \text{mit } N_V = \frac{1}{4\pi^{3/2}}\left(\frac{2m_p}{\hbar^2} \cdot kT\right)^{3/2} = \frac{2}{h^3}(2\pi \cdot m_p \cdot kT)^{3/2}$$

Praktische Formel für Werte:

$$N_L = 2{,}5 \times 10^{19} \cdot cm^{-3} \cdot \left(\frac{m_n}{m_0}\right)^{3/2} \cdot \left(\frac{T}{300K}\right)^{3/2} \qquad \text{mit } m_n = M^{2/3} \cdot m_{de}^*$$

$$N_V = 2{,}5 \times 10^{19} \cdot cm^{-3} \cdot \left(\frac{m_p}{m_0}\right)^{3/2} \cdot \left(\frac{T}{300K}\right)^{3/2} \qquad \text{mit } m_p = m_{dh}^*$$

Zweidimensionaler Halbleiter:

Mit $D^{(2D)}(E) = \frac{m^*}{\pi\hbar^2}$ ergibt sich:

$$\boxed{n^{(2D)} = N_L^{(2D)} \cdot e^{\frac{E_F - E_L}{kT}}} \qquad \text{mit } N_L^{(2D)} = \frac{m_{de}^*}{\pi\hbar^2} \cdot kT$$

$$\boxed{p^{(2D)} = N_V^{(2D)} \cdot e^{\frac{E_V - E_F}{kT}}} \qquad \text{mit } N_V^{(2D)} = \frac{m_{dh}^*}{\pi\hbar^2} kT$$

Hier muß die relevante 2D-Zustandsdichtemasse eingesetzt werden.

Praktische Formel für Werte:

$$N_L^{(2D)} = 2{,}16 \times 10^{13} cm^{-2}\left(\frac{m_n}{m_0}\right)\left(\frac{T}{300K}\right) \qquad (\text{analog für } N_V^{(2D)})$$

Für GaAs mit $m_n = 0{,}065\ m_0$ ergibt sich $N_L^{(2D)} = 1{,}4 \times 10^{12}\ cm^{-2}$ bei $T = 300K$.

Das Produkt von n und p ergibt das *Massenwirkungsgesetz*:

$$\boxed{np = N_L N_v \cdot e^{-E_g/kT}}$$ Das Produkt ist alleine eine Funktion der Temperatur.

Bei der Ableitung wurde nur eine Voraussetzung über die Form der Zustandsdichte gemacht (neben der Boltzmann-Näherung). Daher gilt das Massenwirkungsgesetz für reine und dotierte Halbleiter. Gültigkeitsgrenze: entartete Halbleiter!

Erhöht man n durch Dotierung mit Donatoren, so geht p entsprechend stark zurück (analog für Dotierung mit Akzeptoren).

Eigenhalbleitung

$$n = n_i = p = p_i$$

Die Neutralitätsbedingung führt zur intrinsischen Ladungsträgerkonzentration:

$$\boxed{n_i = \sqrt{N_L N_v} \cdot e^{-\frac{E_g}{2kT}}}$$

Praktische Formel:

$$n_i = 4{,}9 \times 10^{15}\,\text{cm}^{-3} \cdot \left(\frac{m_n \cdot m_p}{m_0^2}\right)^{3/4} \cdot \left(\frac{T}{K}\right)^{3/2} \cdot e^{-\frac{E_g}{2kT}}$$

Tab. 6.1 *Werte der effektiven Zustandsdichten N_L und N_V mit weiteren relevanten Parametern für Si, Ge und GaAs.*

	$\frac{m_n}{m_0}$	$\frac{m_p}{m_0}$	N_L(300 K) in cm^{-3}	N_v(300 K) in cm^{-3}	E_g(300 K) in eV	n_i(300 K) in cm^{-3}
Si	1,063	0,689	$2{,}7 \times 10^{19}$	$1{,}4 \times 10^{19}$	~ 1,14	$\sim 5 \times 10^{9}$
Ge	0,553	0,377	$1{,}0 \times 10^{19}$	$5{,}8 \times 10^{18}$	~ 0,63	$\sim 4 \times 10^{13}$
GaAs	0,066	0,522	$4{,}2 \times 10^{17}$	$9{,}4 \times 10^{18}$	~ 1,43	$\sim 2 \times 10^{6}$

Fermi-Niveau bei Eigenleitung:

Nach Einsetzen von n_i in den Ausdruck $n_i = N_L e^{\frac{E_{F_i} - E_L}{kT}} = N_v e^{\frac{E_v - E_{F_i}}{kT}}$ erhält man

$$E_{F_i} = \frac{1}{2}(E_L + E_V) + \frac{1}{2} kT \ln\left(\frac{N_V}{N_L}\right)$$ oder

$$\boxed{\underbrace{E_{F,i}}_{E_i} = \underbrace{\frac{1}{2}(E_L + E_V)}_{=\left(E_L - \frac{1}{2}E_g\right) = \left(E_V + \frac{1}{2}E_g\right)} + \frac{3}{4}kT\ln\left(\frac{m_p}{m_n}\right)}$$

Für $m_p = m_n$ liegt E_F bei allen Temperaturen in Bandlückenmitte.

Allgemeine Definition von Ladungsträgerdichten über das Fermi-Niveau:

$$n = N_L \cdot e^{\frac{E_F - E_L}{kT}} = \underbrace{N_L \cdot e^{(E_i - E_L)/kT}}_{n_i} \cdot e^{(-E_i + E_F)/kT} = n_i e^{\phi/kT}$$ und analog für Löcher.

Mit $\boxed{\phi = E_F - E_i}$ kann man schreiben:

$$\boxed{\begin{aligned} n &= n_i e^{\phi/kT} \\ p &= n_i e^{-\phi/kT} \end{aligned}}$$

Dies sind praktische, vielgebrauchte Formulierungen, insbesondere bei Bauelementen.

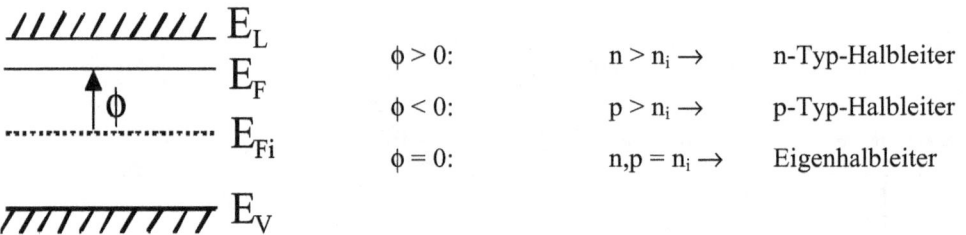

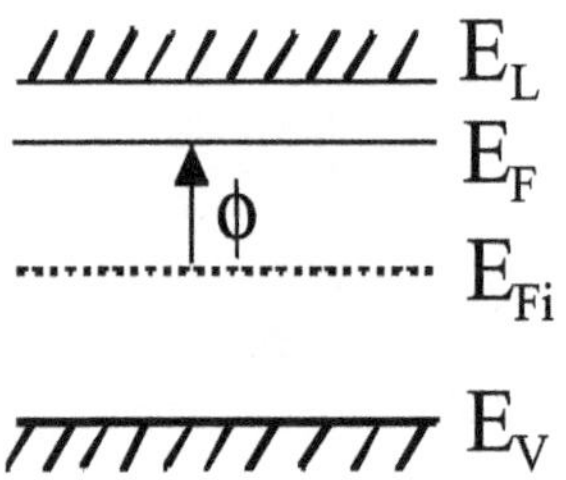

$\phi > 0$:	$n > n_i \rightarrow$	n-Typ-Halbleiter
$\phi < 0$:	$p > n_i \rightarrow$	p-Typ-Halbleiter
$\phi = 0$:	$n,p = n_i \rightarrow$	Eigenhalbleiter

6.4.2 Hoch-entartete Halbleiter

Hoch-entartet bedeutet: E_F liegt weit in einem Band, für n-Dotierung im Leitungsband. Es gilt dann die allgemeine Beziehung $n = \int_{E_L}^{\infty} D(E) \cdot f(E)\, dE$ mit der speziellen Näherung:

$$f(E) \text{ ist eine Stufenfunktion mit den Werten } = \begin{cases} 1 \text{ wenn } E \le E_F \\ 0 \text{ wenn } E > E_F \end{cases}$$

Die Näherung ist physikalisch gerechtfertigt für $E_F - E_L >> kT$. Es folgt:

$$n = \frac{1}{2\pi^2}\left(\frac{2m_e^*}{\hbar^2}\right)^{3/2} \cdot \int_{E_L}^{E_F} \sqrt{E - E_L} \cdot \underbrace{f(E)}_{=1} dE$$

Dabei ist das Integral $\int = \frac{2}{3}(E - E_L)^{3/2}\Big|_{E_L}^{E_F} = \frac{2}{3}(E_F - E_L)^{3/2}$ Also bekommt man:

$$n = \frac{1}{2\pi^2}\left(\frac{2m_e^*}{\hbar^2}\right)^{3/2} \cdot \frac{2}{3}(E_F - E_L)^{3/2} = N_L \cdot \frac{4}{3\sqrt{\pi}}\left(\frac{E_F - E_L}{kT}\right)^{3/2}$$

Im Entartungsfall werden die Fermi-Energien oft auf die Bandkantenenergie (hier E_L) als neuem Energienullpunkt bezogen. Dann gilt:

$$n = \frac{1}{3\pi^2}\left(\frac{2m_e^*}{\hbar^2}\right)^{3/2} \cdot E_F^{3/2} \quad \text{oder}$$

$$\boxed{E_F = (3\pi^2)^{2/3}\,\frac{\hbar^2}{2m_e^*} \cdot n^{2/3}}.$$

Mit $\frac{\hbar^2}{2m_0^*} = 3{,}809 \times 10^{-13}\,\text{meVcm}^2$ kann man als praktische Formel schreiben:

$$\boxed{E_F = 3{,}645 \times 10^{-12}\,\frac{m_0}{m_e^*}\ \text{meVcm}^2 \cdot n^{2/3}}$$

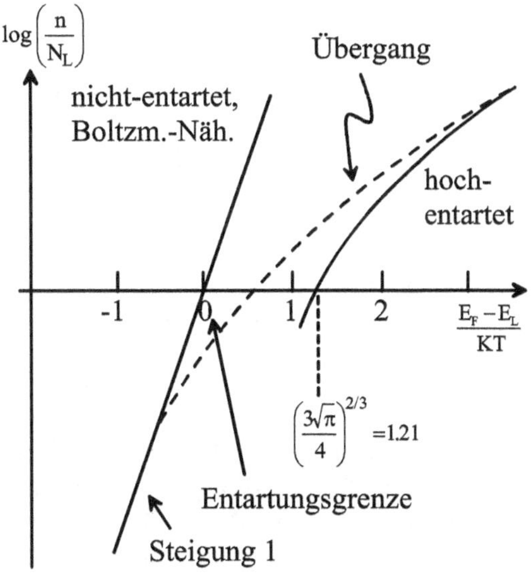

Diese Formel ist wichtig für hohe Trägerdichten, die entweder durch Dotierung im thermischen Gleichgewicht oder als Überschußträgerkonzentration durch optische Anregung erzeugt werden. Im letzten Fall ist E_F das sogenannte Quasi-Fermi-Niveau der Elektronen, vice versa für Löcher (vgl. Kapitel 9).

Chemisches Potential μ als repräsentative Einteilchenenergie (Ensembleenergie)

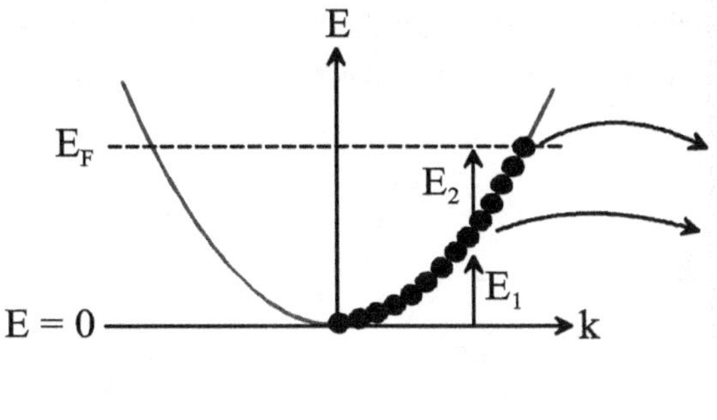

Wir nehmen zur Illustration ein Elektron aus dem Fermisee heraus, einmal bei der Energie E_F und einmal bei E_1. Der Energiegewinn ist dann

$\mu = E_F$

$\mu = E_1 \quad + \quad E_2 \quad = E_F$

↓ direkt — ↓ nach Relaxation ins Gleichgewicht

In einem freien (nicht wechselwirkenden) entarteten Elektronengas wird die Bedeutung des chemischen Potentials $\mu = E_F$ als repräsentative Einteilchenenergie anschaulich besonders klar: Bei Herausnahme eines Teilchens aus dem „Fermi-See“ zwischen Gleichgewichtszuständen gewinnt man immer E_F, unabhängig davon, welche Energie das Teilchen im Ensemble hatte.

Für sehr hohe Dotierung mit Entartung werden alle vorstehenden Ergebnisse problematisch, da die Zustandsdichten nicht mehr wurzelförmig verlaufen. Stattdessen bilden sich Dichte-Ausläufer in die Bandlücke hinein aus (sog. „band tails“). Wir diskutieren im folgenden ein einfaches Modell dazu.

6.4.3 Bandausläufer („band tails“)

Das entartete Elektronengas schirmt die Coulombpotentiale der positiven, ortsfesten Donatorrümpfe ab. In der theoretischen Festkörperphysik (z.B. Ch. Kittel, Einführung in die Festkörperphysik, Oldenbourg 2005; N.W. Ashcroft, D.N. Mermin, Festkörperphysik, Oldenbourg 2007 bzw. englische Originalausgaben, 1976 ff.), wird gezeigt, daß die abgeschirmten Potentiale die Form haben

$$V(r) = \frac{q}{4\pi\varepsilon\varepsilon_0} \cdot \frac{e^{-\lambda r}}{r} .$$

Die Abschirmlänge ist die Thomas-Fermi-Abschirmlänge $L_{TF} = 1/\lambda$ (s. Kapitel 7). Die Wechselwirkung der freien Elektronen mit diesen Potentialen führt lokal zu einer Variation der Bandkantenenergie $\varepsilon_L = -qV$. Da die Donatoren statistisch unabhängig im Kristall verteilt sind, gehorcht das Energiespektrum der Leitungsbandfluktuationen nach dem zentralen Grenzwertsatz der Thermodynamik einer gaußförmigen Normal-Verteilungsfunktion:

$$p\left(\varepsilon_L\right) d\varepsilon_L = \frac{1}{\sqrt{\pi}\, qV_0} \cdot e^{-\left(\varepsilon_L/qV_0\right)^2} \cdot d\varepsilon_L$$

Dabei ist $V_0 = \sqrt{< V^2 >}$ der quadratisch genommene Mittelwert der einzelnen Potentiale („root mean square-“ oder rms-Wert).

Im folgenden sei die Leitungsbandkante zur Vereinfachung zu $E_L = 0$ gesetzt. Die um die Fluktuationen korrigierte ideale Zustandsdichte des Leitungsbandes $D(E) = A \cdot \sqrt{E}$ ist jetzt zu falten mit deren Wahrscheinlichkeitsverteilung. Das ergibt eine effektive Zustandsdichte

$$D_{eff}(E) = A \cdot \int_{-\infty}^{E} \sqrt{E - \varepsilon_L} \cdot p\left(\varepsilon_L\right) d\varepsilon_L \qquad \text{oder}$$

$$\boxed{D_{eff}\,(E) = A \cdot \int_{-\infty}^{E} \sqrt{E - \varepsilon_L} \cdot \frac{1}{\sqrt{\pi}\, qV_0} \cdot e^{-\left(\varepsilon_L/qV_0\right)^2}\, d\varepsilon_L}$$

Diskussion:

- Für sehr kleine Werte von qV_0 hat die Verteilungsfunktion $p(\varepsilon_L)$ eine sehr kleine Halbwertsbreite (nämlich $2qV_0$ bei den 1/e-Punkten). Sie wirkt als δ-Funktion und projiziert den Wert der Wurzel bei $\varepsilon_L = 0$ aus dem Integral:

  $D_{eff}(E) = A \cdot \sqrt{E}$

  Man erhält also die ursprüngliche „ungestörte" Zustandsdichte zurück.
- Für größere Werte von qV_0 werden bei Energien deutlich über $E_L = 0$ Zustandsdichtewerte miteinander gefaltet, die bei der schwachen Energie-Abhängigkeit der Wurzelfunktion über die Halbwertsbreite von $p(E_L)$ hinweg wenig variieren: Man kann praktisch die Wurzel vor das Integral ziehen. Anders gesagt, wirkt in diesem Fall $p(\varepsilon_L)$ immer noch wie eine δ-Funktion, und man bekommt ebenfalls wieder die ursprüngliche Zustandsdichte zurück:

  $$D_{eff}(E) = A \cdot \sqrt{E} \cdot \int_{-\infty}^{E} p(\varepsilon_L)\, d\varepsilon_L = A \cdot \sqrt{E} \cdot \int_{-\infty}^{\infty} p(\varepsilon_L)\, d\varepsilon_L = A \cdot \sqrt{E} \qquad \text{für } E \gg qV_0$$
- Bei kleinen oder negativen E-Werten werden Zustände von $E \geq 0$ nach $E < 0$ gefaltet. $D_{eff}(E)$ läßt sich in diesem Fall nicht einfach analytisch ausdrücken.

Die Graphik zeigt den Verlauf von $D_{eff}(E)$ mit dem Bandausläufer in die Bandlücke hinein. Eine numerische Auswertung zeigt, daß man ihn für $E \geq -0{,}6\ qV_0$ mit einem Fehler kleiner 5% anpassen kann durch:

$$D_{eff}(E) = A \cdot \sqrt{\frac{qV_0}{\pi}} \cdot 0{,}6127 \cdot e^{\frac{E}{qV_0 \cdot 0{,}5465}}$$

($E < 0$!). Die energetische „Tiefe" des Bandausläufers ist charakterisiert durch den 1/e-Punkt von $D_{eff}(E)$ bei $E = -0{,}5465 \cdot qV_0$. An dieser Stelle ist der Wert der Zustandsdichte

$$D_{eff} = A \cdot 0{,}1272 \cdot \sqrt{qV_0}\ .$$

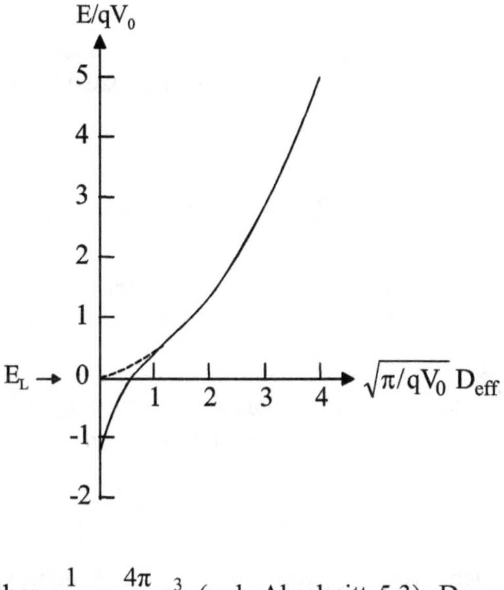

Für die Berechnung von V_0 setzen wir wie früher $\frac{1}{n_0} = \frac{4\pi}{3} r_s^3$ (vgl. Abschnitt 5.3). Dann wirkt das Potential eines jeden Donators in einer Kugelumgebung mit Radius r_s, und es gilt:

$$(qV_0)^2 = \frac{\int_0^{r_s} r^2 \cdot (qV)^2(r)\,dr \cdot \int d\Omega}{\int_0^{r_s} r^2\,dr \cdot \int d\Omega} = \left(\frac{q^2}{4\pi\varepsilon\varepsilon_0}\right)^2 \frac{4\pi \int_0^{r_s} e^{-2\lambda r}\,dr}{4\pi \int_0^{r_s} r^2\,dr}$$

$$= \left(\frac{q^2}{4\pi\varepsilon\varepsilon_0}\right)^2 \left[-\frac{2\pi}{\lambda}\left(e^{-2\lambda r_s} - 1\right) \Big/ \frac{4\pi}{3} r_s^3\right]$$

Für $\varepsilon = 10$ und $m_e^* = m_0$ kann man bis etwa $n_0 \le 10^{21}\text{cm}^{-3}$ den Exponentialterm vernachlässigen $(\lambda r_s >> 1)$. Dann wird $(qV_0)^2 = \left(\frac{q^2}{4\pi\varepsilon\varepsilon_0}\right)^2 \frac{2\pi}{\lambda} n_0$ und es folgt:

$(qV_0) = \frac{q^2}{4\pi\varepsilon\varepsilon_0}\sqrt{2\pi \cdot L_{TF} \cdot N_D}$ mit $n_0 = N_D$ und L_{TF}: Abschirmlänge nach Thomas-Fermi.

In L_{TF} steckt noch eine sehr schwache Ladungsträgerdichte-Abhängigkeit mit $n_0^{-1/6}$, die man gegenüber dem expliziten Term n_0 vernachlässigen kann. Wachsende Dotierung erzeugt also einen stärker werdenden Bandausläufer in die Bandlücke hinein.

6.5 Besetzung von Störstellen

Erinnerung: Es besteht immer der allgemeine Zusammenhang zwischen Trägerdichte, Zustandsdichte und Verteilungsfunktion (hier für Elektronen): $n(E) = D_e(E) \cdot f(E)$.

Wir wenden diese Relation auf die Dichte $\hat{n}$ der Elektronen, die an Donatoren mit Energieniveau bei E_D lokalisiert (gebunden) sind, an:

$$\hat{n}(E_D) = \hat{D}_{donor}(E_D) \cdot f(E_D)$$

(dabei ist $\hat{D}_{donor}$ die Donatorzustandsdichte), also

$$f_{donor}(E_D) = \frac{\hat{n}(E_D)}{\hat{D}_{donor}(E_D)}$$

Mit $\hat{n}(E_D) = N_D^0$ und $\hat{D}_{donor}(E_D) = N_D$ folgt

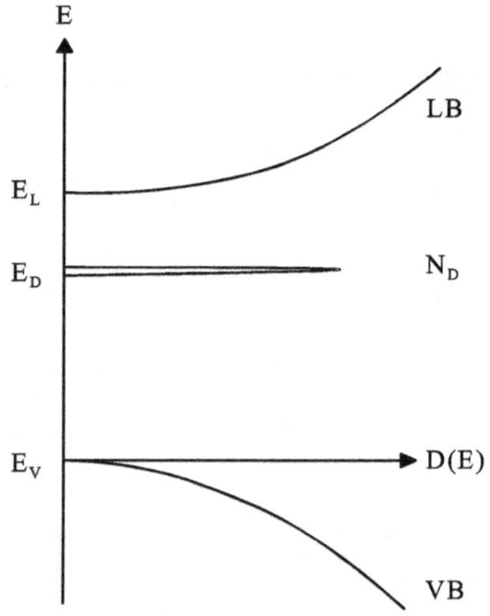

$$f_{donor}(E_D) = \frac{N_D^0}{N_D}$$

Wegen der Neutralitätsforderung gilt $N_D^0 + N_D^+ = N_D$, so daß sich ergibt:

$$\boxed{f_{donor}(E_D) = \frac{N_D^0}{N_D} = \frac{1}{\frac{1}{2}e^{(E_D - E_F)/kT} + 1}}$$

Der Faktor 1/2 stammt aus der zweifachen Spin-Entartung des Donatorzustands.

Entsprechend kann man für Akzeptoren formulieren:

$$f_{akz}(E_A) = \frac{\hat{p}(E_A)}{\hat{D}_{akz}(E_A)} = \frac{N_A^0}{N_A} = \frac{N_A - N_A^-}{N_A} = 1 - \frac{N_A^-}{N_A} = 1 - \frac{1}{4e^{(E_A - E_F)/kT} + 1}$$

$$\boxed{f_{akz}(E_A) = \frac{1}{\frac{1}{4}e^{-(E_A - E_F)/kT} + 1}}$$

Der Faktor ¼ stammt aus den beiden hh- und lh-Valenzbandzuständen mit jeweiliger zweifacher Spinentartung, aus denen die Akzeptorfunktion aufgebaut ist. In der Literatur finden sich statt des Entartungsfaktors 1/4 auch andere Werte.

Wir halten fest:

Mit Störstelleneinschluß sind drei Verteilungsfunktionen zu unterscheiden („Statistiktypen").

Im folgenden werden *praktische Fälle* behandelt.

6.6 Störstellen-Halbleitung: Ladungsträgerdichte und Fermi-Niveau

Wir nehmen Donatordotierung mit partieller Kompensation durch Akzeptoren, also $N_D > N_A$, an. Der Halbleiter sei nicht-entartet, das Fermi-Niveau liege so weit unterhalb der Leitungsbandkante, daß für die Ladungsträgerstatistik in den Bändern die Boltzmann-Näherung gilt. Die daraus abgeleiteten Ausdrücke können für den umgekehrten Fall der Akzeptordotierung mit partieller Kompensation durch Donatoren entsprechend modifiziert werden. Der betrachtete Fall ist also sehr allgemein.

Durch den räumlichen Wellenfunktionsüberlapp der lokalisierten Elektronen und Löcher sind für $N_D > N_A$ alle Akzeptoren ionisiert, es ist also $N_A^- = N_A =$ konstant.

Die Donatoren liegen abhängig von der Temperatur ionisiert oder neutral vor, sie werden also thermisch umgeladen:

$$\boxed{N_D^+} = N_D - N_D^0 = N_D\left(1 - \frac{1}{1/2\, e^{(E_D-E_F)/kT} + 1}\right) = \boxed{\frac{N_D}{1 + 2e^{-(E_D-E_F)/kT}}}$$

Ladungsneutralität: $n + N_A^- = p + N_D^+$

Mit $n = N_L\, e^{\frac{E_F - E_L}{kT}}$, $p = N_V\, e^{\frac{E_V - E_F}{kT}}$ folgt als *Bestimmungsgleichung für E_F:*

$$\boxed{N_L \cdot e^{\frac{E_F-E_L}{kT}} + N_A = \underbrace{N_V \cdot e^{\frac{E_V-E_F}{kT}}}_{I} + \underbrace{\frac{N_D}{1 + 2 \cdot e^{(E_F-E_D)/kT}}}_{II}}$$

Wir diskutieren nun unter (A) bis (C) verschiedene Spezialfälle mit analytischen Lösungen.

(A) Term II ist vernachlässigbar

Dies ist bei sehr hoher Temperatur der Fall, wenn alle Donatoren thermisch depopuliert sind („Störstellenerschöpfung") und die Ladungsträgerdichten durch intrinsische Aktivierung über die Bandlücke hinweg bestimmt sind ($n >> N_D$). Das Fermi-Niveau liegt weit unterhalb des Donatorniveaus E_D in der Nähe der Bandlückenmitte. Es ist dann $n \approx n_i \approx p \approx p_i >> N_D, N_A$

$$N_L \cdot e^{\frac{E_F-E_L}{kT}} = N_V \cdot e^{\frac{E_V-E_F}{kT}}$$

$$\boxed{\begin{aligned} E_F &= \frac{E_L + E_V}{2} + \frac{1}{2}\, kT \cdot \ln \frac{N_V}{N_L} \\ n &= \sqrt{N_L N_V} \cdot e^{-E_g/2kT} \end{aligned}}$$

Dieser (intrinsische) Fall wurde schon im Abschnitt 6.4 behandelt. Die Dotierung spielt hier also gar keine Rolle.

(B) Term II ist bei völliger Donatorerschöpfung konstant gleich N_D

Dies ist bei genügend hohen Temperaturen für $E_D - E_F >> kT$ oder $E_F << E_D - kT$ der Fall. Mit $N_D^+ = N_D$ folgt

$$n + N_A = p + N_D \text{ und daraus mit } p = N_V \cdot e^{\frac{E_V - E_F}{kT}} = N_L N_V \cdot e^{-E_g/kT} \cdot \frac{1}{n}.$$

$$n^2 - (N_D - N_A) \cdot n = N_L N_V \cdot e^{-E_g/kT}$$

$$n = \frac{N_D - N_A}{2} + \sqrt{\left(\frac{N_D - N_A}{2}\right)^2 + N_L N_V \cdot e^{-E_g/kT}}$$

$$E_F - E_L = kT \cdot \ln \frac{n}{N_L}$$

Die letzte Gleichung kann umgeschrieben werden unter Nutzung der Beziehung

$$\ln (a + \sqrt{a^2 + y^2}) = \ln y + \operatorname{arsh} \frac{a}{y}$$

Resultat:

$$E_F = \underbrace{\frac{1}{2}(E_L + E_V) + \frac{1}{2} kT \cdot \ln \frac{N_V}{N_L}}_{= E_{F,i}} + kT \cdot \operatorname{arsh} \underbrace{\frac{N_D - N_A}{2\sqrt{N_L N_V} \cdot e^{-E_g/2kT}}}_{= \left(\frac{N_D - N_A}{2n_i}\right)}$$

Diese Ausdrücke enthalten diejenigen von Fall (A).

(C) Term I ist vernachlässigbar

Dies ist der Fall, solange bei tieferen Temperaturen als bei (A) und (B) noch Donatorelektronen aktiviert (thermisch umgeladen) werden können und das Fermi-Niveau daher im Bereich des Donatorterms E_D liegt. Die Diskussion ist einfacher, wenn die Neutralitätsgleichung zunächst nach n und nicht nach E_F aufgelöst wird:

$$n + N_A = \frac{N_D}{1 + 2 \cdot e^{(E_F - E_D)/kT}} = \frac{N_D}{1 + 2 \cdot \underbrace{e^{\frac{E_F - E_L}{kT}}}_{= n/N_L} \cdot \underbrace{e^{\frac{E_L - E_D}{kT}}}_{= e^{E_d/kT}}} = \frac{N_D}{1 + n/N_L \cdot e^{E_d/kT}}$$

Daraus folgt

$$(n + N_A) \cdot n - (N_D - N_A - n) \cdot x = 0$$

$$n^2 + (N_A + x)\, n = (N_D - N_A)\, x \qquad \text{mit} \qquad \boxed{x = \frac{N_L}{2} \cdot e^{-E_d/kT}}$$

$$n = -\frac{N_A + x}{2} + \sqrt{\left(\frac{N_A + x}{2}\right)^2 + (N_D - N_A)\,x}$$

$$E_F - E_L = kT \cdot \ln \frac{n}{N_L}$$

Es lassen sich 3 Teilbereiche unterscheiden:

Bereich (C.1)

Störstellenreserve: $n \ll N_A$ („sehr tiefe Temperaturen")

Aus obiger Bedingungsgleichung für n folgt

$$n \cdot N_A = (N_D - N_A)x$$

$$n = \left(\frac{N_D - N_A}{N_A}\right) \cdot \frac{N_L}{2} \cdot e^{-E_d/kT}$$ also $n \sim T^{3/2} \cdot e^{-E_d/kT}$

$$E_F - E_L = kT \cdot \ln\left(\frac{N_D - N_A}{2N_A}\right) - E_d$$ oder

$$E_F = E_D + kT \cdot \ln\left(\frac{N_D - N_A}{2N_A}\right)$$

Bereich (C.2)

Störstellenreserve: $n \gg N_A$, $n \gg x$ („mäßig tiefe Temperatur")

$$n^2 = (N_D - n)x$$ mit $n^2 \gg nx$ folgt

$$n^2 = N_D x = \frac{N_D N_L}{2} \cdot e^{-E_d/kT}$$

$$n = \sqrt{\frac{N_D N_L}{2}} \cdot e^{-E_d/2kT}$$ also $n \sim T^{3/4} \cdot e^{-E_d/2kT}$

$$E_F = (E_L - E_d/2) + \frac{1}{2} kT \cdot \ln\left(\frac{N_D}{2N_L}\right)$$

Bereich (C.3)

Störstellenerschöpfung: $n >> x >> N_A$ („weiter erhöhte Temperatur")

$$n^2 - (N_D - N_A - n)\, x = 0$$

$$\boxed{n = N_D - N_A}$$

$$\boxed{E_F = E_L + kT \cdot \ln \frac{N_D - N_A}{N_L}}$$

Diese Ausdrücke sind wichtig für Halbleiterbauelemente (siehe Kapitel 11). Sie sind als Grenzfall auch in den Ausdrücken von Fall (B) enthalten, wenn man dort zu „tiefen" Temperaturen geht.

Merke:

- Ohne jede Kompensation ($N_A = 0$) werden Elektronen aus den Donatortermen immer mit der Energie $E_d/2$ aktiviert.
- Bei Kompensation mit $N_D >> N_A$ ergeben sich zwei Bereiche, in denen die Elektronen zunächst mit E_d, bei höheren Temperaturen mit $E_d/2$ aktiviert werden, bevor Störstellenerschöpfung eintritt.
- Im Bereich der Störstellenreserve (C.2) ergibt sich für die relative (d.h. dotierungsbezogene) Elektronendichte:

  $$\frac{n}{N_D} = \sqrt{\frac{N_L}{2N_D}} \cdot e^{-\frac{E_d}{2kT}}$$

  Vorfaktor und halbe Energiebarriere ($E_d/2$) bewirken, dass selbst bei ziemlich tief in der Bandlücke liegenden Störstellentermen (E_d groß) auch schon unterhalb Raumtemperatur praktisch alle Donatoren erschöpft sind. (Betrachte evtl. auch N_D^+ / N_D für diesen Fall; siehe auch die folgende Graphik.) Dies ist der Grund, warum man für Bauelemente in sehr guter Näherung durchgängig den Ausdruck aus (C.3) für das Fermi-Niveau benutzen kann.

Die Graphik im folgenden Kasten veranschaulicht die Ladungsträgerdichte n und die Lage des Fermi-Niveaus als Funktion der Temperatur für Phosphor-dotiertes Silizium. Die oben diskutierten Bereiche lassen sich sehr gut erkennen.

Zur zweiten Graphik: Als Bedingung dafür, daß das Fermi-Niveau an der Leitungsbandkante liegt ($E_F = E_L$), erhält man nach etwas Rechnung $N_D = (0{,}7651 \cdot N_L + N_A)\,(1 + 2e^{E_d/kT})$. Die Grenzdotierung $\hat{N}_D$, bei der gerade noch $E_F = E_L$ erreicht wird, folgt für $N_L >> N_A$ aus $E_d/kT = 1{,}645$. Für Si : P ergibt sich mit $kT = 27{,}36$ meV der Wert $\hat{N}_D = 2{,}56 \times 10^{20}\ \mathrm{cm}^{-3}$.

Ladungsträgerdichte n und Lage des Fermi-Niveaus E_F als Funktion der Temperatur

Beispiel: Phosphor-dotiertes Silizium (E_d = 45 meV) mit $N_D = 1{,}2 \times 10^{17}\,cm^{-3}$. Die Bandlücke ist konstant zu E_g = 1160 meV angenommen.

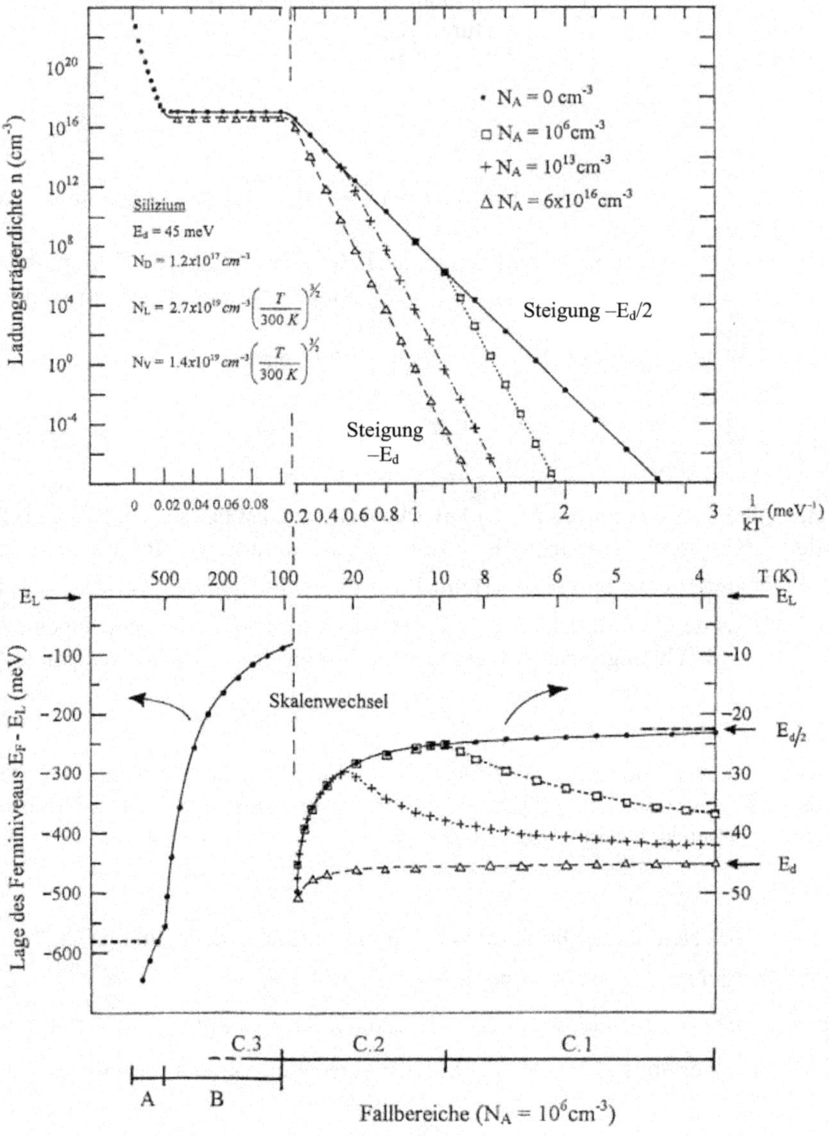

Ladungsträgerdichte n und Lage des Fermi-Niveaus als Funktion der Temperatur bei hoher Dotierung

Beispiel: Phosphor-dotiertes Silizium (E_d = 45 meV) mit $N_D = 10^{21}cm^{-3}$. Die Bandlücke ist konstant zu E_g = 1160 meV angenommen.

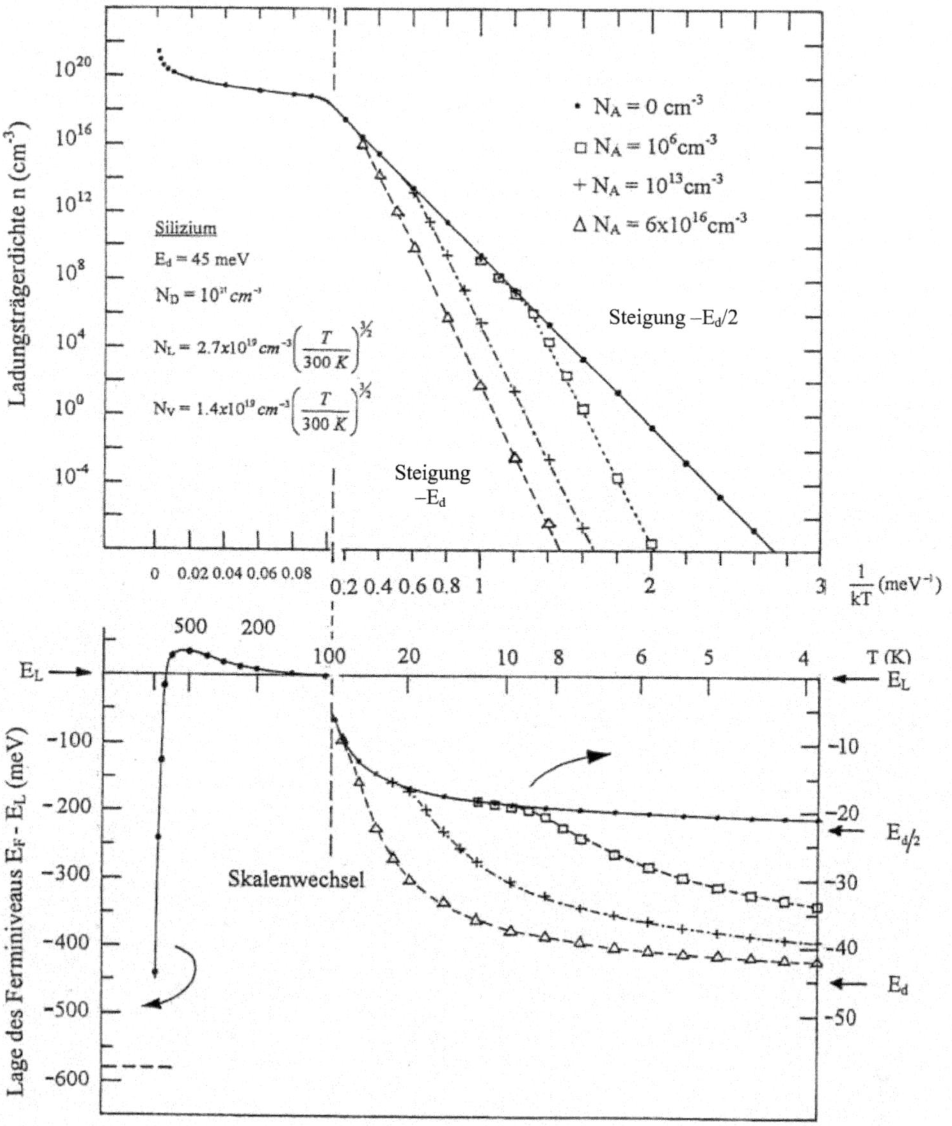

7 Nichtgleichgewichtsprozesse

7.1 Übersicht

Thermisches Gleichgewicht in einem Halbleiter

Die Ladungsträgerverteilung wird in diesem Fall durch *ein* für das Gesamtsystem gemeinsames Fermi-Niveau E_F beschrieben. Es ist ortsunabhängig.

Nicht-Gleichgewicht

(A) Es existiert ein Gleichgewicht in Teilsystemen (Elektronen oder Löcher unter sich), aber kein Gleichgewicht insgesamt; dann können Quasi-Fermi-Niveaus E_F^e, E_F^h (manchmal „Imrefs“ genannt, Imref: Fermi rückwärts gelesen) für Elektronen und Löcher definiert werden.

(B) Auch in Teilsystemen existiert kein Quasi-Gleichgewicht; die Ladungsträgerverteilung ist nicht durch Fermi-Dirac-ähnliche Funktionen beschreibbar.

Fall (A) ist in Halbleitern praktisch immer realisiert. Der Grund liegt in den sehr unterschiedlichen Zeitskalen für Teilchenrelaxation τ_{relax} in den Bändern und für Lebensdauern τ_{life} (vgl. Kapitel 8):

$$\tau_{relax} \approx 10^{-13}\ \text{s} \qquad \text{gegen} \qquad \tau_{life} \approx 10^{-9} \dots 10^{-3}\ \text{s}$$

Damit kommt es für angeregte Überschußladungsträger in der Konkurrenz zwischen Relaxation (Thermalisierung) und Rekombination de facto immer erst zur Thermalisierung, also zum Quasi-Gleichgewicht.

Störungen des thermischen Gleichgewichts, die lokal oder allgemein ortsabhängig sind, führen beim Abbau der Störung (Rückkehr ins thermische Gleichgewicht) zum Transport von Ladungsträgern. Wird die Störung stationär aufrechterhalten, folgt ebenso Ladungsträgertransport. Auch den speziellen Fall, daß sich durch Generation oder Rekombination Ladungsträgerdichten ohne Teilchenbewegung ändern, wollen wir hier einem sehr allgemeinen Transportbegriff zuordnen.

Transport

Drei Gleichungen sind für die folgenden Betrachtungen wichtig:

Poisson-Gleichung:

$$\boxed{\Delta V = -\frac{\rho}{\varepsilon\varepsilon_0}}$$

Die Poisson-Gleichung folgt aus $\rho = \mathrm{div}\vec{D} = \varepsilon\varepsilon_0 \mathrm{div}\vec{E}$ und $\vec{E} - \mathrm{grad}V$ mit den Größen:

$\vec{D}$	dielektrische Verschiebungsdichte
$\vec{E}$	elektrisches Feld
V	Potential, manchmal auch verstanden als (elektrostatische) Energie
ϕ	$= qV$ elektrostatische Energie

Transportgleichungen:

$$\vec{j}_n = q\mu_n n\vec{E} + q\,\mathrm{grad}(D_n \cdot n)$$

$$\vec{j}_p = \underbrace{q\mu_p p\vec{E}}_{\text{Feldstrom-dichte}} - \underbrace{q\,\mathrm{grad}(D_p \cdot p)}_{\text{Diffusionsstrom-dichte}}$$

D_n und D_p sind die Diffusionskoeffizienten von Elektronen und Löchern.

Kontinuitätsgleichungen:

$$\frac{\partial n}{\partial t} = G_n - R_n + \frac{1}{q}\mathrm{div}\vec{j}_n$$

$$\frac{\partial p}{\partial t} = \underbrace{G_p}_{\text{Erzeugungs-rate}} - \underbrace{R_p}_{\text{Rekombi-nationsrate}} - \underbrace{\frac{1}{q}\mathrm{div}\vec{j}_p}_{\text{(räumliche) Transportrate}}$$

Ohne Erzeugungs- und Rekombinationsraten balancieren die zeitlichen Ladungsträgerdichte-Veränderungen die räumlichen Ladungsträgerdichte-Veränderungen.

Der Abbau von Ladungsträgerdichte-Störungen erfolgt *zeitlich* und *räumlich.*

	Charakteristische Größen für	
	Majoritäten	Minoritäten
zeitlicher Abbau räumlicher Abbau	diel. Relaxationszeit (τ_{diel}) Debye-Länge (L_D)	Lebensdauer (τ_{life}) Diffusionslänge ($L_{Diff} = L_n, L_p$) Driftlänge (L_F)

7.2 Lokale Störungen im thermischen Gleichgewicht: Poisson-Gleichung

Wir betrachten die Poisson-Gleichung

$$\Delta V(\vec{r}) = -\frac{\rho(\vec{r})}{\varepsilon\varepsilon_0} \quad \text{oder} \quad \Delta\phi(\vec{r}) = -\frac{q}{\varepsilon\varepsilon_0} \cdot \underbrace{\rho(\vec{r})}_{\text{Raumladungs-dichte}}$$

in eindimensionaler Form, die für viele Halbleiterprobleme relevant ist:

$$\frac{d^2\phi(x)}{dx^2} = -q\frac{d\vec{E}(x)}{dx} = -\frac{q}{\varepsilon\varepsilon_0}\rho(x) \quad \text{mit} \quad \rho(x) = q[p(x) - n(x) + N_D^+(x) - N_A^-(x)]$$

In der Poisson-Gleichung sind sukzessiv Ladungen, elektrische Felder und elektrostatische Energien durch Differential- (bzw. Integral-)Operationen miteinander verknüpft. Die (ortsabhängige) elektrostatische Energie $\phi(x)$ überlagert sich dem „flachen" Bandschema (E_L, E_V ortsunabhängig). Sie führt daher zu *Bandverbiegungen*: $E_L(x)$, $E_V(x)$.

Ursachen einer Bandverbiegung können also sein:

- Ladungen
- elektrische Felder
- Potentialvorgaben (z.B. Angleichung des Fermi-Niveaus an inneren Hetero-Grenzflächen: „Kontaktpotentiale")

Physikalisch sind diese Ursachen einer Bandverbiegung gleichwertig. Ladungen, Felder und Potentiale können auch als äußere Bedingungen vorgegeben sein.

Beachte folgende Notation:

Elektrische Potentiale sind bis auf additive Konstanten festgelegt. Daher setzt man

$$\phi = E_F - E_{Fi}.$$

In Boltzmann-Näherung gilt dann:

$$n = n_i e^{\phi/kT} \quad \text{und} \quad p = n_i e^{-\phi/kT} \qquad \begin{cases} \phi > 0 & \text{n-Typ-Halbleiter} \\ \phi = 0 & \text{intrinsischer Halbleiter} \\ \phi < 0 & \text{p-Typ-Halbleiter} \end{cases}$$

(vgl. dazu Abschnitt 6.4.1.)

7.2.1 Raumladungsdichte

Ohne äußere Einflüsse sind in der Raumladungsdichte zu beachten:

(1) Bewegliche Ladungsträger p(x), n(x). Beide sind Ortsfunktionen, hängen von der elektrostatischen Energie $\phi(x)$ ab und definieren sie umgekehrt auch: Eine *selbstkonsistente Betrachtung* ist nötig!

(2) Ionisierte Störstellen; für inhomogene Dotierung sind $N_D(x)$, $N_A(x)$ Ortsfunktionen; $N_D^+(x)$, $N_A^-(x)$ hängen bei Nichterschöpfung außerdem von ϕ ab (der Ionisationsgrad ist ortsabhängig).

(3) Weitere Zusatzladungen an der Oberfläche oder im Volumen. Sie werden in den folgenden Überlegungen nicht berücksichtigt.

Die Lösung der Poisson-Gleichung ist analytisch im allgemeinen nicht möglich.

Wichtige Grenzfälle und Nomenklatur:

$\rho = 0$ *Neutralfall*; Das Potential bleibt (ohne äußeres Feld) örtlich konstant: *Flachbandfall.*

$\rho \neq 0$ *Raumladefall*; ϕ ist örtlich nicht konstant, es kommt zu einer *Bandverbiegung.*

Im Fall der Bandverbiegung unterscheiden wir zwei Fälle in der Poissongleichung:

$$\frac{d^2\phi(x)}{dx^2} = -\frac{q^2}{\varepsilon\varepsilon_0}\left[\underbrace{p(x)-n(x)}_{A}+\underbrace{N_D^+ - N_A^-}_{B}\right]$$

|A| << |B|: Verarmungsfall

- Bei beliebigem Ortsverlauf von $N_D(x)$, $N_A(x)$ (Dotierungsprofil) ist die Gleichung je nach Funktion schwierig zu lösen.
- Bei homogener Verteilung und Erschöpfung der Störstellen läßt sie sich einfach lösen.
- Der Fall ist wichtig als Näherung bei Verarmungszonen wie z.B. pn-Übergängen.

|A| >> |B|: Anreicherung/Inversion

- Der Fall führt zu einer Differentialgleichung, die für konstantes B in Boltzmann-Näherung invers gelöst werden kann als $x = x(\phi)$.
- In der mathematischen Form einer DGL drückt sich die Selbstkonsistenzforderung aus: Die mobilen Träger stellen sich in einem Potential ein, zu dem sie selbst beitragen.
- Der Fall ist wichtig für Ladungsträger-Anreicherung an Halbleiter-Grenzflächen wie z.B. Feldeffekt-Transistoren, Schottky-Kontakten oder bei Injektion einer Trägersorte.

7.2.2 Bandverbiegung an Oberflächen: Elektrische Felder

Metall **Halbleiter** **Isolator**

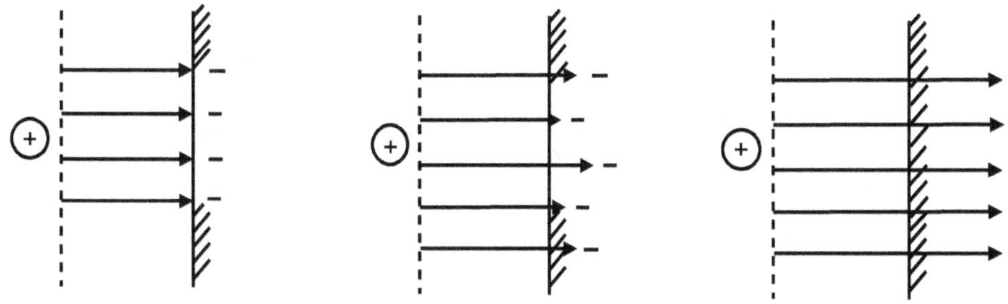

Die elektrischen Feldlinien enden an der Oberfläche: Induzierte Ladungen werden durch Flächenladungsdichte kompensiert.

Kompensation der Ladung durch bewegliche und ortsfeste Ladungen: Es existiert eine Raumladungszone mit Bandverbiegung.

Falls keine gebundenen elektrischen Ladungen vorhanden sind, durchdringen die Feldlinien den Isolator.

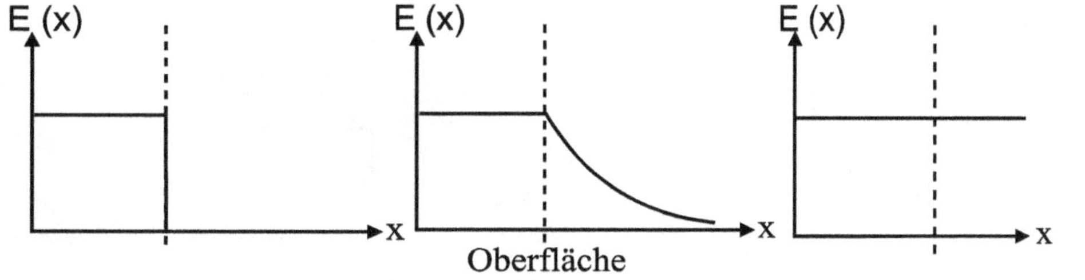

Beispiel:

n-Typ-Halbleiter
und
äußeres Feld

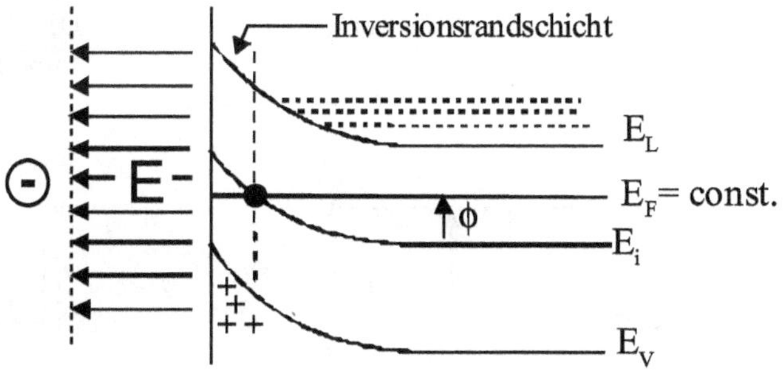

An der Oberfläche gibt es drei mögliche Fälle:

- ϕ behält sein Vorzeichen und $|\phi|$ nimmt ab: Verarmungsrandschicht
- ϕ behält sein Vorzeichen und $|\phi|$ nimmt zu: Anreicherungsrandschicht
- ϕ ändert sein Vorzeichen: Inversionsrandschicht

Mathematische Behandlung:

- Nach Vorgabe der Raumladungsdichte ρ(x) im Volumen ($N_D^+ - N_A^- = n_B - p_B$ bei Störstellenerschöpfung) kann die Poisson-Gleichung „analytisch" gelöst werden.
- Das Oberflächenfeld bzw. die Oberflächenladung gehen als Randbedingung ein (s. Beispiel in Abschnitt 7.3)

7.2.3 Bandverbiegung an Grenzflächen/Heteroübergängen: Kontaktpotentiale

Wir klären zunächst zwei Begriffe, die für Elektronen an Oberflächen und Grenzflächen von Bedeutung sind.

- Austrittsarbeit Ψ (in Metallen oft ϕ_M) $\Psi = E_0 - E_F$:
  Differenz von Vakuum- und Fermi-Niveau. Das Vakuumniveau kennzeichnet diejenige Energie eines ruhend gedachten Elektrons, bei der noch keine Wechselwirkung bzw. keine Wechselwirkung mehr mit dem Festkörper besteht.
- Elektronenaffinität $\chi = E_0 - E_L$: Differenz von Vakuum-Niveau und Leitungsbandkante

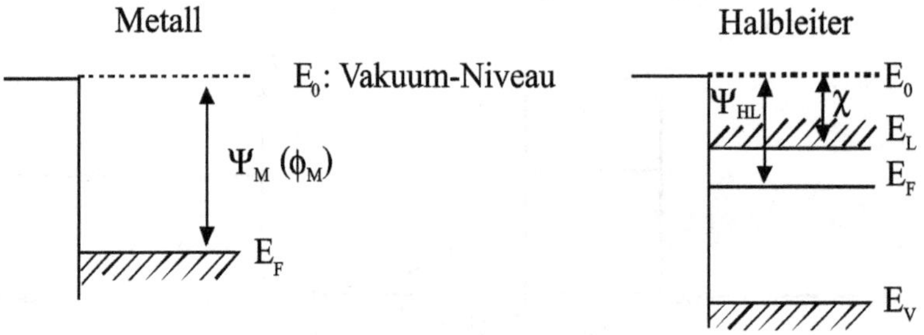

Zwei Halbleiter mit räumlicher Trennung: Das Vakuumniveau E_0 ist die gemeinsame Energie.

Zwei Halbleiter in Kontakt miteinander: Die Fermi-Energie E_F ist die gemeinsame Energie.

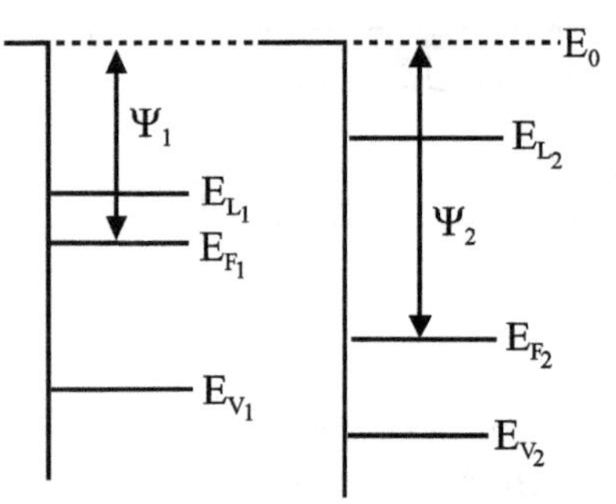

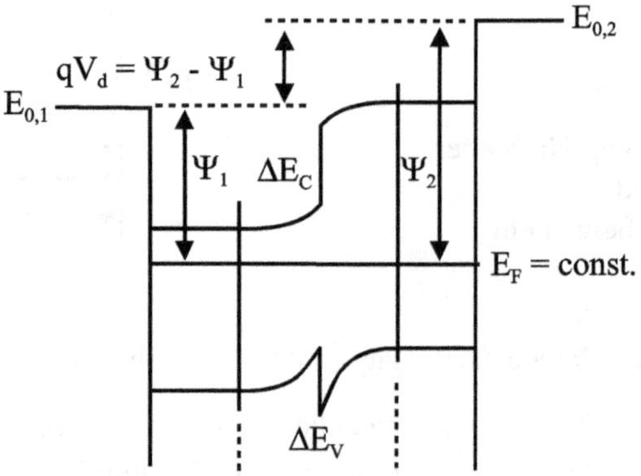

Werden die beiden Halbleiter in Kontakt gebracht, fließen kurzzeitig Ausgleichsströme, um die Fermi-Niveaus aneinander anzugleichen. Verarmung bzw. Anreicherung an Elektronen führt zur Bandverbiegung, während die Bandsprünge ΔE_C, ΔE_V materialspezifisch und konstant sind. Die Größe $qV_d = \Psi_1 - \Psi_2$ heißt Kontaktpotential, V_d Kontaktspannung oder „built-in voltage“ bzw. „built-in potential“.

Zu den Bandsprüngen („band-offsets“, „alignments“, „discontinuities“) $\Delta E_C = E_{L2} - E_{L1}$ und $\Delta E_V = E_{V2} - E_{V2}$ bei Halbleiterkontakt direkt am Heteroübergang siehe Anhang A7.

7.2.4 Bandverbiegungen am Metall-Halbleiter-Kontakt

Idealer Fall

Es existieren keine Oberflächenzustände im Halbleiter. Die Bandverbiegung ist nur durch die ungestörte Lage des Fermi-Niveaus bestimmt.

Grundregeln

(a) Ohne Kontakt zwischen Metall und Halbleiter wird die gegenseitige Energieanordnung durch das gemeinsame Vakuumniveau vermittelt.

(b) Mit Kontakt ist das Fermi-Niveau in beiden Materialien durchgehend konstant. Das Vakuumniveau ist nicht konstant, aber stetig.

(c) Die Majoritäten bestimmen die Ausgleichsprozesse an der Grenzfläche. Daher wird die „Barrierenhöhe“ (Energie ϕ_B) zwischen dem metallischen Fermi-Niveau und der Bandkante der Majoritätsträger gerechnet.

Es existieren vier mögliche Fälle von Bandanordnungen zwischen Metall und n- bzw. p-Typ-Halbleitern ohne und mit Kontakt zueinander:

① Metall/n Typ Halbleiter, $\Phi_M > \chi$

Vakuum Niveau

Φ_M

E_F

Metall

χ

E_L

E_F

V_n

E_v

HL

Schottky Kontakt

Φ_{Bn}

E_L

E_F

$\boxed{\Phi_{Bn} = \Phi_M \quad \chi}$

② Metall/n Typ Halbleiter, $\Phi_M < \chi$

E_F

E_L

E_F

E_v

Ohmscher Kontakt

E_L

E_F

Φ_{Bn}

Elektronenanreicherung
(Entartung)

③ Metall/p Typ Halbleiter, $\Phi_M > Eg + \chi$

Φ_M

E_F

E_L

$E_g + \chi$

E_F

E_v

Ohmscher Kontakt

Lochanreicherung
(Entartung)

$|\Phi_{Bn}|$

E_F

E_V

$\boxed{\Phi_{Bp} = Eg \quad (\Phi_M \quad \chi)}$

④ Metall/p Typ Halbleiter, $\Phi_M < Eg + \chi$

E_F

E_L

E_F

E_v

Schottky Kontakt

E_F

$|\Phi_{Bn}|$

E_V

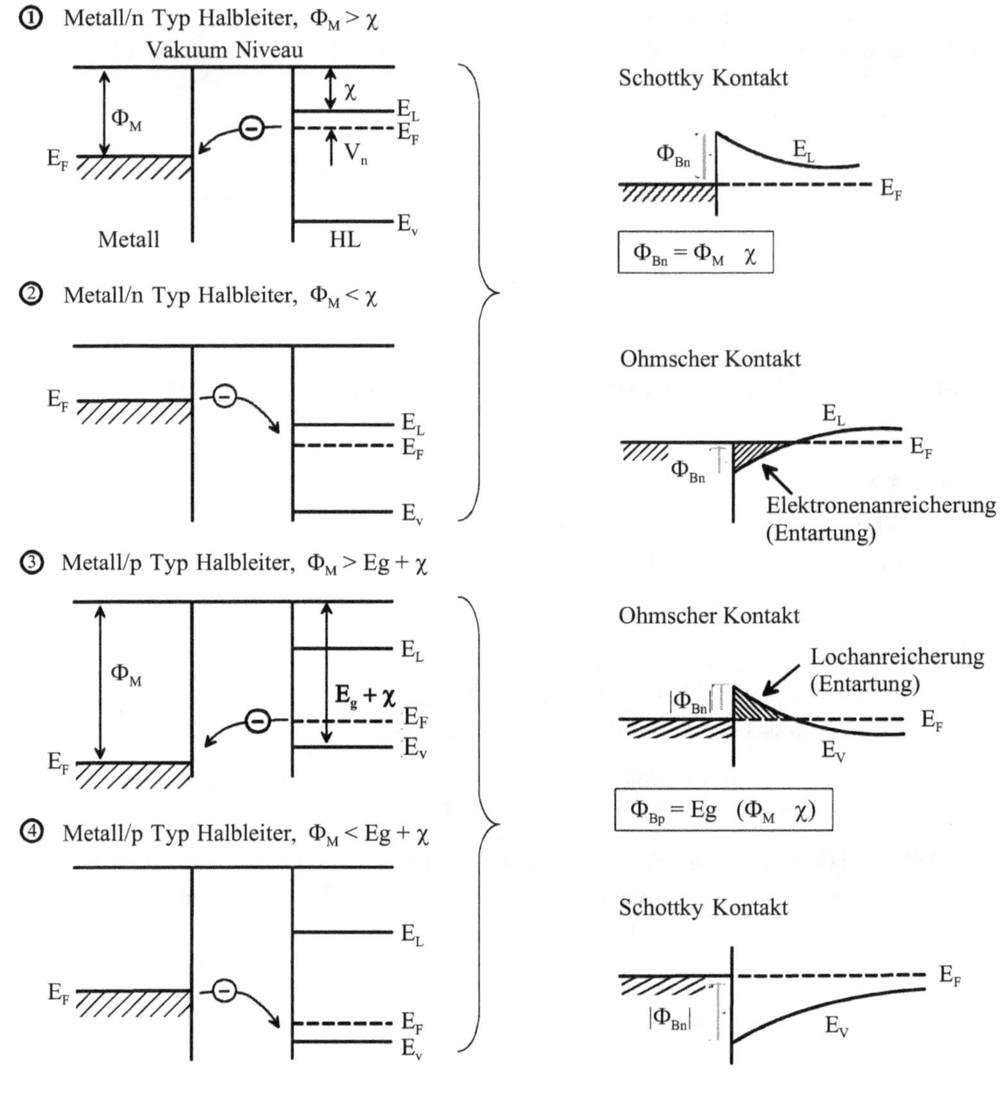

Nomenklatur:

ϕ_M Austrittsarbeit der Elektronen aus dem Metall: Energiedifferenz zwischen Fermi-Niveau E_F und Vakuumniveau

χ Elektronenaffinität: Energiedifferenz zwischen Leitungsbandkante E_L und Vakuumniveau

ϕ_B Barrierenhöhe an der Grenzfläche (Index n oder p für n- oder p-Halbleiter)

V_n Energiedifferenz zwischen Fermi-Niveau E_F im n-Halbleiter und Leitungsbandkante E_L; analog V_p für p-Halbleiter

Kontaktpotential ϕ_M - $(\chi + V_n)$: Differenz der Fermi-Niveaus im Metall und im Halbleiter vor Kontakt; analog für p-Halbleiter

Für jeden Halbleiter gilt bei festem, aber beliebig wählbarem Metall: $\phi_{Bn} + \phi_{Bp} = E_g = E_L - E_v$

Realer Fall

Das Fermi-Niveau an der Oberfläche des Halbleiters wird durch Oberflächenzustände festgelegt („Fermi level pinning"). Dann wird die Barrierenhöhe von den Eigenschaften der Halbleiter-Oberfläche bestimmt und nicht von der Austrittsarbeit des idealen Metalls ϕ_M.

Unabhängig davon muß die Barrierenhöhe um den Einfluß des Schottky-Effekts korrigiert werden (Berücksichtigung der Bildladung im Metall).

Ausgewählte Werte der Austrittsarbeit ϕ_M sind in der Abbildung 7.1 unten implizit enthalten.

Tab. 7.1 *Werte von Elektronen-Affinitäten χ.*

	Si	**GaAs**	**GaP**
χ (eV)	4,05	4,07	4,0

Ideal werden Barrierenhöhen demnach durch $\phi_{Bn} = \phi_M - \chi \approx \phi_M - 4$ eV beschrieben, mit Bezug auf die experimentellen Daten der Abbildung 7.1 aber durch:

Si $\phi_{Bn} = 0{,}27\ \phi_M - (0{,}55 \pm 0{,}22)$ eV

GaAs $\phi_{Bn} = 0{,}075\ \phi_M + (0{,}49 \pm 0{,}24)$ eV

GaP $\phi_{Bn} = 0{,}294\ \phi_M - (0{,}09 \pm 0{,}13)$ eV

(Diese Formeln sind Anpassungen an die Messergebnisse von Abbildung 7.1.

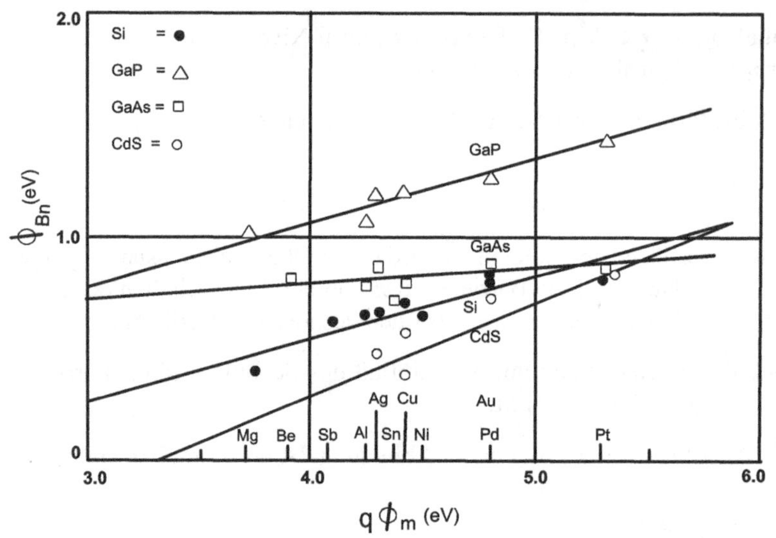

Abb. 7.1 *Barrierenhöhen Φ_{Bn} für GaP, GaAs, Si und CdS bzgl. ausgewählter Metalle mit Austrittsarbeit $(q)\Phi_M$ Meßwerte und Anpassungen. Aus S.M. Sze, Physics of Semiconductor Devices, J. Wiley & Sons 1981.*

Experimentelle Bestimmung der Barrierenhöhe ϕ_{Bn}

(1) Für Halbleiter mit großen Beweglichkeiten liefert oft die Emissionstheorie eine gute Beschreibung der Diodenkennlinie I(U) und damit der physikalischen Verhältnisse an der Barriere des Halbleiter-Metall-Kontakts.

Wesentliche Aussage der Emissionstheorie ist, daß der Elektronenstrom über die Barriere durch die Richardson-Gleichung beschrieben wird:

$$I = A^* T^2 e^{-\phi_{Bn}/kT} \cdot (e^{qU/nkT} - 1) \quad \begin{cases} A^* = \dfrac{4\pi e m^* k^2}{h^3} = 120 \cdot \left(m^*/m_0\right) \cdot \dfrac{A}{cm^2K^2} \quad \text{(theor. Wert)} \\ n\text{: „Idealitätsfaktor" (siehe Abschnitt 11.1.3)} \end{cases}$$

Bei Rückwärtspolung ist der Sperrstrom: $I_s = -A^* T^2 e^{-\frac{\phi_{Bn}}{kT}}$

(Forts.)

(Forts.)
Messung des Sperrstroms als Temperaturfunktion und Auftragung als Arrhenius-Diagramm liefert ϕ_{Bn} aus der Geradensteigung.

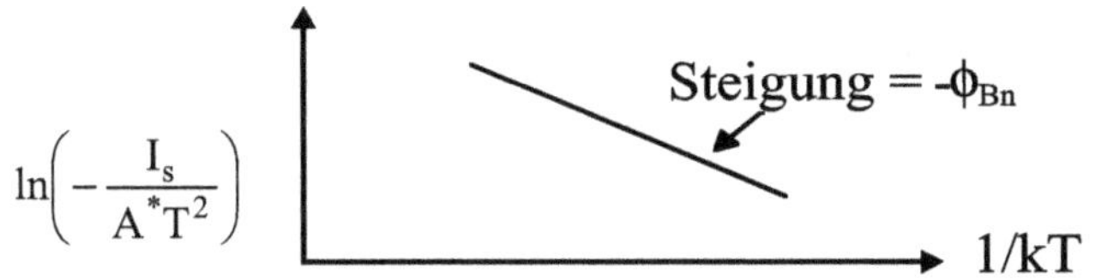

(2) In einem Detektor-Element läßt sich ϕ_B auch optisch bestimmen, wenn dessen Wirkungsweise auf dem inneren Photoeffekt beruht: durch die eingestrahlte Photonenenergie werden Elektronen (Löcher) über eine Barriere ϕ_B angeregt und liefern dann einen Photostrom.

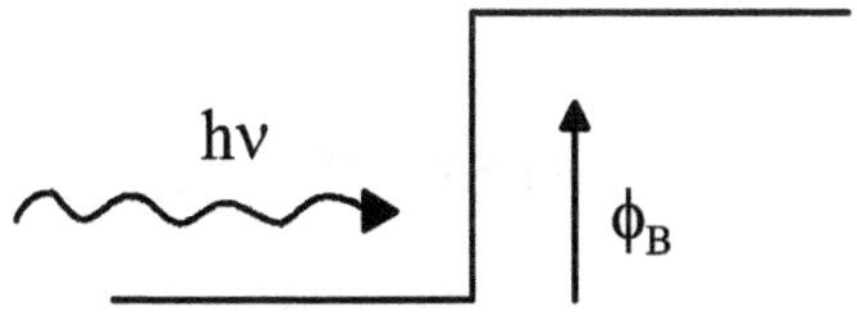

Gemessen wird der (externe) Wirkungsgrad, mit dem einfallende Photonen der Energie hν bei einem bekannten (Licht-)Teilchenstrom einen Detektorstrom auslösen. Nach der sogenannten Fowler-Gleichung (R.H. Fowler, Phys. Rev. **38**, 45 (1931)) gilt:

$$\eta_{ext} = (h\nu - \phi_B)^2 / h\nu \text{ , also } \sqrt{\eta_{ext} \cdot h\nu} = h\nu - \phi_B$$

Durch Auftragung im sogenannten Fowler-Diagramm ergibt sich ϕ_B als Achsenabschnitt der extrapolierten Meßgeraden.

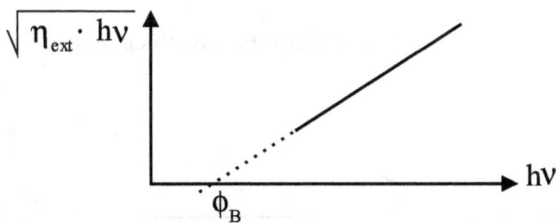

7.3 Bandverbiegung: Lösung der Poisson-Gleichung

Wir behandeln die eindimensionale Poisson-Gleichung:

$$\frac{d^2\phi(x)}{dx^2} = -\frac{q}{\varepsilon\varepsilon_0}\rho(x) = -\frac{q^2}{\varepsilon\varepsilon_0}\left[p(x) - n(x) + N_D^+ - N_A^-\right]$$

Annahmen

- homogene Dotierung, also N_D, N_A konstant
- völlige Störstellenerschöpfung $\left\{\begin{matrix} N_D^+ = N_D \\ N_A^- = N_A \end{matrix}\right\}$ $N_D^+ - N_A^- = n_B - p_B$; der Index B steht für „bulk“, $n_B - p_B$ ist also die effektive Trägerdichte weit weg von der Oberfläche mit ihrer Bandverbiegung
- Boltzmann-Näherung, für die gilt

  $n(x) = n_i e^{\phi(x)/kT}$ $\qquad x \to \infty: \quad n_B = n_0 = n_i e^{\phi_B/kT}$

  $p(x) = n_i e^{-\phi(x)/kT}$ $\qquad x \to \infty: \quad p_B = p_0 = n_i e^{-\phi_B/kT}$

Einsetzen dieser Beziehung in die Poisson-Gleichung ergibt

$$\frac{d^2\phi}{dx^2} = +\frac{q^2}{\varepsilon\varepsilon_0} n_i \left(\underbrace{e^{\phi(x)/kT} - e^{-\phi(x)/kT}}_{2\cdot\sinh\phi/kT} \underbrace{- e^{\phi_B/kT} + e^{-\phi_B/kT}}_{-2\cdot\sinh\phi_B/kT} \right)$$

Die Poisson-Gleichung wird damit zu einer Differentialgleichung für die Bestimmung von $\phi(x)$.

Praktische Substitution:

Man definiert eine dimensionslose, Temperatur-normierte Bandverbiegung:

$$u(x) = \frac{\phi(x)}{kT}$$

Damit folgt:

$$\boxed{\frac{d^2u}{dx^2} = \frac{1}{L_{Di}^2}\left(\sinh u - \sinh u_B\right)} \qquad \text{mit} \qquad \boxed{L_{Di} = \sqrt{\frac{\varepsilon\varepsilon_0 kT}{2q^2 n_i}}}$$

L_{Di} ist die intrinsische Debye-Länge. Auf dieser Längenskala werden bei einem instrinsischen Halbleiter Störungen (Oberflächenladungen, andere Zusatzladungen, äußere elektrische Felder, Bandverbiegungen) abgeschirmt bzw. abgebaut.

Werte von L_{Di} bei Raumtemperatur:

Si	$L_{Di} = 40\mu m$	mit $\varepsilon = 11,4$	und den früheren Werten von n_i aus Kapitel 6
Ge	$L_{Di} = 0,52\mu m$	$\varepsilon = 15,4$	
GaAs	$L_{Di} = 2140\mu m$	$\varepsilon = 12,9$	

1. Integration der Poisson-Gleichung zur Feldstärke E(x)

Multiplizieren der Differentialgleichung mit $\frac{du}{dx}$ und Umformen ergibt:

$$\underbrace{\frac{du}{dx}\cdot\frac{d^2u}{dx^2}}_{\frac{1}{2}\frac{d}{dx}\left[\left(\frac{du}{dx}\right)^2\right]} = \frac{1}{L_{Di}^2}(\sinh u - \sinh u_B)\frac{du}{dx}$$

(Dieser „Trick" ist der gleiche, der in der Mechanik für eine harmonische Schwingung ohne Dämpfung aus der Bewegungsgleichung sofort zum Energiesatz führt.) Es folgt

$$d\left[\left(\frac{du}{dx}\right)^2\right] = \frac{2}{L_{Di}^2}(\sinh u - \sinh u_B)du$$

Integrieren von x (variabler Wert) bis bulk x_B ($= x \to \infty$)

$$\int_{u'^2}^{u'^2_B} d\left(\frac{du}{dx}\right)^2 = \frac{2}{L_{Di}^2}\int_{u(x)}^{u_B}(\sinh u - \sinh u_B)du$$

$$\left(\frac{du}{dx}\right)^2_{/x_B} - \left(\frac{du}{dx}\right)^2_{/x} = \frac{2}{L_{D_i}^2}\{\cosh u_B - \cosh u - (u_B - u)\sinh u_B\}$$

Da $\frac{du}{dx} = 0$ bei x_B, folgt

$$\boxed{\frac{du}{dx} = \pm\frac{\sqrt{2}}{L_{Di}}\{\cosh u - \cosh u_B + (u_B - u)\sinh u_B\}^{1/2}}$$

Dies ist bis auf Konstanten die Felstärke E, nämlich

$$\boxed{E(x) = -\frac{kT}{q}\frac{du}{dx} = -\frac{1}{q}\frac{d\phi}{dx}}$$

2. Integration der Poisson-Gleichung zur elektrostatischen Energie $\phi(x)$

$$dx = \pm\frac{L_{Di}}{\sqrt{2}}\cdot\frac{du}{\{\cosh u - \cosh u_B + (u_B - u)\sinh u_B\}^{1/2}}$$

also $$\int_0^x dx = \pm\frac{L_{D_i}}{\sqrt{2}}\int_{u_s=u(0)}^{u(x)}\frac{du}{\{\ldots\}^{1/2}} = x$$

$$\boxed{x = \pm\frac{L_{Di}}{\sqrt{2}}\int_{u(0)}^{u(x)}\frac{du}{\sqrt{\cosh u - \cosh u_B + (u_B - u)\sinh u_B}}}$$

$u(0)$ ist die Bandverbiegung an der Oberfläche $x = 0$, oft auch als u_0 oder u_s (s: „surface") geschrieben.

Damit ist die Poissongleichung unter den gemachten Näherungen mathematisch analytisch in inverser Form als $x = x(u)$ bzw. $x = x(\Phi)$ gelöst.

Beispiele

(A) Eigenleitung und kleine Bandverbiegung

Lösen der Poissongleichung:

Für Eigenleitung gilt $E_F = E_{Fi} = \text{const.}$, also $u_B = 0$, $\sinh u_B = 0$ und $\cosh u_B = 1$. Daraus folgt

$$\frac{du}{dx} = \pm\frac{\sqrt{2}}{L_{D_i}}(\cosh u(x) - 1)^{1/2} = \pm\frac{\sqrt{2}}{L_{D_i}}\left(1 + \frac{u^2}{2!} + \frac{u^4}{4!} + \ldots - 1\right)^{1/2} = \pm\frac{u}{L_{D_i}}$$

für kleine Werte von u.

Nur das negative Vorzeichen ist physikalisch sinnvoll, daher ist

$$u(x) = u_0 e^{-\frac{x - x_0}{L_D}}.$$

Mit $x_0 = 0$ folgt

$$\boxed{u(x) = u_s e^{-x/L_{Di}}}$$

$u_0 = u(x = 0) = u_s$ („surface")

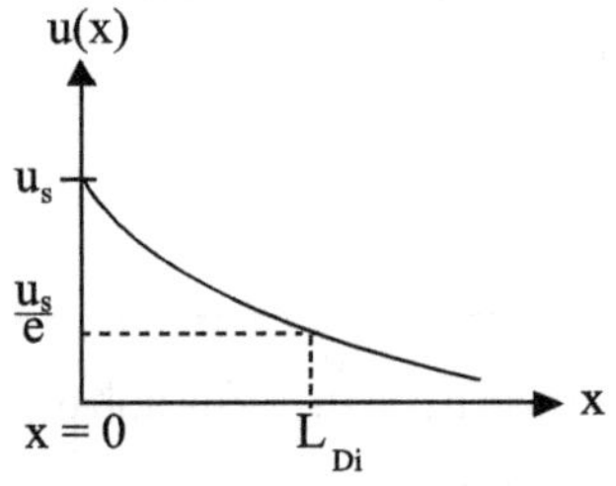

In diesem Beispiel wird die Bedeutung von L_{D_i} als Abschirmlänge für die Oberflächenstörung besonders deutlich.

Randbedingung zur Bestimmung von u_0: Vorgabe einer Oberflächenladung

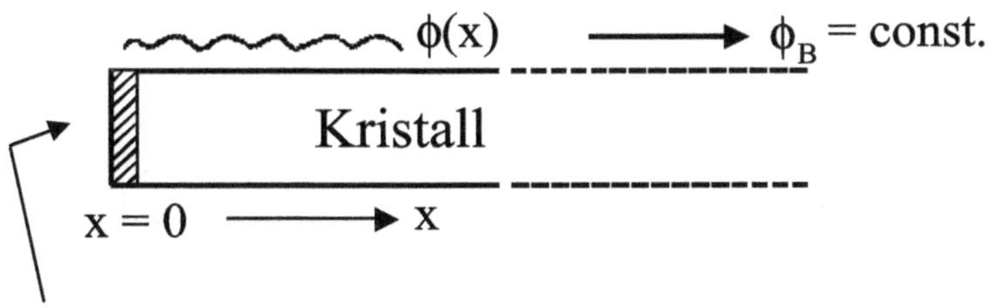

Oberflächen-Ladung oder Feldstärke seien vorgegeben.

$$\underbrace{Q_s = \int_0^\infty \rho(x)dx}_{\text{wegen Ladungsneutralität}} = \underbrace{\varepsilon\varepsilon_0 E_s}$$

da $\rho = \varepsilon\varepsilon_0 \operatorname{div} E = \varepsilon\varepsilon_0 \frac{dE}{dx}$ (für 1 D),

also $\varepsilon\varepsilon_0 E_s = \int_0^\infty \rho(x)dx$

Die Vorgabe einer Oberflächenladung ist also äquivalent zur Vorgabe einer Feldstärke an der Oberfläche.

Damit folgt dann an der Oberfläche bei x = 0:

$$\left.\frac{du}{dx}\right/_s = -\frac{u_s}{L_{D_i}} = -Q_s \frac{q}{\varepsilon\varepsilon_0 kT} \qquad \text{oder} \qquad \boxed{u_s = Q_s \cdot \frac{qL_{D_i}}{\varepsilon\varepsilon_0 kT}}.$$

(B) Numerische Rechnungen: Bandverbiegung in GaAs durch Oberflächenladungsdichte n_s

Für die Rechnungen wurden folgende Werte benutzt:

Raumtemperatur, kT = 25,8 meV
Eigenleitungsdichte $n_i = 10^6\ cm^{-3}$ } gerundete Werte
Debye-Länge L_{D_i} = 1000 μm } gerundete Werte

Man führt die Rechnungen entsprechend der Formel von S. 184 invers durch, indem man sich eine Bandverbiegung in der Form u vorgibt und damit den zugehörigen Wert x(u) durch Integration ausrechnet.

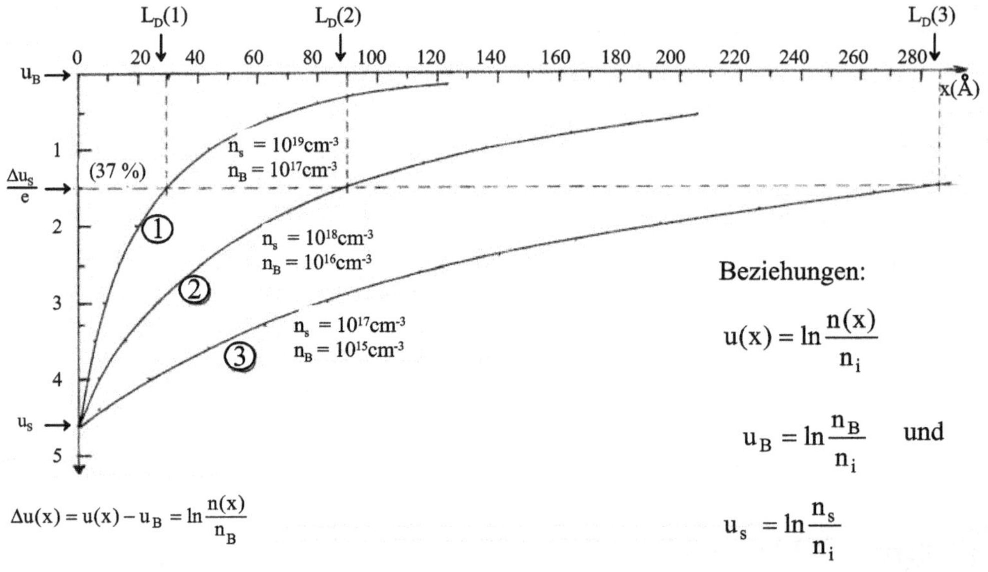

Abb. 7.2 *Abbau einer Bandverbiegung infolge Störung an der Oberfläche (s surface, x = 0) über Kristalltiefe x. Die Bandverbiegung* $u(x) = \Phi(x)/kT$ *ist aufgetragen als Differenz* $\Delta u(x) = u(x) - u_B$ *zum Wert von* $u_B = \Phi_B/kT$ *tief im Volumen des Kristalls* ($x \rightarrow \infty$)*. Die Oberflächenstörung ist als Ladungsdichte* n_s (cm^{-3}) *in einer dünnen oberflächennahen Schicht angenommen. Für alle drei Fälle 1, 2, 3 ist dieselbe logarithmische Differenz von 2 Größenordnungen zwischen* n_s *und der Volumendotierung* n_B *gewählt, damit der Anfangswert* Δu_s *an der Oberfläche identisch ist und einen guten Vergleich der Bandverbiegungen* $\Delta u(x)$ *gestattet.*

Anhand der numerisch berechneten Bandverläufe erkennt man, daß bei Dotierung mit $n_0 = n_B$ die wirksame Debye-Länge gleich L_D ist mit:

$$L_D = \sqrt{\frac{\varepsilon\varepsilon_0 kT}{q^2 n_0}} = L_{D_i} \cdot \sqrt{\frac{n_i}{n_0}}$$

Hier wurde ein Ausdruck für L_{D_i} ohne $\sqrt{2}$ im Nenner zugrunde gelegt, wie man ihn in einer alternativen Herleitung zu 7.2.1 in Abschnitt 7.5.2 erhält.

Vergleich der Debye-Längen:

Aus den Rechnungen (Diagrammen) ergibt sich:		Aus $L_D = \sqrt{n_i/n_B} \cdot L_{Di}$ folgt:
1	$L_D \approx 30$Å	$L_D \approx 31{,}6$ Å
2	$L_D \approx 90$ Å	$L_D \approx 100$ Å
3	$L_D \approx 286$Å	$L_D \approx 316$ Å

Die Formel für L_D ist mathematisch i.w. dadurch begründet, daß im Ausdruck x = x(u) als inverse Lösung der Poissongleichung der Faktor $\sqrt{n_i/n_B}$ näherungsweise vor das Integral gezogen werden kann und der Restintegrand unabhängig von der Dotierung wird.

Debye-Länge für 2D-Systeme

$$\boxed{L_D = \frac{\varepsilon\varepsilon_0 \pi \hbar^2}{q^2 m^*}}$$

Der Ausdruck ist exakt für T = 0.

Ableitung bei F. Stern, Phys. Rev. Lett. **18**, 546 (1967); eine heuristische Ableitung aus dem 3D-Ausdruck ist möglich.

7.4 Abschirmung nach Thomas-Fermi

Die Abschirmung von Raumladungen bzw. Störfeldern nach Debye mit der Debye-Länge L_D bedient sich der Boltzmann-Näherung. Sie ist daher im Fall der Entartung – wenn also E_F im Leitungs- oder Valenzband liegt – nicht mehr gültig.

Das Abschirm-Modell von Thomas-Fermi gilt für den Grenzfall hoher Entartung. Dann ist $E_F - E_g >> kT$ und die Fermi-Kante kann gut als Sprungfunktion angenähert werden (vgl. Abschnitt 6.4.2). Beschränken wir uns, um spezifisch zu sein, im Folgenden auf Elektronen, so sind Ladungsträgerdichte n_0 und Fermi-Niveau E_F verknüpft durch:

$$E_F = \hbar^2/2m_e^* \, (3\pi^2 \cdot n_0)^{2/3}$$

Wir diskutieren nun ein dreidimensionales Punktladungsmodell. Eine lokalisierte Störladung $\Delta\rho = q\Delta n$ werde zusätzlich in den Fermi-See der Elektronen eingebracht. Sie bewirkt nach der Poisson-Gleichung lokal eine Änderung der elektrostatischen Energie $\Delta\Phi$:

$$\nabla^2(\Delta\Phi(r) = q^2 / \varepsilon\varepsilon_0 \cdot \Delta n(r)$$

Die gesamte Elektronenverteilung („Fermi-See") wird beim Einschalten der Störung (also beim Einbringen der Störladung) lokal energetisch um $\Delta\Phi$ angehoben, bevor sich durch Ausgleichsprozesse (nämlich Stromfluß mit „Abschirmung" der Störladung) ein neuer Gleichgewichtszustand einstellt. Momentan und lokal wird die Störladung dem Fermi-See bei der Energie E_F hinzugefügt. Mit der allgemeinen Definition der Zustandsdichte im 3D-Fall $D(E) = dn/dE = \Delta n/\Delta E$ folgt: $\Delta n = D(E_F)\cdot\Delta E$.

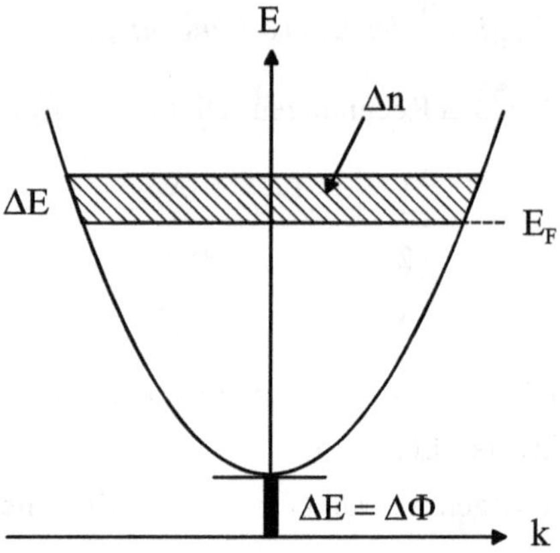

Dabei ist $\Delta E = \Delta\Phi$ und $D(E_F) = \frac{1}{2\pi^2}\cdot\left(\frac{2m_e^*}{\hbar^2}\right)^{3/2}\cdot\sqrt{E_F}$. Damit erhält man aus der Poisson-Gleichung die Differentialgleichung:

$$\boxed{\nabla^2(\Delta\Phi(r)) = q^2/\varepsilon\varepsilon_0\cdot D(E_F)\cdot\Delta\Phi(r)}$$

Eine physikalisch sinnvolle Lösung ist

$$\Delta\Phi(r) = \Delta\Phi(0)\cdot e^{-\lambda r}/r \quad \text{mit} \quad \lambda^2 = q^2/\varepsilon\varepsilon_0\cdot D(E_F) = q^2/\varepsilon\varepsilon_0\cdot\frac{1}{2\pi^2}\cdot\left(\frac{2m_e^*}{\hbar^2}\right)^{3/2}\cdot\sqrt{E_F}\,.$$

(Nachrechnen unter Beachtung, daß in Kugelkoordinaten gilt: $\nabla^2 = \frac{1}{r^2}\frac{d}{dr}r^2\frac{d}{dr}$!)

Nach Einsetzen des Ausdrucks für E_F ergibt sich die Thomas-Fermi-Abschirmlänge L_{TF} als Kehrwert der Abschirmkonstante λ:

$$\boxed{L_{TF} = \frac{1}{\lambda} = \sqrt{\underbrace{\frac{2\pi^{4/3}}{3^{1/3}}}_{=6{,}3805}\cdot\frac{\varepsilon\varepsilon_0}{q^2}\cdot\frac{\hbar^2}{2m_e^*}\cdot\frac{1}{n_0^{1/3}}}}$$

Für $\varepsilon = 10$ und $m_e^* = m_0$ folgt

$$L_{TF} = 1{,}16\text{x}10^{-4}\sqrt{\text{cm}}\cdot n_0^{-1/6}$$

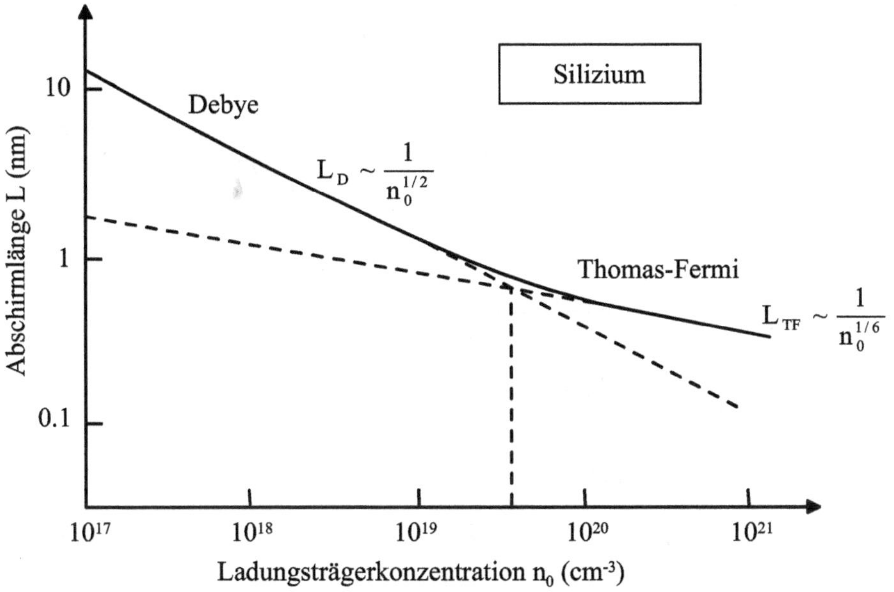

Abb. 7.3 *Abschirmlänge nach Debye und Thomas-Fermi als Funktion der Ladungsträgerkonzentration n_0.*

Im Fall der Poissongleichung für nur eine Raumrichtung x ergibt sich die Differentialgleichung $\frac{d^2\Delta\phi(x)}{dx^2} = \frac{1}{L_{TF}^2} \cdot \Delta\phi(x)$ mit demselben Ausdruck für die Thomas-Fermi-Abschirmlänge L_{TF} wie oben angegeben.

Abb. 7.3 zeigt einen *Vergleich* von Debye- and Thomas-Fermi-Abschirmung von Elektronen in Silizium. Zugrunde gelegt sind die Werte $n_i = 10^{10}\,cm^{-3}$ (gerundet), $L_D = \sqrt{\frac{n_i}{n_0}} \cdot L_{Di}$

und $L_{Di} = \sqrt{\frac{\varepsilon\varepsilon_0 kT}{2q^2 n_i}}$ $\approx$ 40 µm (bei Raumtemperatur). Unterhalb der Entartungskonzentration ist die Debye-Länge realistisch, oberhalb die Thomas-Fermi-Länge.

Im Falle hoher Entartung ist der Halbleiter quasi-metallisch. In einem „richtigen" Metall ($n_0 \approx 10^{23} cm^{-3}$!) bewirkt die große Elektronendichte eine sehr kleine Abschirmlänge, so daß die energetisch hoch liegenden Valenzelektronen nicht mehr gebunden werden. Sie sind also frei beweglich über dem Ladungshintergrund der Ionenrümpfe. Bei kleiner werdender Elektronendichte kommt es zur Bindung und damit zum Übergang zu einem Isolator. Die Bedingung für diesen Metall-Isolator-Übergang (auch Mott-Übergang) ist:

$$L_{TF} >> a_0^* \qquad \text{mit} \quad a_0^* = \frac{4\pi\varepsilon\varepsilon_0\hbar}{q^2 m_e^*} \qquad (a_0^*: \text{skalierter Bohrradius, vgl. Kapitel 5})$$

Daher folgt: $\boxed{\frac{1}{n_0^{1/3}} \gg 4a_0^*}$

Dies ist das Mott-Kriterium für den Metall-Isolator-Übergang. Sir Neville Mott erhielt zusammen mit Phil Anderson und John Van Vleck 1977 den Nobelpreis für "Fundamental theoretical investigations of the electronic structure of magnetic and disordered systems".

7.5 Ströme in Halbleitern

Zu betrachten sind für Elektronen und Löcher Feld- und Diffusionsströme.

Feldstromdichte: $\vec{j} = \sigma \underbrace{\vec{E}}_{=-\mathrm{grad}V} = q\left(\mu_n \cdot n + \mu_p \cdot p\right)\vec{E}$

Diffusionsstromdichte: $\vec{j} = qD_n \underbrace{\nabla n}_{\mathrm{grad}n} - qD_p \underbrace{\nabla p}_{\mathrm{grad}p}$ D_n, D_p: Diffusionskoeffizienten

Gesamtstromdichte: $\vec{j}_{ges} = q\left(\mu_n n + \mu_p p\right)\vec{E} + q\left(D_n \nabla n - D_p \nabla p\right)$

7.5.1 Ströme im thermischen Gleichgewicht

Wir vereinfachen in folgender Weise:

- Es werden nur Elektronen betrachtet ($p = 0$).
- Es wird nur eine Dimension (Raumrichtung x) betrachtet.

Im thermischen Gleichgewicht gilt $j_{ges} = 0$, daher: $\boxed{\mu_n nE = -D_n \cdot \frac{dn}{dx}}$

Laut Voraussetzung des thermischen Gleichgewichts ist keine äußere Spannung bzw. kein äußeres elektrisches Feld vorhanden. E ist das innere Feld aufgrund einer Bandverbiegung, die den Gradienten dn/dx der Ladungsträgerkonzentration im thermischen Gleichgewicht kompensiert. Ein Konzentrationsgradient kann zum Beispiel durch inhomogene Donatordotierung zustande kommen.

Die Ladungsträgerdichte *ohne* Feld (Boltzmann-Näherung) ist: $n = N_L \cdot e^{\frac{E_F - E_L}{kT}}$

Die Ladungsträgerdichte *mit* Feld wird ortsabhängig:

$$n(x) = N_L \cdot e^{\frac{E_F - E_L(x)}{kT}} \;;\; E_F - E_L(x) = E_i(x) + \phi(x) - E_L(x) = \phi(x) - E_g/2 = qV(x) - E_g/2$$

$$\frac{dn}{dx} = \underbrace{N_L \cdot e^{\frac{E_F - E_L(x)}{kT}}}_{n} \cdot \frac{d}{dx}\left(\frac{\phi(x) - E_g/2}{kT}\right) = n \cdot \frac{1}{kT} \cdot \frac{d\phi(x)}{dx} \underbrace{= n \cdot \frac{q}{kT} \cdot \frac{dV(x)}{dx} = -n\frac{q}{kT}E}_{\text{Poisson-Gleichung}}$$

Nach Einsetzen des letzten Ausdrucks in die eingerahmte Gleichung oben folgt:

$$\mu_n n E = D_n \cdot n \frac{q}{kT} E$$

Eine entsprechende Gleichung gilt für Löcher; das Ergebnis ist die *Einstein-Beziehung:*

$$\boxed{D_n = \frac{kT}{q}\mu_n} \quad \text{und analog} \quad \boxed{D_p = \frac{kT}{q}\mu_p}$$

Beispiel:
Silizium

Zahlenwerte für D_n:

$\mu_n = 1350\ \mathrm{cm^2/Vsec}$

Zahlenwerte für D_p:

$\mu_p = 480\ \mathrm{cm^2/Vs}$

$kT\ (300\ \mathrm{K}) \approx 25\ \mathrm{meV}$
$q = 1{,}6 \times 10^{-19}\ \mathrm{Asec}$

$D_n = 33{,}7\ \mathrm{cm^2/s}$

$D_p = 12{,}0\ \mathrm{cm^2/s}$

7.5.2 Abweichungen vom thermischen Gleichgewicht

Wir machen die Annahme, daß im Elektronen- und Loch-Teilsystem jeweils partielles Gleichgewicht herrscht. Dann lassen sich die Teilchendichten durch eine Fermi-Dirac-Funktion mit den Quasi-Ferminiveaus $E_F{}^e$ und $E_F{}^h$ beschreiben.

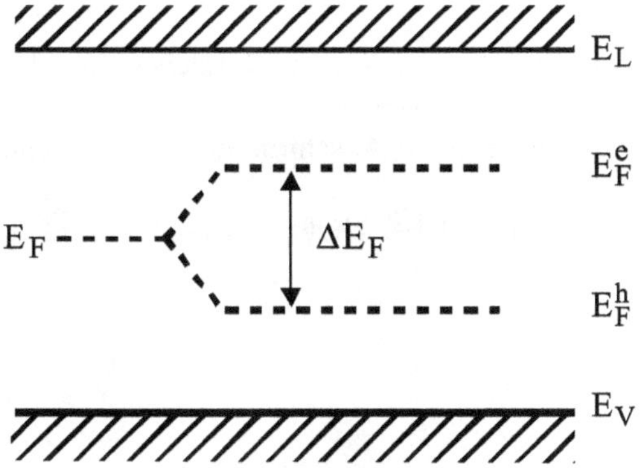

therm. Gl. Nicht-Gleichgewicht

Ladungsträgerdichte:

$$n = N_L \cdot e^{\frac{E_F^e - E_L}{kT}} = n_i \cdot e^{\phi_e/kT}$$

$$p = N_V \cdot e^{\frac{E_V - E_F^h}{kT}} = n_i \cdot e^{-\phi_h/kT}$$

$$\Phi_e = E_F^e - E_i, \quad \Phi_h = E_F^h - E_i$$

Massenwirkungsgesetz im Quasi-Gleichgewicht: $np = n_i^2 e^{\frac{\Delta E_F}{kT}}$

ΔE_F ist ein Maß für die Anregung (Störung) aus dem thermischen Gleichgewicht.

Im folgenden werden unter Nutzung der Kontinuitätsgleichung einige einfache, aber typische Fälle behandelt, die die Begriffe *Debye-Länge, dielektrische Relaxationszeit, Diffusionslänge, Driftlänge* und *Lebensdauer* physikalisch anschaulich machen (Formulierung für Elektronen-Überschuß Δn).

Kontinuitätsgleichung

$$\frac{dn}{dt} = G_n - R_n + \frac{1}{q}\,\mathrm{div}\,j_n$$

Transportgleichung

$$j_n = q(\mu_n n E + D_n\, dn/dx)$$

$n = n_0 + \Delta n$

n	Gesamtträgerdichte
n_0	Gleichgewichtsdichte
Δn	Überschußdichte durch Störung

Wir kombinieren die Kontinuitätsgleichung mit der Transportgleichung und erhalten:

$$\boxed{\frac{dn}{dt} = G_n - R_n + \frac{1}{q}\frac{d}{dx}\left(\underbrace{q\mu_n n}_{\substack{\sigma=\sigma_0+\Delta\sigma,\\ \text{wenn}\\ n=n_0+\Delta n}} \cdot E + D_n q \frac{dn}{dx}\right)}$$

Im Folgenden wird diese Gleichung anhand von insgesamt sieben ausgewählten Fällen diskutiert. Es zeigt sich, daß dabei eine Unterscheidung von *Majoritäten* und *Minoritäten* wichtig ist.

Majoritäten (z.B. Überschuß-Elektronen im n-Halbleiter)

- Die Störung der Ladungsträgerneutralität geschieht durch Einbringen von (Überschuß-) Elektronen Δn.
- Rekombination von Δn ist unmöglich, da dabei der Verlust von $\Delta n = p$ Löchern als Minoritäten das System noch stärker aus dem Gleichgewicht bringen würde.
- Ein „Abbau" der Raumladung ist durch Ausdünnung und Abschirmung der Überschuß-Elektronenladung mit $\Delta n \ll n_0$ möglich.
- Interessant sind der *zeitliche* und *räumliche* Abbau der Überschußträgerdichte Δn.

Beispiele:

(a) Zeitlicher Abbau der Dichtestörung

$G_n = R_n = 0$, Diffusion vernachlässigt: $D_n = 0$ (oder anfänglich homogene Dichtestörung)

$$\boxed{\frac{dn}{dt} = \mu_n \mathsf{E}\frac{dn}{dx} + \mu_n n\frac{d\mathsf{E}}{dx}} \quad \text{mit } n = n_0 + \Delta n$$

Der 1. Term rechts wird mit $n_0 >> \Delta n$ und bei klein angenommenem Feld E vernachlässigt. Der 2. Term wird umgeformt:

$$\frac{d\mathsf{E}}{dx} = -\frac{q\Delta n}{\varepsilon\varepsilon_0} \quad \text{(Poisson-Gleichung)}$$

$$\frac{d\Delta n}{dt} = -\frac{\sigma_0}{\varepsilon\varepsilon_0}\Delta n = -\frac{q\mu_n n_0}{\varepsilon\varepsilon_0}\cdot\Delta n$$

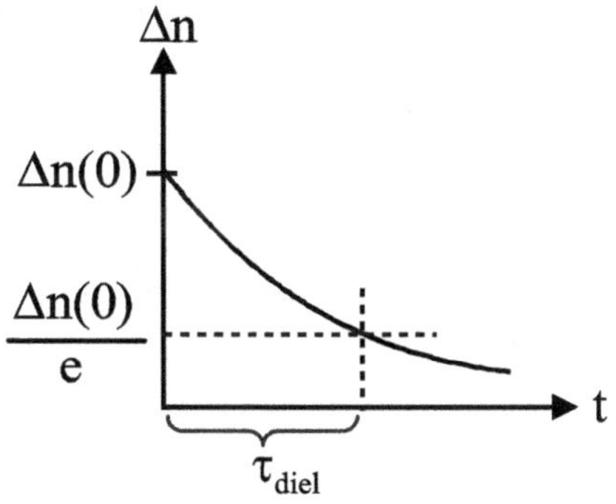

$$\boxed{\Delta n(t) = \Delta n(0)e^{-\frac{t}{\tau_{diel}}}}$$

mit $\boxed{\tau_{diel} = \frac{\varepsilon\varepsilon_0}{\sigma_0} = \frac{\varepsilon\varepsilon_0}{q\mu_n n_0}}$ Dielektrische Relaxationszeit

Werte für τ_{diel}:

Mit $\varepsilon \approx 10$ und $\sigma_0 = 1/\rho_0 = 1/0{,}1\ \Omega\text{cm}$ für mäßige Dotierung am Beispiel von Silizium ergibt sich: $\tau_{diel} = \varepsilon\varepsilon_0/\rho_0 \approx 10^{-13}$ sec.

(b) Räumlicher Abbau der Dichtestörung

$\frac{dn}{dt} = 0$, $G_n = R_n = 0$ (Es handelt sich um eine stationäre Dichtestörung.)

$$\boxed{\mu_n \mathsf{E}\frac{dn}{dx} + \mu_n n\frac{d\mathsf{E}}{dx} + D_n\frac{d^2n}{dx^2} = 0} \quad \text{mit } n = n_0 + \Delta n$$

Mit denselben Annahmen wie oben unter (a) folgt:

$$-\frac{\mu_n q}{\varepsilon\varepsilon_0}(n_0 + \Delta n)\Delta n + D_n\frac{d^2}{dx^2}(n_0 + \Delta n) = 0$$

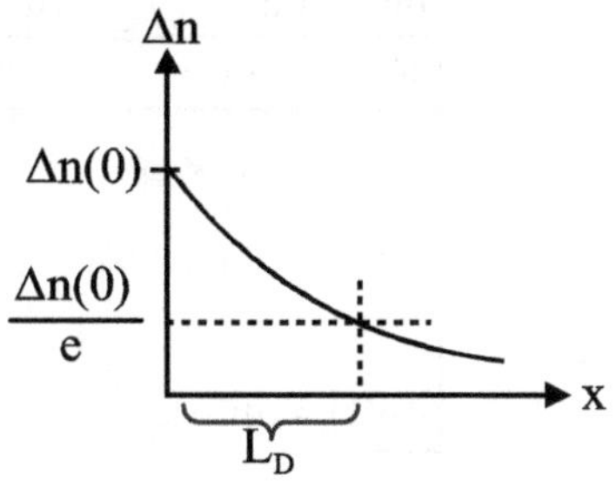

$$D_n \frac{d^2 \Delta n}{dx^2} - \frac{\mu_n q n_0}{\varepsilon\varepsilon_0} \Delta n = 0$$

$$\boxed{\Delta n(x) = \Delta n(0) e^{-\frac{x}{L_D}}}$$

mit $\boxed{L_D = \sqrt{\frac{\varepsilon\varepsilon_0 D_n}{\sigma_0}} = \sqrt{\frac{\varepsilon\varepsilon_0 kT}{q^2 n_0}}}$ (Debye-Länge)

Minoritäten (z. B. Überschuß-Elektronen im p-Halbleiter)

- Die Störung erfolgt durch Einbringen von Elektronen (Δn), wobei aber jetzt Δn nicht mehr unbedingt klein gegen n_0 ist.
- Der Abbau der Störung passiert nicht durch dielektrische Vorgänge, da die entsprechenden Zeiten und Längen wegen $n_0 < n_i$ zu groß sind gegenüber Konkurrenzprozessen.
- Die Prozesse, die ins thermische Gleichgewicht zurückführen, sind *Rekombination*, *Diffusion* und *Drift*.

Beispiele:

(a) Zeitlicher Abbau der Dichtestörung: Rekombination

$G_n = 0$, $E = 0$, $D_n = 0$ (oder anfänglich homogene Dichtestörung)

Die einfachste Annahme für den Rekombinationsterm ist

$$R_n = \frac{n - n_0}{\tau_n} = \frac{\Delta n}{\tau_n} \quad \text{(s. Abschnitt 7.6).}$$

τ_n heißt Rekombinations- oder Minoritäten-Lebensdauer (manchmal auch τ_{life} geschrieben), ohne daß dabei der Rekombinationsprozess selbst spezifiert wird.

$$\boxed{\frac{dn}{dt} = \frac{d(n - n_0)}{dt} = -\frac{(n - n_0)}{\tau_n}} \quad \text{mit } n = n_0 + \Delta n$$

$$\frac{d\Delta n}{dt} = -\frac{\Delta n}{\tau_n}$$

$$\boxed{\Delta n(t) = \Delta n(0) e^{-\frac{t}{\tau_n}}}$$

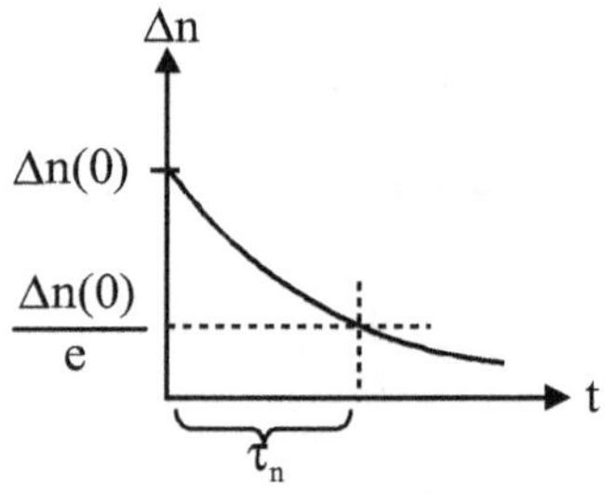

(b) Räumlicher Abbau: Rekombination plus Diffusion

$$G_n = 0,\ E = 0,\ \frac{dn}{dt} = 0$$

(Die Dichtestörung ist lokal, z.B. an einer Oberfläche, und stationär.)

$$\boxed{-\frac{n-n_0}{\tau_n} + D_n \frac{d^2n}{dx^2} = 0}$$

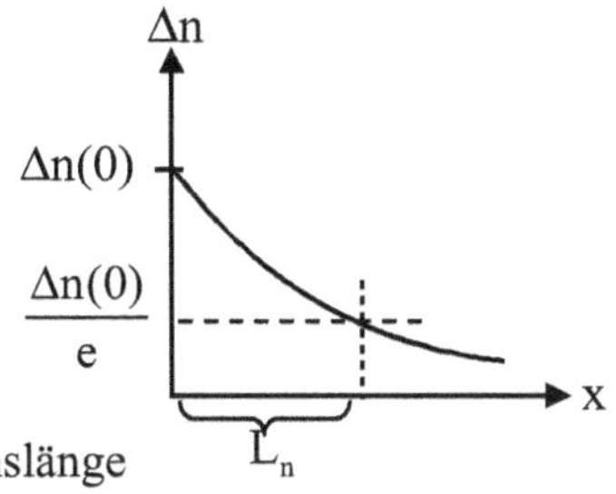

$$D_n \frac{d^2\Delta n}{dx^2} - \frac{\Delta n}{\tau_n} = 0$$

$$\boxed{\Delta n(x) = \Delta n(0) e^{-\frac{x}{L_n}}}$$ mit $\boxed{L_n = \sqrt{D_n \tau_n}}$ Diffusionslänge

(c) Räumlicher Abbau: Rekombination plus Feldstrom

$\frac{dE}{dx} = 0$ (homogenes Feld), $D_n = 0$, $G_n = 0$, $\frac{dn}{dt} = 0$

$$\boxed{-\frac{n-n_0}{\tau_n} + \mu_n E \frac{dn}{dx} = 0}$$

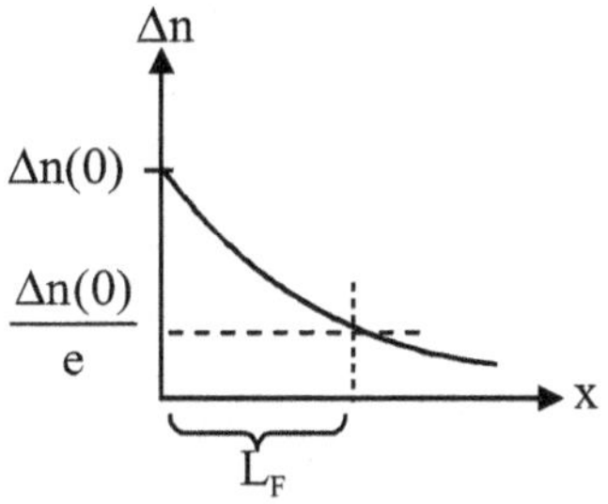

$$\mu_n E \frac{d\Delta n}{dx} - \frac{\Delta n}{\tau_n} = 0$$ (E negativ!)

$$\boxed{\Delta n(x) = \Delta n(0) e^{-\frac{x}{L_F}}}$$ mit $\boxed{L_F = \mu_n \tau_n |E|}$ Driftlänge

Der folgende Fall ist komplizierter, aber wichtig:

(d) Rekombination plus Diffusion plus Zeitabhängigkeit (nicht-stationär)

(plus Feldabhängigkeit mit E = const.)

$$\boxed{\frac{dn}{dt} = -\frac{n-n_0}{\tau_n} + \mu_n \frac{dn}{dx} E + D_n \frac{d^2n}{dx^2}}$$

$$\frac{d\Delta n}{dt} = -\frac{\Delta n}{\tau_n} + \mu_n E \frac{d\Delta n}{dx} + D_n \frac{d^2\Delta n}{dx^2}$$

Die Differentialgleichung kann durch Fourierintegrale oder Laplace-Transformations-Technik gelöst werden:

$$\Delta n(x,t) = \frac{n(0,0)}{\sqrt{4\pi D_n t}} \exp\left\{-\frac{(x+\mu_n E t)^2}{4 D_n t} - \frac{t}{\tau_n}\right\}$$

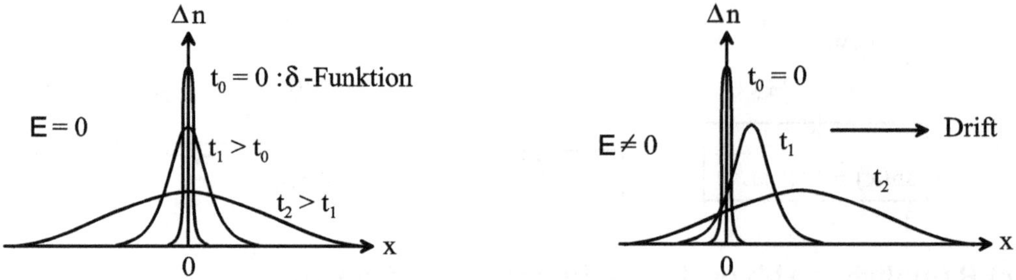

Dieser Ausdruck $\Delta n(x,t)$ ist auch anwendbar auf den Halbraum $x > 0$. Für $E = 0$, $\tau_n = \infty$ beschreibt er beispielsweise auch die Ein-Diffusion von Störstellen in einen Kristall bei einer (erschöpfbaren) Oberflächenbelegung $n(0,0)$. D_n ist dann der Störstellen-Diffusionskoeffizient (Kapitel 14).

Tab. 7.2 *Zusammenfassung charakteristischer Zeiten und Längen, die beim Abbau von Störungen des thermischen Gleichgewichts relevant sind.*

Zeiten	Minoritätenlebensdauer (Interbandlebensdauer)	Streuzeiten (Intraband-relaxationszeiten)	Dielektrische Relaxationszeit
	$\tau_{n,life}$, $\tau_{p,life}$	$\tau_{n,rel}$, $\tau_{p,rel}$ (auch τ_{nn}, τ_{pp})	$\tau_{diel} = \frac{\varepsilon\varepsilon_0}{\sigma_0}$
	Si $\approx 10^{-6} \ldots 10^{-3}$ s GaAs $\approx 10^{-9}$ s s. Kap. 7.6	Si, GaAs $< 10^{-12}$ s	Si ideal intrinsisch: $\approx 2.3 \times 10^{-7}$ s Si real, 8000 Ωcm: $\approx 8 \times 10^{-9}$ s dotiertes Si $\ll 10^{-10}$ s

Längen	Diffusionslänge	Driftlänge	Debye-Länge
	$L_n = \sqrt{D_n \tau_{n,\,life}}$	$L_{F,n} = \mu_n \tau_n \lvert E \rvert$	$L_{D,n} = \sqrt{\varepsilon\varepsilon_0 kT / q^2 n_0}$
	Si ≈ 60 μm ... 60 mm (für Elektronen mit $\tau_{n,life}$ und D_n = 34 cm^2/sec)	Si ≈ 1,35 cm bei $E = 10^3$ V/cm (wie typisch für pn-Übergänge und andere Bauelemente)	Si ideal intrins. ≈ 40 μm HL dotiert ~ $\frac{1}{\sqrt{n_0}}$ GaAs, intrins. ≈ 1000 μm

7.6 Rekombinationsmechanismen

Wir behandeln hier vorzugsweise die drei wesentlichen Rekombinationsmechanismen:

- Rekombination über Störstellen — Prozeß 1. Ordnung in der Teilchendichte, nichtstrahlend
- Band-Band-Rekombination — Prozeß 2. Ordnung in der Teilchendichte, strahlend
- Auger-Rekombination — Prozeß 3. Ordnung in der Teilchendichte, nichtstrahlend

7.6.1 Rekombination über tiefe Störstellen (Fallenzustände, Haftstellen, „Traps“)

Literatur

W. Shockley, W.T. Read, Phys. Rev. **87**, 835 (1952)

R.N. Hall, Phys. Rev. **87**, 387 (1952)

Betrachtet werden folgende Teilprozesse von Elektronen und Löchern unter Beteiligung einer tiefen Störstelle mit Konzentration N_t bei der Energie E_t:

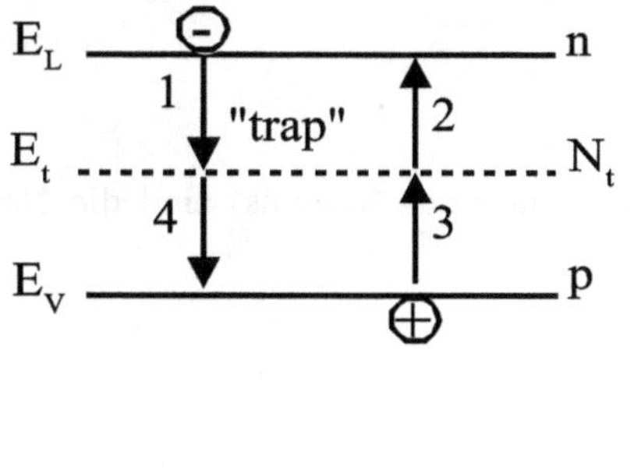

1 Elektroneneinfang
2 thermische Emission von Elektronen
3 Locheinfang
4 thermische Emission von Löchern

Rekombination findet statt bei Elektroneneinfang in ein Trap, das bereits von einem Loch besetzt ist oder umgekehrt (Kopplung der Prozesse 1,2 und 3,4).

Formulierung der Prozesse für Elektronen (Index n)

① Einfangrate („capture rate“) $R_{cn} = c_n \cdot n \cdot N_t \cdot (1 - f_t)$

② Emissionsrate („emission rate“) $R_{en} = e_n \cdot N_t \cdot f_t$

N_t: Dichte der Traps;

c_n, e_n: Einfang- bzw. Emissionskoeffizient (Einheit cm^3/s bzw. 1/s)

f_t: Besetzungswahrscheinlichkeit des Traps für Elektronen.

Im thermischen Gleichgewicht gilt $R_{cn,0} = R_{en,0}$, und es ist $f_{t_0} = \left(e^{\frac{E_t - E_F}{kT}} + 1\right)^{-1}$.

Daraus folgt der Zusammenhang zwischen e_n und c_n: $e_n / c_n = n_0 \left(1 - f_{t_0}\right) / f_{t_0} = n_t$.

Die zur Vereinfachung gesetzte Größe n_t kann man in Boltzmann-Näherung auch ausdrücken als:

$$n_t = n_0 \cdot \frac{1 - f_{t_0}}{f_{t_0}} = n_0 e^{\frac{E_t - E_F}{kT}} = N_L \cdot e^{\frac{E_t - E_L}{kT}}, \qquad \text{wobei} \quad n_0 = N_L e^{\frac{E_F - E_L}{kT}}.$$

Es ist also n_t die Dichte der Elektronen im Leitungsband, wenn das Ferminiveau bei der Energie des Traps liegt, $E_F = E_t$.

Im Experiment beobachtbar ist bei Anregung des Systems die *Netto-Einfangrate:*

$$\boxed{R_{cn,net} = R_{cn} - R_{en} = c_n N_t \left[n(1 - f_t) - n_t f\right]}$$

Für Löcher findet man bei völlig analoger Betrachtung für die Netto-Einfangrate:

$$\boxed{R_{cp,net} = R_{cp} - R_{ep} = c_p N_t \left[p\, f_t - p_t(1 - f_t)\right]}$$

Hier wurde gesetzt: $p_t = p_0 \dfrac{f_{t_o}}{1 - f_{t_o}} = p_0 e^{-\frac{(E_t - E_F)}{kT}}$

Im *stationären Gleichgewicht* (zeitlich konstante Anregung des Systems) sind die Netto-Einfangraten von Elektronen und Löchern gleich groß:

$$R_{cn,net} = R_{cp,net} = R$$

Dies ist eine Verknüpfung der Prozesse 1,2 und 3,4.

Daraus ergibt sich als Zwischenergebnis

$$f_t = \frac{c_n n + c_p p_t}{c_n(n+n_t)+c_p(p+p_t)}$$

und nach Einsetzen dieses Ausdrucks in R unter Beachtung von $n_t p_t = n_0 p_0$

$$\boxed{R = N_t \cdot \frac{c_n c_p (np - n_0 p_0)}{c_n(n+n_t)+c_p(p+p_t)} = N_t \cdot \frac{np - n_0 p_0}{c_p^{-1}(n+n_t)+c_n^{-1}(p+p_t)}}$$

Hier sind $n = n_0 + \Delta n$ und $p = p_0 + \Delta p$ die Gesamtkonzentrationen. Interessant sind aber die *Überschuß*konzentrationen Δn, Δp. Unter der Annahme $\Delta n = \Delta p$ (z.B. bei optischer Anregung) und für kleine Anregung $\Delta n \ll n_0$, $\Delta p \ll p_0$ folgt:

$$R = N_t \cdot \frac{n_0 \Delta n + p_0 \Delta n + \Delta n^2}{c_p^{-1}(n_0 + n_t + \Delta n) + c_n^{-1}(p_0 + p_t + \Delta n)} \approx N_t \cdot \frac{(n_0 + p_0)\Delta n}{c_p^{-1}(n_0 + n_t) + c_n^{-1}(p_0 + p_t)}$$

Der Beifaktor von Δn auf der rechten Seite ist also bei kleiner Anregung konstant, und man kann daher eine Trap-bestimmte Lebensdauer definieren als:

$$\boxed{\frac{1}{\tau_{trap}} = N_t \cdot \frac{n_0 + p_0}{\left(\frac{n_0 + n_t}{c_p}\right) + \left(\frac{p_0 + p_t}{c_n}\right)}}$$

Grenzfälle

(a) n-Typ-Halbleiter $n_0 \gg p_0, n_t$ $\rightarrow$ $\boxed{\frac{1}{\tau_{trap}} = \frac{1}{\tau_{p_0}} = N_t \cdot c_p}$

(b) p-Typ-Halbleiter $p_0 \gg n_0, p_t$ $\rightarrow$ $\boxed{\frac{1}{\tau_{trap}} = \frac{1}{\tau_{n_0}} = N_t \cdot c_n}$

Mit dieser Notation kann man allgemein schreiben $\boxed{\tau_{trap} = \tau_{p_0} \frac{n_0 + n_t}{n_0 + p_0} + \tau_{n_0} \frac{p_0 + p_t}{n_0 + p_0}}$

Weitere Betrachtungen

Es sei hier $c_n = c_p$ angenommen; dann folgt $\tau_{no} = \tau_{po} = \tau_o$ und

$$\tau_{trap} = \tau_0 \frac{n_0 + p_0 + n_t + p_t}{n_0 + p_0} \quad \text{mit den Abkürzungen von oben} \quad \begin{cases} n_t = n_0 e^{\frac{E_t - E_F}{kT}} \\ p_t = p_0 e^{\frac{-(E_t - E_F)}{kT}} \end{cases}$$

Fall (1): Ferminiveau in Bandmitte $(E_F = E_i, n_0 = p_0)$

$$\tau_{trap} = \tau_0 \frac{2n_0 + n_0\{\exp[(E_t - E_i)/kT] + \exp[-(E_t - E_i)/kT]\}}{2n_0}$$

$$\boxed{\tau_{trap} = \tau_0\left(1 + \cosh\frac{E_t - E_i}{kT}\right)}$$

Über E_F wurde verfügt mit E_i, also kann man noch τ_{trap} diskutieren als Funktion von E_t. Für Silizium bei Raumtemperatur ergibt sich das folgende Diagramm:

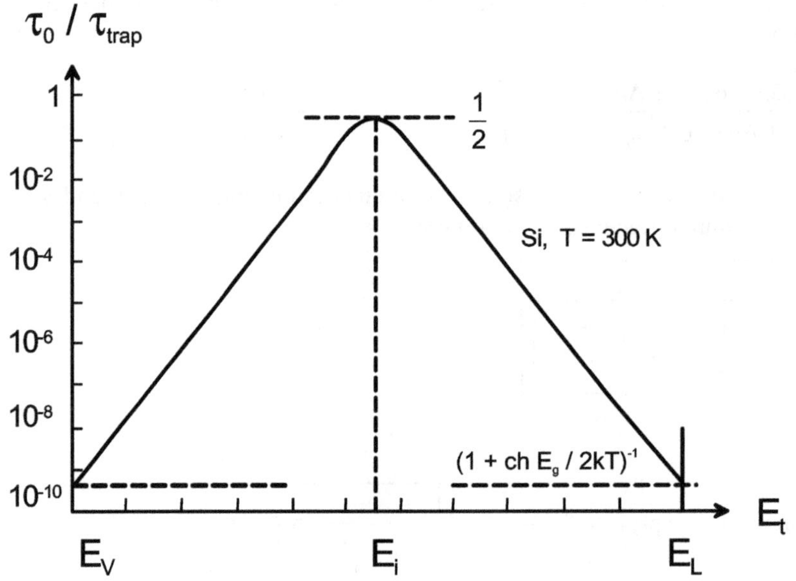

Abb. 7.4 Reziproke Trap-bestimmte Lebensdauer τ_0/τ_{trap} von Überschußladungsträgern in Silizium als Funktion der energetischen Traplage E_t in der Bandlücke bei konstantem $E_F = E_i$..

Die Halbwertbreite der Funktion τ_0/τ_{trap} ist $\Delta E_t = 3{,}5kT \ll E_g$ bei Raumtemperatur, die Funktion ist also recht scharf. Dieser Sachverhalt wird oft kurz und prägnant durch den Merksatz ausgedrückt:

„Midgap-Traps" sind die effizientesten Rekombinationszentren.

Fall (2): Ferminiveau variabel entsprechend n- oder p-Dotierung;
E_t fest gewählt, z.B. in Bandmitte

Nach ähnlicher Betrachtung und Rechnung wie in Fall (1) ergibt sich ein Resultat, wie es in der Skizze Abb. 7.5 dargestellt ist. Für $c_n = c_p$ ist das Bild symmetrisch.

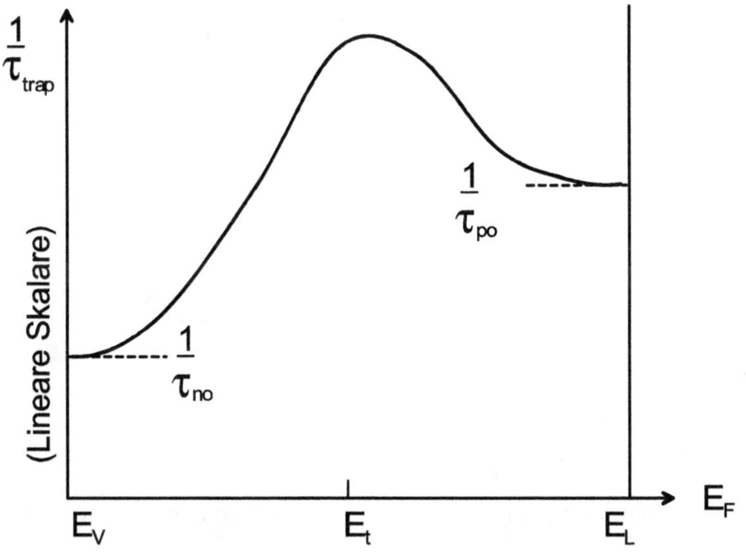

Abb. 7.5 *Reziproke Trap-bestimmte Lebensdauer $1/\tau_{trap}$ von Überschußladungsträgern als Funktion der Lage des Ferminiveaus E_F in der Bandlücke. Im Gegensatz zu Abb. 7.4 handelt es sich hier um eine lineare Darstellung von $1/\tau_{trap}$.*

Einflußgrößen in τ_{no} (analog τ_{po})

Den Einfangkoeffizienten kann man schreiben (vgl. Abschnitt 8.2.2)

$$c_n = \sigma_n \cdot v_{therm}$$

mit σ_n: Einfangquerschnitt; v_{therm}: thermische Geschwindigkeit, $v_{therm} = \sqrt{\frac{3kT}{m^*}}$.

Es folgt der Zusammenhang:

$$\boxed{\tau_{n_0} = \frac{1}{\sigma_n v_{therm} N_t}} \qquad \text{analog} \qquad \boxed{\tau_{p_0} = \frac{1}{\sigma_p v_{therm} N_t}}$$

Tab. 7.3 Werte für Einfangquerschnitte σ_n, σ_p von tiefen Störstellen/ Traps in Si bei Raumtemperatur.

Trap	$\sigma_n\left(10^{-16}\mathrm{cm}^2\right)$	$\sigma_p\left(10^{-16}\mathrm{cm}^2\right)$	Energielage
Au^+	35...63	-	E_V +260 meV
Au^0	2...5	-	-
Au^-	-	10...110	E_L –550 meV
Fe^+	16	-	E_V +400 meV
Fe^0	-	3...7	E_L –510 meV
Pt^0	320	-	E_V +360 meV
Pt^-	-	27000	ca.-Bandlückenmitte
In^0	0,4	-	-
In^-	-	200	E_V +155 meV

Beispielrechnung

$$\tau_{n0} = 1(N_t \cdot \sigma_n \cdot v_{therm})$$
$$v_{therm}\,(R.T.) \approx 1{,}15 \times 10^5\,\mathrm{m/s}$$

Für Au^+ mit einer Konzentration von $N_t = 10^{16}\mathrm{cm}^{-3}$ in Si ist dann $\tau_{n0} \approx 1{,}7 \times 10^{-9}\,\mathrm{s} << \tau_{rad}$.

Tiefe Störstellen (Traps) in Si, Ge und GaAs

In Silizium sind technisch wichtige tiefe Störstellen Au und Pt. Sie werden zur kontrollierten *Einstellung von Lebensdauern* benutzt. Lebensdauern sind wiederum für Bauelementefunktionen höchst wichtig (vgl. Kapitel 11 und 12).

Die Energielagen tiefer, nicht-strahlender Störstellen in der verbotenen Zone können durch die Standardmethode der Kapazitätstransientenspektroskopie („Deep Level Transient Spectroscopy“, DLTS) experimentell bestimmt werden. Die Methode wird in Kapitel 11 beschrieben.

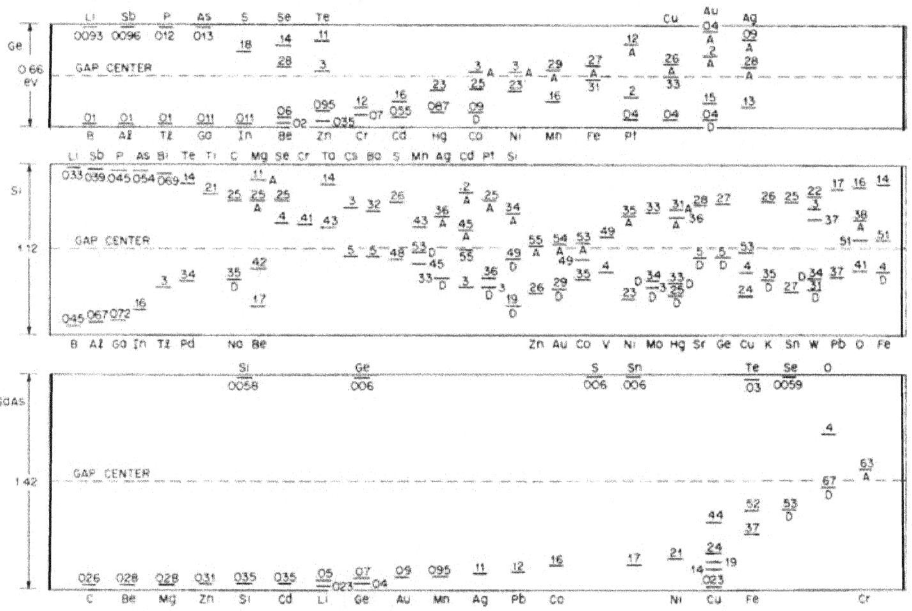

Abb. 7.6 *Lage tiefer Störstellen (Traps) in Si, Ge und GaAs mit Kennzeichnung von Donator- oder Akzeptorcharakter. Aus S.M. Sze, Physics of Semiconductor Devices, J. Wiley & Sons (1981).*

Tiefe Zentren lassen sich nach der relativen Stärke von Einfang- und Emissionsprozessen von Elektronen und Löchern anschaulich einteilen:

Überwiegen der Prozesse	Charakter des Traps
1,3: Elektronen- und Locheinfang $R_{cn} >> R_{ep}$, $R_{cp} >> R_{en}$	Rekombinationszentrum
1,2: Elektroneneinfang und -emission $R_{cn} >> R_{ep}$, $R_{en} >> R_{cp}$	Elektronen-Einfangzentrum (Donator-ähnlich)
3,4: Locheinfang und -emission $R_{cp} >> R_{en}$, $R_{ep} >> R_{cn}$	Loch-Einfangzentrum (Akzeptor-ähnlich)
2,4: Elektronen- und Lochemission $R_{en} >> R_{cp}$, $R_{ep} >> R_{cn}$	Generationszentrum

7.6.2 Band-Band-Rekombination (strahlende Rekombination)

Literatur

W. van Roosbroeck, W. Shockley, Phys. Rev. **94**, 1558 (1954)

Für Band-Band-Rekombination sind Elektronen und Löcher nötig, der Ansatz für die Rekombionationsrate ist daher von 2. Ordnung in den Teilchendichten und lautet

$R = B \cdot np$ „bimolekularer" Prozeß; B: Koeffizient der strahlenden Rekombination

$R_0 = B \cdot n_0 p_0 = Bn_i^2$ im thermischen Gleichgewicht

Netto-Rekombinationsrate bei Störung des Systems

$$R_{net} = R - G_0 = R - R_0 = Bnp - Bn_0p_0 = B(np - n_0p_0)$$

G_0 ist die Generationsrate im thermischen Gleichgewicht. Sie ist bei jeder Übergangsenergie $h\nu \geq E_g$ gleich der Rekombinationsrate R_0 im thermischen Gleichgewicht. Die Aussage $G_0(h\nu) = R_0(h\nu)$ wird auch als Prinzip des detaillierten Gleichgewichts bezeichnet („principle of detailed balance").

Für $\left.\begin{array}{l} n = n_0 + \Delta n \\ p = p_0 + \Delta p. \end{array}\right\}$ und $\Delta n = \Delta p$ ist

$(np - n_0p_0) = (n_0 + p_0)\Delta n + \Delta n^2$, daher folgt die Nettorekombationsrate zu:

$$\boxed{R_{net} = B[(n_0 + p_0)\Delta n + \Delta n^2]}$$

Für den Fall, daß Diffusion und Drift vernachlässigt werden, liefert dieser Ausdruck nach Einsetzen in die Kontinuitätsgleichung eine DGL mit getrennten Variablen Δn und t

$$\frac{d\Delta n}{dt} = -B\left[(n_0 + p_0)\Delta n + \Delta n^2\right],$$

die analytisch durch Integration gelöst werden kann.

Vollständige Lösung

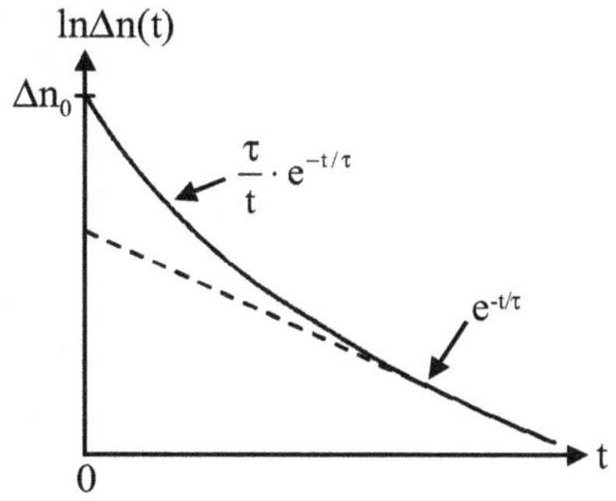

$$\Delta n(t) = \Delta n(0) \cdot \frac{e^{-t/\tau}}{1 + \frac{\Delta n(0)}{(n_0 + p_0)}\left(1 - e^{-t/\tau}\right)}$$

mit $$\tau = \tau_{rad} = \frac{1}{B(n_0 + p_0)}$$

- Starke Störung des Systems ($\Delta n(0) >> n_0+p_0$):

  Verhalten bei kleinen Zeiten wie $\frac{\tau}{t} \cdot e^{-t/\tau}$

  Verhalten bei großen Zeiten wie $e^{-t/\tau}$

- Kleine Störung des Systems ($\Delta n(0) << n_0+p_0$):

  entspricht dem oberen Fall für große Zeiten $$\Delta n(t) = \Delta n(0) \cdot e^{-t/\tau}$$

Einflußgrößen in τ_{rad}

τ hängt über B von $R_0 = Bn_i^2$ und daher wegen $R_0 = G_0$ auch von der Absorptionskonstante ab, die G_0 bestimmt. Man kann G_0 dadurch auf die Absorptionskonstante α zurückführen, daß man sich den Halbleiter in Wechselwirkung mit einem Gleichgewichtsstrahlungsfeld, nämlich der thermischen Hohlraumstrahlung, denkt:

$$\text{Generationsrate } G_0 = \frac{\text{Zahl der angebotenen Gleichgewichts-Photonen}}{\text{Zeit} = \text{"Lebensdauer" der Photonen vor Absorption}} = \frac{N_0(h\nu)}{\tau_{phot}} =$$

$$= \underbrace{\frac{8\pi n^3}{c^3}\nu^2 \cdot \frac{1}{e^{\frac{h\nu}{kT}} - 1}\,\Delta\nu}_{\substack{\text{Anzahldichte der Photonen} \\ \text{der Hohlraumstrahlung (Plancksches} \\ \text{Strahlungsgesetz) im Frequenzintervall } \Delta\nu}} \times \underbrace{\frac{c}{n}\alpha(h\nu)}_{1/\tau_{phot}}$$

Dabei sind α Absorptionskoeffzient, n Brechungsindex des Halbleiters, c Lichtgeschwindigkeit. Bei Kenntnis des Absorptionskoeffizienten α nahe bei E_g im Intervall $\Delta\nu$ läßt sich die Generationsrate G_0 und daraus die strahlende Lebendsdauer $\tau_{rad} = \frac{n_i^2}{R_0(n_0 + p_0)}$ bestimmen.

Für $\Delta\nu = \Delta E/h$ nimmt man in dem oben zugrunde gelegten Modell einen Bereich $\Delta E \approx kT$ an, da ja die spektrale Rekombinationsrate $R_0(h\nu) = G_0(h\nu)$ durch eine thermische Linienbreite von etwa kT charakterisiert ist (vgl. Kapitel 9). Man ersieht daraus folgende wichtige grundsätzliche Unterscheidung:

- Direkte Halbleiter: α ist groß im Bereich $h\nu \gtrsim E_g$, also ist R_0 bzw. B groß.
- Indirekte Halbleiter: α ist klein im Bereich $h\nu \gtrsim E_g$, also ist R_0 bzw. B klein.

Tab. 7.4 *Werte der strahlenden Lebensdauer τ und des Rekombinationskoeffizienten B bei 300 K (nach R.N. Hall, Proc. Institution of Electrical Engineering 106B, Suppl. 17, 923 (1959).*

Material	**n_i (10^{14} cm^{-3})**	**τ_i gerechnet für n_i**	**τ (µs) gerechnet für 10^{17} cm^{-3} Majoritätsträgerdichte**	**B (cm³/s)**	**Band-Struktur-typ**
Si	0,00015	4,6 h	2500	4×10^{-15}	
Ge	0,24	0,6 s	150	$6{,}6 \times 10^{-14}$	indirekt
GaP	-	-	3000	$3{,}3 \times 10^{-15}$	
GaSb	0,043	0,009 s	0,37		
InAs	16	15 µs	0,24	aus mittle-	
InSb	200	0,62 µs	0,12	rem Wert	direkt
PbS	7,1	15 µs	0,21	$\tau = 0{,}2$ µs: 5×10^{-11}	
PbTe	40	2,4 µs	0,19		
PbSe	62	2,0 µs	0,25		

Der Koeffizient B der strahlenden Rekombination liegt also für indirekte bzw. direkte Halbleiter jeweils in einem engen Wertebereich und ist für direkte Halbleiter um den Faktor $10^3...10^4$ größer als für indirekte Halbleiter. Für optoelektronische Zwecke kommen daher bei reiner Band-Band-Rekombination nur direkte Halbleiter in Betracht.

Strahlende Quantenausbeute

$$\eta = \frac{R_{rad}}{R_{rad} + R_{nonrad}}$$

Alle Raten sind natürlich Nettoraten, R_{nonrad} ist die Gesamtnettorate aller nicht-strahlenden Prozesse.

Bei kleiner Störung sind die Rekombinationsraten aller Prozesse proportional der Störung Δn oder Δp, daher gilt

$$\boxed{\eta = \frac{1/\tau_{rad}}{1/\tau_{rad} + 1/\tau_{nonrad}}}$$

- Direkte Halbleiter (z.B. GaAs): $\tau_{rad} \lesssim \tau_{nonrad}$, also $\eta \lesssim 1$
- Indirekte Halbleiter (z.B. Si): $\tau_{rad} >> \tau_{nonrad}$, also $\eta = \dfrac{\tau_{nonrad}}{\tau_{rad}} << 1$

7.6.3 Auger-Rekombination

Literatur

P.T. Landsberg, A.R. Beattie, Proc. Roy. Soc. **A249**, 16 (1959)

A. Haug, J. Phys. C.: Solid State Phys. **16**, 4159 (1983) und Referenzen darin

Auger-Rekombination (Name nach dem französischen Physiker P. Auger) bezeichnet in Analogie zum Auger-Effekt in der Atomphysik einen Prozeß, in dem ein angeregtes Elektron-Loch-Paar strahlungslos rekombiniert und die frei werdende Energie auf ein zweites freies Elektron (oder Loch) überträgt, das dadurch in einen hochenergetischen Bandzustand gestoßen wird. Dieses Auger-Teilchen thermalisiert anschließend durch Phononen-unterstützte Relaxation an die Bandkante. Die Anregungsenergie wird also in Wärme umgesetzt. Als nichtstrahlender Prozeß mit überlinearer Anregungsabhängigkeit tritt Auger-Rekombination bei hohen Überschußträgerdichten in Konkurrenz zur stimulierten strahlenden Rekombination eines Hochanregungs-Laserplasmas und begrenzt die erzielbare Laserleistung.

Veranschaulichung des Prozesses im Bandschema und in der Bandstruktur

einfach:

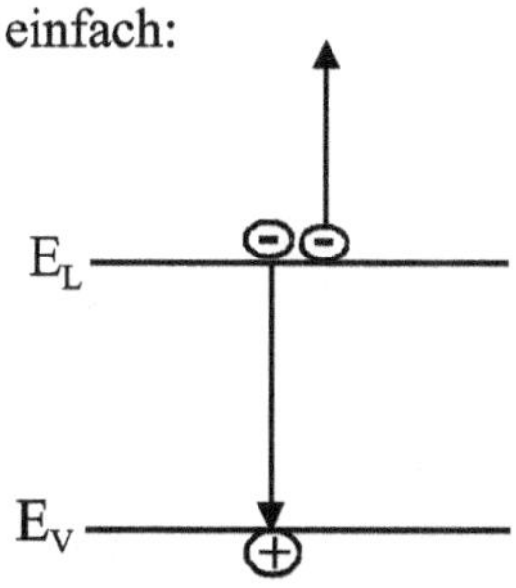

genauer:

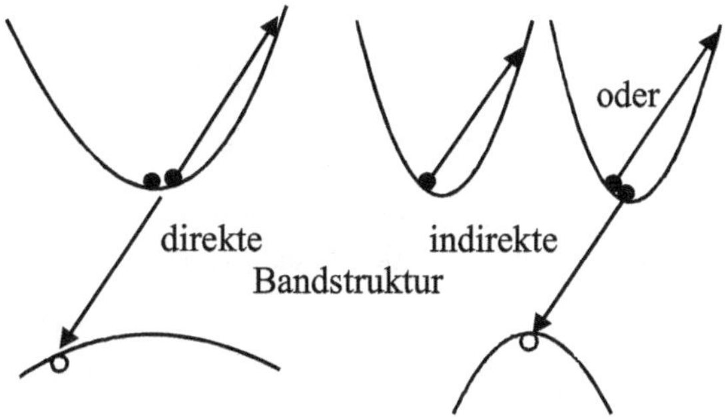

Bei indirekter Bandstruktur kann sich das Auger-Elektron in demselben oder einem äquivalenten Leitungsbandminimum wie das rekombinierende Elektron befinden.

Der Prozeß ist von *3. Ordnung* in der Teilchendichte; daher lautet der Ansatz:

$R = C_n \cdot n^2p + C_p \cdot p^2n$ allgemeine Formulierung

$R = C_n \cdot n^2p$ für n-Dotierung, die im Folgenden diskutiert wird.

C_n bzw. C_p heißen Auger-Koeffizienten.

Netto-Rekombinationsrate bei Störung des Systems:

$R_{net} = R - G_0 = C_n n^2 p - C_n n n_0 p_0 = C \cdot n(np - n_0 p_0)$

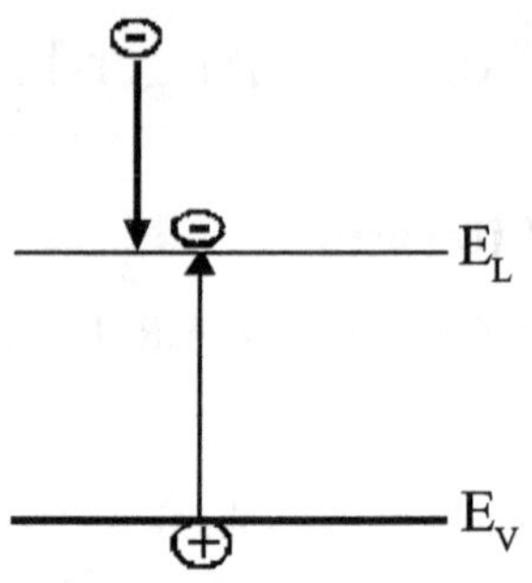

- G_0 beschreibt den inversen Augereffekt: Ein hochenergetisches Elektron relaxiert, die frei werdende Energie erzeugt ein Elektron-Loch-Paar; dies ist der Prozeß der *Stoßionisation.*
- Nur ein hochenergetisches Nichtgleichgewichts-Elektron kann diesen Rückprozeß bewirken, daher gilt $G_0 = C_n \cdot n n_0 p_0$.

Wichtig:

- Stoßionisation ist i.a. nur möglich oberhalb einer Schwellenergie wegen der (Quasi-) Impuls- und Energieerhaltung (s. Schemata oben).
- Für GaSb ist wegen $E_g \approx \Delta_0$ ein direkter Übergang (senkrecht im k-Raum) ohne Schwellenenergie möglich.

Für $\left.\begin{array}{l} n = n_0 + \Delta n \\ p = p_0 + \Delta p \end{array}\right\}$ und $\Delta n = \Delta p$ ist

$$\boxed{R_{net} = C_n\left[\Delta n \cdot n_0(n_0 + p_0) + \Delta n^2(2n_0 + p_0) + \Delta n^3\right]}$$

Dieser Ausdruck ist in die Kontinuitätsgleichung $\frac{d\Delta n}{dt} = -R_{net}$ (d h. wiederum für den Fall ohne Diffusion und Feldterme) einzusetzen und führt zu einer DGL mit getrennten Variablen, die durch Integration leicht gelöst werden kann.

Starke Störung des Systems ($\Delta n >> n_0, p_0$):

Der führende Term ist Δn^3, daher wird $\frac{d\Delta n}{dt} = -C_n \Delta n^3$ mit der Lösung

$$\boxed{\Delta n(t) = \frac{1}{\sqrt{1/\Delta n^2(0) + 2C_n t}}}$$

Wegen der vorausgesetzten Größe von Δn gilt dieser Ausdruck nur kurzzeitig nach der Anregung und geht dort i.w. wie $(2C_n t)^{-1/2}$.

Kleine Störung ($\Delta n << n_0$ oder p_0): $\frac{d\Delta n}{dt} = -C_n n_0 (n_0 + p_0) \cdot \Delta n$

Hier ist das Abklingen der Störung exponentiell und eine Lebensdauerdefinition möglich mit

$$\frac{1}{\tau_{Aug}} = C_n n_0 (n_0 + p_0) = C_n (n_0^2 + n_i^2) \; ; \qquad \text{für } n_0 >> n_i \text{ folgt:} \qquad \boxed{\frac{1}{\tau_{Aug}} = C_n \cdot n_0^2}$$

τ_{Aug} ist wegen des Energie- und Impulssatzes abhängig von Temperatur und Bandstruktur.

Auger-Koeffizienten: Werte (300 K)

Si: $C_n = 2{,}8 \times 10^{-31}$ cm^6/s, $C_p = 9{,}9 \times 10^{-32}$ cm^6/s
(A. Dziewior, W. Schmid, Appl. Phys. Lett. **31**, 346 (1977)

Ge: $C_n \approx C_p \approx 2 \times 10^{-31}$cm^6/s
(R. Conradt, J. Aengenheister, Solid State Commun. **10**, 321 (1972)

$In_{1-x}Ga_xAs_yP_{1-y}$ als wichtige optoelektronische III-V-Verbindung:

Für x = 0,4526y / (1 – 0,031y) ≈ 0,45y erreicht man Gitteranpassung auf InP mit zugeordneten Bandlücken E_g(eV) = 1,35 – 0,72y +0,12y^2. E_g (y ≈ 0,61) ≈ 0,955 eV und E_g (y ≈ 0,90) ≈ 0,8 eV entsprechen den Wellenlängen λ = 1,3 μm und λ = 1,55 μm, die für optische Informationsübertragung über SiO_2-Glasfasern wichtig sind (Dispersionsminimum bzw. absolutes Dämpfungsminimum). Nach Rechnungen von N.K. Dutta, R.J. Nelson (J. Appl. Phys. **53**, 74 (1981)) ergeben sich die folgenden Abhängigkeiten:

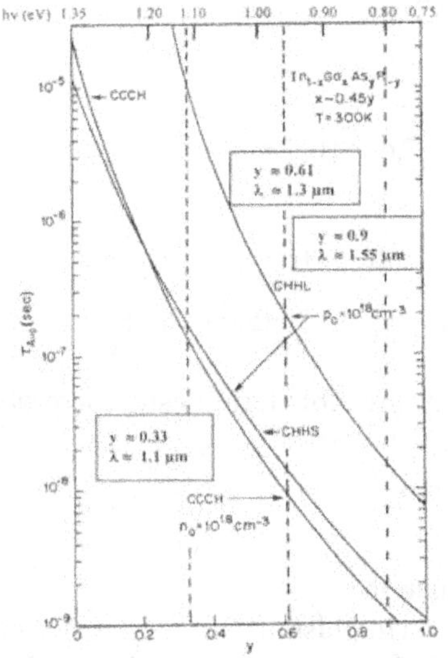

Abb. 7.7 Kompositionsabhängigkeit der berechneten Auger-Lebensdauern τ_{Aug} für angenommene Elektronen- bzw. Lochdichten von 10^{18} cm^{-3}

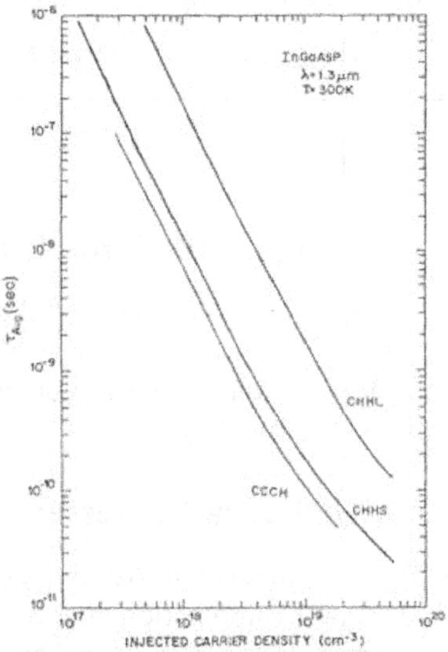

Abb. 7.8 Berechnete Auger-Lebensdauern τ_{Aug} als Funktion der injizierten Ladungsträgerdichte bei undotiertem 1,3 μm-InGaAsP.

In den Rechnungen wurden drei Auger-Prozesse betrachtetet:

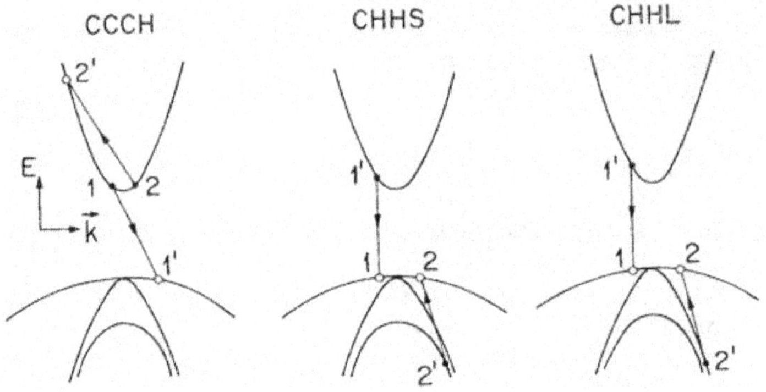

Leitungsband C
(conduction band)

Valenzbänder: hh und lh H, L

s.o.-Valenzband S

Nach Dutta und Nelson werden die beteiligten Ladungsträger hier durch ihre Bänder charakterisiert: C conduction band, H heavy hole band, L light hole band und S split-off band.

Diskussion der Lebensdauern τ_{Aug} für 1,3 µm-InGaAsP:

Die berechneten Auger-Lebensdauern folgen über einen großen Bereich der injizierten Ladungsträgerdichte (n,p $\lesssim 5 \times 10^{18} cm^{-3}$) dem abgeleiteten Gesetz der Form

$$\tau_{Aug} = (1/C_{Aug}) \cdot n_0^{-2} ,$$

aus dem sich die folgenden Augerkoeffizienten ergeben:

Prozeß	CCCH	CHHS	CHHL
$C_{Aug}(cm^6/s)$	1×10^{-28}	$6{,}7 \times 10^{-29}$	$5{,}6 \times 10^{-30}$

Zusammenfassende Artikel mit weiteren Zitaten:

- Theorie: A. Haug, Strahlungslose Rekombination in Halbleitern, Festkörperprobleme **XII**, 411 (1972)
- Experiment: R. Conradt, Auger-Rekombination in Halbleitern, Festkörperprobleme **XII**, 411 (1972)

Andere wichtige Auger-Prozesse:

(1) Phononenbegleitete Auger-Rekombination
(2) Auger-Rekombination über Störstellen (Impulsübertrag mit $1/(\Delta k)^4$ nach EMT)
(3) Prozesse höherer Ordnung: eeehh, eehhh, etc.; siehe dazu den Artikel von P.T. Landsberg, P.J. Robbins, Solid State Electronics **21**, 1289 (1978): „The first 70 Semiconductor Auger Processes".

Weitere Rekombinationsmechanismen

- Rekombination über Exzitonen (freie und gebundene Exzitonen): Abschnitt 9.3
- Rekombination an der Oberfläche (nicht-strahlender Prozeß):
  Die Oberfläche ist – auch bei reinen Kristallen – Sitz von Defekten; Oberflächenrekombinationsprozesse erfolgen dominant über tiefe Störstellen. Es gilt daher der gleiche Ausdruck für die Rekombinationsrate wie in Abschnitt 7.6.1 mit
  $$R_s^* = \frac{C_n^* C_p^* (pn - n_i^2)}{C_n^*(n + n_1) + C_p^*(p + p_1)}$$ Dimension: (Fläche × Zeit)$^{-1}$; s: „surface“
  Die Einfangkoeffizienten C_n und C_p von früher sind ersetzt worden durch flächenbezogene Größen C_n^* und C_p^* (Dimension: Länge/Zeit), die aus dem Zusammenhang $C^* = N_{t,s}^* \sigma v_{th}$ folgen, wobei $N_{t,s}^*$ die Flächendichte der tiefen Störstellen ist (Dimension: Zahl/Fläche).
  Man definiert eine *Oberflächenrekombinationsgeschwindigkeit* $v_s = R_s^*/\Delta n = R_s^*/\Delta p$, die τ_{trap}^{-1} von Abschnitt 7.6.1 ersetzt. Damit gilt im Fall kleiner Abweichung vom thermischen Gleichgewicht für v_S sinngemäß der gleiche Ausdruck, wie er für τ_{trap} unter Fall (1) in Abschnitt 7.6.1 abgeleitet wurde.
- Rekombination an Versetzungen (bei III-V-Halbleitern nicht-strahlend, bei IV-Elementhalbleitern z.T. strahlend)
- Rekombination über Multiphononkaskaden (nicht-strahlend)

Zusammenfassung

Rekombinationsprozeß	**Näherung für $\Delta n \ll n_0, p_0$**	
Rekombination über tiefe Traps: linearer Prozeß in Δn, Δp	$R_{net} = \Delta n / \tau_{trap}$	τ_{trap} ist bestimmt durch die Trapkonzentration N_t und die Einfangkoeffizienten c_n, c_p
Rekombination über Bandkante E_g: quadratischer Prozeß	$R_{net} = \Delta n / \tau_{rad}$	τ_{rad} ist über α durch quantenmechanisches Dipol-Matrixelement bestimmt
Rekombination mit Augerstoß: Prozeß dritter Ordnung	$R_{net} = \Delta n / \tau_{Aug}$	τ_{Aug} ist bestimmt durch Auger-Koeffizienten C_n, C_p und Ladungsträgerdichten n_0, p_0

Überlagerung mehrerer Prozesse

Die Gesamtlebensdauer wird bestimmt aus der Summe der Übergangswahrscheinlichkeiten bzw. -raten:

$$R_{tot} = \sum_i R_i \,.$$

Bei kleiner Störung gilt $R_i = \dfrac{\Delta n}{\tau_i}$, also folgt: $$\boxed{\frac{1}{\tau_{ges}} = \sum_i \frac{1}{\tau_i}}$$

Beispiele

Si, Ge: Die Auger-Lebensdauer bei höherer Dotierung oder die Trap-bestimmte Lebensdauer bei Defekten sind oft entscheidend: $\tau_{Aug}, \tau_{trap} << \tau_{rad}$

$$\frac{1}{\tau_{ges}} = \frac{1}{\tau_{life}} = \frac{1}{\tau_{Aug}} + \frac{1}{\tau_{rad}} + \frac{1}{\tau_{trap}} + \ldots \approx \frac{1}{\tau_{Aug}} \text{ oder } \frac{1}{\tau_{trap}}$$

τ_{ges} kann sehr klein sein.

GaAs: Die strahlende Lebensdauer ist am kleinsten oder nicht wesentlich größer als die Konkurrenzzeiten:

$$\frac{1}{\tau_{ges}} = \frac{1}{\tau_{life}} = \frac{1}{\tau_{Aug}} + \frac{1}{\tau_{rad}} + \frac{1}{\tau_{trap}} + \ldots \approx \frac{1}{\tau_{rad}}$$

τ_{ges} liegt typischerweise im nsec-Bereich.

Im Falle von Si haben E. Yablonovitch, D.L. Allora, C.C. Chang, T. Gwitter, T.B. Bright, Phys. Rev. Lett. **57**, 249 (1986) ausgesuchte FZ-gezogene Proben mit sehr großen Volumen-Lebensdauern von 35 msec chemisch gedünnt, um dominante Oberflächenkombination zu erhalten. Nach Oxidation und Ätzen mit Flußsäure zeigten ihre Messungen extrem kleine Oberflächenkombinationsgeschwindigkeiten von 0,25cm/sec. Umgerechnet auf $N^*_{t,s}$ bedeutet dies, daß weniger als 1 pro 40 Millionen Atome an der Oberfläche rekombinationsaktiv ist.

8 Transport

Streumechanismen und Ladungsträgerbeweglichkeiten

8.1 Formulierung von Streuzeiten

Betrachtet wird der Ladungsträgertransport innerhalb eines Bandes. Bei Anlegen eines konstanten elektrischen Feldes E werden vorhandene Ladungsträger beschleunigt. Streuprozesse, z.B. Stöße mit Störstellen oder Phononen, sorgen für eine Relaxation, so daß sich eine stationäre mittlere Driftgeschwindigkeit v_d einstellt.

Die Intraband-Relaxationszeit (oder mittlere Intraband-Stoßzeit) τ_R tauchte im Drudemodell (Kapitel 1) im Dämpfungsterm einer klassischen Bewegungsgleichung auf. Mit ihrer Hilfe wurde die Beweglichkeit μ der Ladungsträger zu $\mu = \frac{q\tau}{m^*} = \frac{v_d}{E}$ definiert, die in den Ausdruck für die Leitfähigkeit σ eines homogenen Halbleiterkristalls $\sigma = q(\mu_n \cdot n + \mu_p \cdot p)$ eingeht.

Für die theoretische Beschreibung der Streuraten braucht man die Ladungsträgerverteilungsfunktion $f(\vec{k}, \vec{r}, t)$, die sich im stationären Fall aus der Lösung der (stationären) Boltzmann-Transportgleichung

$$\frac{\partial f}{\partial t}_{/\text{stoß}} = \vec{v}\, \text{grad}_r f + \dot{\vec{k}}\, \text{grad}_k f$$

ergibt. Um die Gleichung zu lösen, muß der Stoßterm auf der linken Seite explizit bekannt sein. Wenn nach Abschalten der Störung die Rückkehr von f ins Gleichgewicht zeitlich exponentiell erfolgt, also für den verantwortlichen Stoßmechanismus gilt

$$\frac{\partial f}{\partial t}_{/\text{stoß}} = -\frac{f - f_0}{\tau},$$

spricht man von „Relaxationszeit-Näherung“. Nur in diesem Fall ist die Formulierung einer Stoßzeit τ sinnvoll. Diese Näherung gilt unter der Bedingung elastischer Stoßprozesse, die immer dann gegeben ist, wenn die Energieänderung durch Stöße klein gegen die ursprüngliche Energie der Ladungsträger ist.

Man kann den Stoßterm $\frac{\partial f}{\partial t}_{/\text{stoß}}$ allgemein formulieren als Differenz aller möglichen Streuraten aus einem Anfangszustand k in einen Endzustand k' und den entsprechenden Rückstreuraten. Dabei gehen neben den Verteilungsfunktionen f(k) und f(k') auch die Übergangswahrscheinlichkeiten $W_{kk'}$ bzw. $W_{k'k}$ ein, die man gleichsetzen kann. Für kleine Störungen der Ladungsträgerverteilungsfunktion kann man f(k) und f(k') entwickeln, wobei die jeweils ersten Entwicklungsterme, nämlich die Gleichgewichtsfunktionen $f_{0,k}$ und $f_{0,k'}$, für elastische Streuprozesse ($E_k \approx E_{k'}$) gleichgesetzt werden können. Dann folgt als einfache Formel für die Stoßzeit, falls man zusätzlich noch isotrope Bänder voraussetzt,

$$\frac{1}{\tau} = \frac{V}{(2\pi)^3} \int W_{kk'} (1 - \cos\vartheta') d^3k' .$$

Hier ist ϑ' der Winkel zwischen $\vec{k}$ und $\vec{k}'$. Der Faktor $(1 - \cos\vartheta')$ im Integranden drückt die anschaulich evidente Tatsache aus, daß für die Transporteigenschaften Streuung um große Winkel stärker eingeht als Kleinwinkelstreuung.

Die auftauchende Übergangswahrscheinlichkeit $W_{kk'}$ muß streuprozeßspezifisch berechnet werden. Zunächst aber kann man sie allgemein durch den Störoperator H', der den Streuprozeß quantenmechanisch beschreibt, über Fermis Goldene Regel ausdrücken als

$$W_{kk'} = \frac{2\pi}{\hbar} |H'_{kk'}|^2 \, \delta(E_{k'} - E_k) ,$$

wobei das Störmatrixelement $H'_{kk'}$ gegeben ist durch

$$H'_{kk'} = \langle k' | H' | k \rangle = \frac{1}{V} \int_V \phi^*_{k'} \, H' \, \phi_k \, d^3r .$$

Als letzte vereinfachende Näherung kann man „erinnerungslöschende" Stöße annehmen. Das bedeutet, daß zwischen der Bewegungsrichtung der Teilchen vor und nach dem Stoß keine Korrelation besteht und daher die Übergangswahrscheinlichkeit nicht vom Streuwinkel ϑ' abhängt. Dann wird

$$\boxed{\frac{1}{\tau(E)}} = \int_{E=\text{const}} W_{kk'} (1 - \cos\vartheta') \, D(k') \cdot \frac{d^3k'}{|\text{grad}_{k'}(E)|} = \boxed{W(E) \cdot D(E)} .$$

Der letzte Schritt enthält die Umrechnung der Zustandsdichte $D(k') = V/(2\pi)^3$ im k-Raum in D(E) im Energieraum. Auch die Übergangswahrscheinlichkeit wird als Funktion von E ausgedrückt.

In einer alternativen Betrachtung läßt sich das Störmatrixelement $H_{kk'}$ verbinden mit dem differentiellen Streuquerschnitt $\sigma(\vartheta')$. Der Streuquerschnitt ist das Verhältnis aller aus dem Zustand k in den Zustand k' gestreuten Teilchen zur Gesamtzahl aller verfügbaren, d h. einfallenden, Teilchen. Der Streuquerschnitt läßt sich allgemein schreiben als

$$\sigma(\vartheta',\phi') = \left(\frac{V}{(2\pi)^3}\cdot W_{kk'}\frac{d^3k'}{d\Omega'}\right)\Big/(v_k/V)$$

mit v_k als ursprünglicher Teilchengeschwindigkeit, $d\Omega' = \sin\vartheta'\, d\vartheta'\, d\phi'$ und ϕ' als azimutaler Winkeldifferenz zwischen $\vec{k}$ und $\vec{k}'$. Bei isotroper elastischer Streuung ($k' = k$, $v_{k'} = v_k$) und mit $d^3k' = k'^2 \sin\vartheta' d\vartheta' d\phi' dk'$ kann dieser Ausdruck umgeformt werden zu

$$\sigma(\vartheta') = \frac{V^2 k'^2 |H_{kk'}|^2}{(2\pi\hbar v_{k'})^2}.$$

Nach Integration über alle ϑ' ergibt sich der totale Streuquerschnitt:

$$\sigma_{tot} = 2\pi\int_0^\pi \sigma(\vartheta')(1-\cos\vartheta')\sin\vartheta'\, d\vartheta'.$$

Mit σ_{tot} und unter Nutzung der allgemeinen Beziehung

$$\boxed{\frac{1}{\tau} = N_t\,\sigma_{tot}\,v_{th}}$$

(vgl. Kapitel 7), in der N_t die Dichte der Streuzentren und v_{th} die thermische Geschwindigkeit der Ladungsträger ist, kann man schließlich die Stoßzeit τ berechnen.

8.2 Spezifische „elastische“ Streumechanismen

8.2.1 Streuung an akustischen Phononen: Deformationspotentialstreuung

Langwellige akustische Phononen erfüllen ungefähr die Bedingung elastischer Stöße. Betrachtet werden longitudinal-akustische (LA-) Phononen mit Gitterauslenkung $\vec{s}_{phon} = \vec{s}_0 \cdot \exp(\vec{q}_{phon}\vec{r} - \Omega t)$. Dabei sind $\vec{q}_{phon}$ der Wellenvektor und Ω die Frequenz der Phononen. Sie stellen Kompressionswellen mit rot $\vec{s} = 0$ dar. (Dagegen sind transversal-akustische (TA-) Phononen Scherwellen mit div $\vec{s} = 0$.) LA-Phononen bewirken daher eine Änderung der Gitterkonstanten, die sich auf eine Änderung der Bandlücke überträgt:

$$\Delta E_L = E_L(\vec{r}) - E_L(0) = H'_{stör}$$

Dies ist der Kopplungsparameter (gleich Störoperator) für die Streuung:

$$H'_{stör} = \frac{\partial E_L}{\partial V} \cdot \Delta V = \frac{\partial E_L}{\partial V} \cdot V \cdot \operatorname{div} \vec{s}(\vec{r}) = E_1 \cdot \vec{s}_0 i \vec{q}_{phon} \exp(\vec{q}_{phon} \vec{r} - \Omega t)$$

$$E_1 = \frac{\partial E_L}{\partial V} \cdot V \text{ heißt Deformationspotential.}$$

Um die Streuwahrscheinlichkeit nach Fermis Goldener Regel zu berechnen, kann man die elektronischen Wellenfunktionen als Blochfunktionen in der Form schreiben

$$\Psi_k = u(\vec{r}) \cdot e^{i(\vec{k}\vec{r} - \omega t)} \qquad \text{vor dem Stoß}$$

$$\Psi'_{k'} = u'(\vec{r}) \cdot e^{i(\vec{k}'\vec{r} - \omega' t)} \qquad \text{nach dem Stoß}$$

Dann wird das Störmatrixelement

$$H_{kk'} = \int \Psi^*_{k'} H'_{stör} \Psi_k dV = iE_1 \vec{s}_0 \vec{q}_{phon} \, .$$

Die Gitterauslenkung s_0 läßt sich in einer quasi-klassischen Betrachtung umformen. Die elastische Energie der Gitterschwingungen ist $(1/2)\ Ks_0^2$, wenn K in einem Masse-Feder-Modell die Federrichtgröße bezeichnet. Die Energie ist für die eindimensionale Auslenkung der Netzebenen wegen der thermischen Anregung der Phononen im Mittel ½ kT. Mit $K = M\Omega^2$ (M: Masse der Gitteratome) folgt $s_0^2 = kT/(M\Omega^2)$. Dieser Ausdruck wird durch eine quantenmechanische Diskussion bestätigt. Damit wird

$$\left|H'_{kk'}\right|^2 = E_1^2 \cdot kT \cdot q_{phon}^2 /(M\Omega^2)$$

und

$$\frac{1}{\tau(E)} = W(E) \cdot D(E) = \frac{2\pi}{\hbar} \cdot E_1^2 \frac{kT \cdot q_{phon}^2}{M\Omega^2} \cdot D(E) \, .$$

Schließlich gilt für die lineare Dispersion der langwelligen LA-Phonen $\Omega = q_{phon} \cdot v_{LA}$, und mit $M = \rho V$ (ρ: Massendichte des Kristalls) und der Zustandsdichte D(E) ergibt sich für Elektronen

$$\boxed{\frac{1}{\tau_{Def.pot.}(E)} = \frac{\sqrt{2}}{\pi\hbar^4} \cdot \frac{m_{ds}^{*3/2} \cdot E_1^2 \cdot kT}{\rho v_{LA}^2} \cdot \sqrt{E - E_L}}$$

Eine analoge Formel gilt für Löcher.

Wenn die Elektronen annähernd Boltzmann-verteilt sind, ist im Mittel

$$\sqrt{E - E_L} = \left(\frac{3}{2} kT\right)^{1/2}$$

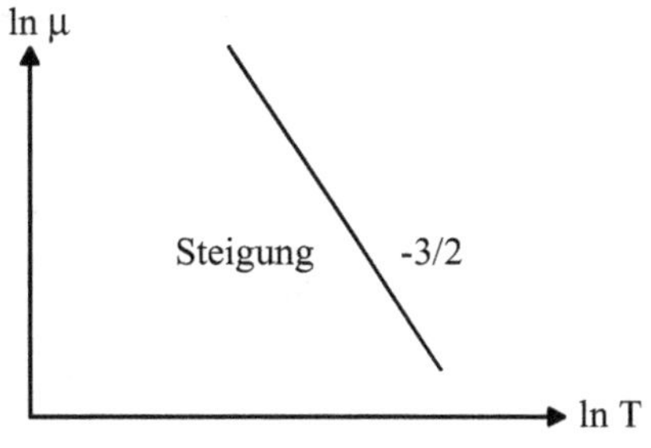

Damit erhält man:

$$\boxed{\frac{1}{\tau_{\text{Def.pot.}}} = \frac{\sqrt{3}}{\pi\hbar^4} \cdot \frac{m_{ds}^{*3/2} \cdot E_1^2 \cdot (kT)^{3/2}}{\rho v_{LA}^2} \sim T^{3/2}}$$

Die Beweglichkeit folgt mit $\mu_{\text{Def.pot.}} = \dfrac{q\tau_{\text{Def.pot.}}}{m^*}$ zu

$$\mu_{\text{Def.pot.}} = \frac{\pi\hbar^4}{\sqrt{3}} \cdot \frac{q \cdot \rho \cdot v_{LA}^2}{m^* \cdot m_{ds}^{*3/2} \cdot E_1^2 \cdot (kT)^{3/2}} \sim T^{-3/2}$$, wobei $m^* = \frac{1}{3}\left(\frac{2}{m_t} + \frac{1}{m_l}\right)^{-1}$ die „Leitfähigkeitsmasse" ist.

Da die Elektronenmassen praktisch immer (z.T. beträchtlich) kleiner als die Lochmassen sind, ist μ_{el} größer als oder groß gegen μ_{Loch}. Für Hochfrequenzbauelemente aus Si oder Ge (z.B. Feldeffekt-Transistoren), in denen LA-Phononen-bestimmte Beweglichkeiten entscheidend sind, greift man daher auf n-dotiertes Material zurück.

Die folgende Tabelle gibt zur Vervollständigung einige relevante Parameter bei Raumtemperatur. (Die Beweglichkeiten und Streuzeiten von GaAs werden durch polare LO-Phononstreuung bestimmt, siehe Abschnitt 8.3.3.)

Tab. 8.1 *Parameter zur LA-Phononenstreuung von Ge, Si und GaAs.*

	μ_n (cm²/Vs)	μ_p	$v_{th,n}$ (10^7cm/s)	$v_{th,p}$	P (10^3g/m³)	v_{LA} (10^5cm/s)	$E_{1,n}$ (eV)	$E_{1,p}$	τ_n (10^{-13}s)	τ_p
Ge	3900	1800	0,79	0,60	5,32	4,9	13,2	10,5	4,8	3,8
Si	1350	480	0,65	0,44	2,33	8,4	12,0	11	2,5	1,9
GaAs	8000	400	1,43	0,51	5,32	4,7	8,6	41	3,0	1,2

8.2.2 Streuung an geladenen Störstellen: Coulombstreuung

Die Streuzentren sind geladene Störstellen wie ionisierte Donatoren oder Akzeptoren. Die Streuung ist völlig elastisch, da wegen der großen Störstellenmasse im Vergleich zur Elektronen- oder Lochmasse kein Energieaustausch stattfindet, sondern nur die Geschwindigkeitsrichtung der Teilchen geändert wird. Das Streupotential (Störpotential) kann bis auf kleine Abstände zwischen Teilchen und Streuzentrum als Coulombpotential $V(r) = \frac{q}{4\pi\varepsilon\varepsilon_0 r}$ angenommen werden. Wir betrachten i f. Donatoren.

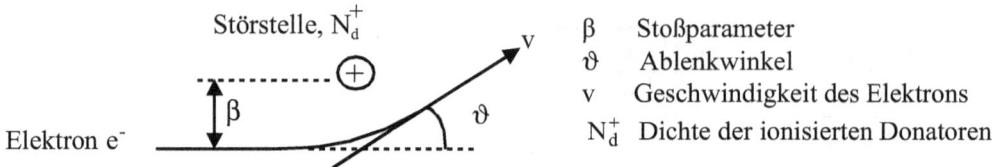

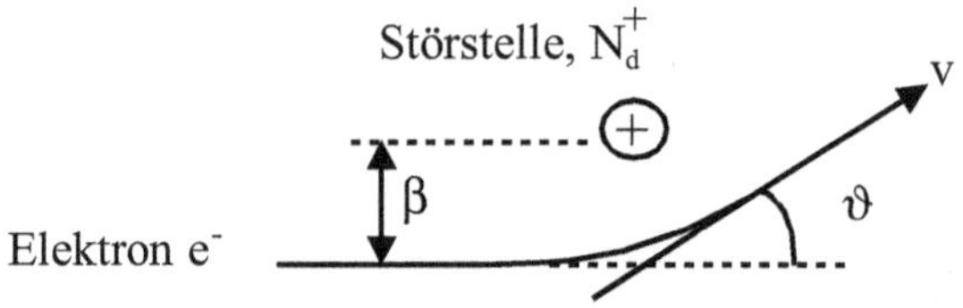

β	Stoßparameter
ϑ	Ablenkwinkel
v	Geschwindigkeit des Elektrons
N_d^+	Dichte der ionisierten Donatoren

Zur Berechnung der Relaxationszeit bedient man sich am bequemsten der Formulierung über den Wirkungsquerschnitt σ. Dann kann man einfach die von der Rutherford-Streuung – d.i. die Streuung von α-Teilchen (nämlich zweifach positiv geladenen Heliumkernen) an Atomen, z.B. an einer Goldfolie – bekannten Formeln adaptieren. Nach den Rutherford-Streuformeln gilt für den Ablenkwinkel ϑ:

$$\tan\vartheta/2 = \frac{(Zq)^2}{2\pi\varepsilon\varepsilon_0 m^* v^2 \beta}$$

(hier wird für gewöhnliche Coulombstellen die effektive Störstellenladung zu Z = 1 gesetzt).

Daraus ergibt sich der *Wirkungsquerschnitt:*

$$\sigma(v,\vartheta) = \left(\frac{q^2}{2\varepsilon\varepsilon_0 m^* v^2}\right)^2 \sin^{-4}(\vartheta/2)$$

Durch Einsetzen in $\frac{1}{\tau(\vartheta)} = N_d^+ v\sigma(\vartheta)$ ergibt sich eine noch von ϑ abhängige Streuzeit. Die gesamte Streuzeit erhält man durch Integration über alle Streuwinkel ϑ, d.h. für den Raumwinkel $d\Omega = \sin\vartheta d\vartheta d\varphi$, zu

$$\frac{1}{\tau} = N_d^+ v \cdot \int \underbrace{(1-\cos\vartheta)}_{\substack{\text{aus Bedingung} \\ \text{elastischer Streuung}}} \sigma(\vartheta)\sin\vartheta d\vartheta d\varphi$$

Das Ergebnis ist die *Conwell-Weißkopf-Formel:*

$$\boxed{\frac{1}{\tau_{\text{Störst.}}} = \frac{2N_d^+\pi q^4}{(\varepsilon\varepsilon_0)^2 m^{*2} v^3} \ln\left[1 + \left(\frac{\varepsilon\varepsilon_0 m^* v^2 d}{2q^2}\right)^2\right]}$$

mit $d = \left(\frac{3}{4\pi N_d^+} \right)^{1/3}$ (etwa halber mittlerer Streuzentrenabstand) und $v = \sqrt{\frac{2(E - E_L)}{m^*}}$ für Elektronen; daher ist die Relaxationszeit auch hier energieabhängig. Für annähernd Boltzmann-verteilte Ladungsträger wird $v \sim (kT)^{1/2}$ und $\frac{1}{\tau} \sim (kT)^{-3/2}$, da der logarithmische Faktor nur schwach von v gegenüber v^{-3} im Hauptterm des Ausdrucks abhängt. Es gilt dann:

$$\boxed{\mu_{\text{Störstelle}} \sim T^{3/2}}$$

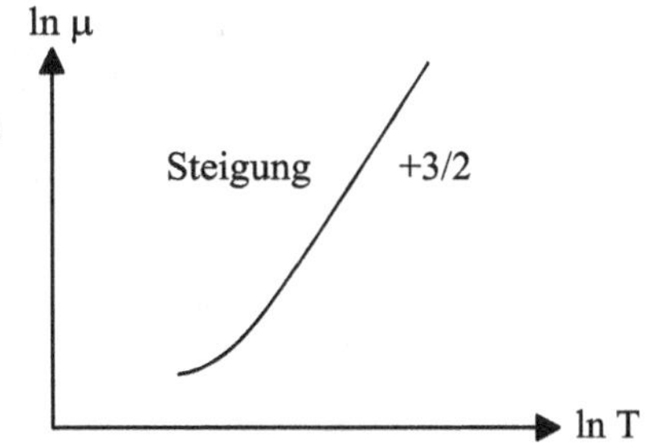

Vorliegen mehrerer konkurrierender Streußprozesse

Die bisher besprochenen Streumechanismen der LA-Phonon-Streuung und der Coulombstreuung sind dominant in unpolaren Halbleitern mit gleichen Atomen in der Basis wie Ge und Si. Wirken beide Streumechanismen zusammen, so addieren sich die Streuraten R_i beider Prozesse. Allgemein folgt für das Zusammenwirken vieler Streuprozesse mit $R_i = n/\tau_i$ (für Elektronen) der Zusammenhang $R_{tot} = \sum_i R_i$, also $1/\tau_{tot} = \sum_i 1/\tau_i$ mit dem gleichen Zusammenhang für die Beweglichkeiten μ_i. Diese Beziehung findet sich in den folgenden Meßdaten zu Si angedeutet.

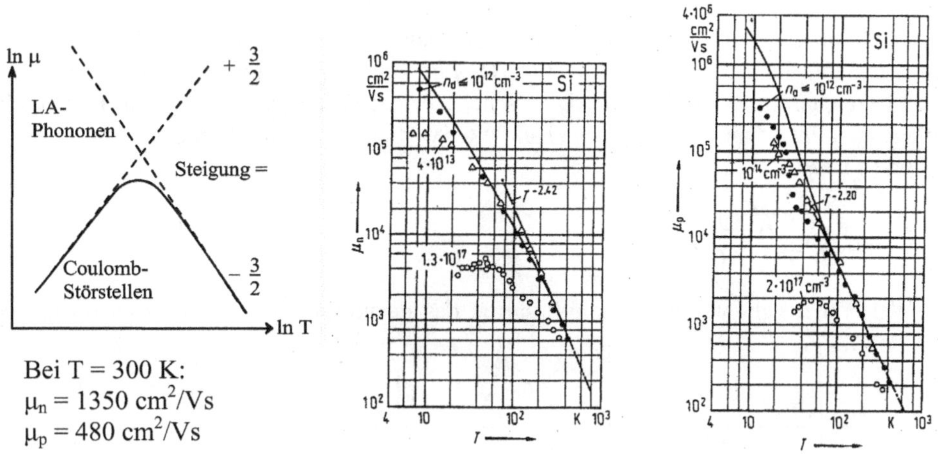

Abb. 8.1 *Überlagerung von LA-Phononenstreuung und Coulombstreuung. Links Schematisch-doppelt logarithmische Darstellung. Rechts Messungen von μ_n und μ_p in Si. Nach C. Jacoboni, C. Canali, G. Ottavini, A. Alberini Quaranta., Solid State Electronics **20**, 77 (1977). Frühere Daten in M.B. Prince, Phys. Rev. **92**, 681(1953) und Phys. Rev. **93**, 1204 (1954).*

8.3 Streuung an optischen Phononen: Polare optische Streuung

Streuung von Ladungsträgern an longitudinal-optischen Phononen spielt in polaren Kristallen mit ionischem Bindungsanteil, wie z.B. III-V- oder II-VI-Halbleitern, eine dominante Rolle. LO-Phononen erzeugen bei der Schwingung benachbarter Netzebenen unterschiedlicher Polarität ein mikroskopisches elektrisches Feld E, an das Elektronen und Löcher mit langreichweitiger Coulombwechselwirkung ankoppeln können.

LO-Phononen haben im Unterschied zu langwelligen LA-Phononen Schwingungsenergien $\hbar\Omega_{LO}$, die bei den meisten typischen Halbleitern bei Raumtemperatur groß gegen kT = 25,8 meV sind. Die Streuung ist daher nicht mehr elastisch, und man kann streng genommen keine Relaxationszeit mehr definieren. Damit sind auch die am Anfang des Kapitels erwähnten Formeln nicht mehr anwendbar.

Die Stärke der Elektron-Phonon-Wechselwirkung (oft auch Fröhlich-Wechselwirkung genannt) läßt sich durch eine dimensionslose *Kopplungskonstante* α beschreiben:

$$\alpha = \frac{q^2\sqrt{m^*}}{\sqrt{2}\hbar \cdot \sqrt{\hbar\Omega_{LO}}}\left(\frac{1}{\varepsilon_\infty} - \frac{1}{\varepsilon_0}\right)$$

Man erhält sie i.w. als Erwartungswert des Elektron-Phonon-Wechselwirkungsoperators (das ist das elektrostatische Potential φ des Elektrons), genommen zwischen dem Phonon-Grundzustand ohne Störung durch das Elektron und dem gestörten Phonon-Zustand.

Bei der Ableitung dieses Ausdrucks ergibt sich, daß α/2 die mittlere Zahl N_{LO} von LO-Phononen angibt, die ein Elektron umgeben. Den gekoppelten Zustand „Elektron plus Phononfeld" bezeichnet man als Polaron. Dieses neue Anregungsteilchen besitzt im Falle nicht zu starker Kopplung, wie er für typische Halbleiter vorliegt, eine vom Elektron verschiedene, vergrößerte Masse

$$m^*_{pol} \approx m^*_{el}\,(1 + \frac{1}{6}\alpha)$$

In den Wert für α geht wesentlich die Polarität des Festkörpers ein, wie die nachfolgende Tabelle zeigt:

	InSb	GaAs	CdS	AgBr
α	0,015	0,068	0,65	1,60

Alkalihalogenidkristalle haben noch wesentlich größere Werte von α, so z.B. α = 5,5 (NaCl) oder α = 6,4 (RbCl).

Die Streuwahrscheinlichkeit des Elektrons im Zustand E_k wird dann

$$W(k) = \underbrace{\alpha \cdot \frac{\Omega_{LO}}{2\pi} \sqrt{\frac{\hbar\Omega_{LO}}{E_k}}}_{\frac{q^2 \cdot (\hbar\Omega_{LO})}{2\pi\hbar^2 v}\left(\frac{1}{\varepsilon_\infty} - \frac{1}{\varepsilon_0}\right)} \left[N_{LO} \cdot \operatorname{arsh} \sqrt{\frac{E_k}{\hbar\Omega_{LO}}} + \left(N_{LO} + 1\right) \cdot \operatorname{arsh} \sqrt{\frac{E_k}{\hbar\Omega_{LO}} - 1} \right]$$

mit v: Elektronengeschwindigkeit

Der erste Term in der eckigen Klammer beschreibt die Absorption, der zweite Term die Emission eines Phonons im Streuprozeß. Der Kopplungsparameter α läßt sich umschreiben auf eine „effektive Feldstärke" E, die das Ensemble der optischen Phononen erzeugt

$$\mathsf{E} = \frac{\sqrt{2m^*}\,(\hbar\Omega_{LO})^{3/2}}{q\hbar} \cdot \alpha = \frac{qm^*(\hbar\Omega_{LO})}{\hbar^2}\left(\frac{1}{\varepsilon_\infty} - \frac{1}{\varepsilon_0}\right).$$

Für GaAs liegt die effektive Feldstärke bei $5 \cdot 10^2$kV/m.

Zwei Grenzfälle für die Streuwahrscheinlichkeit W(k) sind interessant:

(a) Die Elektronenenergie ist groß gegen die der Phononen, $E_k >> \hbar\Omega_{LO}$. Mit der Identität $\operatorname{arsh} x = \ln(x + \sqrt{1 + x^2})$ erhält man für vorherrschende Phonon-Emission $W(E_k) \sim (2N_{LO} + 1) \cdot \ln 2\left(\sqrt{\frac{E_k}{\hbar\Omega_{LO}}}\right)$.

Dies ist eine sehr schwache Abhängigkeit von der Elektronenenergie. In diesem Grenzfall hoher Elektronenenergie ist noch am ehesten die Definition einer Relaxationszeit τ_{LO} möglich. Für sie erhält man mit dem Vorfaktor der Streuwahrscheinlichkeit

$$\boxed{\frac{1}{\tau_{LO}(E)} \sim W(E) \sim N_{LO} \cdot \frac{1}{\sqrt{E}}}$$

oder bei angenäherter Boltzmannverteilung der Elektronen ($E \approx 3/2$ kT)

$$\boxed{\tau_{LO} \sim N_{LO}^{-1} \cdot (kT)^{1/2}}$$

Der Phononenbesetzungsfaktor ist hier $N_{LO} = (e^{\hbar\Omega_{LO}/kT} - 1)^{-1} \approx e^{-\hbar\Omega_{LO}/kT}$.

Für GaAs bei Raumtemperatur liegen mit detaillierteren Formeln gerechnete Werte der Streurate für Elektronen bei etwa $7 \cdot 10^{12}$/s (Phonon-Emission) und $2{,}5 \cdot 10^{12}$/s (Phonon-Absorption), so daß die Gesamtstreurate etwa $9{,}5 \cdot 10^{12}$/s wird. Deutet man sie als reziproke Streuzeit τ_{LO}, so wird die Elektronenbeweglichkeit, die bei Raumtemperatur praktisch allein durch die polare LO-Streuung gegeben ist, $\mu_n \approx 2800$ cm²/Vs im Vergleich zum experimentellen Wert von ≈ 8000 cm²/Vs.

b) Die Elektronenenergie ist klein gegen die der Phononen, $E_k << \hbar\Omega_{LO}$. In diesem Fall ist nur Phononenabsorption im Streuprozeß möglich. Auch wenn es keine streng definierte Relaxationszeit mehr gibt, kann man eine Zeit τ_{LO} betrachten, in der die ursprüngliche maximale Abweichung $\Delta f(\vec{k})$ der Verteilungsfunktion vom Gleichgewicht auf einen bestimmten Bruchteil abgeklungen ist. Dann wird mit arsh x ≈ x und unter Beachtung der Vorfaktoren:

$$\boxed{\frac{1}{\tau_{LO}(E)} \sim W(E) = N_{LO} \cdot \text{const.}}$$

8.4 Weitere Streuprozesse

Piezoelektrische Streuung

In polaren Kristallen sind die Bindungen teilweise ionisch, daher können Ladungsträger an LA-Phonen ankoppeln. Diese Schwingungen führen ein elektrisches Feld E_{pz} mit sich

$$\mathsf{E}_{pz} = -\left(\frac{e_{pz}}{\varepsilon_0 \varepsilon}\right) \cdot \nabla \vec{r} ,$$

in dem e_{pz} die sogenannte piezoelektrische Konstante ist. Die langwelligen LA-Phononen sind niederenergetisch, darum kann man die Streuung als elastisch betrachten und die eingangs beschriebenen Ausdrücke zur Berechnung der Streuzeit benutzen.

Der Störoperator wird $H' = \dfrac{q\mathsf{E}_{pz}}{|\vec{k}' - \vec{k}|}$

und sein Matrixelement berechnet sich zu $H'_{kk'} = \dfrac{q^2 K^2 kT}{2V\varepsilon\varepsilon_0 |\vec{k}' - \vec{k}|^2}$

Hierin ist $K^2 = (1 + \varepsilon\varepsilon_0 c_l / q^2)^{-1}$ eine dimensionslose „elektromechanische Kopplungskonstante“ und c_l bezeichnet die longitudinale elastische (richtungsabhängige) Konstante. Für Phononenausbreitung $\vec{k} \,||\, [100]$ in einem kubischen Kristall ist z.B. $c_l = c_{11}$. Integration über alle möglichen Streuvektorbeiträge $|k' - k|$ bei konstanter Elektronenenergie bringt die elektronische Zustandsdichte ins Spiel, und man erhält schließlich

$$\boxed{\frac{1}{\tau_{pz}(E)} = \frac{q^2 K^2 \sqrt{m^*}\, kT}{2^{3/2} \cdot \pi\hbar^2 \varepsilon\varepsilon_0 \sqrt{E}}}$$

Für die Beweglichkeit folgt daraus für annähernd Boltzmann-verteilte Ladungsträger

$$\boxed{\mu_{pz} \sim (kT)^{-1/2}}.$$

Mit Werten von $K^2 \approx 10^{-3}$ wird für typische III-V-Halbleiter $\mu_{n,pz} \approx O(10^5\, cm^2/Vs)$ bei Raumtemperatur. Diese Größenordnung zeigt, daß piezoelektrische Streuung gegenüber der akustischen Deformationspotentialstreuung und der Coulombstreuung vernachlässigbar ist.

Experimentelle Beweglichkeiten in GaAs infolge verschiedener Streuprozesse

(Die gemessene Beweglichkeit ist in Abb. 8.2 als untere punktierte Linie dargestellt.)

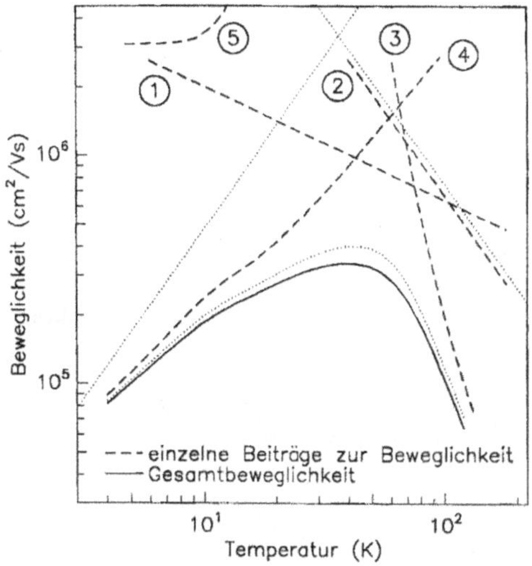

Beiträge zur Beweglichkeit durch Streuung an

1. akustischen Phononen (piezoelektrische WW) $\mu \sim T^{-1/2}$
2. akustischen Phononen (Deformationspotential) $\mu \sim T^{-3/2}$
3. optischen Phononen (polare Wechselwirkung) $\mu \sim N_{LO}^{-1}(T)$
4. ionisierten Störstellen $\mu \sim T^{3/2}$
5. neutralen Störstellen $\mu \sim T^0$

Abb. 8.2 *Gemessene Elektronenbeweglichkeiten von GaAs über der Temperatur in doppelt-logarithmischer Darstellung und Aufschlüsselung nach spezifischen Streupozessen. Nach C.M.Wolfe, G.E. Stillman, W.T. Lindley, J. Appl. Phys.* ***41****, 3088 (1970).*

Legierungsstreuung („alloy scattering")

In einer Legierung wie dem technologisch wichtigen $Al_xGa_{1-x}As$ (x = 0,3) besetzen Al- und Ga-Atome die Gruppe III-Gitterplätze in stochastischer Weise. Die Wahrscheinlichkeit, daß ein solcher Kationplatz von Al besetzt ist, beträgt x, die Wahrscheinlichkeit seiner Besetzung mit Ga ist (1 – x). Die willkürliche lokale Komposition zerstört die Translationssymmetrie des Kristalls und ist der Grund für die Streuung der Ladungsträger.

In einer einfachen Näherung kann man das statistische Streupotential $U(\bar{r})$ als Differenz der einzelnen Kation-Streupotentiale annehmen, die beide wiederum aus der Abweichung der realen Streupotentiale von einem mittleren Potential („virtual crystal potential") hervorgehen, und dieses Potential $U = U_0$ kastenförmig ansetzen. Für elastische Streuung ist dann mit $\frac{1}{\tau(E)} = W(E) \cdot D(E)$ die reziproke Streuzeit: $\frac{1}{\tau_{Leg}(E)} = \text{const.} \cdot x \cdot (1-x) \frac{m_{ds}^{*3/2} \cdot E^{1/2}}{\sqrt{2}\,\pi^2\,\hbar^3}$.

Die Konstante enthält quadratisch das angenommene Potential U_0, das von der Größenordnung 1eV ist, und das Volumen der Einheitszelle, in das die Gitterkonstante kubisch eingeht. Die explizit aufgeführten Terme im Bruch stammen aus der elektronischen Zustandsdichte. Für annähernd Boltzmann-verteilte Elektronen mit $E = 3/2\,kT$ und für einen kubischen Halbleiter mit Gitterkonstante $a \approx 5{,}6$Å ergibt sich

$$\frac{1}{\tau_{Leg}} \approx 7\text{x}10^{-27}\,\frac{\text{Jcm}^3}{\text{s}} \cdot x(1-x) \cdot \frac{m_{ds}^{*3/2}(kT)^{1/2}}{\sqrt{2}\,\pi^2\,\hbar^3}.$$

Für $Al_{0.3}Ga_{0.7}As$ ist die Streuzeit bei Raumtemperatur danach $\tau \approx 3\text{x}10^{-13}$s, und die Beweglichkeit wird $\mu \approx 9\text{x}10^3 \text{cm}^2/\text{Vs}$. Damit dominiert die Legierungsstreuung unterhalb Raumtemperatur wegen ihrer schwachen $T^{1/2}$-Abhängigkeit alle anderen Streuprozesse.

Streuung an neutralen Störstellen

Bei Kryotemperaturen werden alle Phononen ausgefroren, aber auch die Coulombstreurate geht gegen Null, da die geladenen Streuzentren durch Ladungsträgereinfang neutral werden. Hier kann Streuung an neutralen Störstellen einen meßbaren Beitrag zur Beweglichkeit liefern. Der effektive Wirkungsquerschnitt für neutrale-Störstellenstreuung („neutral impurities": NI) hängt von der Ausdehnung der streuenden Störstelle (Bohrradius a_0^*) und von der Elektronenwelle (Wellenlänge λ) ab; er kann geschrieben werden als

$$\sigma_{NI} = \frac{20\,a_0^* \cdot \lambda}{2\pi}.$$

Mit $\frac{1}{\tau_{NI}} = N_{NI}\sigma_{NI}v_{th}$ und $\lambda = \frac{h}{m^* v_{th}}$ folgt $\boxed{\frac{1}{\tau_{NI}} = \frac{10\,\varepsilon\varepsilon_0\,h^3}{\pi^2\,q^2\,m^{*2}} \cdot N_{NI}}$.

Die Beweglichkeit hängt – wie auch $1/\tau_{NI}$ – nicht von der Teilchenenergie und der Temperatur ab. Bei wachsender Temperatur wird die Beweglichkeit allerdings in dem Maße wachsen (die Streuung also abnehmen), in dem die Störstellen ionisiert werden.

Streuung an TA-Phononen

Die transversal-akutischen Scherwellen erzeugen wie die Kompressionswellen der LA-Phononen eine periodische Änderung der Ladungsträgerenergie, d h. von E_L bzw. E_V. Diese

Änderung kann als Störoperator angesehen und mit einem Deformationspotential E_2 verknüpft werden. E_2 ist wesentlich kleiner als E_1 für LA-Phononstreuung, die zugeordnete Beweglichkeit stellt also keine Begrenzung für den Ladungsträgertransport dar.

Deformationspotentialstreuung an optischen Phononen

Bei optischen Phononen schwingen im Fall zweier Atome in der Basis die Atome gegeneinander. Sowohl die dabei auftretende Gitterverspannung als auch das bei verschiedenen Ladungsdichten der Atome vorhandene elektrische Feld führen zur Ladungsträgerstreuung. Die polare LO-Streuung aufgrund des Phonon-induzierten elektrischen Feldes wurde schon oben behandelt. Die erstgenannte Verspannung erzeugt eine Fluktuation der Ladungsträgerenergie, die als Störoperator dient und über ein optisches Deformationspotential beschrieben werden kann.

Zwischental-Streuung („intervalley scattering")

In Vieltal-Halbleitern wie Si und Ge können Elektronen von einem Minimum in ein äquivalentes anderes Minimum gestreut werden. Dies geschieht z.B. bei Umbesetzungsprozessen, die durch ein elektrisches Feld, durch Druck oder durch verfügbare Energie aus Rekombinationsprozessen ausgelöst werden. Der Quasiimpulsübertrag Δk kann durch Störstellen oder durch Phononen aufgenommen werden. Verbindet der Streuprozeß Elektronen auf derselben k-Achse (z.B. [001] und [00-1]), spricht man von g-Typ-Streuung, andernfalls von f-Typ-Streuung. Da die Täler nahe bei oder direkt auf der Brillouinzonengrenze liegen, ist der Impulsübertrag groß und der Streuvektor liegt außerhalb der ersten Brillouinzone. Für g-Typ-Phononenstreuung in Si mit $\Delta\vec{k}\,||[001]$ gilt z.B. $\Delta k > \frac{2\pi}{a}$, für f-Typ-Streuung mit $\Delta k||[011]$ ist ebenfalls $\Delta k > \frac{2\pi}{a}$. Der Streuvektor eines Phonons muß dann um einen reziproken Gittervektor reduziert werden, so daß $\Delta\vec{k} - \vec{G}$ innerhalb der ersten Brillouinzone liegt. Dieser Vorgang heißt auch „Umklapp-Prozeß".

Si:

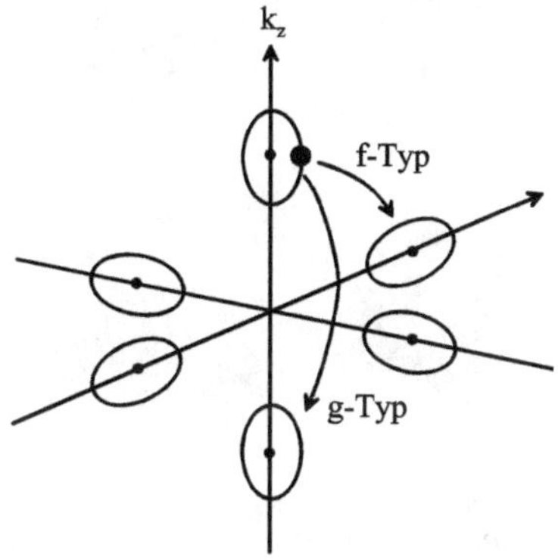

„Heiße Elektronen" im elektrischen Feld

Bei schwacher Phononenankopplung bzw. effizienter e-e- (bzw. h-h-) Streuung kann zwischen zwei Stößen mehr Energie aus dem Feld aufgenommen werden als durch Phononenkopplung abgegeben wird. Falls es im Elektronensystem zu einem Quasi-Gleichgewicht kommt, gilt dann $T_{el,eff} > T_{Gitter}$, und man spricht von heißen Elektronen.

Effekte bei nicht-homogenen Halbleitern

Die vorhergehenden Betrachtungen zur Streuung von Elektronen und Löchern beziehen sich – bis auf die Legierungsstreuung – auf Halbleiter, die „perfekt" kristallin sind oder allenfalls durch isolierte Punktdefekte wie bei der Fremdionenstreuung gestört sind.

Völlig neue Effekte werden bei inhomogen-kristallinen Halbleitern beobachtet. Wir betrachten das Beispiel von GaAs, das mit der LEC-Methode gezüchtet wurde. Die LEC („Liquid Encapsulated Czochralsky"-) Methode funktioniert genauso, wie es in Kapitel 14 für das Wachstum von Silizium skizziert ist mit dem Unterschied, daß die GaAs-Schmelze im Tiegel durch eine Schicht von (flüssigem) Boroxid B_2O_3 abgedeckt wird; sie soll das Verdampfen von leicht flüchtigem Arsen vermeiden und die Schmelzzusammensetzung konstant halten. Trotzdem sind solche LEC-Kristalle von GaAs sehr inhomogen. Sie bestehen aus einem Netzwerk von Versetzungen („Zellwände", hell in Abb. 8.3), das kristalline Bereiche (dunkel im Bild) einschließt. In dem Versetzungsnetzwerk sind Defekte wie das sogenannte EL2-Zentrum (ein Antistöchiometrie-Defekt: As auf Ga-Plätzen) angereichert. Solche nominell undotierten Proben zeigen eine ganz eigenartige, anomale Abhängigkeit der Elektronenbeweglichkeit μ von der Ladungsträgerdichte n. Das Verhalten läßt sich durch die „effective medium"-Theorie verstehen und simulieren (Abb. 8.4).

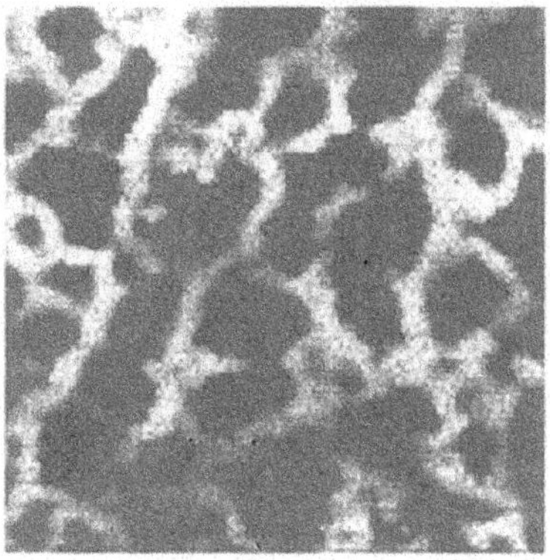

*Abb. 8.3 Topographische Abbildung einer LEC-Probe mit Punktkontaktstrommessungen. Der Strom varriert um mehr als einen Faktor 100 zwischen den Zellwänden und dem Zellinneren. Aus W. Siegel, S. Schulte, C. Reichel, G. Kühnel, J. Monecke, J. Appl. Phys. **82**, 3832 (1997).*

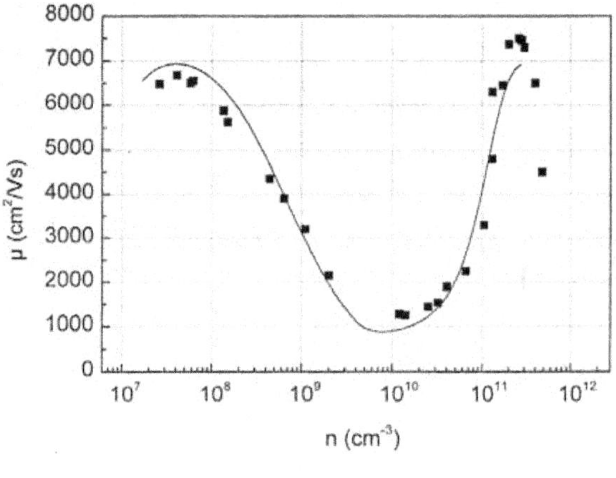

*Abb. 8.4 Hallbeweglichkeit μ der Elektronen über Elektronendichte n und Anpassung (durchgezogene Kurve) in einem „effective medium"- Modell. Aus W. Siegel, S. Schulte, C. Reichel, G. Kühnel, J. Monecke, J. Appl. Phys. **82**, 3832 (1997).*

Ebenfalls charakteristisch ist die Temperaturabhängigkeit der Beweglichkeit, $\mu(T)$. Man mißt für *höhere* Ladungsträgerdichte ($3 \cdot 10^{11}$cm^{-3}) ein Potentzgesetz $\mu \sim T^{-3/2}$, während für *kleinere* Ladungsträgerdichten (bis $1 \cdot 10^{10}$cm^{-3}) ein Abknicken bei Temperaturen unterhalb von

500 K zu sehen ist. Dieses Verhalten erinnert an die kombinierte LA-Phonon-/ Coulombstreuung von Silizium und anderen homogen-kristallin gewachsenen Kristallen (Abb. 8.1), ist als Funktion der Ladungsträgerdichte aber gerade umgekehrt.

__Abb. 8.5__ Elektronen-Beweglichkeit über Temperatur in doppelt-logarithmischer Darstellung. Aus W. Siegel, S. Schulte, C. Reichel, G. Kühnel, J. Monecke, J. Appl. Phys. __82__, 3832 (1997).

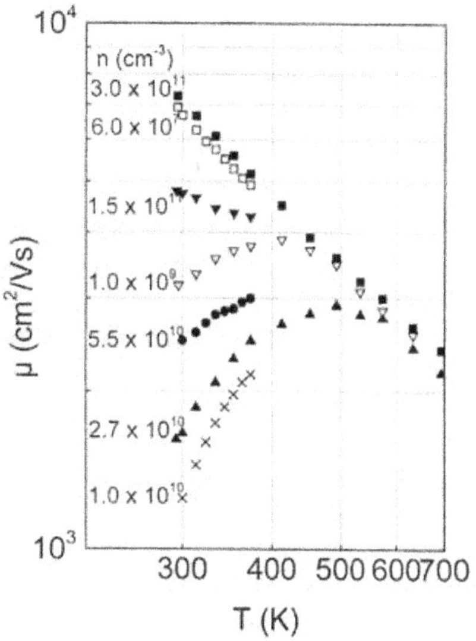

8.5 Gunn-Effekt

Der Gunn-Effekt ist die Folge einer speziellen Bandstruktur für Elektronen (z.B. bei GaAs), nämlich der Existenz eines Nebenminimums mit relativ kleinem Energieabstand zum Hauptminimum.

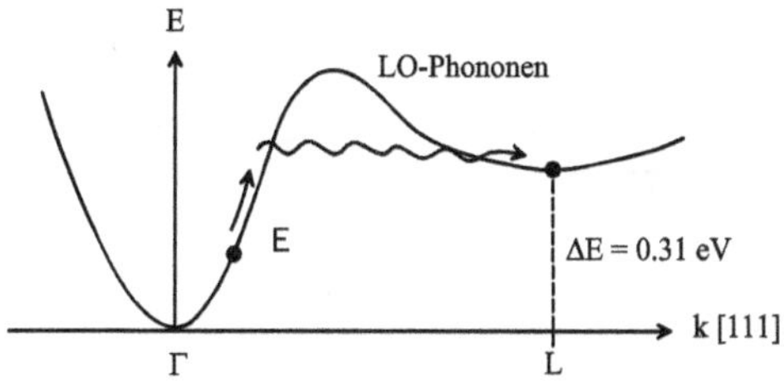

Bei großem elektrischen Feld E können beschleunigte, energiereiche Elektronen mithilfe von LO-Phononen in das Nebenminimum gestreut werden, wo sie wesentlich veränderte Transportparameter haben. So ist die Beweglichkeit $\mu = e\tau/m^*$ wegen der großen Masse m^* im Nebenminimum kleiner als im Hauptminimum.

Feldabhängigkeit von Beweglichkeit und Driftgeschwindigkeit:

Beweglichkeit μ und Driftgeschwindigkeit v_d werden bei großen Feldern in charakteristischer Weise abhängig von der Feldstärke E. Die Abhängigkeit $\mu(E)$ kommt durch die immer stärkere Besetzung des Nebenminimums zustande. Numerische Rechnungen legen nahe, ab dem Wert E_{thr} (siehe folgende Skizze) eine Beziehung der Form

$$\mu(E) = \mu_0 \left[1 + \frac{(E - E_{thr})^2 \mu_0^2}{v_{d,sat}^2} \right]^{-1}$$

anzunehmen. μ_0 ist hier die Beweglichkeit bei kleinem Feld.

Die Driftgeschwindigkeit wird bei hohem Feld durch Streuung von Elektronen an LO-Phononen bestimmt:

$$v_{d,sat} = \sqrt{8\hbar\Omega_{LO} / 3\pi m^*} \, .$$

Da nach früheren „Tendenzregeln" sowohl die maximale Phononenfrequenz Ω_{LO} wie auch die Elektronenmasse m^* für verschiedene Halbleiter grob linear mit E_g gehen, wird verständlich, daß $v_{d,sat}$ ziemlich unabhängig vom Halbleitermaterial wird.

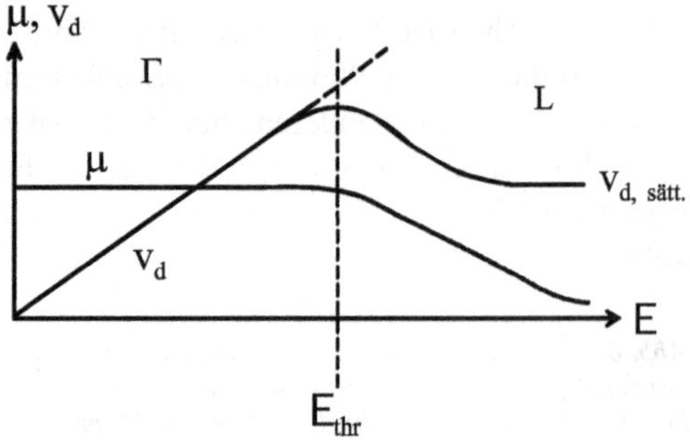

Die Beziehung $v_d = \mu E$ gilt bei hohen Feldern nicht mehr. Das „Überschießen" von v_{sat} bei E_{thr} existiert nicht bei allen Halbleitern und fehlt z.B. in Si, bei dem $v_{d,sat}$ asymptotisch monoton steigend erreicht wird.

	E_g (eV)	Streuung	ΔE (eV)	E_{thr} (kV/cm)	$v_{d,sat}$ (10^7 cm/s)
GaAs	1,42	$\Gamma \to L$	0,31	3,2	2,2
InP	1,35	"	0,53	10,5	2,5
CdTe	1,50	"	0,51	11,0	1,5
InAs	0,36	"	1,28	1,6	3,6
Ge	0,74	$L \to \Gamma$	0,18	2,3	1,4

IV-Kennlinie eines homogenen Kristalls

Bei kleinem Feld E sind zunächst noch alle Elektronen im Γ-Tal (z.B. bei GaAs). Mit $j = q \cdot n \, \mu_n E$ und großer konstanter Beweglichkeit $\mu_n(\Gamma)$ ist die IV-Kennlinie eine Gerade mit großer Steigung. Bei wachsender Feldstärke werden immer mehr Elektronen in das Nebenminimum gestreut, so daß ein Übergang auf eine Kennlinie mit geringer Steigung, entsprechend dem kleinen Wert von $\mu_n(L)$, stattfindet.

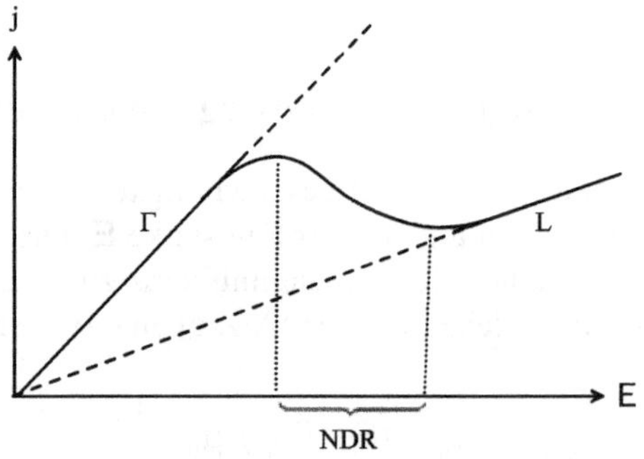

Im Zwischenbereich hat die IV-Kennlinie negative Steigung (NDR: „negative differential resistance"), so daß dort Schwingungen angefacht werden können (d h. es kann Energie aus dem System entnommen werden).

Gunn-Oszillator (Mikrowellenerzeuger)

Der Gunn-Oszillator gehört zur Klasse der „transferred electron devices“. Es gibt mehrere Möglichkeiten des Betriebs, die z.T. wenig anschaulich sind. Wir erörtern hier eine Mode bei *konstanter äußerer Spannung*, die einfach verständlich ist.

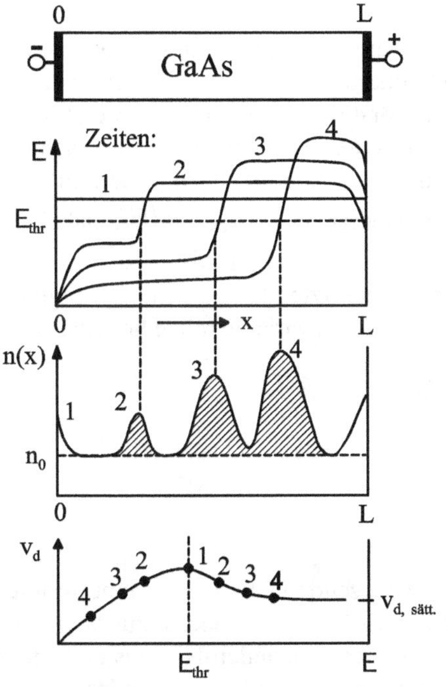

Nach der zufälligen Entstehung einer kleinen Ladungsträgerakkumulationsschicht (Δn) durch Fluktuationen (z.B. bei „2“) wird die elektrische Feldstärke E über die Kristall-Länge L inhomogen. Die inhomogene Elektronenanhäufung ist über die Poissongleichung mit einem Feldstärkesprung $\Delta E = -\frac{q^2}{\varepsilon\varepsilon_0}\int_{L_1}^{L_2} \Delta n(x)\,dx$ verknüpft, dabei sind L_1, L_2 die Ortsgrenzen von $\Delta n(x)$. Links und rechts von Δn bleibt die Trägerdichte homogen mit Feldstärken $E_{links} < E_{rechts}$. War die ursprünglich homogene Feldstärke $E = E_{thr}$, so haben jetzt die Elektronen „links“ und „rechts“ von Δn verschiedene Driftgeschwindigkeiten kleiner als $v_{d,max}$. Die Akkumulationsschicht wandert schnell zur Anode, dabei bleiben die links von ihr befindlichen Elektronen zurück ($v_d < v_{d,max}$), während die rechts von ihr befindlichen Elektronen aufgesammelt werden ($v_d < v_{d,max}$).

Abb. 8.6 *Homogener GaAs-Kristall mit Feldstärkeverteilung, wenn die ursprünglich homogene Feldstärke durch Ladungsträgerfluktuationen $\Delta n(x)$ bzw. Domänenbildung moduliert wird. Unten Sättigungsdriftgeschwindigkeit v_d mit Maximum bei E_{thr}. Abbildung in modifizierter Form nach S.M. Sze, Physics of Semiconductor Devices, J. Wiley & Sons, 1981.*

Die Akkumulationsschicht wächst dadurch, es entsteht eine „Domäne“ (3,4). Erreichen sukzessive Domänen die Anode, liefern sie Stromimpulse. Da die Domänen i.w. mit $v_{d,max}$ laufen, entstehen Oszillationen mit der Periode $T = L/v_{d,max}$. Für GHz-Oszillationen hat man eine Kristall-Länge

$$L = \underbrace{v_{d,max}}_{\approx 10^7\,\text{cm/sec}} \cdot \underbrace{T}_{10^{-9}\,\text{sec}} \approx 2 \cdot 10^{-2}\,\text{cm} \approx 0{,}2\,\text{mm}.$$

8.6 Elektronen- (oder Loch-)Transport über Störstellen

Störstellen-„Hopping“

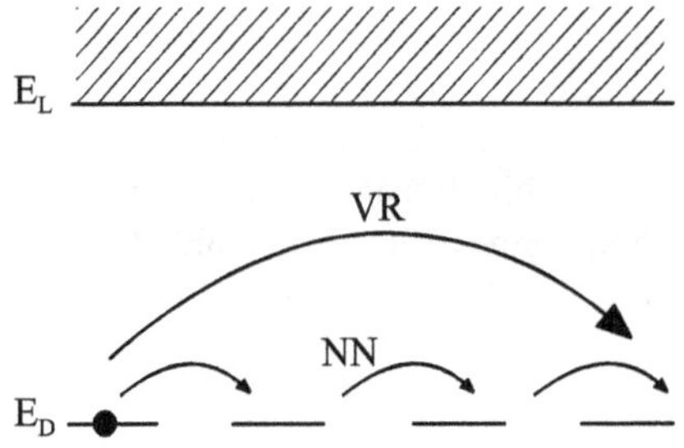

Bei kleinen mittleren Störstellenabständen entsprechend hoher Dotierung können sich Ladungsträger von Störstelle zu Störstelle hüpfend bewegen. Für Sprünge zwischen nächsten Nachbarn („nearest neighbor hopping“) folgt die Leitfähigkeit einem Gesetz $\sigma = \sigma_{NN} e^{-E_{act}/kT}$, dabei bezeichnet E_{act} die Coulomb-Barriere zwischen besetzten und unbesetzten Plätzen. Für Sprünge mit beliebigen Weiten („variable range hopping“) gilt

$$\sigma = \sigma_{VR} e^{-A/T^{1/4}}$$

(„Mott's law“; A ist eine Konstante).

Störbandleitung

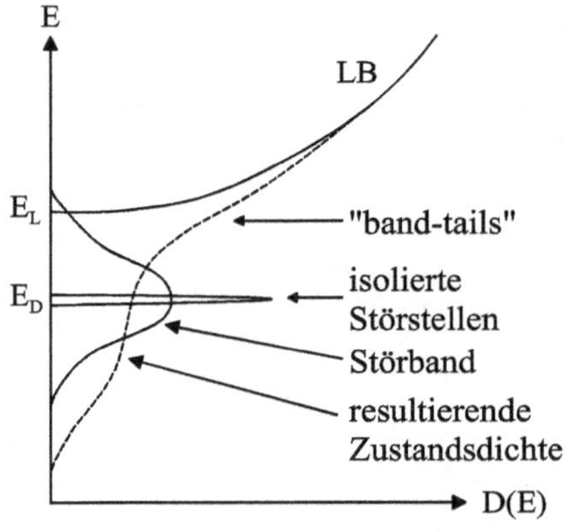

Für weiter wachsende Dotierung kommt es durch Wellenfunktionsüberlapp zunächst zur Verbreiterung der diskreten Störstellen-Niveaus und später zur Entwicklung eines Störstellenbandes, in dem Ladungsträgertransport stattfinden kann. Die Energie $\mu < E_g = E_L$, bis zu der das Störband bzw. die insgesamt resultierende Zustandsdichte besetzt ist, nennt man „mobility edge“ (Beweglichkeitskante). Die Dotieratome sind räumlich statistisch eingebaut. Sie erzeugen lokal Bandkantenfluktuationen, die zu Bandausläufern führen (vgl. Abschnitt 6.4.3) mit einer völlig ungeordneten Potentiallandschaft. Beim Ladungsträgertransport hat man es daher mit einem „Perkolationsproblem“ zu tun.

9 Optische Eigenschaften

9.1 Quantenmechanische Betrachtungen

9.1.1 Optische Dipolübergänge in semiklassischer Beschreibung

Die Übergangswahrscheinlichkeit zwischen stationären Zuständen eines elektronischen Systems bei Wechselwirkung mit einer Lichtwelle kann aus der zeitabhängigen Schrödingergleichung

$$i\hbar \frac{\partial \Psi}{\partial t} = (H_0 + H')\Psi$$

gewonnen werden, in der $H_0 = -\frac{\hbar^2}{2m} + V(\vec{r}) = \frac{p^2}{2m} + V(\vec{r})$ der Hamiltonoperator des ungestörten stationären Systems und H' der Störoperator ist. H' ergibt sich, indem man den Impulsoperator $\vec{p} = -i\hbar\nabla$ durch den kanonischen Impuls $(\vec{p} - e\vec{A})$ ersetzt. Darin ist $\vec{A}$ das Vektorpotential der Welle mit den folgenden Verknüpfungen zum elektrischen Feld $\vec{E}$ und magnetischen Feld $\vec{H}$: $\vec{H} = \frac{1}{\mu_0}\text{rot } \vec{A}$ und $\vec{E} = -\dot{\vec{A}}$ sowie div $\vec{A} = 0$ im ladungsfreien Raum. $\vec{A}$ löst die Maxwellgleichungen mit der Bedingung

$$\Delta\vec{A} - \frac{1}{c^2}\ddot{\vec{A}} = 0\,.$$

Eine Ebene-Wellen-Lösung dieser Gleichung ist $\vec{A}(\vec{r},t) = \vec{A}_0\, e^{i(\omega t \pm \vec{k}\vec{r})}$. Der Hamiltonoperator des quantenmechanischen Systems mit Störung durch diese Welle heißt nun:

$$H_0 + H' = \frac{1}{2m}(\vec{p} - e\vec{A})^2 + V(\vec{r}) = \frac{1}{2m}(p^2 + (e\vec{A})^2 - 2e\,\vec{p}\vec{A}) + V(\vec{r})$$
$$= H_0 + \frac{e^2}{2m}\vec{A}^2 - \frac{e}{m}\vec{p}\vec{A}$$

Ist $\vec{A}$ nicht zu stark, kann man den quadratischen Term vernachlässigen und bekommt

$\boxed{H' = -\frac{e}{m}\vec{p}\vec{A}}$ als Störoperator für die Wechselwirkung zwischen Licht und Materie.

Die Zeitabhängigkeit des Problems wird in Diracscher Störungstheorie behandelt. Sie liefert in 1. Ordnung für eine konstant wirkende Störung, die bei der Wechselwirkung zwischen Licht und Materie nur ein- und ausgeschaltet wird, Fermis Goldene Regel für die Übergangswahrscheinlichkeit W_{12} zwischen zwei Zuständen $|\Psi_1>$ und $|\Psi_2>$ mit den (ungestörten) Energien E_1 und E_2

$$W_{12} = \frac{2\pi}{\hbar} |< H'_{12} >|^2 \rho(2),$$

wobei $\rho(2)$ die Energiebreite („Zustandsdichte") des angeregten Zustands ist.

Der ortsabhängige Teil des Problems ergibt den Erwartungswert (Matrixelement):

$$< H'_{12} > = < \Psi_1 | H' | \Psi_2 > = -\frac{e}{m}\vec{A}_0 \cdot < \Psi_1 | \underbrace{e^{\pm i\vec{k}\vec{r}}}_{1 \pm \vec{k}\vec{r} + \dots} \vec{p} | \Psi_2 > .$$

In Dipolnäherung werden alle Terme in der Taylorentwicklung der Exponentialfunktion bis auf die Eins vernachlässigt; man nimmt also an, die Wellenlänge $\lambda = 2\pi / k$ des Lichts sei groß gegen die Ausdehnung der Materie-Wellenfunktionen. Der Erwartungswert wird dann weiter

$$-\frac{e}{m}\vec{A}_0 \cdot < \Psi_1 | \vec{p} | \Psi_2 > = -\frac{e}{m}\vec{A}_0 \cdot (im\omega_{21}) \cdot < \Psi_1 | \vec{r} | \Psi_2 >$$
$$= -i\omega_{21}\vec{A}_0 \cdot < \Psi_1 | e\vec{r} | \Psi_2 >$$

Darin ist $\omega_{21} = (E_2 - E_1)/\hbar$. Der Term $< \Psi_1 | e\vec{r} | \Psi_2 >$ heißt *optisches Dipolmatrixelement.* In dem Skalarprodukt $\vec{A}_0 \cdot \vec{r}$ sind die Polarisationen der erlaubten Übergänge enthalten. (Im hier benutzten rationalen MKSA-System hat $\vec{A}$ die Einheit Vs/m. In Lehrbüchern der theoretischen Elektrodynamik findet man häufig die Formulierung im CGS-System mit $\vec{H} = \text{rot}\,\vec{A}$ und $\vec{E} = -1/c \cdot \dot{\vec{A}}$.)

9.1.2 Anwendung auf Halbleiter

(A) „erlaubte" und „verbotene" Übergänge

In kristallinen Festkörpern wird unter Zugrundelegung des Bloch-Theorems für Kristallzustände der Form $\left|j,k\right\rangle = u_j(\vec{k})e^{i\vec{k}\vec{r}}$ mit Quasi-Impuls $\vec{k}$ und Bandindex j das optische Dipolmatrixelement proportional zu

$$\left\langle jk\middle|e\vec{r}\middle|j'k'\right\rangle \sim \left\langle jk \mid e\nabla \mid j'k'\right\rangle = \int u_j^*(\vec{k})e^{-i\vec{k}\vec{r}} \cdot \underbrace{e\nabla[\cdot u_{j'}(\vec{k}')e^{+i\vec{k}'\vec{r}}]}_{\left[e\nabla u_{j'}(\vec{k}')\right]e^{i\vec{k}'\vec{r}} + eu_{j'}(\vec{k}')i\vec{k}'e^{i\vec{k}'\vec{r}}} \, dV\,.$$

Der Integrand läßt sich per Kettenregel und mit $\vec{k} \approx \vec{k}'$ umformen:

$$= \int u_j^*(\vec{k})e\nabla u_{j'}(\vec{k}')dV \quad + \quad ie\vec{k}\int u_j^*(\vec{k})u_{j'}(\vec{k}')dV$$

„Erlaubter Übergang"	*„Verbotener Übergang"*
weil stark, falls nicht durch Symmetrie der Wellenfunktionen verboten	weil sehr schwach, aber ungleich Null, da k_{Photon} nicht exakt Null ist; sonst wäre das Integral gleich Null wegen der Orthogonalität der Wellenfunktionen u_j und $u_{j'}$

Mit $\varepsilon_2 = \frac{nc}{\omega} \cdot \alpha$ folgt

$\boxed{\varepsilon_2 \sim \frac{1}{\omega^2}(\hbar\omega - E_g)^{1/2}}$	$\boxed{\varepsilon_2 \sim \frac{1}{\omega^2}(\hbar\omega - E_g)^{3/2}}$

(B) Bei einem „erlaubten" Übergang kann trotz dieser Namensgebung das Integral Null werden: Die Symmetrie der beteiligten gitterperiodischen Funktionen führt zu Auswahlregeln. Für einen Band-Band-Übergang gilt:

	Symmetrie-Charakterisierung von Elektronen und Löchern:		
	Einfache Betrachtung	*Gruppentheoretische Betrachtung*	
Leitungsband:	s-artig	Darstellung Γ_6^+ bzw. Γ_6 bei k = 0	
Valenzband	p-artig	Darstellung Γ_8^+ bzw. Γ_8 bei k = 0	
Dipolmatrixelement	$\langle s \mid \vec{r} \mid p\rangle \neq 0$	$\langle \Gamma_6^+ \mid \Gamma_5^+ \mid \Gamma_8^+ \rangle \neq 0$;	$\langle \Gamma_6 \mid \Gamma_5 \mid \Gamma_8 \rangle \neq 0$
	Symmetrieerlaubt	(enthält Γ_1^+)	(enthält Γ_1)

Vergleiche zu den gruppentheoretischen Darstellungen Anhang A1.

Das Matrixelement wird im folgenden als gegeben und unabhängig von ω angenommen.

9.2 Absorption und Emission (strahlende Rekombination)

9.2.1 Band-Band-Übergänge mit $\Delta k \neq 0$

Übergänge mit $\Delta k \neq 0$ sind charakteristisch für Absorption und Emission von indirekten Halbleitern im Bandkantenbereich $h\nu \gtrsim E_g$. Da die Photonen einen verschwindend kleinen Wellenvektor $k_{phot} << k_0$ (Lage des indirekten Leistungsbandminimums) haben, benötigt man für einen optischen Übergang einen Partner, der die Wellenvektordifferenz $\Delta k \approx k_0$ zwischen den Elektronen- und Lochzuständen aufnehmen kann. Solche Partner können Störstellen und Phononen sein. Wir betrachten hier Übergänge mit Phononenbeteiligung. Man kann sie anschaulich im folgenden Diagramm (linkes Bild) darstellen.

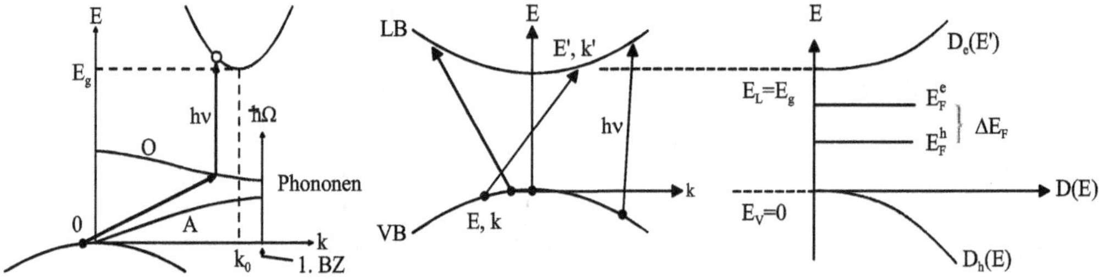

Die Leitungsbandminima der indirekten Halbleiter liegen typischerweise nahe der 1. Brillouinzone des Kristalls, z.B. für Si bei $k_0 = 0{,}82 \cdot \frac{2\pi}{a}(100)$. In diesem Bereich haben optische wie akustische Phononen flache Dispersionskurven mit praktisch konstanter Energie $\hbar\Omega$. Sie können daher bei festem $\hbar\Omega$, aber variablem k_{phon} optische Übergänge zwischen Löchern und Elektronen vermitteln, die im k-Raum um Δk getrennt sind. Mit anderen Worten: Wird das optische Matrixelement für alle diese möglichen Übergänge als konstant angenommen, so ist die spektrale Absorption eine Faltung (auch „Überschiebung", „convolution") der besetzten Lochzustände nahe $k = 0$ mit den unbesetzten Elektronenzuständen nahe $k = k_0$.

Man kann zur vereinfachten Darstellung das Leitungsband im k-Raum direkt über das Valenzband schieben und die optischen Übergangspfeile schräg darstellen (Diagramm, mittleres Bild). Die Bandstruktur sieht dann wie bei einem direkten Halbleiter aus mit einer Energielücke $E_g - \hbar\Omega$. In den beiden rechten Skizzen oben ist die Reduktion von E_g um $\hbar\Omega$ nicht berücksichtigt.

Für die Rechnung benötigt man die Zustandsdichten und die Besetzungsfunktionen von Elektronen und Löchern.

Zustandsdichten

$$D_e(E') = A' \cdot \sqrt{E' - E_g} \qquad \text{mit } A' = V \cdot \frac{1}{2\pi^2}\left(\frac{2m_e^*}{\hbar^2}\right)^{3/2}$$

(V: Volumen des Kristalls)

$$D_h(E) = A \cdot \sqrt{-E} \qquad \text{mit } A = V \cdot \frac{1}{2\pi^2}\left(\frac{2m_h^*}{\hbar^2}\right)^{3/2}$$

Besetzungsfunktionen mit den Quasi-Ferminiveaus E_F^e und E_F^h:

$$f_e(E') = \frac{1}{e^{\frac{E'-E_F^e}{kT}} + 1}$$

$$f_h(E) = 1 - f_e(E) = \frac{1}{e^{\frac{E_F^h - E}{kT}} + 1}$$

Absorption

Die Absorption von Licht mit Photonenenergie hν wird als Ladungsträger-Generationsrate G(hν) mit dem konstanten optischen Matrixelement $\langle H'_{LB,VB}\rangle = M$ berechnet:

$$G(h\nu) = \underbrace{\kappa}_{\text{Konstante}} \cdot |M|^2 \cdot \int_{E_g}^{h\nu} f_e(E) D_h(E) \cdot (1 - f_e(E')) D_e(E') dE' \qquad \text{mit} \qquad E' - E = h\nu$$

Bei nicht zu starkem Lichtfeld erfolgt die Anregung der Ladungsträger aus dem Grundzustand (thermodynamischer Gleichgewichtszustand), in dem gilt

$$E_F^e = E_F^h = E_F .$$

Für einen intrinsischen oder schwach dotierten Halbleiter gilt dann wegen $E_g >> kT$ auch bei Raumtemperatur noch in sehr guter Näherung $f_e(E) = 1$ und $f_e(E') = 0$. Daher folgt:

$$G(h\nu) = \kappa \cdot |M|^2 \cdot \int_{E_g}^{h\nu} \underbrace{D_h(E) \cdot D_e(E')}_{A' \cdot A \cdot \sqrt{-E} \cdot \sqrt{E' - E_g}} dE' = \kappa \cdot |M|^2 A' A \underbrace{\int_{E_g}^{h\nu} \sqrt{h\nu - E'} \sqrt{E' - E_g} dE'}_{\frac{\pi}{8}(h\nu - E_g)^2}$$

$$\boxed{G(h\nu) = \kappa \cdot |M|^2 A' A \frac{\pi}{8} (h\nu - E_g)^2}$$

Das Ergebnis entspricht $\alpha \sim (h\nu - E_g)^2$ für indirekte Halbleiter (siehe Kapitel 4).

Emission (strahlende Rekombination)

Es wird zunächst die totale Rekombinationsrate R(hν), d h. die Überschußrate plus die thermodynamische Gleichgewichtungsrate, berechnet:

$$R(h\nu) = \kappa \cdot |M|^2 \int_{E_g}^{h\nu} \underbrace{f_e(E')D_e(E')}_{n(E')} \cdot \underbrace{f_h(E)D_h(E)}_{p(E)} dE'$$

Analytisch rechenbar ist der Fall der Boltzmann-Näherung

$$f_e(E') = e^{-\left(\frac{E'-E_F^e}{kT}\right)}, \qquad f_h(E) = e^{-\left(\frac{E_F^h - E}{kT}\right)}.$$

Mit $E_F^e - E_F^h = \Delta E_F$ und $f_e(E') \cdot f_h(E) = e^{-\left(\frac{E'-E-\Delta E_F}{kT}\right)} = e^{-\left(\frac{h\nu-\Delta E_F}{kT}\right)}$ folgt:

$$R(h\nu) = \kappa \cdot |M|^2 \cdot A'A \cdot e^{-\left(\frac{h\nu-\Delta E_F}{kT}\right)} \int_{E_g}^{h\nu} \sqrt{h\nu - E'}\sqrt{E'-E_g}\, dE'$$

$$\boxed{R(h\nu) = e^{-\left(\frac{h\nu-\Delta E_F}{kT}\right)} G(h\nu)}$$

Im thermischen Gleichgewicht mit $\Delta E_F = 0$ gilt dann $R_0(h\nu) = e^{-\frac{h\nu}{kT}} G_0(h\nu)$. Dies scheint dem *Prinzip des detaillierten Gleichgewichts* („principle of detailed balance") zu widersprechen, wonach im thermischen Gleichgewicht gilt $R_0(h\nu) = G_0(h\nu)$, also bei jeder Übergangsenergie die Rekombinations- und Generationsraten gleich groß sind. Tatsächlich sind hier aber durch Benutzung der Verteilungsfunktionen $f_e(E')$ und $f_h(E)$ implizit die sehr schnellen Relaxationsprozesse mit Intraband-Relaxationszeiten $\tau \approx 10^{-12} \ldots 10^{-13}$ s $\ll \tau_{life}$ eingeflossen: Ladungsträger, die bei $h\nu > E_g$ im Überschuß generiert werden, haben nur eine verschwindend kleine Chance, bei derselben Energie hν zu rekombinieren; statt dessen relaxieren sie sehr viel effizienter in den Bändern und stellen so das Quasigleichgewicht her.

Netto-Rekombinationsrate

Diese beschreibt die *beobachtbare* Rekombinationsstrahlung:

$$R_{net}(h\nu) = R(h\nu) - \underbrace{R_0(h\nu)}_{=e^{-\frac{h\nu}{kT}} G(h\nu)}$$

Es gilt immer $G(h\nu) = G_0(h\nu)$, also:

$$R_{net}(h\nu) = \left(e^{\frac{\Delta E_F - h\nu}{kT}} - e^{-\frac{h\nu}{kT}} \right) G(h\nu) = \left(e^{\frac{\Delta E_F}{kT}} - 1 \right) e^{-\frac{h\nu}{kT}} \cdot \kappa \cdot |M|^2 A' A \frac{\pi}{8} (h\nu - E_g)^2$$

$$\boxed{R_{net}(h\nu) = \kappa \cdot |M|^2 A' A \frac{\pi}{8} \underbrace{\left(e^{\frac{\Delta E_F}{kT}} - 1 \right)}_{\text{Anregungsmaß}} e^{-\frac{E_g}{kT}} \cdot \underbrace{e^{-\left(\frac{h\nu - E_g}{kT}\right)} (h\nu - E_g)^2}_{\text{Spektrale Abhängigkeit}}}$$

Im thermischen Gleichgewicht gilt:

$$R_{net,0}(h\nu) \equiv 0$$

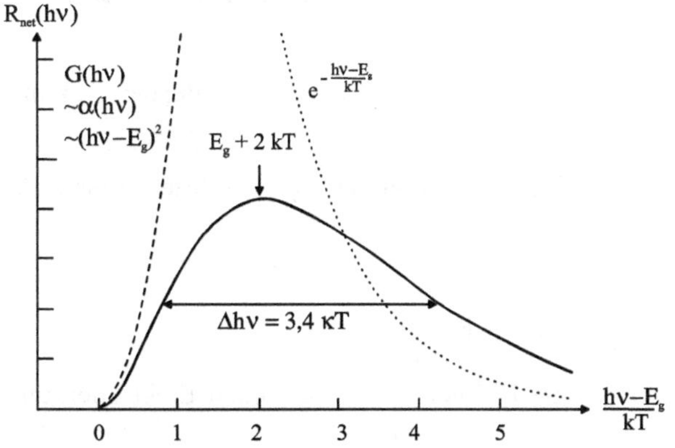

Abb. 9.1 *Spektrale Linienform der Rekombinationsstrahlung für $\Delta k \neq 0$ mit Maximumsposition und Halbwertsbreite $\Delta h\nu$*

Gesamt-Nettorekombination

Die Gesamt-Nettorekombination beschreibt die über alle Energien summierte beobachtbare Strahlung:

$$R_{net,tot} \sim \int_{E_g}^{\infty} e^{-\left(\frac{h\nu - E_g}{kT}\right)} (h\nu - E_g)^2 \, d(h\nu)$$

Substitution: $h\nu - E_g = kT \cdot x$ ergibt

$$\int \rightarrow (kT)^3 \cdot \underbrace{\int_0^\infty e^{-x} \cdot x^2 dx}_{=2} = 2(kT)^3$$

$$R_{net,tot} = \left(e^{\frac{\Delta E_F}{kT}} - 1\right) \cdot \kappa \cdot |M|^2 \frac{\pi}{4} \cdot \underbrace{(kT)^3 \cdot A'A}_{V^2 \cdot \frac{4}{\pi} \cdot N_L \cdot N_V} \cdot e^{-\frac{E_g}{kT}}$$

N_L, N_V sind die effektiven Zustandsdichten (siehe Abschnitt 6.3). Im Endergebnis erhält man also:

$$R_{net,tot} = \underbrace{\kappa \cdot |M|^2 V^2}_{=B} \left(\underbrace{N_L N_V e^{\frac{\Delta E_F - E_g}{kT}}}_{n \cdot p} - \underbrace{N_L N_V e^{-\frac{E_g}{kT}}}_{n_0 \cdot p_0} \right) = \boxed{R_{net,tot} = B(np - n_0 p_0)}$$

mit den Gleichgewichts-Trägerdichten n_0 und p_0 und B: Koeffizient der strahlenden Rekombination (vgl. Kapitel 7).

Der Ausdruck ist identisch mit dem in Kapitel 7 phänomenologisch eingeführten Ansatz für die bimolekulare Rekombination.

9.2.2 Band-Band-Übergänge mit $\Delta k = 0$

Diese Übergänge sind charakteristisch für direkte Halbleiter. Sie verbinden Elektronen und Löcher bei gleichem k-Wert (senkrechte Übergangspfeile in der Bandstruktur), eine Beteiligung von Phononen ist nicht nötig. Als Prozesse erster Ordnung im quantenmechanischen Sinn sind sie daher 10^3 bis 10^4mal stärker als Übergänge mit $\Delta k \neq 0$.

Energie- und Wellenvektorerhaltung werden erfüllt durch die Relation

Photonenenergie

$$h\nu = E_L(k) - E_V(k) = \Delta E(k) = \frac{\hbar^2}{2m_e^*} k^2 + \frac{\hbar^2}{2m_h^*} k^2 = \frac{\hbar^2}{2} \underbrace{\left(\frac{1}{m_e^*} + \frac{1}{m_h^*} \right)}_{\frac{1}{m^*_{komb.}}} k^2 .$$

Der letzte Ausdruck kann gedeutet werden als neues, kombiniertes Band für die Übergänge

$\Delta E(k) = \frac{\hbar^2}{2m^*_{komb}} k^2$ mit der kombinierten Zustandsdichte

$$D_{komb}(\Delta E) = C \cdot \sqrt{\underbrace{\Delta E}_{=h\nu} - E_g} \quad \text{mit} \quad C = V \cdot \frac{1}{2\pi^2}\left(\frac{2m^*_{komb}}{\hbar^2}\right)^{3/2}.$$

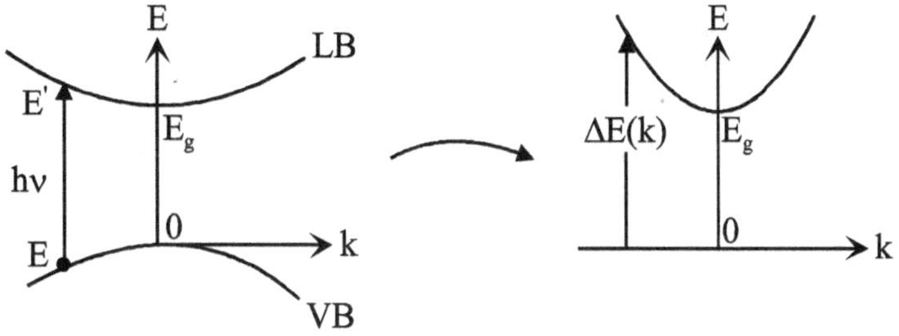

Absorption (Generationsrate)

$$G(h\nu) = \kappa' \cdot |M|^2 D_{komb}(h\nu) \cdot f_e(E) \cdot (1 - f_e(E'))$$

Wegen des direkten Übergangs entfällt hier eine Faltung von Loch- und Elektronenzuständen. Die Anregung der Ladungsträger erfolgt für nicht zu starkes Lichtfeld aus dem thermischen Gleichgewicht mit $E_F^e = E_F^h = E_F$ und $f_e(E) = 1$, $f_e(E') = 0$, daher folgt:

$$\boxed{G(h\nu) = \kappa' |M|^2 \cdot V \cdot \frac{1}{2\pi^2}\left(\frac{2m^*_{komb}}{\hbar^2}\right)^{3/2} \sqrt{h\nu - E_g}}$$

Emission (Strahlende Rekombination)

In Boltzmann-Näherung gilt für die totale Rekombinationsrate:

$$R(h\nu) = \kappa' |M|^2 C \sqrt{h\nu - E_g} \cdot e^{-\left(\frac{E' - E_F^e}{kT}\right)} \cdot e^{-\left(\frac{E_F^h - E}{kT}\right)} = \kappa' |M|^2 C \cdot \sqrt{h\nu - E_g} \cdot e^{-\left(\frac{h\nu - \Delta E_F}{kT}\right)}$$

$$\boxed{R(h\nu) = e^{-\left(\frac{h\nu - \Delta E_F}{kT}\right)} \cdot G(h\nu)}$$

Wir erhalten hier natürlich das gleiche *allgemeine* Ergebnis wie für Übergänge mit $\Delta k \neq 0$.

Netto-Rekombinationsrate (beobachtbare Rekombinationsrate)

$$R_{net} = R(h\nu) - \underbrace{R_0(h\nu)}_{= e^{-\frac{h\nu}{kT}} \cdot G(h\nu)} = \left(e^{-\left(\frac{h\nu - \Delta E_F}{kT}\right)} - e^{-\frac{h\nu}{kT}} \right) \cdot G(h\nu)$$

$$R_{net}(h\nu) = \kappa' \cdot |M|^2 C \cdot \underbrace{\left(e^{\frac{\Delta E_F}{kT}} - 1 \right)}_{\text{Anregungsmaß}} \cdot e^{-\frac{E_g}{kT}} \cdot \underbrace{(h\nu - E_g)^{1/2} \cdot e^{-\left(\frac{h\nu - E_g}{kT}\right)}}_{\text{Spektrale Abhängigkeit}}$$

Im thermischen Gleichgewicht ist $R_{net}(h\nu) \equiv 0$

Gesamt-Nettorekombination

Die Gesamt-Nettorekombination beschreibt die über alle Energien summierte beobachtbare Strahlung:

$$R_{net,tot} \sim \int_{E_g}^{\infty} (h\nu - E_g)^{1/2} \cdot e^{-\left(\frac{h\nu - E_g}{kT}\right)} d(h\nu)$$

Substitution:

$h\nu - E_g = (kT) \cdot x$ ergibt

$$\int \rightarrow \int_0^{\infty} \sqrt{kT}\sqrt{x}\, e^{-x} (kT) dx .$$

$$= (kT)^{3/2} \cdot \int_0^{\infty} \sqrt{x}\, e^{-x} dx$$

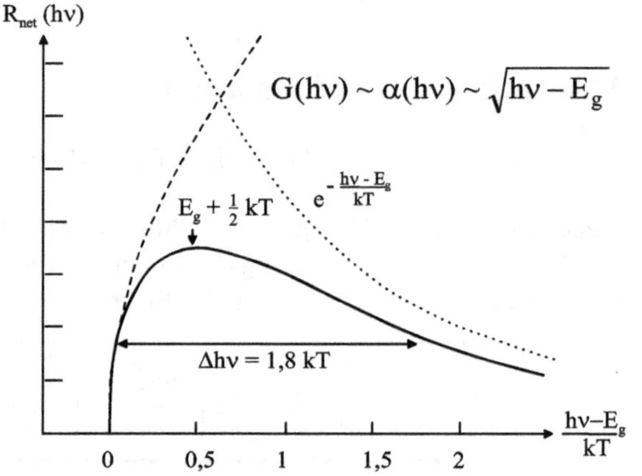

Abb. 9.2 Spektrale Linienform der Rekombinationsstrahlung für Δk = 0 mit Maximumsposition und Halbwertsbreite Δhν.

Das letzte Integral hat den Wert $\Gamma\left(\frac{3}{2}\right) = \left(\frac{1}{2}\right)! = \frac{\sqrt{\pi}}{2}$. Insgesamt erhält man also:

$$R_{net,tot} = \kappa' \cdot |M|^2 \cdot \frac{\sqrt{\pi}}{2} \cdot \frac{V}{2\pi^2} \left(\frac{2m^*_{komb}}{\hbar^2} \right)^{3/2} \cdot (kT)^{3/2} \cdot \left(e^{\frac{\Delta E_F}{kT}} - 1 \right) e^{-\frac{E_g}{kT}}$$

Dieser Ausdruck läßt sich nur dann auf eine Form proportional zu $(np - n_0 p_0)$ bringen, wenn man im Vorfaktor einen Term $\left[\left(m^*_e + m^*_h\right) kT\right]^{-3/2}$ akzeptiert, der die effektiven Elektronen- und Lochmassen sowie die Temperatur explizit enthält. Mit dieser Einschränkung ist der bimolekulare Ansatz von Kapitel 7, $R = B(np - n_0p_0)$, für direkte und indirekte Halbleiter gerechtfertigt.

Tab. 9.1 *Werte für die Rekombinationskoeffizienten (nach Y. P. Varshni, phys. stat. solidi* ***19****, 459 (1967)).*

	indirekte Bandstruktur			**direkte Bandstruktur**		
Material	**Si**	**Ge**	**GaP**	**GaAs**	**InP**	**InSb**
$B(cm^3/s)$ bei $T = 300$ K	10^{-15}	5×10^{-14}	5×10^{-14}	7×10^{-10}	10^{-9}	5×10^{-11}

9.3 Exzitonische Übergänge

9.3.1 Freie Exzitonen (FE, oft auch X)

Exzitonen sind durch Coulomb-Wechselwirkung gekoppelte Elektron-Loch-Paare. Man unterscheidet Frenkel- und Wannier-Mott-Exzitonen.

Frenkel-Exzitonen sind lokale Anregungen von Gitteratomen, die auf Nachbaratome übertragen werden und so im Kristall wandern können. Ihre Paarbindungsenergie E_x ist groß, oft > 500 meV, sie sind typisch für Ionenkristalle mit relativ kleinen dielektrischen Konstanten und großen effektiven Massen und für Molekülkristalle.

Wannier-Mott-Exzitonen sind nicht lokalisiert, sie haben kleine Paarbindungsenergien $E_x << E_g$ im Bereich von Millielektronenvolt mit räumlichen Ausdehnungen (Exzitonen-Radien) $a_x >> a_0^*$, die viele Gitterkonstanten überdecken. Sie sind die elementaren intrinsischen elektronischen Anregungen von Halbleitern.

Aus der Schrödingergleichung läßt sich für parabolische, nicht-entartete isotrope Leitungs- und Valenzbänder eine Effektive-Masse-Gleichung für die Wellenfunktion $\Psi(\vec{r}_e, \vec{r}_h)$ des Wannier-Mott-Exzitons ableiten:

$$\left(-\frac{\hbar^2}{2m_{eo}^*}\nabla_e^2 - \frac{\hbar^2}{2m_{ho}^*}\nabla_h^2 - \frac{e^2}{4\pi\varepsilon\varepsilon_0}\frac{1}{|\vec{r}_e - \vec{r}_h|} \right) \Psi(\vec{r}_e, \vec{r}_h) = (E_{ges} - E_g)\,\Psi(\vec{r}_e, \vec{r}_h).$$

Durch Einführung der Relativkoordinate $\vec{r} = \vec{r}_e - \vec{r}_h$ und der Schwerpunktkoordinate $\vec{R} = (m_{eo}^*\vec{r}_e + m_{ho}^*\vec{r}_h)/M^*$ mit $M^* = m_{eo}^* + m_{ho}^*$ kann die Wellenfunktion in der Form $\Psi(\vec{r}_e, \vec{r}_h) = \Psi_{rel}(\vec{r}) \cdot \Psi_{schw}(\vec{R})$ faktorisiert werden. Die Zweiteilchen-EM-Gleichung zerfällt dadurch in die beiden separaten Gleichungen

$$\begin{cases} \left(-\dfrac{\hbar^2}{2\mu_0}\nabla_{\vec{r}}^2 - \dfrac{e^2}{4\pi\varepsilon\varepsilon_0 r}\right)\Psi_{rel}(\vec{r}) = E_{rel}\cdot\Psi_{rel}(\vec{r}) = (E_{ges} - E_g - E_{schw})\cdot\Psi_{rel}(\vec{r}) \\ -\dfrac{\hbar^2}{2M}\nabla_{\vec{R}}^2\,\Psi_{schw}(\vec{R}) \qquad\qquad = E_{schw}\cdot\Psi_{schw}(\vec{R}) \end{cases}$$

mit den Lösungen:

$$\begin{cases} E_{rel} = E_{x,n} = -\dfrac{1}{\varepsilon^2}\left(\dfrac{\mu_0}{m_0}\right)\dfrac{Ry}{n^2}, \text{ n=1,2,3,... und } \Psi_{rel,n=1}(\vec{r}) = \Psi_{x,1}(\vec{r}) = \dfrac{1}{\sqrt{\pi a_x^3}}\exp(-r/a_x) \\ E_{schw} = (\hbar^2/2M^*)\,K^2 \text{ mit } \vec{K} = \vec{k}_e - \vec{k}_h \text{ und } \Psi_{schw}(\vec{R}) = \Psi_{0,schw}\cdot\exp(i\vec{K}\vec{R}) \end{cases}$$

Darin bedeuten $\mu_0 = \left(\dfrac{1}{m_{eo}^*} + \dfrac{1}{m_{ho}^*}\right)^{-1}$ die reduzierte Masse und $a_x = a_0\cdot\varepsilon\cdot\left(\dfrac{m_0}{\mu_0}\right)$ mit $a_0 = 0{,}53$Å.

Die „inneren“ Exzitonenergien $E_{x,n}$ sind also die mit ε^2 und μ_0 skalierten Wasserstoffenergien. Die Gesamtenergie des Exzitons als elementares Anregungsteilchen folgt zu

$$\boxed{E_{ges} = E_g + \frac{\hbar^2}{2M^*}K^2 + E_{x,n}}$$

Die Energie des tiefsten exzitonischen Zustands ($n = 1$, $E_{x1} = E_x < 0$) wird exzitonische Bandlücke $E_{gx} = E_g + E_x$ genannt.

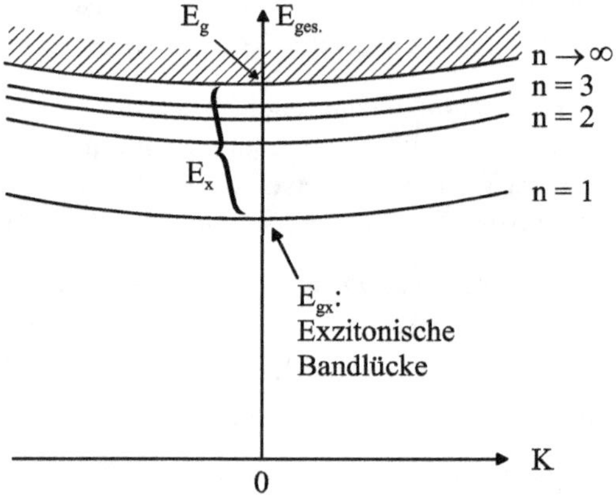

Tab. 9.2 *Exzitonenbindungsenergie E_x ausgewählter Halbleiter*

Ge	Si	GaAs	Diamant	ZnO
2,8 meV	14,7 meV	4,2 meV	80 meV	60 meV

Exzitonen können experimentell in Absorption und Emission beobachtet werden.

Absorption

Direkte Halbleiter

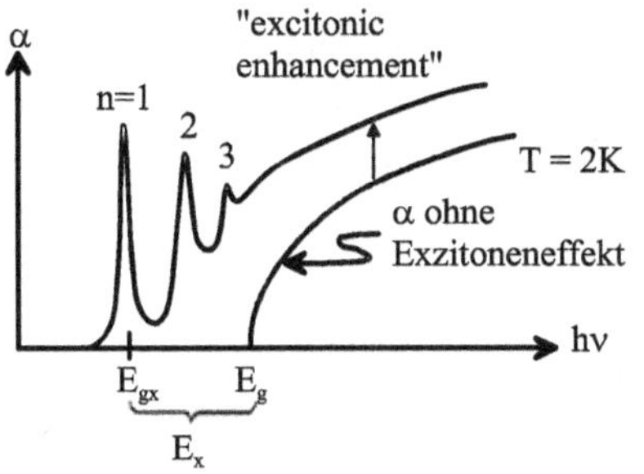

Man beobachtet wegen der Wellenvektorerhaltung ($\Delta K = 0$) aus dem Anfangszustand bei K = 0 diskrete Linien.

Sie liegen energetisch unterhalb von E_g und gehen in das Absorptionskontinuum über.

Dabei tritt das „excitonic enhancement" auf (eine erhöhte Absorption im Kontinuumsbereich), da nach wie vor Elektronen und Löcher beim Übergang räumlich korreliert sind.

Indirekte Halbleiter

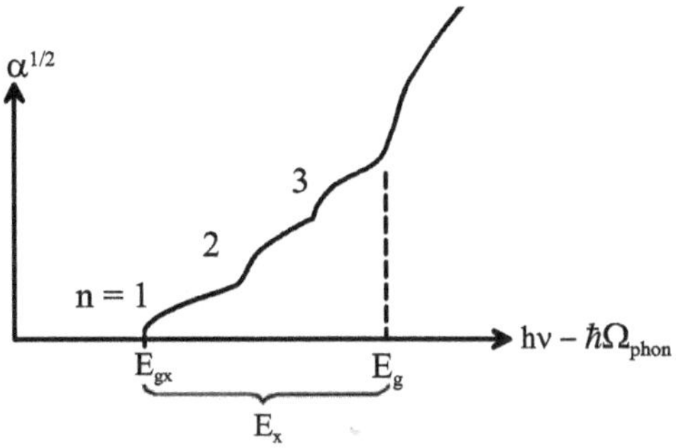

Die beobachteten Spektren haben Stufencharakter, weil über die Anfangs- und Endzustände unter Mitwirkung wellenvektorerhaltender Phononen integriert werden muß.

Sie sind energetisch der Bandkante E_g wie bei direkten Halbleitern vorgelagert.

Rekombination

Aus dem oben genannten Grund der wellenvektorerhaltenden Übergänge mit $\Delta K = 0$ besteht auch das Rekombinationsspektrum aus diskreten Linien.

Die Rekombinationsstrahlung hat die spektrale Form $I \sim \sqrt{h\nu - E_{gx}} \cdot \exp\left(-\frac{h\nu - E_{gx}}{kT}\right)$, da

Elektron und Loch im Exzitonenzustand betragsmäßig die gleichen Wellenvektoren $|\vec{k}_e| = |\vec{k}_h|$ haben und Phononen den Quasiimpuls Δk zwischen Anfangs- und Endzustand übernehmen können.

9.3.2 Exzitonen-Kondensation: Elektron-Loch-Tröpfchen (EHD)

Bei starker Anregung (z.B. optisch durch einen Laser) können die Überschußdichten von Elektronen und Löchern so groß werden, daß die Quasi-Fermi-Niveaus E_F^e und E_F^h oberhalb der jeweiligen Bandkanten liegen, so daß $\Delta E_F = E_F^e - E_F^h > E_g$. Man hat dann eine entartete Besetzung der Bänder. Dies kann am ehesten in einem indirekten, reinen (nahezu intrinsischen) Halbleiter geschehen, in dem die Ladungsträger-Lebensdauern groß sind, wie etwa in Si und Ge. Im Ortsraum durchdringen sich die „Wolken“ von Elektronen und Löchern, sie bilden ein Elektron-Loch-Plasma.

Die Bandauffüllung bis zu E_F^e und E_F^h ist äquivalent zu einer mittleren kinetischen Energie $E_{kin} = 3/5\,(E_F^e + E_F^h)$ der Ladungsträger, die man als abstoßende Wechselwirkung auffassen kann, da sie Energie kostet. E_{kin} ist proportional zu $n^{2/3} = p^{2/3}$, wobei n und p die Ladungsträgerdichten sind und $n = (3/4\pi) r_s^{-1/3}$ gilt, wenn r_s den mittleren Teilchenabstand bezeichnet. Gleichzeitig werden bei hohen Dichten die Austauschenergie E_{exc} und die Korrelationsenergie E_{corr} wichtig; beide stellen attraktive Wechselwirkungen dar. E_{exc} ist proportional zu $-n^{1/3} = -(3/4\pi)\cdot r_s^{-1}$, während $E_{corr} < 0$ nur numerisch berechnet werden kann. Die genaue mathematische Form von E_{exc} ist im Anhang A.6 sowie in Kapitel 5 angegeben.

Bei einem indirekten Halbleiter besetzen die Elektronen M äquivalente Leitungsbandtäler, die kinetische Energie wird dadurch um den Faktor $M^{2/3}$ reduziert und die Gesamtenergie $E_{tot} = E_{kin} + E_{exc} + E_{corr}$ kann als Funktion der Dichte n (bzw. $1/r_s$) ein ausgeprägtes Minimum haben. In diesem Fall kondensieren Elektronen und Löcher im Ortsraum zu Tröpfchen („electron-hole drops“, EHD), in denen sich eine lokale hohe Dichte n_0 entsprechend dem Minimum der Gesamtenergie einstellt.

Diese Situation ist im nebenstehenden Diagramm skizziert, in dem auch die Größen μ (chemisches Potential), E_x (Exzitonenbindung), Φ (Elektronen-Loch-Bindung im Tropfen) sowie die Bandauffüllung mit dem schematisierten Rekombinationsprozeß dargestellt sind.

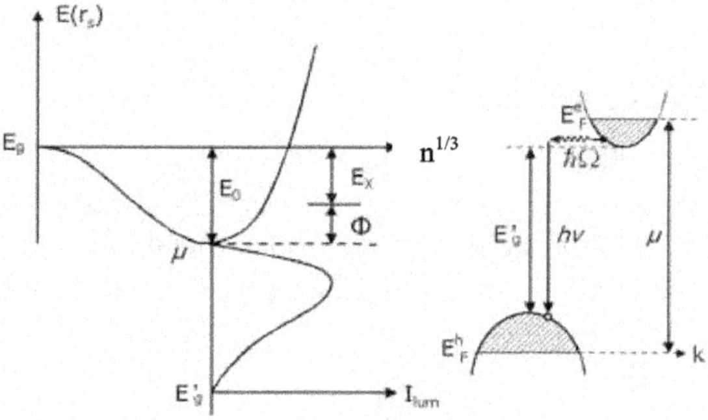

Die strahlende Rekombination aus den Tröpfchen hat eine charakteristische Linienform, aus der durch Analyse die Trägerdichte n_0 in den Tröpfchen bestimmt werden kann (vgl. Abb. 9.2).

Wegen der starken attraktiven Wechselwirkungen läßt sich der EHD-Zustand als Flüssigkeit charakterisieren, die im dynamischen, quasi-thermischen Gleichgewicht mit Exzitonen steht, die als Gas aus ihm abdampfen und in ihn kondensieren. Dieses Wechselspiel gehorcht genau den Regeln eines thermodynamischen Gas-Flüssigkeits-Phasenübergangs 1. Ordnung; die latente Wärme ist hier die Bindungsenergie Φ der Elektronen und Löcher im EHD, gerechnet ab dem exzitonischen Grundzustand E_x.

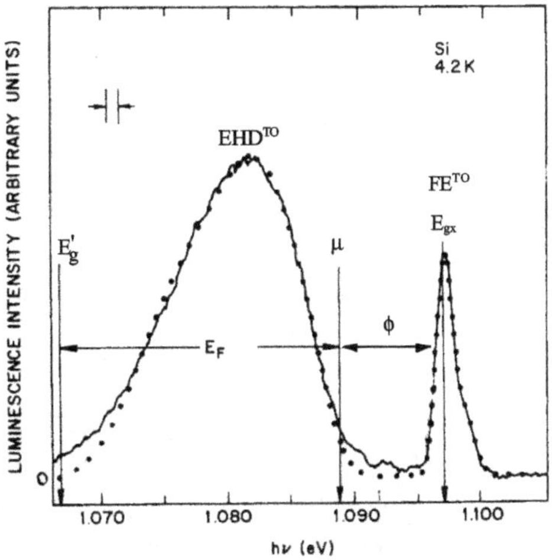

Abb. 9.3 *EHD-Lumineszenzspektrum von Si. Nach R.B. Hammond, T.C. McGill, J.W. Mayer, Phys. Rev. B **13**, 3566 (1976).*

Die folgende Tabelle gibt Werte der exzitonischen Bindungsenergie E_x, der EHD-Bindungsenergie Φ, der Dichte n_0 in den EHDs, der kritischen Dichten n_c und kritischen Temperatur T_c im FE-EHD-Phasendiagramm für Ge, Si und Diamant, die die optischen Spektren am ausgeprägtesten zeigen.

Tab. 9.3 *EHD-relevante physikalische Parameter.*

	E_x (meV)	Φ (meV)	n_0 (cm^{-3})	n_c (cm^{-3})	T_c (K)
Ge	2,8	2,4	$2{,}35 \times 10^{17}$	$8{,}0 \times 10^{16}$	6,5
Si	14,7	6,8	$3{,}3 \times 10^{18}$	$1{,}1 \times 10^{18}$	27
Diamant	80	58	$1{,}4 \times 10^{20}$	4×10^{19}	173

EHDs in Si und Ge sind exzessiv ab ca. 1970 untersucht worden, die Daten sind in mehreren Übersichtsartikeln dargestellt:

- J.C. Hensel, T.G. Phillips, G.A. Thomas, Solid State Physics **32,** Academic Press 1977, S. 87
- Electron-Hole Droplets in Semiconductors, in C.D. Jeffries, L.V. Keldysh (Hg.), Modern Problems in Condensed Matter Sciences, North Holland 1983

Daten zu Diamant und Abbildung S. 244 aus Übersichtsartikel:

- R. Sauer, N. Teofilov, K. Thonke, Diamond and Related Materials **13**, 691 (2004)

9.3.3 Gebundene oder lokalisierte Exzitonen (BE, „bound excitons“)

Wannier-Exzitonen können sich an *ionisierte* oder *neutrale* Störstellen anlagern.

Beispiele:

D^+ bezeichnet einen ionisierten Donator, D^0 einen neutralen Donator mit seinem gebundenen Elektron.

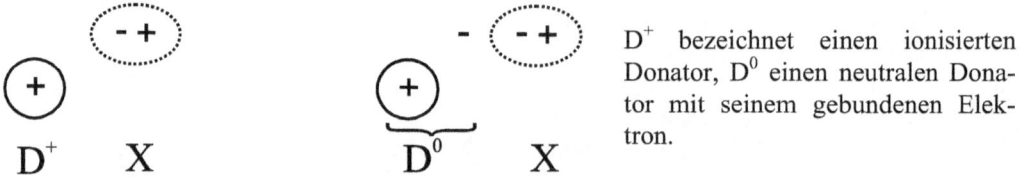

Die Bindung mit der Lokalisierungsenergie E_{loc} ist coulombisch, im Falle von D°X- oder A°X-Komplexen ist sie i.w. durch die Austauschenergie des Elektronenpaars bei (D°X) oder des Lochpaars bei (A°X) gegeben. Die Berechnung von E_{loc} ist ein schwieriges Mehrteilchenproblem. Als empirischen Befund kann man festhalten: In vielen Halbleitern ist E_{loc} linear mit der Störstellenionisationsenergie E_i verknüpft, $E_{loc} = aE_i + b$. Dies ist eine Verallgemeinerung der für Si geltenden experimentellen Beziehung $E_{loc} \approx 0{,}1 \cdot E_i$, auch Haynessche Regel genannt (J.R. Haynes, Phys. Rev. Lett. **4**, 361 (1960).

Gebundene Exzitonen können experimentell in Absorption und Emission beobachtet werden:

Absorptionsspektrum:

Absorptionskoeffizient α

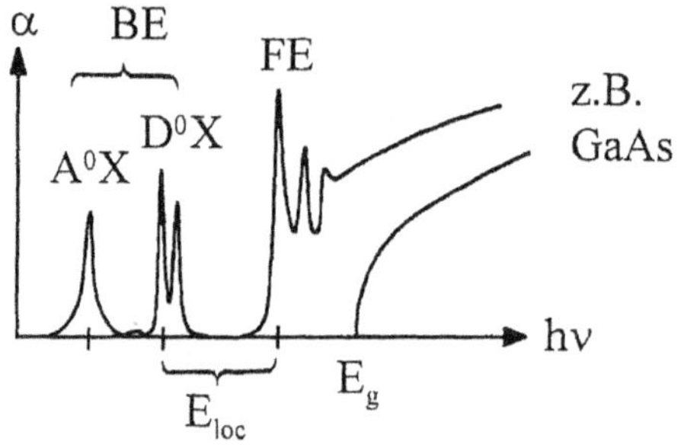

Emissionsspektrum:

Lumineszenzintensität I

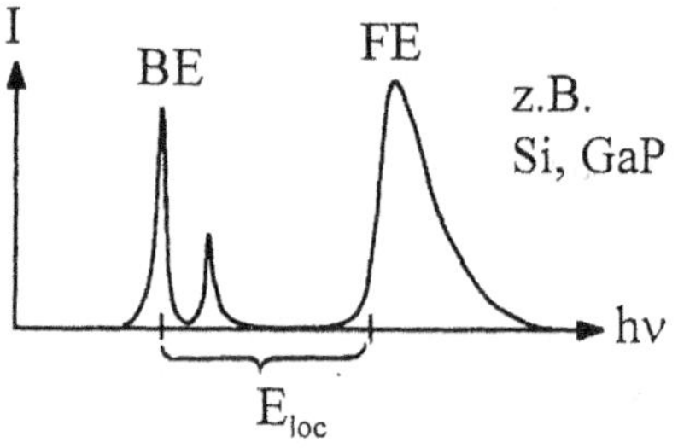

- Die optischen Übergänge sind „scharf“; man beobachtet oft Linienmultipletts durch die inneren Wechselwirkungen (Drehimpulskopplungen) der Elektronen und Löcher.
- Die Linienbreiten werden bestimmt durch die Lebensdauer τ der BEs, durch Kristallverspannungen (beispielsweise infolge des zum Wirtsgitter unterschiedlichen Ionenradius der bindenden Donatoren oder Akzeptoren), oder durch Isotopieeffekte („random disorder“).

In Absorption und Emission *können* Phononen ankoppeln, sind aber nicht unbedingt nötig für die optischen Übergänge, da die bindenden Donatoren/Akzeptoren die Translationsinvarianz des Wirtsgitters stören und dadurch die k-Erhaltungsregel außer Kraft setzen. Es kommt neben Phononen-begleiteten Übergängen (BE^{TO}, BE^{TA}, BE^{LO} etc.) zu Nullphononen-Übergängen (BE^{NP}), in der Literatur oft auch ZPL („zero phonon line") genannt.

Zerfallsdynamik von Exzitonen an neutralen Donatoren/Akzeptoren

Die Zerfallsdynamik, die die Lebensdauer τ von BEs bestimmt, ist durch lokalisierte Augerprozesse dominiert: Die Energie, die bei der Rekombination eines Elektrons mit einem

Lokalisierte Exzitonen in Silizium: Donatoren und Akzeptoren

Exzitonen, die an neutrale Donatoren oder Akzeptoren gebunden sind („bound excitons", BE, oder „localized excitons"), wurden 1960 von Haynes erstmals in Si entdeckt. Die Anlagerungsenergie E_{loc} (Lokalisationsenergie, „dissociation energy") ist gleich dem spektralen Energieabstand zwischen der (scharfen) BE-Linie und der Niedrigenergieschwelle der (temperaturverbreiterten) FE-Linie.

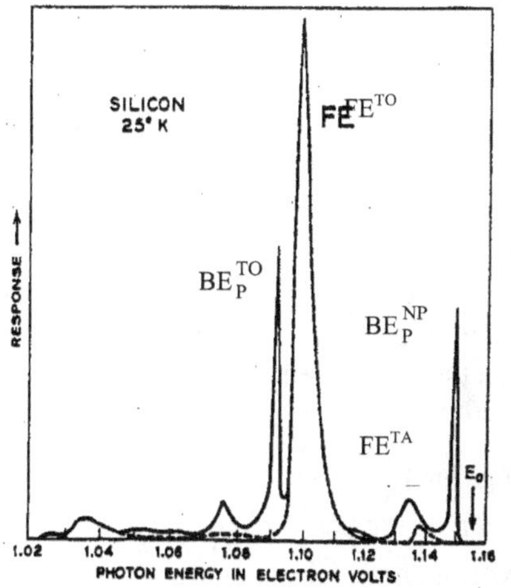

Abb. 9.4 Lumineszenzspektrum von Silizium mit der Strahlung freier Exzitonen (FE^{TO}, FE^{TA}) unter Phononenbegleitung und von Phosphor-gebundenen Exzitonen BE_P^{TO}, BE_P^{NP} mit und ohne (NP = no phonon) Phononenbeteiligung. Nach J.R. Haynes, Phys. Rev. Lett. 4, 361 (1960).

(Haynessche Regel): $E_{loc} \approx 0{,}1\ E_i$

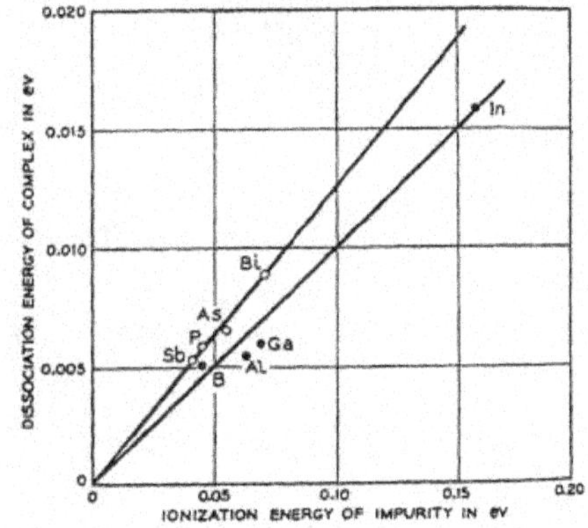

Abb. 9.5 Dissoziationsenergie (E_{loc}) über Donator- bzw. Akzeptor-Ionisationsenergie (E_i) mit Zusammenhang laut Haynesscher Regel. Nach J.R. Haynes, Phys. Rev. Lett. 4, 361 (1960).

(Forts.)

(Forts.)

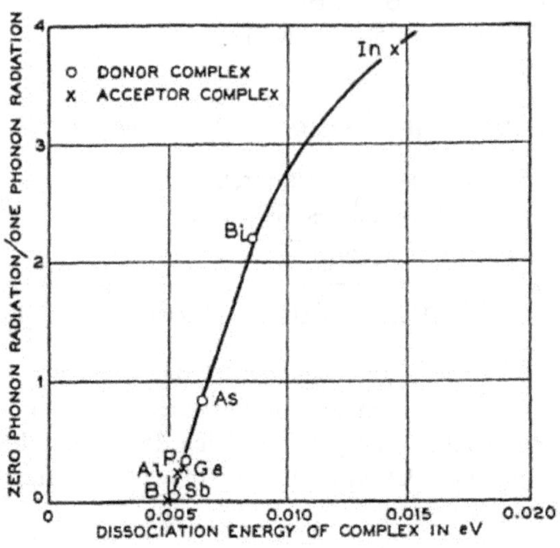

Abb. 9.6 *Intensitätsverhältnis phononenfreier zu phononenbegleiteter Rekombinationsstrahlung über Lokalisierungsenergie des Exzitons. Nach P.J. Dean, J.R. Haynes, W.F. Flood, Phys. Rev.* ***161****, 711 (1967).*

Die Rekombination eines BE kann mit einem Wellenvektor-erhaltenden Phonon (in Si vorzugsweise BE^{TO}) oder ohne Phonon (BE^{NP}, „no phonon" oder „zero phonon" radiation) erfolgen. Die Strahlungsemission ohne Phonon wird möglich durch die Störung der Translationsinvarianz des Gitters bei Dotierung. Je größer E_i und damit E_{loc}, umso stärker erlaubt ist der Nullphonon-Übergang. Vergleiche dazu die k-Verschmierung eines gebundenen Elektrons oder Lochs nach der EMT, die durch die Fourier-Transformierte A(k) der Enveloppe-Wellenfunktion F(r) proportional zu $\sqrt{E_i}$ gegeben ist.

Loch verfügbar ist, wird auf das dritte Teilchen (bei D°X: ein Elektron) übertragen, das damit hoch in das jeweilige Band (bei D°X das Leitungsband) angeregt wird. Da die k-Erhaltungsregel nicht mehr gilt, findet das Augerteilchen immer einen energetisch passenden Bandzustand.

Mit einer einfachen Überlegung unter Einbeziehung der Effektive-Massen-Theorie läßt sich argumentieren, daß der Zusammenhang $\tau \sim E_i^{-4}$ (E_i: Ionisierungsenergie der bindenden Störstelle) besteht. Diese Relation ist in Si in hervorragender Übereinstimmung mit gemessenen Daten und kann auch über genauere quantenmechanische Rechnungen zum lokalisierten Augerprozeß untermauert werden (W. Schmid, phys. stat. solidi (b) **84**, 529 (1977)) und S.A. Lyon, G.C. Osbourn, D.L. Smith, T.C. McGill, Solid State Commun. **23**, 425 (1977).

Resümee:

Man beobachtet im optischen Experiment einige wenige strahlende Übergänge, während die Dynamik durch nicht-strahlende Rekombination bestimmt wird.

9.4 Andere Übergänge unter Beteiligung von Störstellen

1. Donator-Valenzband-Übergang
   (h, D°): $h\nu = E_g - (E_L - E_D) - E_{kin}$

2. Leitungsband-Akzeptor-Übergang
   (e, A°): $h\nu = E_g + E_{kin} - (E_A - E_V)$

3. Donator-Akzeptor-Übergänge

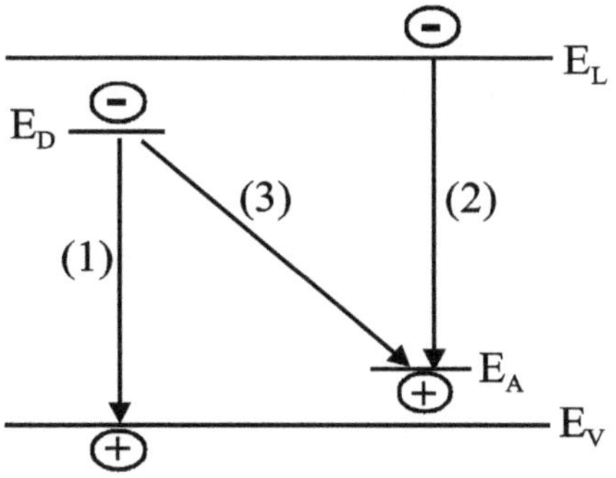

Wegen ihrer Wichtigkeit betrachten wir Donator-Akzeptor-Übergänge etwas genauer. Vor der Anregung, d h. im thermischen Gleichgewicht, liegen Donatoren und Akzeptoren (bei gleichen Dotierungen) ionisiert vor. Bei Anregung werden sie durch Besetzung mit Elektronen bzw. Löchern neutralisiert, nach der Rekombination sind sie wieder ionisiert. Da die an Störstellen auf Gitterplätzen mit Abstand R lokalisierten Träger ein anziehendes Coulombpotential erfahren, ist die Rekombinationsenergie für ein bestimmtes Paar

$$\boxed{h\nu(R) = E_g - E_d - E_a + \frac{e^2}{4\pi\varepsilon\varepsilon_0 R}}$$

R ist diskret, doch gibt es für fcc-kubische Gitter zwei Besetzungsmöglichkeiten: Bei Typ I besetzen Donatoren und Akzeptoren gleiche Untergitter, bei Typ II sitzen sie auf verschiedenen Untergittern. Die Anzahl der Besetzungsmöglichkeiten bei gegebenem R für beide Typen ist in der Literatur angegeben: J.D. Wiley, J.A. Seman, Bell Syst. Tech. J. **50**, 355 (1970). Die möglichen Abstände lassen sich für ein fcc-kubisches Gitter in der folgenden Weise darstellen:

$$R(m) = a_0 \sqrt{(m-b)/2}$$

mit a_0 Gitterkonstante, b = 0 für Typ I-Besetzung, b = 5/8 für Typ II-Besetzung und m = 1,2,3,... („Schalen-Nummer").

Charakterisierung der Rekombinationsspektren

Rekombination naher Paare (kleine R) führt zu:

- großer Energieseparation der (scharfen) Übergänge.
- großen Übergangswahrscheinlichkeiten wegen großen Wellenfunktionsüberlapps trotz weniger R-Nachbarn.

- man erhält ein „linienaufgelöstes“ Spektrum mit einer Vielzahl individueller Linien.
- die höchstenergetischen Linien sehr naher Paare liegen oberhalb von E_g und werden wegen der starken Selbstabsorption des Kristalls nicht emittiert.

Die Rekombination entfernter Paare (große R) führt zu:

- Überlagerung der diskreten Linien wegen der dichtliegenden Energieterme und Bildung eines spektralen breiten Bandes.
- kleinen Übergangwahrscheinlichkeiten trotz vieler R-Nachbarn, da der Wellenfunktionsüberlapp kleiner ist.

Im Ergebnis haben die Intensitätsspektren I(hv) das folgende typische Aussehen:

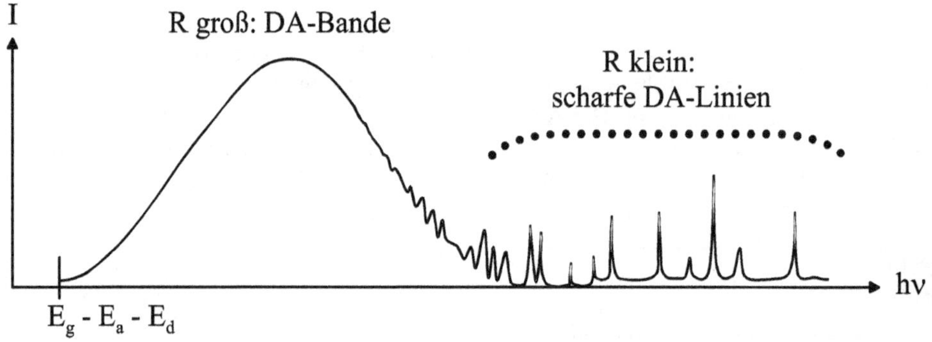

Der klassische Fall von Donator-Akzeptor-Paarspektren in GaP aus der Literatur mit hochenergetischen Linien und niederenergetischer Bande ist im folgenden Kasten wiedergegeben.

Die Donator-Akzeptor-Paarbande ist in fast allen III-V-Materialien der stärkste Übergang, wenn das Material nicht sehr sauber ist.

Paarspektren in GaP

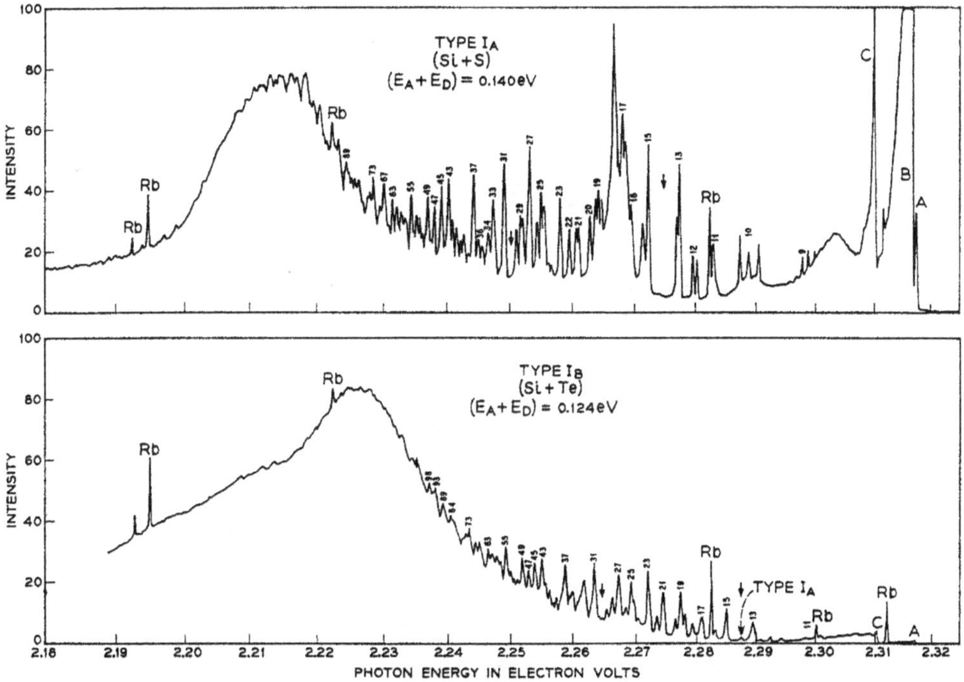

Gezeigt sind Photolumineszenz-Paarspektren der Typen I (hier: I_A) und II (hier: I_B) bei (Si+S)- bzw. (Si+Te)-Kodotierung. Kristalltemperatur T = 1,6K. Rb bezeichnet künstlich eingeblendete Eichlinien einer Rb-Spektrallampe. Die Zahlen an den diskreten Linien geben die zugeordneten Schalennummern an. A,B,C ist hier die bandkantennahe Strahlung von Exzitonen an isoelektronischen Stickstoff-Atomen auf Phosphorplatz.

Aus D.G. Thomas, M. Gershenzon, F.A. Trumbore, Phys. Rev. **133**, A 269 (1964).

9.5 Stimulierte Emission (Laserübergänge)

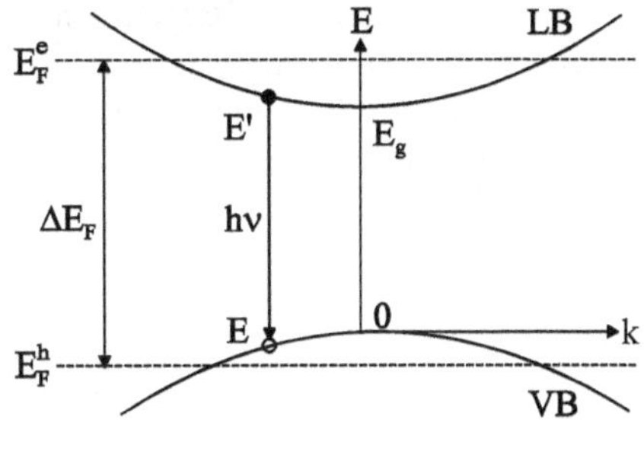

Als notwendige Bedingung für Laseraktivität muß die Inversionsbedingung von *Bernard-Duraffourg*

$$\boxed{\Delta E_F \geq E_g}$$

erfüllt sein. Die Bedingung folgt aus der Relation

$$R(h\nu) = e^{-\left(\frac{h\nu - \Delta E_F}{kT}\right)} \cdot G(h\nu) \text{ von 9.2.}$$

Damit R stärker als G wird, muß $\Delta E_F \geq h\nu$ gelten.. Andererseits ist $h\nu \geq E_g$

Charakteristisch ist die spektrale Einengung für stimulierte Emission gegenüber der spontanen Emission. Man betrachte dazu die stimulierte Netto-Rekombinationsrate (hier formuliert für Prozesse mit $\Delta k \neq 0$):

$$R_{stim,net}(h\nu) = R_{stim,total}(h\nu) - R_{abs}(h\nu)$$

$$= W_{stim} \cdot \int_{E_g}^{h\nu} D_e(E')D_h(E)f_e(E')\underbrace{(1-f_e(E))}_{f_h(E)}dE' - W_{stim} \cdot \int_{E_g}^{h\nu} D_h(E)D_e(E')f_e(E)(1-f_e(E'))dE$$

wobei $E' - E = h\nu$ ist. Die Fermienergien in $f_e(E')$ und $1 - f_e(E) = f_h(E)$ sind E_F^e bzw. E_F^h.

Dabei ist zu beachten:

Absorption ist immer ein stimulierter Prozeß und daher der Gegenprozeß zur stimulierten Emission. Beide Prozesse haben also die gleichen Übergangswahrscheinlichkeiten W_{stim}, hinter denen grundsätzlich die Einstein-Koeffizienten zusammen mit der stimmulierenden Strahlungsdichte $u(h\nu)$ bei der Laser-Photonenenergie $h\nu$ wie im Falle atomarer, diskreter Übergänge stehen: $B_{21}u(h\nu) = B_{12}u(h\nu)$. In den B-Koeffizienten steckt wiederum das Dipol-Matrixelement $<H'_{1,2}>$ der strahlenden Rekombination (siehe Abschnitte 9.2 und 4.2)

Man kann den oben stehenden Ausdruck vereinfachen:

$$R_{stim,net} = W_{stim} \int D_e D_h [f_e(E') - f_e(E)] dE'$$

Durch Nachrechnen findet man

$$f_e(E') - f_e(E) = f_e(E')(1 - f_e(E))\{1 - \exp(h\nu - \Delta E_F/kT)\} \text{ mit } \Delta E_F = E_F^e - E_F^h$$

und daher

$$R_{stim,net}(h\nu) = \{1 - \exp(h\nu - \Delta E_F/kT)\} \cdot W_{stim} \cdot \int D_e(E')D_h(E)f_e(E')(1 - f_e(E))dE'$$

Das Integral ist identisch demjenigen, das oben als 1. Term in dem Ausdruck für $R_{stim,net}(h\nu)$ auftritt. Durch Berücksichtigung der Absorptionsprozesse ist also das beobachtbare Rekombinationsspektrum gegenüber dem total emittierten hochenergetisch beschnitten. Für $h\nu > \Delta E_F$ findet nur noch Absorption statt.

Die *spontane* Netto-Rekombinationsrate ist (ohne die bei stärkerer Anregung vernachlässigbare Gleichgewichtsrückrate): $R_{spont,net}(h\nu) = W_{spont} \cdot \int D_e(E')D_h(E)f_e(E')(1 - f_e(E))dE'$

Sie enthält dasselbe Integral wie $R_{stim,net}(h\nu)$, also gilt:

$$\boxed{R_{stim,net}/R_{spont,net} = W_{stim}/W_{spont} \cdot \{1 - \exp(h\nu - \Delta E_F)/kT\}}$$

Die Einengung des stimulierten Spektrums gegenüber dem Spektrum der spontanen Emission wird durch die geschweifte Klammer beschrieben, die durch die Skizze Abb. 9.6 dargestellt wird. Daraus ergeben sich die optischen Gewinn- oder Verstärkungsspektren $g(h\nu) = \frac{dI(h\nu)}{dx} \cdot \frac{1}{I(h\nu)}$ („optical gain spectrum“) laut Skizze Abb. 9.8 für wachsende Bandauffüllung $\Delta E_F = E_F^e - E_F^h$ (Kurven 1 bis 5), die die erzielbare Verstärkung der Lichtintensität I(hv) angeben. (Zum optischen Gewinnspektrum siehe auch Kapitel 13.) Die eingezeichnete Vermaßung bezieht sich auf GaAs.

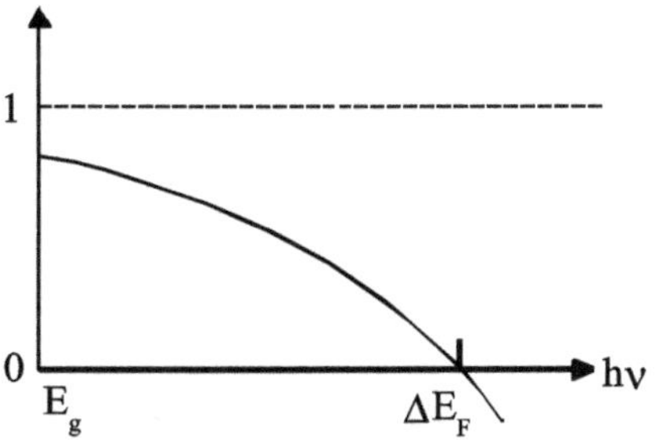

Abb. 9.7 *„Abschneidefunktion“ des stimulierten Rekombinationsspektrums gegenüber dem spontanen Spektrum.*

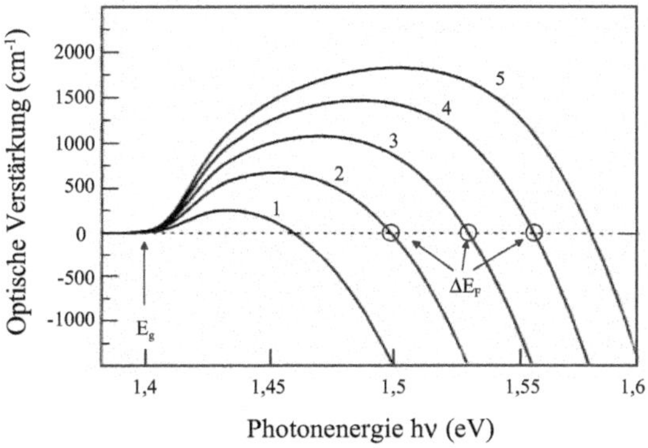

Abb. 9.8 *Spektren der optischen Verstärkung (Gewinn- oder Gain-Spektrem) für GaAs.*

Rechenbeispiele aus der Literatur:

Abb. 9.9 zeigt die hochenergetische Einengung des stimulierten (r_{st}) gegenüber dem spontanen (r_{sp}) Rekombinationsspektrum für direkte und indirekte Band-Band-Übergänge.

Rechnungen zu den Laser-Emissionsraten bei direkten und indirekten Halbleitern sowie Rechnungen zu den Gewinnspektren (vgl. Kapitel 13) finden sich z.B. auch in: G. Lasher, F. Stern, Phys. Rev. **133**, A553 (1964).

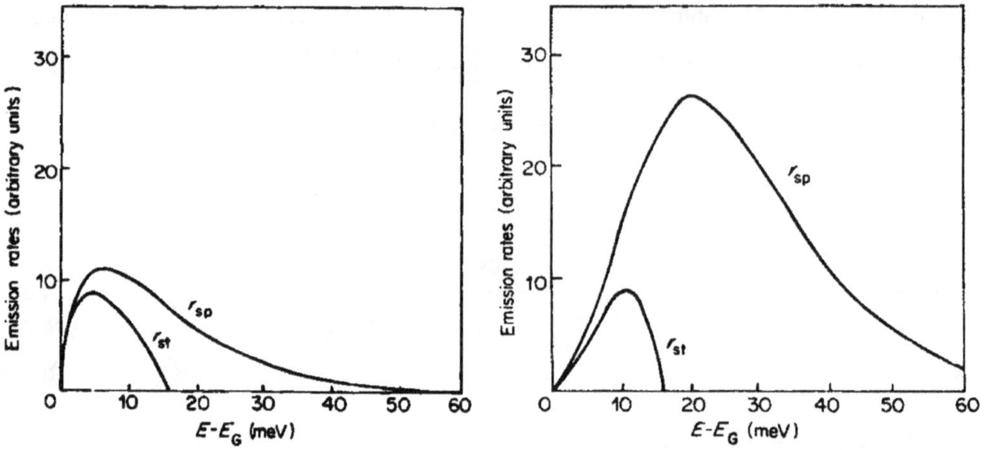

Abb. 9.9 *Theoretische Rekombinationsspektren der spontanen (r_{sp}) und stimulierten (r_{st}) Strahlung im Vergleich. Links mit k-Erhaltung, rechts ohne k-Erhaltung. Aus V. Adams, P.T. Landsberg, in C.H. Gooch (Hg.), Gallium Arsenide Lasers, Wiley Interscience 1969.*

10 Zwei- und eindimensionale Elektronen/Löcher

10.1 Realisierung von 2D-Strukturen

(A) Inversionsrandschichten/Anreicherungsrandschichten

Beispiel:

Anreicherungsrandschicht in Si mit SiO_2 als Isolator:

$\phi(z) = E_F - E_i(z)$

$u(z) = \phi(z)/kT$

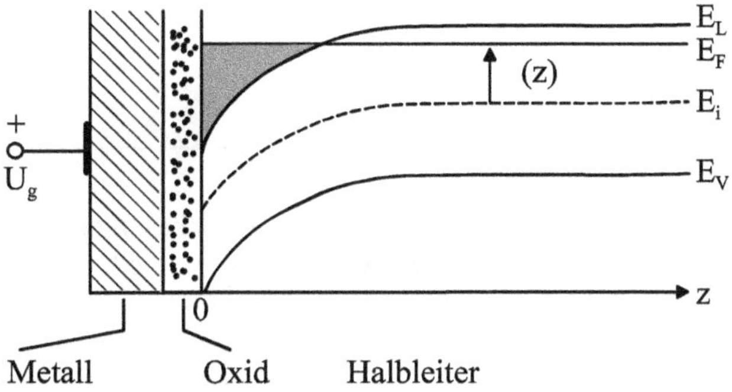

Erinnerung an Kapitel 7 zum Feldeffekt:

Bei Vorgabe der Dotierung n_B (oder p_B) im Volumen („bulk") weit weg von der Oberfläche kann die Bandverbiegung $\phi(z)$ bzw. $u(z)$ bei Annahme von Boltzmann-Statistik in inverser Form berechnet werden: $z(\phi)$ bzw. $z(u)$. Die Bandverbiegung wird auf der charakteristischen Längenskala abgebaut, die durch die Debye-Länge gegeben ist:

$$L_D = \sqrt{\frac{\varepsilon\varepsilon_0 kT}{q^2 n_B}}$$

Im skizzierten Beispiel bilden die Elektronen in der Grenzschicht zum Oxid mit $E_F > E_L$ ein entartetes zweidimensionales Elektronengas 2DEG, wenn L_D genügend klein ist.

Für Si mit $n_i \approx 10^{10}$ cm^{-3} und $L_{Di} \approx 40$ µm bei Raumtemperatur folgt für $n_B = 10^{16}$ cm^{-3} die Debye-Länge $L_D \approx 40$ nm. Elektronen (bzw. Löcher) in einem Potentialtopf solch geringer oder sogar noch wesentlich kleinerer Ausdehnung in z-Richtung besitzen diskrete erlaubte Quantenzustände („confined states“) oberhalb E_L (bzw. unterhalb E_V), deren Energiespektrum durch die genaue Form des Einschlußpotentials (also durch die Bandverbiegung $\phi(z)$) gegeben ist.

Anmerkung: An der 2DEG-Struktur eines Si-MOS-FET-Transistors – vergleichbar obiger Skizze – hat K. von Klitzing 1980 den Quanten-Halleffekt (QHE) entdeckt.

(B) Heteroübergänge

Beispiel: System AlGaAs/GaAs (vgl. zu den „band offsets“ ΔE_C, ΔE_V Anhang 7).

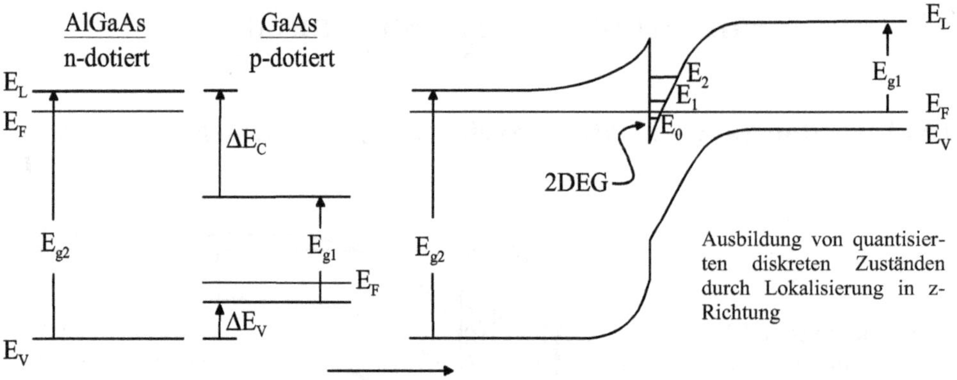

Bei Kontakt der beiden Halbleiter bewirkt der Ladungstransfer zur Angleichung des Ferminiveaus die "Verbiegung" der Bänder

(C) Doppelheterostrukturen: Quantentöpfe

Bei hinreichend hoher Dotierung existiert eine Bandverbiegung wie im Bild skizziert. Bei genügend kleiner Dotierung findet auf der Skala der Quantentopfbreite a keine Bandverbiegung mehr statt, da $L_D \gg a$; die Töpfe sind dann einfach Rechteckpotentiale.

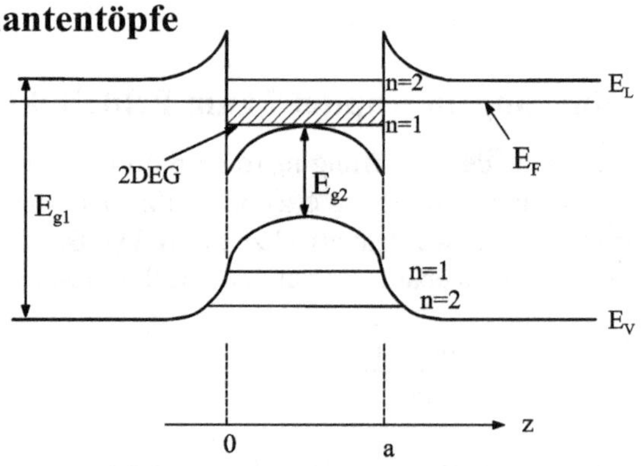

Gemeinsamkeit von (A), (B) und (C)

Elektronen (Löcher) werden durch Potentiale (die evtl. von außen veränderbar sind) in einer Raumrichtung lokalisiert:

3D	$\rightarrow$	2D
Freiheitsgrade x,y,z		Freiheitsgrade x,y; Lokalisierung in z-Richtung

10.2 Bandstruktur und Zustandsdichte in 2DEG/2DHG-Systemen

In diesem Abschnitt werden die Abbildungen im folgenden Kasten kurzgefaßt kommentiert.

Im **3D-Fall** ist im Bereich der parabolischen Bandstruktur die Zustandsdichte proportional zu $\sqrt{E}$. Ist ein homogenes Magnetfeld B vorhanden (z.B. in z-Richtung), bleibt eine eindimensionale Dispersionsrelation parallel zum Magnetfeld $(\hbar / 2m_z^*)k_z^2$ mit Zustandsdichte proportional zu $1/\sqrt{E}$ übrig. Senkrecht zum Magnetfeld sind die Träger in „Zyklotronorbits" (klassisch) oder in diskreten Landau-Niveaus (harmonische-Oszillator-Zustände, quantenmechanisch) lokalisiert mit $E_N = \hbar\omega_c\,(N + 1/2)$, $\omega_c = eB/m_{x,y}^*$, N = 0,1,2,... Die Überlagerung dieser beiden Zustandsdichten für k_z und k_x,k_y ergibt die abgebildete sägezahnähnliche gesamte Zustandsdichte.

Im **2D-Fall** werden die Zustände der Träger durch das Einschlußpotential V(z) in z-Richtung lokalisiert und ihre Energien quantisiert. Die erlaubten Werte der Energie sind durch die Form des Einschlußpotentials bestimmt. Für ein Rechteckpotential mit unendlich hohen Wänden ($V_0 \rightarrow \infty$) lauten die Energien $E_n = (\hbar^2/2m_z^*)(\pi/a)^2 \cdot n^2$, n = 1,2,3...

Die zweidimensionale Restdispersion in k_x und k_y ist zu jedem Wert von E_n mit einer energieunabhängigen konstanten Zustandsdichte verknüpft, so daß sich insgesamt eine treppenförmige Zustandsdichte ergibt. Ein Magnetfeld senkrecht zu den 2D-Schichten beseitigt die k_x- und k_y-Freiheitsgrade, die Träger werden in Landau-Niveaus (harmonische Oszillator-Zustände) mit $E_N = \hbar\omega_c\,(N + 1/2)$ wie im 3D-Fall lokalisiert. Die resultierende Zustandsdichte mit Magnetfeld ist nulldimensional und besteht (ohne Verbreiterungseffekte) aus scharfen Spitzen mit Werten D = eB/h. Unabhängig von der effektiven Masse können D Ladungsträger in einer Landauspitze untergebracht werden.

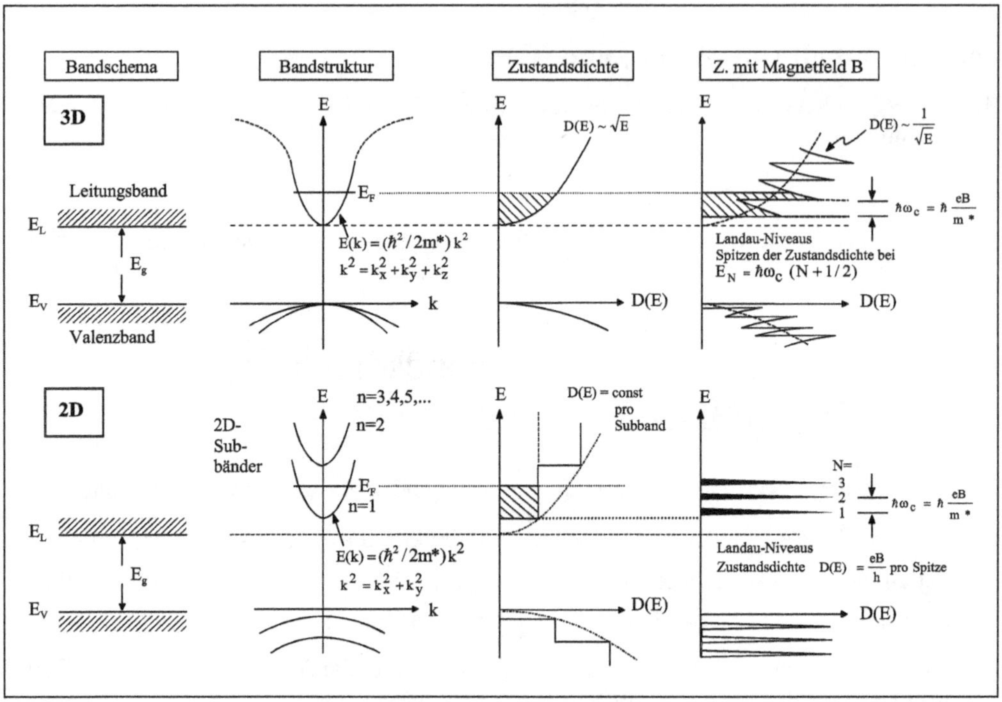

10.3 Oszillation der Fermienergie E_F eines 2DEG im Magnetfeld

Die Elektronen besetzen bei Anlegen eines Magnetfeldes B senkrecht zur Schichtebene die Landau-Niveaus, deren Energien als Funktion des B-Feldes für N = 0,1,2,... einen „Fächer" bilden:

$$E(B) = \frac{\hbar e}{m^*} B\,(N + 1/2)$$

Im folgenden setzen wir tiefe Temperaturen $kT << \frac{\hbar e}{m^*} B$ voraus. Bei hohem Magnetfeld können alle Elektronen mit vorgegebener konstanter Dichte n_0 im Niveau N = 0 untergebracht werden, solange dessen Zustandsdichte $D = eB/h > n_0$ ist. Da das Niveau aus einer scharfen Spitze besteht, liegt die Fermienergie E_F genau auf diesem Wert $E_{N=0} = \hbar\omega_c \cdot 1/2$. Bei kleiner werdendem Feld wird die Situation $D = n_0$ erreicht, das Niveau N = 0 ist voll gefüllt, sein „Füllfaktor" ist $\nu = 1$. Von da an wird auch das Niveau N = 1 besetzt, und die Fermienergie springt auf dessen Energiewert $E_{N=1} = \hbar\omega_c\,(1 + 1/2)$ usw. Es ergeben sich also Sprünge von E_F, wenn Landau-Niveaus voll besetzt sind:

$$n_0 = \frac{m^*}{\pi\hbar^2} E_F(B=0) = \underbrace{\frac{2eB}{h}}_{N=0} + \underbrace{\frac{2eB}{h}}_{N=1} + \cdots$$

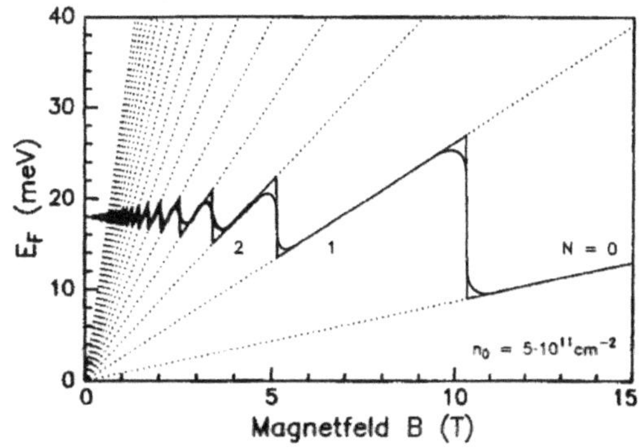

Sprungstellen:

$$n_0 = \frac{2eB_{N=0}}{h}$$ 1. Sprung von hohem B kommend

$$n_0 = 2 \cdot \frac{2eB_{N=1}}{h}$$ 2. Sprung von hohem B kommend

etc.

Daraus folgt für allgemeines N:

$$\Delta\left(\frac{1}{B}\right) = \frac{1}{B_N} - \frac{1}{B_{N+1}} = \frac{2e}{h} \cdot \frac{1}{n_0}$$

Da n_0 konstant ist, ergibt sich eine konstante Periode in 1/B. Daraus kann man sehr genau n_0 bzw. $E_F(B = 0)$ bestimmen:

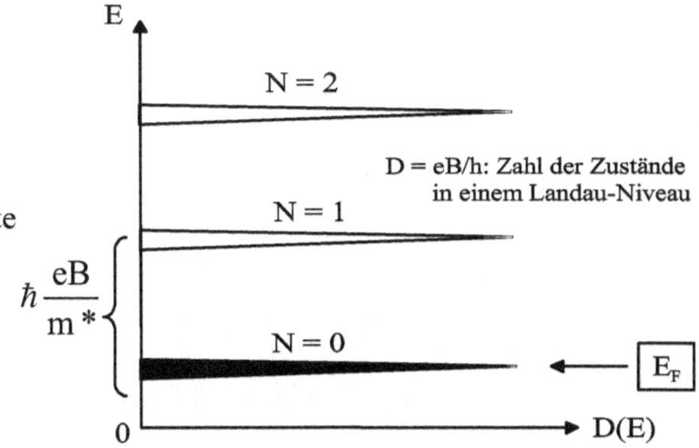

$$\boxed{n_0 = 2 \cdot \frac{e}{h} \cdot \frac{1}{\Delta(\frac{1}{B})}}$$

$$\boxed{n_0 = \frac{m^*}{\pi\hbar^2} E_F(B=0)}$$

Bei Berücksichtigung erhöhter Temperatur und Verbreiterung der Landau-Niveaus durch Streuprozesse ergibt sich ein eher oszillationsartiges Verhalten von $E_F(B)$.

Die Oszillation der Fermienergie macht sich auch in anderen Größen wie dem Ladungsträgertransport (Shubnikov-de Haas-Effekt), der Magnetisierung, der spezifischen Wärme oder der thermoelektrischen Kraft bemerkbar (vgl. Abbildungen des folgenden Kastens).

Die Möglichkeit, die Ladungsträgerdichte n_0 nicht nur aus einem Kurvenverlauf (Steigung von $\rho_{xy}(B)$ wie beim klassischen Halleffekt) zu bestimmen, sondern zusätzlich durch Bestimmung einer Oszillationsperiode, ist z.B. wertvoll für Halbleiterstrukturen mit zwei leitenden 2DEG-Schichten wie in vielen modernen HEMT-Transistoren (High-Electron-Mobility-Transistor). Hier liefert der klassische Halleffekt zu wenige Meßdaten zur Bestimmung der gewünschten Parameter n_1, n_2, μ_1, μ_2 von beiden Schichten.

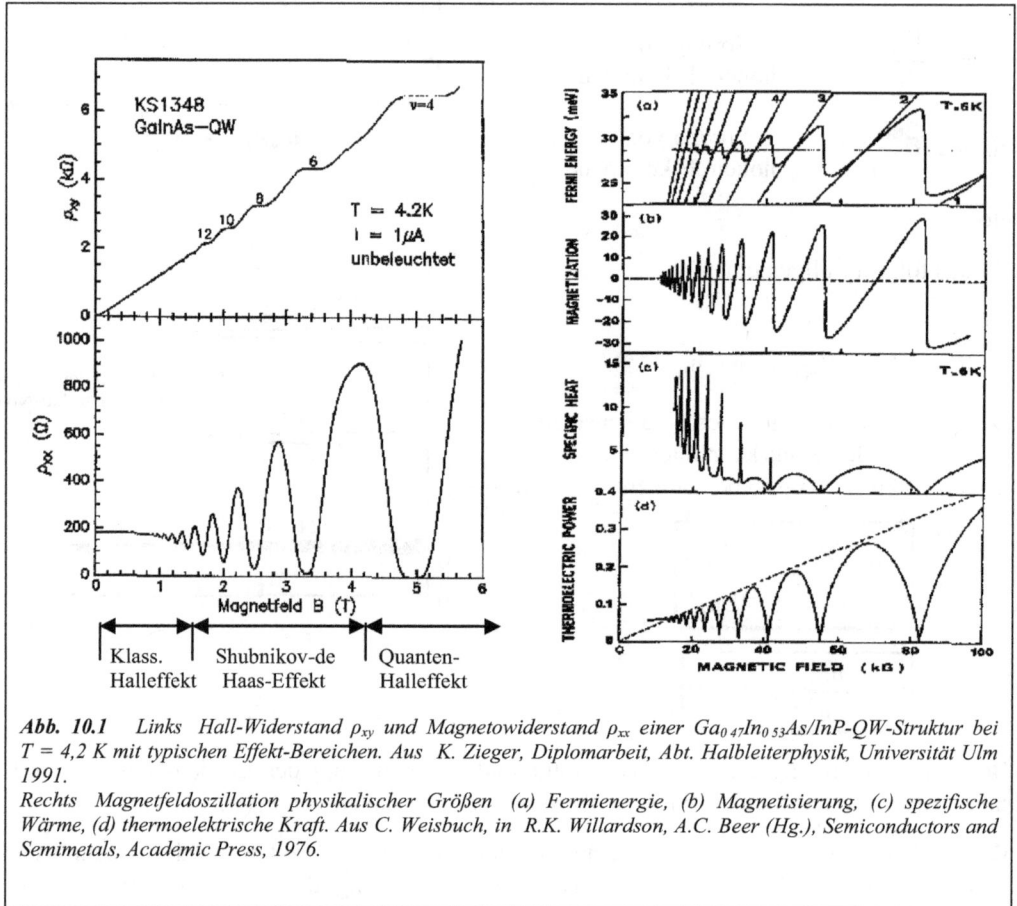

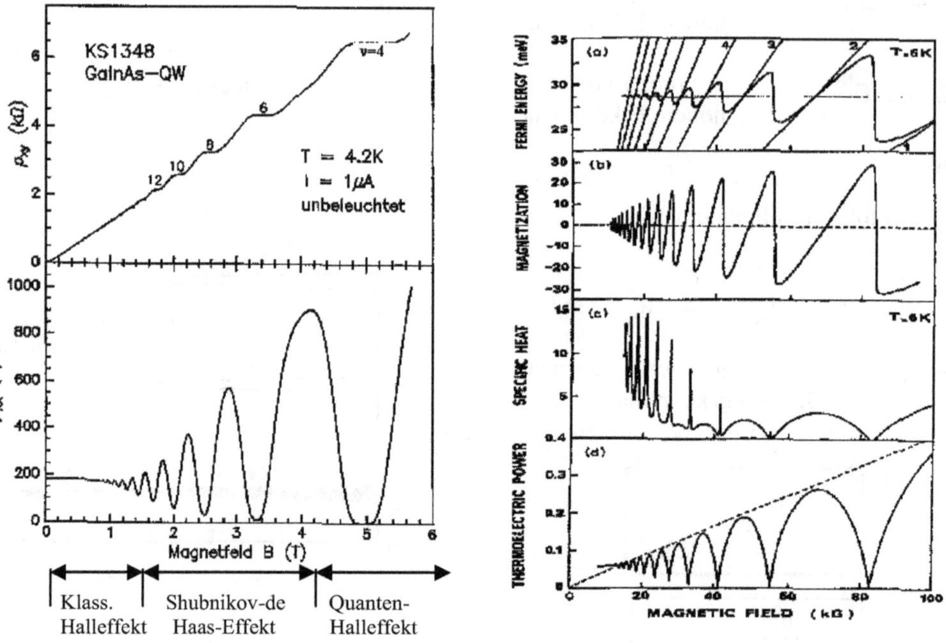

Abb. 10.1 *Links Hall-Widerstand ρ_{xy} und Magnetowiderstand ρ_{xx} einer $Ga_{0.47}In_{0.53}As$/InP-QW-Struktur bei T = 4,2 K mit typischen Effekt-Bereichen. Aus K. Zieger, Diplomarbeit, Abt. Halbleiterphysik, Universität Ulm 1991.*
Rechts Magnetfeldoszillation physikalischer Größen (a) Fermienergie, (b) Magnetisierung, (c) spezifische Wärme, (d) thermoelektrische Kraft. Aus C. Weisbuch, in R.K. Willardson, A.C. Beer (Hg.), Semiconductors and Semimetals, Academic Press, 1976.

10.4 Shubnikov-de-Haas-Effekt

Das Sprungverhalten der Fermienergie spiegelt sich auch in Oszillationen der Meßgrößen ρ_{xx} und ρ_{xy} wieder, die dem klassischen Verlauf des Hall-Effekts, nämlich einem konstanten Wert für ρ_{xx} und einem Magnetfeld-linearen Anstieg für ρ_{xy}, überlagert sind. Das Auftreten dieser Oszillationen bezeichnet man als Shubnikov-de-Haas (SdH)-Effekt.

A. Isihara und L. Smrčka (J. Phys. C: Solid State Phys. **19**, 6777 (1996)) haben frühere Theorien verfeinert und beschreiben die oszillatorischen Anteile des Magneto- und des Hall-Widerstands bei T=0K mit komplexen Ausdrücken. Betrachtet man nur die Landau-Niveaus des tiefsten Subbandes n = 1 im 2DEG-System (siehe Graphik von Seite 258f.), so lauten sie

$$\Delta\rho_{xx}(B) \sim \Delta D_1(B) \quad \text{und} \quad \Delta\rho_{xy}(B) \sim \Delta D_1(B)/\mu_1 B$$

ΔD_1 ist der oszillatorische Teil der sogenannten „thermodynamischen Zustandsdichte" für Elektronen und in stark vereinfachter Darstellung grundsätzlich von der Form

$$\Delta D_1(B) \sim \exp\left(\frac{-1}{\omega_c \tau_{q1}}\right) \cdot \cos\left(\frac{E - E_1}{\hbar\omega_c}\right).$$

Dabei bedeutet τ_{q1} die quantenmechanische Streuzeit (die nicht mit der Stoßzeit τ_n von Elektronen im Subband n = 1 gleichzusetzen ist) und $\omega_c = eB/m^*$. Für $T > 0K$ tritt zu diesem Ausdruck ein temperaturabhängiger Faktor hinzu. Die Oszillationen sind demnach periodisch in 1/B, ihre Amplitude wird für kleiner werdendes Magnetfeld exponentiell gedämpft. Aus Anpassungen der vollständigen theoretischen Ausdrücke an SdH-Spektren, die bei verschiedenen Temperaturen gemessen sind, erhält man τ_{q1}, die Beweglichkeit μ_1 und die effektive Masse m^* der Elektronen.

10.5 Quanten-Halleffekt mit ganzzahligen Füllfaktoren

(Integral Quantum Hall Effect, IQHE)

Für sehr große Magnetfelder B und tiefe Temperaturen gehen die SdH-Oszillationen der spezifischen Widerstände ρ_{xx} und ρ_{xy} von 2DEG/2DHG-Strukturen über in

$\rho_{xx} \rightarrow$ ausgedehnte Null-Plateaus und scharfe Spitzen
$\rho_{xy} \rightarrow$ Stufen mit ausgedehnten Konstantbereichen und scharfen Sprungstellen

Dies ist die experimentelle Signatur des IQHE. Entdeckt wurde der Effekt an einer Si-MOSFET-Struktur mit 2DEG-Inversionsrandschicht, dem n-Kanal, durch K. von Klitzing, G. Dorda und M. Pepper (Phys. Rev. Lett **45**, 494 (1980)). In diesem Experiment zeigten die Hallspannung U_H und der Spannungsabfall U_{xx} längs der 2DEG-Schicht Plateaus bzw. Nullbereiche und Spitzen, wenn durch die Gate-Spannung bei konstantem senkrechtem Magnetfeld die Ladungsträgerdichte n_0 im Kanal variiert wurde. $U_H = U_{xy}$ und U_{xx} sind dabei proportional zu ρ_{xy} bzw. ρ_{xx}. Diese Meßanordnung ist äquivalent zu einer Messung von ρ_{xx} und ρ_{xy} eines 2DEG mit konstanter Ladungsträgerdichte n_0 bei variablem Magnetfeld, wie sie heute üblicherweise bei modulationsdotierten Heterostrukturen verwendet werden. Modulationsdotierte Heterostrukturen, z.B. im Standardsystem GaAs/AlGaAs, zeigen den IQHE besonders ausgeprägt. In ihnen sind die Donatoren – evtl. mit scharfem Dotierprofil bei „δ-Dotierung" – in die AlGaAs-Schicht eingebaut, während die Elektronen in das energetisch günstigere GaAs tunneln und dort am Heteroübergang ein 2DEG bilden (vgl. zum Band-

-schema Kapitel 12: High-Electron-Mobility-Transistor): Elektronen und verbleibende ionisierte Donatoren sind also räumlich getrennt. Durch die derart drastisch reduzierte Coulombstreuung der Elektronen werden bei tiefen Temperaturen extrem hohe Beweglichkeiten μ im 2DEG erreicht.

Das nebenstehende Bild zeigt die immense Steigerung der Elektronenbeweglichkeiten bei Tieftemperatur in modulationsdotierten GaAs/AlGaAs-Schichten, die mit Molekularstrahlepitaxie (MBE) hergestellt wurden, im Vergleich zu volumenartigem („bulk") GaAs von 1978 bis 1988.

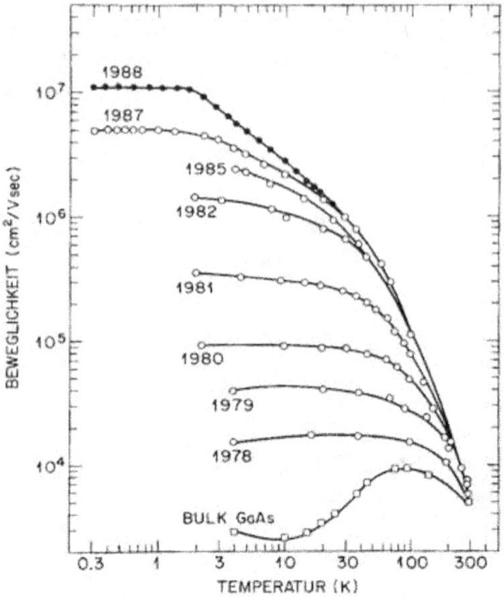

Abb. 10.2 *Zeitliche Verbesserung der Elektronenbeweglichkeit in modulationsdotierten GaAs/AlGaAs-Schichten. Aus L.N. Pfeiffer, K.W. West, H.L. Störmer, K.W. Baldwin, Appl. Phys. Lett.* ***18****, 1888 (1989).*

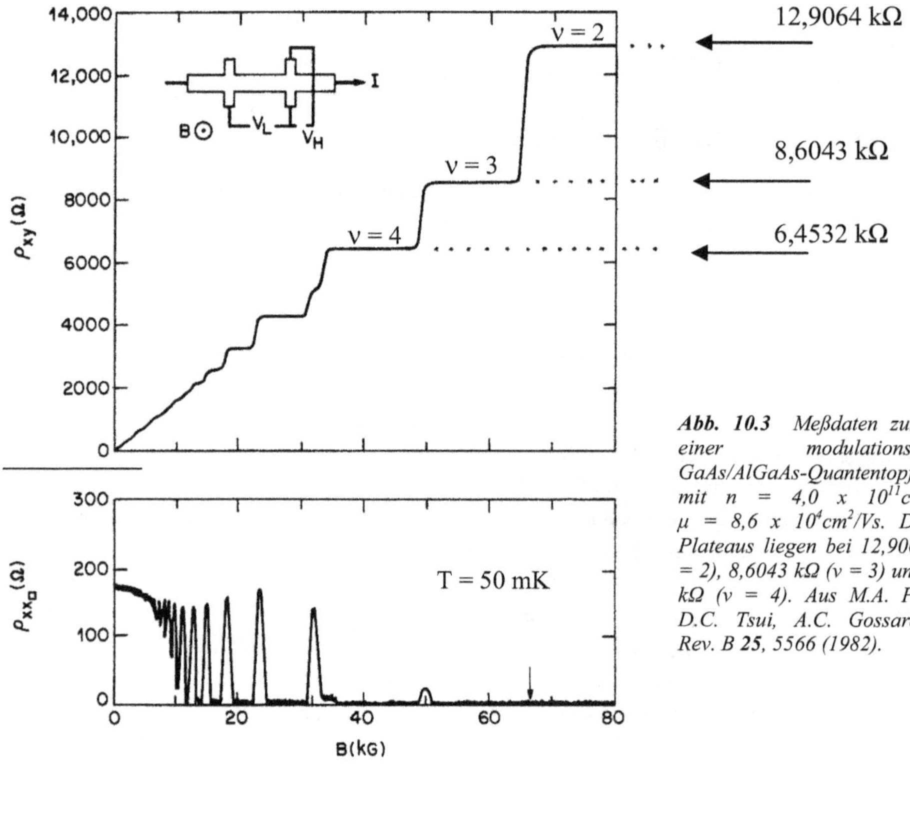

Abb. 10.3 *Meßdaten zum IQHE einer modulationsdotierten GaAs/AlGaAs-Quantentopfschicht mit $n = 4{,}0 \times 10^{11} cm^{-2}$ und $\mu = 8{,}6 \times 10^{4} cm^{2}/Vs$. Die Hall-Plateaus liegen bei 12,9064 kΩ (ν = 2), 8,6043 kΩ (ν = 3) und 6,4532 kΩ (ν = 4). Aus M.A. Paalanen, D.C. Tsui, A.C. Gossard, Phys. Rev. B* ***25****, 5566 (1982).*

Betrachtungen zur Erklärung des IQHE

- In den „Spektren“ $\rho_{xx}(B)$ und $\rho_{xy}(B)$ sieht man bei Absenkung der Temperatur auf Kryowerte (≈ 4,2 K bis weit darunter) zunächst die Entstehung von spitzenartigen Einbrüchen bei ρ_{xx} und von Flachbereichen bei ρ_{xy}. Die Einbrüche und Flachbereiche entwickeln sich bei Reduktion der Temperatur zu ausgedehnten Bereichen mit $\rho_{xx} = 0$ mit dazwischen liegenden Spitzen bzw. Plateaus (konstantes ρ_{xy}) mit dazwischen liegenden Sprüngen.
- Die Spitzen in ρ_{xx} und Sprünge in ρ_{xy} entstehen beim Übergang des Fermi-Niveaus von einem Landau-Niveau auf ein benachbartes Landau-Niveau.
- Bei jedem solchen Übergang ist der Füllfaktor des jeweils obersten besetzten Landau-Niveaus gleich 1.

Den Füllfaktor ν kann man bei Betrachtung *aller* Landau-Niveaus verallgemeinert schreiben als

$$\nu = \frac{\text{Zahl der vorhandenen Elektronen}}{\text{Zahl der Zustände in einem Landau - Niveau}} = \frac{n_0}{D} = \frac{hn_0}{eB},$$

wobei $D = \dfrac{eB}{h}$ die Zustandsdichte pro Spineinstellung ist. Der Spin wird im folgenden ohne wesentliche Beschränkung weggelassen.

Für ρ_{xy} gilt nach der klassischen Formel des Halleffekts $\rho_{xy} = B/en_0$. Unter Nutzung dieser Beziehung folgt:

$$\rho_{xy} = \frac{h}{e^2} \cdot \frac{1}{\nu}$$

Sind beim Sprung von E_F insgesamt gerade ν Landau-Niveaus ganz gefüllt, so ergibt sich

$$\boxed{\rho_{xy} = \frac{h}{e^2} \cdot \frac{1}{\nu}} \qquad \nu = 1, 2, 3, \ldots \qquad \text{Numerischer Wert:} \qquad \frac{h}{e^2} = 25{,}8128\ \mathrm{k\Omega}$$

Der Wert von h/e^2 wird heute zur Definition der Einheit Ohm des elektrischen Widerstands benutzt, die damit an Naturkonstanten angeschlossen ist. Da auch schon die Einheit Volt über den Josephson-Effekt der Supraleitung durch Naturkonstanten definiert ist, hat man damit über das Ohmsche Gesetz auch die Einheit Ampère mit Naturkonstanten korreliert.

Nicht erklärt wird durch die obige Betrachtung die Ausbildung von Plateaus für ρ_{xy} und von ausgedehnten Bereichen mit $\rho_{xx} = 0$ zwischen den Sprungstellen von E_F, die das Wesen des IQHE ausmachen.

Zum Verständnis braucht man den Begriff der *lokalisierten Zustände.* Der IQHE erscheint in zweidimensionalen Strukturen, in ihnen werden die Elektronen in einer Raumrichtung durch Hetero-Barrieren lokalisiert. Wenn die Technik der Molekularstrahlepitaxie es auch gestattet, über makroskopische Flächen hinweg die Materialübergänge innerhalb einer Monolage weitgehend eben und perfekt zu realisieren, so tauchen an den Heterogrenzflächen doch immer wieder Unebenheiten und Rauhigkeiten auf, die mit Störstellen und Defekten korreliert sind. Diese Störungen stellen elektronische Niveaus dar, in denen Elektronen gebunden, also lokalisiert werden können, man spricht auch von „localized states" oder „edge states". In ähnlicher Weise können auch Probenbegrenzungen oder Randbereiche solche „edge states" bereitstellen. Die lokalisierten Zustände füllen die Lücken der Zustandsdichte zwischen den idealen Landau-Spitzen auf, so daß eine Zustandsdichtefunktion D(E) ohne Nullbereiche entsteht. Die Fermienergie kann jetzt auch zwischen den Landau-Niveaus liegen. In diesem Zusammenhang werden die stromführenden Zustände der ungestörten Landau-Niveaus auch ausgedehnte Zustände („extended states") genannt.

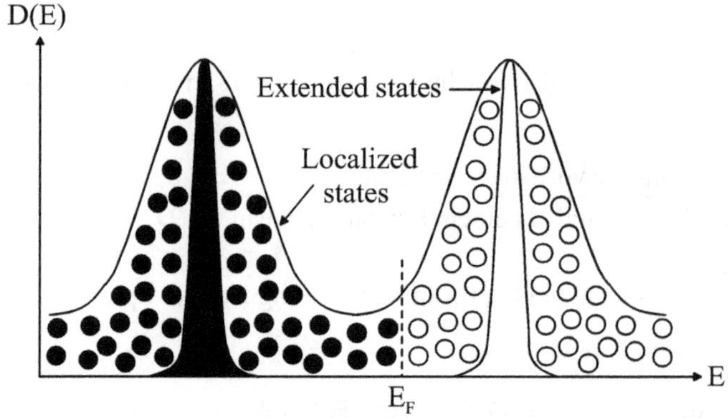

Die lokalisierten Zustände wirken als „Reservoirs", in die Träger eingefüllt werden, wenn das Fassungsvermögen (die Zustandsdichte) einer Landau-Spitze ausgeschöpft ist. Die lokalisierten Träger beeinflussen den Transport (nämlich ρ_{xx} und ρ_{xy}) in den ebenen, perfekten Bereichen der Quantenstruktur nicht, sorgen aber dafür, daß die Füllung eines Landau-Niveaus über einen Bereich des Magnetfeldes konstant bleibt. Da die lokalisierten Zustände völlig ungeordnet räumlich verteilt sind, bewirken sie eine Unordnung („disorder") des Systems. In einem wirklich perfekt begrenzten 2DEG ohne Kristallfehler und „disorder" wäre der IQHE nicht zu beobachten.

Bemerkenswerterweise gilt für $\rho_{xx} = 0$ gleichzeitig $\sigma_{xx} = 0$! Diese scheinbar paradoxe Situation ist möglich durch den Tensorcharakter des spezifischen Widerstands und der Leitfähigkeit.

Für die Entdeckung und die Erklärung des IQHE bekam von Klitzing den Nobelpreis für Physik 1985.

Literatur:

K. v. Klitzing, The QHE (Nobelvortrag), Rev. Mod. Phys. **58**, 519 (1986)

10.6 Quanten-Halleffekt mit gebrochen-zahligen Füllfaktoren

(Fractional Quantum Hall Effect, FQHE)

D.C. Tsui, H.L. Störmer und A.C. Gossard (Phys. Rev. Lett. **48**, 1559 (1982)) entdeckten beim Studium einer modulationsdotierten GaAs/AlGaAs-Probe mit sehr hoher Elektronenbeweglichkeit bei Magnetfeldern über 20 Tesla und Temperaturen unterhalb 0,48 K neue Hall-Plateaus in ρ_{xy} und Maxima in ρ_{xx}, die Füllfaktoren $\nu = 1/3$ und, schwächer ausgeprägt, $\nu = 2/3$ entsprachen. Meßdaten dazu von 1983 sind im folgenden Kasten abgebildet.

In den folgenden Jahren wurde in Proben mit nochmals verbesserten Beweglichkeiten und extrem tiefer Temperatur eine Fülle weiterer Zustände mit Füllfaktoren $\nu = p/q$ gefunden, wobei q zunächst nur ungerade ganze Werte anzunehmen schien; später jedoch wurden auch Zustände mit geradzahligem q gefunden, so $\nu = 1/2$ (Y.W. Suen et al., Phys. Rev. Lett. **68**, 1379 (1992); J.P. Eisenstein et al., Phys. Rev. Lett. **68**, 1383 (1992)), aber auch 1/4 oder 5/2.

Die ρ_{xx}- und ρ_{xy}-Spektren von 1990 bzw. 1998, die in Abb. 10.4 dargestellt sind, geben einen Eindruck von der Vielzahl beobachteter Füllfaktoren.

Obwohl das experimentelle Erscheinungsbild der ρ_{xx}- und ρ_{xy}-Spektren des FQHE ähnlich wie beim IQHE ist, wurde doch bald klar, daß es sich im Unterschied zum IQHE hier um einen Vielteilcheneffekt mit stark korrelierten Elektronen handelt. In R.B. Laughlins Theorie (Phys. Rev. Lett. **50**, 1359 (1983)) werden die „Hauptzustände" mit Füllfaktoren $\nu = 1/3$, 1/5, 1/7 ... als kollektive Elektronenkonfigurationen dargestellt, in denen Elektronen mit m = 3,5,7,... elementaren Flußquanten Φ_0 assoziiert sind: Sie bilden mit den Flußquanten neue zusammengesetzte Quasi-Teilchen, „composite fermions". Eine genauere Erläuterung zu diesen Zuständen findet sich im Kasten „Die Quanten-Hall-Effekte im Flußquantenbild".

Wird ein einzelnes Elektron oder ein einzelnes Flußquant hinzugefügt oder weggenommen, wird diese Korrelation mit hohem energetischen Aufwand zerstört. Daher werden die Hauptzustände auch als kondensierte Vielteilchen-Grundzustände gedeutet, in denen die räumlichen Positionen der korrelierten Quasi-Teilchen jedoch nicht statisch fixiert wie in einem Festkörper sind: Man spricht von einer (inkompressiblen) Quantenflüssigkeit. Andere Zustände mit Füllfaktoren $\nu = (1 - 1/m)$, also z.B. 2/3, 4/5, 6/7, ..., lassen sich durch eine Art Elektron-Loch-Symmetrie erklären. F.D.H. Haldane (Phys. Rev. Lett. **51**, 605 (1983)) zeigte, wie man eine Hierarchie von Tochterzuständen aus den Hauptzuständen aufstellen kann und so etwa – von $\nu = 1/3$ ausgehend – die weiteren FQHE-Zustände $\nu = 2/5$ und 2/7, dann 3/7, 5/13, 3/17, 3/11 etc. erhält.

FQHE – Daten einer Quantenschicht aus GaAs/AlGaAs

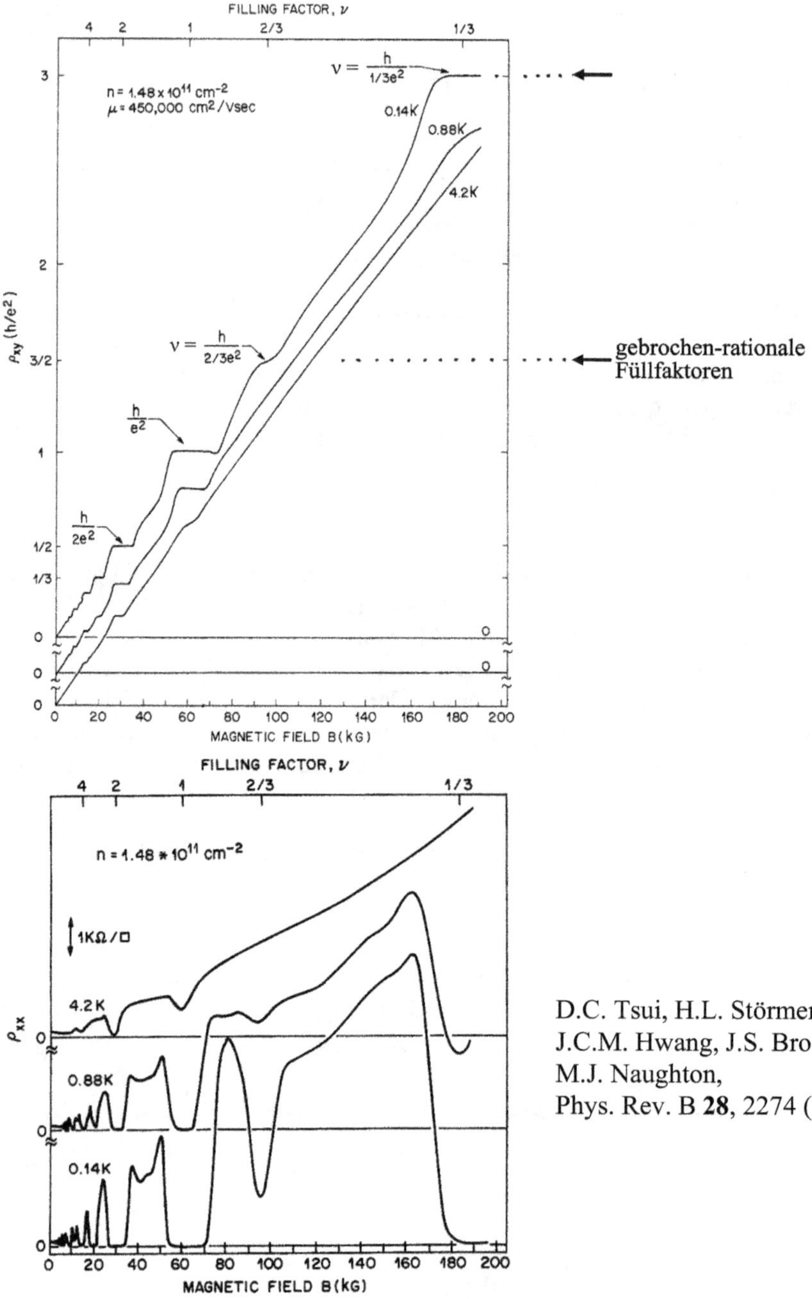

D.C. Tsui, H.L. Störmer,
J.C.M. Hwang, J.S. Brooks,
M.J. Naughton,
Phys. Rev. B **28**, 2274 (1983)

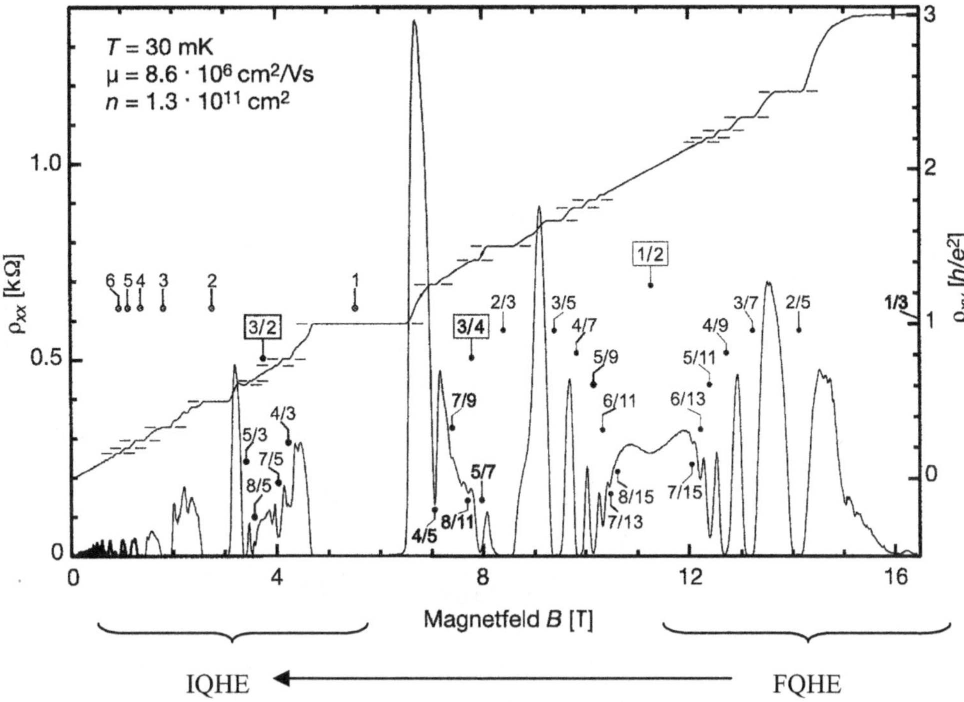

Abb. 10.4 Widerstandsspektren $\rho_{xx}(B)$ und $\rho_{xy}(B)$ bis zu B = 16T mit IQHE und FQHE und Identifizierung der Füllfaktoren. Aus G. Abstreiter, Phys. Bl. ***12****, 1098 (1998); vgl. auch J.P. Eisenstein, H.L. Störmer, Science* ***248****, 1510 (1990).*

Schließlich spielen nach der Vorstellung von J.K. Jain (Phys. Rev. B **41**, 7653 (1990)) die Zustände mit $\nu = 1/2$, d h. Elektronen mit 2 assoziierten Flußquanten, eine besondere Rolle. Als *Gesamt*zustände sind sie Fermionen, die nicht in einen einzigen Grundzustand kondensieren können wie z.B. die $\nu = 1/3$-Teilchen, die *insgesamt* Bosonen sind. Mit jeweils 2 gebundenen Flußquanten pro Elektron ist das ganze insgesamt verfügbare Magnetfeld B „verbraucht“, die zusammengesetzten Quasi-Teilchen scheinen sich in einer feldfreien Probe zu befinden. Diese Vorstellung entspricht einer Magnetfeld-Renormierung bzgl. der $\nu = 1/2$-Zustände, durch die der FQHE auf den IQHE abgebildet wird: Der FQHE ist der IQHE des $\left(e + 2\phi_0\right)$-Quasi-Teilchens. Dadurch können die gebrochenen Füllfaktoren in zwangloser Weise auf die ganzzahligen Füllfaktoren des IQHE zurückgeführt werden. In den oben abgebildeten Spektren ist die Äquivalenz der FQHE-Spektren oberhalb B = 11,2 Tesla (d h. ab $\nu = 1/2$) mit denen der IQHE-Spektren ab B = 0 gut zu erkennen.

Störmer, Tsui, und Laughlin erhielten den Physik-Nobelpreis 1998 „for their discovery of a new form of quantum fluid with fractionally charged excitations”.

Die Quanten-Hall-Effekte im Flußquantenbild

Vorbemerkung

Experimente von B.S. Deaver und W.M. Fairbank (Phys. Rev. Lett. **7**, 43 (1961)) und von R. Doll und M. Näbauer (Phys. Rev. Lett. **7**, 51 (1961)) an Typ II-Supraleitern haben nachgewiesen, daß der magnetische Fluß Φ bei Erhöhung des äußeren Magnetfeldes in diskreten Stufen in den Supraleiter eindringt mit elementaren Flußquanten $\Phi_0 = h/e = 4{,}1\times10^{-11}$ Tesla cm^2. Die Flußquanten, die den Supraleiter durchsetzen, stoßen sich ab und bilden zur Energieminimierung ein regelmäßiges hexagonales (Abrikosov-) Gitter, das mit Elektronenmikroskopie direkt sichtbar gemacht werden kann.

Ganz allgemein – und nicht nur bei den genannten speziellen Experimenten – kann ein Magnetfeld mit Flußdichte B aufgebaut gedacht werden aus $N_{\Phi 0}$ Flußquanten, so daß $B = N_{\phi_0} \cdot \phi_0$ ist. Ein Feld B = 4,1 Tesla entspricht demnach $N_{\phi_0} = 10^{11}\,cm^{-2}$ elementaren Flußquanten.

Im 2DEG-System eines Halbleiters werden Elektronen im senkrechten Magnetfeld B als lineare harmonische Oszillatoren mit den Energie-Eigenwerten $E_N = \hbar\omega_c(N+1/2)$, N = 0,1,2,..., den Landau-Niveaus, beschrieben. Jedes Landau-Niveau hat den Entartungsgrad (gleich Zustandsdichte) $D = eB/h = B/\phi_0 = N_{\phi 0}$. Vollständige Füllung eines Landau-Niveaus bedeutet also Anwesenheit von $N_{\phi 0} = D$ Flußquanten. Da sich Flußquanten ebenso wie Elektronen gegenseitig abstoßen, kann man sie sich im Zeitmittel gleichmäßig über die 2DEG-Fläche verteilt denken. In anderen Worten: Die Anzahl der Zustände pro Landau-Niveau entspricht der Flächenbedeckung der 2DEG-Ebene mit Zyklotronbahnen. Diese Formulierung legt eine Zuordnung von Elektronen und Flußquanten nahe, wie sie tatsächlich für die Deutung des FQHE entscheidend ist. Dabei gleicht jedes einzelne Flußquant einem Schlauch oder Strudel („vortex", „swirl", „whirlpool"), der Elektronen aus seinem Zentrum an den Rand drängt. Der Rand ist durch die Fläche des Vortex definiert, die etwa gleich dem Quotienten aus der Fläche der 2DEG-Probe und der Flußquantenzahl $N_{\phi 0}$ ist.

Quanten-Hall-Effekte

In den folgenden Skizzen werden der Übersichtlichkeit halber kleine Beispielzahlen zur Veranschaulichung gewählt, nämlich eine auf die feste 2DEG-Fläche bezogen konstante Zahl von 7 Elektronen (entsprechend n_0) und variable Flußquantenanzahlen, die ab $3\phi_0$ entsprechend wachsendem B größer werden.

(Forts.)

(Forts.)

Die Bilder sind für den IQHE eher symbolisch zu nehmen, während für den FQHE die Zuordnung von Elektronen und Flußquanten die Physik der „composite fermions" widerspiegelt.

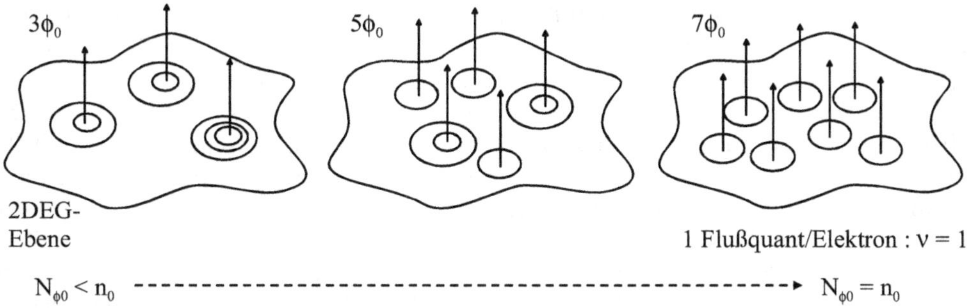

Bei weiter wachsendem Magnetfeld gelangt man in den *Bereich des FQHE:*

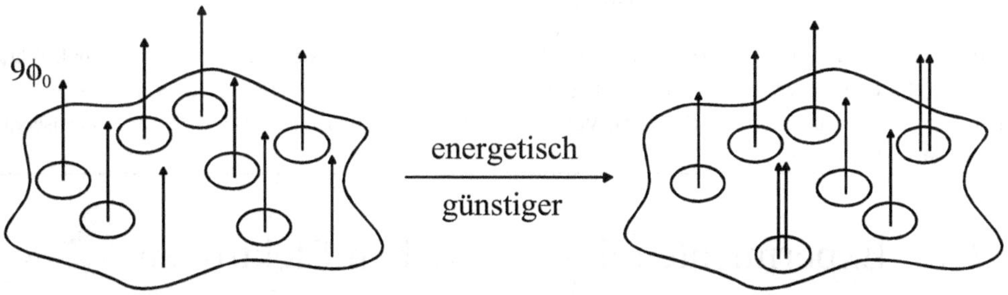

$N_{\phi 0} > n_0$

Hier hat man experimentell sehr tiefe Temperaturen im Millikelvin-Bereich, und bei diesen minimalen thermischen Energien reagiert das System empfindlich auf Teilchen-Wechselwirkungen wie z.B. Coulomb-Energien. Es ist energetisch günstiger, wenn sich statt zwei separater Flußquanten (links) zwei Elektronenzustände mit je zwei zugeordneten Flußquanten (rechts) bilden.

Bei wachsendem Magnetfeld wird der Fall mit $21\phi_0$ (in unserem Beispiel) durchlaufen, in dem je 1 Elektron mit 3 Flußquanten assoziiert und der Füllfaktor $\nu = 1/3$ ist. Dieser FQHE-Zustand wurde als erster beobachtet, weil er besonders ausgeprägt auftritt. Aber auch andere „Hauptzustände", z.B. solche mit $5\phi_0$ pro Elektron bzw. $\nu = 1/5$, werden gemessen.

Laughlins Theorie beschreibt diese FQHE-Zustände durch eine Wellenfunktion, die die räumliche Elektronenkorrelation angibt und bis auf einen Exponentialfaktor, der i.w. die Normierbarkeit sicherstellt, folgende Form hat:

$$\psi(z_1, z_2, z_3, \ldots z_N) = (z_1 - z_2)^m \cdot (z_1 - z_3)^m \ldots (z_j - z_k)^m \, (z_{N-1} - z_N)^m$$

(Forts.)

(Forts.)

$z_j = (x_j - iy_j)$ sind die Koordinaten der N Elektronen in der 2DEG-Ebene. $|\Psi|^2$ ist die Wahrscheinlichkeit, eine Konfiguration anzutreffen, in der sich an jedem Ort z_j ein Elektron befindet. Die Funktion erfüllt das Pauli-Prinzip, da sie Null wird, wenn sich zwei Elektronen am gleichen Ort aufhalten. Für Elektronen als Fermiteilchen muß die Funktion antisymmetrisch sein; das ist für ungerade Werte von m der Fall. Diese Werte werden als Zahl der Flußquanten pro Elektron, also m = 1/ν, in den Hauptzuständen des FQHE gedeutet. Die Wellenfunktion Ψ hat auch die Eigenschaft, daß sie die Grundzustandsenergie dieser FQHE-Zustände minimal macht, da durch die von ihr beschriebene Elektronenkorrelation die Elektronen im Mittel größtmöglichen Abstand voneinander haben und daher die Coulombabstoßung ihren kleinsten Wert annimmt. In der Kopplung eines Elektrons mit m = 1,3,5,... Flußquanten sieht jedes Elektron m Nullstellen am Ort der anderen Elektronen, und die Dichte der Nullstellen ist gleich der Dichte von magnetischen Flußquanten. Diese Eigenschaften begründen die oben erwähnte „Verheiratung" von Elektronen mit Flußquanten. Die zusammengesetzten Gebilde sind neue Quasiteilchen, „composite fermions".

Literatur zu IQHE und FQHE: High Magnetic Fields in Semiconductor Physics III, Proc. Internat. Conf. Würzburg (1990), Hg. G. Landwehr, Springer (1992). T. Chakraborty, The Quantum Hall Effect, Kap. 7, S. 977. in: Handbook on Semiconduktors (ed. T.S. Moss), Vol. 1: Basic Properties of Semiconductors (ed, P.T. Landsberg), North Holland (1992).

10.7 Experimente mit ballistischen Elektronen

Wenn in modulationsdotierten GaAs/AlGaAs-Heterostrukturen die Elektronenbeweglichkeit im GaAs Werte von $\mu = 10^7$cm/Vs und höher erreicht, so sollte auch die mittlere freie Weglänge l_e der Elektronen entsprechend „groß" werden. Ist es möglich, ballistische (d h. über Distanzen der Länge l_e frei fliegende) Elektronen zu beobachten und l_e sogar experimentell zu bestimmen?

Wir können ohne Rückgriff auf theoretische Betrachtungen, in denen eine genaue Kenntnis der Streuprozesse und im Rechengang diverse Mittelungsprozesse nötig wären, die freie Weglänge in einem 2DEG quasi-klassisch im Drudemodell abschätzen: Bei tiefen Temperaturen sind im entarteten Elektronengas die transportfähigen Elektronen diejenigen, die an der Fermikante E_F liegen und Geschwindigkeiten $v_F = (1/\hbar) \cdot dE_F/dk$ haben, wobei $E_F = (\hbar^2/2m^*)\,k_F^2$ gilt und daher $v_F = \sqrt{2E_F/m^*}$ folgt. Mit der mittleren Stoßzeit τ der Elektronen kann man schreiben:

$$l_e \approx \tau \cdot v_F = (m^*\mu/q) \cdot (\hbar k_F/m^*) = \mu\hbar k_F/q$$

Für GaAs mit $m^* \approx 0{,}07\ m_0$ wird bei Annahme von $E_F = 10$ meV (entsprechend $n \approx 3 \cdot 10^{11}\text{cm}^{-2}$) die mittlere freie Weglänge $l_e \approx 90$ μm. Dies ist sehr wenig im Vergleich zu hochreinen Metallen, die freie Weglängen bis zu etwa einem Millimeter aufweisen können; dennoch sollte es möglich sein, in mesoskopisch strukturierten Anordnungen Effekte aufgrund ballistischen Elektronentransports zu beobachten. Die im Folgenden skizzierten Tieftemperatur-Experimente zeigen, daß dies tatsächlich der Fall ist.

Punktkontaktspektroskopie

Bei diesem Experiment handelt es sich um die Messung der elektrischen Leitfähigkeit von ballistischen Elektronen durch einen mesoskopisch dünnen Kanal. Der Kanal wird durch eine Verengung der Strombahn („contriction“) gebildet und heißt daher auch Quantenpunktkontakt („quantum point contact“). Der eindimensionale ballistische Transport durch den Kanal führt zu diskreten quantisierten Leitfähigkeitswerten, nämlich Vielfachen von $2e^2/h$, im Unterschied zum IQHE aber, ohne daß experimentell ein Magnetfeld nötig ist.

Punktkontaktspektroskopie wurde ursprünglich von Yu.V. Sharvin (Sov. Phys. JETP **21**, 655 (1965)) und in einer modifizierten Anordnung später von V.S. Tsoi (Sov. Phys. JETP Lett. **19**, 70 (1974)) zum Studium von ballistischem Elektronentransport in Metallen verwendet. In Halbleitern sind analoge Experimente wesentlich schwieriger, denn die mittlere freie Weglänge der Elektronen l_e muß groß sein gegen die relevanten Strukturgrößen. Die laterale Strukturierung geeigneter Proben erfolgt daher in dem unten gezeigten Experiment mit Elektronenstrahllithographie.

Völlig äquivalente Ergebnisse wurden gleichzeitig von B.M. van Wees et al. (Phys. Rev. Lett. **60**, 848 (1988)) und D.A. Wharam et al. (J. Phys. C: Solid State Phys. **21**, L209 (1988)) berichtet. Wir besprechen hier die Daten der ersten Gruppe. Die Proben sind wieder GaAs/AlGaAs MBE-Schichten mit einem 2DEG im GaAs am Heteroübergang mit den Parametern:

$n = 3{,}6 \times 10^{11}$ cm^{-2} $\quad\quad$ $l_e = 8{,}5$ μm

$\mu = 85$ m²/Vs (T = 0,6 K) $\quad\quad$ $\lambda_F = 2\pi/k_F = 42$ nm

Experimentelle Anordnung:
Probe mit Bandverlauf (Querschnitt) und lateraler Strukturierung:

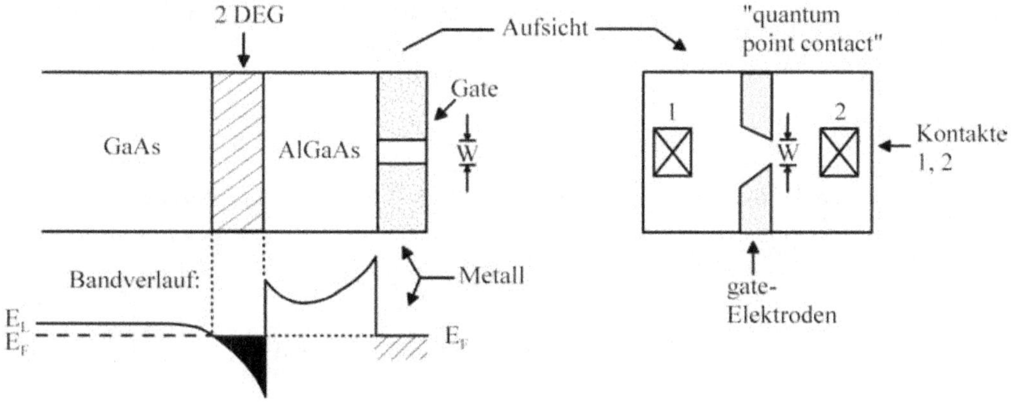

Die laterale Strukturierung besteht aus metallischen Kontaktanordnungen auf der Oberfläche des AlGaAs wie im Bild skizziert. Der Abstand zwischen den Kontakten 1 und 2 ist $L \ll l_e$. Damit sind die Bedingungen für ballistischen Transport zwischen 1 und 2 erfüllt. Zusätzlich ist $W_{max} = 250$ nm von der Größenordnung von λ_F, $\lambda_F \ll l_e$.

Gemessen wird die Leitfähigkeit im 2DEG-Kanal des GaAs zwischen den Anschlüssen 1 und 2 durch den Quantenpunktkontakt der Breite W hindurch. Die effektive Breite W_{eff} läßt sich durch die Spannung am metallischen Gate-Kontakt verändern.

Meßergebnis nach van Wees et al.:

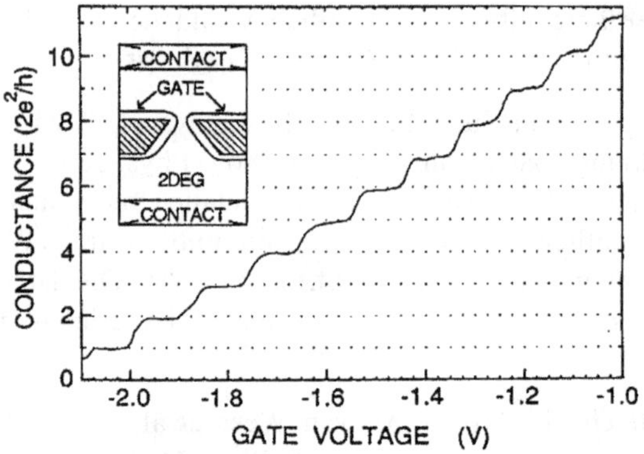

Abb. 10.5 *Leitfähigkeitsspektrum σ(V) einer Punktkontaktstruktur. Es werden – ohne Magnetfeld – Stufen bei Vielfachen des Wertes $2e^2/h$ beobachtet. Aus B.J. van Wees, H. van Houten, C.W.J. Beenakker, J.G. Williamson, L.P. Kouwenhoven, D. van der Marel, C.T. Foxon, Phys. Rev. Lett.* ***60****, 848 (1988).*

Bemerkenswerterweise ist die Leitfähigkeit in Abhängigkeit von der Gate-Spannung *ohne äußeres Magnetfeld* eine Stufenfunktion mit diskreten Werten $i \cdot 2e^2/h$.

Interpretation (quasi-klassisch):

Die Einschnürung („constriction") wird als idealer eindimensionaler Kanal der konstanten Breite W angesehen. Das Elektronengas ist senkrecht zur Stromrichtung lokalisiert; das Einschnürpotential generiert anstelle des verloren gegangenen senkrechten Impulsfreiheitsgrades ein Spektrum eindimensionaler Subbänder.

Bei tiefer Temperatur (Experiment: $T \approx 0{,}6$ K) ist die Fermiverteilung f(E) der Elektronen eine Stufenfunktion mit scharfem Sprung bei E_F. Die Elektronen bewegen sich mit Energien sehr dicht bei $E_F = \hbar^2/2m^* \cdot k_F^2$. Es gilt $k_F = m^* v_F / \hbar$ (aus $p = m^* v = \hbar k$), also

$$E_F = \frac{1}{2} m^* v_F^2 .$$

Daraus ergibt sich der Spannungsabfall ΔU pro Änderung der Fermigeschwindigkeit Δv_F:

$$\frac{\Delta E_F / e}{\Delta v_F} = \frac{\Delta U}{\Delta v_F} = \frac{m^* v_F}{e} .$$

Die gesuchte Leitfähigkeit des Kanals für ein einzelnes 1D-Subband ist

$$\sigma^{(1D)} = \frac{\Delta I}{\Delta U} = \frac{e \cdot n^{(1D)} \cdot \Delta v_F}{\Delta U} = e \cdot n^{(1D)} \cdot \frac{e}{m^* v_F} = \frac{e^2 \cdot n^{(1D)}}{m^* v_F} .$$

Die Ladungsträgerdichte $n^{(1D)}$ in einem 1D-Subband mit der Zustandsdichte

$$D^{(1D)}(E) = \frac{1}{2\pi\hbar} \cdot \left(\frac{2m^*}{E}\right)^{1/2} \quad \text{(mit Spin: } \times 2\text{)}$$

beträgt: $n^{(1D)} = \int_0^{E_F} D^{(1D)}(E)dE = \frac{1}{\pi} \cdot \left(\frac{2m}{\hbar^2} E_F\right)^{\frac{1}{2}} = \frac{m^* v_F}{\pi\hbar}$. Es folgt: $\sigma^{(1D)} = \frac{2e^2}{h}$ mit Spin.

Da für ballistische Elektronen keine Streuung zwischen den Subbändern auftritt, addieren sich nach der Landau-Büttiker-Theorie für i besetzte Subbänder die Leitwerte, also

$$\boxed{\sigma_{tot} = i \cdot e^2/h} \quad \text{(mit Spin: } \times 2\text{)}$$

Die Zahl der besetzten Subbänder, also i, wird durch die Gate-Spannung über die GaAs-Bandverbiegung in der Anreicherungsrandschicht eingestellt.

Messung der mittleren freien Weglänge l_e

In der folgenden Abbildung ist schematisch die Anordnung von van Houten et al. gezeigt. Ähnlich wie im Experiment zur Punktkontaktspektroskopie werden auf einer GaAs/AlGaAs-Heterostruktur mit 2DEG im GaAs metallische Kontaktierungen aufgebracht. Zwischen den Elektroden 1 und 2 fließt ein Strom durch den linken Punktkontakt der Breite W. Die Öffnung wirkt wie ein Elektronen-Injektor (i). Im senkrechten Magnetfeld wird die Flugrichtung der Elektronen halbkreisförmig abgelenkt. Der Durchmesser des Halbkreises ist $2R = 2(m^* v_F)/eB$.

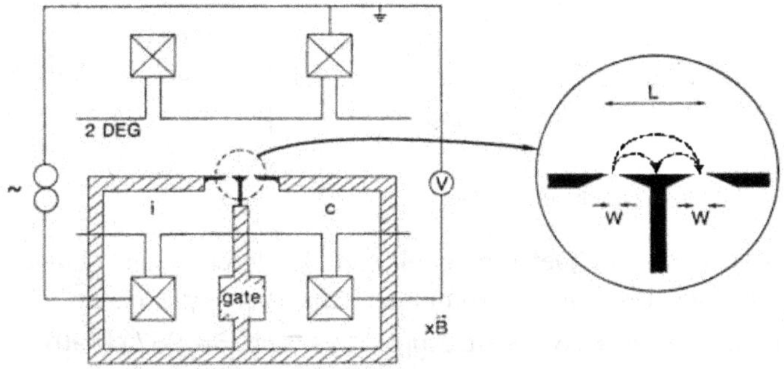

Abb. 10.6 *Doppel-Punktkontaktstruktur mit Elektroneninjektor (i) und –kollektor (c) im senkrechten Magnetfeld B. Eingezeichnet in der Vergrößerung sind zwei Elektronenbahnen, eine davon als „skipping orbit" (tanzende Bahn) zwischen Injektor- und Detektoröffnung. Aus H. van Houten, B.J. van Wees, J.E. Mooij, C.W.J. Beenakker, J.G. Williamson, C.T. Foxon, Europhys. Lett. 5, 72(1988).*

Ist bei gegebenem v_F die Magnetfeldstärke B so eingestellt, daß 2R gleich dem Abstand L vom Emitter zum zweiten Punktkontakt, dem Detektor (collector c) wird, können die Elektronen – falls sie ballistisch fliegen – in den zweiten Punktkontakt eintreten. Dort induzieren sie eine Spannung zwischen den Elektroden 3 und 4, die gemessen wird. Tatsächlich zeigt im Experiment die Kollektorspannung nicht nur für diese Bedingung ein Detektorsignal, sondern ähnlich große Signale auch dann, wenn $2(m^*v_F)/eB$ gleich L/2, L/3, ... bis L/7 ist. Die Elektronen beschreiben also in diesen Fällen mehrere aufeinanderfolgende halbkreisförmige Bahnen („skipping orbits") mit nahezu perfekten Reflektionen am Rande des durch den T-förmigen Kontakt begrenzten 2DEGs.

J. Spector et al. haben eine ähnlich aufgebaute Struktur mit einem Injektor und mehreren Kollektor-Punktkontakten im Abstand L = 4, 8, 16, 32 und 64 µm untersucht. Für den Abstand L = 4 µm beobachten sie 3 „skipping orbits" bei B $\approx$250, 500 und 750 Gauß, also 1 Orbit/250 Gauß, was der Relation $2R = 2(m^*v_F)/eB$ entspricht. Bei dem größten Kollektor-Abstand von 64 µm werden immer noch Oszillationen, allerdings 16mal schneller bis zu 250 Gauß gemessen: Die Elektronen sind also 63 mal perfekt totalreflektiert worden und haben dabei ballistisch eine Distanz von $(\pi/2)\cdot 64\ \mu m \approx 100\ \mu m$ zurückgelegt. Das Experiment ergibt eine untere Grenze für die freie Weglänge von $l_e > 100\ \mu m$ in der verwendeten Probe.

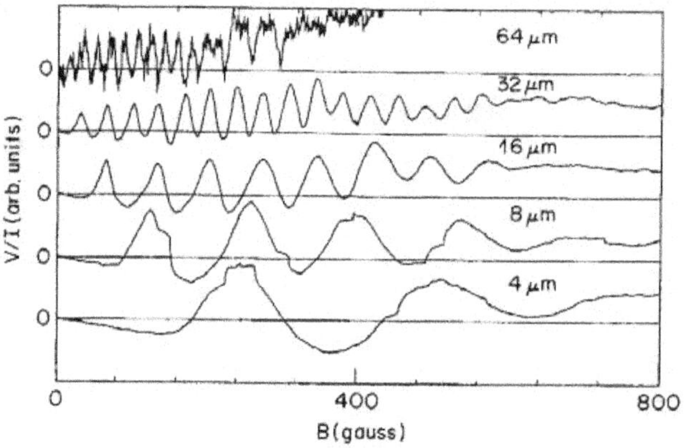

Abb. 10.7 Detektion eintreffender Elektronen nach Durchlaufen von halbkreisförmigen „skipping orbits" bei den angegebenen Abständen zwischen Injektor und Kollektor als Funktion des Magnetfelds. Aus J. Spector, H.L. Störmer, K.W. Baldwin, L.N. Pfeiffer, K.W. West, Surf. Sci. 228, 283 (1989).

Eine Anordnung, in dem ein Detektor-Punktkontakt durch einen Ohmschen Widerstand ersetzt ist, beweist, daß dieser als vollständiger Absorber wirkt (J. Spector, H.L. Störmer, K.W. Baldwin, L.N. Pfeiffer, K.W. West, Appl. Phys. Lett. **56**, 967 (1990)).

Elektronenfokussierung („coherent electron focussing")

Ballistische Elektronen werden nach den vorstehenden Experimenten perfekt reflektiert, an einem Ohmschen Kontakt werden sie absorbiert. Das legt eine Analogie zur geometrischen Lichtoptik nahe. Können ballistische Elektronen evtl. auch fokussiert werden?

In der folgenden Anordnung (J. Spector, H.L. Störmer, K.W. Baldwin, L.N. Pfeiffer and K.W. West, Appl. Phys. Lett. **56**, 1290 (1990)) ist links bei „e“ ein Emitter- (oder Injektor-) Punktkontakt zu sehen, ein entsprechender Detektor- (oder Kollektor-) Punktkontakt befindet sich bei „d“. Die zentral sichtbare helle, mittig wie bei einer bikonkaven Linse eingeschnürte Fläche stellt eine metallische Gate-Elektrode dar, unterhalb derer durch entsprechend angelegte Spannung das 2DEG im GaAs verarmt oder angereichert werden kann:

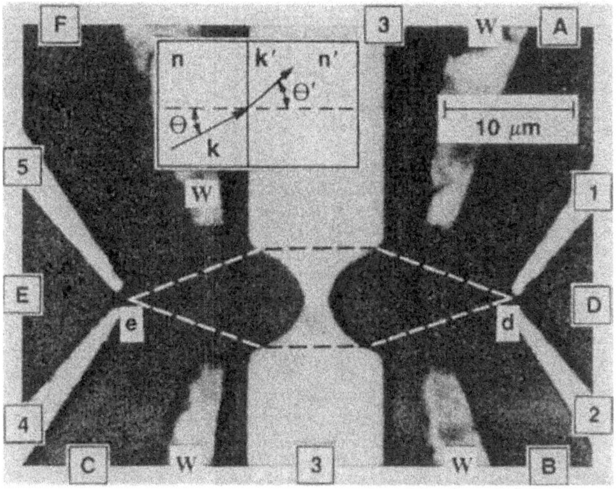

GaAs, 2DEG:

$$E_F = (\hbar^2 / 2m^*)\, k^2 = \frac{2\pi\hbar^2}{m^*} \cdot n$$

durch Gatespannung verarmtes oder angereichertes GaAs:

$$E'_F = (\hbar^2 / 2m^*)\, k'^2 = \frac{2\pi\hbar^2}{m^*} \cdot n'$$

Erhaltung der longitudinalen Impulskomponente:

$|k| \sin\theta = |k'| \sin\theta'$, daher

$$\boxed{\frac{\sin\theta}{\sin\theta'} = \frac{|k'|}{|k|} = \sqrt{\frac{n'}{n}}}$$ Brechungsgesetz

Die Elektronendichte n' ist einstellbar. Unter der Abbildung ist gezeigt, daß bei einer Elektronendichte des 2DEG n links und rechts bzw. n' im linsenförmig kontaktierten Mittelteil ein „Snelliussches“ Brechungsgesetz wie in der Optik gilt. Die Rolle der optischen Brechungsindizes wird hier von den Wurzeln aus den Elektronendichten übernommen.

Mit dieser Anordnung lassen sich nach der zitierten Arbeit von J. Spector et al. Elektronen, die bei „e“ emittiert werden, mit der „Linse“ fokussieren und dann optimal nach „d“ abbilden, wenn die Bedingung des Brechungsgesetzes erfüllt ist. Ballistisch aus einer Punktquelle austretende Elektronen können also mit einer elektrostatischen Linse fokussiert werden, wenn die benötigte Laufdistanz kleiner l_e ist.

10.8 Bloch-Oszillationen in Übergittern

Literatur:

V.G. Lyssenko et al., Festkörperprobleme/Advances in Solid State Physics (Ed. B. Kramer), Vieweg, Vol. **38**, 225 (1999)

P. Leisching et al., Phys. Rev. B **50**, 14389 (1994)

Eindimensionale Übergitter mit Kastenpotential werden in ihrer Bandstruktur sehr realistisch durch das Kronig-Penney-Modell beschrieben (vgl. Abschnitt 3.2). Für genügend dünne Barrieren ergeben sich für Elektronen und Löcher statt diskreter Energiezustände „Minibänder". Ihre Bandstruktur kann nahezu harmonisch sein (d.h. der Bandverlauf im k-Raum geht mit cos(kd) oder sin(kd), wenn d die Gitterkonstante ist). Das erkennt man gut in den Beispielrechnungen von Abschnitt 3.2, S. 66, „Bandstrukturen im Kastenpotential".

Wir betrachten Elektronen und nehmen eine Bandstruktur der Form

$$E(k) = \frac{\Delta}{2}\left(1 - \cos kd\right) = \Delta \cdot \sin^2(kd/2)$$

an; Δ ist die Energiebreite des Minibandes. Im thermischen Gleichgewicht bevölkern Elektronen die Zustände tiefster Energie bei $k_0 \approx 0$. Nach Anlegen eines hinreichend hohen elektrischen Feldes E können sie bis zur maximalen Energie Δ entsprechend einem k-Wert $k_{BZ} = \pm\,\pi/d$ an der Grenze der Brillouinzone beschleunigt werden.

Dort sind ihre Wellenfunktionen stehende, also überlagerte hin- und rücklaufende Wellen (vgl. Abschnitt 3.3, Brillouin-Näherung). Die Elektronen erfahren also Bragg-Reflexionen, die bei genügend kleinen Streuraten zu Oszillationen im k-Raum und im Ortsraum führen. Diese Oszillationen heißen (Zener-) Bloch-Oszillationen.

Formal läßt sich dieses Szenario in folgender Weise beschreiben. Nach Einschalten des elektrischen Feldes werden die Elektronen zeitlinear beschleunigt:

$$k(t) = k_0 + e\mathsf{E}/\hbar \cdot t$$

Die Geschwindigkeit der Elektronen im Ortsraum wird dann (siehe Skizze)

$$v(t) = \frac{1}{\hbar}\frac{dE}{dk} = \frac{\Delta d}{2\hbar}\sin(k(t)\cdot d) \text{ nach Einsetzen von } \frac{dE}{dk} = \frac{\Delta}{2} d \sin(kd).$$

Durch Zeit-Integration über v(t) ergibt sich daraus der Zeitverlauf der Elektronenpositionen im Ortsraum mit $k_0 = 0$ zu:

$$z(t) = z_0 - \frac{\Delta}{2e\mathsf{E}}\cos\omega t \quad \text{mit} \quad \omega = \frac{e\mathsf{E}d}{\hbar} = \frac{2\pi}{\tau_B} \quad \text{(Bloch-Oszillation)}$$

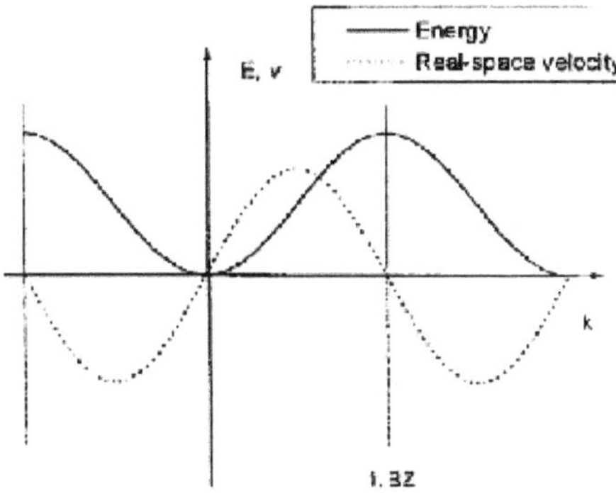

Abb. 10.8 Dispersion E(k) und Geschwindigkeit v(k) für eine harmonisch in k angenommene Bandstruktur. Aus V.G. Lyssenko, M. Sudzius, F. Löser, G. Valusis, T. Hasche, K. Leo, M.M. Dignam, K. Köhler, Festkörperprobleme/Advances in Solid State Physics **38**, 225 (1999).

Der Bereich der Schwingung im Ortsraum (nämlich die doppelte Amplitude) heißt (feldinduzierte) „Lokalisationslänge“: $L = \frac{\Delta}{eE}$

Die harmonisch-periodische Modulation der Ortsfunktion in der Zeitdarstellung kann alternativ über eine Fouriertransformation durch das Auftauchen der Modulationsfrequenz $\nu = \omega / 2\pi = 1 / \tau_B$ beschrieben werden.

Bei nicht-harmonischer Bandstruktur E(k) erhält man Frequenzkomponenten (Oberwellen) mit Abstand $\Delta\nu = \frac{1}{\tau_B}$ bzw. $\Delta E = h\Delta\nu = eEd$.

Quantenmechanisch entspricht dies Zuständen mit den Energien

$$\boxed{E_n = E_0 + n\Delta E \qquad (n = 0, \pm 1, \pm 2, \ldots)}$$

Man nennt diesen Satz von Zuständen eine „Wannier-Stark-Leiter“. Diese Leiterzustände sind durch optische Übergänge in Übergittern vom Valenzband ins Leitungsband experimentell – z.B. durch Photostrom-Messungen – zugänglich. Sie sind ein Nachweis für das Vorhandensein von Bloch-Oszillationen. In Abb. 10.9 sind z.B. schematisch erlaubte optische Übergänge vom stark lokalisierten hh-Lochzustand in die Elektronen-Leiterzustände n = 0 und n = ±1 eingezeichnet.

Die beiden folgenden Bilder zeigen Original-Meßdaten, nämlich Photostromspektren und daraus extrahierte Wannier-Stark-Zustände als Funktion der Vorspannung $V = E \cdot d$.

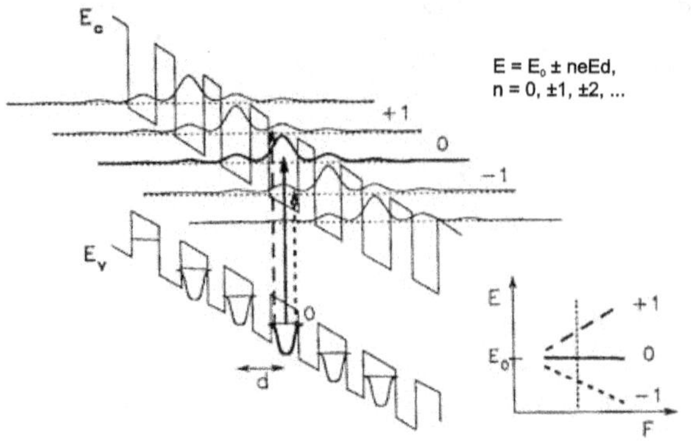

Abb. 10.9 *Im elektrischen Feld* E *verkippte Bandstruktur eines kompositionellen Übergitters mit Übergängen aus dem tiefsten (lokalisierten) hh-Lochzustand in die durch Bloch-Oszillationen entstandene Wannier-Stark-Leiter der Elektronen. Aus P. Leisching, P.H. Bolivar, W. Beck, Y. Dhaibi, F. Brüggemann, R. Schwedler, H. Kurz, K. Leo, K. Köhler, Phys. Rev. B* ***50****, 14389 (1994).*

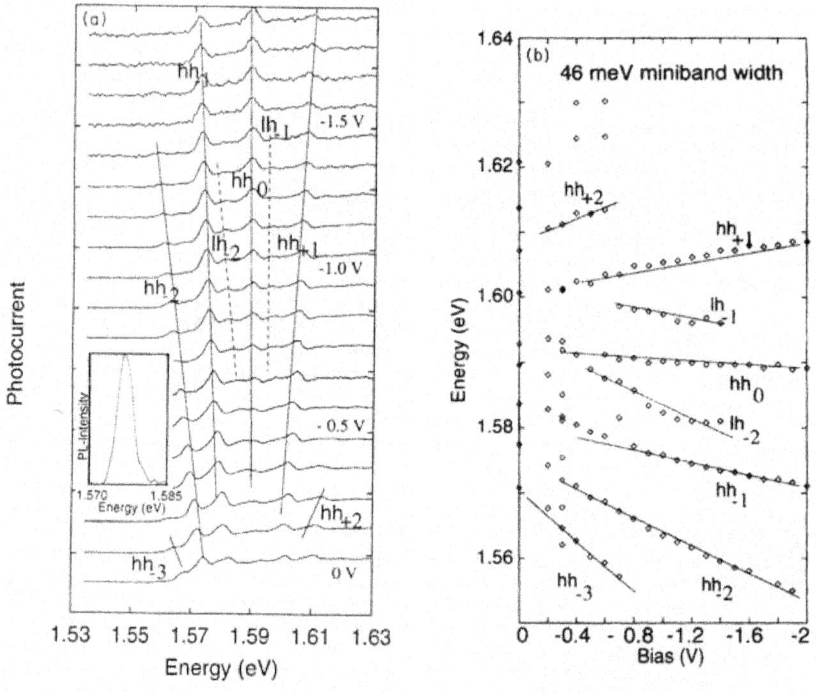

Abb. 10.10 *Photostromspektren (links) und daraus entnommene Wannier-Stark-Zustände (rechts) bei verschiedenen Vorspannungen* $V = E \cdot d$ *für eine Probe aus GaAs/Al*$_{0.3}$*Ga*$_{0.7}$*As mit Periodenlänge d ≈ 78Å, Barrierendicke 61Å, und einer Minibandbreite von 46 meV (Elektronen), 4 meV (schwere Löcher) und 43 meV (leichte Löcher). Aus P. Leisching, P.H. Bolivar, W. Beck, Y. Dhaibi, F. Brüggemann, R. Schwedler, H. Kurz, K. Leo, K. Köhler, Phys. Rev. B* ***50****, 14389 (1994).*

Durch Experimente mit sogenannter Vierwellenmischung bei Anregung mit Subnanosekunden-Laserpulsen lassen sich die Oszillationen auch direkt zeitlich erfassen.

In einem perfekten Kristall gäbe es bei genügend hoher Feldstärke E nur Blochoszillationen, ohne daß damit ein Transport von Ladungsträgern über makroskopische Distanzen verbunden wäre. Ladungsträgertransport kommt nur durch Streuprozesse an Störungen wie Phononen oder Defekten zstande, die die Kohärenz der Teilchenwelle (und damit die Blochoszillation) zerstören.

11 Gleichrichtende Übergänge

11.1 pn-Übergänge

Als leicht rechenbares Modell wird der *abrupte Übergang* gewählt; bei ihm ändert sich die Dotierung $N_D(x) - N_A(x)$ von der n-Seite zur p-Seite sprunghaft. Solche steilen Profile lassen sich angenähert durch MBE-Wachstum oder durch Legierung erreichen.

Ebenfalls analytisch rechenbar – aber mit größerem Aufwand – ist der linear gradierte Übergang; bei ihm ändert sich das Dotierprofil von der n-Seite zur p-Seite linear. Dotierprofile bei Diffusion folgen einer Gauß-Funktion (Typ: e^{-x^2}) oder einer erfc(x)-Funktion; beide können im wesentlichen Teil grob durch eine lineare Funktion angenähert werden.

Für das physikalische Verständnis von pn-Übergängen und bipolaren Transistoren ist der genaue Verlauf des Dotierprofils nicht wichtig.

Weitere Modellannahmen:

- Die Dotierprofile $N_D(x)$, $N_A(x)$ sind konstant (homogene Dotierung).
- Völlige Störstellenerschöpfung: $N_D = N_D^+ = n_{no}$, $N_A = N_A^- = p_{po}$.
- In einem Bereich um $x = 0$, der Raumladungszone (RLZ), sind Elektronen und Löcher vollständig rekombiniert.

Bemerkungen zum Modell:

Im Übergangsgebiet von n- zu p-Dotierung, der Verarmungszone („depletion layer“) oder auch Raumladungszone (RLZ), sind Elektronen und Löcher rekombiniert. Die Raumladung in dieser Zone wird durch die übrigbleibenden ortsfesten Rümpfe von Donatoren und Akzeptoren verursacht. Die Konzentrationen n und p von Elektronen und Löchern in der Raumladungszone werden im einfachen Modell zu Null gesetzt. Das ist streng genommen falsch, da $n_{no} \cdot p_{no} = n_{po} \cdot p_{po} = n_i^2$ (vgl. „saubere“ Lösung der Poissongleichung ohne diese Annahme auf S. 293). Der abrupte Sprung der Raumladungsdichte $\rho(x)$ von der RLZ zu den Neutralgebieten ist durch die kleine Abschirmlänge/Debye-Länge L_D gerechtfertigt (siehe Zusammenhang zwischen Raumladungszonenweite W und L_D auf S. 285).

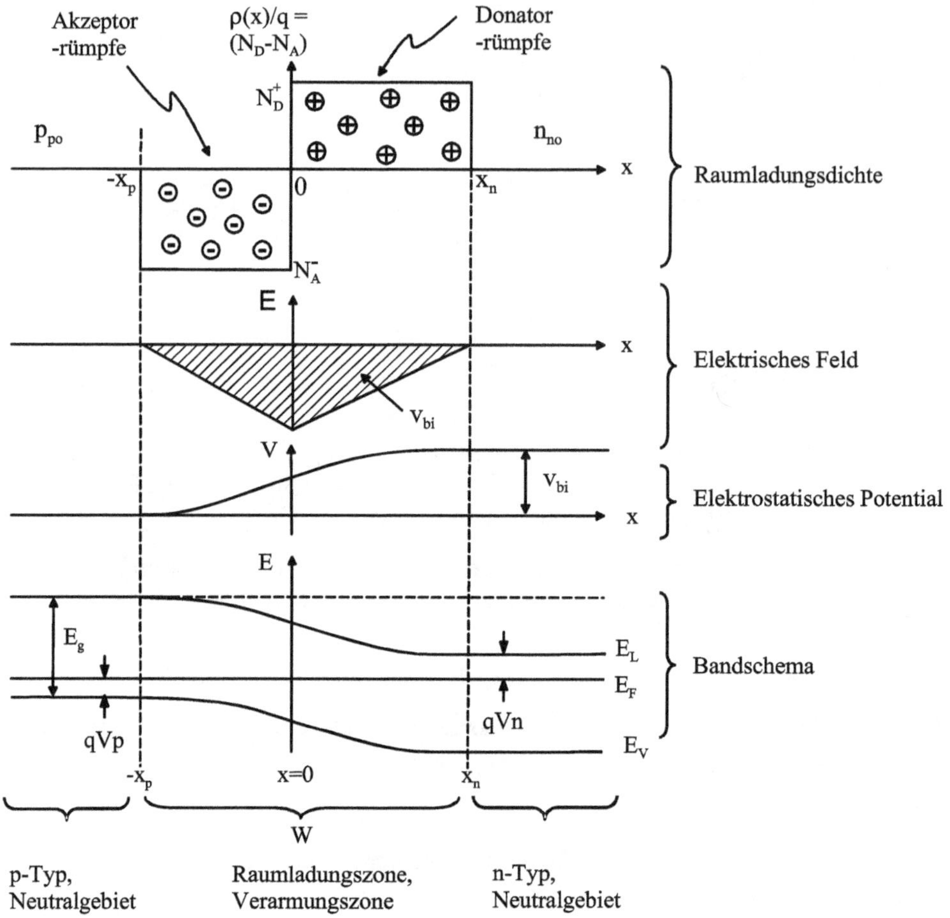

Abb. 11.1 *Abrupter pn-Übergang mit Raumladungsdichte, elektrischem Feld, elektrostatischem Potential und Bandschema. Die Indizierung n und p bezieht sich auf die n- bzw. p-Gebiete, der Index o auf das thermische Gleichgewicht.*

Aus dem Diagramm zu entnehmen ist die *Diffusionsspannung* („built-in voltage") V_{bi}:

$$qV_{bi} = E_g - (qV_n + qV_p)$$

E_g, qV_n und qV_p werden anhand folgender Beziehungen ersetzt:

$$n_i^2 = N_L N_V e^{-E_g/kT}\text{, also } E_g = -kT \cdot \ln \frac{n_i^2}{N_L N_V},$$

$$qV_n = (E_L - E_F)_n = kT \cdot \ln \frac{N_L}{N_D} \quad \text{und} \quad qV_p = (E_F - E_V)_p = kT \cdot \ln \frac{N_V}{N_A}.$$

Zu den Ausdrücken für qV_n und qV_p vgl. Kapitel 6 „Besetzungsstatistik“, S. 167. Sie gelten nur für $E_V << E_F << E_L$, werden aber häufig noch im Entartungsfall $E_F > E_L$, $E_F < E_V$ genutzt. Einsetzen in den Ausdruck für qV_{bi} ergibt:

$$qV_{bi} = kT \cdot \ln\frac{N_D N_A}{n_i^2} = kT \cdot \ln\frac{n_{no}p_{po}}{n_i^2} \qquad \text{wegen} \quad n_{no} = N_D,\ p_{po} = N_A$$

Beispielwerte für Si:

$N_D = 10^{15}\ \text{cm}^{-3}$ $\quad n_i = 1{,}5 \times 10^{10}\ \text{cm}^{-3}$ $\quad \rightarrow qV_{bi} = 0{,}87\ \text{eV}$

$N_A = 10^{20}\ \text{cm}^{-3}$

Die gewählten Werte entsprechen einem „einseitigen“ pn-Übergang; sie sollen auch für spätere Zahlenbeispiele als Standardwerte dienen.

Merkregel:

qV_{bi} liegt in der Regel knapp unter dem Wert von E_g. Für $N_D = N_L$ und $N_A = N_V$ (Grenzfall entarteter Dotierung) ist $qV_{bi} = E_g$. Siehe zum Entartungsfall aber die obige Bemerkung bzgl. der Gültigkeit der benutzten Formeln.

Mit dem Massenwirkungsgesetz $n_{no}p_{no} = n_{po}p_{po} = n_i^2$ folgt

$$V_{bi} = \frac{kT}{q}\ln\frac{n_{no}}{n_{po}} = \frac{kT}{q}\ln\frac{p_{po}}{p_{no}} \qquad \text{oder} \qquad \boxed{\begin{aligned} n_{po} &= n_{no}e^{-qV_{bi}/kT} \\ p_{no} &= p_{po}e^{-qV_{bi}/kT} \end{aligned}}$$

Physikalisch bedeuten diese Gleichungen „Aktivierungs“- oder Arrhenius-Gesetze bzgl. der Barriere qV_{bi} Sie verknüpfen n und p auf beiden Seiten der Raumladungszone.

Quantitative Darstellung des pn-Übergangs:

Berechnung von Feld $E(x)$ und Potentialverlauf $V(x)$ aus der gegebenen Raumladungsdichte $\rho(x)$ durch Lösen der Poisson-Gleichung.

Poisson-Gleichung:

$$-\frac{\partial^2 V}{\partial x^2} = \frac{\partial E}{\partial x} = \frac{\rho(x)}{\varepsilon\varepsilon_0} = \frac{q}{\varepsilon\varepsilon_0}\left\{ p(x) - n(x) + N_D - N_A \right\} \quad \text{mit } p(x),\ n(x) = 0 \text{ in der RLZ.}$$

Nach Voraussetzung des abrupten Übergangs gilt:

$$\begin{cases} \dfrac{\partial E}{\partial x} = -\dfrac{q}{\varepsilon\varepsilon_0} N_A & \text{für } -x_p \le x \le 0 \\ \dfrac{\partial E}{\partial x} = +\dfrac{q}{\varepsilon\varepsilon_0} N_D & \text{für } 0 \le x \le x_n \end{cases}$$

Integration der Gleichungen führt zum *elektrischen Feld* $E(x)$

$$\begin{cases} E(x) = -\dfrac{qN_A}{\varepsilon\varepsilon_0}\left(x + x_p\right) & \text{für } -x_p \le x \le 0 \\ E(x) = \dfrac{qN_D}{\varepsilon\varepsilon_0}\left(x - x_n\right) & \text{für } 0 \le x \le x_n \end{cases}$$

Die Feldstärke ist maximal bei x = 0: $E_m = \dfrac{-qN_D x_n}{\varepsilon\varepsilon_0} = \dfrac{-qN_A x_p}{\varepsilon\varepsilon_0}$

Das *Potential* ergibt sich durch nochmalige Integration mit den Randbedingungen:

$$\begin{cases} V\left(-x_p\right) = 0 \\ V(0): \text{ Forderung nach stetigem Anschluß von der n - und der p - Seite her} \end{cases}$$

Daraus folgt:

$$\begin{cases} V(x) = \dfrac{qN_A}{2\varepsilon\varepsilon_0}\left(x + x_p\right)^2 & \text{für } -x_p \le x \le 0 \\ V(x) = -\dfrac{qN_D}{\varepsilon\varepsilon_0}\left(\dfrac{1}{2}x^2 - x_n x\right) + \dfrac{qN_A}{2\varepsilon\varepsilon_0} x_p^2 & \text{für } 0 \le x \le x_n \end{cases}$$

Diffusionsspannung

$$V_{bi} = V\left(x_n\right) = \frac{qN_D}{2\varepsilon\varepsilon_0} x_n^2 + \frac{qN_A}{2\varepsilon\varepsilon_0} x_p^2$$

Die Neutralitätsbedingung $N_D x_n = N_A x_p$ ist eine zweite Beziehungsgleichung für x_n und x_p, so daß man nach x_n und x_p auflösen kann:

$$x_n = \sqrt{\frac{2\varepsilon\varepsilon_0}{q} V_{bi} \frac{N_A}{N_D\left(N_D + N_A\right)}} \quad \text{und} \quad x_p = \sqrt{\frac{2\varepsilon\varepsilon_0}{q} V_{bi} \frac{N_D}{N_A\left(N_D + N_A\right)}}$$

Daraus folgt die Weite $W = x_n + x_p$ der RLZ:

$$W = \sqrt{\frac{2\varepsilon\varepsilon_0}{q} \cdot \frac{N_D + N_A}{N_D \cdot N_A} \cdot V_{bi}}$$

Für den einseitigen pn-Übergang mit $N_A >> N_D$:

$$W = \sqrt{\frac{2\varepsilon\varepsilon_0}{q} \cdot \frac{1}{N_D} \cdot V_{bi}}$$

Bei externer Vorspannung (Sperrspannung) V_{ext} ist V_{bi} durch $(V_{bi}+V_{ext})$ zu ersetzen.

Zahlenbeispiel:

$N_D = 10^{15}\text{cm}^{-3}$, $N_A = 10^{20}\text{cm}^{-3}$ (wie oben):

$W = 1{,}05\ \mu$

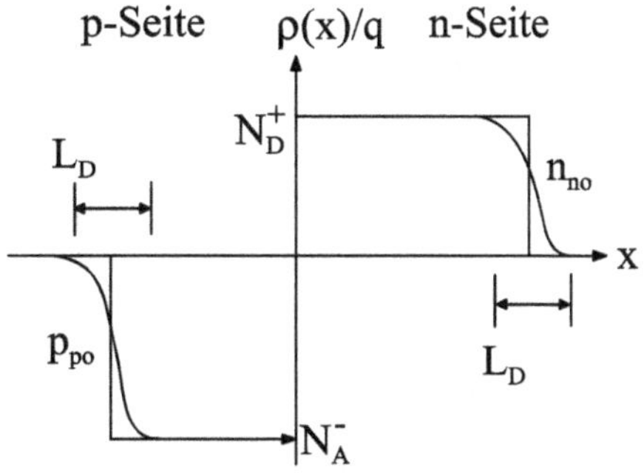

Eine genauere Betrachtung nimmt die Abschirmung der festen Ionenladungen durch die Majoritätsträger in den Übergangsgebieten von der Raumladungszone zu den Neutralgebieten bei x_n und $-x_p$ mit. Die freien Ladungsträger schirmen die Raumladungen innerhalb der Debye-Länge L_D ab, so daß folgt:

$$W = \sqrt{\frac{2\varepsilon\varepsilon_0}{qN_D}\underbrace{\left(V_{bi} - \frac{2kT}{q}\right)}} = L_D\sqrt{2\left(\frac{qV_{bi}}{kT} - 2\right)} \quad \text{für } N_A >> N_D$$

„Aufweichung“ des für die Weite W verantwortlichen Gebiets der RLZ

Wert für Si mit $L_D = L_{Di}\sqrt{n_i/n_{no}}$ und $L_{Di} \approx 40\ \mu\text{m}$: $W = 0{,}89\ \mu$

Raumladungszonenkapazität des pn-Übergangs

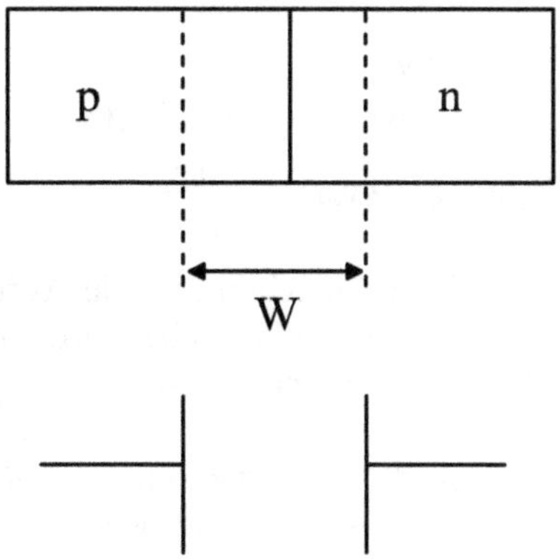

In Sperrrichtung hat der pn-Übergang eine Verarmungskapazität („depletion capacitance“). Der pn-Übergang kann als Kondensator betrachtet werden: Zwischen leitenden Bereichen (den Neutralgebieten) befindet sich ein nichtleitendes Dielektrikum. Seine Kapazität pro Fläche ist

$$C^* = \frac{dQ^*}{dV_{ext}}$$

Q^* ist die Flächenladung auf dem Kondensator.

Unter Berücksichtigung einer äußeren Spannung V_{ext} beträgt die Flächenladung:

$$Q^* = qN_A x_p = qN_D x_n = \sqrt{2\varepsilon\varepsilon_0 q \frac{N_D N_A}{(N_D + N_A)}(V_{bi} + V_{ext})}$$

Für $N_A >> N_D$ (das ist das Standardbeispiel) ergibt sie sich zu $Q^* = \sqrt{2\varepsilon\varepsilon_0 q N_D (V_{bi} + V_{ext})}$ und damit folgt:

$$C^* = \sqrt{\frac{\varepsilon\varepsilon_0 q N_D}{2(V_{bi} + V_{ext})}} = \sqrt{\frac{\varepsilon\varepsilon_0 q N_D}{2(V_{bi} - 2kT/q + V_{ext})}}$$

bei Berücksichtigung von Abschirmung.

Zahlenbeispiel:

$N_D = 10^{15}$ cm^{-3}, $N_A = 10^{20}$ cm^{-3}
$C^* = 9{,}7$ nF/cm^2 bei $V_{ext} = 0$
$C \approx 100$ pF für Diodenfläche von 1 mm^2

Anwendung

- Nutzung der spannungsabhängigen Kapazität $C = C(V)$ als „Kapazitätsdiode“.
- Bestimmung der Majoritätsträgerdichte $n_{no} = N_D$ der geringer dotierten Diodenseite durch eine C(V)-Messung mit der äußeren Spannung $V_{ext} = V$:

$$\frac{1}{C^{*2}} = \frac{2}{q\varepsilon\varepsilon_0} \cdot \frac{1}{N_D}(V_{bi} + V)$$

N_D erhält man aus der Steigung in der Auftragung $1/C^{*2}$ über V:

$$\frac{d(1/C^{*2})}{dV} = \frac{2}{q\varepsilon\varepsilon_0} \cdot \frac{1}{N_D}$$

Für inhomogene Dotierung $N_D(x)$ kann dieser Ausdruck verallgemeinert werden:

$$\frac{d(1/C^{*2})}{dV} = \frac{2}{q\varepsilon\varepsilon_0} \cdot \frac{1}{N_D(x)}$$

mit $x = \Delta W(V) = \dfrac{\varepsilon\varepsilon_0}{C(V)}$

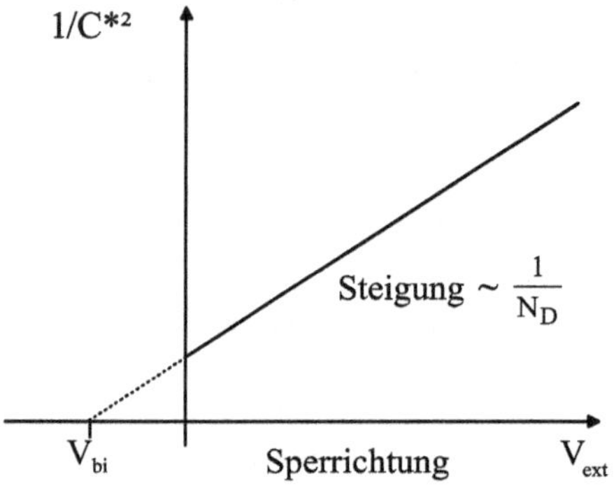

Mit dieser Gleichung ist die Aufnahme eines Dotierungstiefenprofils möglich: Auf eine zu untersuchende Probe wird ein asymmetrischer (einseitiger) pn-Übergang oder im Grenzfall ein Schottky-Kontakt aufgebracht, so daß die Raumladungszone ganz im Halbleiter liegt. Eine Vergrößerung der Sperrspannung um dV erfaßt gerade die Kapazitätsänderung $d(1/C^{*2})$, die von den Störstellen im zugehörigen aufgeweiteten Bereich ΔW der Raumladungszone verursacht wird. Die erreichbare Auflösung beträgt $\approx L_D$.

Zusammenhang von W und L_D

$$W = \sqrt{\frac{2\varepsilon\varepsilon_0}{q} \cdot \frac{1}{N_D} \cdot V_{bi}}$$ für den einseitig abrupten Übergang, $N_A >> N_D$

Mit $N_D = n_0$ und $V_{bi} = \frac{kT}{q} \cdot \ln \frac{n_{no} p_{po}}{n_i^2}$ folgt:

$$W = \underbrace{\sqrt{\frac{\varepsilon\varepsilon_0 kT}{q^2} \cdot \frac{1}{n_{no}}}}_{L_{D,no}} \cdot \sqrt{2 \ln \frac{n_{no} p_{po}}{n_i^2}}$$

Die zweite Wurzel besitzt eine sehr schwache Dotierabhängigkeit wegen der ln-Funktion, wie man aus dem folgenden Beispiel sieht:

$$\left.\begin{array}{l} n_{no} = 10^{15}\ \mathrm{cm}^{-3} \\ p_{po} = 10^{20}\ \mathrm{cm}^{-3} \end{array}\right\} \sqrt{\ } \approx 8{,}2 \qquad \left.\begin{array}{l} n_{no} = 10^{20}\ \mathrm{cm}^{-3} \\ p_{po} = 10^{20}\ \mathrm{cm}^{-3} \end{array}\right\} \sqrt{\ } \approx 9{,}5$$

Daher hat man die Relation: $\boxed{W \approx (8...10) \times L_{D,no}}$

Diese Relation begründet die frühere Annahme sprunghaften Verhaltens von $\rho(x)$ bei den Übergängen von der Raumladungszone zu den Neutralgebieten im Vergleich zu der Weite der Raumladungszone.

Für einen nicht-einseitig abrupten Übergang erhält man: $\boxed{W \approx (8...10) \times \sqrt{L_{D,no}^2 + L_{D,po}^2}}$.

Charakterisierung tiefer Defekte durch Kapazitätsspektroskopie: „Deep Level Transient Spectroscopy" (DLTS)

Wir sind mit Kenntnis des pn-Übergangs nun gewappnet, eine Methode zu diskutieren, mit der tiefe Defekte umfangreich charakterisiert werden können. Sie gehört thematisch eher an das Ende von Kapitel 5 zu tiefen (evtl. komplexen) Störstellen bzw. bezüglich des physikalischen Prozesses zum Kapitel 7, wo wir u.a. Ladungsträgereinfang und -emission von tiefen Störstellen („Traps") untersucht haben. Diese DLTS-Methode wurde nach Vorarbeiten anderer erstmals von D.V. Lang bei den Bell Laboratorien in J. Appl. Phys. **45**, 3023 (1974) beschrieben. Sie hat sich seitdem zu *der* Standardmethode zur Untersuchung von tiefen (nichtstrahlenden) Defekten entwickelt. Sie gestattet es, die Energielage oder Aktivierungsenergie eines Defekts, seine Konzentration (oder das Konzentrationsprofil), seine thermische Emissionsrate und evtl. die Einfangrate zu bestimmen.

Dazu wird mit der zu untersuchenden Probe ein Schottky-Kontakt, also ein Metall-Halbleiter-Übergang, hergestellt. Um spezifisch zu sein, nehmen wir n-Dotierung des Halbleiters mit $N_D >> N_t$ (Trapkonzentration) an. Wichtig ist, daß im Halbleiter eine Raumladungszone entsteht, man könnte also auch einen pn-Übergang herstellen. Bei Sperrspannung U_0 am Schottky-Kontakt wird die Raumladungszone auf die Weite W_0 vergrößert. Eine kurzzeitige Verringerung der Spannung auf U_p („Füllpuls") hebt das halbleiterseitige Ferminiveau relativ zur Metallseite an, verkleinert die Raumladungszonenweite auf W_p und bewirkt, daß vorher unbesetzte Defektniveaus oberhalb E_F durch (schnellen) Elektroneneinfang bis zu L_P besetzt („gefüllt") werden.

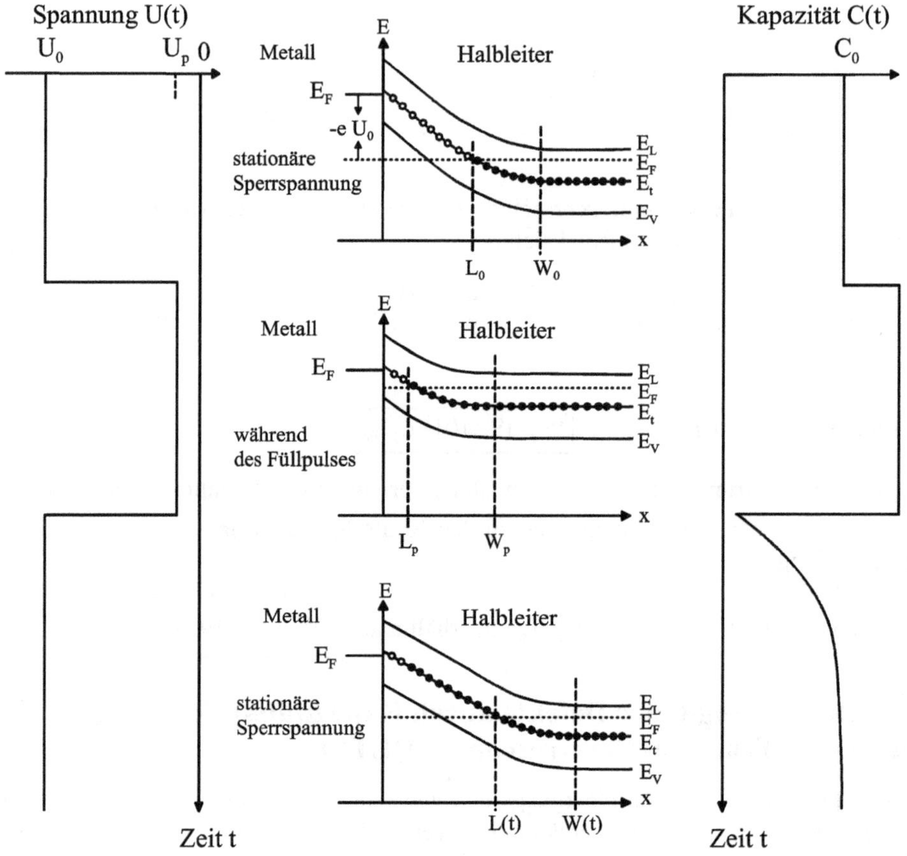

Abb. 11.2 Halbleiter-Metall-Kontakt mit Bandverbiegung und Besetzung („Füllung") eines tiefen Defektzustandes durch Elektronen für drei aufeinander folgende Betriebszustände stationäre Sperrspannung U_0, Füllpuls mit $U_p>U_0$ und Rückkehr zur Sperrspannung U_0. Die Kapazitätstransiente C(t) im letzten Betriebsabschnitt liefert Informationen über den Defekt.

Nach Ende des Füllpulses wird die Spannung wieder auf den alten stationären Wert U_0 zurückgestellt, und das Ferminiveau im Halbleiter nimmt wieder seine alte Energielage ein. Die gefüllten Defektzustände jedoch entleeren sich erst langsam wieder durch temperaturabhängige Elektronenemission ins Leitungsband. Die Weite der Raumladungszone W(t) ist nun größer als W_0 vor dem Füllpuls und geht erst mit fortschreitender Elektronenemission auf W_0 zurück. Die vergrößerte Raumladungsweite bewirkt eine kleinere Kapazität, die asymptotisch wieder den ursprünglichen Wert C_0 erreicht. Diese Kapazitätstransiente wird gemessen. Ihre Amplitude wird durch die Defektkonzentration N_t bestimmt, ihre Zeitkonstante τ durch die Elektronenemission. Durch Messungen bei verschiedenen Temperaturen erhält man nach geschickter Auswertung die Aktivierungsenergie für die Defektumladung sowie weitere Daten.

Um diese Vorgänge quantitativ in die Hand zu bekommen, formuliert man die Poissongleichung zunächst für den Fall mit Vorspannung U_0: Dann ist die Raumladungsdichte $(N_D + N_t)$ für $0 \le x < L_0$ und N_D für $L_0 \le x < W_0$ mit der Lösung $U_0 = \frac{q}{2\varepsilon\varepsilon_0}(N_D W_0^2 + N_t L_0^2)$.

Hier wurde angenommen, daß die flachen Donatoren mit Konzentration N_D einfach ionisierbar und völlig erschöpft sind. Die tiefen Defekte sind im unbesetzten Zustand einfach positiv, im besetzten Zustand neutral angenommen, sie sind also Donator-ähnlich. Dann schreibt man die Poissongleichung nach Ende des Füllpulses an: Hier ist die Raumladung $(N_D + N_t)$ für $0 \le x < L_P$, $(N_D + N_t\, f_n(t))$ für $L_P \le x < L(t) \approx L_0$, N_D für $L_0 \le x < W(t)$ und Null für $x \ge W(t)$, wobei $f_n(t)$ die Wahrscheinlichkeit angibt, daß der Defektzustand besetzt ist. Die Lösung läßt sich einfach bereichsweise hinschreiben. Die Potentiale bzw. Spannungen sind vor und nach dem Füllpuls gleich; durch Gleichsetzen der beiden Ausdrücke für U_0 erhält man die zeitabhängige Weite der Raumladungszone und daraus die Kapazitätstransiente:

$$C(t) = C_0 \left[1 + \frac{N_t}{N_D} f_n(t) \frac{L_0^2 - L_P^2}{W_0^2}\right]^{-1/2}$$

Die Zeit wird hier ab Ende des Füllpulses gezählt. Nach Entwicklung des letzten Ausdrucks mit $N_D >> N_t$ und Annahme einer exponentiellen Rückkehr des Systems ins thermische Gleichgewicht, also $f_n(t) \sim e^{-t/\tau}$, bleibt für die Differenz der Transientenamplituden

$$\Delta C = C(t=\infty) - C(t=0) = \frac{C_0}{2} \cdot \frac{N_t}{N_D} \cdot \frac{L_0^2 - L_P^2}{W_0^2}.$$

Ist die Füllpulsspannung $(U_p - U_0)$ so groß, daß praktisch alle Defekte in der Raumladungszone besetzt werden, wird $L_P \approx 0$ und $L_0 \approx W_0$, so daß man als einfaches Ergebnis erhält

$$\boxed{\Delta C = \frac{C_0}{2} \cdot \frac{N_t}{N_D}} \text{ und } \boxed{C(t) = C_0\left(1 - \frac{1}{2}\frac{N_t}{N_D} e^{-t/\tau}\right)}.$$

Aus der Differenz zweier Transienten bei gleicher Sperrspannung U_0, aber verschiedenen Füllpulsspannungen U_{P1} und U_{P2} ergibt sich die Defektkonzentration in einem (kleinen) Raumgebiet $(L_{P1}–L_{P2})$ und daher bei Variation der Spannungen das Dotierprofil des Defekts.

Zur Bestimmung der Relaxationszeit τ wird beim klassischen DLTS-Verfahren die Kapazitätsänderung $\delta C(\Delta t) = C(t_2) - C(t_1)$ zwischen zwei Zeiten t_1 und t_2 nach Ende des Füllpulses gemessen. Experimentell wird das durch einen Doppel-Boxcar-Integrator ausgeführt. Für verschiedene Temperaturen sind die Kapazitätstransienten in der folgenden Skizze dargestellt, und das „Spektrum“ oder DLTS-Signal $\delta C(\Delta t,T)$ ergibt sich daraus ganz anschaulich: Bei niedrigen Temperaturen ist die Elektronenemission so langsam, daß im Meßintervall die Kapazitätsänderung praktisch Null ist. Bei hohen Temperaturen und schneller Elektronenemission ist sie zu den Meßzeiten bereits abgeschlossen, so daß die Kapazitätsänderung wiederum Null ist.

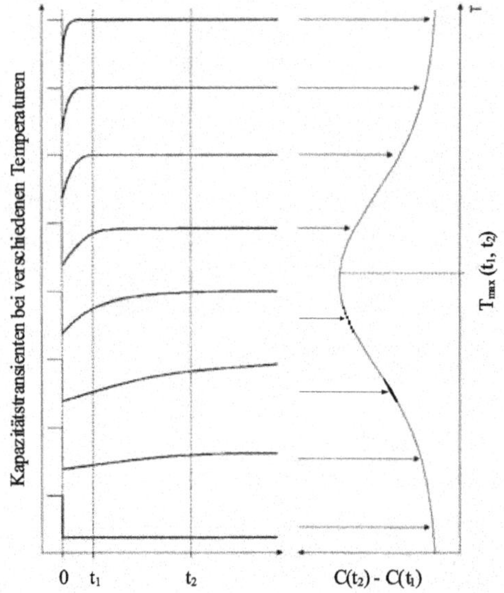

Abb. 11.3 *Kapazitätstransienten für verschiedene Probentemperaturen und DLTS-Signal (rechts) nach Auswertung der Kapazitätsmessung zu den Zeiten t_1 und t_2.*

Bei einer Zwischentemperatur T_{max} wird das DLTS-Signal maximal. Dort erhält man mit dem Ausdruck $\delta C(\Delta t)$ von oben als Maximumsbedingung für genügend kleine Meßzeiten (d.i. kleine Torbreiten der Boxcar-Integration) bei den gewählten Zeiten t_2 und t_1

$$\tau(T_{max}) = \frac{t_2 - t_1}{\ln(t_2/t_1)} .$$

Die Größe $\tau^{-1}(T_{max})$ wird als Ratenfenster bezeichnet. Jedes Ratenfenster, das durch Wahl der Meßgrößten t_2 und t_1 eingestellt wird, ergibt ein spezifisches Maximum, dessen zugehörige Temperatur T_{max} experimentell bestimmt wird. Die Emissionszeitkonstante τ wird physikalisch beschrieben durch den Ausdruck $\tau = \frac{1}{e_n} = \frac{1}{\sigma_n v_{th} N_L S_n} \cdot e^{\Delta E/kT}$ mit e_n Emissionskoeffizient, $\Delta E = E_L - E_t$ Aktivierungsenergie des Defekts, S_n Entropiefaktor (der hier nicht weiter betrachtet wird) und $v_{th}N_L \sim T_{max}^2$. Trägt man also Wertepaare (τ, T_{max}) graphisch als $-\ln(T_{max}^2 \cdot \tau)$ gegen 1/T auf, so liegen sie auf einer Geraden mit Steigung ΔE. Man erhält so aus der Geradensteigung die Aktivierungsenergie ΔE. Zusätzlich ergibt der Schnittpunkt der Geraden mit der $-\ln(T_{max}^2 \cdot \tau)$-Achse das Produkt aus dem Einfangquerschnitt σ_n und dem Entropiefaktor.

11.2 Gepolter pn-Übergang: Strom-Spannungs-Kennlinie (ideal)

Wir behandeln den gepolten pn-Übergang nach dem idealisierten Shockley-Modell, basierend auf folgenden Annahmen:

(1) Abrupter Übergang (wie bisher)
(2) Boltzmann-Näherung
(3) „Low injection“ (kleine Ströme): $n_p << p_p$ und $p_n << n_n$
(4) Weder Generation noch Rekombination in der RLZ

Es wird ferner vorausgesetzt, daß die angelegte Spannung nur an der Raumladungszone abfällt, nicht dagegen an den genügend leitend vorausgesetzten n- und p-Gebieten. Dort hat man also den Flachbandfall. In der Raumladungszone herrscht bei Gültigkeit von Annahme (4) Quasi-Gleichgewicht, die Quasi-Ferminiveaus E_F^e und E_F^h sind also konstant.

Im Quasi-Gleichgewicht gilt:

$$n = n_i \cdot e^{\phi_n / kT} \qquad \phi_n \text{ oder } \phi_e = E_F^e - E_{Fi}$$

$$p = n_i \cdot e^{-\phi_p / kT} \qquad \phi_p \text{ oder } \phi_h = E_F^h - E_{Fi}$$

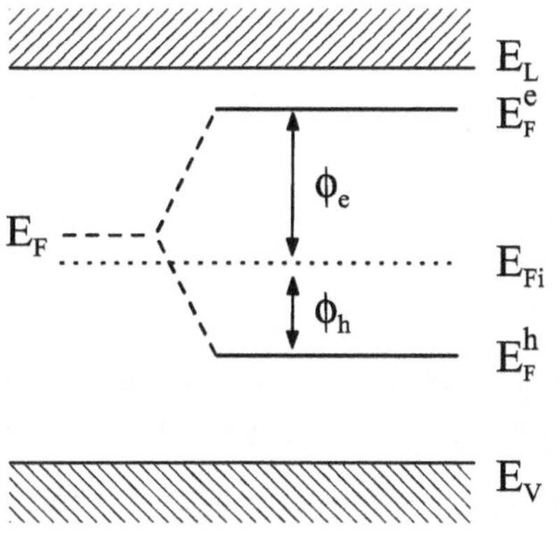

Das Massenwirkungsgesetz heißt dann

$$np = n_i^2 e^{(\phi_n - \phi_p)/kT} = n_i^2 e^{\frac{qV}{kT}}$$

da $\quad \phi_n - \phi_p = \Delta E_F = qV$

Daraus folgt:

$$n_p = \frac{n_i^2}{p_p} e^{\frac{qV}{kT}} = n_{po} e^{\frac{qV}{kT}} \qquad \text{da } p_p \approx p_{po}$$

$$p_n = \frac{n_i^2}{n_n} e^{\frac{qV}{kT}} = p_{no} e^{\frac{qV}{kT}} \qquad \text{da } n_n \approx n_{no}$$

Dies sind zwei wichtige Randbedingungen bei x_n und $-x_p$, die wesentlich in die Strom-Spannungs-Kennlinie des gepolten pn-Übergangs eingehen.

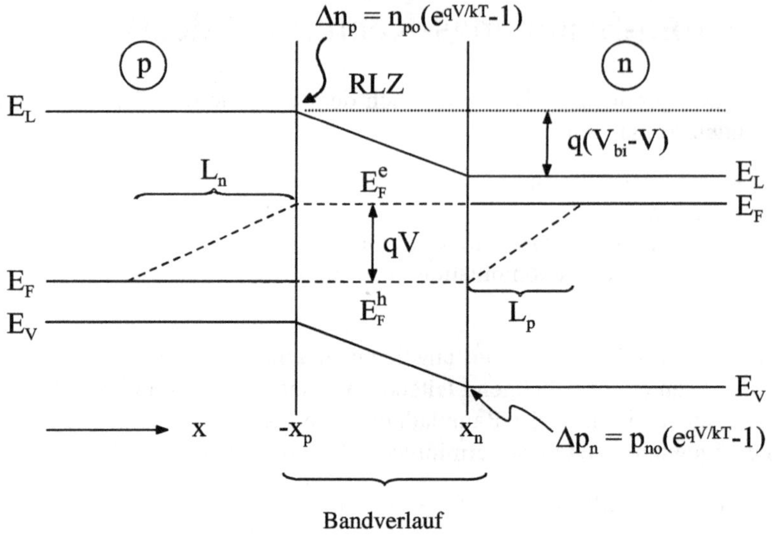

Abb. 11.4 *Bandschema des in Vorwärtsrichtung gepolten pn-Übergangs. Der Bandverlauf in der Raumladungszone (RLZ) ist schematisch gezeichnet; dort trennt die angelegte Spannung V die Quasi-Ferminiveaus von Elektronen und Löchern,* E_F^e und E_F^h, *um den Betrag qV. Die Diffusionslängen* L_n *und* L_p *in den beiden Neutralgebieten werden durch Diffusion und Rekombination der jeweiligen Überschuß-Minoritäten bestimmt.*

Gedankengang im idealisierten Shockley-Modell zur Ableitung der Strom-Spannungs-Kennlinie:

Die Elektronen- und Löcherströme sind in jedem Querschnitt des pn-Übergangs konstant. Man kann sie an solchen Stellen berechnen, wo die physikalischen Verhältnisse einfach überschaubar sind. Das ist jeweils an den Rändern der RLZ der Fall: Elektronen z.B., die aus dem n-Gebiet über die durch äußere Spannung verringerte Barriere q (V_{bi} – V) fließen, sind bei $-x_p$ Minoritäten. Im feldfreien p-Gebiet können sie *diffundieren*, während sie gleichzeitig mit Löchern als Majoritäten *rekombinieren*. Man gewinnt dementsprechend die Kennlinie $j_n(V)$ einfach aus dem Gradienten von $\Delta n(x,V)$: Das ist die Lösung der Kontinuitätsgleichung im Neutralgebiet bei $x = -x_p$. An dieser Stelle läßt sich die Lösung sofort hinschreiben, da die Randbedingung $\Delta n_p(-x_p)$ unter der Annahme (4) von oben bekannt ist. In analoger Weise ergibt sich der Beitrag $j_p(V)$ der Löcher zur Kennlinie.

Wir führen die einfache Rechnung für Löcher durch: Die Kontinuitätsgleichung im feldfreien n-Gebiet lautet:

$$\frac{dp_n}{dt} = -\frac{\Delta p_n}{\tau_p} + D_p \frac{d^2 p_n}{dx^2} = 0$$

Daher gilt für die Überschußlöcherdichten im stationären Fall:

$$-\frac{\Delta p_n}{\tau_n} + D_p \frac{d^2 \Delta p_n}{dx^2} = 0\,.$$

Diese Differentialgleichung hat die Lösung:

$$\boxed{\Delta p_n(x) = \Delta p_n(x_n) \cdot e^{-(x-x_n)/L_p}}$$

$L_p = \sqrt{D_p \tau_p}$ ist die Diffusionslänge der Löcher im feldfreien n-Gebiet.

Am rechten Rand der RLZ kann man $\Delta p_n(x_n)$ laut der Betrachtung von oben anschreiben als $\Delta p_n(x = x_n) = p_n - p_{no} = p_{no} e^{qV/kT} - p_{no} = p_{no}\left(e^{qV/kT} - 1\right)$.

Die Diffusionsstromdichte folgt daraus im eindimensionalen Fall durch Differenzieren:

$$j_p = -qD_p \cdot \frac{d(\Delta p_n)}{dx}\Big|_{x=x_n} = \frac{qD_p p_{no}}{L_p}\left(e^{qV/kT} - 1\right)$$

Analog gilt für die Elektronen:

$$j_n = qD_n \cdot \frac{dn_p}{dx}\Big|_{x=-x_p} = \frac{qD_n n_{po}}{L_n}\left(e^{qV/kT} - 1\right)$$

Die *Gesamtstromdichte* setzt sich aus Elektronen- und Löcherstrom zusammen:

$$\boxed{j = j_n + j_p = j_s\left(e^{qV/kT} - 1\right)} \quad \text{mit} \quad \boxed{j_s = \frac{qD_n n_{po}}{L_n} + \frac{qD_p p_{no}}{L_p}}$$

Kennlinien-Gleichung, Shockley (1949)

Die Sättigungssperrstromdichte enthält natürlich die charakteristischen Parameter der Prozesse, die betrachtet wurden.

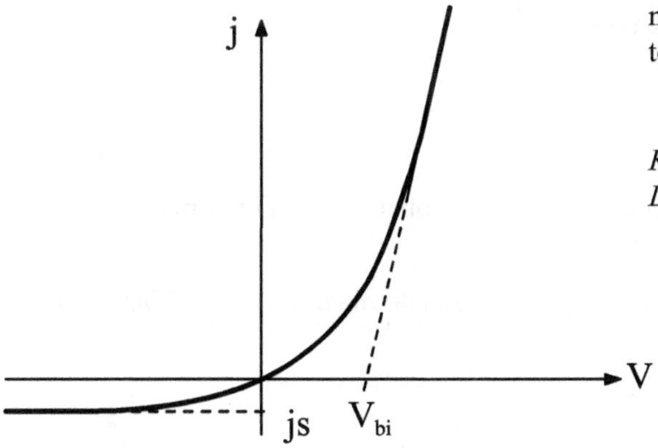

Kennlinie im Diffusionsstrommodell

Im logarithmischen Maßstab ist in Vorwärtsrichtung die Steigerungsrate des Stroms für $V \geq 3kT/q$ konstant; bei 300K: jede Stromdekade macht ein Anwachsen von V um $2{,}3kT/q \approx 60mV << V_{bi}$ aus. Man hat also eine relative gute Spannungskonstanz. In der alternativen Schreibweise der Dioden-Kennlinie

$$V = V_{bi} + \frac{kT}{q} \cdot \ln\left(\frac{L_p}{qD_p \cdot p_{po}} \cdot j\right) \qquad \text{aus} \qquad j = \frac{qD_p \cdot p_{n0}}{L_p} e^{qV/kT}$$

für das Standardbeispiel des einseitigen pn-Übergangs oberhalb des Ohmschen Bereichs erkennt man, daß diese Schwell- oder Kniespannung, die man im praktischen Betrieb in Durchlaßrichtung über der Diode mißt, ungefähr gleich V_{bi} ist.

Zahlenbeispiel für Sperrstromdichte j_s:

$$p_{po} = N_A = 10^{20}\ \text{cm}^{-3}, \quad n_{no} = N_D = 10^{15}\ \text{cm}^{-3}$$

$$p_{no} = p_{po}\, e^{-qV_{bi}/kT} = 7{,}7 \times 10^4\ \text{cm}^{-3}$$

$$n_{po} = n_{no}\, e^{-qV_{bi}/kT} = 0{,}77\ \text{cm}^{-3}$$

Mit $D_n = 33{,}7\ \text{cm}^2/\text{s}$, $D_p = 12\ \text{cm}^2/\text{s}$ und $\tau_n = \tau_p = 10^{-6}$ s folgt

$$L_n = 6\times10^{-3}\ \text{cm},\ L_p = 3{,}5\times10^{-3}\ \text{cm und } j_s \approx 4 \times 10^{-11}\text{A/cm}^2.$$

Bei einer Diodenfläche von 1 mm² folgt der Sperrstrom $I_s \approx 4 \times 10^{-13}$A.

Aus Datenbüchern von pn-Siliziumdioden entnimmt man kleinste I_s-Werte von ca. 20 nA. Diese große Diskrepanz deutet an, daß weitere Prozesse, insbesondere Generation und Rekombination in der RLZ, betrachtet werden müssen. Außerdem sind die tatsächlichen Lebensdauern τ_n und τ_p in den dotierten Neutralgebieten deutlich kleiner als angenommen (z.B. durch Lebensdauereinstellung über tiefe Traps).

Temperaturabhängigkeit von j_s ($N_A >> N_D$)

$$j_s = \frac{qD_p p_{no}}{L_p} = q\sqrt{\frac{D_p}{\tau_p}} \cdot \frac{n_i^2}{N_D}$$

- $D_p = \mu_p kT/q$ geht als Potenzfunktion mit $(kT)^r$, wobei r abhängig vom Streumechanismus ist (Kapitel 8).
- $\tau_p(T)$ ist evtl. temperaturabhängig über den dominanten Rekombinationsprozeß.
- n_i^2 geht mit $T^3 \cdot e^{-E_g/kT}$.

Entscheidend ist die exponentielle Abhängigkeit: $j_s \sim e^{-E_g/kT}$.

Bandverbiegung $\phi(x) = qV(x)$ und Elektronenkonzentration $n(x)$ in der Raumladungszone: Exakte Lösung der Poisson-Gleichung

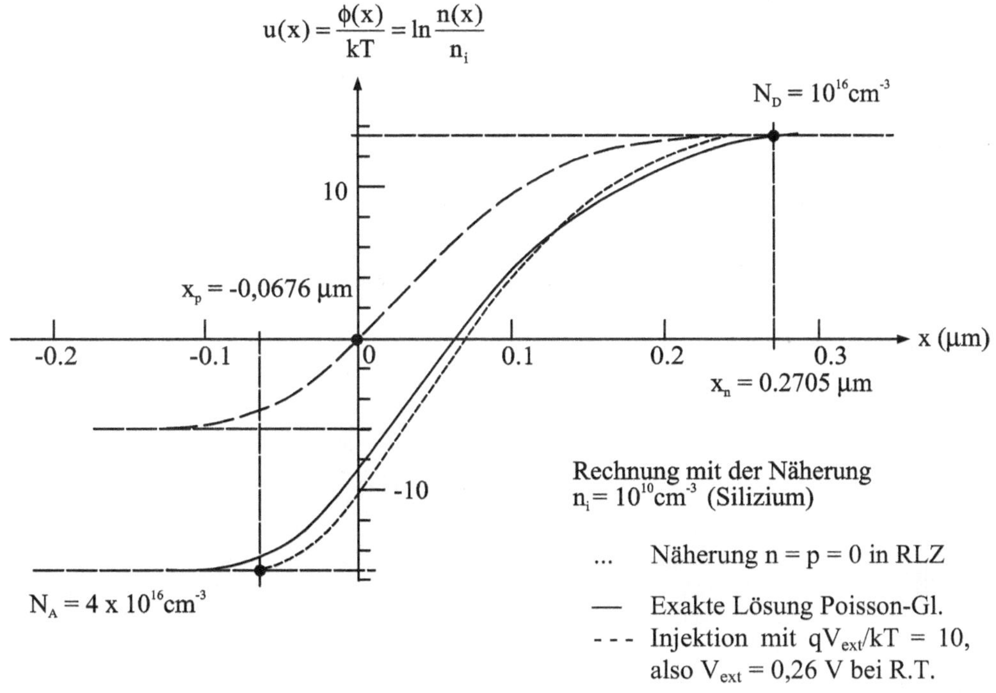

Abb. 11.5 *Exakte Lösung der Poissongleichung für einen abrupten Übergang mit $N_D=10^{16}cm^{-3}$ und $N_A=4x10^{16}cm^{-3}$ (konstantes Dotierprofil) im Vergleich zur Näherungslösung mit n=p=0 in der RLZ sowie bei Injektion durch eine äußere Spannung $V_{ext}=0,26$ V bei Raumtemperatur.*

Die Dotierungen N_D und N_A sind relativ ähnlich gewählt, damit man die Bandverbiegung u(x) überschaubar graphisch darstellen kann.

Im thermischen Gleichgewicht gilt

$$\left.\begin{array}{l} n(x) = n_i e^{\phi(x)/kT} \\ p(x) = n_i e^{-\phi(x)/kT} \end{array}\right\} \quad \frac{\phi(x)}{kT} = \frac{qV(x)}{kT} = u(x)$$

(siehe Abschnitt 7.3)

Im Injektionsfall gilt

$$\left.\begin{array}{l} n(x) = n_i e^{\phi_n(x)/kT} \\ p(x) = n_i e^{-\phi_p(x)/kT} \end{array}\right\} \quad \phi_n - \phi_p = \Delta E_F = qV_{ext}$$

(Forts.)

(Forts.)

Bemerkungen

- Zum Vergleich der beiden Kurven (Näherung und exakte Lösung) ist der willkürlich gewählte Nullpunkt der Ordinate $V(x = -x_p) = 0$ im Näherungsfall (siehe Rechnung auf S. 282) zu verschieben.
- Die Näherung $n = p = 0$ in der RLZ ist umso besser, je höher die Dotierung der n- und p-Gebiete ist. Für kleine Dotierungen ($n \to n_i$, $p \to p_i$) ergeben sich erhebliche Abweichungen von der exakten Lösung.
- In der exakten Rechnung gibt es keine scharf definierten Grenzen x_n und $-x_p$ der RLZ.
- Im Injektionsfall ist $\phi(x)$ im Schaubild zu lesen als $\phi_n(x)$.
- Mit den Beziehungen $p(x) = n_i^2 / n(x)$ im thermischen Gleichgewicht bzw. $p(x) = (n_i^2 / n(x))\, e^{\Delta E_F / kT}$ im Injektionsfall wird durch die Graphik auch der Verlauf von p(x) erfaßt, nämlich als $\ln \frac{p(x)}{n_i} = -u(x)$ bzw. $\ln \frac{p(x)}{n_i} = -u(x) + \Delta E_F / kT$.

11.3 Reale Strom-Spannungs-Kennlinie

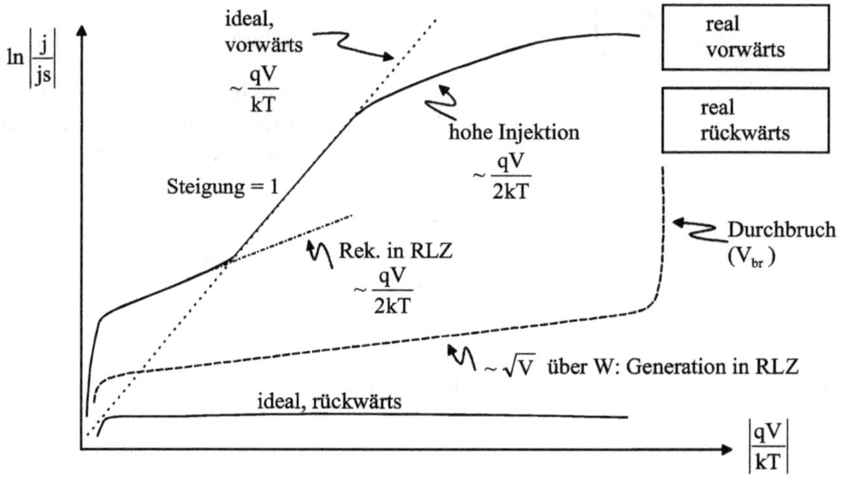

Abb. 11.6 *Reale Strom-Spannungs-Kennlinie in Abweichung vom idealen Schockley-Modell. Nach S.M. Sze, Physics of Semiconductor Devices, 2nd edition, J. Wiley and Sons, 1981.*

Es werden jetzt Effekte berücksichtigt, die bisher ausgelassen waren:

(1) Generation/Rekombination in der RLZ
(2) Hohe Injektion
(3) Serienwiderstand
(4) Durchbruch

Details zu diesen Prozessen:

(1) Generation/Rekombination in der RLZ über tiefe Traps

Rückwärtspolung:

Die RLZ ist ausgeräumt, Generation aus tiefen Traps dominant.

Die Generationsrate läßt sich schreiben als:

$$G = -\frac{n_i}{\tau_{eff}}$$

(Dies ist ein grundlegender Ansatz, eine Varation von G über die RLZ kann über einen „Mittelungsfaktor“ oder in τ_{eff} berücksichtigt werden.)

$$\tau_{eff} \approx \frac{1}{N_t \sigma v_{th}}$$

Dies gilt für die Generation aus Traps (die oft bewußt eingebaut werden), siehe Abschnitt 7.6 über Rekombinationsmechanismen.

Mit diesen Ausdrücken wird die Generationsstromdichte

$$j_{Gen} = \int_{RLZ} q\,|G|\,dx = \frac{q n_i W}{\tau_{eff}}, \qquad \text{wobei} \qquad W \sim \sqrt{V_{bi} + V}$$

$$j_{s,total} = \underbrace{q\sqrt{\frac{D_p}{\tau_p}} \cdot \frac{n_i^2}{N_D}}_{\text{Neutralgebiet}} + \underbrace{q\frac{n_i W}{\tau_{eff}}}_{\text{RLZ}}$$

Tendenz:	Neutralgebiet	RLZ
	dominant für HL mit großem n_i (E_g klein)	dominant für HL mit kleinem n_i (E_g groß)

Die gesamte Sperrstromdichte $j_{s,total}$ setzt sich aus dem Term im Neutralgebiet gemäß dem idealisierten Shockley-Modell und einem Term durch Ladungsträgergeneration aus tiefen Fallenzuständen in der RLZ zusammen.

Vorwärtspolung:

Die RLZ ist „überflutet“, Rekombination über tiefe Traps dominant. Die Rekombinationsrate ergibt sich nach Abschnitt 7.6 für $E_t = E_i$ und $c_n = c_p$ mit einem maximalem Wert bei $E_i = 1/2\left(E_F^e + E_F^h\right)$ zu $R_{max} = \frac{1}{\tau_{eff}} \cdot \frac{n_i e^{qV/2kT}}{2}$

Die Rechnung läßt sich unkompliziert durchführen, wird hier aber übergangen.

Es folgt

$$j_{Rek} = \int_{RLZ} qR dx \approx \frac{qW}{\tau_{eff}} n_i \cdot e^{qV/2kT}$$

Für $N_A >> N_D$, $V > kT/q$ wird dann:

$$j_{s,total} = q\sqrt{\frac{D_p}{\tau_p}} \cdot \frac{n_i^2}{N_D} e^{qV/kT} + q\frac{n_i W}{\tau_{eff}} e^{qV/2kT}$$

Der gesamte Vorwärtsstrom $j_{s,total}$ setzt sich aus dem Term im Neutralgebiet gemäß dem idealisierten Shockley-Modell und einem Term durch Ladungsträgerrekombination über tiefe Fallenzustände in der RLZ zusammen.

Der Faktor bei kT im Exponenten-Nenner der exp-Funktion (oft auch n genannt) heißt Idealitätsfaktor:

$n = 1$	„ideale" Kennlinie (Shockley-Theorie)
$n = 2$	Raumladungsstrombestimmte reale Kennlinie

(2) Hohe Injektion

Bei hohen Strömen kann der Fall erreicht werden, daß

$$n_p \lesssim p_p \quad \text{und} \; p_n \lesssim n_n.$$

Im Grenzfall $n_p = p_p$ und $p_n = n_n$ folgt dann aus $n_p \cdot p_p = n_i^2\, e^{qV/kT}$ bzw. $n_n \cdot p_n = n_i^2\, e^{qV/kT}$ $p_n\,(x = x_n) = n_i\, e^{qV/2kT}$ bzw. $n_p\,(x = -x_p) = n_i\, e^{qV/2kT}$. Dieser Exponentialfaktor findet sich in der Strom-Spannungs-Kennlinie wieder.

(3) Serienwiderstand

Die endliche Dotierung hat einen bei hohen Strömen spürbaren Bahnwiderstand zur Folge. Zahlenbeispiel: $N_D = 10^{15}\text{cm}^{-3}$ (das entspricht $\rho \approx 5\Omega$ cm in Si) im n-Gebiet der Länge 0,1 mm bewirkt bei einem Strom von I = 100mA und einer Diodenfläche von 1 mm^2 (also $j = 10$ A/cm^2) einen Spannungsabfall von $\Delta U \approx 0{,}5$V entsprechend $E_g/2$!

(4) Durchbruch (im Sperrfall)

Drei Mechanismen sind zu betrachten:

- thermische Instabilität,
- Tunnelstrom,
- Lawinendurchbruch.

Thermische Instabilität

Der Sperrstrom geht im wesentlichen wie $j_s \sim e^{-E_g/kT}$. Bei hohen Rückwärtsspannungen führt die Verlustleistung in der Diode (proportional zu $|V| \cdot j_s$) zur Erwärmung und kann damit sukzessiv bei thermisch wachsenden Sperrströmen zur Zerstörung führen.

Tunnelstrom

Bei starker Bandverbiegung unter hohen Sperrspannungen können (gebundene) Elektronen im Valenzband des p-Gebiets die Barriere bei der Energie E_V durchtunneln und in freie Leitungsband-Zustände gelangen. Von dort werden sie durch das hohe elektrische Feld abgesaugt.

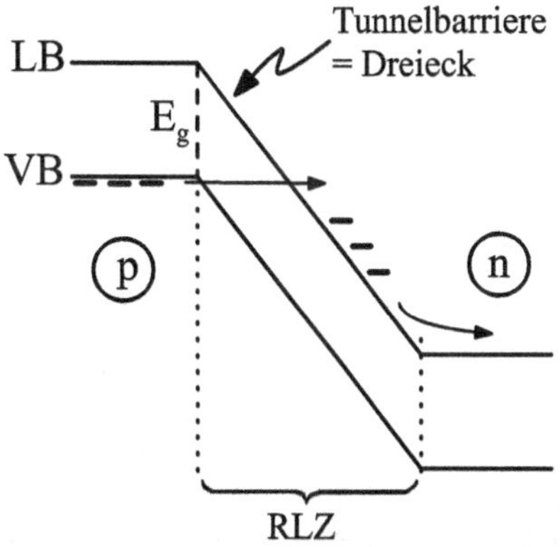

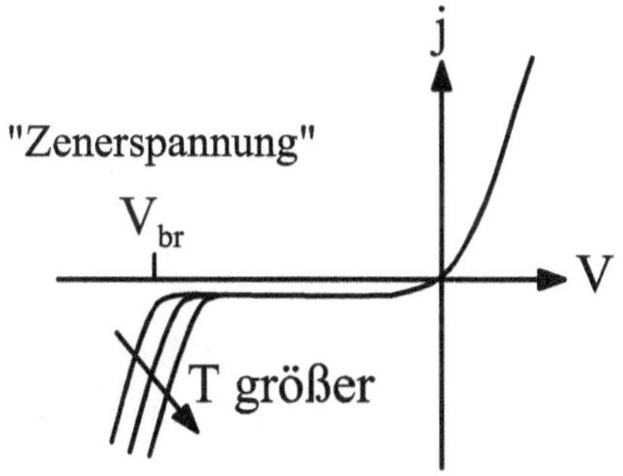

Die Barriere ist hier angenähert dreieckförmig; ihre Höhe ist gegeben durch E_g, ihre Weite $b = E_g/q\mathsf{E}$ für tunnelnde Valenzbandelektronen wird durch stärker werdende Verkippung bei wachsender Sperrspannung in einem elektrischen Feld E verkleinert. In den Tunnelstrom als Funktion der angelegten Sperrspannung geht die Tunnelwahrscheinlichkeit ein, die sich nach einschlägiger quantenmechanischer Rechnung zu $\exp\left[-4\sqrt{2m_e^*} \cdot E_g^{3/2} / (3q\hbar\mathsf{E})\right]$ ergibt.

Dieser Tunneleffekt ist dominant im Spannungsbereich $V_{br} \leq 4E_g/q$.

Als experimentelles Erkennungskriterium hat der Tunneleffekt eine negative Temperaturabhängigkeit der Durchbruchspannung V_{br}, da die Barrierenhöhe E_g mit wachsender Temperatur kleiner wird.

Lawinendurchbruch

(„avalanche multiplication" oder „impact ionisation" = Stoßionisation)

Ladungsträger, die bei Sperrpolung im hohen elektrischen Feld E kinetische Energie größer E_g aufgenommen haben, erzeugen durch Stoß neue Elektron-Loch-Paare. Dieser Vorgang wiederholt sich und führt zu lawinenartigem Anwachsen des Stroms. Quantitativ kann die Stromzunahme durch Ionisationsraten $\alpha_n(\mathsf{E})$, $\alpha_p(\mathsf{E})$ mit der Definition $dI_n/dx = \alpha_n I_n$ und $dI_p/dx = \alpha_p I_p$ beschrieben werden. (Die Definition von α_n und α_p ist völlig äquivalent derjenigen des optischen Absorptionskoeffizineten α und des Gewinnfaktors g, vgl. Kapitel 4 und 11.) Der Durchbruch geschieht dann, wenn der Multiplikationsfaktor $M_n = \frac{I_n(x = x_n)}{I_n(x = -x_p)}$ (d.h. das Verhältnis der Elektronenströme, die in die RLZ ein- und wieder ausfließen) oder der analoge Multiplikationsfaktor M_p für Löcher gegen unendlich geht.

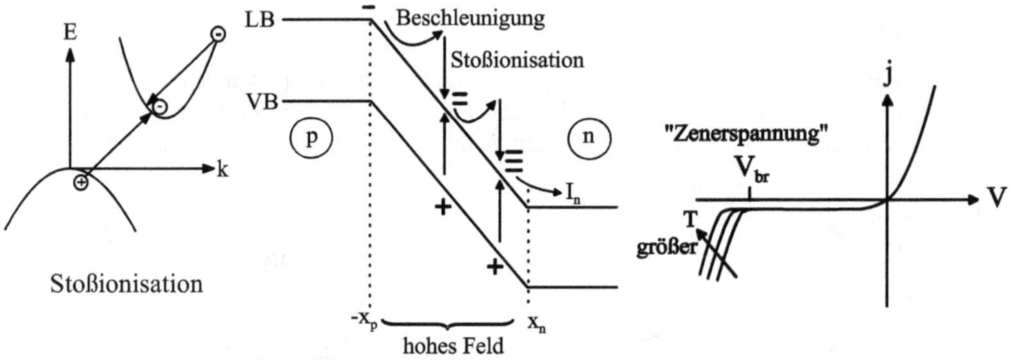

Die Durchbruchspannung ist über die Weite W der RLZ dotierabhängig mit $V_{br} \sim 1/\sqrt{N_D}$ ($N_A >> N_D$). Der Lawinendurchbruch ist dominant im Spannungsbereich $V_{br} \geq 6E_g/q$.

Als experimentelles Erkennungkriterium hat der Lawinendurchbruch eine positive Temperaturabhängigkeit der Durchbruchspannung V_{br}, denn mit wachsender inelastischer Streuung von Ladungsträgern an Phononen bei höher werdender Temperatur muß dieses Energiedefizit zur Aufrechterhaltung der Stoßionisation durch einen höheren Wert von qV_{br} aufgebracht werden.

pn-Übergänge mit Durchbruchs-Kennlinien (Tunneleffekt oder Lawinendurchbruch) werden pauschal „Zenerdioden" genannt und als Referenzspannungsgeber oder einfache Spannungskonstanter genutzt.

11.4 Bauelemente mit pn-Übergängen

Diode

Gleichrichter/Spannungsbegrenzer in Vorwärtsrichtung. Der *Frequenzbereich* (ohne Berücksichtigung von Zeitkonstanten durch Kapazitäten) wird begrenzt durch die „Ausräumzeit" (Lebensdauern τ_n, τ_p der diffundierenden Minoritäten in den Neutralgebieten), die nicht beeinflußbar durch die äußere Spannung ist. Durch Einbau von „traps" kann man τ_n und τ_p verkürzen, also schnelleres Schaltverhalten erreichen; gleichzeitig aber bewirken die „traps" in der Raumladungszone Generations-/Rekombinationsströme, so daß sich die Strom-Spannungs-Kennlinie verändert (Idealitätsfaktor n = 1 geht gegen 2) und der Sperrsättigungsstrom j_s anwächst.

τ	50 ... 500 nsec (20 ... 2 MHz) (kleine ... große Leistungen)
P	0,1 ... 1000 W Schaltleistung
V_{br}	bis $\approx$2500 V

Spannungskonstanter (Zenerdioden)

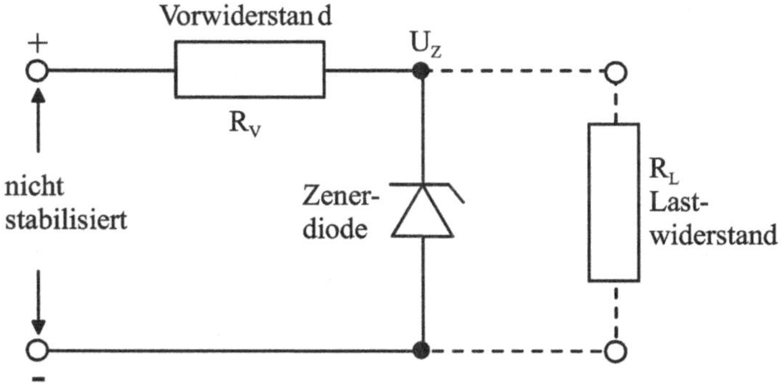

Die Spannungsteilung zwischen R_V und R_L ohne Zenerdiode muß immer so gewählt werden, daß $U_{R_L} > U_z$ ist.

Der mit R_V eingestellte Strom durch die Zenerdiode darf den erlaubten Grenzstrom nicht überschreiten.

Varistor

Variabler Widerstand, der durch Vorspannung in Vorwärtsrichtung steuerbar ist (Ausnutzung der nicht-linearen Kennlinie).

Kapazitätsdiode

Die Kapazität ist durch äußere Spannung (Sperrspannung) steuerbar; Anwendung z.B. als Abstimmdiode in Resonanzkreisen.

12 Transistoren

12.1 Bipolare Transistoren (pnp oder npn)

12.1.1 Strom-Spannungs-Beziehungen

Wir wählen als konkretes Beispiel einen pnp-Transistor mit der Schichtenfolge:

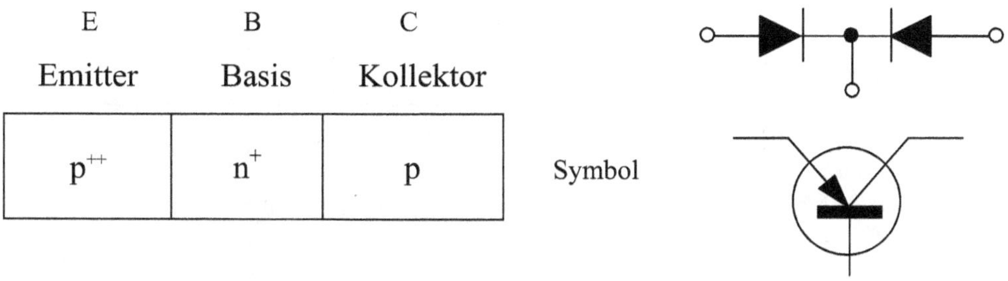

Für einen npn-Transistor hat man die Schichtenfolge $n^{++}/p^{+}/n$ mit vertauschten Diodensymbolen.

Wichtig:

- Die EB-Diode wird in Durchlaßrichtung betrieben,
- Die BC-Diode wird in Sperr-Richtung betrieben,

} ausgedrückt im Symbol.

- Die Basis B ist dünn: Diffusion von Löchern aus dem Emitter über die Basis zum Kollektor koppelt die beiden Dioden.
- E wird hoch dotiert, dann wird die Stromverstärkung in „Emitterschaltung" groß.

Die Wirkungsweise wird am einfachsten verständlich in der *Basisschaltung* (die i f. besprochen wird): Der Basisanschluß ist den beiden betrachteten Stromkreisen gemeinsam (die häufigste Schaltung in Anwendung ist die *Emitterschaltung*).

Schaltschema:

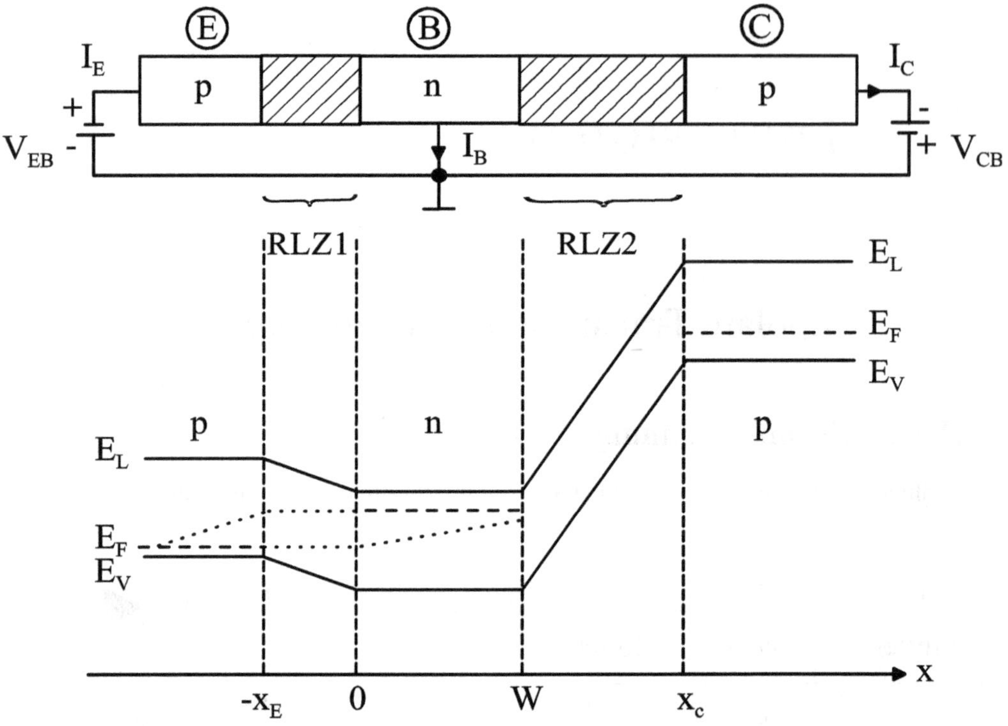

Abb. 12.1 *Emitter/Basis/Kollektor-Schichtenfolge eines pnp-Transistors mit Bandschema und Ferminiveaus unter Betriebsspannungen.*

Funktionsweise:

- Löcher aus dem Emitter werden über den vorwärts gepolten EB-Übergang in die Basis B injiziert.
- Falls $W < L_B$, gelangen einige bis $x = W$ (W ist hier die Basisweite!)
- Dort werden sie vom (hohen) Feld des rückwärts gepolten BC-Übergangs abgesaugt zum Kollektor.

Das ergibt das mathematische Vorgehen:

- Man betrachte zwei pn-Übergänge mit den entsprechenden Randbedingungen.
- Beide Übergänge sind gekoppelt durch die Kontinuitätsgleichung in der Basiszone.

Randbedingungen (RB)

Nomenklatur: $p_B(0) = p_{Bo}(0)e^{qV_{EB}/kT}$

Kennzeichnung des Gebiets (→ B) — Wert im thermischen Gleichgewicht; der Index wird im folgenden weggelassen. (→ o)

RB (1) $\Delta p(0) = p(0) - p_B = p_B\left(e^{qV_{EB}/kT} - 1\right)$

analog: $\Delta n(-x_E) = n(-x_E) - n_E = n_E\left(e^{qV_{EB}/kT} - 1\right)$

RB (2) $\Delta p(W) = p(W) - p_B = p_B\left(e^{qV_{CB}/kT} - 1\right)$

analog: $\Delta n(x_C) = n(x_C) - n_C = n_C\left(e^{qV_{CB}/kT} - 1\right)$

Die Formulierung dieser vier Randbedingungen entspricht völlig derjenigen beim pn-Übergang. Voraussetzung ist thermisches Quasi-Gleichgewicht. RB (1) und (2) sind Randbedingungen für die Kontinuitätsgleichung, die man für die von links nach rechts diffundierenden Löcher in der feldfreien Basis anschreiben kann.

Kontinuitätsgleichung in der Basis

$$-\frac{(p - p_B)}{\tau_B} + D_B\frac{d^2 p_B}{dx^2} = 0 \quad \text{oder} \quad -\frac{\Delta p_B}{\tau_B} + D_B\frac{d^2(\Delta p_B)}{dx^2} = 0$$

D_B: Diffusionskonstante der Löcher in der Basis.

Die Diffusionskonstanten und Lebensdauern werden entsprechend den Gebieten Emitter, Basis und Kollektor indiziert. Es handelt sich jeweils um die Minoritätenparameter.

Lösung der Differentialgleichung:

$$\Delta p(x) = \Delta\hat{p}_1 e^{-x/L_p} + \Delta\hat{p}_2 e^{+x/L_p} \quad \text{im B-Gebiet mit } L_B = \sqrt{D_B \tau_B}\,.$$

Hier muß im Unterschied zum einfachen pn-Übergang die Lösung mit positivem Exponenten mitgenommen werden, damit die Randbedingung bei x = W am BC-Übergang erfüllt werden kann!

Bestimmung von $\Delta\hat{p}_1$ und $\Delta\hat{p}_2$ durch die Randbedingungen (1) und (2) ergibt

$$\Delta\hat{p}_1 = \frac{\Delta p(W) - \Delta p(0)e^{W/L_B}}{2\sinh W/L_B} \quad \text{und} \quad \Delta\hat{p}_2 = \frac{\Delta p(W) - \Delta p(0)e^{-W/L_B}}{2\sinh W/L_B}$$

mit den oben angeschriebenen, spannungsabhängigen Werten für Δp(0) und Δp(W).

Entsprechend erhält man mit den zwei restlichen Randbedingungen bei x_E und x_C:

$$n(x) = n_E + \Delta n(-x_E)e^{x+x_E/L_E} \qquad \text{für } (x < -x_E) \text{ mit } L_E = \sqrt{D_E\tau_E}$$

$$n(x) = n_C + \Delta n(x_C)e^{-(x-x_C/L_C)} \qquad \text{für } (x > x_C) \text{ mit } L_C = \sqrt{D_C\tau_C}$$

Daraus werden wie oben beim einzelnen pn-Übergang die Diffusionsstromdichten bestimmt mithilfe der Beziehungen

$$j_p = -qD\frac{dp}{dx}\Big|_{\dots} = -qD\frac{d\Delta p}{dx}\Big|_{\dots} \quad \text{für Löcher}$$

bzw.

$$j_n = -qD\frac{dn}{dx}\Big|_{\dots} = -qD\frac{d\Delta n}{dx}\Big|_{\dots} \quad \text{für Elektronen.}$$

Die Ableitungen sind am Rand der RLZ bei x = 0 bzw. $x = -x_E$ zu nehmen, wo Löcher bzw. Elektronen Minoritäten sind.

Ströme (Stromdichten) insgesamt:

$$j_E = j_p(0) + j_n(-x_E) \quad = -qD_B\frac{dp}{dx}\Big|_{x=0} + qD_E\frac{dn}{dx}\Big|_{x=-x_E}$$

$$j_C = j_p(W) + j_n(x_C) \quad = -qD_B\frac{dp}{dx}\Big|_{x=W} + qD_C\frac{dn}{dx}\Big|_{x=x_C}$$

Nach Einsetzen der Ausdrücke für Δp und Δn von oben folgen die „Transistorgleichungen":

$$j_E = \frac{qD_Bp_B}{L_B}\underbrace{\coth\frac{W}{L_B}}_{\to +1}\left\{\left(e^{qV_{EB}/kT}-1\right) - \underbrace{\frac{1}{\cosh W/L_B}}_{\to 0}\left(e^{qV_{CB}/kT}-1\right)\right\} + \frac{qD_En_E}{L_E}\left(e^{qV_{EB}/kT}-1\right)$$

Für W >> L_B folgen die mit Pfeilen angedeuteten Grenzwerte.

$$j_C = \frac{qD_Bp_B}{L_B}\underbrace{\frac{1}{\sinh W/L_B}}_{\to 0}\left\{\left(e^{qV_{EB}/kT}-1\right) - \underbrace{\cosh W/L_B}_{\to\infty}\left(e^{qV_{CB}/kT}-1\right)\right\} - \frac{qD_Cn_C}{L_C}\left(e^{qV_{CB}/kT}-1\right)$$

$$\frac{\cosh W/L_B}{\sinh W/L_B} \to 1$$

Löcher Elektronen

- Bei Entkopplung der beiden Übergänge ($W >> L_B$) gehen aus den Stromdichteausdrücken von oben die bekannten Ausdrücke für die (getrennten) Übergänge hervor (siehe Grenzwerte an den Klammern).
- Bei Kopplung wie oben angeschrieben sind die Vorwärtsströme (j_E) wie die Rückwärtsströme (j_C) ganz ähnlich dem ungekoppelten Fall, aber die ungekoppelten Sättigungssperrströme sind modifiziert durch den Einfluß des jeweils anderen Übergangs; außerdem kommt jeweils vom anderen Übergang ein Zusatzstrom hinzu.

Weitere Behandlung:

Die BC-Diode ist in Rückwärtsrichtung gepolt, also ist V_{CB} negativ und betragsmäßig groß, so daß $(e^{qV_{CB}/kT} - 1) \approx -1$. Da im interessanten Kopplungsfall, $0 < W/L_B < 1$, die koppelnden Winkelfunktionen in den Vorfaktoren von der Größenordnung 1 sind, lasse man die Terme mit qV_{CB} weg (sie sind klein gegen die Vorwärtsterme).

Es bleiben dann die Ausdrücke:

$$j_E = \frac{qD_B p_B}{L_B} \coth\frac{W}{L_B}\left(e^{qV_{EB}/kT} - 1\right) + \frac{qD_E n_E}{L_E}\left(e^{qV_{EB}/kT} - 1\right)$$ Eingangs-Kennlinie $j_E(V_{BE})$

$$j_C = \frac{qD_B p_B}{L_B} \frac{1}{\sinh W/L_B}\left(e^{qV_{EB}/kT} - 1\right)$$ Übertragungs-Kennlinie $j_C(V_{BE})$

Außerdem gilt natürlich laut Skizze:

$$j_E = j_C + j_B$$

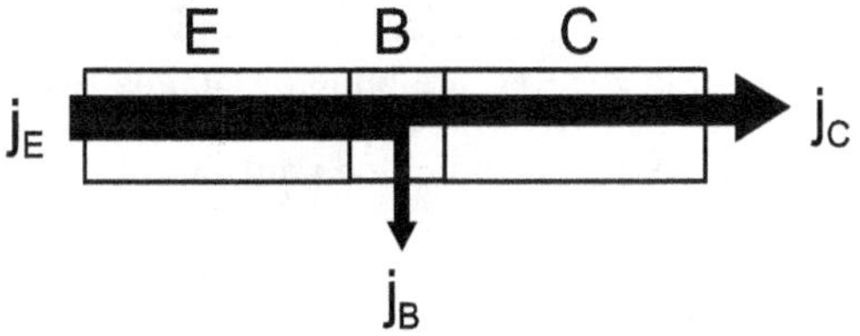

Der Basisstrom j_B setzt sich aus einem Elektronenstrom (B → E) und einem Löcherstrom (E → B) zusammen.

Der Elektronenstrom ist durch den zweiten Term in j_E gegeben; er dient nicht zur Transistorsteuerung, sondern ist „parasitär", und man möchte ihn möglichst klein machen:

$$j_{B,\text{parasitär}} = \frac{qD_E n_E}{L_E}\left(e^{qV_{EB}/kT} - 1\right)$$

Der den Transistor steuernde Löcherstrom ist

$$j_{B,\text{Steuer}} = \underbrace{j_{B,\text{total}}}_{=j_E - j_C} - j_{B,\text{parasitär}}$$

Für $W \ll L_B$ ergibt sich:

$$j_{B,\mathrm{Steuer}} = \frac{1}{2}\frac{W}{L_B} \cdot \frac{qD_B p_B}{L_B}\left(e^{qV_{EB}/kT} - 1\right)$$

Der gesamte Basisstrom $j_{B,\mathrm{total}}$ hängt nur von V_{EB} ab. Daraus folgt das Verhalten der Ausgangs-Kennlinie (das ist $j_C(V_{CE})$ mit j_B als Parameter):

- Wenn $j_B = \mathrm{const}$ ist auf einer Kennlinie, dann gilt auch V_{EB} = const, also auch $j_C = \mathrm{const}$.

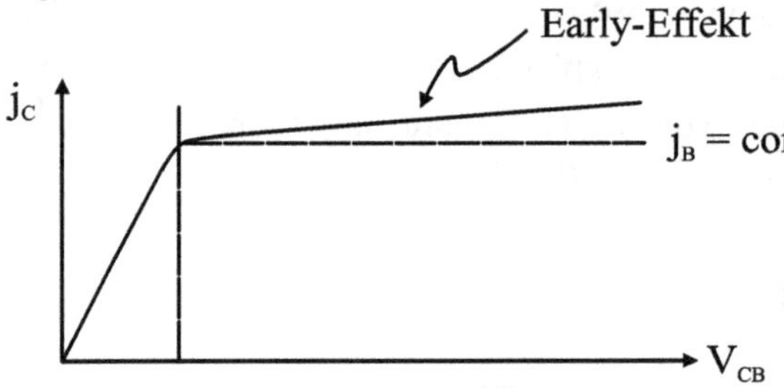

- Bei einer Auftragung von j_C über V_{CE} (Ausgangs-Kennlinie) gibt es wegen $V_{CE} = V_{CB} + V_{EB}$ und der Konstanz von V_{EB} bei $j_B = \mathrm{const}$ ebenfalls ein konstantes j_C.
- Die leichte Steigung im Diagramm, die in experimentellen Kennlinien auftritt, geht auf den *Early-Effekt* zurück, nämlich eine Variation der Basisweite W als Funktion der Spannungen V_{CB} oder V_{CE}.

12.1.2 Transistor-Parameter (Vierpol-Parameter)

Diese Verhältnisse werden anschaulicher gefaßt durch eine Reihe von neuen Parametern, die gleichzeitig zur Beschreibung des Transistors als Vierpol hinführen.

Übergang von Stromdichten j auf Ströme I bei konstantem Querschnitt des Transistors:

$$\underbrace{\alpha_0 = (h_{FB})}_{\text{Stromverstärkungsfaktor (gemeinsame Basis)}} \equiv \frac{I_C}{I_E} = \underbrace{\frac{I_{pE}}{I_E}}_{\gamma} \cdot \underbrace{\frac{I_{pC}}{I_{pE}}}_{\alpha_T} \cdot \underbrace{\frac{I_C}{I_{pC}}}_{\delta}$$

Für dynamisches Verhalten schreibt man die Brüche als Differentialquotienten.

Stromverstärkungsfaktor (gemeinsame Basis)

γ Emitter-wirkungsgrad

α_T Übertragungs-faktor (Transportfaktor)

$\delta = 1$ Kollektor-ausbeute

Da der Löcherstrom injiziert ist, ist er groß gegen die Sperrströme j_n, j_p im rückwärts gepolten Übergang, also $I_{pC} \cong I_C$.

h_{FB} wird gelesen als „Kleinsignalverstärkung in Vorwärtsrichtung (F = Forward) in Basisschaltung „(B)“.

$$\boxed{\alpha_0 = \gamma \cdot \alpha_T}$$

Außerdem schreibt man:

$$\boxed{\beta_0 = h_{FE} \equiv \frac{I_C}{I_B}}$$

h_{FE} (schaltungstechnische Schreibweise) bedeutet hier „Kleinsignalverstärkung in Vorwärtsrichtung (F = forward) in Emitterschaltung (E)".

Stromverstärkung bei gemeinsamem Emitter:

$$\beta_0 = \frac{I_C}{I_B} = \frac{I_C}{I_E - I_C} = \frac{I_C/I_E}{1 - I_C/I_E}$$

Diese Umformung ergibt den Zusammenhang zwischen β_0 und α_0:

$$\boxed{\beta_0 = \frac{\alpha_0}{1 - \alpha_0}}$$

Stromverstärkung β_0

β_0 läßt sich laut Definition unter Nutzung der Ausdrücke für j_C und j_B im Fall $W << L_B$ schreiben als:

$$\beta_0 = \frac{\frac{qD_B p_B}{L_B} \cdot \frac{L_B}{W}}{\frac{1}{2}\frac{W}{L_B} \cdot \frac{qD_B p_B}{L_B} + \frac{qD_E n_E}{L_E}}$$

Demnach ist die Stromverstärkung groß, wenn:

- W/L_B möglichst klein ist. (Eine untere Begrenzung wird durch die Basisweite W der RLZ 2 zwischen B und C gegeben, deren Ausdehnung von V_{CB} abhängt.)
- Zusätzlich $qD_E n_E/L_E << qD_B p_B/L_B$ gilt.

Im Grenzfall wird:

$$\boxed{\beta_0 = \frac{D_B p_B L_E}{D_E n_E W}}$$

Die Forderung nach großer Verstärkung heißt also, $\frac{p_B}{n_E}$ groß zu machen.

Wegen $\left\{\begin{matrix} p_B \cdot N_D(\text{Basis}) = n_i^2 \\ n_E \cdot N_A(\text{Em.}) = n_i^2 \end{matrix}\right\}$ heißt das: $\underbrace{N_A\ (\text{Em.})}_{p^{++}} >> \underbrace{N_D\ (\text{Basis})}_{n^{+}}$.

Wichtig: β_0 ist durch die Design-Parameter des Transistors festgelegt und unabhängig von den Betriebsspannungen.

Anschauliches Bild: Über den eingeprägten kleinen Basisstrom steuert man den β_0-mal größeren Kollektorstrom (bei Betrieb in Emitterschaltung). Durch diese Formulierung wird die Funktion des Transistors als strom- und spannungsverstärkendes Bauelement klar.

Emitterwirkungsgrad γ

$$\gamma = \frac{I_{pE}}{I_E} = \left[1 + \frac{D_E n_E L_B}{D_B p_B L_E} \tanh W/L_B\right]^{-1}$$

Für großes γ nahe an 1 muß p_B/n_E groß, $W/L_B << 1$ sein. Diese Bedingungen sind konsistent mit den Anforderungen an β_0 von oben.

Übertragungsfaktor α_T

$$\alpha_T = \frac{I_{pC}}{I_{pE}} = \frac{I_C}{I_{pE}} = \frac{1/\sinh W/L_B}{\coth W/L_B} = \frac{1}{\mathrm{ch}\, W/L_B} \approx 1 - \frac{1}{2}\left(\frac{W}{L_B}\right)^2$$

Ein guter Übertragungsfaktor nahe 1 ergibt sich für $W/L_B << 1$, wiederum in Übereinstimmung mit den obigen Forderungen.

12.1.3 Verbesserung des Frequenzverhaltens: zwei ausgewählte Konzepte

Drift-Transistor (Kroemer, 1955)

Abgesehen von Zeitkonstanten durch Transistor-Kapazitäten und -Widerstände wird das Frequenzverhalten durch die Ausräumzeiten der Ladungsträger in den feldfreien Gebieten (siehe pn-Übergang) und durch die Laufzeit der Minoritäten in der Basis (im Beispiel von oben: Löcher), die „transit time", bestimmt.

Beim Drift-Transistor wird durch inhomogene Dotierung in der Basis ein internes elektrisches Feld erzeugt. Der Diffusionsstrom erhält dadurch eine Driftstromkomponente, so daß die Basisdurchlaufzeit verringert wird.

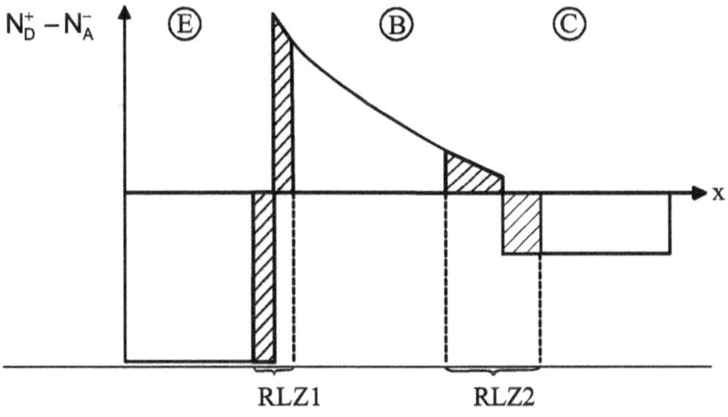

In diffundierten Transistoren hat man wegen des Diffusionsprofils automatisch eine inhomogene Dotierung (vgl. das Beispiel im folgenden Kasten. Es kommt hier darauf an, den Profilgradienten möglichst steil zu machen.

SiGe/Si-Heterobipolar-Transistor (HBT)

Im pseudomorph verspannten System SiGe auf Si tritt die Differenz der beiden Bandlücken ΔE_g praktisch nur für Löcher als $\Delta E_V = \Delta E_g$ auf. Durch entsprechenden Aufbau des Hetero-Transistors (siehe Skizze) wird der „parasitäre", die Verstärkung begrenzende Basis-Emitter-Strom durch den Bandkantensprung drastisch herabgesetzt.

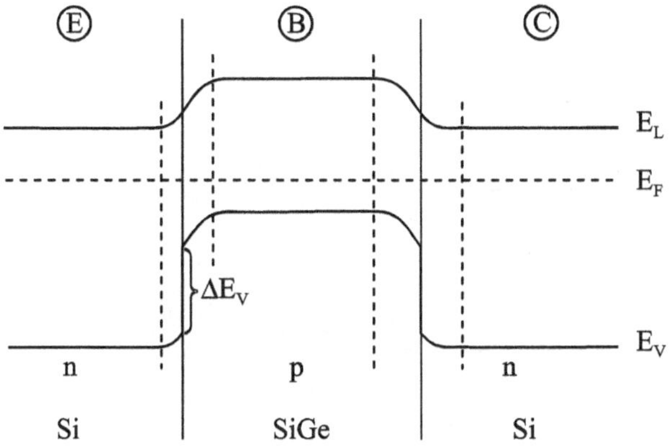

Der Ausdruck für die Stromverstärkung β_0 von oben muß für die vorliegende Schichtenfolge npn, die komplementär zu der bisher diskutierten Folge pnp ist, umformuliert werden zu $\beta_0 = \dfrac{D_B n_B L_E}{D_E p_E W}$.

Für die vorliegende Heterostruktur wird die (Gleichgewichts-) Konzentration p_E der Löcher als Minoritäten im Emitter am Rand der Raumladungszone durch den Bandkantensprung $\Delta E_V \approx \Delta E_g$ im Vergleich zu der entsprechenden Homostruktur auf $p_E \cdot \exp(-\Delta E_g/kT)$ verringert. Die Verstärkung wird demnach $\beta_0(\mathrm{HBT}) = \beta_0 \cdot e^{\Delta E_g/kT}$.

Für einen Germaniumgehalt von 20% in Silizium gilt E_g (SiGe) ≈ 0,995eV. Mit E_g (Si) ≈ 1,155eV folgt ΔE_g ≈ 160meV. Ein Transistor mit $\beta_0 \approx 100$ bekommt dadurch den Verstärkungswert β_0 (HBT) ≈ 100 × exp (6,4) ≈ 60184. Man nützt diese extrem hohe Stromverstärkung nicht aus, sondern erzielt aus dem konstanten Verstärkungs-Bandbreiteprodukt des gegebenen Schaltungsaufbaues einen großen Gewinn an Bandbreite. Mit SiGe/Si-Transistoren werden auf diese Weise ca. 40GHz Grenzfrequenz erreicht!

p^+np-Transistor mit hoher Stromverstärkung β_0

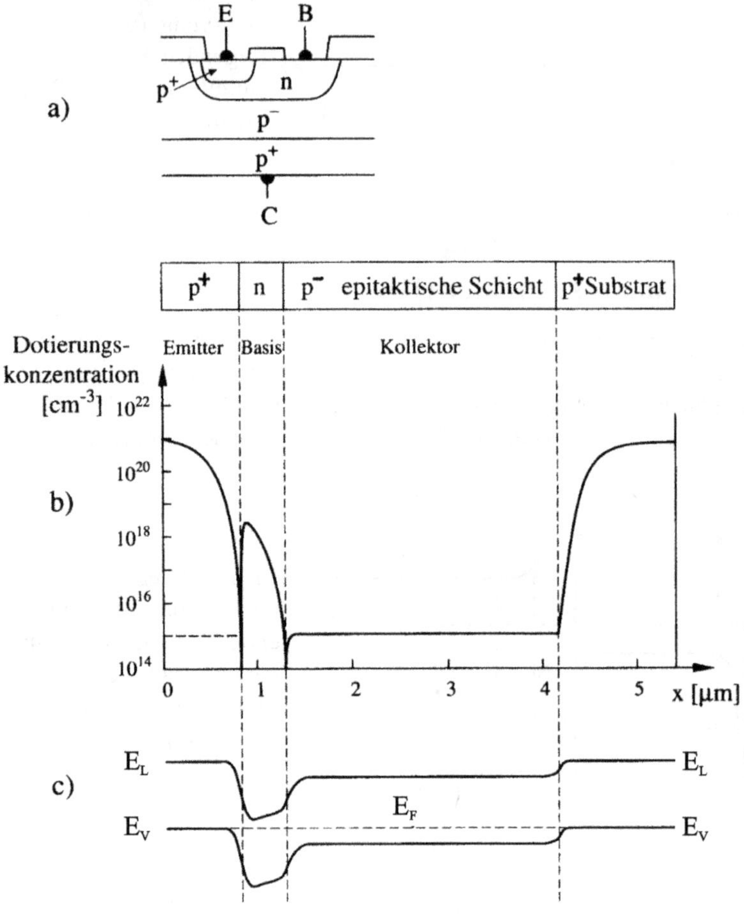

a) Aufbau des Transistors.

b) Dotierungsprofil: Die Form der Dotierungsprofile in der Basis und im Emitter ergibt sich durch die planare Herstellungstechnologie: Sie erfolgt meistens durch Eindiffusion von der Halbleiteroberfläche her. Zur Erzielung einer hohen Emittereffizienz wird die Emitterdotierung höher als die Basisdotierung gewählt (das ist auch technologisch praktikabler). Der Abfall der Dotierungskonzentration in der Basis ist durchaus willkommen (Drifttransistor). Die Kollektordotierung muß niedrig gewählt werden, um hohe Durchbruchspannungen sicherzustellen. Das elektrisch nicht aktive Trägersubstrat wird wieder hoch dotiert, um den Kollektorserienwiderstand abzusenken. In der Fertigung erzeugt man auf einer hochdotierten p^+-Scheibe eine niedrig p-dotierte epitaktische Schicht, in welche man nacheinander die Basis und den Emitter eindiffundiert.

c) Bändermodell des p^+np-Transistors bei Abwesenheit äußerer Spannungen.

Nach H. Schaumburg, Werkstoffe und Bauelemente der Elektrotechnik, Teubner 1991 und S.M. Sze, Physics of Semiconductor Devices, Wiley 1981

Beispiel für Transistordaten:

BFY 39: npn-Silizium-Planar-Transistor

Ausgangskennlinien
Emitterschaltung
$I_C = f(U_{CE})$, I_B = Parameter

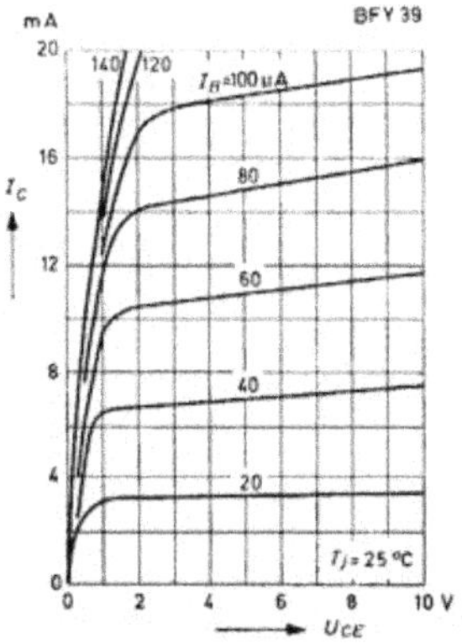

Eingangskennlinie
Emitterschaltung
$I_B = f(U_{BE})$

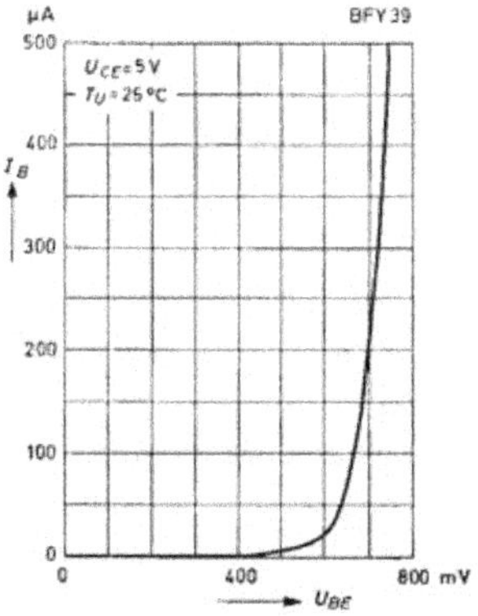

Kollektor-Basis-Stromverhältnis in Abhängigkeit vom Kollektorstrom
$B_{normiert} = f(I_C)$

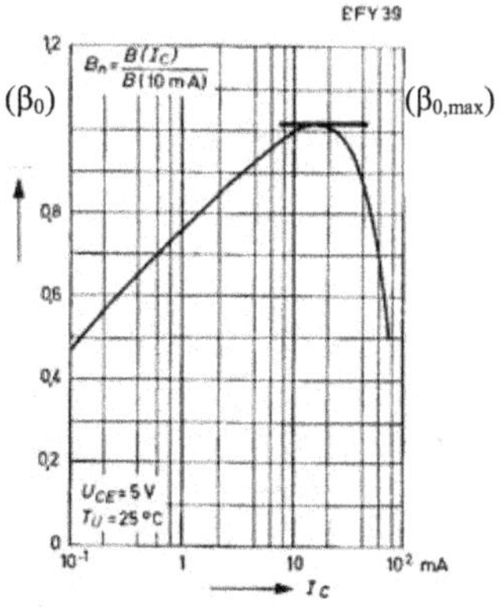

$\beta_0(I_C)$ kann in einfacher Weise physikalisch verstanden werden, wurde aber nicht diskutiert.

Kollektor-Basis-Spannung	U_{CB0}	45	V	Grenzwerte
Kollektor-Emitter-Spannung	U_{CE0}	25	V	
Emitter-Basis-Spannung	U_{EB0}	5	V	
Kollektorstrom	I_C	100	mA	
Verlustleistung				
bei $T_U = 25°C$	P_{tot}	0,3	W	
bei $T_G = 25°C$	P_{tot}	1	W	

	BFY 39-1	**BFY 39-2**	**BFY 39-3**
Kollektor-Basis-Stromverhältnis bei $U_{CE} = 10V$, $I_C = 10mA$	35…110	100…200	180…400

Transitfrequenz bei $U_{CE} = 10V$, $I_C = 10mA$	f_T	150	MHz

Daten aus Handbuch „Transistoren 1967/68", Intermetall Halbleiterwerk.

(Forts.)

(Forts.)

Einfache Schaltungskriterien

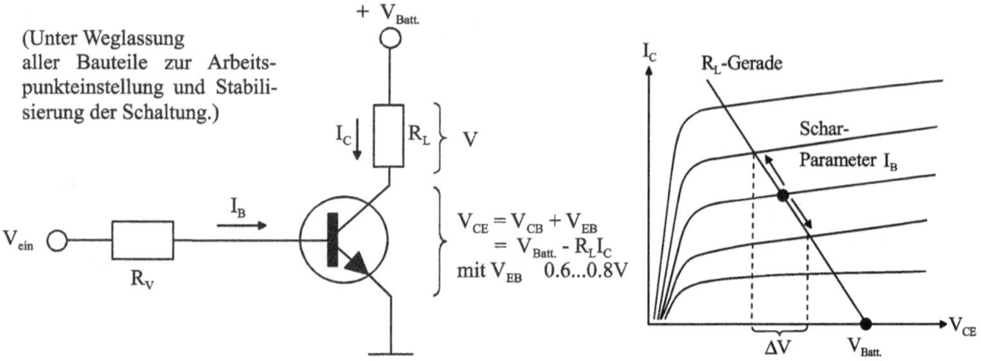

- Spannungs- und Strombegrenzungen beachten (V_{EB} in Sperrichtung, V_{CB}, I_C)
- kleinster Wert von R_L durch $I_{C,max}$
- größter Wert von R_V zum Durchsteuern gleich $\beta_0 R_L$

12.1.4 Ersatzschaltung

Modell nach J.J. Ebers, J.L. Moll, Proc. IRE **42**, 1761 (1954)

Literaturübersicht: H.C. deGraaff, „Review of Models for Bipolar Transistors", in F. van der Wiele, W.L. Engl, P.G. Jespers (Eds.), „Process and Device Modeling for Integrated Circuit Design", Noordhoff, Leyden (1977).

Die eingerahmten Beziehungen j_E (V_{EB})/Eingangskennlinie und j_C (V_{BE})/Ausgangskennlinie von oben (Abschnitt 12.1.1) lassen sich zusammenfassen als

$$I_E = a_{11}\underbrace{\left(e^{qV_{EB}/kT}-1\right)}_{\langle V_{EB}\rangle} + a_{12}\underbrace{\left(e^{qV_{CB}/kT}-1\right)}_{\langle V_{CB}\rangle}$$

$$I_C = a_{21}\langle V_{EB}\rangle + a_{22}\langle V_{CB}\rangle$$

oder

$$\begin{pmatrix} I_E \\ I_C \end{pmatrix} = \begin{pmatrix} a_{11} & a_{12} \\ a_{21} & a_{22} \end{pmatrix} \begin{pmatrix} \langle V_{EB}\rangle \\ \langle V_{CB}\rangle \end{pmatrix}$$

Dieses Gleichungssystem kann man mit dem grundsätzlichen Ersatzschaltbild *zweier gegeneinander gepolter Dioden* verknüpfen:

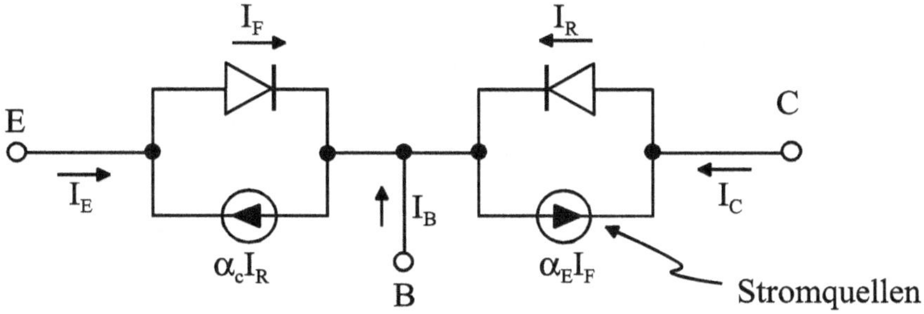

Idealisierte Diodenströme:

$$I_F = I_{F0}\left(e^{qV_{EB}/kT} - 1\right)$$

$$I_R = I_{R0}\left(e^{qV_{BC}/kT} - 1\right)$$

Verknüpfungen laut Schaltbild:

$$I_E = I_F - \alpha_C I_R$$

$$I_C = I_R - \alpha_E I_F$$

$$I_B = -(I_E + I_C)$$

Daraus folgen die Beziehungen:

$$a_{11} = I_{F0}$$

$$\left.\begin{aligned} a_{12} &= -\alpha_C I_{R0} \\ a_{21} &= -\alpha_E I_{F0} \end{aligned}\right\} \quad \text{gleich aus Symmetriegründen}$$

$$a_{22} = I_{R0}$$

Damit ist die Schaltung durch drei Parameter beschrieben.

Bemerkungen zur *Matrizen-/Vektorschreibweise* der relevanten Größen:

- Oft ist eine *differentielle* Darstellung nötig, wenn das *dynamische* Verhalten interessiert (daher sind die Parameter auch statisch und dynamisch definiert, z.B. β statische Stromverstärkung und B dynamische Stromverstärkung).
- Die Schreibweise bietet eine einfache Möglichkeit, Daten umzurechnen (Basis-Schaltung in Emitter-Schaltung o.ä.) oder sequentielle Schaltungen durch Matrixmultiplikation zu charakterisieren.

Das grundsätzliche Ersatzschaltbild muß realistischerweise ergänzt werden durch statische und dynamische Widerstände sowie Kapazitäten:

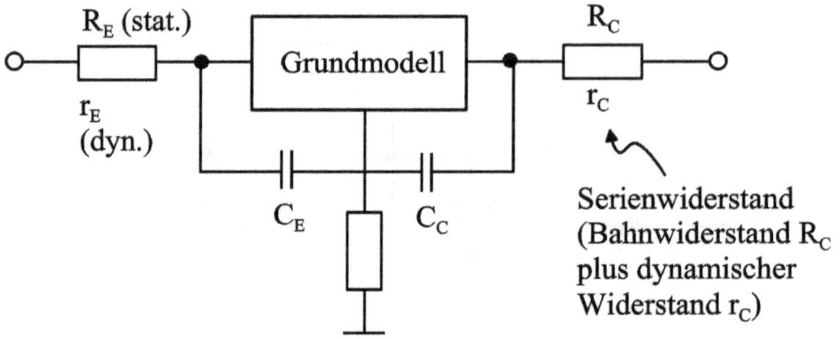

12.2 Feldeffekt-Transistoren (FETs) (Unipolar-Transistoren)

12.2.1 Arbeitsprinzip

- Gesteuert wird der Strom in einem definierten Halbleiterbereich, dem Kanal, dessen *Leitfähigkeit* (genauer: Ladungsträgerdichte) über eine *Steuerspannung* veränderlich ist.
- Die Ladungsträgerdichteänderung im Kanal wird durch Bandverbiegung mit einem äußeren elektrischen Feld erreicht, daher der Name Feldeffekt-Transistor. Die Physik zum Feldeffekt wurde schon in Kapitel 7 behandelt.

Im Gegensatz zu den bisher besprochenen Bipolar-Transistoren funktionieren FETs mit nur einer Trägersorte: Sie sind Unipolar-Bauelemente, den Stromtransport übernehmen die Majoritätsträger.

Historische Bemerkungen

Das Konzept des Feldeffekt-Transistors ist bedeutend einfacher als das des bipolaren Transistors. Tatsächlich hat schon ab 1930 J.E. Lilienfeld in mehreren US-amerikanischen Patenten eine Methode zusammen mit der apparativen Anordnung aufgrund des Feldeffekts beschrieben, um elektrische Ströme zu steuern. Unabhängig davon stammt eine grundsätzlich ähnliche Idee zur Stromsteuerung in einem deutschen (1934) und einem britischen Patent (1935) von O. Heil. Als Materialien waren von Lilienfeld Cu_2S, später Cu_2O und PbO_2 ins Auge gefaßt; von Heil wurden als mögliche Beispiele Te, Cu_2O und V_2O_5 angeführt. Von H. Welker stammt ein Patent „zur kapazitiven Steuerung von Strömen in einem Halbleiterkristall", das 1945 beim Deutschen Patentamt eingereicht, aber wegen diverser Einsprüche – insbesondere von US-amerikanischer Seite – erst 1973 bestätigt wurde. (Zu diesem Zeitpunkt war das Patent, dessen Beginn auf 1945 datiert worden war, bereits abgelaufen.) Hier werden nun im Patentanspruch neben Cu_2O, Se, PbS und ZnS als geeignete Materialien auch Ge und Si mit dem Einwurf genannt, daß diese ja vielfach zu den Metallen gerechnet würden.

Eine Verwirklichung des Feldeffekttransistors als Metal-Oxide-Semiconductor (MOS)-Struktur mit Silizium als Halbleiter und thermisch gewachsenem Siliziumoxid wurde erst viel später ab 1960 erreicht (D. Kahng, M.M. Atolla). Auch Herstellung und Untersuchung von MOS-Silizium-Dioden fallen in die frühen 1960er Jahre. Die Verzögerungszeit zwischen Idee und Realisation geht auf Schwierigkeiten mit dem thermisch gewachsenen Oxid zurück, die erst allmählich überwunden werden konnten. An der Grenzfläche zwischen Si und SiO_2 existieren zunächst wegen des abrupten Endes des regulär aufgebauten Si-Kristalls tiefe Defekte („traps"); man kann sie durch Ausheilen in Wasserstoffatmosphäre bei moderaten Temperaturen kompensieren. Dann gibt es ortsfeste Sauerstoffdefekte, die mit unterschiedlichen Eigenschaften sowohl in den ersten Monologen des nicht-stoichiometrischen verspannten SiO_x als auch in den folgenden Schichten von amorphem stoichiometrischen SiO_2 sitzen. Schließlich können bewegliche Ionen (z.B. Na^+ oder K^+) eine Rolle als unerwünschte Defekte spielen.

12.2.2 MOS-FET: Aufbauschema, Energiebänderverlauf und Elektronendichteprofil

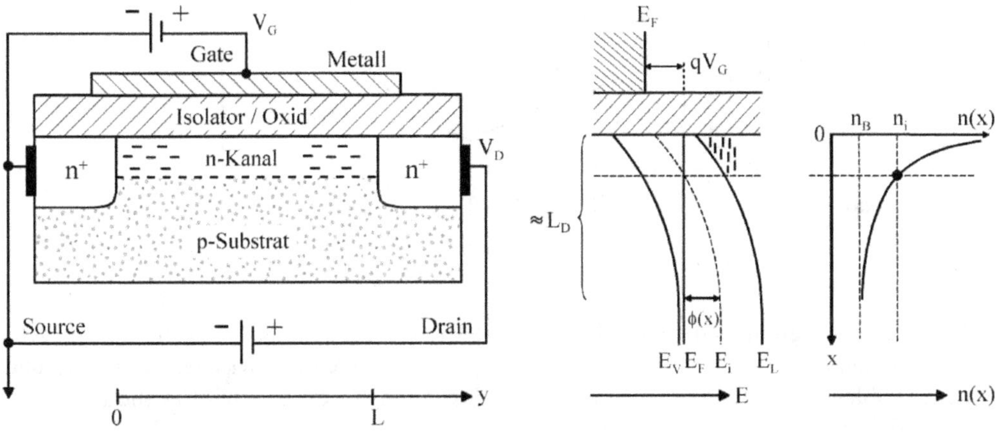

- Bei hinreichend positiver Gatespannung V_G und Source-Drain-Spannung $V_{SD} \equiv V_D = 0$ ergibt sich ein n-leitender Inversionskanal (Inversionsrandschicht). Sein Trägerdichte-„Profil" ist entsprechend der Bandverbiegung konstant über die Länge L in y-Richtung. Der Eingangswiderstand für die steuernde Gatespannung ist wegen der isolierenden Oxidschicht sehr hoch, es handelt sich um eine nahezu leistungslose Spannungssteuerung (Gegensatz zum Bipolar-Transistor: Stromsteuerung).
- Mit $V_D \neq 0$ fließt ein Strom I_D (mit Stromdichte j_D) im Kanal. Solange $V_G >> V_D$ bleibt, ist die effektive Gatespannung über die Kanallänge L hinweg praktisch konstant und mit ihr auch die Bandverbiegung. Für folgende idealisierte Bedingungen
  - keine Oberflächenzustände und konstante Oberflächeneigenschaften über den Bereich der Kanallänge

- o konstante Trägerbeweglichkeiten in der Inversionsrandschicht
- o homogene Dotierung im Kanalbereich

kann man den Driftstrom im Kanal schreiben als:

$$j_D = \sigma_{Kanal} \cdot V_D / L$$

$$\sigma_{Kanal} = q(\mu_n n + \mu_p p)$$

Im betrachteten Beispiel eines n-Kanals ist der letzte Term $\mu_p \cdot p$ vernachlässigbar. Die Elektronenkonzentration n ist wegen der Bandverbiegung in x-Richtung eine Funktion von x, also n(x). Die in jedem Querschnitt y wirksame Elektronenkonzentration ist

$$n = \frac{1}{x_i} \int_0^{x_i} n(x)dx = \frac{n_i}{x_i} \int_0^{x_i} e^{u(x)}dx$$

mit x_i: Stelle x, wo $n = n_i$ erreicht wird, und $n(x) = n_i e^{\phi(x)/kT}$ mit $\phi(x)/kT = u(x)$.

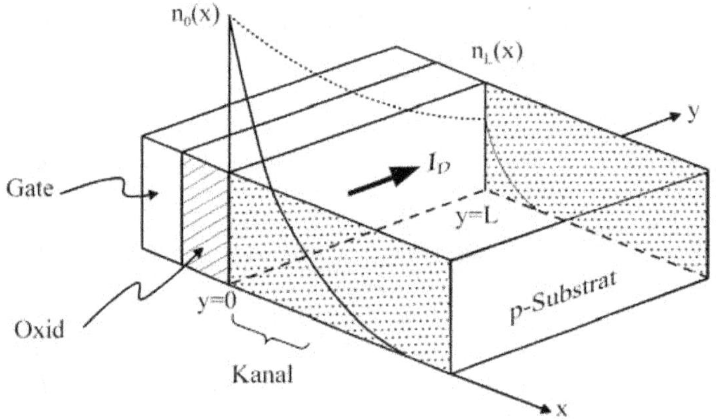

Die Bandverbiegung an der Oberfläche $\phi_S = \phi(0)$ als Randbedingung für die Lösung $\phi(x)$ der Poissongleichung wird gegeben durch das Kontaktpotential zwischen dem Oxid und dem Halbleiter und durch das äußere Feld, das durch V_G erzeugt wird (siehe Abschnitt 7.3 und dortige Beispielrechnungen).

- Für wachsende Werte von V_D variiert die effektive Gate-Spannung über die Kanallänge, also $V_{G,eff}(y)$. Es muß für jeden Querschnitt y die Elektronenkonzentration $n_y(x)$ berechnet werden, aus der nach Integration (s. oben) die gesamte Elektronenkonzentration n_y im Querschnitt folgt. Aus ihr ergibt sich der spezifische Widerstand ρ_y im Querschnitt. Aus der Aufsummierung aller ρ_y von y = 0 bis y = L erhält man den Gesamtwiderstand ρ im Kanal und daraus σ_{Kanal}. Alternativ können Leitfähigkeitswerte σ_x längs der Kanallänge über die y-abhängigen Kanalbreitenwerte aufsummiert werden.

MOS-FET: Aufbau und Energiebänderverlauf

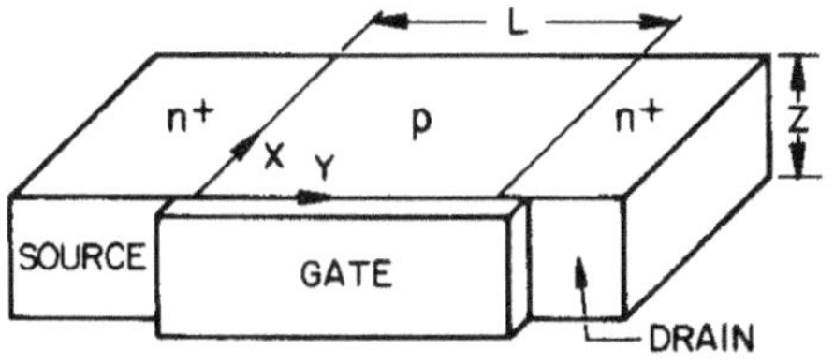

Geometrische Anordnung:

Halbleiterzonen und Elektroden

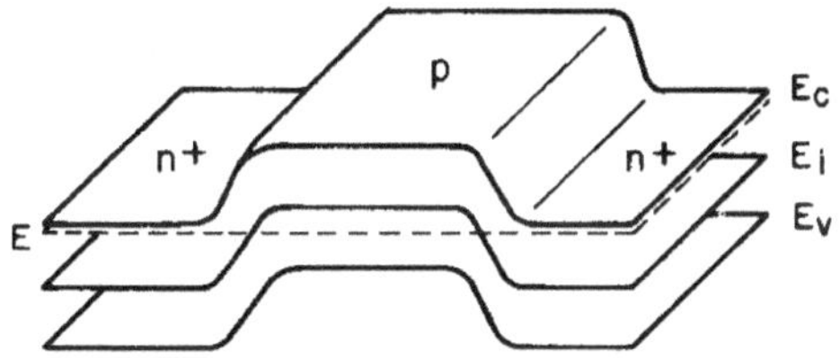

Bandschema:

Thermisches Gleichgewicht, keine äußere Spannung angelegt

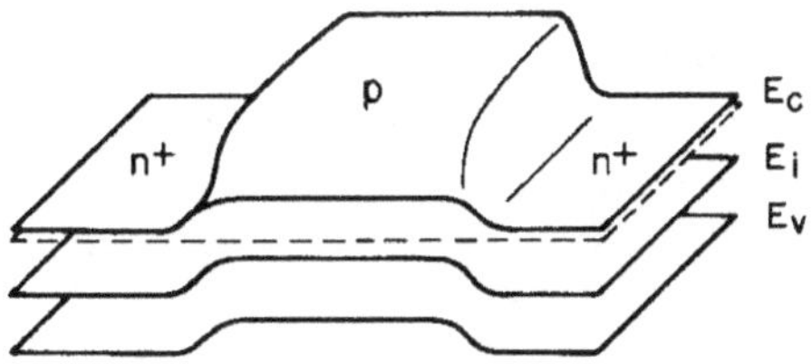

Drainspannung (gegen Source) $V_D = 0$, aber $V_G \neq 0$: Inversion in p-Zone, noch thermisches Gleichgewicht

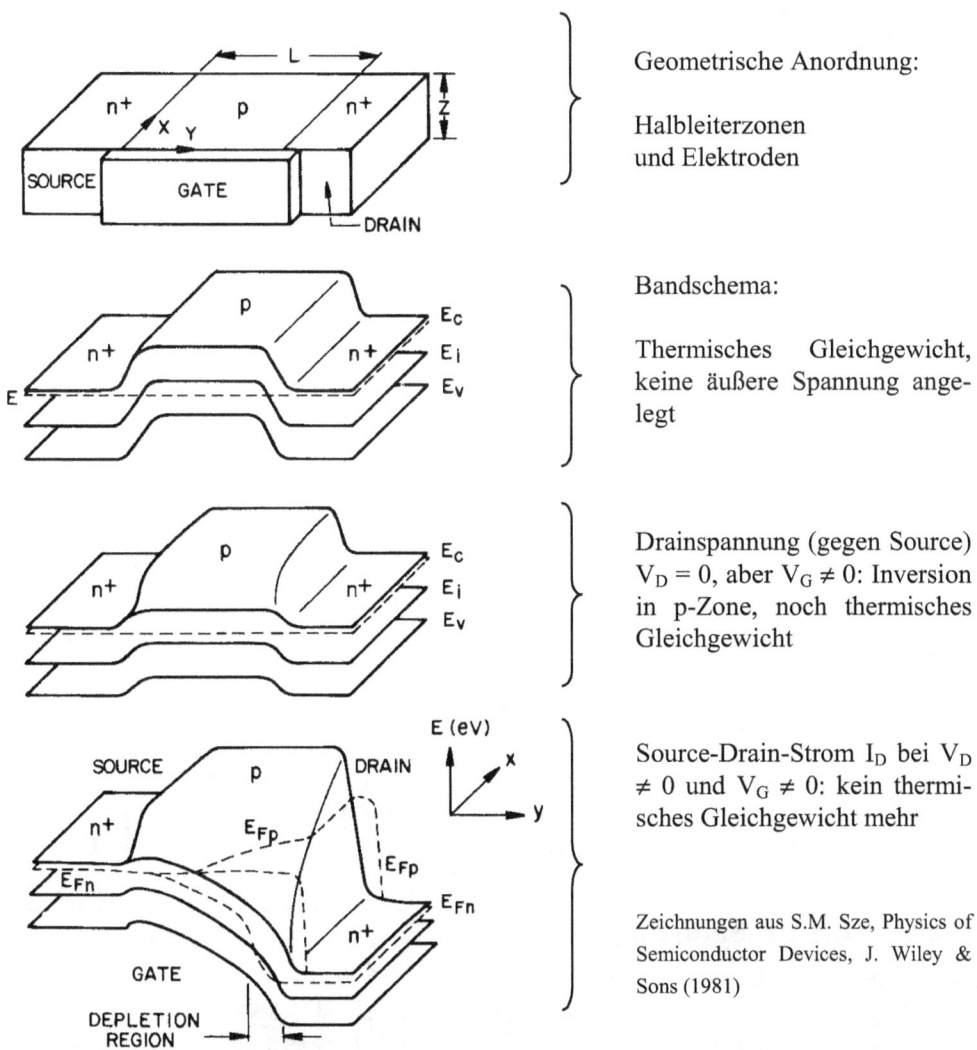

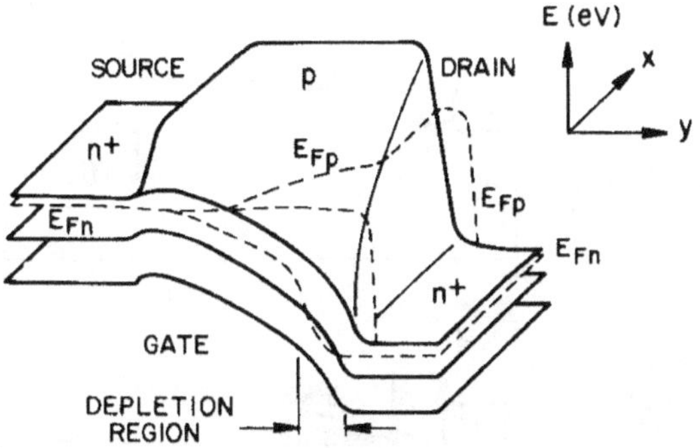

Source-Drain-Strom I_D bei $V_D \neq 0$ und $V_G \neq 0$: kein thermisches Gleichgewicht mehr

Zeichnungen aus S.M. Sze, Physics of Semiconductor Devices, J. Wiley & Sons (1981)

12.2.3 Strom-Spannungs-Kennlinien

Das Ausgangskennlinienfeld I_D (V_D) mit V_G als Parameter (Abb. 12.2) ergibt sich aus der quantitativen Durchführung der zuletzt notierten Bemerkungen. Die gestrichelte Kurve in Abb. 12.2 entspricht dem Beginn der Kanalabschnürung und folgt der Beziehung $I_{Dsat} \sim V_D^2$.

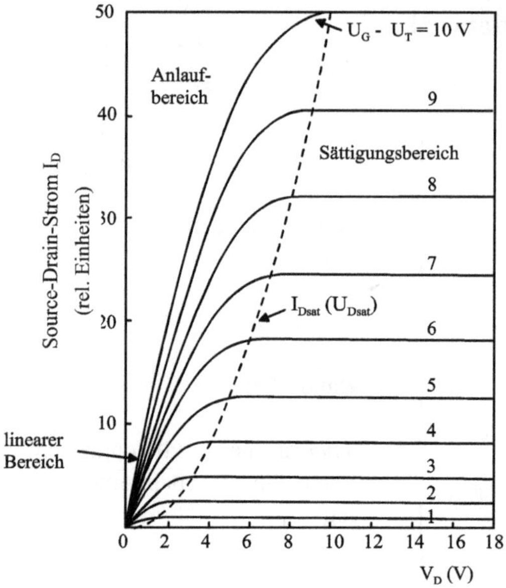

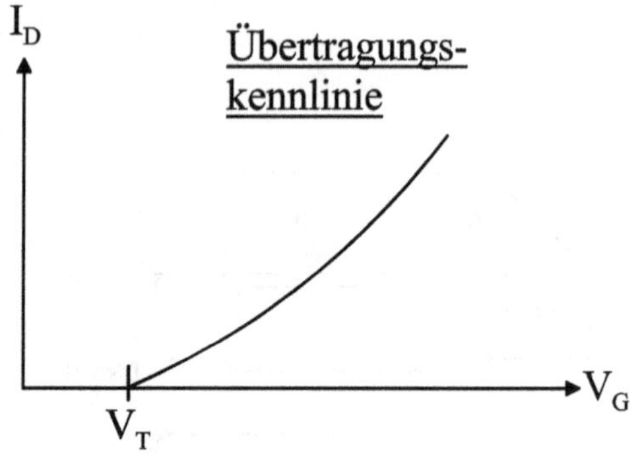

V_T: Schwellspannung zum Aufbau der Inversion, so daß der Kanal entsteht.

Abb. 12.2 *Strom-Spannungs-Kennlinien. Nach H. Schaumburg, Halbleiter, Teubner 1991.*

Die Ergebnisse lassen sich anschaulich gut verstehen:

(1) Linearer Anlaufbereich

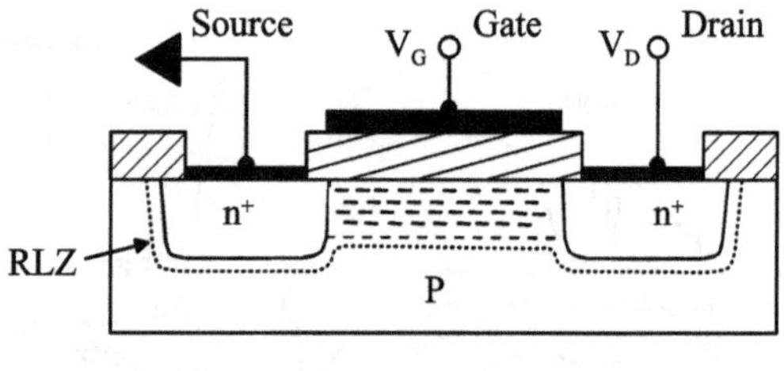

Bei kleiner Drainspannung ($V_D << V_G$) fließt im Kanal mit konstantem Querschnitt in y-Richtung ein Feldstrom $I_D \sim V_D$ für $V_G = \text{const.}$

(2) Übergang zur Sättigung

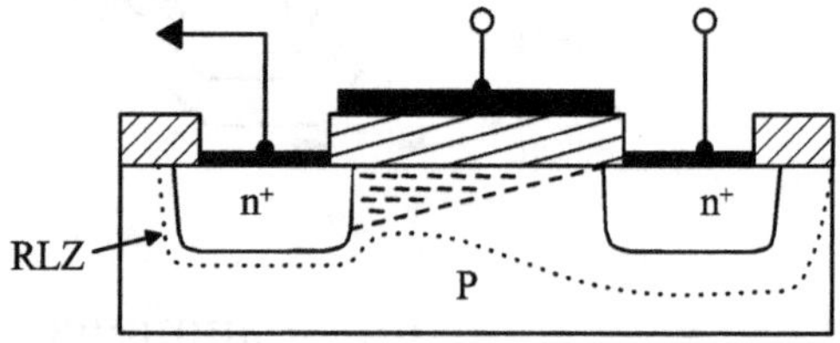

Die Kanalbreite variiert über die Kanallänge in y-Richtung, da vom Massenpunkt (Source) die Spannung längs y anwächst, somit die effektive Gatespannung gegenüber dem Kanal verkleinert wird.

Der Strom I_D steigt demnach nicht mehr linear, sondern geht in Sättigung über; sie ist erreicht für $V_D = V_{D,sat}$, wenn die Kanalbreite bei y = L Null wird: „*Abschnürung*" des Kanals („pinch-off")

(3) Sättigungsbereich

Für $V_D > V_{D,sat}$ wandert der Abschnürpunkt nach links: Die Kanallänge wird reduziert, das abgeschnürte Stück des ehemaligen n-Kanals ist jetzt p-leitend. Seine Länge – und damit sein Widerstand – wächst, während der Abschnürpunkt bei größer werdender Drainspannung weiter nach links wandert. Da die wachsende Drainspannung über dieser p-Strombahn abfällt, erhält man i.w. einen konstanten Strom, der den Sättigungsbereich charakterisiert. Diese npn-Anordnung ist vergleichbar einem aufgeschalteten bipolaren Transistor mit konstantem Kollektorstrom I_C in der Ausgangskennlinie.

Praktisch, aber nicht grundsätzlich zu unterscheiden sind vier Ausführungsformen des MOSFETs:

- Der Kanal kann n- oder p-leitend sein
- Der Kanal kann jeweils in Anreicherung oder Verarmung durch die äußeren Spannungen betrieben werden.

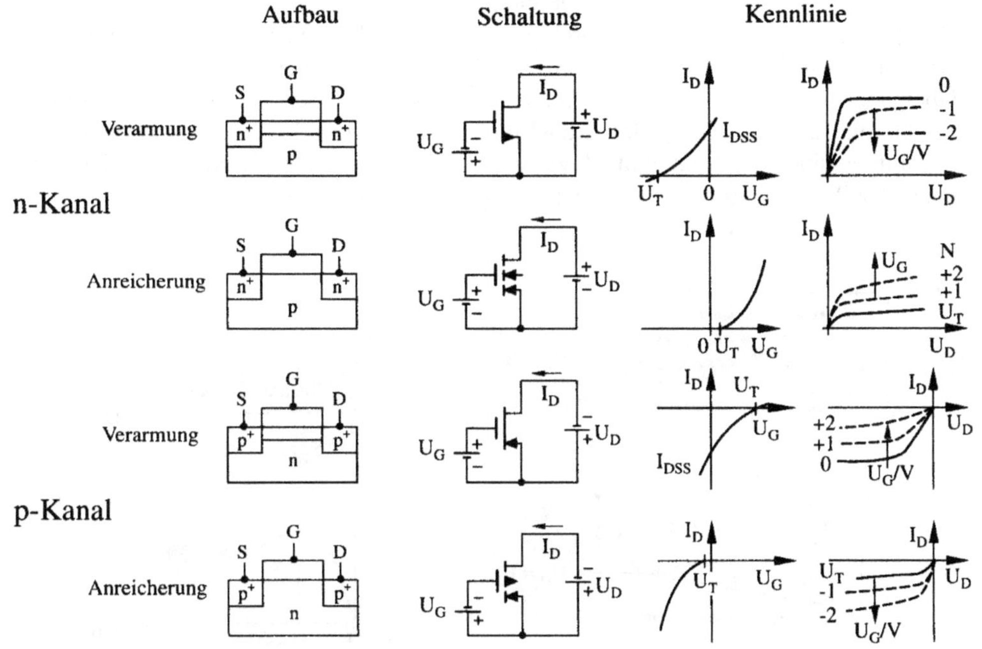

Abb. 12.3 *Aufbau, Polarität der äußeren Spannungen und Kennlinien verschiedener Typen von MOSFETs. Aus H. Schaumburg, Halbleiter, Teubner 1991.*

12.2.3 Sperrschicht-Feldeffekttransistor (junction-FET, J-FET)

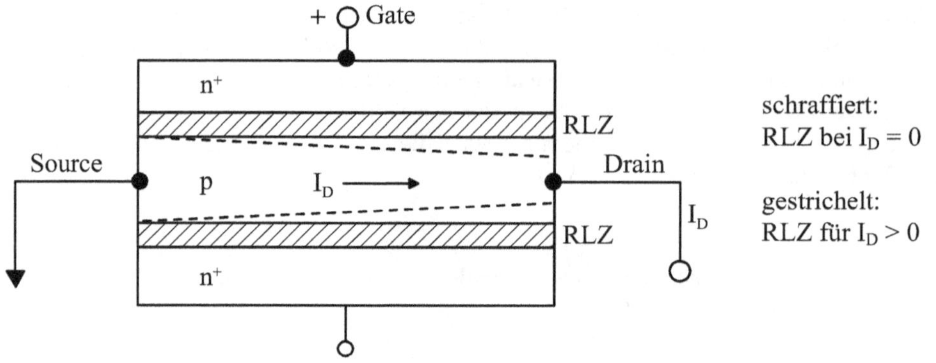

- Im Unterschied zum MOS-FET wird hier der Strom I_D in einem Kanal nicht durch eine Bandverbiegung gesteuert, sondern durch geometrische Änderung des Kanalquerschnitts. Ursache sind aber in beiden Fällen letztlich Potentialbarrieren.
- Die Querschnittsänderung wird durch pn-Übergänge erreicht, die in Sperrichtung gepolt sind und den Kanalbereich begrenzen. Variation der Sperrspannungen an den pn-Übergängen ändert die Weite der beiden Raumladungszonen und damit die verfügbare Kanalbreite. Die Steuerung des Transistors ist nicht mehr leistungslos. Die Ausgangs-Kennlinien sind ersichtlich ähnlich zu denen beim MOS-FET, da die wesentlichen Vorgänge analog sind (Abb. aus H. Schaumburg, Halbleiter, Teubner 1991):

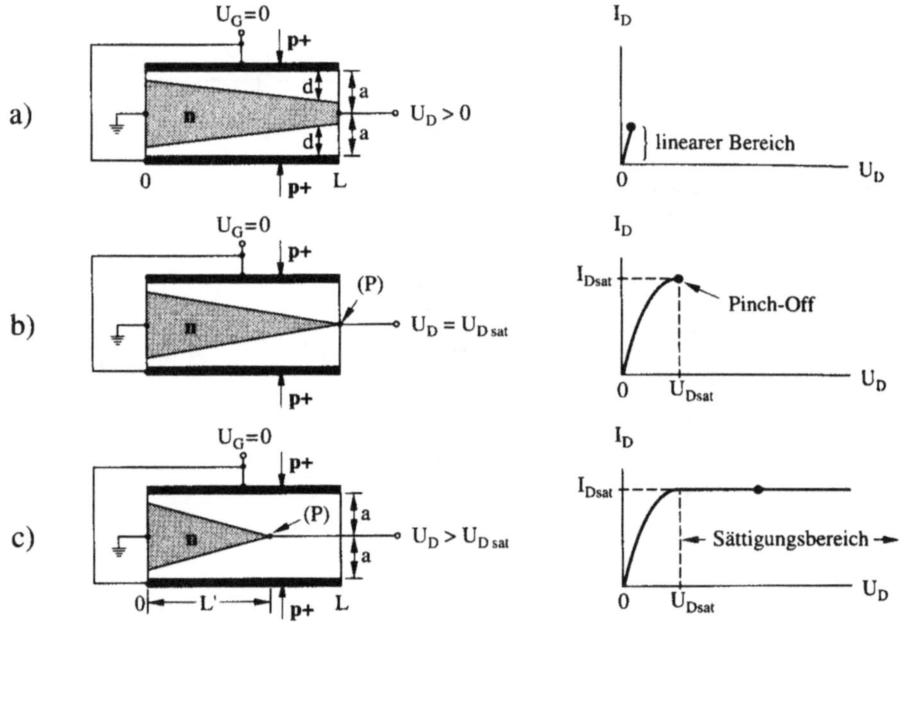

a) linearer Anlaufbereich für praktisch konstanten Kanalquerschnitt
b) Übergang zur Sättigung von I_D bei kleiner werdendem Kanalquerschnitt in Stromflußrichtung bis zur Abschnürung
c) Stättigungsverhalten (I_D = const.) bei dann kürzer werdender Kanallänge

Ähnlich wie der J-FET arbeitet der MES (Metal Semiconductor)-FET. Anstelle eines pn-Übergangs wird ein Schottky-Kontakt zur Steuerung benutzt.

12.2.4 High-Electron-Mobility-Transistor (HEMT)

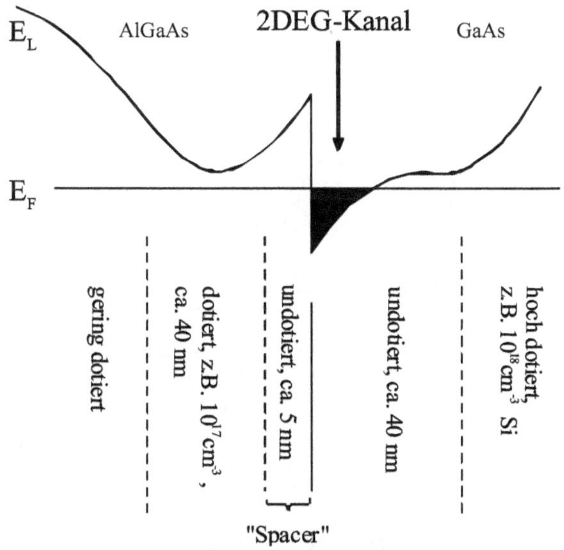

Abb. 12.4 *Modulationsdotierter Heteroübergang (beispielsweise zwischen AlGaAs und GaAs) mit Ortsverlauf des Leitungsbandes und zweidimensionalem Kanal im GaAs. Füllung des Kanals durch Elektronen, die aus dem dotierten Bereich im AlGaAs durch die Spacer-Schicht tunneln.*

In einer Heterostruktur, z.B. aus AlGaAs/GaAs, wird durch geeignete Dotierung nahe der Grenzschicht im GaAs ein quasi-zweidimensionales Elektronengas (2DEG) erzeugt. Die Elektronendichte bzw. die n-Leitfähigkeit in diesem Kanal kann durch eine Gatespannung gesteuert werden. Wesentlich ist, daß es sich hier um eine sogenannte modulationsdotierte Schicht handelt: Die n-Dotierung wird im AlGaAs etwas abseits vom Kanal vorgenommen, die Elektronen können aber durch die „Spacer"-Schicht (in Abb. 12.4 „undotiert, ca. 5nm") in den energetisch günstigeren Kanal tunneln. Dotierungsgebiet und Kanal sind also getrennt, und die Elektronenbeweglichkeiten im Kanal können ohne Störstellenstreuung – besonders bei tiefen Temperaturen – sehr groß werden. (Die Entwicklung der Elektronenbeweglichkeiten von 1978 bis 1988 ist in einem Diagramm in Abschnitt 10.5 dargestellt.) Dadurch lassen sich hohe Grenzfrequenzen erreichen.

12.2.5 Höchstfrequenter HEMT-Transistor auf der Basis von SiGe: modulationsdotierter Si/$Si_{1-x}Ge_x$-Feldeffekttransistor (MODFET)

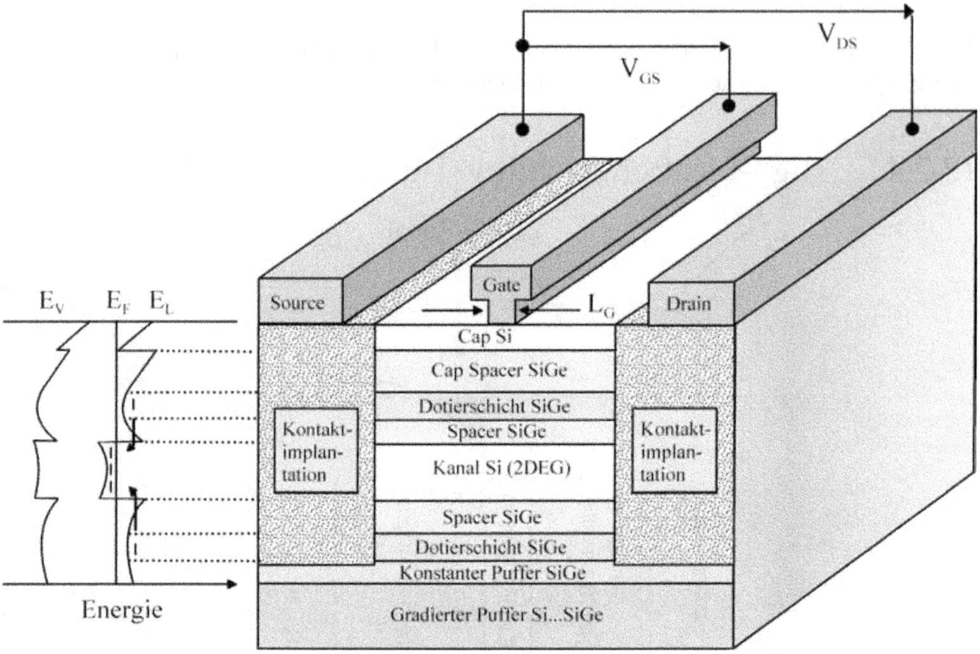

Abb. 12.5 *Aufbau (Querschnitt) eines n-Kanal-MODFETs aus Si/SiGe. Für $V_{DS} > 0$ und $V_{Gs} > V_{threshold}$ fließt ein Elektronenstrom von der Source-Elektrode zur Drain-Elektrode durch den dilativ (tensil) verspannten Si-Kanal. Die Bandanordnung ist links angedeutet. Nach T. Mack, Forschungszentrum Daimler-Chrysler und Institut für Halbleiterphysik, Diplomarbeit, Ulm 2001.*

Die Transistorstruktur ist auf einen gradierten (dicken) SiGe-Puffer aufgewachsen, dessen Ge-Gehalt von x = 0 auf dem Si-(001)-Substrat bis zum gewünschten Endwert, z.B. x = 0,4, anwächst. Die Gitterfehlanpassung wird längs der Schichtdicke abgebaut (z.B. durch Versetzungen), so daß der Puffer in den obersten Kristall-Lagen i.w. unverspannt ist mit der Gitterkonstante eines frei gewachsenen $Si_{1-x}Ge_x$-Kristalls („virtuelles Substrat“).

Funktionsweise

Durch diesen Aufbau ist die dünne, pseudomorph in $Si_{1-x}Ge_x$ eingebettete Si-Kanalschicht biaxial in der horizontalen Wachstumsebene zugverspannt. Die biaxiale Verspannung hat nach dem Hookeschen Gesetz eine biaxiale laterale Verzerrung der SiGe-Schichten zur Folge. Sie läßt sich zerlegen in einen hydrostatischen Verzerrungsanteil und einen vertikalen einachsig kompressiven Verzerrungsanteil. Eine mathematische Formulierung dieses Sachverhalts findet sich in Kapitel 13 im Abschnitt über VCSELs. Die hydrostatische Komponente hat den einzigen Effekt, $E_g(Si)$ zu verkleinern. Der einachsige Verzerrungsanteil entlang der [001]-Kristallrichtung spaltet Valenzband und Leitungsband jeweils zweifach auf; die quantitative Beschreibung geschieht durch die „Deformationspotentialtheorie" (siehe z.B. in G.L. Bir und G.E. Pikus, Symmetry and Strain-Induced Effects in Semiconductors, Wiley, New York, 1974). Die Bandlückendifferenz ΔE_g zwischen $Si_{1-x}Ge_x$ und Si(Kanal) wird für alle Werte von x vornehmlich im Valenzband aufgenommen ($\Delta E_V \approx \Delta E_g$), während ΔE_C sehr klein ist. Im Si-Kanal ergeben sich insgesamt die folgenden Energieverhältnisse für die Leitungsbandkante:

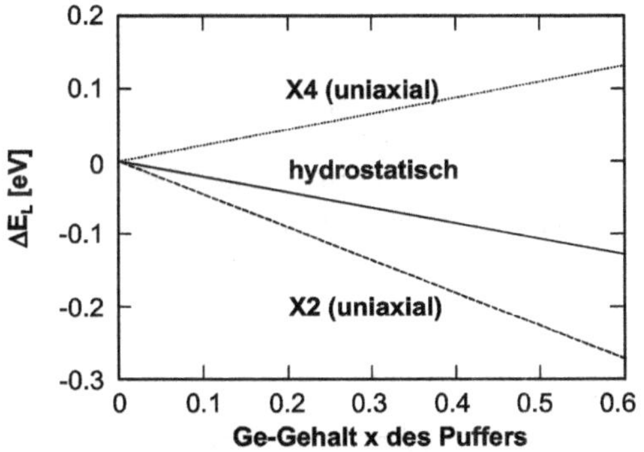

Abb. 12.6 Schematische Aufspaltung des Si-Leitungsbandes in X2 und X4-Täler durch die uniaxiale Verspannungskomponente und Verschiebung durch die hydrostatische Verspannungskomponente (links). Quantitative Verhältnisse bei einem Ge-Gehalt der $Si_{1-x}Ge_x$-Verbindung von $x = 0,4$ (unten).

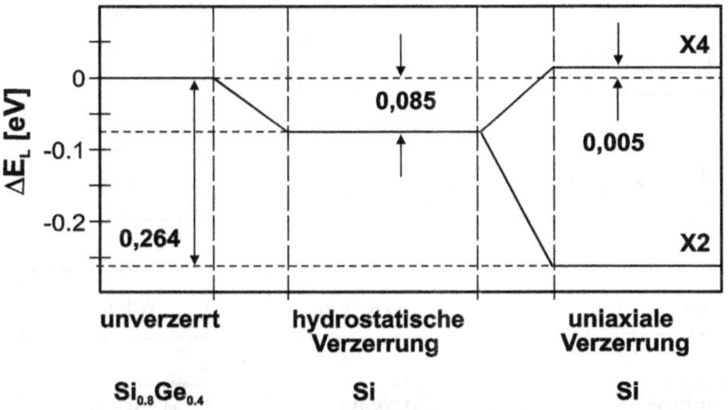

Die sechsfache Orientierungsentartung des Leitungsbandes im k-Raum ist durch die (001)-Verzerrung aufgehoben, das Band ist in zwei äquivalente, energetisch unten liegende Täler (X2) und vier äquivalente, oben liegende Täler (X4) aufgespalten. Für eine $Si_{1-x}Ge_x$-Komposition mit $x = 0,4$ beträgt die Energiedifferenz 264 meV. Elektronen aus den SiGe-Dotierschichten („Modulationsdotierung") tunneln durch die SiGe-Spacerschichten in den Si-Kanal und besetzen bei Raumtemperatur ausschließlich die X2-Täler; bei einer verfügbaren mittleren thermischen Energie von $kT \approx 26$ meV $\ll 264$ meV wird „intervalley"-Streuung in die hochliegenden Täler unterbunden; das verringert die Streurate der Elektronen und führt zu höherer Beweglichkeit im Kanal. Eine weitere Erhöhung der Beweglichkeit wird durch zwei zusätzliche Effekte erreicht:

- wegen der Modulationsdotierung findet im Kanal keine Coulombstreuung an Dopanden statt; dieser Effekt wurde schon in Abschnitt 12.2.5 besprochen.
- die Beweglichkeit hängt wegen $\mu = e\tau/m^*$ von der relevanten effektiven Masse ab, die in den X2-Tälern mit $m_t << m_l$ klein ist gegen die Masse $m^*_{d,e} = (m_t^2 \cdot m_l)^{1/3}$ ohne biaxiale Zugverspannung des Kanals.

Zusätzlich hat der Transistor eine Pilzstruktur der Gate-Elektrode mit einer effektiven Gate-Länge L_G im Bereich von 100 nm. So werden die Elektron-Transitzeiten über die Gate-Länge kurz und hohe Schaltfrequenzen erreicht. Die Transitfrequenz des gezeigten Transistors liegt bei 80 GHz, die maximale Schwingungsfrequenz sogar bei 107 GHz.

12.2.6 Stammbaum der Feldeffekttransistoren

Die Graphik zeigt Feldeffekttransistoren, gegliedert nach Steuerung (Gate-Konfiguration), Strukturqualität des Materials, Kanal-Leitfähigkeit und Betriebsmodus. Die grau unterlegten Typen wurden oben besprochen.

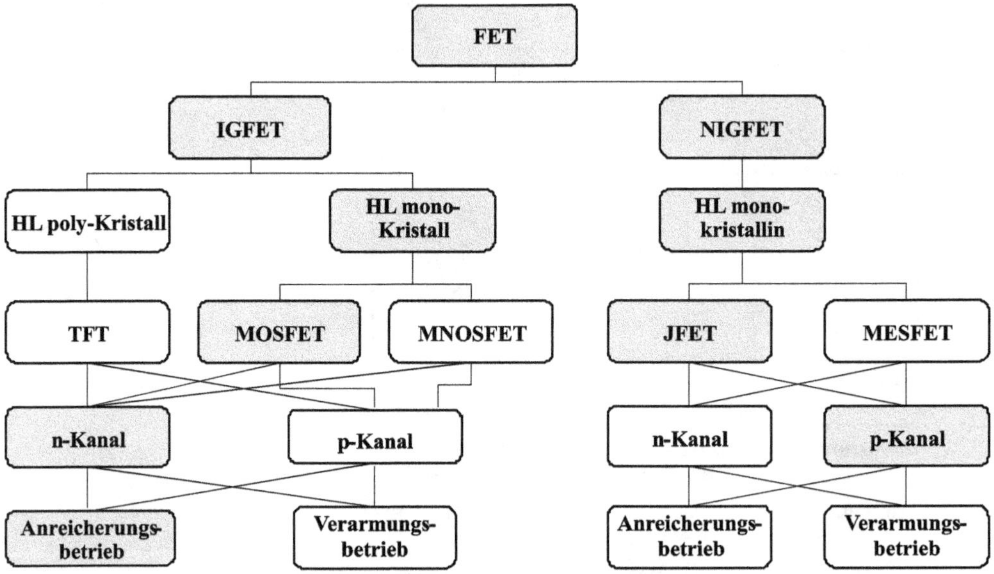

Abkürzungen

IGFET:	Isolated gate field effect transistor
NIGFET:	Non-isolated gate field effect transistor
TFT:	Thin film transistor
MOS-FET:	Metal oxide semiconductor field effect transistor
MNOS-FET:	Metal non-oxide semiconductor field effect transistor
J-FET:	Junction field effect transistor
MES-FET:	Metal semiconductor field effect transistor

Graphik nach H. Beneking, Feldeffekttransistoren, Springer 1973

12.2.7 Der Einzelelektronen-Transistor: Ein neues Konzept („Single Electron Transistor“, SET)

Die Grenzen einer weiteren Mikrominiaturisierung von hoch integrierten Schaltkreisen sind abzusehen. Sie sind weniger durch die lithographischen Techniken gegeben als durch die Probleme der Wärmeabfuhr. Wünschenswert sind Schaltbauelemente, die bei wesentlich kleineren Verlustleistungen arbeiten als bisher (z.B. bei CMOS-Technik). Ein solches Konzept bietet der SET.

Konzept

Die wesentliche Funktionseinheit ist ein *Quantenpunkt* („quantum dot“, QD), der als elektrisch isolierte Insel nur durch Tunnelbarrieren mit umgebenden n-dotierten Halbleiterbereichen „links“ und „rechts“ verbunden ist. Diese Struktur ist in den beiden folgenden Skizzen in einem eindimensionalen Modell-Leitungsbandschema dargestellt. Für die Funktionsweise des SET muß die Kapazität C der Anordung genügend klein sein, etwa im Bereich $10^{-17} \dots 10^{-18}$F (= 10 … 1aF, Atto-Farad). Da C mit der Strukturgröße skaliert, bedingt dies Größenskalen im Dekananometerbereich. (Zum Vergleich: Kleinste Strukturgrößen von hochintegrierten ICs sind aktuell bei oder schon deutlich unter 0,1 μm.)

Beispiel

Modell-Leitungsbandschema eines SET. Materialsystem z.B. AlGaAs/GaAs/AlGaAs.

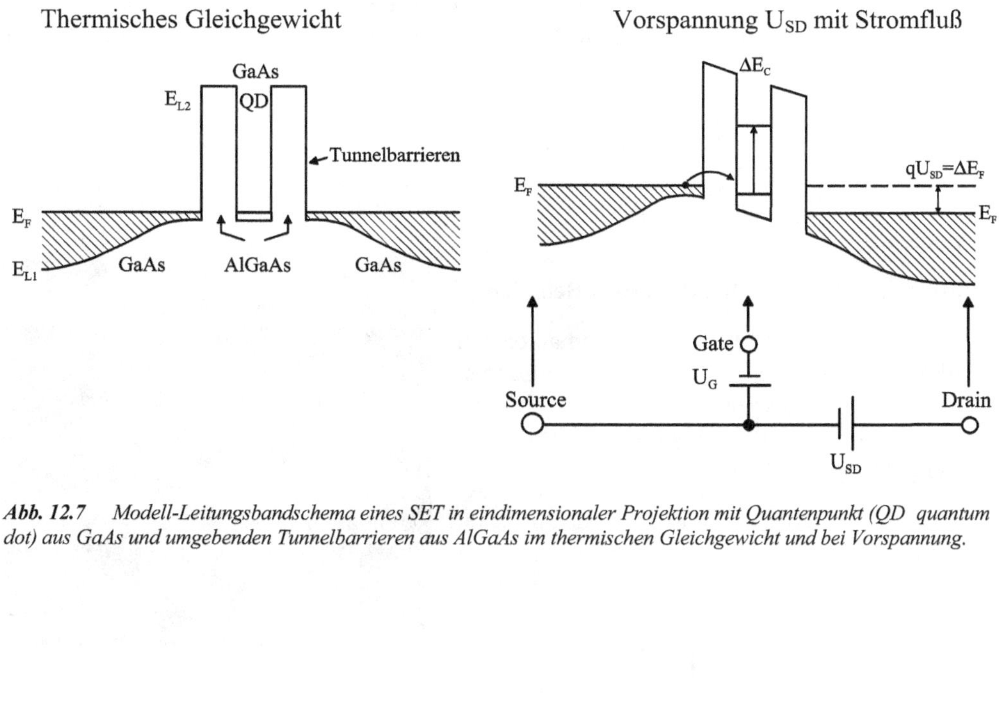

Abb. 12.7 *Modell-Leitungsbandschema eines SET in eindimensionaler Projektion mit Quantenpunkt (QD quantum dot) aus GaAs und umgebenden Tunnelbarrieren aus AlGaAs im thermischen Gleichgewicht und bei Vorspannung.*

In der folgenden Betrachtung vernachlässigen wir die quantenmechanische Einschlußenergie („confinement“) des gezeichneten Elektronenzustands im QD. Damit ein Elektron unter Vorspannung in den QD tunneln kann (siehe Skizze), muß es die Coulombenergie $\Delta E_C = e^2/2C$ aufbringen. Um diesen Betrag verschiebt sich der Zustand im QD, wenn er von einem Elektron besetzt wird: „Coulomb-Blockade“ des Stromflusses. Die Strom-Spannungs-Kennlinie zeigt für $kT \ll \Delta E_C$ Stufen bei $U_{SD} = \Delta E_C/e$, $2\Delta E_C/e$, … („Coulomb-Treppe“) durch Tunneln von 1, 2 oder mehr Elektronen. Die Stufen werden bei höherer Temperatur ausgeglättet. Kontrolliertes Tunneln von einzelnen Elektronen erfordert also mit der Bedingung $kT \ll \Delta E_C$ die oben erwähnte kleine Kapazität.

Rechenbeispiel zur groben Abschätzung von Werten

$Al_xGa_{1-x}As$: Komposition mit $x = 0{,}3$ bedeutet $E_g \approx 1{,}94$ eV, daher ΔE_g (AlGaAs/GaAs) $\approx$ 428 meV bei $T = 4{,}2$ K. Der Leitungsbandsprung („offset“) beträgt 57 % von ΔE_g, also $\Delta E_L = E_{L2} - E_{L1} = 244$ meV.

Der QD sei idealisiert ein Würfel mit Kantenlänge $d = 100$ nm (das ist noch eine große Dimensionierung!). Zur Vereinfachung sei auch die Isolationsbreite = Barrierenbreite gleich d. Die Kapazität des „Inselkondensators“ ist dann

$$C = \frac{\varepsilon\varepsilon_0 A}{d} = \varepsilon\varepsilon_0 d \approx 10^{-17}\,\mathrm{F} = 10\,\mathrm{aF} \quad (A = d^2 \text{ ist die Fläche der Kondensatorplatten})$$

Die Coulombenergie ergibt sich zu

$$\Delta E_C \approx 8\ \mathrm{meV},$$

so daß erst für $T \ll 100$ K die charakteristische I_S-U_{SD}-Kennlinie gemessen werden kann. Die Spannung ΔU, um die U_{SD} zu erhöhen ist, um bei gegebener Kapazität eine Ladung mehr in den QD zu bringen, beträgt also

$$\Delta U = \frac{\Delta E_C}{e} \approx 8\,\mathrm{mV}\,.$$

Für eine genauere Betrachtung müssen verschiedene Teilkapazitäten der Struktur berücksichtigt werden.

Realisierung der SET-Struktur: drei Beispiele

(1) Confinement-SET mit Tunnelkontakten an lithographisch erzeugten Einschnürungen eines Silizium-Stegs (Position durch Pfeilspitzen gekennzeichnet, Einschnürungsbreite ≈ 15 nm).

Aus: T. Köster et al., Jpn. J. Appl. Phys. **38**, 465 (1999)

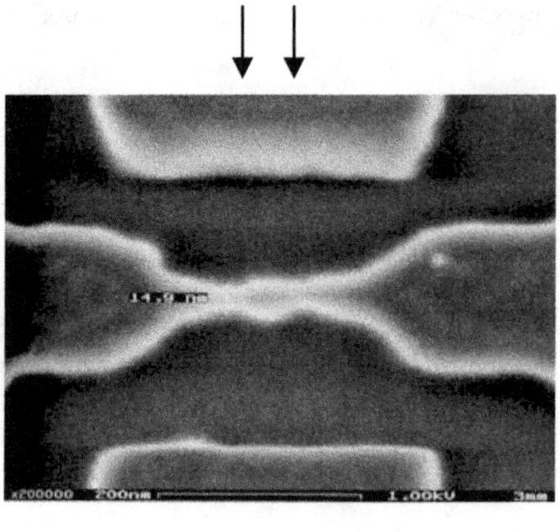

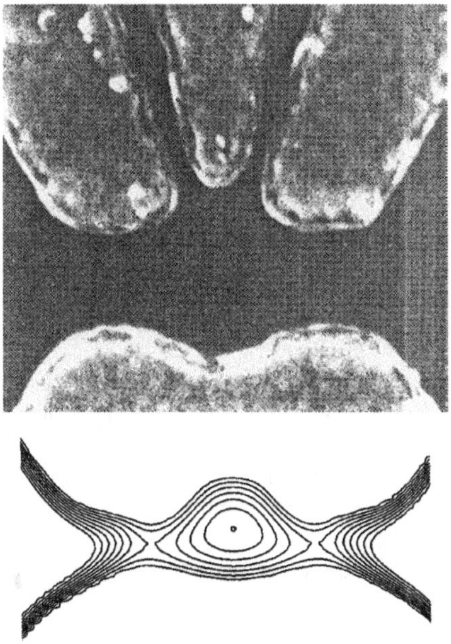

(2) Definition des SET in einem 2-DEG durch entsprechend feine metallische Kontaktstrukturen auf der Oberfläche genauso wie bei der Punktkontaktspektroskopie (Abschnitt 10.7). Durch entsprechende Spannungen an den drei oberen Fingern („split gate“) und dem unteren Kontakt können variable Einschnürungen im Potentialverlauf eingestellt werden. Bild unten: Konturlinien des elektrostatischen Potentials bei gemeinsamer Spannung von –0,5 V an allen vier Kontakten gegen Substrat.

Aus: Z. Borsosfoldi et al., The Physics of Semiconductors, World Scientific (1995), S. 1887

(3) Messungen an einer SET-Struktur, die der letztgenannten äquivalent ist (Struktur und Meßdaten aus L.P. Kouwenhoven et al., Z. Phys. B – Condensed Matter **85**, 381 (1991)).

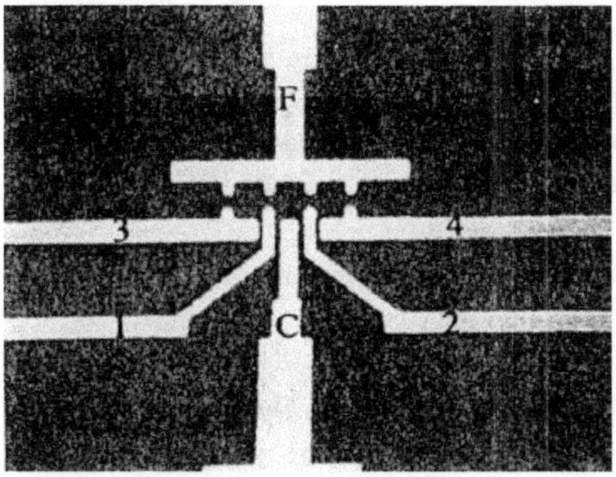

Abb. 12.8 Kontakte für U_{SD} 3/F und 4/F; Gate in Drei-Finger-Anordnung 1, C, 2 mit F.

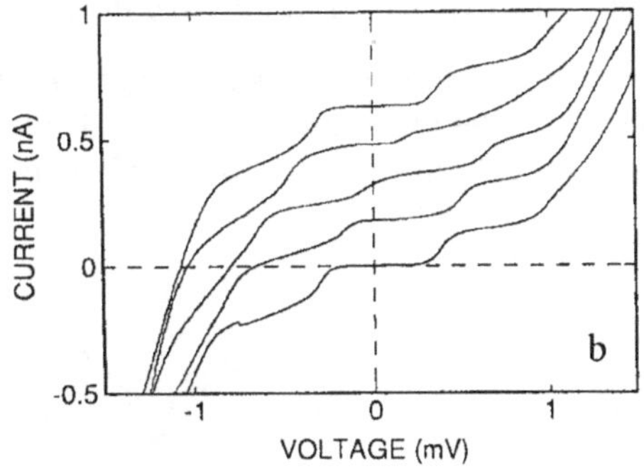

Abb. 12.9 I_D-U_{SD}-Kennlinien mit U_G als Parameter „Treppenstufen“-Charakteristik. Kurven zur Klarheit versetzt gezeichnet Für $U_{SD} = 0$ gehen alle Kurven durch $I_D = 0$. Meßtemperatur $T = 10$ mK!

Für eine feste Spannung U_{SD} zeigen sich als Funktion der Gate-Spannung U_G Oszillationen des Stroms I_D oder der Leitfähigkeit zwischen den U_{SD}-Kontakten (Abb. 12.10 links). Die Periode wird durch $\Delta U_G = \Delta E_C/e$ gegeben. Jede Periode ist mit dem Tunneln je eines weiteren Elektrons durch die erste Barriere verknüpft.

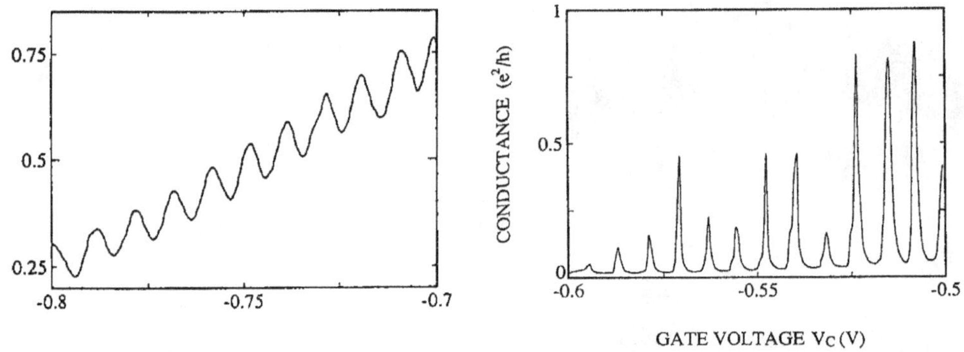

Abb. 12.10 *Leitfähigkeitsoszillationen oder -spitzen als Funktion der Gate-Spannung. Aus L.P. Kouwenhoven et al., Z. Phys. B – Condensed Matter **85**, 381 (1991).*

Für die Oszillationen ist auch eine Erklärung als Fabry-Pérot-Resonanzen gegeben worden: Ein Elektron im QD stellt eine Welle dar, die an den Tunnelbarrieren teilweise reflektiert wird. Die Oszillationen entstehen durch die Abhängigkeit der Wellenzahl $k_F = \sqrt{2m_e^*/\hbar^2 E_F}$ und damit der Wellenlänge λ_F von der Gatespannung U_G, mit der periodisch konstruktive oder destruktive Interferenz erzeugt wird.

Unter geeigneten Versuchsbedingungen beobachtet man in der Leitfähigkeit auch scharfe Spitzen statt der Oszillationen (rechtes Bild). Ein solches Spektrum kann man als Analogon zu dem stufenförmigen Spektrum der Punktkontaktspektroskopie (Abschnitt 10.7) auffassen.

13 Halbleiter-Leuchtdioden und -Laser

13.1 Leuchtdioden („Light Emitting Diodes", LEDS)

Allgemeine Bemerkungen

LEDs sind Lichtquellen mit den vorzüglichen Eigenschaften:

- kompakt und stabil
- langlebig ($\approx 10^5$ h und mehr, das sind gut 10 Jahre ununterbrochene Betriebsdauer)
- Ausfall („degradation") allmählich, nicht plötzlich
- Strahlung relativ monochromatisch, alle wesentlichen Wellenlängen (Farben) im Sichtbaren vorhanden (darüber hinaus auch im IR und im UV); Betrieb ohne Filter, die die Ausbeute herabsetzen
- kompatibel mit DTL- oder TTL-Logik
- preiswert (Cent-Bereich)

13.1.1 Physikalisches Funktionsprinzip

- Das Licht der LEDs stammt aus der strahlenden Rekombination von Elektron-Loch-Paaren unter Beteiligung *freier* oder *gebundener* Zustände.
- Für die Anwendung im großen Maßstab kommt nur die Anregung über Teilcheninjektion in Frage: *Diode*
- Es gibt keinen grundsätzlichen Unterschied zur normalen Gleichrichter-Diode: Dort möchte man für kleine Sperr-Sättigungsströme und eine „gute" Strom-Spannungs-Kennlinie möglichst keine Rekombination in der Raumladungszone haben, die in einer LED aber durchaus wünschenswert ist.
- Für gute Lichtausbeuten kommen wegen der strahlenden Rekombinationskoeffizienten B grundsätzlich nur Halbleiter mit direkter Bandstruktur in Frage.

Zur Erinnerung (vgl. Kapitel 9, Optische Eigenschaften):

B (cm^3/s)	$\approx 10^{-15}$	5×10^{-14}	7×10^{-10}	$\approx 10^{-9}$
für	Si	GaP	GaAs	InP
	indirekte Bandstruktur		direkte Bandstruktur	

- Strahlende Gebiete der Diode:
  Die Lichtintensität ist proportional zur Nettorekombinationsrate

$$R_{net} = B(np - n_0 p_0) = B[\underbrace{n_0 \Delta p}_{\text{n-Gebiet}} + \underbrace{p_0 \Delta n}_{\text{p-Gebiet}} + \underbrace{\Delta n \Delta p}_{\text{RLZ}}] \quad \text{mit} \quad n = n_0 + \Delta n; \quad p = p_0 + \Delta p$$

Produkt groß in: n-Gebiet p-Gebiet RLZ n-, p-Gebiete angrenzend an RLZ

Unter der Annahme *thermischen Quasi-Gleichgewichts* kann man die Aussage schärfer fassen. Es gilt dann:

$$np = n_i^2 e^{\Delta E_F / kT} \quad \text{mit} \quad \Delta E_F = E_F^e - E_F^h = qV_{ext}$$

Daher ist $R_{net} = B n_i^2 (e^{\Delta E_F / kT} - 1)$ konstant für festes ΔE_F.

Es gibt demnach keine Ortsabhängigkeit von R_{net} im Gebiet des Quasi-Gleichgewichts, d.h. in der RLZ. Die Rekombinationsrate ist also in der RLZ *konstant*; sie geht in den Diffusionsschwänzen der beiden Neutralgebiete exponentiell (Lösung der Kontinuitätsgleichung!) gegen Null.

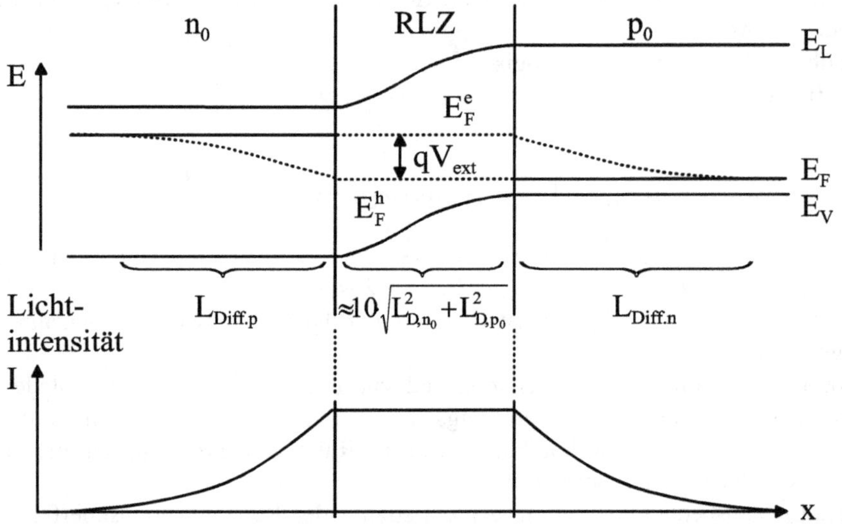

Abb. 13.1 Energiebandschema einer vorwärts gepolten Leuchtdiode mit Lichtintensität aus den verschiedenen Bereichen.

Abschätzung von Zahlenwerten für GaAs (μ_n = 8000 cm^2/Vs, μ_p ≈ 400 cm^2/Vs und τ =100 nsec, wie durch Meßdaten laut folgendem Abschnitt nahegelegt):

Für $n_0 \approx 10^{17}$ cm^{-3}: $L_{diff,n} = \sqrt{D_n \tau} = \sqrt{(kT/q)\,\mu_n \cdot \tau} \approx 45\,\mu m$

$p_0 \approx 10^{17}$ cm^{-3}: $L_{diff,p} = \sqrt{D_p \tau} = \sqrt{(kT/q)\,\mu_p \cdot \tau} \approx 10\,\mu m$

$$L_D = L_{Di}\sqrt{n_i / n_0 \text{ oder } p_0} \approx 10^{-2}\mu m$$

Aus der Debye-Länge L_D folgt die Weite der gesamten RLZ zu etwa $\sqrt{2} \times 10\ L_D = \sqrt{2} \times 10^{-1}$ µm. Sie ist viel kleiner als $L_{Diff,n}$ und $L_{Diff,p}$. Das weitaus meiste Licht stammt also aus den Diffusionsschwänzen.

13.1.2 Spezielle LEDs

(A) GaAs-LEDs

- Wellenlänge λ = 880 ... 940nm (IR); das Licht ist nicht sichtbar.
- Einsatz der Diode für Abtastzwecke, Lichtschranken etc.
- Gute n- und p-Dotierung ist möglich.
- Herstellung: In das Ausgangsmaterial (Czochralski-GaAs, dotiert mit S oder Te mit 10^{17} bis 10^{18} cm^{-3}) werden pn-Übergänge eingebracht durch
  - p-Diffusion mit Zn (aus $AsZn_2$) mit 10^{19} cm^{-3}, Tiefe einige µm, nachdem zuvor per Gasphasen-Epitaxie mit $AsCl_3$ als Quelle eine n-Schicht aufgewachsen war.
    Emissionsenergie $h\nu \approx 1{,}4$ eV ($\lambda \approx 0{,}9$ µm)
    Schaltzeit ≈ 100 nsec
  - Flüssigphasen-Epitaxie mit Si-Dotierung während der Abscheidung. Der Einbau von Si (amphoter!) als Akzeptor wird durch geeignete Wahl von Temperatur und Konzentration erreicht.
    $h\nu \approx 1{,}32$ eV ($\lambda \approx 0{,}94$ µm)
    Schaltzeit ≈ 500 nsec, höhere Ausbeute

  In beiden Fällen handelt es sich um Lichtemission aus den durch hohe Donator- und Akzeptordotierung hervorgerufenen Zustandsdichteschwänzen der Bänder (im Jargon auch: „Donator-Akzeptor-Paar-Rekombination").

Bemerkungen zur folgenden Abbildung:

- Die elektrische Kennlinie I_F (U_F) hat im exponentiellen Teil ($I_F \lesssim 750$ mA) einen Idealitätsfaktor n ≈ 1,7 (Zn) bzw. n ≈ 2,0 (Si), der dominante raumladungsbegrenzte Rekombination anzeigt.
- Die emittierte Lichtintensität (Φ_e) ist über einen großen Bereich etwa proportional zum Strom I_F.

- Das Spektrum ist ziemlich monochromatisch mit Halbwertsbreiten von $\Delta\lambda \approx 35$ nm (Zn) und ≈ 85 nm (Si).

Galliumarsenid-Lumineszenzdioden

Aus Datenhandbücher Optoelektronische Bauelemente AEG-Telefunken.

Si-dotierte epitaxiale GaAs-Diode
Anstiegszeit $\tau_r = 500$ nsec

Zn-diffundierte GaAs-Diode
Anstiegszeit $\tau_r = 100$ nsec

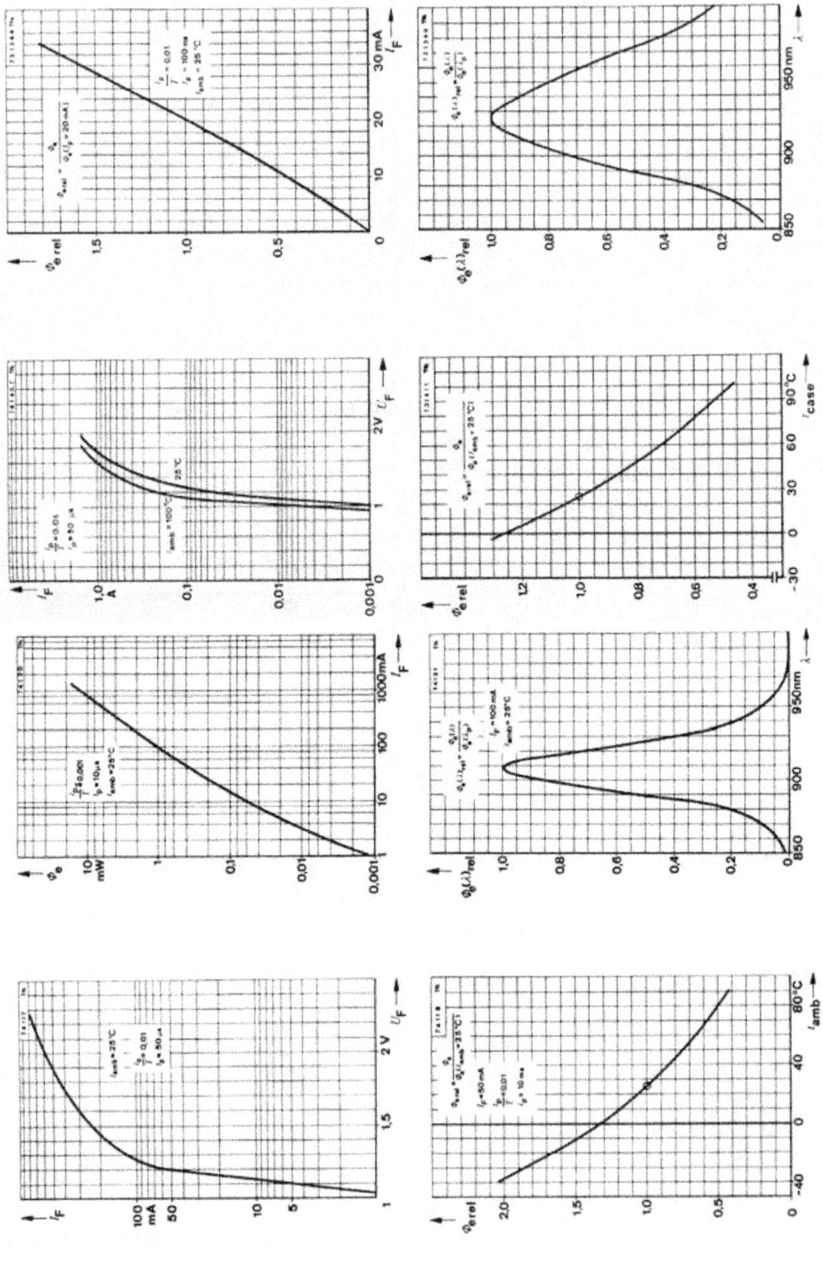

(B) GaAsP-Mischkristall-LEDs

- GaAs und GaP sind mischbar zu $GaAs_{1-x}P_x$ für alle x ($0 \leq x \leq 1$).
- Das ternäre System hat den Vorteil, daß man die vorhandenen Technologien des GaAs und des GaP beibehalten kann.
- Die Mischkristalle decken grundsätzlich den Bereich
  1,43 eV (GaAs) ... 2,3 eV (GaP) ab.
  (1,43 eV: IR; 2,3 eV: ≈ 540nm, grün)
- Bei x ≈ 0,45 weist das Mischkristallsystem einen Übergang von direkter zu indirekter Bandstruktur auf. Bei dieser Zusammensetzung ändert sich also die Effizienz der strahlenden Rekombination um mehrere Größenordnungen.

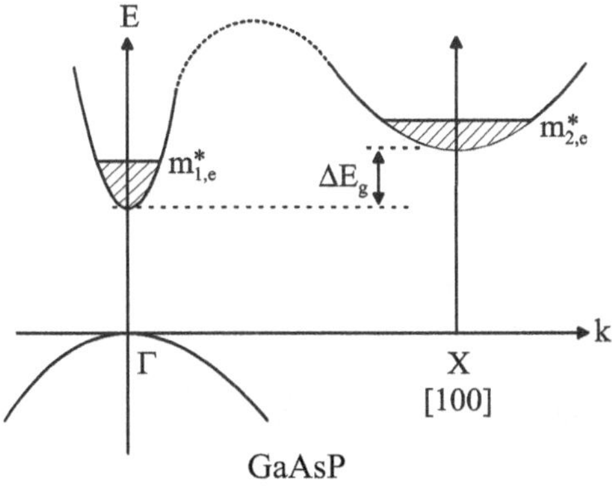

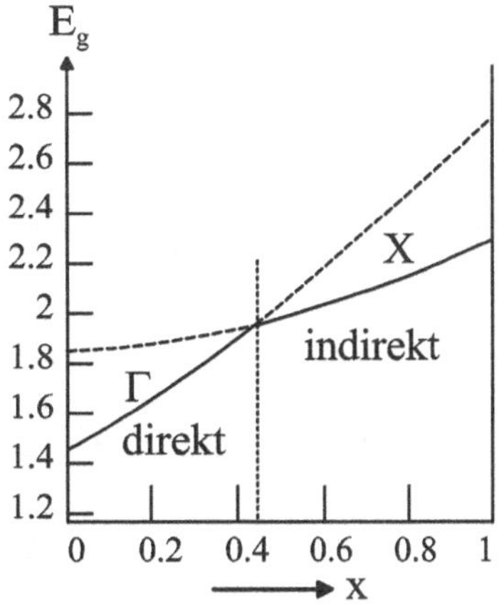

- Man kann daher den inneren Quantenwirkungsgrad schreiben als $\eta_{int} \approx \eta_{int}|_{x=0} \cdot n_1/(n_1+n_2)$. Dabei sind n_1,n_2 die Elektronendichten im Γ- bzw. im X-Tal mit dem Verhältnis $n_2/n_1 = (m^*_{2,e}/m^*_{1,e})^{3/2} e^{-\Delta E_g/kT}$ und $m^*_{2,e}/m^*_{1,e} = 16{,}7$. LB1 und LB2 sind gleichbesetzt (also $n_1 = n_2$) für $\Delta E_g = 0{,}1$ eV und $E_g = 1{,}85$ eV entsprechend x = 0,35. Ab x = 0,35 ist die Besetzung des indirekten LB-Minimums maßgebend, der Quantenwirkungsgrad η_{int} geht drastisch zurück. Gleichzeitig wächst für größere x die Augenempfindlichkeit noch deutlich an (Maximum im grünen Spektralbereich!).

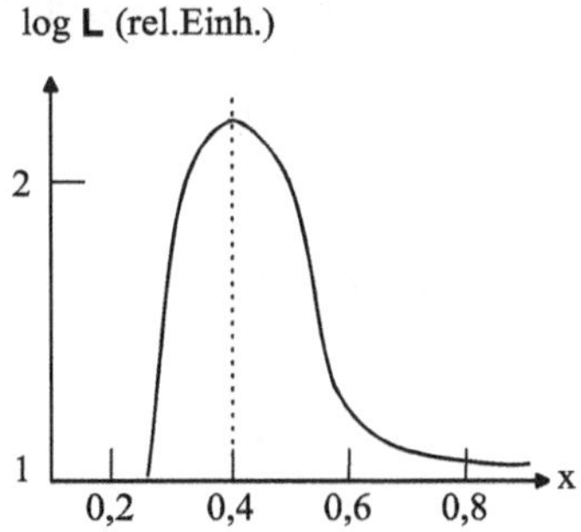

Die subjektiv empfundene Helligkeit ist über die spektrale Augenempfindlichkeitsfunktion proportional zur Leuchtdichte **L**. Die Leuchtdichte ist im Diagramm als Funktion der relativen Phosphorkonzentration x der Diode aufgetragen.

Optimierung auf maximale Helligkeit ergibt x = 0,4: $GaAs_{0,6}P_{0,4}$ – LED, $\lambda = 650$ nm, ($h\nu = 1{,}91$ eV).

- Die Herstellung geschieht durch Gasphasen-Epitaxie (Te-Dotierung) mit kontinuierlicher Erhöhung der P-Konzentration während des Wachstums; man schafft damit ein Übergangsgebiet, das unnötig hohe Kristallverzerrungen („strain“) und damit Versetzungsbildung vermeidet. Nach Erreichen der P-Endkonzentration (20....50 µm Epischicht-Dicke) wird der pn-Übergang durch Diffusion erzeugt.

(C) GaP-LEDs

- Die drei Grundfarben grün, gelb und rot im sichtbaren Spektralbereich lassen sich mit GaP trotz indirekter Bandstruktur des Materialsystems verwirklichen. Die Forderung nach k-Erhaltung bei der Rekombination wird durch die Beteiligung von isoelektronischen (isovalenten) Störstellen „außer Kraft gesetzt“ (Genaueres dazu siehe Kapitel 5, Störstellen), es kommt zur quasi-direkten strahlenden Rekombination.
- Die Rekombinationsstrahlung stammt von Exzitonen, die mit einer Anlagerungsenergie $E_{loc} > kT$ (oder >> kT) an isoelektronischen (isovalenten) Störstellen lokalisiert sind. Die Bindungstiefe E_{loc} bestimmt das Energiedefizit der Rekombinationsstrahlung gegenüber der Bandlücke von GaP, $E_g \approx 2{,}25$ eV (300K), also die Farbe der emittierten Strahlung.
- Isoelektronische Störstellen sind definitonsgemäß ungeladen, ihre Valenzelektronen werden für die Bindung im Gitter gebraucht. Der exzitonische Komplex enthält also nur ein gebundenes Elektron-Loch-Paar (eh). Damit wird nicht-strahlende Auger-Rekombination unterbunden, die für D^0X- oder A^0X-Komplexe mit drei gebundenen Ladungsträgern als eeh- oder ehh-Prozeß dominant ist.

grün	$h\nu = 2{,}225$ eV $\lambda = 557$ nm	Exzitonen an N-Störstellen, $[N] < 10^{19}$ cm^{-3}, $E_g - 21$ meV
gelb	$h\nu \approx 2{,}05$ eV $\lambda \approx 605$ nm	Exzitonen an $(NN)_i$-Paaren mit verschiedenen Abständen i, vorzugsweise $(NN)_3$, $[N] > 10^{19}$ cm^{-3}, etwa $E_g - 200$ meV

Herstellung durch Gasphasenepitaxie auf GaP-Substraten, Zn-Diffusion in S-dotierte, N-angereicherte Epitaxieschichten.

rot	$h\nu = 1{,}8$ eV $\lambda = 690$ nm	Exzitonen an Zn-O-Störstellen-Komplexen (Besetzung nächster-Nachbar-Plätze im Gitter), $[O] \approx 10^{16}$ cm^{-3}, $[Zn] \approx 10^{18}$ cm^{-3}, $E_g - 310$ meV

Herstellung durch Flüssigphasenepitaxie auf n-dotierten GaP-Substraten, zn-dotierte p-Schicht mit Kontrolle von [Zn] und [O].

- Auch im $GaAs_{1-x}P_x$- Mischkristallsystem wird exzitonische Lumineszenz über Stickstoffstörstellen genutzt: Mit x = 0,85 können gelbe Leuchtdioden hergestellt werden.

(D) Blaue LEDs

- Für blaue Leuchtdioden muß die Bandlücke mindestens $E_g = 2{,}5$ eV sein, bei strahlender Rekombination unter Beteiligung von Störstellen eher 3,0 eV oder mehr.

- Unter den Elementhalbleitern kommt Diamant (E_g = 5,5 eV) wegen seiner indirekten Bandstruktur, der komplexen Synthese und bisher technisch nur schlecht nutzbarer n-Dotierung nicht in Frage.
- Als III-V-Halbleiter mit dem geforderten hohen Bandabstand bieten sich nitridische und karbidische Systeme (Basismaterialien GaN und SiC) an.
  Technologische Herausforderungen dabei sind
  - Wachstumskontrolle (Qualität der abgeschiedenen Schichten)
  - Gitterfehlanpassung von Schichten zu kommerziell nutzbaren Substraten
  - Kontakttechnologie
  - n- und p-Leitung. Ähnlich wie auch bei Standard-III-V-Verbindungen sind die Kristalle oft natürlich n- oder p-leitend, die komplementäre Leitfähigkeit kann durch entsprechende Dotierung nicht erreicht werden. Einer von vielen, z.T. komplexen Gründen: Antistöchiometrie („antisite“)-Defekte, die für eine Ladungsträgersorte effiziente, tiefliegende Bindungszentren sind.

Spezielle Systeme / Bemerkungen

(Situation bis Anfang der 1990er Jahre)

Spezielle Systeme		Bemerkungen
GaN	E_g = 3,5 eV	natürlich n-leitend, p-Leitfähigkeit schwierig, daher nur i-n-Übergänge mit hohen Arbeitsspannungen
SiC	E_g = 3,0 eV (hexagonal) = 2,4 eV (kubisch)	starke Neigung zu Polytypismus (Stapelfolge auf dichtgepackter (111)-Ebene nicht regelmäßig ABC, ABC, ...(fcc-kubisch) oder AB, AB, ... (hexagonal), sondern nach längeren Perioden willkürlich wechselnd
AlP	E_g = 3,6 eV (hexagonal) = 3,2 eV (kubisch)	
ZnO ZnS ZnSe	E_g = 3,4 eV = 3,7 eV = 2,7 eV	natürlich n-leitend; Kristalle von geringer Härte (evtl. problematisch für Kontakte etc.; aktuelle Abhilfe durch Be-Zusatz)

Zusammenfassung: Materialien und Farben

Farbe	λ	hν	E_g (- E_{loc})	Material
rot	650 nm 750 nm	1,91 eV 1,65 eV	1,43 eV (dir. Γ)… …2,8 eV (indir. X)	GaAs GaP } Mischkristalle
	640 nm	1,94 eV	2,25 eV (- 310 meV)	GaP: Zn-O
gelb	605 nm	2,05 eV	2,25 eV (-200 meV)	GaP: NN
	590 nm	2,1 eV	2,2 eV (-100 meV)	$GaAs_{1-x}P_x$: N, $x \leq 0{,}85$
grün	557 nm	2,23 eV	2,25 eV (-20 meV)	GaP: N
blau	450 nm	2,75 eV	3,0 eV (-300 meV)	SiC (hex.)

Situation seit etwa Mitte der neunziger Jahre:

Nach aufwendiger Forschung wurde mit speziellen Kristallzüchtungsverfahren („Lely"-Verfahren) beim SiC relativ regelmäßige hexagonale (6H) Kristallformen erreicht. Nutzbare, wenngleich bläßlich-blau leuchtende Dioden kamen auf den Markt.

Sie wurden in kürzester Zeit verdrängt durch GaN-Leuchtdioden (genauer: AlGaN/InGaN-Heterostrukturen) mit Strahlungsleistungen, die um Größenordnungen höher liegen als bei SiC-Leuchtdioden. Erreicht wurde dieser Entwicklungssprung zuerst in japanischen und amerikanischen Labors (Nichia, Cree) u.a. durch Beherrschung der p-Dotierung mit Mg im Gasphasenepitaxie-Prozeß (MOVPE: Metal Organic Vapor Phase Epitaxy), z.T. unter Verwendung von Wasserstoff (hydrogen) als Trägergas (HVPE) und speziell vorstrukturierten Saphir-Substraten (ELOG-Verfahren: Epitaxial Lateral Overgrowth).

Durch Wahl der relativen In- und Ga-Konzentrationen lassen sich auch brilliant grün leuchtende Dioden im GaN-System herstellen (vgl. Daten zu superhellen LEDs im folgenden Abschnitt).

(E) Aktuelle Entwicklung: Superhelle LEDs

Zwei wichtige Merkmale kennzeichnen die aktuelle Entwicklung:

- Ternäre und quaternäre Mischkristallsysteme
  Die gewünschte Wellenlänge bei E_g wird eingestellt, indem die Komposition eines ternären oder quaternären Halbleitersystems entsprechend gewählt wird („band-gap engineering" oder „band-gap tayloring"). Die geeigneten Systeme haben direkte Bandstruktur, die Lumineszenz ist intrinsisch (Band-Band-Rekombination). Zur Erinnerung: Die Nutzung von (isoelektronischen) Störstellen bei GaP- und gelben GaAsP-Mischkristall-LEDs zur Farbeinstellung ist ein Notbehelf.

- Doppel- und Mehrfach-Heterostrukturen
  In die Raumladungszone als Zentrum des optisch aktiven Bereichs werden eine oder mehrere Halbleiterschichten mit kleinerer Bandlücke als die des umgebenden Barrierenmaterials eingebaut. Die diffundierenden Ladungsträger werden so in die Schichten eingefangen und rekombinieren dort. Die räumliche Überlappung ergibt große Übergangswahrscheinlichkeiten (Rekombinationskoeffizienten B). Material-Beispiele sind in der Graphik unten genannt.

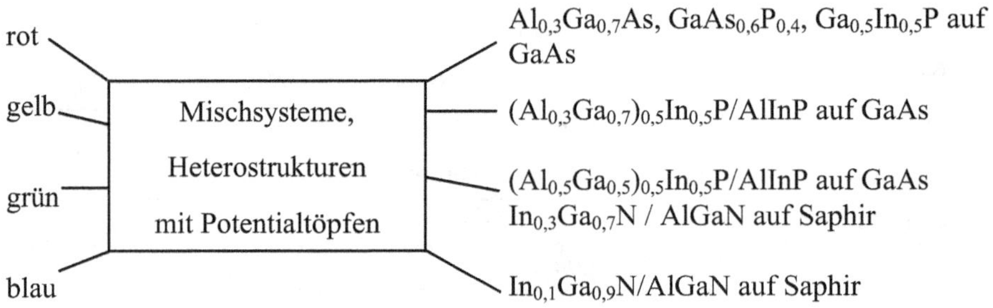

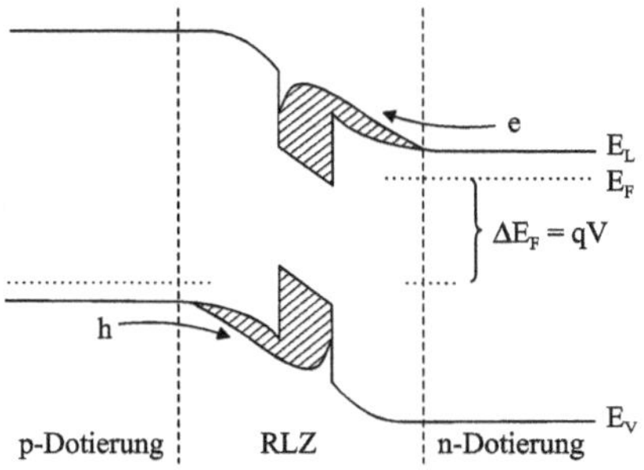

Abb. 13.2 *Das Schema einer Doppel-Heterostruktur (Potentialtopf in der RLZ) steht stellvertretend für Multi-Heterostrukturen, die in die RLZ eingebaut werden.*

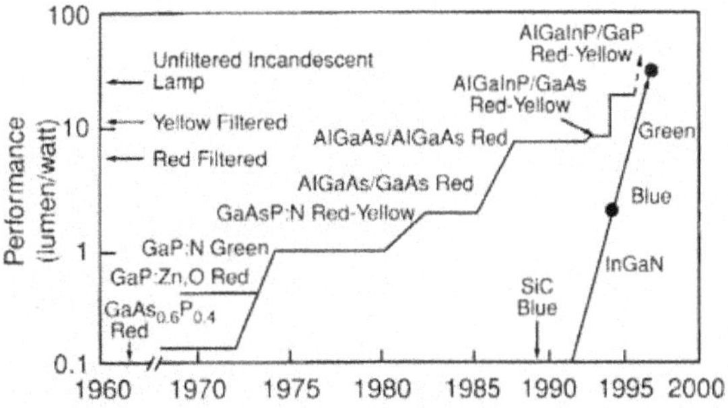

Abb. 13.3 *Zeitliche Entwicklung der Strahlungseffizienz von Leuchtdioden im gesamten sichtbaren Spektralbereich. Aus M.G. Craford, Chapter 2, High Brightness Light Emitting Diodes, Semiconductors and Semimetals, Academic Press* ***48*** *(1997)*

Aktuelle „optische“ Materialsysteme für Leuchtdioden

AlGaInP

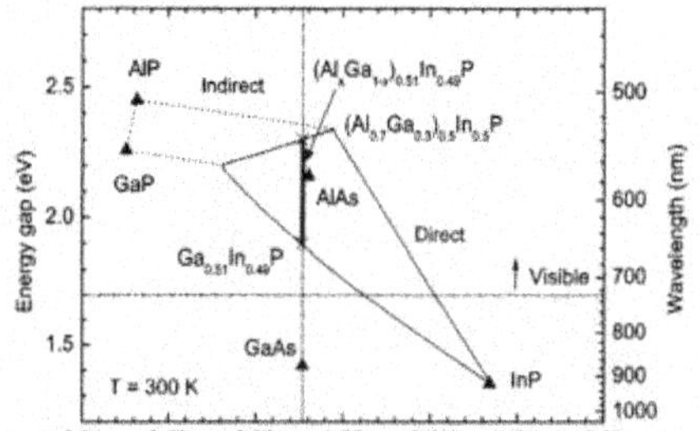

Abb. 13.4 *Bandlückenenergie (bzw. Photonenenergie) und Wellenlänge über Gitterkonstante. Das quaternäre System* $(Al_xGa_{1-x})_yIn_{1-y}P$ *ist für y ≈ 0,5 gitterangepaßt auf GaAs. (Nach C.H. Chen et al., Chapter 4, High Brightness Light Emitting Diodes, Semiconductors and Semimetals* ***48****, Academic Press (1997)).*

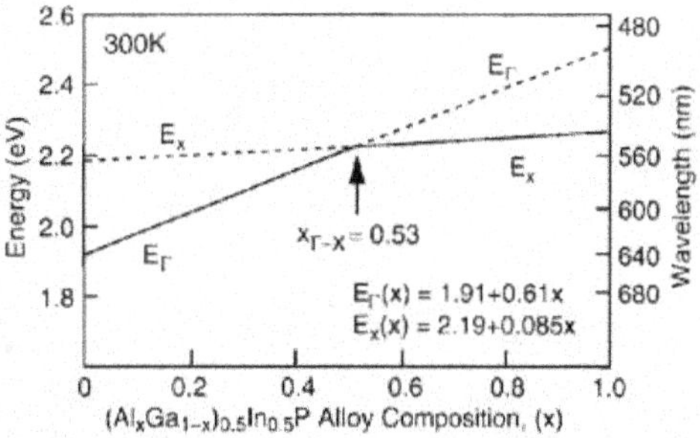

Abb. 13.5 *Bandlückenenergien gegen Aluminiumgehalt x mit Γ-X-Bandüberkreuzung. (Aus F.A. Kish, R.M. Fletcher, Chapter 5, High Brightness Light Emitting Diodes, Semiconductors and Semimetals* ***48****, Academic Press (1997).*

(Forts.)

(Forts.)

p-doped window
p-AlInP
AlGaInP spacer
AlGaInP MQW
AlGaInP spacer
n-AlInP
n-AlGaAs DBR
n-GaAs Substrate

Structured
Window

Active Layer

Substrate

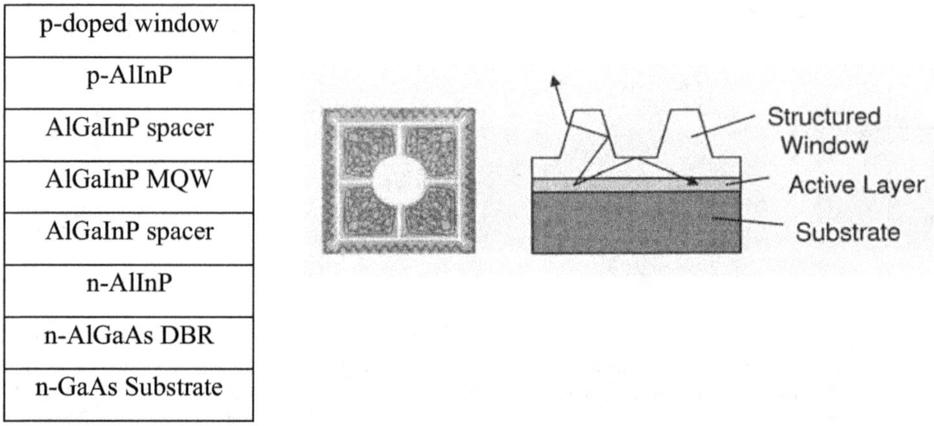

Abb. 13.6   *(Links) Schematischer Aufbau einer AlGaInP-LED. DBR kennzeichnet einen Vielschicht-Spiegel und steht für „Distributed Bragg Reflector". (Mitte und rechts) Strukturierung der Oberfläche in Aufsicht und Seitansicht zur effizienten Lichtextraktion. Nach Osram Opto Semiconductors, Regensburg.*

InGaN, AlGaN

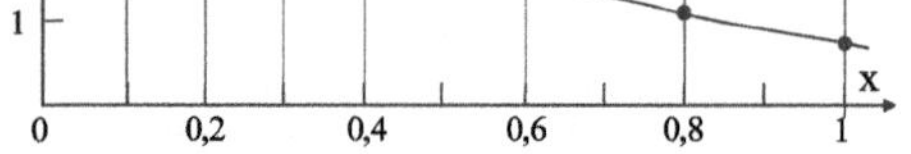

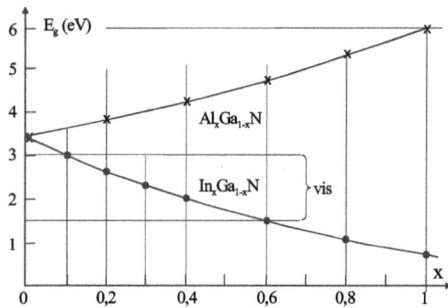

Abb. 13.7   *Bandlückenenergien von $Al_xGa_{1-x}N$ und $In_xGa_{1-x}N$. Sie werden beschrieben durch die Ausdrücke $E_g(A_xB_{1-x}N) = x\,E_g(AN)+(1-x)\,E_g(BN)-x(1-x)\,b$.*
InGaN $E_g(InN) \approx 0{,}7\ eV$, $E_g(GaN) = 3{,}4\ eV$, $b = 1{,}4 eV$
AlGaN $E_g(AlN) = 6{,}0 eV$, $E_g(GaN) = 3{,}4\ eV$, $b = 0{,}7 eV$

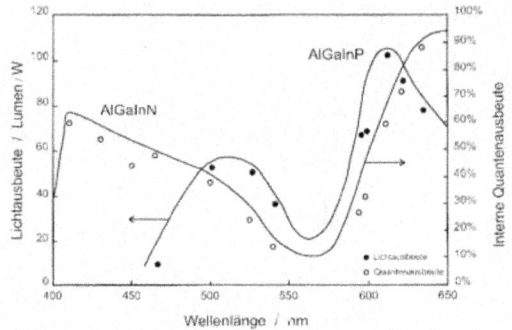

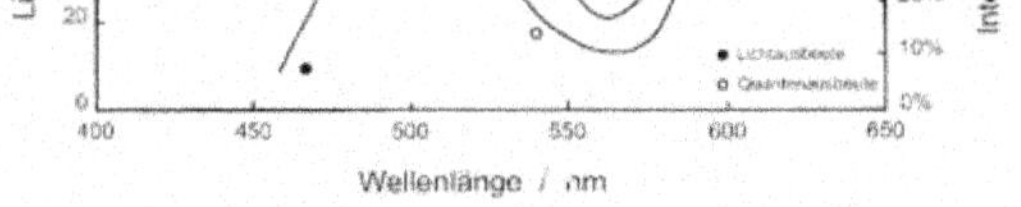

Abb. 13.8   *Lichtausbeute (•) und Quantenwirkungsgrad (○) von AlGaInP- und AlGaInN-LEDs im Spektralbereich Rot bis UV. Im AlGaInP-System werden Wellenlängen $\lambda < 550$ nm durch Quanten-Einschlußeffekt ("confinement") mit Barrieren aus (Al)GaN erreicht. Daten nach Prof. Dr. H. Hillmer, Universität Kassel, private Mitteilung (2004).*

Daten zu superhellen Leuchtdioden (Stand etwa 2004).

Farbe	Lichtstärke		opt. Leistung	el. Leistung (20 mA)	η_{total}
rot	6 cd	InGaP	5 mW	36 mW	≈ 14 %
	1,8 cd	AlGaAs	1,5 mW	36 mW	≈ 4 %
gelb	6,5 cd		5 mW	40 mW	≈ 12 %
grün	2 cd		2 mW	70 mW	≈ 3 %
blau	1 cd		3 mW	72 mW	≈ 4 %

1 Candela [cd]: Lichtstärke von 1,46 mW/Sr bei 555 nm in bestimmte Richtung

Im Jahr 2006 sind für Dioden verschiedener Farben Lichtstärken von bis zu 25 cd erreicht worden.

Wirkungsgrad η

Vergleich mit Glühlampen (als ideale thermische Strahler angenommen) ohne Bewertung der Augenempfindlichkeitskurve im Sichtbaren:

$$\eta = \frac{\int_{0{,}75\mu}^{0{,}4\mu} E^*(\lambda)d\lambda}{\int_0^\infty E^*(\lambda)d\lambda}$$

$E^*(\lambda)$: Spektrale Strahlungsenergie laut Planckschem Strahlungsgesetz

T = 1500 K	η = 0,11 %
T = 1750 K	η = 0,46 %
T = 2000 K	η = 1,27 %
T = 6000 K (Sonne)	η = 42,4%

Leuchtdichte L

Die Diodenfläche kann bei der intensiven LED-Strahlung direkt durch Abbildung mit einer Lupe sichtbar gemacht werden. Ein typischer Wert für die Fläche ist ≈ (300 μm)². Mit einer (konservativen) Lichtstärke von 3cd folgt $L \approx \frac{3\,cd}{(300\mu m)^2} = 3300\ cd/cm^2$.

Leuchtdichte einiger Lichtquellen zum Vergleich	$L/(cd/cm^2)$
Nachthimmel	10^{-7}
Grauer Himmel	bis 0,3
Blauer Himmel	bis 1
Mond	0,25
Sonne am Horizont	600
Mittagssonne	bis 150 000
Leuchtstofflampen	0,2 ... 0,4
Kerzenflamme	bis 1
Wolfram-Glühlampe, mattiert	5 ... 40
Wolfram-Glühlampe, klar	200 ... 3 000
Kohlelichtbogen	bis 18 000
Quecksilber-Höchstdrucklampe	25 000 ... 150 000
Xenon-Hochdrucklampen	50 000 ... 1 000 000

Tabellenwerte aus Kuchling, Taschenbuch der Physik, Fachbuchverlag Leipzig 1991.

(F) Weiß emittierende LEDs

Die Verfügbarkeit hochenergetisch blau emittierener LEDs mit extrem großen Leuchtdichten ermöglicht auch die Herstellung von optischen Bauelementen, die für das Auge weiß strahlen.

Prinzip:

Eine blaue GaN-LED pumpt ein Gemisch von Phosphoren oder andere, im Sichtbaren geeignet und gut strahlende Verbindungen, die direkt auf die Diode aufgetragen sind.

Phosphore z.B. strahlen Anregungsenergie langsam ab (das sprichwörtliche „Phosphoreszieren") in einem Wellenlängenbereich, der durch ihre Zusammensetzung bestimmt ist. Man wählt mehrere Phosphore so aus, daß die von ihnen emittierten Farben dem Auge insgesamt als nahezu weiß erscheinen. Auch spezifische Mischfarben (Werbung!) lassen sich mit Kombinationen von Phosphoren erreichen.

Das unten gezeigte Beispiel einer weiß leuchtenden LED ist ein „LUCOLED"-Emitter (Lumineszenz-Konversions-LED). Eine blaue GaN/6H-SiC-Diode regt Ionen des Seltenen-Erd-Elements Cer in einer Trägersubstanz aus Ytterbium-Aluminium-Oxid an, die als dünne Schicht auf die Diode aufgetragen ist. Die optisch aktiven Energieterme der Cer-Ionen liegen innerhalb der Bandlücke von Ytterbium-Aluminium-Oxid und geben Anlaß zu einer gelben Lumineszenz. Sie mischt sich mit dem durchscheinenden Blau der LED (Komplementärfarbe!) zu weiß.

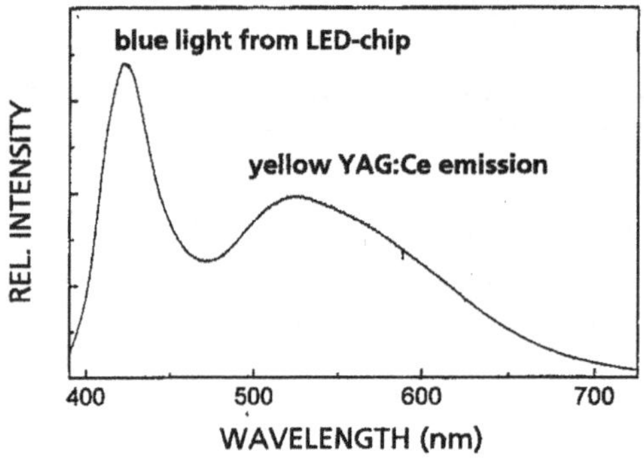

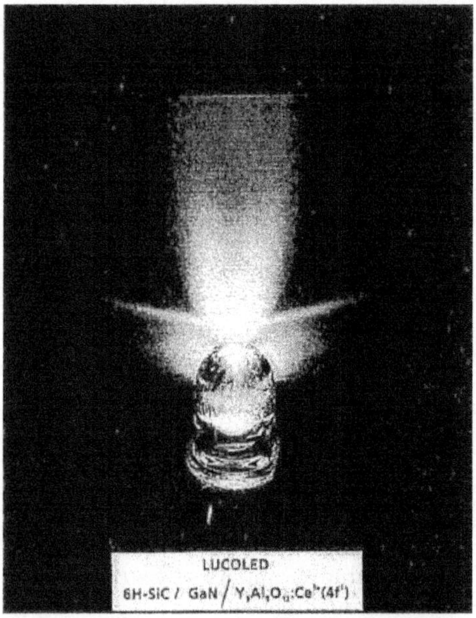

Oben Spektrum einer LUCOLED-Weißlichtdiode mit dominanten Blau- und Gelblichtanteilen.

Rechts Photo einer vor-kommerziellen LUCOLED-Diode mit Strahlungscharakteristik von 1997. (Private Information Prof. Dr. J. Schneider, IAF-Institut der Fraunhofer-Gesellschaft, Freiburg/Breisgau.)

Ein anderes praktiziertes Prinzip besteht darin, drei Leuchtdioden mit roter, grüner und blauer Emission (RGB-Farben) lateral dicht nebeneinander auf einem Substrat herzustellen und die relativen Intensitäten so abzustimmen, daß der Augeneindruck „weiß" der Gesamtstrahlung entsteht.

13.2 Halbleiterlaser

13.2.1 Allgemeine Bemerkungen

Im Prinzip arbeiten Halbleiterlaser nach dem Konzept der stimulierten Emission mit optischer Rückkopplung durch einen Resonator wie andere Laser, z.B. Gaslaser (He-Ne-, Kr^+-, Ar^+-Laser) oder „sogenannte“ Festkörperlaser (Nd-YAG-, Rubin-, Titan-Saphir-Laser).

Gemeinsamkeiten sind insbesondere, dass die Strahlung

- räumlich und zeitlich kohärent,
- in hohem Maße monochromatisch,
- „im Prinzip“ gerichtet ist.

Wesentliche Unterschiede sind:

- Beteiligung kontinuierlicher Energiebänder, nicht diskreter Energiezustände. Dadurch ist der Halbleiterlaser der einzige echte Festkörperlaser; die aktiven Medien in allen anderen „sogenannten“ Festkörperlasern sind in eine Gittermatrix eingebaute Atome oder Ionen mit prinzipiell diskreten, durch den Einbau oft aber verbreiterten Energiezuständen.
- Durch Beugung an den kleinen Licht-Austrittsflächen relativ großer Aperturwinkel.
- Die räumlichen und spektralen Charakteristika hängen stark vom Halbleiter ab (Bandlücke E_g, Brechungsindex $\bar{n}$).
- Einfachste Anregung durch Dioden-Vorwärtsstrom; das Licht kann elektrisch moduliert werden (es sind hohe Frequenzen möglich bei kleinen Überschußträger-Lebensdauern).
- Kompaktheit, typische Dimensionen für einen Kantenemitter:
  - Länge $\approx$ 100 µm (Größenordnung)
  - Dicke der aktiven Schicht $\approx$ 1 µm (Größenordnung)
- Geringer Preis

13.2.2 Physikalisches Funktionsprinzip

Der Halbleiter als aktives Medium zeigt stimulierte Lichtemission, wenn bei hinreichend starker Anregung die Laserbedingung erfüllt ist; vgl. Abschnitt 9.5, Bedingung von *Bernard-Duraffourg*: $\Delta E_F \geq E_g$. Das emittierte Spektrum heißt „Gain“-Spektrum g(hν) (Verstärkungs- oder Gewinnspektrum).

Ein Resonator (Fabry-Pérot-Struktur), in den das aktive Medium eingebaut ist, sorgt für

- optische Rückkopplung (aus einem Verstärker wird ein Oszillator)
- Erzielung hoher optischer Dichte (Abruf der Inversion)
- räumliche Bündelung (Resonatormoden) und spektrale Modenselektion

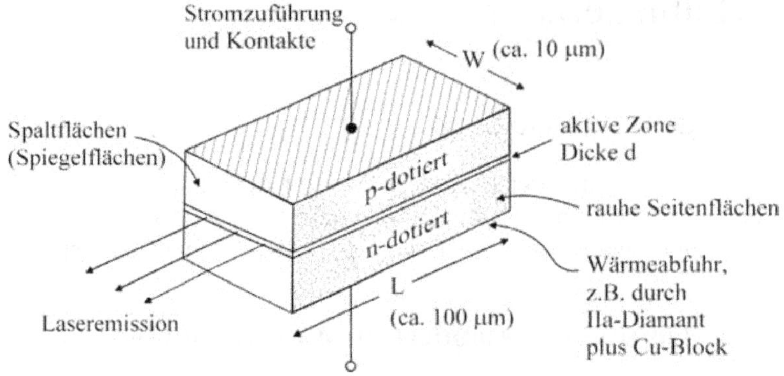

Abb. 13.9 *Grundstruktur eines kantenemittierenden Lasers, z.B. aus GaAs.*

Der Resonator wird gebildet aus den durch Spalten in niedrig-indizierter Kristallrichtung erzeugten Endflächen („cleaved facets"). Die Reflektion R an diesen Flächen aus dem hochbrechenden Halbleitermaterial ($\overline{n} \approx 3{,}4$) in Luft reicht grundsätzlich bei dem hohen Gewinn von GaAs (als Beispiel) für den Laserbetrieb aus:

$$\text{Reflektionsvermögen } R = \left(\frac{\overline{n}-1}{\overline{n}+1}\right)^2 = 0{,}30\,.$$

13.2.3 Wichtige Größen (Stichworte)

(a) Besetzungsinversion

Die Laserbedingung $\Delta E_F \geq E_g$ ist äquivalent zur Besetzungsinversion bei einem atomaren System als Voraussetzung stimulierter Emission. Bei hinreichender Pumpintensität (beim Dioden-Laser also bei genügend hohem Injektionsstrom) erhält man die effizienteste Besetzungsinversion in einem Vier-Niveau-System: Pump- und Laserniveaus sind getrennt; das obere Laserniveau 3 wird bei schneller „Fütterung" vom oberen Pumpniveau 2 effizient besetzt. Das untere Laserniveau 4 relaxiert schnell in den Grundzustand 1 und führt dadurch ebenfalls zu effizienter Inversion.

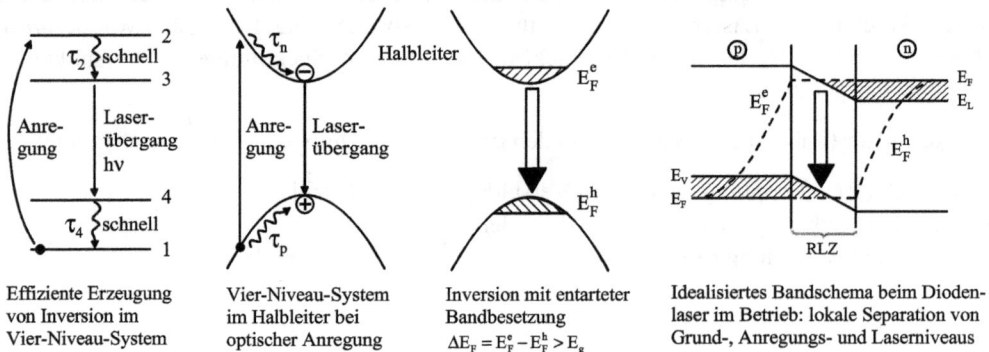

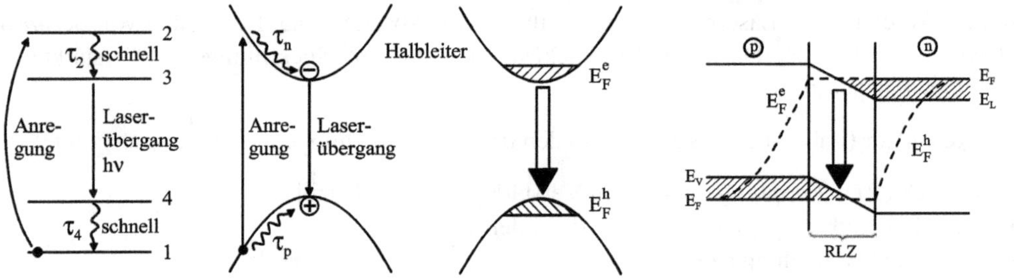

Effiziente Erzeugung von Inversion im Vier-Niveau-System

Vier-Niveau-System im Halbleiter bei optischer Anregung

Inversion mit entarteter Bandbesetzung $\Delta E_F = E_F^e - E_F^h > E_g$

Idealisiertes Bandschema beim Diodenlaser im Betrieb: lokale Separation von Grund-, Anregungs- und Laserniveaus

Man kann den Diodenlaser als ein Vier-Niveau-System auffassen, dessen „Arbeitsniveaus" (3,4) und „Pumpniveaus" (1,2) räumlich getrennt sind. Das Wort Niveau bezeichnet hier natürlich eine Gruppe von Zuständen innerhalb der Zustandsdichten in den Bändern.

Vergleich von spontaner und stimulierter Emission:

- *Gemeinsamkeit* ist, dass niederenergetisch die kombinierte Zustandsdichte den spektralen Verlauf der emittierten Strahlung bestimmt.
- *Unterschiede* sind folgende:
  - *Spontane Emission:* Hochenergetisch wird das Spektrum durch die Boltzmannausläufer der Besetzungsfunktionen im LB und VB bestimmt.
  - *Stimulierte Emission:* Hochenergetisch wird das Spektrum wesentlich durch die Form der Verteilungsfunktionen bei den Quasi-Ferminiveaus E_F^e und E_F^h und den negativen Beitrag der (stimulierten) Absorption beeinflusst.

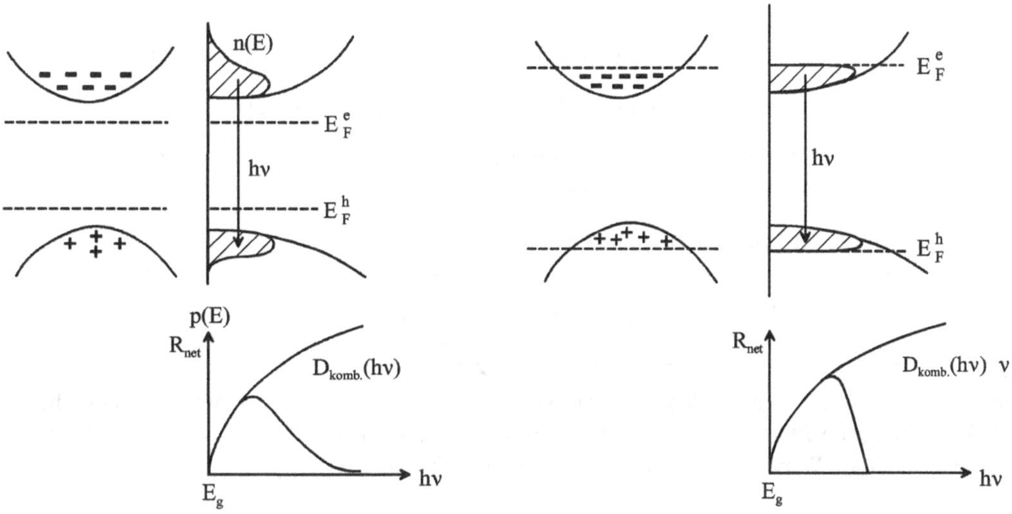

Abb. 13.10 *Bandbesetzung und Rekombinationsspektrum für spontane Emission (links) uns stimulierte Emission (rechts).*

Analytisch ergibt sich der folgende Zusammenhang zwischen den spektralen stimulierten und spontanen Netto-Rekombinationsraten:

$$R_{net,stim}(h\nu) \sim R_{net,spont}(h\nu)\left\{1-\exp\frac{h\nu-\Delta E_F}{kT}\right\}$$

Vergleiche zu der letzten Formel die Rechnungen und Literaturbeispiele (Diagramme) in Abschnitt 9.5.

(b) Verstärkung („Gain")

Der Gewinn- oder Gain-Koeffizient g wird analog zum Absorptionskoeffizienten α über die räumlich differentiell anwachsende Lichtintensität I definiert als: $\frac{dI}{dx} = gI$

Unter Berücksichtigung von Verlusten durch Absorption und Streuung (Koeffizient α) ergibt sich die Nettogewinnkonstante g^*:

$$g^* = g - \alpha \text{, damit wird} \quad \frac{dI}{dx} = (g-\alpha)I \quad \text{und} \quad I(x) = I_0 e^{(g-\alpha)x} .$$

Ziel ist die Verknüpfung des Netto-Gewinns g^* mit der stimulierten Netto-Emissionsrate $R_{net,stim}$ und damit der Anschluß an quantenmechanische und thermodynamische Größen:

$$g(h\nu) = \frac{1}{I(h\nu)} \cdot \frac{dI(h\nu)}{dx}$$

Mit der Definition der Intensität I als Leistung/Fläche folgt für g(hν) die Bedeutung:

= [rel. Energiegewinn / (Fläche × Zeit)] • [1/Lauflänge]

Dieser Ausdruck ist proportional zu der Anzahldichte der stimulierten Übergänge × hν / Zeit = $R_{net,stim}$ (hν) × (hν).

Unter Einschluß der Proportionalitätskonstanten ergibt sich

$$\boxed{g(h\nu) = \frac{\pi^2 c^2 \hbar^2}{\bar{n}^2 (h\nu)^2} R_{net,spont}(h\nu) \left\{ 1 - \exp\frac{h\nu - \Delta E_F}{kT} \right\}}$$

Für einen angenommenen Wirkungsgrad von η_{int} = 100% fordert die Kontinuitätsgleichung, daß der integrale Photonenstrom gleich dem elektrischen Diodenstrom ist. Daraus folgt für einen beliebigen Wirkungsgrad der Anschluß von g(hν) an j:

$$R_{net,spont,total} = \int R_{net,spont}(h\nu) d\nu = B(np - n_0 p_0) = \eta_{int} \frac{j}{qd}$$

Die letzte Umformung folgt aus der Relation R = Δn/τ mit j = qΔnv für den Diffusionsvorwärtsstrom und vτ = d (Dicke der aktiven Schicht).

Man erhält also bis auf Proportionalistätsfaktoren: $\boxed{g(h\nu) \sim \eta_{int} j}$

Der Gewinnfaktor ist laut eingerahmter Formel oben von der Temperatur abhängig:

$$\left.\begin{array}{ll} g \to g_{max} & \text{für } T \to 0 \\ g \to 0 & \text{für } T \to \infty \end{array}\right\}$$

Dies ist die Abhängigkeit aus der geschweiften Klammer; dazu kommt die Abhängigkeit von $R_{net,\,spont}$ (T).

(c) Schwellstrom

Das optisch aktive Medium sei in einem Resonator (Länge L) eingebaut mit Endspiegeln des Reflexionsvermögens R_1 und R_2. Die räumliche Intensität eines Lichtbündels entlang der Koordinate x in Resonatorlängsrichtung ist:

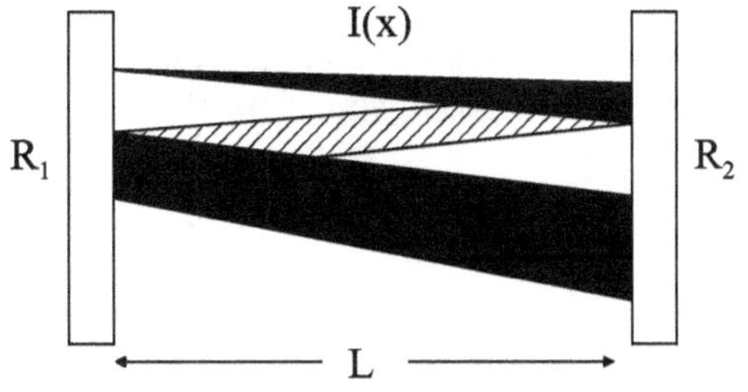

$$I = I_0 e^{(g-\alpha)x}$$

Für einen geschlossenen Lichtpfad (ganzzahliger Umlauf) ist die Schwellbedingung $I / I_0 = 1$, daher $\sqrt{R_1 R_2} e^{(g-\alpha)2L} = 1$ oder mit $R_1 = R_2 = R$:

$$\boxed{g_{thr} = \alpha + \frac{1}{2L} \ln \frac{1}{R}} \quad \text{bzw.} \quad \boxed{j_{thr} \sim 1/\eta_{int} \cdot g_{thr}}$$

Der Wirkungsgrad über der Schwelle (daher differentiell notiert) ist:

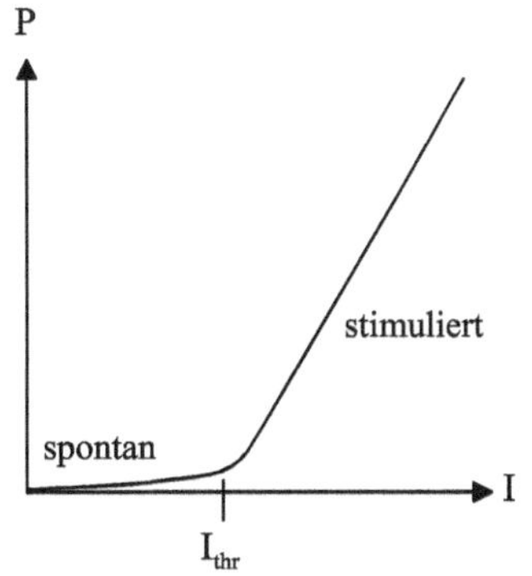

$$\Delta\eta_{ext} = \eta_{int} \cdot \Delta\eta_{opt}$$

$$\text{mit} \quad \Delta\eta_{opt} = \frac{\text{Nettogain } g^*}{\text{Gesamtgain } g} = \frac{g-\alpha}{g}$$

Daraus ergibt sich die optische Ausgangsleistung

$$P = \eta_{int} \Delta\eta_{opt} (I - I_{thr}) V = \eta_{int} \frac{g-\alpha}{g} (I - I_{thr}) V$$

η_{int} kann nahe bei 100 % liegen; evtl. ist noch der Licht-Auskoppelwirkungsgrad $\eta_{extract}$ aus der Halbleiterstruktur zu berücksichtigen. V ist im Betrieb der Diode bei Vorwärtsstrom relativ konstant.

Temperaturabhängigkeit des Schwellstroms:

Oft – speziell in Doppelheterostrukturen – geht die Temperaturabhängigkeit wie

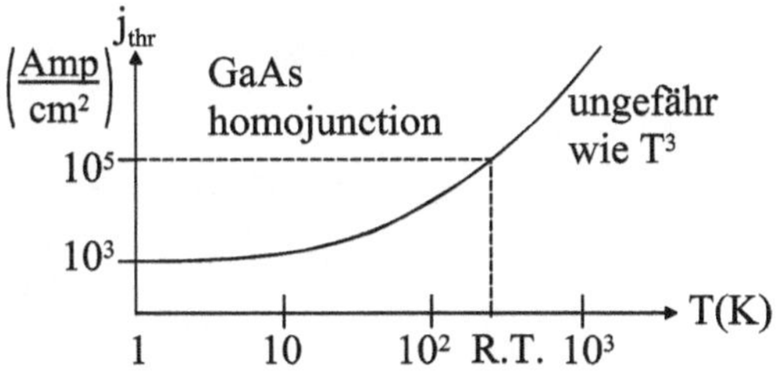

$$\boxed{j_{thr} \sim e^{T/T_0}}.$$

Man spricht vom sogenannten „T_0-Problem".

Die *Schwellstromdichten* können durch Einfachhetero (SH)- oder Doppelhetero (DH)-Strukturen wirkungsvoll reduziert werden. Die physikalische Idee dabei ist folgende:

- Begrenzung der Ladungsträger durch Potentialbarrieren auf ein kleines Raumgebiet, so daß Elektronen und Löcher einen großen „Überlapp" der Wellenfunktionen haben.
- Begrenzung der emittierten Strahlung durch verschiedene Brechungsindizes von aktivem Volumen und Umgebung ebenfalls auf ein lokalisiertes Gebiet („separate confinement").

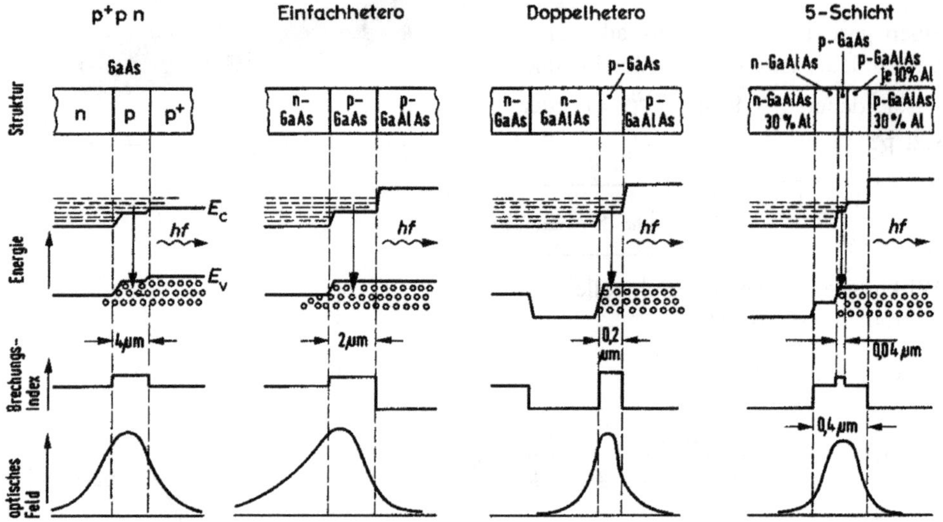

Abb. 13.11 *Verschiedene pn-Diodenstrukturen mit der gemeinsamen Eigenschaft Sowohl die Ladungsträger als auch das durch Rekombination entstandene optische Feld werden durch Potentialbarrieren bzw. Brechungsindex-sprünge lokalisiert. Nach M. Bleicher, Halbleiteroptoelektronik, Hüthig 1976.*

Eine weitere Senkung der Schwellströme wurde erreicht durch:

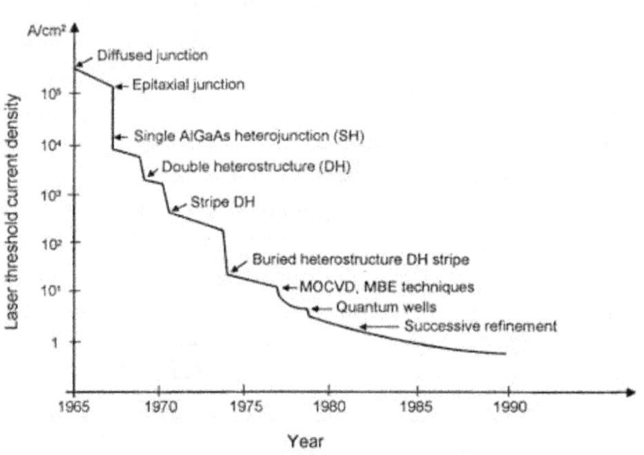

- Quantentöpfe: Nutzung der 2D-Zustandsdichten zusätzlich zum Wellenfunktionsüberlapp von Elektronen und Löchern.
- Verspannung in Heteroschichten (siehe Kapitel 13.2.5 zu VCSELs).
- Verbesserte Kristallqualität durch Wachstumstechniken MOCVD und MBE.

Abb. 13.12 *Reduktion der Laser-Schwellströme seit 1965. (Laseraktion wurde erstmals 1962 in einem Halbleiter – nämlich GaAs – erreicht.)*

(d) Laser-Moden

Der aktive Teil der Laserstruktur wird zur optischen Rückkoppelung von einem Fabry-Pérot-Resonator umgeben. Die Spiegel können bei großem Gewinn und hohem Brechungsindex des Halbleiters einfach aus Spaltflächen gebildet werden. Bei wachsendem Diodenstrom und steigender Intensität des Gewinnspektrum werden die Fabry-Pérot-Moden nächst dem Maximum von g(hν) beim Erreichen der Laserschwelle entdämpft (Wellenlängenachse für GaAs-Laser).

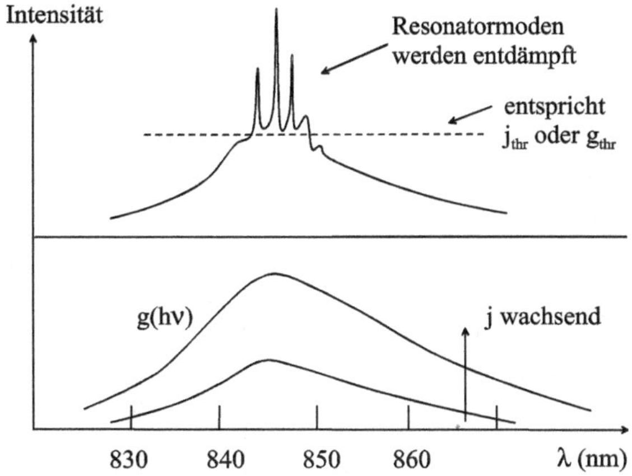

Modentypen des Fabry-Pérot-Resonators:

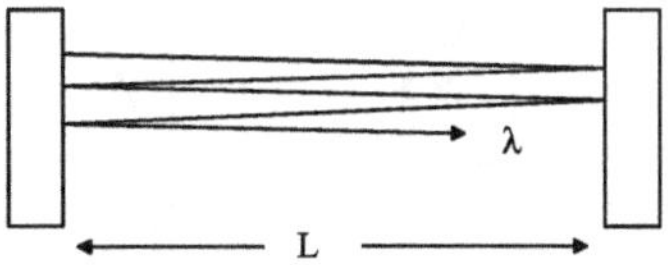

- *Longitudinale (axiale) Moden*
  Sie sind bestimmt durch die Bedingung konstruktiver Interferenz im Resonator $q\lambda = 2L\,\overline{n}_0$, q = 1,2,3...
- *Transversale Moden*
  Es existieren stabile Feldstärkeverteilungen mit transversalen Feldanteilen im Resonator (vgl. Mikrowellen in Hohlleitern, oder Führung in dielektrischen Wellenleitern): TEM_{mn}, m,n = 0,1,2,... Grund für die Existenz transversaler Moden ist die Begrenzung des Resonators in transversaler Richtung (der oft durch den stromabhängigen Brechungsindex $\overline{n}_0(y)$ gegeben ist) mit entsprechenden zusätzlichen Randbedingungen für die elektrischen und magnetischen Felder. Zusätzlich muß evtl. die Beugung der Feldamplituden an den strahlbegrenzenden Flächen berücksichtigt werden.
- *Spektrale Verteilung*
  Für einen langen Resonator folgen aus den Maxwell-Gleichungen die Modenfrequenzen

$$\nu_{mnq} = \frac{c}{4\pi\overline{n}_0}\left(\frac{2m+1}{x_0}+\frac{2n+1}{y_0}\right)+\frac{cq}{2L\overline{n}_0}\left\{1+\left[\frac{L}{2\pi q}\left(\frac{2m+1}{x_0}+\frac{2n+1}{y_0}\right)\right]^2\right\}^{1/2}$$

mit q: Axialmoden-Index;
m,n: Transversalmoden-Indizes

$$\overline{n}(x,y) = \overline{n}_0\left[1-\left(\frac{x}{x_0}\right)^2-\left(\frac{y}{y_0}\right)^2\right]^2$$

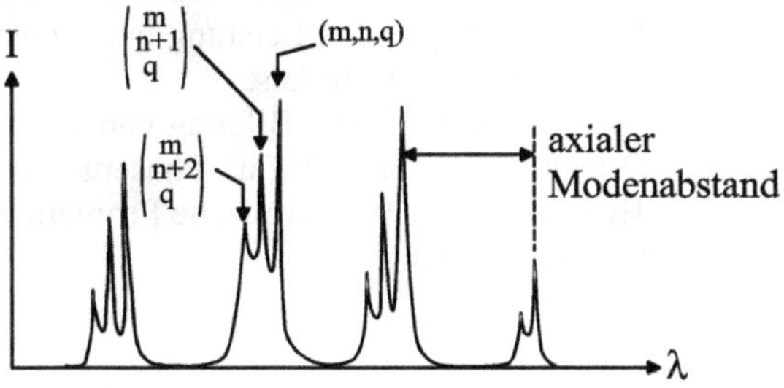

Ein solches räumlich parabolisches Brechungsindexprofil $\overline{n}(x,y)$ ergibt sich angenähert durch den inhomogenen Stromfluß und die damit verknüpfte inhomogene Überschußträgerdichte-Verteilung.

- *Räumliches Feld*
  Das räumliche Feld folgt aus der Bedingung, daß am Ort des einen Spiegels ein Beugungsbild des anderen Spiegels konsistent existieren muß. (Die Bedingung führt analytisch zu einer komplexen Integro-Differential-Gleichung.)

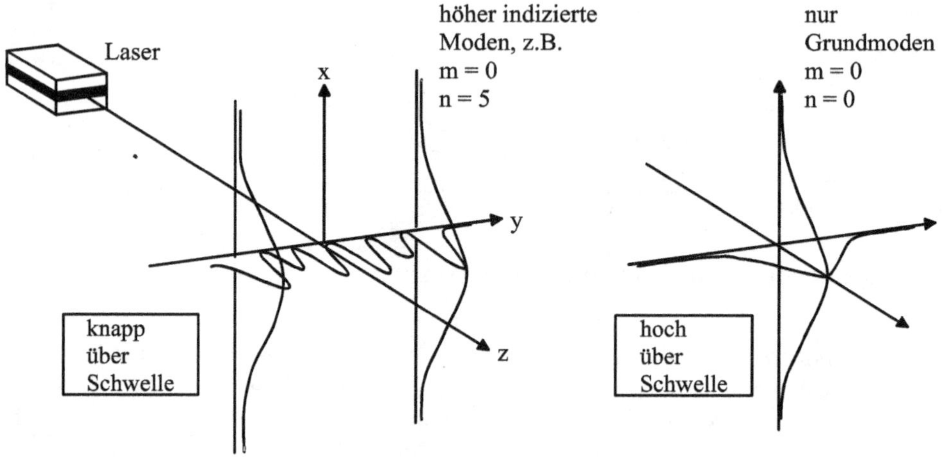

Zusammenfassung

Kantenemittierende Injektionslaser auf GaAs-Basis:

- Durch höchst entwickelte Technologien (Doppelhetero- und Mehrschicht-Strukturen, Quantentöpfe und verspanntes aktives Material) sind heute *Ein-Moden-Laser* erhältlich, die bei Raumtemperatur im *Dauerstrichbetrieb* arbeiten; möglich ist das durch niedrige Schwellstromdichten: $j_{thr} \leq 10^3$ A/cm^2 bis zu ≤ 100 A/cm^2 (beste Werte). Für einen Laser mit einer angenommenen aktiven Fläche von (500 µm × 15 µm) (Länge × Breite) bedeutet das $I_{thr} \leq 7{,}5$ mA.
- *Alterung*:
  Sie ist begründet in optischer und thermischer Belastung:
  - Optische Leistung: Degradation von Spiegelfacetten, Entstehung von Rissen durch Umsetzung optischer Leistung in mechanische Schwingungen (Phononen), evtl. Schmelzen des Materials.
  - Thermische Leistung: Bildung von Versetzungen („dark lines"), Getterung von (Metall)-Atomen (z.B. Cu), Phasenseparation (Ausscheidung metallischer Gruppe III-Elemente). Das thermische Problem wird tendenziell entschärft durch kleine Schwellstromdichten.

(Forts.)

(Forts.)

- *Leistung*:
  Dauerstrichbetrieb („continuous wave" cw) bei Raumtemperatur von mW bis 5 ... 10 W für Einzellaser, als Barren mit ca. 1 cm Länge bis 60 W. Beispiel: Betriebsdaten eines Kleinleistungslasers (≈ 2 mW, 670 nm rot) im „Consumer"-Bereich: I ≈ 50 mA bei U ≈ 2,0 eV, also elektrische Leistung ≈ 100 mW, daher totaler Wirkungsgrad $\eta \approx 2$ %. Beste Wirkungsgrade differentiell nahe 100 %, absolut 40 ... 60 %.
  Dauerstrichbetriebene Gaslaser (Kr^+-oder Ar^+-Laser) zum Vergleich: optische Leistung z.B. 1W, dabei I ≥ 20 A bei U ≈ 220 V, also elektrische Leistung ≈ 5 kW, Wirkungsgrad $\eta \approx 10^{-2}$ %.

- *Modulation*:
  Elektrisch möglich, daher einfach; die Grenzfrequenzen sind gegeben durch Aufbau und Abbau der Inversion (Wechselwirkung zwischen optischem Feld und Ladungsträgerinversion); durch spezielle Maßnahmen (elektrische Vorspannung, „bias")) ist Modulation bis in den GHZ-Bereich hinein möglich.

- *Apertur*:
  Groß wegen starker Beugungseffekte bei den kleinen Resonatorabmessungen, $\varphi \approx 10 - 20°$ (Gaslaser ≈ 0,02°).

- *Betriebsdauer:*
  Einige 1000 h ... 300000 h (!) je nach Anwendungsbereich.

- *Einsatzgebiete:*
  Zum Beispiel optische Datenspeicherung, optische Datenübertragung über Glasfasern (Vergleich: Übertragungs-Kapazität 1g Faser ≙ 10^4g Cu-Kabel), zukünftig evtl. Großbildfernsehen.

- *Preis:*
  Größenordnung 5,- € ... einige 500,- €. (Gaslaser, z.B. He-Ne-, Kr^+- oder Ar^+-Laser vergleichbarer Leistung: 250,- € ... 40.000,- €).

13.2.4 Oberflächenemittierende Laser („Vertical Cavity Surface Emitting Lasers", VCSELs)

Im Gegensatz zu traditionell kantenemittierenden Lasern strahlen VCSELs Licht senkrecht zur „Wafer"-Oberfläche (Substrat) und zum pn-Übergang ab. Die Resonatorachse steht senkrecht auf der Oberfläche.

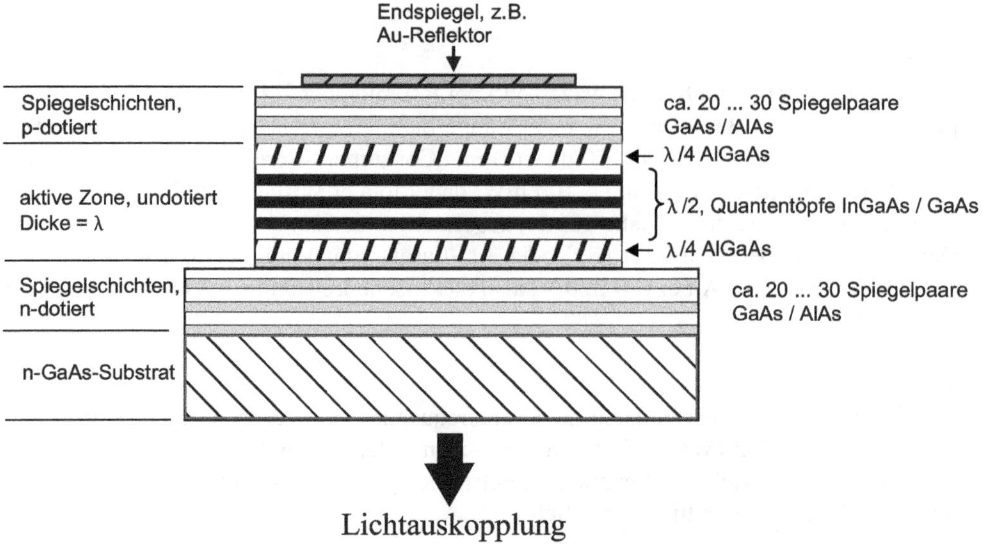

Abb. 13.13 *Schematischer Aufbau eines VCSELs mit verspannten (typisch drei) Mehrfachquantentöpfen des Materialsystems InGaAs/GaAs in der aktiven Zone. Die Emissionswellenlänge liegt bei $\lambda \approx 890$ nm. Die Dicke der Laseranordnung beträgt ca. 8µm, der Durchmesser des aktiven Teils ca. 6µm; an den „Stufen" in der Abbildung sind die elektrischen Ringkontakte angebracht. Daten aus Institut für Optoelektronik, Universität Ulm.*

VCSELs haben eine Reihe sehr vorteilhafter Eigenschaften:

- Kleine Resonatorlänge bedeutet großer spektraler Abstand der longitudinalen Moden: Nur noch eine Mode liegt im „Gain"-Spektrum und wird entdämpft. Der Laser emittiert *eine* spezifische Mode.
- Die rotationssymmetrische Anordnung des Lasers mit Durchmessern von typisch ca. 6µm erzeugt ein ebenfalls rotationssymmetrisches Nahfeld mit kleiner Strahldivergenz.
- Bei Verwendung von Quantenfilmen (speziell verspannte Quantentöpfe wie InGaAs zwischen GaAs-Barrieren im obigen Beispiel) werden kleinere Schwellströme erreicht.

  (Dieser Effekt wird unten näher erläutert.) Gute Werte liegen im Bereich $j_{thr} \lesssim 1000\ A/cm^2$ (Größenordnung).
- Es sind zweidimensionale Laseranordnungen auf einem „Chip" mit individueller Ansteuerung der Einzel-Laser möglich. Für Anwendungen wie etwa zur Bildübertragung ist das äußerst günstig.
- Direkte Einkopplung des Laserlichts in Glasfasern ist möglich.

Besonderheiten bei VCSELs:

Wegen des kleinen aktiven Volumens müssen die Resonatorspiegel hoch reflektierend sein (R nahe bei 100%), damit die Wechselwirkungslängen zwischen Lichtfeld und aktivem (optisch invertierten) Material hinreichend groß sind. Das wird durch Stapel von Halbleiterschichten mit periodischer Abfolge (z.B. GaAs/AlAs-Spiegelpaare) erreicht, die also unabdingbar sind. Zu den Reflexionseigenschaften solcher dielektrischer Vielfachschichten gibt es im Anhang 4 einige Betrachtungen.

- *Nachteilig* kann auch bei VCSELs sein, daß trotz extrem kurzer Resonatorlänge im Vergleich zum Durchmesser unerwünschte transversale Moden auftreten, die man mit besonderen Maßnahmen unterbinden muß, um die erwünschte Einmodigkeit zu erreichen.
- Das von einem VCSEL emittierte Laserlicht ist im Grundsatz unpolarisiert. Lineare Polarisation läßt sich durch Integration eines über Elektronenstrahllithographie erzeugten optischen Gitters in die Laserstruktur erreichen.

13.2.5 Schwellstromreduktion in Lasern mit verspannten Quantentöpfen

Zunächst ist es – ohne Berücksichtigung von Verspannung – vorteilhaft, Quantentöpfe („quantum wells" QWs) als zweidimensionale Strukturen zu nutzen: Die Zustandsdichten von Elektronen und Löchern springen in einem 2D-Quantentopf bei der Energie der hier interessierenden lokalisierten Grundzustände von Null auf einen konstanten Wert. Im Vergleich zu 3D-Bändern mit ihrer wurzelförmigen Energieabhängigkeit der Zustandsdichte $D(E) \sim \sqrt{E}$ läßt sich durch diesen steilen Einsatz von D(E) bei gleichzeitig kleinen Werten von D(E) eine effizientere Inversion erreichen.

Der Verspannungseffekt bezieht sich nicht nur auf die im letzten Abschnitt gestreiften VCSELs im zugverspannten System InGaAs/GaAs, sondern er ist insbesondere technisch interessant und intensiv untersucht worden für QW-Laser im System InGaAs/InGaAsP, das durch Wahl der III-V-Kompositionen in den ternären QW-Bereichen und in den quaternären Barrierenbereichen für die Wellenlängen 1,55 μm oder 1,3 μm ausgelegt ist. Diese Wellenlängen sind wichtig für die optische Faserkommunikation wegen des absoluten Dämpfungsminimums der Faser bei 1,55 μm bzw. ihrer minimalen Dispersion bei 1,3 μm. In solchen Mehrfach-Quantentopf-Heterostrukturen können bei Gitterfehlanpassung zwischen den QW- und Barrierenschichten entweder biaxiale Druck- oder auch Zugverspannungen („compressive strain", „tensile strain") in der QW-Schichtebene auftreten. Der biaxiale Verzerrungstensor kubischer Kristallsysteme bei Wachstum lämgs einer [001]-Richtung läßt sich darstellen als Summe einer hydrostatischen kompressiven (dilativen) Verzerrung und einer einachsigen Zugverzerrung (Druckverzerrung) senkrecht zur Schichtebene:

Biaxialer Verzerrungstensor	hydrostatischer Verzerrungstensor	Tensor der einachsigen Zugverzerrung

$$\begin{pmatrix} \varepsilon_{xx} & 0 & 0 \\ 0 & \varepsilon_{yy} & 0 \\ 0 & 0 & \varepsilon_{zz} \end{pmatrix} = \varepsilon_{xx} \begin{pmatrix} 1 & 0 & 0 \\ 0 & 1 & 0 \\ 0 & 0 & 1 \end{pmatrix} + \underbrace{\begin{pmatrix} 0 & 0 & 0 \\ 0 & 0 & 0 \\ 0 & 0 & (\varepsilon_{zz} - \varepsilon_{xx}) \end{pmatrix}}_{(\varepsilon_{zz}-\varepsilon_{xx})\begin{pmatrix} 0 & 0 & 0 \\ 0 & 0 & 0 \\ 0 & 0 & 1 \end{pmatrix}}$$

Dabei gilt für pseudomorphes Wachstum verspannter InGaAs-Schichten auf GaAs-Substrat:

$$\varepsilon_{xx} = \varepsilon_{yy} = \frac{a_0(\text{InGaAs}) - a_0(\text{GaAs})}{a_0(\text{InGaAs})} \text{ und } \varepsilon_{zz} = -2\frac{c_{12}}{c_{11}}\varepsilon_{xx} .$$

Die letzte Gleichung folgt aus dem für kubische Kristallsymmetrie verallgemeinerten Hookeschen Gesetz

$$\begin{pmatrix} \sigma_{xx} \\ \sigma_{yy} \\ \sigma_{zz} \\ \sigma_{xy} \\ \sigma_{yz} \\ \sigma_{zx} \end{pmatrix} = \begin{pmatrix} c_{11} & c_{12} & c_{12} & 0 & 0 & 0 \\ c_{12} & c_{11} & c_{12} & 0 & 0 & 0 \\ c_{12} & c_{12} & c_{11} & 0 & 0 & 0 \\ 0 & 0 & 0 & c_{44} & 0 & 0 \\ 0 & 0 & 0 & 0 & c_{44} & 0 \\ 0 & 0 & 0 & 0 & 0 & c_{44} \end{pmatrix} \begin{pmatrix} \varepsilon_{xx} \\ \varepsilon_{yy} \\ \varepsilon_{zz} \\ \varepsilon_{xy} \\ \varepsilon_{yz} \\ \varepsilon_{zx} \end{pmatrix},$$

σ_{ij} Spannungskomponenten
ε_{ij} Verzerrungskomponenten
c_{ij} Steifheitsparameter („stiffness constants“ oder „elastische Konstanten“)

da in unserem Beispiel nur Normalkomponenten, aber keine Schubkomponenten existieren ($\varepsilon_{xy} = \varepsilon_{yz} = \varepsilon_{zx} = 0$, also auch $\sigma_{xy} = \sigma_{yz} = \sigma_{zx} = 0$) und die InGaAs-Schichten in Wachstumsrichtung verspannungsfrei sind ($\sigma_{zz} = 0$).

Der hydrostatische Anteil der Verzerrung bewirkt ausschließlich eine Änderung der Bandlückenenergie E_g des QW-Materials; bei Druckverspannung ist sie positiv, bei Zugverspannung negativ. Der einachsige Verzerrungsanteil spaltet das in kubischen Halbleitern bei k = 0 vierfach entartete Γ_8-Valenzband auf; für einachsigen Druck liegt das hh-Band energetisch „oben“ (gezählt in Elektronenenergien), bei einachsigem Zug liegt das lh-Band oben (vgl. Skizze).

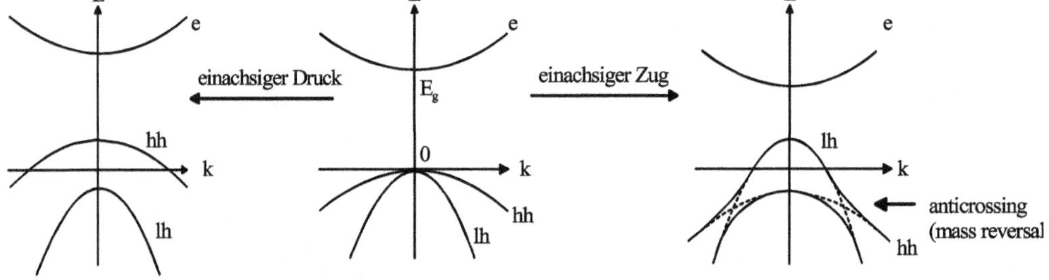

Für einen 2D-Quantentopf überlagern sich diese Aufspaltungsenergien den schon durch die Löcherlokalisation („quantum confinement“) aufgespaltenen n = 1-Grundzuständen der hh- und lh-Löcher. Achtband-kp-Störungsrechnungen zeigen, daß in beiden Verspannungsfällen die lh- und hh-Massen wesentlich kleiner sind als die Zustandsdichtemasse

$m_{dh} = \left(m_{lh}^{3/2} + m_{hh}^{3/2}\right)^{2/3}$ ohne Verspannung und Lokalisierung. Die Masse beeinflußt das optische Übergangsmatrixelement bei der Elektron-Loch-Rekombination, das die Stärke des Laserübergangs bestimmt: $M_{h,e} = < \psi_h \mid \frac{e}{\mu} \cdot \vec{p}\vec{A} \mid \psi_e >$ ($\vec{p}$ ist dabei der Impulsoperator und $\vec{A}$ das Vektorpotential des Lichtfeldes, siehe Abschnitt 9.1). In Dipolnäherung ist $M_{h,e} \sim (1/\mu) < \psi_h \mid e\vec{r} \mid \psi_e >$. Für einen atomaren Übergang wäre μ gleich der Elektronenmasse, in einem Halbleiter dagegen ist es die optische reduzierte Masse $\mu_o = \left(\frac{1}{m_{eo}^*} + \frac{1}{m_{ho}^*}\right)^{-1}$, wobei m_{ho}^* die signifikant reduzierte Lochmasse im verspannten Quantentopf ist: Das Matrixelement ist als Folge der Verspannung wesentlich größer als ohne Verspannung. Gleichzeitig wird in der durch die Verspannung modifizierten Bandstruktur sowohl der zur optischen Rekombination konkurrierende nichtstrahlende Augereffekt als auch hh-lh-intervalley-Streuung massiv reduziert. Alle drei Effekte führen zu stark verringerten Laser-Schwellstromdichten. Das nebenstehende Diagramm zeigt gesammelte Literaturdaten für 1,5 µm-Laser mit InGaAs(P)-Quantentöpfen. Die Skizze veranschaulicht die Abhängigkeit des Laser-Schwellstroms von der Verspannung.

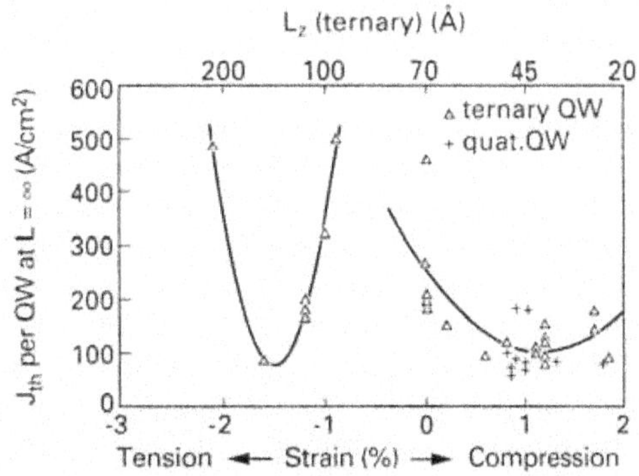

***Abb. 13.14** Schwellstromdichten verschiedener Laser mit ternären und quaternären Quantentopfstrukturen als aktives Medium in Abhängigkeit von der biaxialen Flächenverspannung. Aus P.J.A.Thijs, L.F.Tiedemeijer, J.J.M. Binsma, T. van Dongen, IEEE J. Quant. Electron. **30**, 477 (1994).*

13.2.6 Quanten-Kaskaden-Laser

Der Quanten-Kaskasen-Laser („quantum cascade laser“, QCL) ist ein Bauelement, das etwa seit 1994 realisiert wurde, nachdem die Idee dazu schon ab 1971 von R.F. Kazarinov und R.A. Suris und anderen diskutiert worden war. Alle bisher besprochenen Laser (Kantenemitter in verschiedensten Variationen, VCSELs) basieren auf der strahlenden Rekombination von Elektronen im Leitungsband mit Löchern im Valenzband. Diese Diodenlaser sind also „bipolare“ Bauelemente. Der QCL ist im Gegensatz dazu ein „unipolares“ Bauelement: Er nutzt Elektronenübergänge in einer Quantenstruktur zwischen lokalisierten Zuständen („confined states“) in ähnlicher Weise, wie ein Elektron zwischen diskreten Energieniveaus eines Atoms strahlend übergehen kann.

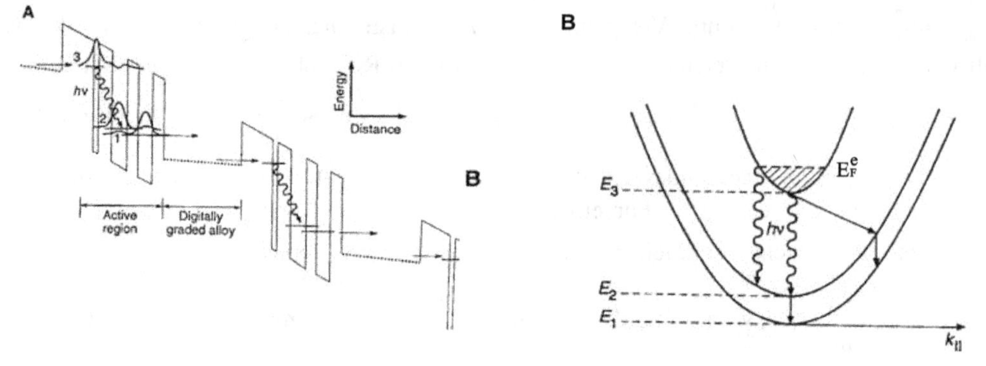

Abb. 13.15 Funktionsprinzip eines Quanten-Kaskaden-Lasers. Die in (A) eingezeichneten Laserniveaus 3 und 2 sind jeweils die tiefstmöglichen Energien der zweidimensionalen Bänder, die in den Quantentopfschichten senkrecht zur Zeichenebene existieren und in (B) separat dargestellt sind. Der Laserübergang setzt Tunneln der Elektronen durch die Barriere beim oberem Energieniveau 3 voraus. Nach J. Faist, F. Capasso, D.L. Sivco, C. Sirtori, A. Hutchinson, A.Y. Cho, Science ***264****, 553 (1994).*

Der wesentliche Teil eines QCLs (der ansonsten höchst komplex aufgebaut sein kann) ist die aktive Zone, die zwischen n- und p-dotierten Halbleitergebieten eingefügt ist. Sie besteht aus einer vielfach regelmäßig wiederholten, dreifach gekoppelten Quantentopf-Struktur (siehe Skizze Abb. 13.15). Die Töpfe haben verschiedene Breiten, so daß sich drei lokalisierte Niveaus mit unterschiedlichen Energien („confined states") E_1, E_2, E_3 ergeben. Unter Vorwärtsspannung wird dieses Potentialgebirge verkippt, es ergibt sich eine Energie-Treppe („stair case"). Elektronen werden von links durch eine niedrige Barriere in den Topf mit E_3 injiziert. Von dort tunneln sie durch die folgende Barriere („nicht-resonantes Tunneln") und relaxieren mit Photonen-Emission auf das Niveau E_2 im zweiten Quantentopf; es gilt also $h\nu = E_3 - E_2$. Weiteres (schnelles) Tunneln durch die nächste Barriere bringt die Elektronen nach Relaxation auf die Energie E_1. In der nächsten Periode der aktiven Zone wiederholt sich diese Relaxationsfolge, insgesamt etwa 20 bis 30mal. Inversion wird erreicht, weil die Anregung, nämlich das „Einfüllen" von Elektronen bei E_3 durch die erste, niedrige Barriere effizient ist ($\tau \approx 0{,}2$ psec) und der Laser-Grundzustand E_2 sehr schnell ($\tau \approx 0{,}6$ psec) entleert wird: Der Laser kann als Vierniveau-System angesehen werden.

Besondere Eigenschaften:

- Die Laserbedingung von Bernard-Durrafourg ($\Delta E_F > E_g$) fordert, daß das Quasi-Ferminiveau der Elektronen E_F^e im Leitungsband liegt. Das bedeutet im vorliegenden Fall, daß E_F^e in dem zum Niveau E_3 gehörenden, senkrecht zu den Quantentöpfen verlaufenden zweidimensionalen Band liegt. Unabhängig davon, aus welchem Anfangszustand des Fermisees in der zweidimensionalen Energiedispersion $E(k_{||})$ die Elektronen strahlend relaxieren, liefern sie immer die gleiche Photonenenergie hν, weil die $E(k_{||})$-Kurven zu E_3, E_2 und E_1 parallel zueinander verlaufen (Skizze B). Anders ausgedrückt: Die kombinierte Zustandsdichte hat scharfe, diskrete Spitzen. Das Gewinnspektrum – und damit die Laseremission – ist schmalbandig bei jedem Inversionszustand. (Im Unterschied dazu hat der konventionelle Diodenlaser ein breitbandiges Gewinnspektrum.) Der QCL-Laser ist auch wesentlich weniger temperaturempfindlich als der Diodenlaser.

- Die Laserfrequenz ist nicht durch die Bandkantenenergie des benutzten Halbleitermaterials bestimmt, sondern durch die mit der Breite der Potentialtöpfe einstellbaren Einschlußenergien gegeben. Sie läßt sich also auch bei fester Materialwahl sehr variabel einstellen. Die Wellenlängen reichen von mittlerem Infrarot bis ~ 10 µm, einem mit Diodenlasern nur schwer verwirklichbaren Bereich. Als Material läßt sich daher ein technologisch gut beherrschter Halbleiter, z.B. auf der Basis von GaAs oder InP, wählen.
- Das Laserlicht wird parallel zu den Schichten (d.h. senkrecht zu der Normalenrichtung der Endfacetten) abgestrahlt. Es ist aufgrund der Auswahlregeln polarisiert mit dem E-Vektor senkrecht zu den Quantenschichten.
- Das folgende Diagramm zeigt die Leistungskennlinie (optische Ausgangsleistung über Strom) eines QCLs bei T = 10K. Man erkennt den Übergang von spontaner zu stimulierter Emission bei I ≈ 1A und im Einschubdiagramm vier longitudinale Moden des Fabry-Pérot-Resonators (der aus den zwei äußeren Spaltflächen gebildet wird) beim Betrieb über der Laserschwelle.

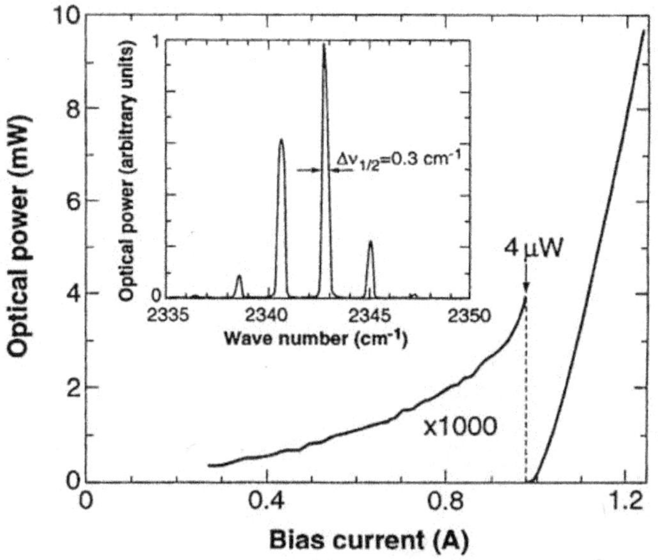

Abb. 13.16 *Optische Ausgangsleistung des Lasers über der Stromstärke mit Einsatz der stimulierten Emission bei einem Schwellstrom von 1A. Einschubdiagramm Longitudinale Moden im Laserbetrieb. Aus J. Faist, F. Capasso, D.L. Sivco, C. Sirtori, A. Hutchinson, A.Y. Cho, Science* ***264****, 553 (1994).*

Einige Daten zu diesem QCL-Laser
Substrat n^+*-dotiertes InP*
Aktive Zone $In_{0,53}Ga_{0,47}As$*-Töpfe, Dicken von 0,8 bis 3,5 nm*
$Al_{0,48}In_{0,52}As$*-Barrieren, Dickenbereich 3 nm*(Gitteranpassung auf InP)
$h\nu = E_3 - E_2 = 290{,}5\ meV$, $\lambda = 4{,}26\ \mu m$, $\bar{\nu} = 2343\ cm^{-1}$
Schwellstromdichte $j_{thr} \approx 14\ kA/cm^2$ *bei* $T \approx 90\ K$

Ein Anwendungsgebiet für Quantenkaskadenlaser mit ihren typischen Wellenlängen im mittleren Infrarot liegt im Bereich der Luftverschmutzungsanalyse: Die Reflektion von Laserlicht an Teilchen in der Atmosphäre, die spektral spezifisch erfaßt werden, dient als ein Maß für die Luftverschmutzung.

14 Silizium-Technologie

Bei der überragenden Bedeutung von Silizium besprechen wir hier einige Grundlagen zu Herstellung und Dotierung, beschränken uns aber auf eine stichwortartige Darstellung. Viele der erwähnten technologischen Methoden (z.B. Wachstum, Dotierung, Epitaxie, Diffusion) beziehen sich in gleicher oder leicht modifizierter Weise auf andere Halbleiter, insbesondere auch III-V-Verbindungen.

14.1 Herstellung von Silizium

Vorkommen

Si ist nach Sauerstoff das am weitesten verbreitete Element auf der Erde. Es kommt immer in Verbindungen vor, Hauptverbindung ist SiO_2; daneben gibt es etwa 70 Silikate:

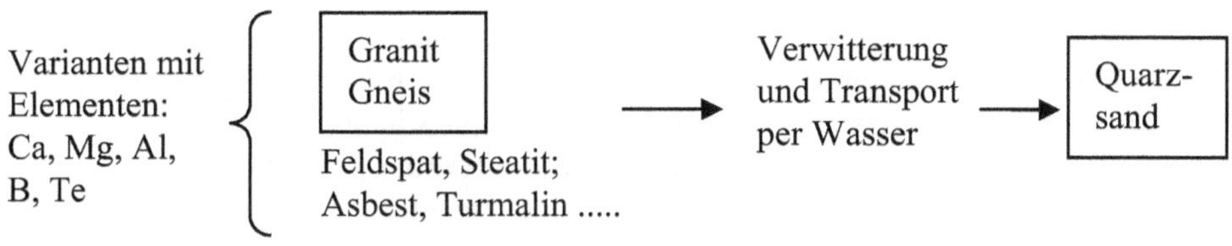

Namensgebung durch Berzelius (1822): silex = Kiesel.

Technisches Silizium = Rohsilizium

Es wird gewonnen durch Reduktion von Quarz (98 % SiO_2 als Ausgangsmaterial) im Elektroofen mit Holzkohle/Koks als Reduziermittel unter Verwendung eisenarmer Rohstoffe, insbesondere auch eisenarmer Stabelektroden. Nach etwa 1h erfolgen Abstich und Ausfluß des Siliziums in eine Quarzwanne.

Qualität:	Si	96 – 98,5 %	ferner (<< 0,2%):
	Fe	0,4 – 2 %	Ca, Mg, Mn, S, P, C, Ti
	Al	0,2 – 0,7 %	

Reinigung

Das Rohsilizium wird gereinigt durch Überführung in Halogenid-Verbindungen:

(a) $Si + 3\,HCl = SiHCl_3 + H_2$ (T = 210 ... 330 °C, erhöhter HCl-Druck)
$SiHCl_3$ = Trichlorsilan oder Silicochloroform, gasförmig bei Reaktion ($\approx$200...300°C)
Siedepunkt: 36,5 °C; Schmelzpunkt: –134 °C

- Sein Dampf ist leicht entzündbar.
- Gemische mit O_2 und Luft explodieren heftig.
- Mit Wasser zersetzt es sich unter H_2-Entwicklung.
- Reinheit von $SiHCl_3$: 10^{-4} ... 10^{-6} relativer Anteil von B und P

(b) $Si + 2Cl_2 = SiCl_4$ (Temperatur oberhalb 400 °C)
$SiCl_4$ = Siliziumtetrachlorid
farblose Flüssigkeit; Siedepunkt: 57,6 °C, Schmelzpunkt: –70 °C

- Es besitzt einen erstickenden Geruch, Erinnerung an Cyan.
- Es wird durch H_20 gespalten.
- An Luft ergibt es starke Nebelbildung.

Weitere Reinigung durch

- Mehrfache Destillation (unvollkommen)
- Extraktion von Verunreinigungen durch Methylcyanid = Acetonnitril; späteres Abtrennen durch Destillieren ist gut möglich.

Reinstsilizium

Aus den Halogen-Verbindungen wird elementares Silizium im Quarzrohr bei 800 – 1150°C unter Puffer- bzw. Trägergas abgeschieden: Die Halogen-Verbindungen zersetzen sich unter Ausscheidung von „reinstem“, metallisch glänzenden Silizium:

- Entweder erfolgt der Niederschlag an den Rohrwandungen,
- oder die Absetzung erfolgt an einem eingebrachten Reinstsilizium- oder Graphitstab (praktisch für weitere Bearbeitung im FZ-Verfahren).

Ergebnis:

Si-Rohlinge, *polykristallin*, ρ = 20000 – 30000 Ωcm.
Bei Abscheidung mit Graphit-Anfangsstab erhält man *kristalline* Rohlinge.

Einkristalle

Zwei Methoden werden für Si i.w. eingesetzt:
(a) das Czochralski- oder Tiegel-Verfahren: CZ-Si
(b) das tiegelfreie Verfahren (Floating Zone): FZ-Si.

(a) Czochralski-Verfahren

Ein Keimling oder Impfkristall (ein schon vorhandener kleiner Kristall) wird in die Schmelze aus Reinstsilizium eingetaucht. Die Temperatur des Keimlings liegt gerade unterhalb des Schmelzpunkts von Si, über die Halterung wird nach oben Wärme abgeführt. Unter Drehung wird der Keimling langsam nach oben gezogen, aus der Schmelze wachsen neue Kristallschichten an.

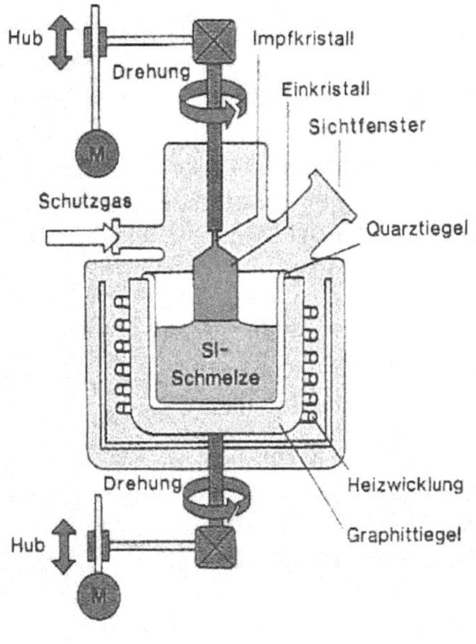

Abb. 14.1 Schema einer Czochralski-Ziehapparatur. Aus Werk und Wirken 4, 17 (1997), Zeitschrift der Wacker-Chemie GmbH.

Charakteristische Eigenschaften:

- Die durch den Keimling vorgegebene Kristallorientierung bleibt beim Anwachsen neuer Kristallschichten erhalten.
- Man erhält einen großen Durchmesser, wenn die Schmelze etwas zu kalt ist.
- Man erhält einen kleinen Durchmesser, wenn die Schmelze etwas zu heiß ist.
- Die Ziehgeschwindigkeit ist typisch 1 mm/min., also wächst ein Stab von 30 cm Länge in 5 Stunden.
- Die Reinheit ist nicht besonders gut (z.B. für „electronic grade"-Silizium).

Insbesondere löst die aggressive Si-Schmelze aus dem Quarztiegel SiO_2 heraus, das in die Schmelze wandert. Der sich ergebende Sauerstoffgehalt beträgt etwa 10 ppm, CZ-Silizium enthält also typischerweise $\approx 10^{18}$ cm^{-3} Sauerstoff. Damit ist Sauerstoff die bei weitem stärkste Verunreinigung im CZ-Silizium. Die Sauerstoffatome werden mittig zwischen je zwei Siliziumatome, jedoch mit vertikaler Auslenkung aus der Verbindungslinie so eingebaut, daß die Bindungen zu den benachbarten Siliziumatomen einen Winkel von 100° miteinander bilden („puckered position"). Die Sauerstoffatome sind elektrisch inaktiv, verändern also nicht die n- oder p-Leitfähigkeit, beeinflussen aber durch Ladungsträgerstreuung die Beweglichkeiten. Für die Technologie integrierter Schaltungen (IC: integrated circuits) kann sich der Sauerstoff sogar sehr günstig auswirken. Bei hohen Prozeßtemperaturen $\geq$ 1000 °C diffundieren Sauerstoffatome zur Oberfläche einer Scheibe („wafer") und werden dort ausgeschieden. Es entsteht ein Sauerstoff-freier Oberflächenbereich („denuded zone"); genau in diesem Tiefenbereich werden die lateral integrierten Schaltungen angesiedelt. Der in tieferen Lagen noch vorhandene Sauerstoff hat die vorteilhafte Eigenschaft, restliche Defekte aus dieser für die ICs genützten verarmten Zone zu gettern und damit dort die bestmögliche Siliziumqualität zu bewirken.

(b) Floating-Zone-Verfahren

Der kristalline Si-Stab wird in Graphithaltern gefaßt. Es wird eine Zone (ca. 1 cm) durch induktive Heizung aufgeschmolzen: Die Oberflächenspannung sorgt dafür, daß das Silizium in der Schmelzzone nicht ausfließt (Si darf nicht leichtflüssig werden!). Diese Schmelzzone wird über die gesamte Kristalllänge hinweggezogen. Sie nimmt dabei Verunreinigungen bis zum Kristallende mit sich.

Mit dem FZ-Verfahren lassen sich auch polykristalline Stäbe aus Reinstsilizium gleichzeitig kristallisieren und höchstreinigen.

Grundlage der Reinigung ist die Tendenz der meisten Verunreinigungen, im flüssigen Teil (Index l = liquid) von Si zu bleiben, wenn die Schmelze allmählich fest (Index s = solid) wird: Das ist der Fall, wenn für die Löslichkeiten oder Sättigungs-Störstellenkonzentrationen $C_s < C_l$ gilt. (Beide hängen von der Temperatur ab.)

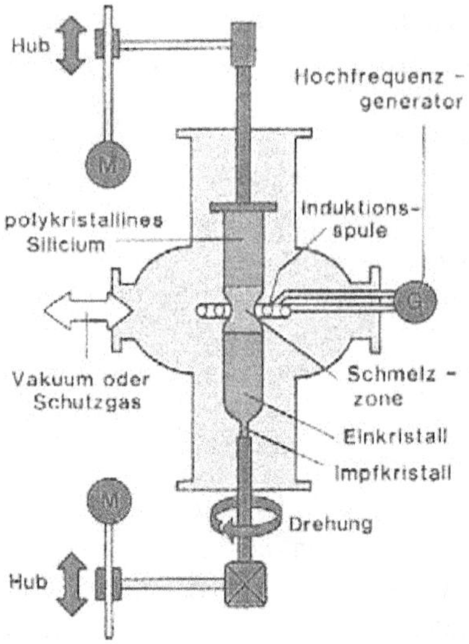

Abb. 14.2 Schema einer tiegelfreien Ziehapparatur. Aus Werk und Wirken 4, 17 (1997), Zeitschrift der Wacker-Chemie GmbH.

$\frac{C_s}{C_l} = K$ heißt Segregationskoeffizient oder Verteilungskoeffizient. Es werden demnach Störstellen mit $K < 1$ in der Zone bis an das Stabende mitgezogen. Bei ursprünglich homogener Verteilung einer Störstelle mit der Konzentration C_0 hat man nach einem Zonenzug (Pfann, 1952) eine Verteilung:

$$C_s(x) = C_0 \left\{ 1 - (1-K) e^{-K \cdot \frac{x}{L}} \right\}$$

L: Länge der geschmolzenen Zone,
x: Ortskoordinate entlang Stab;
am Stabanfang (x = 0) gilt: $C_{s,0} = C_0 \cdot K$

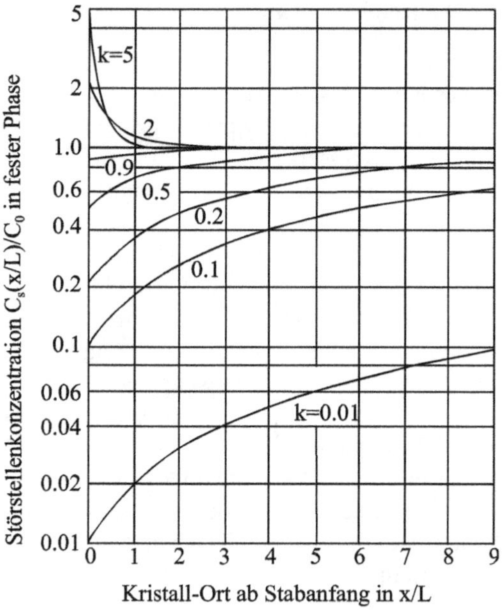

Abb. 14.3 Störstellenverteilung längs eines Kristallstabs, der ursprünglich homogen dotiert war, nach einem Zonenzug. Nach W.G. Pfann, Trans. AIME 194, 747 (1952).

Werte von K beim Si-Schmelzpunkt (1415 °C)

B	0,80
Al	2×10^{-3}
Ga	8×10^{-3}
In	4×10^{-4}
P	0,35
As	0,30
Sb	0,02
Bi	7×10^{-4}

Als Akzeptoren/Donatoren bleiben also im wesentlichen B, P und As übrig.

Fe	8×10^{-6}
Cu	4×10^{-4}
Au	$2,5 \times 10^{-5}$

Diese Elemente werden nach wenigen Zügen effektiv entfernt.

Nach mehreren Zonenzügen ist die bestmögliche Reinheit von Silizium erzielt.

Durch *Wiedereinschmelzen* des Stabes und Zugabe von Dotierstoffen kann in einer Czochralski-Apparatur ein Kristallstab mit der gewünschten Dotierung gezogen werden.

14.2 Dotierung zur Herstellung von pn-Übergängen

Fünf Methoden seien skizziert:

(1) Legieren („Alloying")

- Ein n-Typ-Kristall wird mit aufgelegtem Kügelchen („Ronde"), Granulat oder Scheibchen (z.B. Al oder In) im Ofen hochgeheizt. Das an der Berührungszone schmelzende Metall löst das Si und bildet mit ihm eine dünne (<1 μm) Legierungsschicht. Beim Erstarren stellt sich diejenige Legierungskomposition ein, die durch den sogenannten eutektischen Punkt im Legierungsschmelzdiagramm thermodynamisch vorgegeben ist. Unterhalb der metallischen Legierung befindet sich der pn-Übergang.
- Legieren erzeugt ziemlich abrupte Übergänge.
- Die Dotierungskonzentration ist nicht frei wählbar.
- Legieren ergibt keine gute Kontrolle der Dotiertiefe.

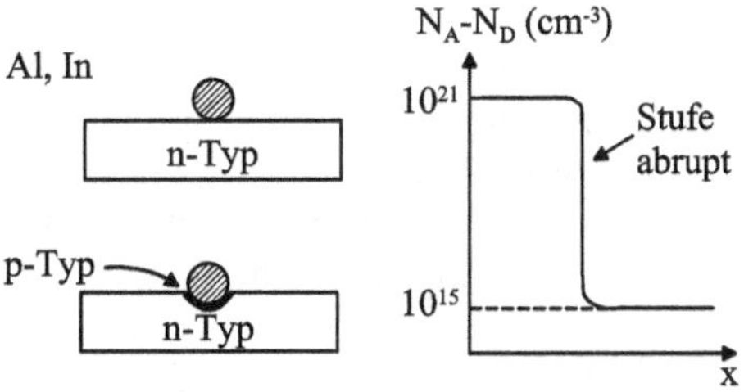

(1) Legieren

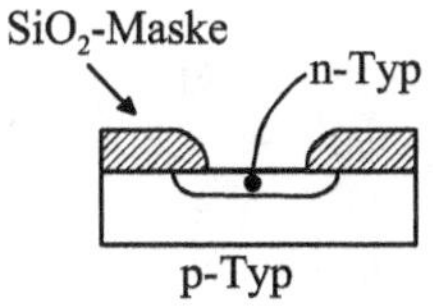

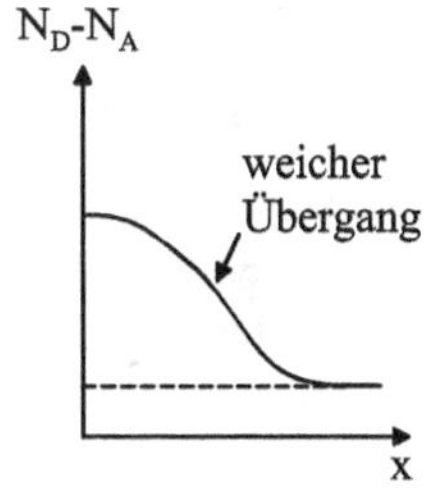

(2) Diffundieren

(2) Diffundieren („Diffusion“)

- Startmaterial ist beispielsweise ein p-Substrat (Bor-Dotierung).
- Das Dotierelement wird als chemische Verbindung (z.B. PCl_3) im Trägergas (N_2 oder Ar) angeboten.
- Die Verbindung zersetzt sich an der heißen Oberfläche, es entsteht ein Niederschlag von Phosphoroxid.
- Diffusion im Ofen (ca. 1000 °C), entweder homogen-flächig oder bei aufgebrachter SiO_2-Maske in maskenfreie Gebiete.
- Ergebnis: Es ergibt sich als Lösung der Diffusionsgleichung ein inhomogenes Tiefen-Konzentrationsprofil C(x,t):
  - bei erschöpfbarer Quelle eine Gauß-Funktion $C(x,t) = \frac{C(0,0)}{2\sqrt{\pi Dt}} \cdot \exp\left(-\frac{x^2}{4Dt}\right)$

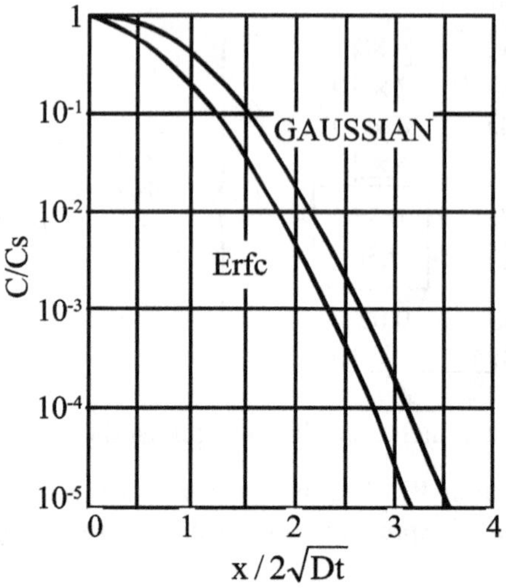

  - bei konstanter Oberflächenkonzentration des Dotierelements eine Erfc-Funktion (Error Function Complement)

$$C(x,t) = \frac{C(x=0)}{2}\left(1 - \operatorname{erfc}\frac{x}{2\sqrt{Dt}}\right) \quad \text{mit} \quad \operatorname{erf} u = \frac{2}{\sqrt{\pi}} \int_0^u e^{-s^2} ds$$

- Eigenschaften:
  - Diffusion ergibt eine gute Kontrolle der Dotiertiefe durch Zeit t und Temperatur T.
  - Durch Maskentechnik kann die Diffusion auf frei wählbare Gebiete (Voraussetzung für Integration!) beschränkt werden.

(3) Epitaxie

Epitaxie bezeichnet die Abscheidung von neuen Kristallschichten auf einem Substrat mit kohärenter Fortsetzung der Kristallstruktur (griech.: epi = auf, über; taxis = Anordnung).

Das Angebot an Depositionsmaterial erfolgt

- aus der flüssigen Phase: Flüssigphasen-Epitaxie („liquid phase epitaxy“, LPE)
- aus der Gasphase: Gasphasen-Epitaxie („vapor phase epitaxy“ (VPE) oder „chemical vapor deposition“ (CVD).
- aus der molekularen Gasphase bei kleinsten Drücken: Molekularstrahl-Epitaxie („molecular beam epitaxy“, MBE).

Beispiel von VPE:

- Ein Si-Substrat in Quarz-Reaktor wird auf ca. 1150 °C unter H_2-Schutzgas aufgeheizt.
- Eine Si-Verbindung, z. B. $SiCl_4$ oder SiH_4, wird im H_2-Trägergas angeboten.
- Sie zersetzt sich nahe der heißen Substratoberfläche.

- Si-Atome werden auf dem Substrat adsorbiert, die Gitterstruktur wird fortgesetzt.
- Eine Dotierung ist möglich, z.B. durch Zugabe von PH_3 (Phosphin) oder B_2H_6 (Diboran) im Trägerstrom.
- Das Verfahren bietet eine hohe Flexibilität bzgl. des Störstellenprofils und der Dotierungskonzentration, abrupte Profile sind aber schwer zu erhalten.

(4) Ionenimplantation

- Ionen der gewünschten Dotierungsspezies werden beschleunigt und auf den Kristall im Vakuum geschossen (Energiebereich ca. 100 keV).
- Bestrahlungsschäden müssen anschließend durch Tempern (Anlassen, „Annealing“) ausgeheilt werden. Es bilden sich durch den Energieeintrag beispielsweise Fehlstellen und Eigenzwischengitteratome. Fehlstellen im Silizium diffundieren schon bei Kryotemperaturen sehr effizient, durch Anlagerung an Dotieratome oder Verunreinigungen bilden sie tiefe Defekte, die oft erst oberhalb ca. 550°C instabil werden und ausgeheilt werden können. Der Ausheilprozeß verbreitert das ursprünglich eingestellte Implantationsprofil.
- Die Methode liefert eine gute Kontrolle von Dosis, Flächenhomogenität und Wiederholungsgenauigkeit.
- Das Dotierprofil kann näherungsweise durch den Ausdruck

$$C(x) = \frac{Q}{\sqrt{2\pi}\Delta R_p} \exp\left[-\frac{(x-R_p)^2}{2\Delta R_p^2}\right]$$

beschrieben werden. Es bedeuten Q: Ionendosis, R_p: projizierte, d h. gewünschte Reichweite (= Lage des Konzentrationsmaximums unterhalb der Halbleiteroberfläche), ΔR_p: Standardabweichung.

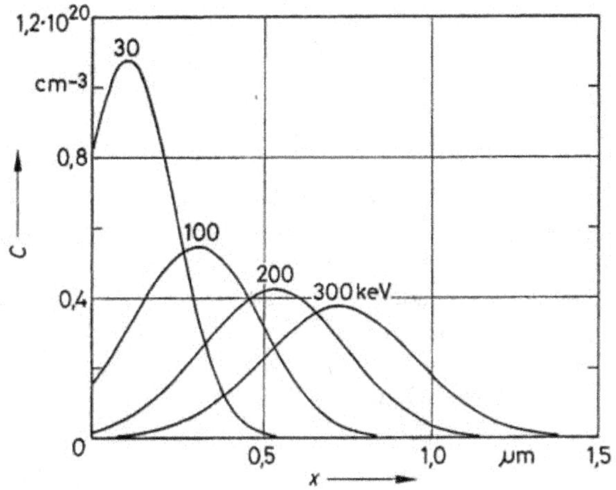

Abb. 14.4 Konzentrationsverteilung von Bor in Silizium bei der Ionenimplantation mit unterschiedlicher Ionenenergie (Ionendosis $Q = 10^{15}$ cm^{-2}). Aus W. von Münch, Einführung in die Halbleitertechnologie, Teubner 1993.

(5) NTD („Neutron Transmutation Doping“)

Dies ist ein sehr spezielles Verfahren für höchst homogene Phosphordotierung. Es werden die Kernreaktionen ausgenutzt:

$$^{30}Si(n,\gamma) \rightarrow {}^{31}Si \xrightarrow[\text{im Kern: } n \rightarrow p^+ + e^- + \bar{\nu}_e]{\beta^-\text{-Zerfall mit 2,6h}} {}^{31}P + e^- + \bar{\nu}_e$$

Die Bestrahlung des Siliziums erfolgt mit thermischen Neutronen (n), für die der Wirkungsquerschnitt der Reaktion groß ist, $\sigma(n,\gamma) \approx 10^{-25}\ cm^2 = 0{,}1$ barn. β-Zerfall ist der Name für einen radioaktiven Zerfall, an dem Elektronen oder Positronen beteiligt sind.

Entsprechend der natürlichen Häufigkeiten der stabilen Si-Isotope

$$[^{28}Si] = 92{,}2\ \%, \quad [^{29}Si] = 4{,}7\ \%, \quad [^{30}Si] = 3{,}1\ \%$$

reicht der Anteil von ^{30}Si für eine hohe P-Dotierung von bis zu $10^{20}\ cm^{-3}$!

Ergebnis:
- Die Homogenität der P-Dotierung ist phantastisch gut.
- Sie ist wichtig für Leistungsbauelemente mit großer Fläche des Übergangs (bis zu Durchmessern von 10 cm) und hohen geforderten Sperrspannungen wie in Thyristoren oder Triacs.

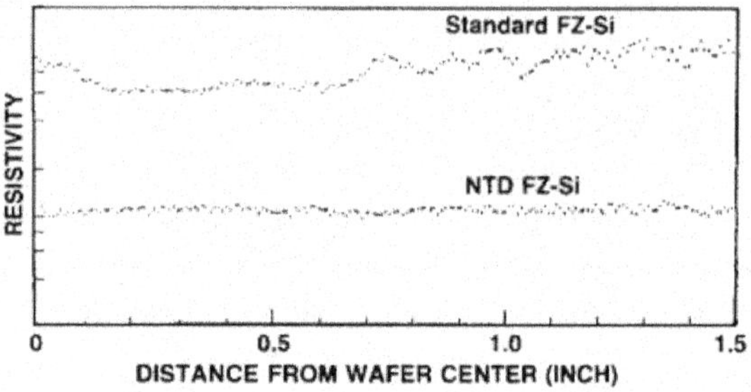

Abb. 14.5 FZ-Si Radialprofil des spezifischen Widerstands im Vergleich Standard gegen NTD. Aus B.D. Stone, in Impurity Doping Processes in Silicon, F.F. Wang (Hg.), North Holland 1981, S. 217.

Diffusionskoeffizienten

Die Graphen der Diffusionskoeffizienten D(T) sind in der gezeigten Arrhenius-Auftragung von Abb. 14.6 Geraden, es handelt sich also um exponentielle Gesetze

$$D(T) = D_0\, e^{-E_{act}/kT}.$$

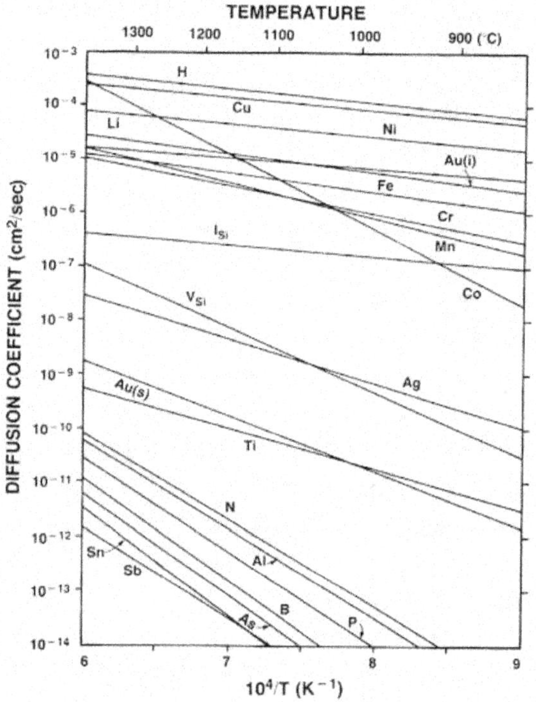

*Abb. 14.6 Diffusionskoeffizienten wichtiger Dopanden in Silizium über reziproker Temperatur. Aus F. Shimura, Semiconductor Silicon Crystal Technology, Academic Press 1989. Originaldaten F. Shimura, H.R. Huff, VLSI Handbook, Academic Press 1985; T.Y. Tan, U. Gösele, Appl. Phys. A **37**, 1 (1985).*

Es lassen sich zwei Grenzfälle unterscheiden:

(a) Die Aktivierungsenergie E_{act} ist klein, die Werte von D sind für alle Temperaturen groß: Die entsprechenden Elemente wie H, Li, Fe, Cu sind interstitiell (d.h. auf Zwischengitterplätzen) eingebaut und haben daher kleine Barrieren für die Diffusion. Für Li ergibt sich aus dem Diagramm ein ungefährer Wert der Aktivierungsenergie von $E_{act}\,(Li) \approx 0{,}36\ eV$.

(b) Die Aktivierungsenergie E_{act} ist groß, die Werte von D sind für alle Temperaturen klein: Diese Elemente sind substitutionell mit starker Kristallbindung eingebaut, bei jedem Diffusionssprung haben sie eine große Barriere zu überwinden. Es handelt sich beispielsweise um die substitutionellen Donatoren P, As, Sb, Bi und Akzeptoren B, Al, Ga. Für Bor ergibt sich $E_{act}(B) \approx 1{,}4\ eV$.

Diffusionsmechanismen

Neben der schon erwähnten interstitiellen Diffusion sind zwei andere Diffusionsmechanismen wichtig:

Fehlstellen-Diffusionsmechanismus
(„vacancy mechanism")
Aus thermodynamischen Gründen muß es in jedem (auch perfekten) Kristall eine von der Temperatur abhängige Konzentration von Fehlstellen-Eigenzwischengitteratom-Paaren („vacancy-selfinterstitial pairs" oder sog. Frenkel-Paare) geben. Diese Situation ist völlig äquivalent zu dem temperaturabhängigen np-Produkt im Massenwirkungsgesetz. Der Diffusionsmechanismus beruht darauf, daß ein substitutionelles Fremdatom eine benachbarte (sehr bewegliche) Fehlstelle besetzt (Platzwechsel) und dadurch beide wandern.

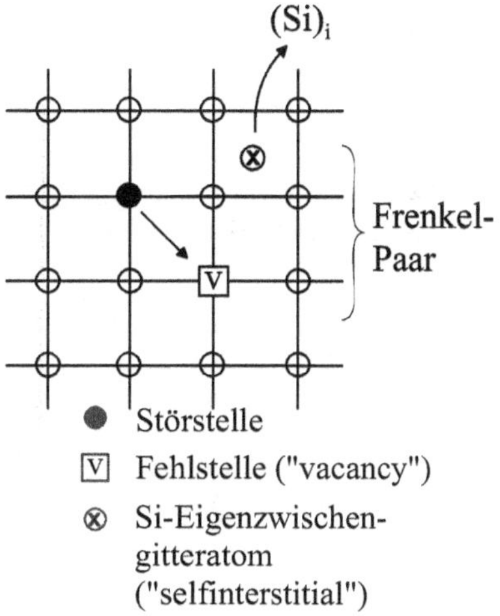

Sogenannte „amphotere" Fremdatome können entweder einen Gitterplatz oder einen Zwischengitterplatz besetzen. Ein Fremdatom auf Zwischengitterplatz kann dann ebenfalls eine Fehlstelle besetzen. In diesem Fall spricht man von „dissociative mechanism" oder Frank-Turnbull-Mechanismus.

Stoß-Diffusionsmechanismus
(„kick-out mechanism")
Ein interstitielles Fremdatom stößt ein Siliziumatom ins Zwischengitter und besetzt selbst den freigewordenen Gitterplatz.

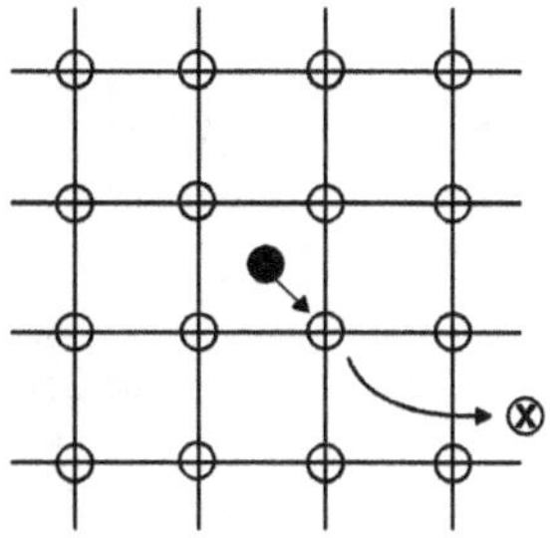

„Interstitialcy"-Mechanismus
Ein Silizium-Atom im Zwischengitter („selfinterstitial") nimmt den Gitterplatz eines substitutionellen Fremdatoms ein, das seinerseits ein Silizium-Gitteratom auf einen interstitiallen Platz stößt.

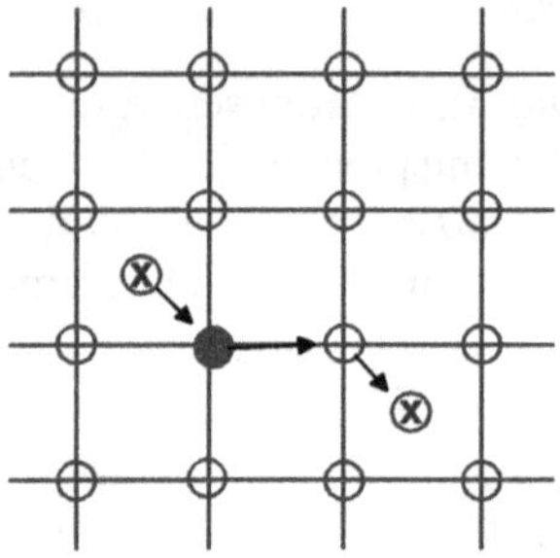

Genaue Untersuchungen, z.T. unter Einsatz radioaktiver Tracermethoden, zeigen, daß mehrere Mechanismen zur Fremdatom-Diffusion beitragen können.

Übersichtsartikel:

W. Frank, Self-Interstitials and Vacancies in Elemental Semiconductors Between Absolute Zero and the Temperature of Melting, Festkörperprobleme **XXI**, 221 (1981)

W. Frank, N.A. Stolwijk, Materials Science Forum **15-18**, 369 (1987)

Störstellen-Löslichkeiten („solid solubilities")

Das Diagramm zeigt die Löslichkeit einiger ausgewählter Fremdatome in Silizium als Funktion der Temperatur. Aus thermodynamischen Gründen muß die Löslichkeit aller Fremdatome beim Schmelzpunkt von Silizium gegen Null streben. Eine endliche Fremdatomkonzentration würde die Schmelztemperatur erniedrigen, diese erniedrigte Temperatur wäre dann nicht die wahre Schmelztemperatur des Materials.

Weitere Daten: *Semiconductors, Group IV Elements and III-V Compounds* (Hrsg. O. Madelung), Serie „Data in Science and Technology", Springer (1991).

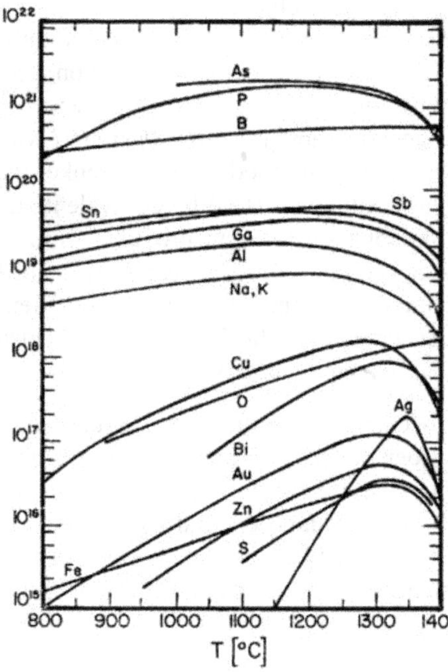

Abb. 14.7 *Löslichkeit einiger ausgewählter Fremdatome in Silizium als Funktion der Temperatur. Aus F.A. Trumbore, Solid solubilities of impurity elements in germanium and silicon, Bell Syst. Techn. J.* ***39****, 205 (1960).*

Auf den folgenden Seiten sind anschließend ergänzende technologische Daten zu Silizium als dem mit Abstand wichtigsten Halbleiter zusammengestellt.

Silizium: Züchtung von Stäben, Abmessungen

Bild oben links:
Moderne Anlage zur Herstellung von FZ-Si: Stäbe mit $L \leq 2$ m und $\varnothing \leq 20$cm (1989)

Bild oben rechts:
Der Größenvergleich an tiegelgezogenen Siliziumkristallen verdeutlicht die Entwicklung in den letzten Jahrzehnten:
1960: 30g, Durchmesser 10mm
1990: 200-mm-Kristall
Heute: 300-mm-Kristall

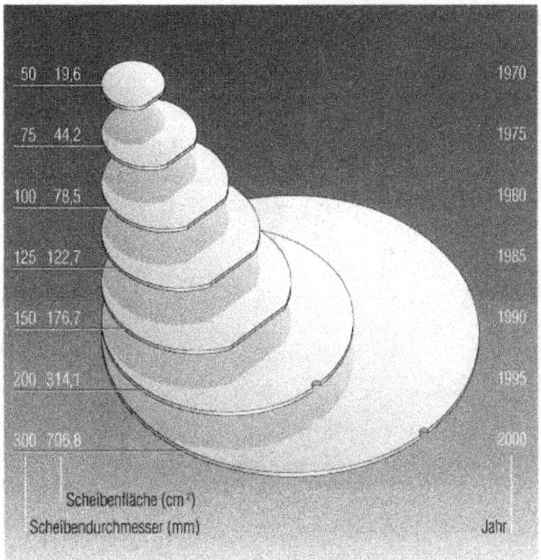

Bild unten:
Der riesige und schnell wachsende Markt der Elektronikgeräte stützt sich auf ein einziges Element: Reinstsilizium

Bilder: Wacker-Siltronic AG.

(Forts.)

(Forts.)

Silizium: Oberflächenperfektion polierter Scheiben („wafer“)

Die wachsende Integrationsdichte elektronischer Schaltungen stellt extreme Anforderungen an Defektfreiheit und Ebenheit der Si-Scheiben.

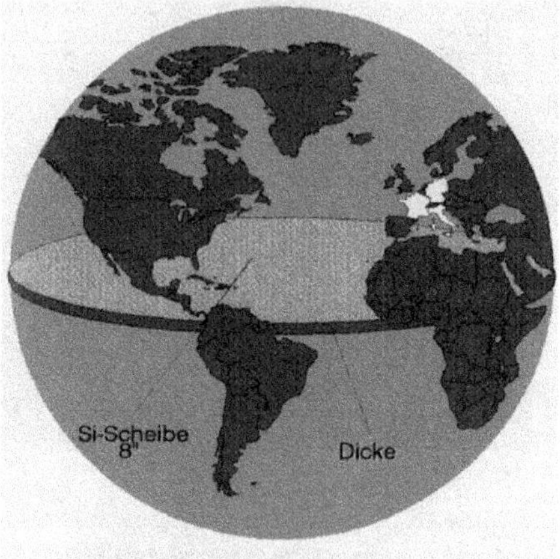

Weltweite Anwendung von 8"-Si-Scheiben

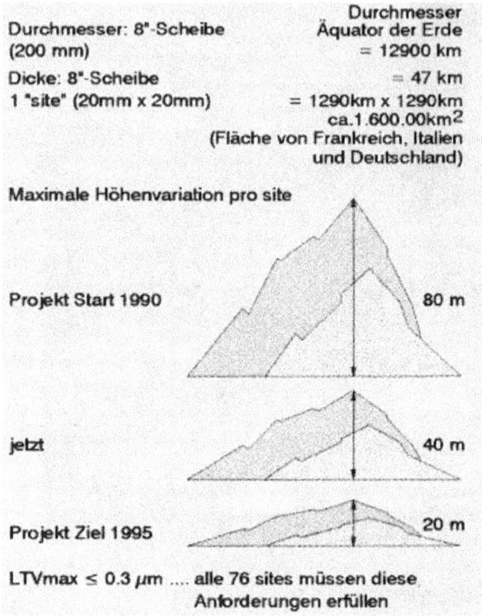

Die Aufnahme einer polierten Scheibe mit dem Tunnelmikroskop zeigt nur noch Rauhigkeiten im atomaren Bereich. Im Bildausschnitt sind drei Atomebenen mit unterschiedlicher Belegung dargestellt.

Bilder: Wacker-Siltronic AG

(Forts.)

(Forts.)

Packungsdichte integrierter Schaltungen

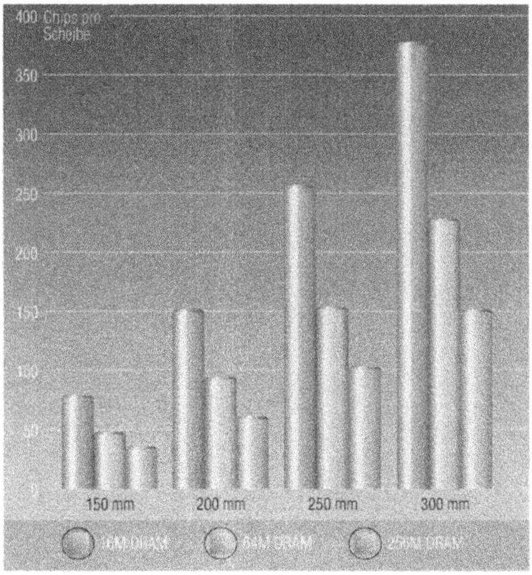

Speicher-Chip	Bits/mm^2	Chip-Fläche (mm^2)
64 Kilobit	3200	20
256 Kilobit	6400	40
1 Megabit	20000	50
4 Megabit	40000	90
16 Megabit	123000	130
64 Megabit	337000	190
256 Megabit	ca. 1 Million	285

Daten:
Wacker-Siltronic AG

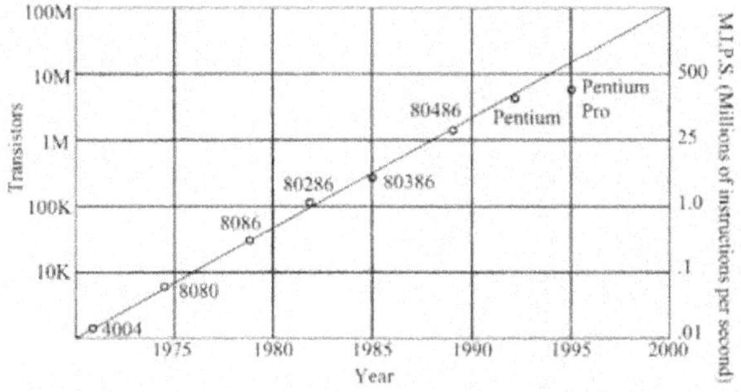

„Moore's Law" für Mikroprozessoren:
Das Gesetz, 1955 für ca. 10 Jahre prognostiziert, ist bis heute fast unverändert gültig. (Aus: Proceedings of the IEEE, January, 1998.)

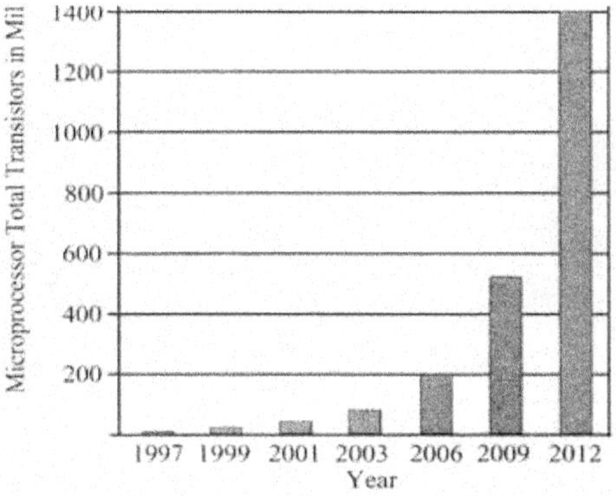

Fortschreibung der zeitlichen Entwicklung der Transistorzahl pro Mikroprozessor nach: The National (US) Technology Roadmap for Semiconductors, 1997.

A Anhang

A.1 Punktgruppensymmetrie: Charaktertafeln

A.1.1 Physikalische Bedeutung der Charaktertafeln

Die Symmetrieeigenschaften der Schrödingergleichung für Elektronen oder Löcher in einem kristallinen Festkörper sind durch das Gitterpotential $V(\vec{r})$ gegeben, da der kinetische Term $(-\hbar^2/2m)\nabla^2$ die Symmetrie der vollen Raumgruppe im $\mathbb{R}^3$ hat. Die Wellenfunktionen ψ_i lassen sich also gemäß den Symmetrieeigenschaften der jeweiligen Punktgruppe des Kristalls klassifizieren. (Anders: Ein Operator P, der die Symmetrieoperationen der Gruppe auf eine Wellenfunktion ψ_i ausübt, kommutiert mit dem Hamiltonoperator.) Charaktertafeln enthalten Symmetrieaussagen, die in vielfältigen Anwendungen wirkungsvoll genutzt werden können. Wir diskutieren Charaktertafeln am einfachsten anhand eines Beispiels, das für Halbleiter sehr wichtig ist, nämlich die kubische Tetraedergruppe T_d.

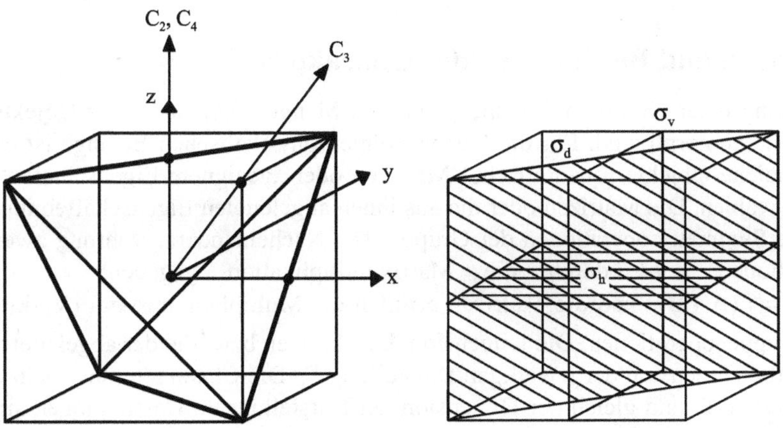

Abb. A.1 *Tetraeder und Kubus mit Beispielen der Punktgruppenoperationen C_3, $C_2 = C_4^2$, σ_d, σ_h und σ_v. Die Deckungsoperationen des Tetraeders sind in Tab. A.1 aufgeführt. Dabei ist $S_4 = \sigma_h * C_4$.*

Tab. A.1 *Charaktertafel für die T_d-Symmetrie*

T_d	E	$8C_3$	$3C_2$	$6\sigma_d$	$6S_4$	mögliche Basisfunktionen	genäherter atomarer Zustand
Γ_1 (A_1)	1	1	1	1	1	1 oder xyz	s-Orbital (l = 0)
Γ_2 (A_2)	1	1	1	-1	-1	$S_xS_yS_z$	
Γ_3 (B_1)	2	-1	2	0	0	$(2z^2-x^2-y^2)$, (x^2-y^2)	d-Orbital (l = 2)
Γ_4 (T_1)	3	0	-1	-1	1	S_x,S_y,S_z	
Γ_5 (T_2)	3	0	-1	1	-1	x,y,z	p-Orbital (l = 1)

Bestandteile der Charaktertafel:

Die Kopfzeile enthält die *Symmetrieoperationen* der Gruppe. (E ist das „Einselement", die Operation läßt das Tetraeder identisch.) Die Vorfaktoren geben an, wie oft die jeweilige Operation in äquivalenter Weise vorkommt; so gibt es z.B. acht unterschiedliche, aber äquivalente C_3-Drehungen oder drei unterschiedliche, aber äquivalente C_2-Drehungen. Alle äquivalenten Operationen fallen in eine Klasse.

Das Zahlenschema unterhalb der Kopfzeile bezeichnet die *Charaktere*, die zeilenweise zu den in der ersten Spalte aufgeführten *Darstellungen* Γ_i gehören. (In Klammern stehen alternative Notationen für die Darstellungen.)

Die *Basisfunktionen* repräsentieren die Symmetrieeigenschaften einer Darstellung bezüglich der aufgeführten Symmetrieoperationen der Gruppe. Sie können oft als Potenzen von Ortskoordinaten oder als Kombinationen daraus gewählt werden (siehe die Bemerkungen unten).

Darstellungen und Bestimmung der Charaktere

Als Darstellung einer Gruppe bezeichnet man eine Menge mathematischer Objekte, die zu der Gruppe homomorph sind. Für die hier verfolgten physikalischen Belange ist es zweckmäßig, als solche Objekte (quadratische) Matrizen oder „geeignete Eigenschaften" solcher Matrizen zu wählen. Die Matrizen oder die aus ihnen abgeleiteten Eigenschaften repräsentieren dann die Symmetrieoperationen der Gruppe. Die Nacheinanderausführung zweier Symmetrieoperationen wird durch die Matrixmultiplikation gegeben; es gilt also $\Gamma(A) \cdot \Gamma(B) = \Gamma(A * B)$, und die Matrizen erfüllen die Multiplikationstafel (Verknüpfungstafel) der Gruppenoperationen. Die Dimension der Matrizen bzw. die der abgeleiteten Eigenschaften ist die Dimension der jeweiligen Darstellung Γ_i. Die Charaktere unterhalb der identischen Operation E sind gleich der Dimension der Darstellungen. Darstellungen sind nichts anderes als Verallgemeinerungen von Symmetriekennzeichnungen für die hier diskutierten Punktgruppen, wie wir sie z.B. im $\mathbb{R}^3$ als *Parität* von Zuständen für inversionssymmetrische Probleme längst kennen:

$\psi(\vec{r}) = \psi(-\vec{r})$ positive Parität (+ oder 1)

$\psi(\vec{r}) = -\psi(-\vec{r})$ negative Parität (- oder -1)

Spezielle, nicht nur homomorphe, sondern sogar isomorphe Darstellungen der Gruppe sind die dreidimensionalen „treuen“ Abbildungsmatrizen, durch die die Symmetrieoperationen mathematisch ausgeführt werden. Beispielhaft ist je eine Matrix aus einer Klasse der Operationen in T_d im folgenden genannt. Die Matrizen entsprechen den in der Tetraederabbildung oben skizzierten Drehungen, Spiegelungen und Drehspiegelungen.

		Spur	Determinante
E Identische Abbildung:	$\begin{pmatrix} 1 & 0 & 0 \\ 0 & 1 & 0 \\ 0 & 0 & 1 \end{pmatrix}$	3	1
C_3 Drehachse in Raumdiagonale	$\begin{pmatrix} 0 & 0 & 1 \\ -1 & 0 & 0 \\ 0 & -1 & 0 \end{pmatrix}$	0	1
C_2 Drehachse senkrecht Seitenfläche durch Flächenmittelpunkt	$\begin{pmatrix} -1 & 0 & 0 \\ 0 & -1 & 0 \\ 0 & 0 & 1 \end{pmatrix}$	-1	1
σ_d Spiegelung an Diagonalschnitt	$\begin{pmatrix} 0 & 1 & 0 \\ 1 & 0 & 0 \\ 0 & 0 & 1 \end{pmatrix}$	1	-1
S_4 C_4-Drehung um z-Achse, nachfolgend Horizontalspiegelung σ_h an xy-Ebene (Horizontalschnitt)	$\begin{pmatrix} 0 & 1 & 0 \\ -1 & 0 & 0 \\ 0 & 0 & -1 \end{pmatrix}$	-1	-1

Es genügt, von diesen Matrizen als Charaktere für eine dreidimensionale Darstellung die Spuren zu nehmen, da diese die Operationen eindeutig kennzeichnen, also ihren „Charakter“ festlegen. So haben beispielsweise alle äquivalenten Abbildungsmatrizen in einer Klasse die gleiche Spur. Die Spuren sind formal als Charaktere nutzbar, da sie die oben angeschriebene Verknüpfungsbedingung erfüllen. Die Spurwerte ergeben in obiger Charaktertafel die Charaktere zu der dreidimensionalen Darstellung Γ_5 (oder T_2).

Die obige Verknüpfungsbedingung wird auch von den Determinanten der „treuen“, isomorphen Abbildungsmatrizen erfüllt. Daher sind die Werte der Determinanten auch als Charaktere einer (eindimensionalen, homomorphen) Darstellung geeignet. In unserem Beispiel ergeben sie die zweite Zeile der Charaktertafel, die zu Γ_2 (oder A_2) gehört.

In jeder Symmetriegruppe gibt es eine homomorphe Abbildung, die die Darstellung Γ_1 (oder A_1) ausmacht. Für Γ_1 sind immer alle Charaktere gleich Eins.

Die Charaktertafel läßt sich auf einfache Weise vervollständigen, wenn man eine Reihe von Regeln beachtet:

(1) Die Anzahl der Darstellungen Γ_i ist gleich der Zahl der Klassen (=5 im T_d-Beispiel)

(2) Wenn l_i die Dimension der Darstellung Γ_i ist (das sind die Charaktere in der ersten Spalte der Charaktertafel) und N_k die Anzahl von äquivalenten Operationen in der Klasse k, so gilt: $\sum_i l_i^2 = \sum_k N_k = h$ (= 24 im T_d-Beispiel)

(3) Man kann die Charaktere aller Γ_i, die zu einer Klasse gehören, als Spaltenvektoren auffassen. Alle Spaltenvektoren sind zueinander orthogonal und normiert auf den Wert h/N_k.

(4) Alle Zeilenvektoren sind zueinander orthogonal, wenn jeder Summand im Skalarprodukt mit N_k gewichtet wird. Sie sind normiert auf h.

Basisfunktionen

Die Basisfunktionen spiegeln die Symmetrieeigenschaften einer Darstellung bzgl. der Gruppenoperationen wider. Man kann Basisfunktionen durch eine Projektionstechnik aus den Kugelflächenfunktionen im Anschauungsraum $\mathbb{R}^3$ gewinnen, der bzgl. seiner Punktgruppenoperationen *alle* möglichen Symmetriegruppen von Kristallen umfaßt. Die hier implizierte enge Verknüpfung des Drehimpulses (dessen Eigenfunktionen die Kugelflächenfunktionen ja sind) mit Rotationen im Raum ergibt sich aus folgenden Bemerkungen: Jede Invarianz gegenüber einer Symmetrie hat einen Erhaltungssatz der Physik zur Folge. Der Erhaltungssatz des Drehimpulses folgt aus der Invarianz gegenüber Rotationen im dreidimensionalen Raum. („Die Rotation ist die infinitesionale Erzeugende des Drehimpulses“). Bei der Projektionstechnik nimmt man aus den Kugelflächenfunktionen gerade die Symmetrieteile heraus, die die gewünschte Darstellung kennzeichnen. So kann man beispielsweise die „vollsymmetrische“ Darstellung Γ_1 mit der Basisfunktion 1 (oder einer anderen Konstanten) belegen, die die Symmetrieeigenschaft einer s-artigen Kugelflächenfunktion („kugelförmige“, d.h. isotrope, winkelkonstante Aufenthaltswahrscheinlichkeit mit Drehimpulsquantenzahl $l = 0$) hat. Basisfunktionen von Γ_5 sind die Funktionen x,y,z, die das Transformationsverhalten atomarer p-Funktionen, also Kugelflächenfunktionen zur Bahndrehimpulsquantenzahl $l = 1$, haben. Basisfunktionen zur Darstellung Γ_3 sind zwei der fünf d-artigen Kugelflächenfunktionen ($l = 2$) mit $|m| = 2$ und $m = 0$. Die Funktionen x,y,z sind auch die Komponenten des Ortsvektors $\vec{r}$, der als Dipoloperator im Matrixelement die optischen Übergänge zwischen zwei Zuständen beschreibt. Daher entspricht der Dipoloperator in T_d der Darstellung Γ_5. Das Transformationsverhalten, das symbolisch durch Γ_i und explizit (wenn auch auszugsweise) durch die Basisfunktionen ausgedrückt wird, sagt nichts über radiale Abhängigkeiten von Wellenfunktion ψ_i aus; damit sind quantitative Berechnungen, z.B. von Matrixelementen, nicht möglich. Dagegen lassen sich die Ja/Nein-Entscheidungen von Auswahlregeln mit diesen Symmetrieregeln erschöpfend berechnen.

Symmetrien von Kugelflächenfunktionen $Y_{l,m}$ (θ,φ) in kartesischer Darstellung

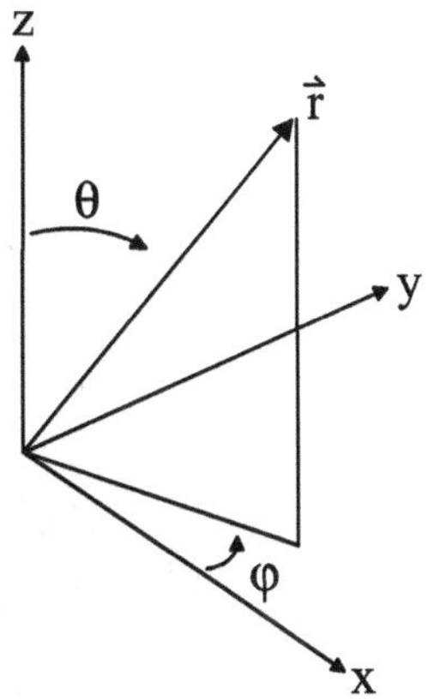

$x = r \cos\varphi \sin\theta$

$y = r \sin\varphi \sin\theta$

$z = r \cos\theta$

Für Symmetriebetrachtungen spielt die radiale Abhängigkeit keine Rolle; man setzt daher zweckmäßigerweise $r = 1$. Die Normierungsfaktoren bei den $Y_{l,m}$ sind ebenso uninteressant. Auch der komplexe (Phasen-)Faktor i spielt keine Rolle.

s-Funktion (l = 0, m = 0) — Symmetrie

Die Funktion $Y_{0,0}$ ist „vollsymmetrisch", sie hat keine Winkelabhängigkeit, die Elektronen-Aufenthaltswahrscheinlichkeit ist isotrop. Die Symmetrie in kartesischen Koordinaten kann durch 1 oder $x^2+y^2+z^2$ beschrieben werden. } **1**

p-Funktionen (l = 1, m = ±1, 0)

m = 1 $\quad Y_{1,1} = \sin\theta\, e^{i\varphi}$

m = -1 $\quad Y_{1,-1} = \sin\theta\, e^{-i\varphi}$

m = 0 $\quad Y_{1,0} = \cos\theta$

Zur Eliminierung der komplexen Exponentialfunktionen bildet man Linearkombinationen der Funktionen mit m = 1 und m = -1:

$$Y_{1,1} \pm Y_{1,-1} = \sin\theta\,(e^{i\varphi} \pm e^{-i\varphi}) = 2\sin\theta \begin{pmatrix} \cos\varphi \\ (i)\sin\varphi \end{pmatrix} = \begin{pmatrix} 2x \\ (i)2y \end{pmatrix}$$

$$Y_{1,0} = \cos\theta = z$$

Symmetrie: **x**, **y**, **z**

(Forts.)

(Forts.)

d-Funktionen (l = 2, m = ±2, ±1, 0)

$m = \pm 2 \qquad Y_{2,\pm 2} = \sin^2\theta \, e^{\pm 2i\varphi}$

$m = \pm 1 \qquad Y_{2,\pm 1} = \sin\theta \cos\theta \, e^{\pm i\varphi}$

$m = 0 \qquad Y_{2,0} = 3\cos^2\theta - 1$

Linearkombinationen der Funktionen mit gleichem $|m|$:

$$Y_{2,2} \pm Y_{2,-2} = \sin^2\theta \cdot (e^{2i\varphi} \pm e^{-2i\varphi}) = 2\sin^2\theta \cdot \begin{pmatrix} \cos^2\varphi \\ (i)\sin^2\varphi \end{pmatrix}$$

$$= 2\sin^2\theta \cdot \begin{pmatrix} \cos^2\varphi - \sin^2\varphi \\ (i)\sin\varphi \cdot \cos\varphi \end{pmatrix} = 2 \begin{pmatrix} x^2 - y^2 \\ (i)xy \end{pmatrix} \qquad \begin{pmatrix} \mathbf{x^2 - y^2} \\ \mathbf{xy} \end{pmatrix}$$

$$Y_{2,1} \pm Y_{2,-1} = \sin\theta \cos\theta \cdot (e^{i\varphi} \pm e^{-i\varphi}) = 2\sin\theta \cdot \begin{pmatrix} \cos\varphi \\ (i)\sin\varphi \end{pmatrix} = \begin{pmatrix} 2xz \\ (i)2yz \end{pmatrix} \qquad \begin{pmatrix} \mathbf{xz} \\ \mathbf{yz} \end{pmatrix}$$

$$Y_{2,0} = 3z^2 - 1 = (3z^2 - x^2 - y^2 - z^2) \qquad \mathbf{2z^2 - (x^2 + y^2)}$$

A.1.2 Erweiterung der Charaktertafel

(A) Punktgruppe O_h

Die Punktgruppe O_h (volle kubische Oktaedergruppe) umfaßt alle deckenden Symmetrieoperationen eines Würfels. Man kommt von T_d nach O_h, indem man zusätzlich zu den T_d-Operationen die Inversion i zuläßt: $O_h = T_d * i$. Die Gruppe O_h kann alternativ aufgebaut werden als $O_h = O * i$. Dabei ist O die zu T_d isomorphe kubische Gruppe mit den Symmetrieoperationen E, $8C_3$, $3C_2 = 3C_4^2$, $6C_2'$ und $6C_4$. Sie enthält also nur Drehungen, ihre Charaktertafel ist identisch der von T_d mit den Entsprechungen $6C_2' \leftrightarrow 6\sigma_d$ und $6C_4 \leftrightarrow 6S_4$.

Kubische Kristalle mit fcc-Gitter und zwei identischen Basisatomen wie Si oder Ge werden bzgl. ihrer Punktgruppensymmetrie durch die Punktgruppe O_h beschrieben, da sie inversionssymmetrisch sind. In ihnen ist die Parität eine Symmetrieeigenschaft („gute Quantenzahl"). Allerdings benötigt man zur Deckungsgleichheit nachfolgend zur i-Operation noch eine Translation um ein Viertel der Raumdiagonale. Die Inversion ist also nur in Verbindung mit der Raumgruppe eine Deckungsoperation. Kristalle mit dieser Eigenschaft nennt man nicht-symmorph. Führt die Inversion alleine zur Deckungsgleichheit, werden die Kristalle symmorph genannt.

(B) Berücksichtigung des Spins

Die oben zitierte grundlegende Verknüpfung von Rotationen und Drehimpulsen schließt den Spin ein, der aber in den Kugelflächenfunktionen nicht enthalten ist. Für die nicht-ganzzahligen Drehimpulse von Spinfunktionen oder Spin-Bahn-gekoppelten Funktionen erhält man weitere Darstellungen, deren Charaktere ebenso wie für ganzzahlige Drehimpulse mithilfe fester Regeln berechnet werden können. Sie lauten in T_d:

T_d	E	$8C_3$	$3C_2$	$6\sigma_d$	$6S_4$	Basisfunktionen	genäherter atomarer Zustand
Γ_6	2	1	0	0	$\sqrt{2}$	$\phi\left\|\frac{1}{2},-\frac{1}{2}\right\rangle$	s =1/2-Spinfunktion
Γ_7	2	1	0	0	$-\sqrt{2}$	$\Gamma_6 * \Gamma_2$	
Γ_8	4	-1	0	0	0	|3/2, +3/2> |3/2, +1/2> |3/2, -1/2> |3/2, -3/2>	J=3/2-Spin-Bahn-gekoppelte-Funktion mit zugehörigen M_J-Zuständen

A.1.3 Anwendungen von Charaktertafeln

Aufspaltung von Zuständen bei Symmetrieerniedrigung:

Durch Anwendung von Charaktertafeln lassen sich Aussagen dazu machen, wie Zustände aufspalten, wenn die Symmetrie durch äußere Felder (z.B. Druckfelder, elektrische Felder oder Magnetfelder) erniedrigt wird. Für diese Anwendung muß man wissen, wie eine Darstellung aus der alten, höheren Symmetrie, die in der reduzierten Symmetrie „reduzibel“ ist, „ausreduziert“, d h. zerlegt werden kann. Ein Beispiel soll diese Zerlegung erläutern: Aufspaltung eines Elektronenzustandes Γ_5 (p-artiger Zustand) in T_d in einem (homogenen) Druckfeld ||<111> (Gruppe C_{3v}):

T_d	**E**	**$8C_3$**	**$3C_2$**	**$6\sigma_d$**	**$6S_4$**
Γ_5	3	0	-1	1	-1

C_{3v}	**E**	**$2C_3$**	**$6\sigma_v$**
Γ_1	1	1	1
Γ_2	1	1	-1
Γ_3	2	-1	0

} vollständige Charaktertafel von C_{3v}

Die Charaktere von Γ_5 in T_d sind bei den gemeinsamen Operationen die Summe der Charaktere von Γ_1 und Γ_3 in C_{3v}. Die Ausreduktion erfolgt wie $\Gamma_5(T_d) \rightarrow \Gamma_1 + \Gamma_3(C_{3v})$.

Weitere Beispiele:

Ausreduktion bzw. Aufspaltung von Γ_6-Elektronen, Γ_8-Löchern und Γ_5-Donator-Elektronen bei Symmetrieerniedrigung.

$\mathbf{T_d}$	Γ_6 (LB-Elektronen bei k = 0)	Γ_8 (VB-Löcher bei k = 0)	Γ_5 (p-artige angeregte Donatorzustände)
Magnetfeld ‖<001>: Gruppe $\mathbf{S_4}$	$\Gamma_5 + \Gamma_6$ zweifache Aufspaltung	$\Gamma_5 + \Gamma_6 + \Gamma_7 + \Gamma_8$ vierfache Aufspaltung	$\Gamma_2 + \Gamma_3 + \Gamma_4$ dreifache Aufspaltung
Elektrisches Feld (Druckfeld) ‖<001>: Gruppe $\mathbf{C_{2v}}$	Γ_5	$2\,\Gamma_5$	$\Gamma_1 + \Gamma_2 + \Gamma_4$
Elektrisches Feld (Druckfeld) ‖<111>: Gruppe $\mathbf{C_{3v}}$	Γ_4	$\Gamma_4 + \Gamma_5 + \Gamma_6$	$\Gamma_1 + \Gamma_3$

Wir sprechen hier leger von der Aufspaltung von Zuständen bei Symmetrieerniedigung, obwohl es sich zunächst nur um die „Ausreduktion" von Darstellungen handelt. Tatsächlich spalten die Zustände (genauer: ihre Energien) nur dann auf, wenn sie entsprechend ihrer „irreduziblen" Darstellungen in der reduzierten Symmetrie verschiedene Wechselwirkungen mit dem symmetrieerniedrigenden Feld haben. Das ist bei den folgend kommentierten Beispielen der Fall.

- Die Aufspaltung der bei k = 0 vierfach entarteten Γ_8-Lochzustände im Magnetfeld entspricht völlig der Aufspaltung eines J = 3/2-Zustandes in die M_J-Komponenten +3/2, +1/2, -1/2, -3/2. Vergleiche dazu die Basisfunktionen von Γ_8 auf der Vorseite.
- Die Aufspaltung der bei k = 0 zweifach entarteten Γ_6-Elektronenzustände im Magnetfeld entspricht völlig der Aufspaltung eines s = 1/2-Spinzustandes in die M_S-Komponenten +1/2 und –1/2. In beiden Fällen ist die Wechselwirkung die unterschiedliche magnetische (Zeeman-)Einstellenergie der Zustände im Magnetfeld.
- Die p-artigen angeregten EMT-Zustände eines Donators haben Symmetrie Γ_5; sie sind wie in der Atomphysik Bahndrehimpulszustände mit der Quantenzahl l = 1, m = 0, ±1 mit dreifacher Entartung. Die Anisotropie, die durch den Operator der kinetischen Energie $\frac{\hbar^2}{2m_t}\left(\frac{\partial^2}{\partial x^2}+\frac{\partial^2}{\partial y^2}\right)+\frac{\hbar^2}{2m_l}\frac{\partial^2}{\partial z^2}$ in der Schrödingergleichung bei den indirekten Halbleitern (hier im Beispiel Silizium) bewirkt wird, entspricht der Einführung einer Vorzugsachse, die wiederum einem elektrischen Feld äquivalent ist. Die grundsätzlich mögliche dreifache Aufspaltung geschieht im <001>-orientierten Feld tatsächlich nicht, da die Γ_2- und Γ_4-Zustände (Basisfunktion x bzw. y) äquivalent sind. Umgekehrt ist im <111>-

orientierten Feld der Γ_3-Zustand zweifach entartet und diese Entartung wird auch nicht aufgehoben. Daher sind alle angeregten p-artigen EMT-Zustände im Silizium oder Germanium Dubletts aus einem einfach-entarteten p_0- und einem doppelt-entarteten $p_{\pm}$-Zustand. Experimentelle Beispiele dazu sind in Kapitel 5 aufgeführt.

Grundzustand 1s (EMT) von Donatoren in indirekten Halbleitern: Beispiel Silizium

Die Donator-Grundzustandsfunktion 1s in der Effektive-Masse-Theorie ist mit den Minima des Leitungsbandes assoziiert. Da es M = 6 äquivalente Minima in <001>-artigen Richtungen des k-Raums gibt, ist die vollständige Wellenfunktion des Grundzustandes eine Überlagerung aller sechs Eintal-Funktionen $\Psi = \sum_{i=1}^{6} c_i \Psi_i$.

Die Funktion Ψ ist 6-dimensional, also in T_d reduzibel (die höchste in T_d vorkommende Darstellung hat die Dimension 3). Die Charaktere dieser 6-dimensionalen Darstellung unter den Punktgruppenoperationen von T_d lassen sich leicht berechnen, sie sind in der Tabelle aufgeführt:

	E	**$8C_3$**	**$3C_2$**	**$6\sigma_d$**	**$6S_4$**	
$\Gamma(\Psi)$	6	0	2	2	0	
$\Gamma_1(A_1)$	1	1	1	1	1	s-ähnlich
$\Gamma_3(E)$	2	-1	2	0	0	} p-ähnlich im Rahmen der
$\Gamma_5(T_2)$	3	0	-1	1	-1	} T_d-Gruppe

Die 1s (EMT)-Funktion spaltet daher bei entsprechenden unterschiedlichen Wechselwirkungen mit dem T_d-Feld auf in Zustände der Symmetrie $\Gamma_1 + \Gamma_3 + \Gamma_3$. Da der Zustand mit Γ_1-Symmetrie im engeren Sinn der Gruppentheorie s-ähnlich ist (also nicht-verschwindende Aufenthaltswahrscheinlichkeit am Donatorkern hat), spürt das Elektron ein effektives Kernpotential, das viel stärker als coulombisch ist. Dieser Zustand wird daher energetisch weit nach unten abgesenkt („central cell effect"), so daß hier die von der EMT gelieferten Grundzustandsenergien betragsmäßig viel zu klein sind. Einige weitere Einzelheiten dazu finden sich in Kapitel 5.

Übergangsauswahlregeln

Wir betrachten elektrische Dipolübergänge unter Wirkung des Dipoloperator $e\vec{r}$ zwischen Elektronen im Leitungsband und Löchern im Valenzband bei k = 0. In einfacher Sicht ohne die genaue Kristallsymmetrie sind die Elektronen s-artig, die Löcher p-artig, so daß das optische Matrixelement M

$$M = \int \Psi_s^* \cdot e\vec{r} \cdot \Psi_p \, dV = \langle s | e\vec{r} | \vec{p} \rangle \neq 0$$

wird, da s- und p-Funktionen positive bzw. negative Parität haben und durch einen Operator ungerader Parität miteinander verbunden werden. Der Übergang ist danach symmetrierlaubt.

In genauer Sicht entsprechen in kubischen Halbleitern mit Diamant- oder Zinkblendestruktur die Elektronen $\Gamma_6^{(+)}$-Zuständen und die Löcher $\Gamma_8^{(+)}$-Zuständen (+ deutet die Inversionssymmetrie bei Diamantstruktur an), so daß die Symmetrie des Matrixelements gegeben ist durch

$$M \rightarrow <\Gamma_6 \mid \Gamma_5 \mid \Gamma_8> = (\Gamma_1 + \Gamma_4) + (\Gamma_2 + \Gamma_5) + (\Gamma_3 + \Gamma_4 + \Gamma_5)$$

$$= \Gamma_6 + \Gamma_7 + 2\Gamma_8$$

Die Zerlegung des Matrixelements in die in ihm enthaltenen Symmetrieanteile erfordert die Kenntnis von Multiplikationstafeln. Sie geben an, welche neue Darstellung sich bei Multiplikation von zwei Darstellungen ergibt und sind in Standardwerken tabelliert. Das Ergebnis im vorliegenden Beispielfall ist oben angegeben. Es enthält die Darstellung Γ_1, daher ist der Übergang auch in der strengeren gruppentheoretischen Sicht erlaubt. Das Thema „Dipolauswahlregeln" wird im Kapitel 9.1 noch einmal aufgenommen. Die Tatsache, daß Dipolübergänge von Elektronen und Löchern an den Bandkanten erlaubt sind, stellt die Basis jedweder Halbleiter-Optoelektronik dar.

Die Charaktertafeln, Multiplikationstafeln, Kompatibilitätsrelationen sowie Drehimpuls-Kopplungskoeffizienten sind für alle kristallographischen Symmetriegruppen erschöpfend in dem Buch tabelliert:

G.F. Koster, J.O. Dimmock, R.G. Wheeler, H. Statz, Properties of the Thirty-Two Point Groups, Massachusetts Institute of Technology 1969.

Eine Einführung in die Gruppentheorie mit Anwendungen auf physikalische Probleme gibt das Buch:

M. Tinkham, Group Theory and Quantum Mechanics, McGraw-Hill 1964.

A.2 Variationsverfahren nach Ritz (Raleigh, Galerkin)

Aus der zeitunabhängigen Schrödingergleichung folgt sofort, daß die Energieeigenwerte eines Problems als Matrixelemente darstellbar sind

$$E_0 = \int \Psi_0^*(\vec{r}) H \Psi_0(\vec{r}) d^3r = <\Psi_0 \mid H \mid \Psi_0>$$

Dabei bezeichnet Ψ_0 eine exakte, normierte Eigenfunktion zum Hamiltonoperator H und E_0 den zugehörigen exakten Energieeigenwert.

Das *Variationsprinzip* macht sich die *Minimaleigenschaft* der Eigenwerte zunutze: Berechnet man das Integral mit anderen Wellenfunktionen $\Psi_1(\vec{r})$ (die stetig und differenzierbar sind und den Randbedingungen des Problems genügen), so gilt immer für den resultierenden Energiewert E_1

$$E_1 > E_0$$

Die Anwendung besteht darin, eine Funktion $\Psi_1(\vec{r})$, die aus physikalischen Gründen der exakten, aber unbekannten Funktion $\Psi_0(\vec{r})$ vermutlich schon nahe kommt, mit einem freien Parameter zu versehen, also $\Psi_1(\vec{r},\lambda)$. Nach Ausführung des Integrals dient der Parameter dazu, die Energie $E_1(\lambda)$ zu minimieren.

Beispiel

Quantentopf in symmetrischer Lage zum Koordinatensystem, Breite a, mit unendlich hohen Wänden. Im Topf mit $V(x) = 0$ ist $H = -(\hbar^2/2m)\cdot d^2/dx^2$, und es gilt für den Grundzustand

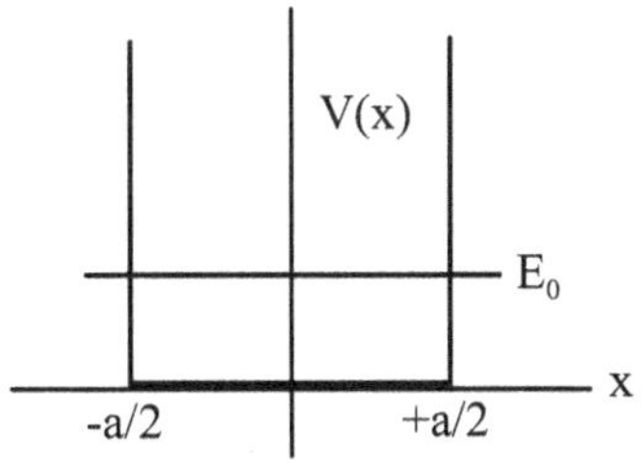

$$\Psi_0 = \sqrt{2/a}\cdot\cos\pi x/a \text{ und}$$

$$E_0 = \hbar^2/2m\cdot(\pi/a)^2, \qquad \pi^2 = 9{,}869604.$$

Unter der Annahme, wir kennten Ψ_0 und E_0 nicht, raten wir eine Wellenfunktion Ψ_1. Sie muß symmetrisch sein zu $x = 0$ mit $\Psi(\pm a/2) = 0$. Als Grundzustandsfunktion hat sie keinen Knoten.

Ansatz 1 (zunächst ohne freien Parameter):

$$\Psi_1 = A(1-bx^2) \quad \text{(b wird zur Erfüllung der Randbedingungen benötigt.)}$$

Unter Beachtung der Randbedingungen folgt $b = 4/a^2$ und

$$\boxed{\Psi_1 = A\left(1-\frac{4}{a^2}x^2\right)} \qquad \text{normiert mit} \qquad \boxed{A^2 = 15/8a.}$$

Nach etwas Rechnung ergibt sich

$$E_1 = \int_{-a/2}^{+a/2}\Psi_1^* H\Psi_1 dx, \qquad \boxed{E_1 = \frac{\hbar^2}{2m}\cdot\frac{10}{a^2}} \quad > E_0.$$

Ansatz 2 (mit freiem Parameter)

$$\boxed{\Psi_2 = B(1 - bx^2 + cx^4)}$$

Zur Erfüllung der Randbedingungen Ψ_2 ($\pm$ a/2) = 0 muß sein:

$$c = \frac{4}{a^2}\left(b - \frac{4}{a^2}\right)$$

Damit ist hier b noch als freier Parameter unbestimmt.

B ergibt sich bei Normierung von Ψ_2 als

$$\boxed{\frac{1}{B^2} = a\,(0{,}7\overline{1} - 0{,}050794\,b^* + 0{,}001587\,b^{*2}) \qquad \text{mit } b = b^*/a^2}.$$

Nach länglicher Rechnung folgt die Energie $E_2 = \int\limits_{-a/2}^{+a/2} \Psi_2^* H \Psi_2 dx$:

$$E_2 = -\frac{\hbar^2}{2m}\cdot\frac{B^2}{a}\left(-9{,}142857 + 1{,}371429\,b^* - 0{,}104762\,b^{*2}\right)$$

Variation von E_2 als Funktion von b^*:

E_2 wird minimal für $b^* = 4{,}882779$, damit ergibt sich

$$\boxed{E_{2,\min} = \frac{\hbar^2}{2m}\cdot\frac{9{,}869927}{a^2}} \qquad \text{also} \qquad E_1 > E_{2,\min} > E_0.$$

Der Fehler im Vergleich zur exakten Lösung ist nur noch 0,033%!

Zur Extremumseigenschaft der Eigenwerte eines hermitischen (selbstadjungierten) Eigenwertproblems, wie es die Schrödingergleichung darstellt, siehe z.B.:

R. Courant, D. Hilbert, Methoden der mathematischen Physik I/II, Springer 1968.

A.3 Berechnung von Matrixelementen $2P^2/m_0$

Für die Berechnung von Elektronenmassen am Γ-Punkt (k = 0) nach der kp-Störungstheorie braucht man im Matrixelement $iP = \langle u_s |p_x| u_p\rangle = \hbar \langle u_s |d/dx| u_x\rangle$ bzw. entsprechend $\langle u_s|p_y|u_y\rangle$ und $\langle u_s|p_z|u_z\rangle$ (siehe Seite 86) geeignete gitterperiodische s- und p-artige Wellenfunktionen. Während für optische Auswahlregeln nur Symmetrieeigenschaften wie „gerade" und „ungerade", wie sie für Kristalle gruppentheoretisch in Basisfunktionen von Darstellungen ausgedrückt werden, wichtig waren, kommt es für den numerischen Wert des Matrixelements auf den Verlauf der Funktionen im Ortsraum an.

Betrachtet werde ein flächenzentrierter kubischer Kristall (fcc) mit einem Würfel der Kantenlänge a als nicht-primitive Einheitszelle und das Matrixelement $\langle u_s | p_x | u_x\rangle$. Wir fordern als wesentliche charakteristische Eigenschaften von der s-artigen Funktion gerade Symmetrie („Parität positiv bzw. +1") sowie $s(x = 0) \neq 0$ und von der p-artigen Funktion ungerade Symmetrie („Parität negativ bzw. –1") sowie $p(x = 0) = 0$. Die Paritätsforderungen bedeuten automatisch, daß die p-Funktion orthogonal zu der s-Funktion ist.

Matrixelement für k = 0: Γ-Punkt der Brillouinzone

Die Forderungen lassen sich in einfacher Weise durch Polynomansätze erfüllen mit nur geraden Potenzen für die s-artige Funktion und nur ungeraden Potenzen für die p-artige Funktion.

s-artige Funktion

$$\boxed{u_s = \frac{1}{\sqrt{a}}}$$

Dies ist die einfachste Funktion, die zunächst in Frage kommt, denn sie ist periodisch, normiert in der Einheitszelle, stetig und differenzierbar.

Allerdings wird jedes Matrixelement P, das mit ihr berechnet wird, Null:

$$\langle u_s | \frac{d}{dx} | u_x \rangle = \int_{-a/2}^{+a/2} u_s \frac{du_x}{dx}\, dx = s \cdot \int_{-a/2}^{+a/2} \frac{du_x}{dx}\, dx = \frac{1}{\sqrt{a}} \cdot u_x \Big/_{-a/2}^{+a/2} = 0\,,$$

da wegen der Stetigkeitsforderung $u_x(\pm a/2) = 0$.

Man muß also eine andere aufwendigere s-Funktion wählen.

Nächsteinfacher Ansatz mit Polynom $u_s(x) = A\,(1 - bx^2 + cx^4)$

Aus der geforderten Differenzierbarkeit bei $x = \pm\, a/2$ folgt $c = 2b/a^2$; b ist noch frei.

Mit dem gewählten Ansatz hat die s-Funktion den Charakter einer Welle im Ortsraum. Wir legen b mit der Forderung fest, daß die Welle keinen „Gleichanteil" hat, also die positiven und negativen Flächenanteile unter der Funktion sich kompensieren:

$$\int_{-a/2}^{+a/2} u_s(x)\, dx = 0$$

Daraus ergibt sich:

$$u_s = A\left(1 - \frac{120}{a^2}x^2 + \frac{240}{a^4}x^4\right) \qquad \text{normiert mit} \qquad A = \frac{1}{\sqrt{0{,}55\ \ 6}} \cdot \frac{1}{\sqrt{a}}$$

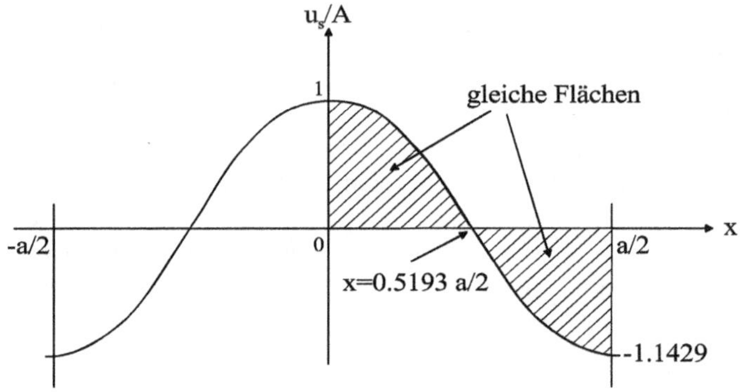

-artige Funktion

Wir machen hier ebenfalls einen Polynomansatz, aber jetzt mit nur ungeraden Potenzen in x:

$$u_x = B\,(x - bx^3)$$

Die Stetigkeit erfordert $u_x(\pm a/2) = 0$, daher $b = -4/a^2$. Wegen der Symmetrie ist u_x dann auch schon differenzierbar.

$$u_x(x) = B(x - \frac{4}{a^2}x^3) \qquad \text{normiert mit} \qquad B = \frac{1}{\sqrt{0{,}01\ 048}}\frac{1}{a^{3/2}}$$

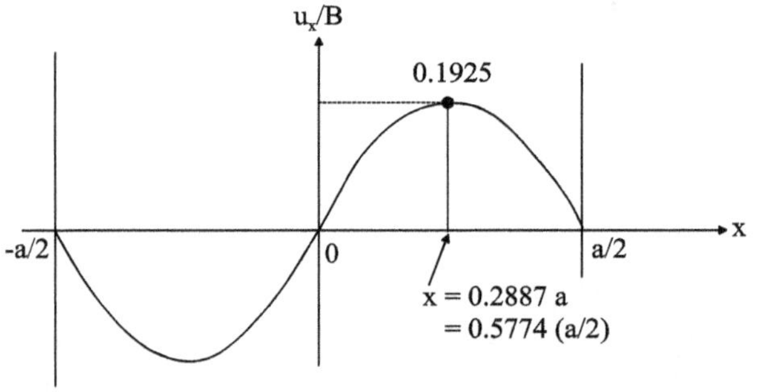

atri element

Mit diesen Funktionen wird das Matrixelement:

$$P = -\hbar < u_s \,|\, \frac{d}{dx} \,|\, u_x(x) >$$

$$= -\hbar \cdot A \cdot B \underbrace{\int_{-a/2}^{+a/2} \left(1 - \frac{120}{a^2}x^2 + \frac{240}{a^4}x^4\right)\left(1 - \frac{12}{a^2}x^2\right) dx}_{= 0{,}653061 \cdot a}$$

$$\boxed{P = -\hbar \frac{6{,}3245}{a}}$$

Numerischer ert

Für a = 5,6 Å = 5,6 × 10^{-10} m (Si, GaAs, …) ergibt sich:

$$\frac{2P^2}{m_0} = 2 \cdot \frac{\hbar^2 \cdot 4\pi^2}{a^2 m_0} = 1\ \ ,1\ \ \text{eV}$$

Matrixelement für $k_x = \ \ \pi\ a$: -Punkt der Brillouinzone

(wiederum vereinfachte Betrachtung ohne y- und z-abhängige Wellenfunktionen)

$$\boxed{u_s = A \cdot \cos \frac{2\pi}{a} x} \qquad \text{normiert mit} \qquad \boxed{A = \sqrt{\frac{2}{a}}}$$

$$\boxed{u_p = B \cdot \sin \frac{2\pi}{a} x} \qquad \text{normiert mit} \qquad \boxed{B = \sqrt{\frac{2}{a}}}$$

Die beiden Wellenfunktionen stehen senkrecht aufeinander, sie sind also orthogonalisierte ebene Wellen („Orthogonalized Plane Waves").

atri element

$$P = -\hbar < u_s(x) \,|\, \frac{d}{dx} \,|\, u_x(x) > = -\hbar \cdot A \cdot B \cdot \frac{2\pi}{a} \cdot \underbrace{\int_{-a/2}^{+a/2} \cos^2\left(\frac{2\pi}{a}x\right) dx}_{= a/2} = -\hbar \frac{2}{a} \cdot \frac{2\pi}{a} \cdot \frac{a}{2}$$

$\boxed{P = -\hbar \frac{2\pi}{a}}$, so daß mit a = 5,6 Å auch hier gilt: $\frac{2P^2}{m_0} = 1\ \ ,1\ \ \text{eV}$.

Matrixelement für k = π a : -Punkt der Brillouinzone

m Modell uasi-freier Elektronen werden die ustände ebener Wellen ($e^{i\vec{k}\vec{r}}$) für k = 2π/a (111) entsprechend der gruppentheoretischen Darstellung von s- und p-Funktionen symmetrisiert (d.h. es werden symmetrieangepaßte inearkombinationen gebildet):

$$u_s(x) \text{ transformiert wie } \Gamma_1\text{:} \quad \sqrt{\frac{8}{a^3}} \cos\frac{2\pi x}{a} \cdot \cos\frac{2\pi y}{a} \cdot \cos\frac{2\pi z}{a}$$

$$u_x(x) \text{ transformiert wie } \Gamma_5\text{:} \quad \sqrt{\frac{8}{a^3}} \sin\frac{2\pi x}{a} \cdot \cos\frac{2\pi y}{a} \cdot \cos\frac{2\pi z}{a}$$

Beachte: Die hier wesentlichen x-abhängigen Funktionsanteile cos 2πx/a und sin 2πx/a sind bei aylorentwicklung sehr ähnlich den für k = 0 genutzten Wellenfunktionen von oben. (Vergleiche wegen der Symmetrisierung Bücher über Gruppentheorie oder P. u and M. Cardona, Fundamentals of Semiconductors, Springer 1 6).

$$< u_s \,|\, -i\hbar \frac{d}{dx} \,|\, u_x(x) > = -i\hbar \frac{2\pi}{a}\text{, damit wiederum} \quad \boxed{2P^2/m_0 = 1\ ,1\ \text{eV}}$$

A.4 Photonische Kristalle: ein analytisch rechenbares Beispiel

Eine ichtwelle durchläuft eine Struktur, die aus einer periodischen Abfolge von Schichten zweier verschiedener dielektrischer Materialien besteht. Dabei fällt die Fortpflanzungsrichtung mit der Normalenrichtung der Schichten zusammen. Dies ist das Pendant zum Kronig-Penney-Modell für Elektronen: Dort läuft eine Elektronenwelle im periodischen Kastenpotential (siehe Abschnitt 3.2).

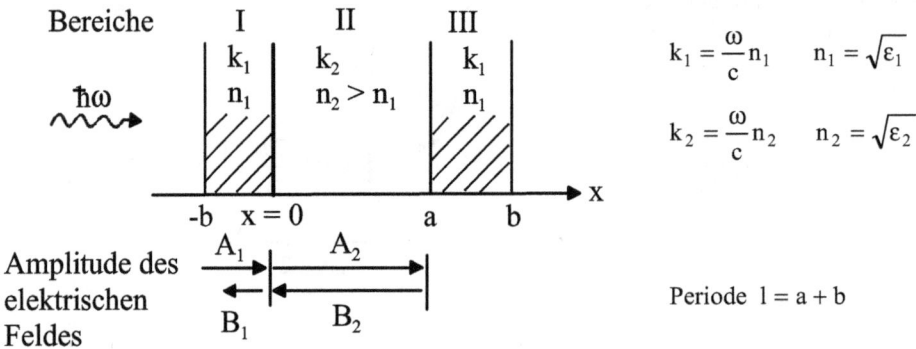

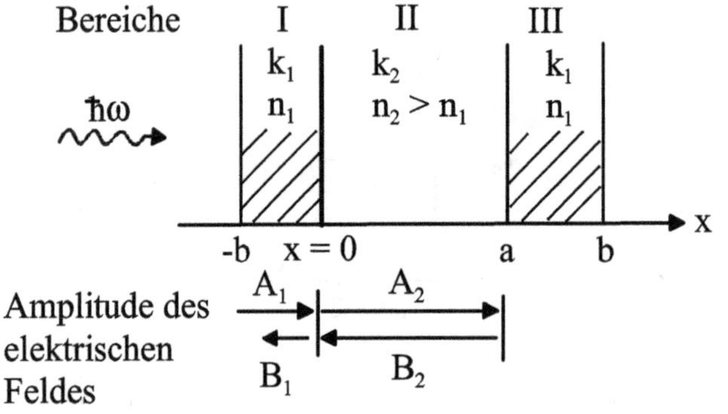

$$k_1 = \frac{\omega}{c} n_1 \qquad n_1 = \sqrt{\varepsilon_1}$$

$$k_2 = \frac{\omega}{c} n_2 \qquad n_2 = \sqrt{\varepsilon_2}$$

Periode l = a + b

Man nutzt zur mathematischen Formulierung der Bandstruktur photonischer Kristalle die sogenannte *astergleichung* in der Formulierung mit dem Magnetfeldvektor $\vec{\ }$. Sie folgt aus den Maxwell-Gleichungen. Das Eigenwertproblem wird dann hermitisch (d h. die Fre- uenzen in der Dispersionsrelation $\omega = \omega(K)$ als ösung sind immer reell im nterschied zur Formulierung mit dem Vektor des elektrischen Feldes $\vec{E}$):

$$\nabla\times\left(\frac{1}{\varepsilon(\vec{r})}\nabla\times\vec{\ }(\vec{r})\right)=\left(\frac{\omega}{c}\right)^2\vec{\ }(\vec{r})$$

Das elektrische Feld folgt aus $\vec{\ }(\vec{r})$ mit $\vec{E}(\vec{r})=\sqrt{\mu_0/\varepsilon_0}\,(-ic/\omega\varepsilon(\vec{r}))\cdot\nabla\times\vec{\ }(\vec{r})$. Der Modellkristall hat stückweise konstante Werte von ε. Für konstantes ε folgt:

$$\nabla\times\left(\frac{1}{\varepsilon}\nabla\times\vec{\ }\right)=\frac{1}{\varepsilon}\begin{pmatrix}\nabla_y(\nabla_x\ {}_y-\nabla_y\ {}_x)-\nabla_z(\nabla_z\ {}_x-\nabla_x\ {}_z)\\ \nabla_z(\nabla_y\ {}_z-\nabla_z\ {}_y)-\nabla_x(\nabla_x\ {}_y-\nabla_y\ {}_x)\\ \nabla_x(\nabla_z\ {}_x-\nabla_x\ {}_z)-\nabla_y(\nabla_y\ {}_z-\nabla_z\ {}_y)\end{pmatrix}$$

Die Welle laufe in x- ichtung, daher *Ansatz*

$$\vec{\ }=\begin{pmatrix}0\\ {}_y(x)\\ {}_z(x)\end{pmatrix},\quad \nabla\times\left(\frac{1}{\varepsilon}\nabla\times\vec{\ }\right)=\frac{1}{\varepsilon}\begin{pmatrix}0\\ -d^2\ {}_y/dx^2\\ -d^2\ {}_z/dx^2\end{pmatrix}=\left(\frac{\omega}{c}\right)^2\begin{pmatrix}0\\ {}_y(x)\\ {}_z(x)\end{pmatrix}$$

ösung

$$\vec{\ }(x)=\begin{pmatrix}0\\ \hat{\ }_y\\ \hat{\ }_z\end{pmatrix}e^{ikx}\ \text{mit}\begin{cases}k=k_x=(\omega/c)\cdot\sqrt{\varepsilon}\\ \sqrt{\varepsilon}=n\quad\text{Brechungsindex}\end{cases}\quad\text{und}\quad \vec{E}(x)=\sqrt{\frac{\mu_0}{\varepsilon_0}}\cdot\frac{1}{\sqrt{\varepsilon}}\begin{pmatrix}0\\ -\hat{\ }_z\\ \hat{\ }_y\end{pmatrix}e^{ikx}$$

Die Dispersion oder photonische Bandstruktur $\omega(k)$ des Modellkristalls hängt nun noch von den andbedingungen für $\vec{E}$ und $\vec{\ }$ an den Grenzflächen zwischen den beiden Medien ab.

e ingungen für $\vec{E}$ *un* $\vec{\ }$ *an en renzflächen*
Bei der vorliegenden ichtung von k_x senkrecht zu den Schichten gibt es nur transversale Komponenten E_t und $_t$. E_t ist immer stetig an den Grenzflächen und $_t$ in unserem Fall - ohne Oberflächenströme - ebenfalls.

usätzlich ist zu beachten:

E_t hat einen Phasensprung am bergang optisch dünn → dicht
$_t$ hat einen Phasensprung am bergang optisch dicht → dünn

Für die Feldamplituden E_t und $_t$ gilt $_t = (\hat{}^2_y + \hat{}^2_z)^{1/2} = \sqrt{\varepsilon} \cdot E_t$ (Wir vernachlässigen den Faktor $\sqrt{\varepsilon_0/\mu_0}$: Er fällt sowieso in der Säkulargleichung heraus.)

ereich

$$E_t = A_1 e^{ik_1x} - B_1 e^{-ik_1x}, \qquad _t = n_1(A_1 e^{ik_1x} + B_1 e^{-ik_1x})$$

ereich

$$E_t = A_2 e^{ik_2x} + B_2 e^{-ik_2x}, \qquad _t = n_2(A_2 e^{ik_2x} - B_2 e^{-ik_2x})$$

ereich

Die Feldstärken E_t und $_t$ sind wegen der Periodizität der Schichtstruktur identisch denen von Bereich , abgesehen von einem Phasenfaktor e^{iKl}. K ist die (effektive) Wellenzahl der ichtwelle im Kristall.

$$E_t = e^{iKl}(A_1 e^{ik_1(x-l)} - B_1 e^{-ik_1(x-l)}), \qquad _t = e^{iKl} \cdot n_1(A_1 e^{ik_1(x-l)} + B_1 e^{-ik_1(x-l)})$$

tetigkeit an en renzflächen

x = 0:

$$A_1 - B_1 = A_2 + B_2$$
$$n_1(A_1 + B_1) = n_2(A_2 - B_2)$$

x = a:

$$e^{iKl}(A_1 e^{-ik_1b} - B_1 e^{ik_1b}) = A_2 e^{ik_2a} + B_2 e^{-ik_2a}$$
$$e^{iKl} \cdot n_1 \cdot (A_1 e^{-ik_1b} + B_1 e^{+ik_1b}) = n_2(A_2 e^{+ik_2a} - B_2 e^{-ik_2a})$$

Daraus folgt die *äkular eterminante* des linear-homogenen Gleichungssystems:

$$\begin{vmatrix} 1 & -1 & -1 & -1 \\ n_1 & n_1 & -n_2 & n_2 \\ e^{iKl}e^{-ik_1b} & -e^{iKl}e^{ik_1b} & -e^{ik_2a} & -e^{-ik_2a} \\ n_1 e^{iKl}e^{-ik_1b} & n_1 e^{iKl}e^{ik_1b} & -n_2 e^{ik_2a} & n_2 e^{-ik_2a} \end{vmatrix}$$

ösungsbedingung: Die Säkulardeterminante muß Null sein.

ani ulation er eterminante

- Multiplikation der 2. Spalte mit -1
- Multiplikation der 3. und 4. eile mit -1
- erausziehen des Faktors c/iω aus der 2. und 4. eile

} unschädlich für Ergebnis, weil | | = 0

- Ersetzung

$$\boxed{\begin{aligned} ik_1 &= \kappa \\ k_2 &= k \end{aligned}}$$

Die Determinante bzw. ösungsbedingung lautet dann:

$$\begin{vmatrix} 1 & 1 & -1 & -1 \\ \kappa & -\kappa & -ik & ik \\ -e^{iKl}e^{-\kappa b} & -e^{iKl}e^{\kappa b} & e^{ika} & e^{-ika} \\ -\kappa e^{iKl}e^{-\kappa b} & \kappa e^{iKl}e^{\kappa b} & ike^{ika} & -ike^{ika} \end{vmatrix} = 0$$

Das ist exakt die Säkulardeterminante für Elektronen im periodischen Kastenpotential (Kronig-Penney-Potential) Daher folgt ebenfalls identisch die *äkulargleichung*:

$$\mathrm{ch}\kappa b \cdot \cos ka + \frac{\kappa^2 - k^2}{2\kappa k} \cdot \mathrm{sh}\kappa b \cdot \sin ka = \cos Kl$$

ücktransformation auf die ursprünglichen Variablen k_1 und k_2:

$$\mathrm{ch}(ik_1 b) \cdot \cos k_2 a + \frac{-k_1^2 - k_2^2}{2ik_1k_2} \cdot \mathrm{sh}(-ik_1 b) \cdot \sin k_2 a = \cos Kl$$

$$\boxed{\cos k_1 b \cdot \cos k_2 a - \frac{k_1^2 + k_2^2}{2k_1k_2} \sin k_1 b \cdot \sin k_2 a = \cos Kl}$$

Die linke Seite ist über k_1 und k_2 eine Funktion der ichtfre uenz ω. Die Säkulargleichung beschreibt also implizit die Bandstruktur ω(K).

i ku ion

(1) *rste Ü ersicht* lange Wellen (ω klein, daher k_1 und k_2 klein)

$$\cos k_1 b \approx 1 - \frac{1}{2}(k_1 b)^2, \qquad \cos k_2 a \approx 1 - \frac{1}{2}(k_2 a)^2$$

$$\sin k_1 b \approx k_1 b, \qquad \sin k_2 a \approx k_2 a$$

Annahme, daß K in der Folge auch klein: $\cos Kl = 1 - \frac{1}{2}(Kl)^2$

Dann folgt:

$$(Kl)^2 = (k_1 b)^2 + (k_2 a)^2 - \frac{1}{2} a^2 b^2 k_1^2 k_2^2 + ab(k_1^2 + k_2^2)$$

Für $n_1 = n_2$ ist $k_1 = k_2 = k$:

$$K^2 = \frac{(a+b)^2}{l^2} k^2 = k^2 \qquad \text{(erm in } k^4 \text{ vernachlässigt)}$$

Dieser Spezialfall zeigt sehr anschaulich, daß K eine gemittelte, „effektive" Wellenzahl der ichtwelle im Kristall ist.

(2) *istenz on Fre uenzlücken*
Für $k_2 a = \pi/2, 3\pi/2 \ldots$ ist $\cos k_2 a = 0$, daher reduziert sich die Säkulardeterminante auf

$$-\frac{k_1^2 + k_2^2}{2k_1 k_2} \sin k_1 b \cdot (\pm 1) = \cos Kl, \qquad \frac{k_1^2 + k_2^2}{2k_1 k_2} |\sin k_1 b| \le 1.$$

Die Gleichung ist für $k_1 \neq k_2$ und $k_1 b$ nahe $\pi/2$, $3\pi/2$, … nicht lösbar, also ergeben sich dort Fre uenzlücken. Die gleiche Argumentation gilt für vertauschte ollen von k_1 und k_2.

(3) Eine *gra hische arstellung* der linken Seite $f(k_1)$ der Säkulargleichung zeigt, daß die Fre uenzlückenverteilung relativ „homogen" sein kann. (Gegensatz zum Kronig-Penney-Problem für Elektronen)

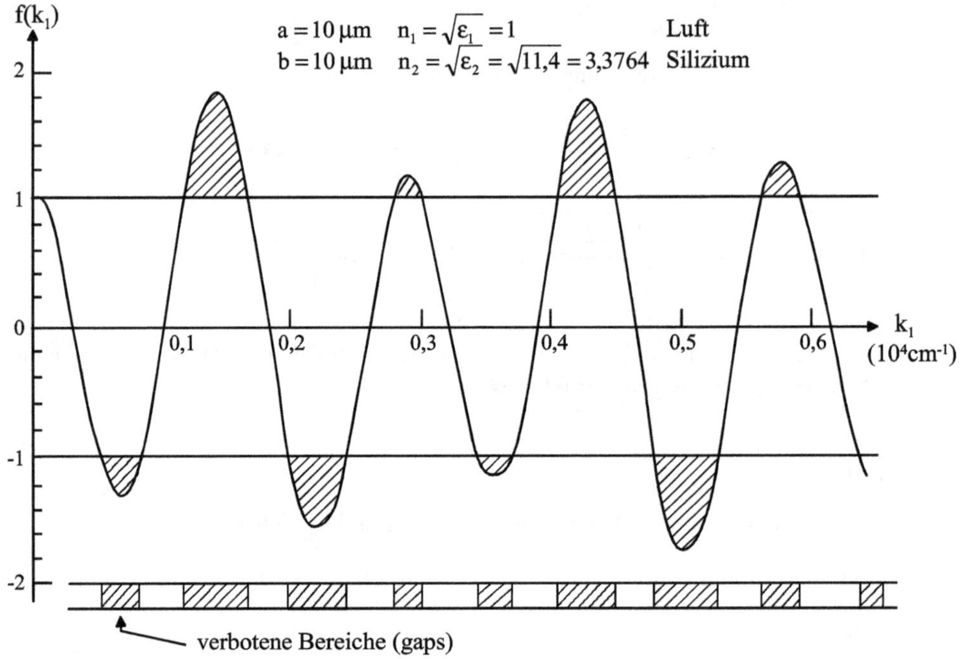

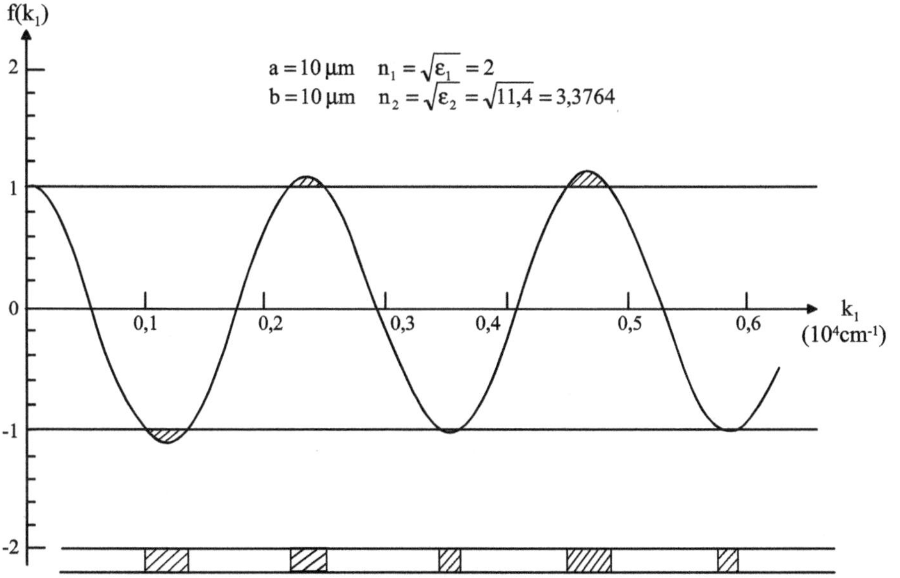

(4) *kalierung*

Die Fre uenzlückenverteilung (und damit auch die Dispersionsbeziehung ω(K)) bleibt gleich, wenn die Kristalldimensionen a, b um den gleichen Faktor geändert werden wie reziprok die Wellenzahlen.

a = 10 μm	$n_1 = 1$
b = 10 μm	$n_2 = \sqrt{11{,}4}$

a = 100 nm	n_1, n_2 un-
b = 100 nm	verändert

re uenzlü ke

nach Graph von $f(k_1)$:

$k_1 = (0{,}05 \ldots 0{,}085) \times 10^4 cm^{-1}$

$\omega/c = k_1/n_1 = (0{,}05 \ldots 0{,}085) \times 10^4 cm^{-1}$

$\omega = 2\pi\nu = (1{,}5 \ldots 2{,}55) \times 10^{13}$ z

$\hbar\omega = (\ , \ldots 16{,}8)\,meV$

$\lambda_1 = 2\pi/k_1 = (126 \ldots \ 4)\,\mu m$

re uenzlü ke

Die Säkulargleichung bleibt konstant bei Skalierung von k_1, k_2 um den Faktor 10^2:

$k_1 = (5 \ldots 8{,}5) \times 10^4\ cm^{-1}$

$\omega/c = k_1/n_1 = (5 \ldots 8{,}5) \times 10^4 cm^{-1}$

$\omega = 2\pi\nu = (1{,}5 \ldots 2{,}55) \times 10^{15}$ z

$\hbar\omega = (0, \ \ldots 1{,}68)\,eV$

$\lambda_1 = 2\pi/k_1 = (1{,}26 \ldots 0, \ 4)\,\mu m$

(5) *Photonische an struktur* ω(K)

Beispiel für ω(K) in der 1. Brillouinzone (K = 0 … π/l):

a = 50 nm, b = 50 nm, $n_1 = 2$ $n_2 = \sqrt{11{,}4}$ (Silizium)

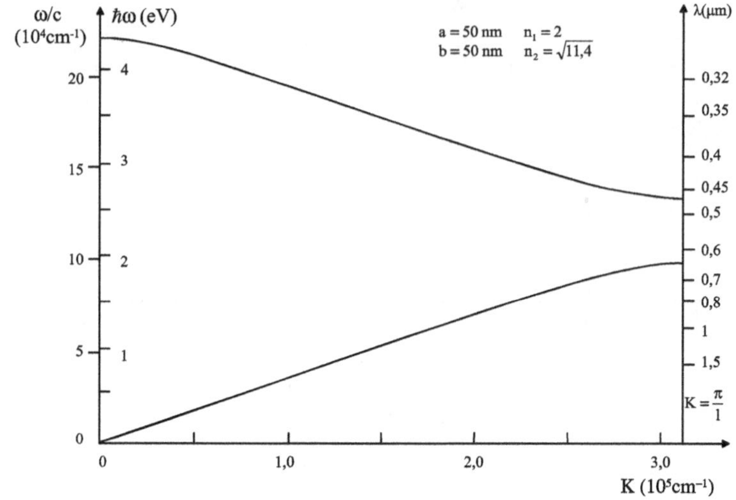

efle ions ermögen

aut Definition ist das eflexionsvermögen $= |r|^2 = (B_1/A_1)^2$. Das Amplitudenverhältnis von einfallender (A_1) bzw. an der Grenzschicht / reflektierter Welle (B_1) ergibt sich durch ösung der Säkulardeterminante. Die unten stehende Abbildung zeigt zwei numerische Beispiele. Es können sich also – je nach Wahl der Parameter – breite oder schmale spektrale Stopp- bzw. Durchlaßbänder ergeben. Man kann die betrachteten planaren periodischen Schichtstrukturen auch als DFB („distributed feed back")-Spiegel betrachten. Solche Spiegel mit hohem eflexionsvermögen nahe 1 bei gezielt gewählten Wellenlängen finden sich in zahlreichen Bauelemente-Anwendungen, z.B. bei den oberflächenemittierenden asern (VCSE), siehe Kapitel 13.2.4. Man erkennt im Fall der schmalbandigen eflexionsspitzen, daß die „ esonanzstellen" mit der anschaulichen einfachen Bedingung $n\lambda = \Delta l$ ($n = 1,2,3,...$) für konstruktive nterferenz von solchen eilwellen übereinstimmen, die jeweils mit einem optischen Gangunterschied $\Delta l = 2(n_1 a + n_2 b)$ reflektiert werden: Für $n = 1$ ergibt sich z.B. mit den Parametern $a = b = 50$ nm, $n_1 = 3{,}3\ 64$, $n_2 = 3{,}5$ die Mittenwellenlänge des ersten eflexionsmaximums zu $\lambda = 68\ ,6$ nm oder $\omega/c = \ ,14\text{x}10^4\text{cm}^{-1}$.

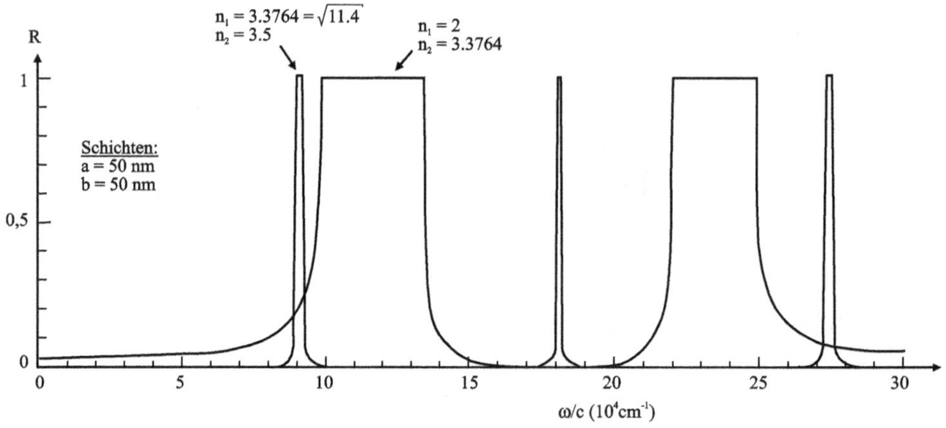

A.5 Fouriertransformierte der EM - Grundzustandsfunktion

n der Effektive-Masse- heorie wird der 1s-Grundzustand eines Donators beschrieben durch die Enveloppe-Funktion

$$F(r) = \frac{1}{\sqrt{\pi}} \cdot \left(\frac{1}{a_0}\right)^{3/2} \cdot e^{-r/a_0} \qquad a_0 : \text{Bohr- adius des Donatorelektrons}$$

Die Fouriertransformierte lautet zunächst formal $A(k) = \frac{1}{\sqrt{2\pi}} \int_V F(r) \cdot e^{-i\vec{k}\vec{r}} \, dV$

mit $dV = dxdydz$ und $\vec{k}\,\vec{r} = k\,r \cdot \cos\alpha$, α: Winkel zwischen $\vec{k}$ und $\vec{r}$.

Da neben α nur die Beträge von $\vec{k}$ und $\vec{r}$ eingehen, kann man $\vec{k}$ in die z-Achse legen und das Problem in Kugelkoordinaten (r, θ, φ) behandeln. Dann läuft $\alpha = \theta$ von 0 bis π, während der Winkel φ keine Bedeutung hat. Es gilt dann $dxdydz = r^2 dr\, d\Omega = r^2 dr \sin\theta\, d\theta$, und damit wird

$$A(k) = \frac{1}{\sqrt{2\pi}} \cdot \frac{1}{\sqrt{\pi}} \cdot \left(\frac{1}{a_0}\right)^{3/2} \int_0^{\pi} \left(\int_0^{\infty} r^2 e^{-r/a_0} \cdot e^{-ikr\cos\theta} dr \right) \sin\theta \, d\theta \, .$$

r- nte ral:

$$\int_0^{\infty} r^2 \, e^{-(1/a_0 + ik\cos\theta)r} \, dr = \frac{2}{\left((1/a_0) + ik\cos\theta\right)^3}$$

θ- nte ral:

$$\int_0^{\pi} \frac{2\sin\theta\, d\theta}{(1/a_0 + ik\cos\theta)^3} \qquad \text{Substitution:} \begin{cases} \cos\theta = x \\ \sin\theta = \sqrt{1-x^2} \end{cases} \qquad \frac{d\theta}{dx} = -\frac{1}{\sqrt{1-x^2}}$$

$$= 2a_0^3 \int_{-1}^{1} \frac{dx}{(1+ika_0x)^3} = \frac{-a_0^2}{ik} \left[\frac{1}{(1+ika_0)^2} - \frac{1}{(1-ika_0)^2} \right]$$

Man bringt die Brüche in der eckigen Klammer auf eine Form mit reellem gemeinsamen Nenner = $(1+ika_0)^2 \cdot (1-ika_0)^2$ und führt die Differenz aus:

$$= \frac{4a_0^3}{\left[1+(ka_0)^2\right]^2} = \frac{4}{a_0\left[(1/a_0)^2 + k^2\right]^2}$$

nsgesamt erhält man

$$\boxed{A(k) = \frac{4}{\sqrt{2}\pi} \cdot \left(\frac{1}{a_0}\right)^{5/2} \cdot \frac{1}{\left[(1/a_0)^2 + k^2\right]^2}}.$$

Die Fouriertransformierte von F(r) ergibt sich als reelle Funktion

A.6 Austauschwechselwirkung in einem freien Elektronengas

Die Austauschenergie kommt zustande durch die Coulombwechselwirkung der Elektronen untereinander. Sie tritt zum Erwartungswert der kinetischen Energie des freien Elektronengas hinzu, $E_{kin} = \frac{3}{5} E_F$ pro eilchen, die aus der Dispersionsbeziehung $E(k) = (\hbar^2/2m_e)\,k^2$ resultiert. (Die hier verwendeten Begriffe Fermienergie mit zugehöriger Fermiwellenzahl k_F in einem entarteten Elektronengas werden im Kapitel 6 eingeführt und diskutiert).

Die Austauschenergie spielt die auptrolle bei der eduktion der Störstellenbindungsenergie in hoch dotierten albleitern. Sie ist auch der wesentliche erm bei der flüssigkeitsähnlichen Bindung von adungsträgern in den Elektron- och- röpfchen (Kapitel).

Wählt man die Wellenfunktionen von Elektronen in einem freien Elektronengas als ebene Wellen, schreibt sich der Erwartungswert der Austauschenergie

$$E_{exc} = -\frac{2}{(2\pi)^3 \varepsilon_0} \cdot \int_{k'<k_F} \frac{d\vec{k}'}{|\vec{k}-\vec{k}'|^2}.$$

Für ein Elektronengas in einem albleiter ist der Faktor $1/\varepsilon$ hinzuzufügen. Der ntegrand ergibt sich, wenn der Coulomb-Wechselwirkungsterm $\frac{2}{4\pi\varepsilon_0\,|\vec{r}-\vec{r}'|}$ zwischen den Elektronen in den k- aum Fourier-transformiert wird. Das ntegral kann analytisch berechnet werden und ergibt eine Funktion von k:

$$F(x) = \frac{1}{2} + \frac{1-x^2}{4x} \cdot \ln\left|\frac{1+x}{1-x}\right| \quad \text{mit der Abkürzung } x = \frac{k}{k_F}.$$

ur problemlosen Berechnung von F(x) beachte man folgende inweise: Das Betrags uadrat des Nenners des ntegranden, $\left|\vec{k}-\vec{k}'\right|^2$, enthält den erm $2kk'\cos\Theta$ mit $k=\left|\vec{k}\right|, k'=\left|\vec{k}'\right|$ und Θ Winkel zwischen $\vec{k}$ und $\vec{k}'$. Da es also nur auf die relative age von $\vec{k}$ und $\vec{k}'$ ankommt, legt man $\vec{k}$ in die z-Achse eines cartesischen Koordinatensystems und führt in Kugelkoordinaten und mit $d\vec{k}' = k'^2 \cdot dk' \sin\Theta \, d\Theta \, d\varphi$ zunächst die Θ- ntegration aus (vergleiche das ähnliche Vorgehen bei der Fouriertransformierten der EM -Grundzustandsfunktion im Anhang A5). Mit der anschließenden k'- ntegration erhält man den oben genannten Ausdruck für F(x).

Die Austauschenergie , die ein Elektron spürt, ist demnach von seinem k-Wert abhängig. Da aber alle Elektronen ununterscheidbar sind, hat man F(x) zwischen k = 0 und k_F zu mitteln. Das ergibt den Faktor 2π ( ) k_F. Damit wird die gesamte Austauschenergie

$$\boxed{E_{exc} = -\frac{3\ \ ^2}{(4\pi)^2}\cdot\frac{1}{\varepsilon\varepsilon_0}\cdot k_F}.$$

Man kann diesen Ausdruck über E_F und die elation $E_F = (3\pi^2)^{2/3}\cdot\frac{\hbar^2}{2m}\cdot n_0^{2/3}$ (Kapitel 6) für ein entartetes Elektronengas mit Dichte n_0 umschreiben zu

$$E_{exc} = -\frac{3\ \ ^2}{(4\pi)^2}\cdot\frac{(3\pi^2)^{1/3}}{\varepsilon\varepsilon_0}\cdot n_0^{1/3} = -\frac{0{,}0588\cdot\ \ ^2}{\varepsilon\varepsilon_0}\cdot n_0^{1/3}.$$

Weiter ergibt sich mit $\frac{4\pi}{3}r_s^3 = \frac{1}{n_0}$ (Kapitel 5) die Formulierung

$$E_{exc} = -\frac{3}{(4\pi)^2}\left(\frac{\pi}{4}\right)^{1/3}\cdot\frac{\ \ ^2}{\varepsilon\varepsilon_0}\cdot\frac{1}{r_s},$$

wobei $2r_s$ der mittlere Abstand der Donatoren ist, die durch Störstellenerschöpfung (onisation) das Elektronengas mit Dichte $N_D = n_0$ erzeugt haben.

heoretiker bevorzugen eine Schreibweise, die auf die elementaren Größen ydbergenergie $_y$ und Bohrscher adius a_0, jeweils skaliert mit ε und m , bezogen ist:

$$_y = \frac{\ \ ^2}{8\pi\varepsilon\varepsilon_0}\cdot\frac{1}{a_0} \quad \text{mit} \quad a_0 = \frac{4\pi\hbar^2\varepsilon\varepsilon_0}{\ \ ^2 m}. \text{ Dann folgt } \boxed{E_{exc} = -\frac{0,\ 16}{(r_s/a_0)}\cdot\ _y}.$$

Mit denselben mformungsschritten schreibt sich dann die kinetische Energie

$$\boxed{E_{kin} = \frac{2{,}21}{(r_s/a_0)^2}\cdot\ _y}.$$

A. Band-Anordnung an eterogrenzflächen: ΔE_C, ΔE_V

(„band offsets“ oder „band alignments“)

lektronenaffinit t re el „ele tron affinit rule”

Nach den berlegungen von Abschnitt .2.3 sind die Bandsprünge ΔE_C und ΔE_V („band offsets“, „band alignments“, „band discontinuities“) direkt am eteroübergang zweier albleiter einfach durch die Differenz der Elektronegativitäten χ_1 und χ_2 gegeben:

$$\Delta E_C = E_{\ 2} - E_{\ 1} = \chi_2 - \chi_1 = \Delta\chi\,,\ \Delta E_V = \Delta E_g - \Delta E_C$$

Diese idealen Verhältnisse sind – bis auf einige Ausnahmen – für die meisten albleiter-eterostrukturen denkbar schlecht erfüllt, vgl. die folgende Abbildung. Der Grund liegt in dem mstand, daß beim Kontakt zweier albleiter wegen der unterschiedlichen chemischen Bindung (Elektronenbindungs-Differenzen) Ausgleichsladungen fließen. Sie verursachen eine grenzflächennahe Dipolschicht, die die Bandenergien gegenüber dem dealfall verschiebt.

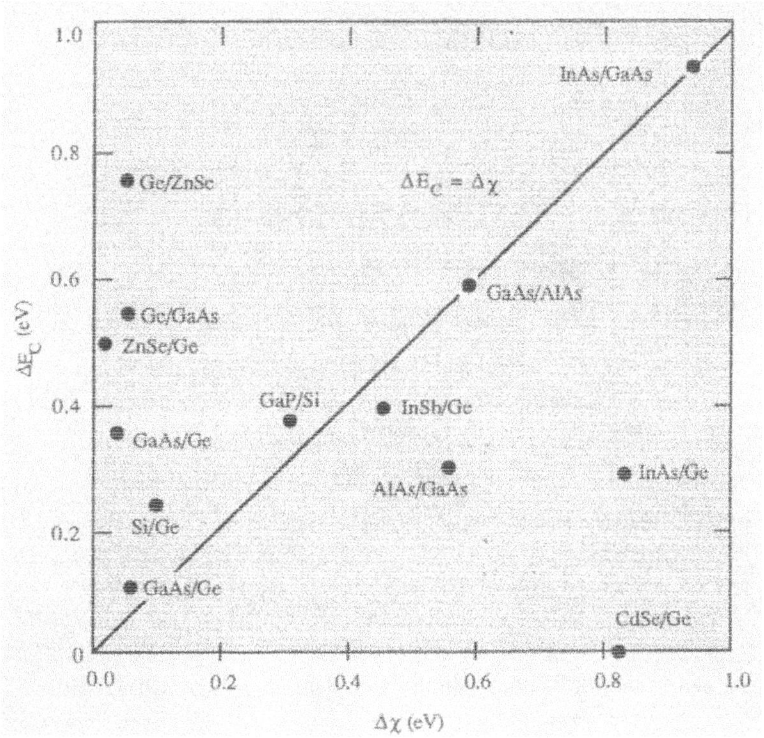

Abb. A.2 *an s rünge Δ c ü er ifferenz er lektronegati itäten für ausge ählte eteroü ergänge Aus ingh Physics of emicon uctors an heir eterostructures c ra - ill*

Gemeinsames-Anion-Regel („common anion rule")

Edelgaskonfigurationen der Atome haben mit ihren abgeschlossenen Schalen hohe Bindungs- und Ionisierungsenergien E_i der äußersten Elektronen. Für die jeweils folgenden Gruppe-I-Atome (Li, Na, K, ...) mit einem Valenzelektron springt E_i auf einen kleinen Wert. Von dort wächst E_i bei wachsender Kernladungszahl Z an (allerdings nicht völlig monoton) bis zur nächsten Elektronenkonfiguration. Daher wird bei der Kristallbindung binärer Halbleiter die Ladungsdichte der Elektronen zum Partner mit höherer Kernladung (also höherer Wertigkeit) hin asymmetrisch verschoben; dieser bildet also das Anion. Gerade aus diesen Elektronenfunktionen aber werden i.w. die Valenzbandzustände der meisten Halbleiter gebildet. Die Folgerung ist, daß man für Halbleiter-Heterostrukturen, die ein gemeinsames Anion haben (z.B. GaAs/AlAs), eine kleine oder sogar verschwindende Valenzbanddifferenz ΔE_V erwartet. Tatsächlich ist auch diese Regel meist nicht besonders gut erfüllt; allerdings ist in diesen Fällen in der Tat $\Delta E_C > \Delta E_V$.

Werte für ΔE_C und ΔE_V

Eine Auflistung von Werten findet sich im Artikel von G. Margaritondo und P. Perfetti in *Heterojunctions and Band Discontinuities* (Hg. F. Capasso, G. Margaritondo), North Holland 1987.

Die Wertetabellen sind wiedergegeben in dem Buch von K.W. Böer, *Survey of Semiconductor Physics*, Vol. II: Barriers, Junctions, Surfaces, and Devices, Van Nostrand Reinhold 1992, S. 316/317.

Ein weiterer zusammenfassender Artikel ist der von H. Heinrich und J.M. Langer, Band Offsets in Heterostructures, Festkörperprobleme **XXVI**, 251 (1986).

Für das wichtige System $Al_xGa_{1-x}As/GaAs$ ist nach Kapitel 1 bei $x = 0{,}3$, also gerade noch im Bereich der direkten Bandlücke von AlGaAs, $\Delta E_g = 373$ meV (Raumtemperatur). Nach R.C. Miller, D.A. Kleinman, A.C. Gossard (Lumineszenz-optische Tieftemperaturmessungen, Phys. Rev. B **29**, 7085 (1984)) verhalten sich die Bandsprünge wie 57 % zu 43 % von ΔE_g, also $\Delta E_C \approx 213$ meV und $\Delta E_V \approx 160$ meV. Die prozentuale Verteilung von ΔE_g ist praktisch unabhängig von der Temperatur.

A.8 Ausgewählte Materialparameter

Eigenschaften albleiter		Kristall-gittertyp Gitter-konstante (Å = 0,1 nm)	Bandabstand E_g bei 4K (eV)	300K	Band-struktur	Phononenenergien 4K $O (O^{\Gamma})$ (meV)	O	Effektive Massen (Vielfaches von m_0) m_n	m_p
C (Diamant)		Diamant a = 3,5	5,4	5,45	ind	163	141	1,	0,
Si (Silizium)		Diamant a = 5,43	1,16	1,11	ind	64,5	58,1	1,1	0,52
Ge (Germanium)		Diamant a = 5,66	0, 48	0 6	ind	3 ,	36,1	0,55	0,3
SiC (Slliziumkarbid)	α	hexagonal a = 3,08; c = 15,11	3,0	2,8-3,2	ind	100	1	0,3	1,0
	β	kubisch a = 4,36	2,68	2,2	ind	103	4		
BN (Bornitrid)		inkblende a=3,61		6-8	ind	162	130		
A N (Aluminiumnitrid)		Wurtzit a = 3,11 c = 4, 8	6,28	6,2	dir	111	82		
GaN (Galliumnitrid)		Wurtzit a = 3,1 c = 5,18	3,5	3,4	dir	2,3	6 ,4	0,1	0,6
nN (ndiumnitrid)		Wurtzit a = 3,53 c = 5, 0	0, 1	0,68	dir	2	55	0,11	
BP (Borphosphid)		inkblende a = 4,54		2,0	ind	103	102		
AlP (Aluminiumphosphid)		inkblende a = 5,46	2,52	2,45	ind	62	55		0,
GaP (Galllumphosphid)		inkblende a = 5,45	2,34	2,26	ind	50,0	44,6	2,	0,
nP (ndiumphosphid)		inkblende a = 5,8	1,42	1,34	dir	42,8	3 ,	0,0 3	0,8
BAs (Borarsenid)		inkblende a = 4, 8	1,6	1,46	ind			1,2	0,
AlAs (Aluminiumarsenid)		inkblende a = 5,66	2,24	2,16	ind	50,2	45,1	0,5	0,6
GaAs (Galliumarsenid)		inkblende a = 5,65	1,52	1,43	dir	36,2	33,3	0,066	0,50
nAs (ndiumarsenid)		inkblende a = 6,06	0,42	0,35	dir	2 ,6	26,	0,02	0,41
AlSb (Aluminiumanti-monid)		inkblende a = 6,14	1,	1,62	ind	42,6	41	3,0	0,
GaSb (Galliumantimonid)		inkblende a = 6,0	0,81	0,	dir	28,	2 ,8	0,04	0,35
nSb (ndiumantimonid)		inkblende a = 6,48	0,24	0,18	dir	23,6	22,3	0,014	0,4

Alle Daten, falls nicht anders angegeben, für 300 K.

Beweglichkeiten		Statische Dielektri-zitätszahl	Bre-chungs-ndex	Schmelz-punkt	Debye-emperatur	Wärmeleit-fähigkeit	Molekular-Gewicht	Dichte	ärte nach Knoop
μ_n ($cm^2V^{-1}s^{-1}$)	μ_p	ε_r	n	m (C)	Θ (K)	(W cm^{-1} K^{-1})		(g cm^{-3})	(Kg mm^{-2})
2200	1600	5,	2 4	≈ 4000 Phasenüb	1860	20	12,011	3,52	> 10 000
1350	480	11,4	3,4	1415	645	1,4	28,0	2,33	1150
3800	1 00	16	4,0	3	3 4	0,61	2,6	5,3	80
≤ 00	50	,3	2,	3103 Dissoz	1200	4,	40,1	3,2	3300
0,2	4	,1	2,1	> 2 3	1 00	≈ 1	22,82	3,4	≈ 6000
	(14)	,1	2,2	2450 Dissoz	4	1,3	41	3,26	1200
≤ 400		2,3	5,4	1 00 Dissoz		1,3	83, 3	6,1	
50		6,3	2,5	13 3 Dissoz			128,83	6,88	
≈ 40	500	11	3,1	1130 Dissoz	85	3	41,8	2,	4 00
80		,8	3,0	2550 Dissoz	588	0,	5 , 5	2,4	500
150	120	11,1	3,36	146	460	0,8	100,	4,13	45
4500	150	12,6	3,4	10 0	321	0,	145,4	4,81	535
				20	625		85, 3	5,22	
280		10,1	2,	1 50	41	0,08	101,	3,6	505
8000	400	12,5	3,4	1238	344	0,45	144,64	5,3	50
≤ 10^5	≤ 450	15,1	4,3	43	280	0,4	18 , 4	5,	3 4
200	400	12,0	3,4	1065	2 2	0,56	148, 4	4,3	413
3 00	800	15,	3,	12	266	0,35	1 1,48	5,6	448
≤ x 10^4	≤ 3 x 10^4	15,	3,5	525	203	0,4	236,58	5,8	223

Die Phononenenergien beziehen sich bei allen Verbindungshalbleitern auf den Γ-Punkt (k=0) der Brillouinzone (O^{Γ}-Phononen). Bei den Elementhalbleitern gilt $\hbar\Omega\,(LO^{\Gamma}) = \hbar\Omega\,(TO^{\Gamma})$; dort beziehen sich die O-Phononenenergien auf den k-Wert des eitungsbandminimums. Die ustandsdichtemasse m_n^* enthält bei den indirekten albleitern den Faktur $M^{2/3}$ aus der Vieltalstruktur des eitungsbandes (M: ahl der ä uivalenten Minima).

u e lte Meterial arameter ort etzun

Eigenschaften Halbleiter	Kristall gittertyp Gitter konstante (Å = 0,1 nm)	Bandabstand E_g bei (eV) 4K	 300K	Band struktur	Phononenenergien 4K (meV) LO (O^{Γ})	 TO	Effektive Massen (Vielfaches von m_0) m_n^*	 m_p^*
ZnO (Zinkoxid)	Wurtzit a = 3,25 c = 5,21	3,44	3,2	dir.	70,2	54	0,27	1,8
Cds (Cadmiumsulfid)	Zinkblende a = 5,83	2,55					0,14	0,5
	Wurtzit a = 4,14 c = 6,71	2,58	2,48		37,7	30,0	0,25	0,7
ZnS (Zinksulfid)	Zinkblende a = 5,41			dir.	43,2	34,2	0,18	1,8
	Wurtzit a = 3,82 c = 6,26	3,86	3,78	dir.			0,28	0,7
ZnSe (Zinkselenid)	Zinkblende a = 5,67 c = 6,54	2,82	2,7	dir.	31,4	26,4	0,17	0,75
	Wurtzit a = 4,00 c = 6,54	2,87	2,83	dir.	31,8	25,6		
CdSe (Cadmiumselenid)	Zinkblende a = 6,052	≈ 1,9					0,12	0,45
	Wurtzit a = 4,30 c = 7,01	1,83	1,75	dir.	26,0	20,5		
ZnTe (Zinktellurid)	Zinkblende a = 6,1	2,39	2,28	dir.	25,5	22,0	0,13	0,6
CdTe (Cadmiumtellurid)	Zinkblende a = 6,48	1,61	1,5	dir.	21,2	17,4	0,10	0,75
PbS (Bleisulfid)	Steinsalz a = 5,94	0,29	0,41	dir.	25,4	8,1	0,9	0,09
PbSe (Bleiselenid)	Steinsalz a = 6,12	0,15	0,29	dir.	5,4	16,5	0,06	0,08
PbTe (Bleitellurid)	Steinsalz a = 6,46	0,19	0,32	dir.	14,1	4,0	0,05	0,05
SnSe (Zinnselenid)	rhombisch a = 11,57 verzerrtes b = 4,19 Steinsalz c = 4,46		0,9	ind.				< 0,5
SnTe (Zinntellurid)	Steinsalz a = 6,33	0,26	0,18	dir.	17,2	3,2	0,06	0,04
HgTe (Quecksilbertellurid)	Zinkblende a = 6,46	0,30	0,14	dir.	17,1	14,6	0,03	0,4

Alle Daten, falls nicht anders angegeben, für 300 K.

Beweglichkeiten		statische Dielektri zitätszahl	Bre chungs Index	Schmelz punkt	Debye Temperatur	Wärmeleit fähigkeit	Molekular Gewicht	Dichte	Härte nach Knoop
μ_n	μ_p		n*	T_m	Θ	(W cm 1			
(cm²V ¹s ¹)		ε_r		(°C)	(K)	K ¹)		(g cm ³)	(Kg mm ²)
≈20		12	2,0	1670	400	0,29	81,38	5,7	500
300	< 48	8,7	2.3	1477	280	0,2	144,48	4,82	
235		8,9	2,4	Sublim., unter Druck 1830			97,64	4,07	
	< 800	9,6	2,4						
600	28								
		7,6	2,3	1520				5,27	
900	50	9,6	2,5	1240			191,37	5,8	
340	110	9,7	2,7	1300	204	0,11	192,99	5,6	130
1000	80	10,2	2,8	1100		0,07	240,02	5,8	100
700	620	170	4,1	1114	229	0,02	239,28	7,6	70
300	300	210	4,8	1080	160	0,04	286,17	8,3	
1730	780	412	5,7	924	130	0,08	334,82	8,2	150
	< 7000	48	3,9	880	188	0,02	97,46		
	840	1200	6,5	804	150	0,12	246,31	6,4	
35		21	3,9	670		0,026	328,22	8,1	

Die Phononenenergien beziehen sich bei allen Verbindungshalbleitern auf den Γ-Punkt (k=0) der Brillouinzone (O^{Γ}-Phononen). Bei den Elementhalbleitern gilt $\hbar\Omega\,(LO^{\Gamma}) = \hbar\Omega\,(TO^{\Gamma})$; dort beziehen sich die O-Phononenenergien auf den k-Wert des eitungsbandminimums. Die ustandsdichtemasse m_n enthält bei den indirekten albleitern den Faktur $M^{2/3}$ aus der Vieltalstruktur des eitungsbandes (M: ahl der ä uivalenten Minima).

www.ingramcontent.com/pod-product-compliance
Lightning Source LLC
Chambersburg PA
CBHW081040220326
41598CB00038B/6935
9783486588637